Erwin Rathgeb · Eugen Wallmeier

ATM – Infrastruktur für die Hochleistungskommunikation

Springer

Berlin
Heidelberg
New York
Barcelona
Budapest
Hongkong
London
Mailand
Paris
Santa Clara
Singapur
Tokio

Erwin Rathgeb · Eugen Wallmeier

ATM – Infrastruktur für die Hochleistungskommunikation

Mit 173 Abbildungen

Springer

Dr. Erwin Rathgeb
Siemens AG
Bereich Öffentliche Kommunikationsnetze
Geschäftsgebiet Breitband-Netze
Hofmannstraße 51
81359 München

Dr. Eugen Wallmeier
Siemens AG
Bereich Öffentliche Kommunikationsnetze
Geschäftsgebiet Breitband-Netze
Hofmannstraße 51
81359 München

Die Deutsche Bibliothek – CIP-Einheitsaufnahme

Rathgeb, Erwin:
ATM-Infrastruktur für die Hochleistungskommunikation – Berlin ; Heidelberg ; New York ; Barcelona ; Budapest ; Hong Kong ; London ; Mailand ; Paris ; Santa Clara ; Singapur ; Tokio : Springer, 1997
   ISBN-13:978-3-642-64373-6   e-ISBN-13:978-3-642-60370-9
   DOI:10.1007/978-3-642-60370-9

NE: Eugen Wallmeier

ISBN-13:978-3-642-64373-6 Springer Verlag Berlin Heidelberg New York

Einband-Entwurf: Struwe & Partner, Heidelberg
Satzherstellung mit LaTeX: Danny Lewis Buchproduktion, Berlin; Texterfassung vom Autor
SPIN: 10516613   62/3021 – Gedruckt auf säurefreiem Papier

Für Christine und Christoph
für ihre Geduld und Unterstützung

Erwin P. Rathgeb

Für Irmgard, Jens und Ruth

Eugen Wallmeier

Vorwort

Der asynchrone Transfer-Modus (ATM), dessen Anfänge Mitte der achtziger Jahre vor allem in den USA und in Frankreich entwickelt wurden, wurde bereits 1989 in der Empfehlung I.121 der International Telecommunication Union (ITU) als Basis für das zukünftige, universelle Breitband-ISDN festgeschrieben. Seit dieser Zeit wurde die Weiterentwicklung der ATM-Konzepte durch umfangreiche, weltweite Forschungs-, Standardisierungs- und Entwicklungsanstrengungen vorangetrieben. Einen der wichtigsten Meilensteine in dieser Entwicklung stellt die Gründung des ATM-Forums im Oktober 1991 dar, das in der Folgezeit entscheidende Impulse für die ATM-Technik gegeben hat und immer noch gibt. Durch die rasante Weiterentwicklung der Konzepte und deren Realisierungen sind heute bereits eine Vielzahl von ATM-basierten Breitbandnetzen – sowohl im Bereich der öffentlichen als auch der privaten Netze – im kommerziellen Einsatz, und ihre Zahl nimmt stetig zu. Die erste Generation der ATM-Produkte erlaubte lediglich den Aufbau von Netzen auf der Basis von Festverbindungen, und auch bei der Ausnutzung der Übertragungsbandbreite konnten keine gravierenden Vorteile gegenüber klassischen durchschaltevermittelten Netzen erreicht werden. Mittlerweile ist es jedoch durch die Verfügbarkeit der Breitband-Signalisiersysteme möglich, auch vollwertige vermittelte Netze aufzubauen, und durch die Fortschritte auf dem Gebiet der Verkehrssteuerung und des statistischen Multiplexens kann die Übertragungsbandbreite sehr effektiv genutzt werden. Dadurch können die inhärenten Vorteile des ATM-Prinzips auch in der Praxis voll ausgeschöpft werden. Ein breites Spektrum marktfähiger ATM-Produkte, von der Netzkarte für PCs bis hin zu großen ATM-Vermittlungsknoten mit einem Durchsatz von mehreren hundert Gbit/s, erlaubt es den Netzbetreibern flexible, hoch leistungsfähige und für die jeweiligen Anwendungsfelder optimierte Breitband-Kommunikationsinfrastrukturen zu errichten und wirtschaftlich zu betreiben.

Die weltweite Deregulierung und Liberalisierung der Telekommunikationsmärkte und – als Konsequenz daraus – eine Verschärfung und Globalisierung des Wettbewerbs einerseits und der zunehmende Bedarf an breitbandiger Kommunikation, vor allem aus dem geschäftlichen Bereich, andererseits werden die Einführung ATM-basierter Breitbandinfrastrukturen in den kommenden Jahren beschleunigen, so daß bis zur Jahrtausendwende eine signifikante Verbreitung dieser Netze zu erwarten ist.

Dieses Buch wendet sich an alle Leser, die sich über die Grundkonzepte von ATM, über den Stand der Normung sowie über den Stand der Technik bei der Realisierung dieser Konzepte in ATM-Netzelementen und ATM-Netzen informieren wollen. Neben einem umfassenden Überblick über die unterschiedlichen Aspekte, der auch dem Leser, der zum ersten Mal mit der Thematik konfrontiert wird, einen Einstieg ermöglicht, wird eine detaillierte Darstellung der einzelnen Themengebiete geboten, die auch dem Fachmann eine Fülle wertvoller Informationen vermittelt.

In der Einführung wird zunächst die Entwicklung der Telekommunikationsnetze von ihren Anfängen bis heute stichwortartig zusammengefaßt, um den Rahmen zu spannen, in dem sich zukünftige Breitbandnetze entwickeln können. Auf dieser Basis wird die Weiterentwicklung der Netze und insbesondere die Rolle von ATM in den unterschiedlichen Netzsegmenten diskutiert. In den Kapiteln 2 bis 4 werden die Grundideen und –konzepte von ATM und insbesondere die neu definierten ATM-spezifischen Protokollschichten vorgestellt. Diese Festlegungen werden vor allem von ITU und vom ATM-Forum erarbeitet, wobei beide Organisationen auf eine möglichst weitgehende Übereinstimmung achten. Auf die Unterschiede der jeweiligen Spezifikationen wird in diesen Kapiteln gesondert eingegangen.

Im Kapitel 5 werden die Verkehrssteuerungsmechanismen für ATM-Netze ausführlich dargestellt. Diese sind von außerordentlicher Bedeutung für den Erfolg von ATM als Basis einer universellen Netzplattform, da mit ihrer Hilfe einerseits die Einhaltung der dienst- und anwendungsspezifischen Dienstgüteanforderungen garantiert werden kann. Andererseits erlauben sie eine volle Ausnutzung des Effektivitätsgewinns durch das statistische Multiplexen, der einen der herausragenden Vorteile des ATM-Prinzips gegenüber der klassischen Durchschaltevermittlung darstellt. Insbesondere auf diesen Gebiet wurden in den letzten Jahren große Fortschritte in der Forschung und in der Standardisierung erzielt. Für die Darstellung dieser komplexen und sich rasant weiterentwickelnden Thematik konnte ich Herrn Dr. Wallmeier gewinnen, der sich durch seine langjährige Tätigkeit auf diesem Gebiet und durch seine zahlreichen Beiträge zur Definition und auch zur Implementierung dieser Verfahren in idealer Weise für die Behandlung dieses Themenbereichs angeboten hat.

Im Kapitel 6 werden die Managementkonzepte für die zukünftigen Breitbandnetze behandelt, die für einen wirtschaftlichen Betrieb von ATM-Netzen ebenfalls von enormer Bedeutung sind. Ein weitgehend einheitliches, hochfunktionales Managementsystem minimiert die beim Betrieb auftretenden Kosten, die über den Lebenszyklus eines Netzelementes gerechnet einen weit höheren Anteil ausmachen als die ursprünglichen Anschaffungskosten. Der Schwerpunkt liegt auf der Darstellung der für die ATM-spezifischen Protokollschichten definierten OAM-Mechanismen (Operation, Administration and Maintenance). Darüber hinaus werden aber auch typische Funktionen moderner Netzmanagementsysteme sowie Implementierungsansätze für solche Systeme dargestellt.

Erst die Zeichengabeverfahren für ATM-Netze machen aus der übertragungstechnisch orientierten Infrastruktur der ersten Netzgeneration vollwertige, vermittelnde Breitbandnetze, bei denen dem Teilnehmer die universelle Konnektivität in Verbindung mit der benötigten Bandbreite wirklich bei Bedarf zur Verfügung steht. Die dafür definierten Signalisierprotokolle werden in Kapitel 7 dargestellt, wobei sowohl auf die bei ITU-T als auch auf die beim ATM-Forum erarbeiteten Verfahren eingegangen wird.

Letztendlich dienen alle Kommunikationsnetze dazu, den Anwender bei unterschiedlichen Tätigkeiten in verschiedenen Bereichen zu unterstützen. Die Einführung durchgängiger, weltweiter Breitbandinfrastrukturen stellt eine gigantische Investition dar, die nur bei entsprechendem Nutzen, d.h. bei entsprechendem Bedarf, lohnend ist. Deshalb werden im Kapitel 8 einige der wichtigsten Anwendungen für Breitbandnetze im Überblick dargestellt, wobei auch die unterschiedlichen Anforderungen im geschäftlichen und im privaten Bereich aufgezeigt werden. Aus diesen Anforderungen resultieren die unterschiedlichen Telekommunikationsdienste, die im Anschluß diskutiert werden. Neben den neuen, ATM-basierten Übermittlungsdiensten wird vor allem auf die Zusammenarbeit mit bestehenden Netzen und Diensten eingegangen, da dieser Aspekt für eine ökonomisch sinnvolle Evolution hin zu einer universellen ATM-Netzplattform besonders wichtig ist.

In Kapitel 9 wird schließlich auf die Strukturen der zukünftigen ATM-Netze eingegangen, wobei zunächst einige grundlegende Überlegungen zu Einführungsstrategien und Strukturprinzipien angestellt werden. Mit dem Übergang des ATM-Prinzips aus den Forschungslabors in die Produktentwicklung haben sich vielfältige Spielarten von Netzelementen – angefangen von kleinen, anwendungsspezifischen Zugangsmultiplexern bis hin zu großen Vermittlungsknoten mit enormer Leistungsfähigkeit – entwickelt, die in diesem Kapitel anhand ihres Anwendungsbereiches und ihrer Funktionen klassifiziert werden. Da sich inzwischen unterschiedliche Marktsegmente mit ihren jeweiligen Anforderungen herausgebildet haben, werden die entsprechenden Netzstrukturen und die dabei eingesetzten Netzelementtypen in getrennten Abschnitten dargestellt, um deren Eigenheiten herausarbeiten zu können. Abgerundet wird das Kapitel 9 durch eine Darstellung der hauptsächlichen Anwendungsszenarien für ATM-Breitbandnetze, aus deren Überlagerung sich in der Zukunft die universelle ATM-Netzplattform entwickeln wird, und durch Beispiele für öffentliche ATM-Netze, über die bereits heute breitbandige Dienste kommerziell angeboten werden.

Kapitel 10 ist der Implementierung von ATM-Vermittlungsknoten gewidmet und zeigt auf, wie die in den vorhergehenden Kapiteln beschriebenen

Konzepte in konkrete Implementierungen umgesetzt werden können. Dabei werden zunächst die einzelnen Subsysteme, insbesondere das ATM-Koppelfeld und die zentrale Steuerung, analysiert und unterschiedliche Realisierungskonzepte diskutiert. Außerdem werden zwei für die Praxis entscheidend wichtige Aspekte angesprochen, nämlich Verfahren zur Sicherstellung einer extrem hohen Zuverlässigkeit der ATM-Knoten und grundlegende Technologieaspekte. Als Beispiel für den aktuellen Stand der Technik bei der Implementierung der ATM-Konzepte wird der MainStreetXpress 36190 Kernnetzknoten dargestellt, da dieser mit seinem bis zu einem Durchsatz von über einem Tbit/s erweiterbaren Koppelfeld und seiner umfassenden Unterstützung für die Signalisierprotokolle und für die Verkehrssteuerungsverfahren Maßstäbe für die nächsten Jahre gesetzt hat.

Im letzten Teil des Buches habe ich einen ausführlichen Überblick über allgemeine Grundlagen aus dem Gebiet der Kommunikationsnetze und -protokolle zusammengestellt, um auch dem weniger fachspezifisch orientierten Leser das Verständnis der vorhergehenden Kapitel zu erleichtern ohne dem Fachmann durch in den Text eingestreute Hintergrundinformationen das Lesen zu erschweren.

München, im Frühjahr 1997
Erwin P. Rathgeb

Die Autoren möchten sich herzlich bei Frau Branczik für ihre professionelle Unterstützung bei der Erstellung und Überarbeitung der Bilder bedanken. Außerdem gilt unser Dank unseren Kollegen, die durch ihre konstruktiven Anregungen und Kommentare zum Gelingen dieses Buches beigetragen haben. Insbesondere möchten wir dabei Herrn Dr. Fischer, Herrn Dr. Heim, Herrn Heuer, Herrn Hinterberger, Herrn Dr. Huber, Herrn Kienzle, Herrn Klug, Herrn Dr. Müller-Schubert, Herrn Pauls, Herrn Schrodi und Herrn Dr. Theimer nennen.

Erwin P. Rathgeb
Eugen Wallmeier

Inhalt

1 Einführung: Vom Telefon zur Datenautobahn

Auf der Schwelle zum viel beschworenen „Informationszeitalter" wird die grenzenlose, multimediale Kommunikation immer mehr zum Erfolgsfaktor im globalen Wettbewerb. Um die Bedeutung des in diesem Buch beschriebenen ATM-Konzepts in diesem Umfeld einordnen zu können, soll in diesem Kapitel zunächst ein kurzer Abriß über die bisherige Entwicklung der modernen Telekommunikation gegeben und eine Darstellung und Bewertung derjenigen Faktoren versucht werden, die ihre Weiterentwicklung in den nächsten Jahren maßgeblich mitbestimmen werden. In diesem Zusammenhang soll auch versucht werden, die wichtigsten Schlagworte von „ATM" und „B-ISDN" über „Information Highway", „Internet" und „Multimedia" bis hin zu „Video-on-Demand" zu erklären und einzuordnen.

1.1
Was bisher geschah ...

Seit der Erfindung des Telefons im Jahr 1876 hat sich ein weltumspannendes Telefonnetz entwickelt, das es als Selbstverständlichkeit erscheinen läßt, daß jedermann jederzeit durch Wählen einer entsprechenden Rufnummer Sprachverbindungen zu Partnern an beliebigen Orten weltweit herstellen kann. Der letzte große Schritt in der Evolution der Telekommunikationsnetze für Sprache, die Einführung der digitalen Übertragung und Vermittlung für die vom Prinzip her analogen Sprachsignale, wurde in den fünfziger Jahren mit der Entwicklung der im Zeitmultiplexprinzip arbeitenden digitalen Übertragungssysteme eingeleitet. Mit der Entwicklung der Halbleitertechnik und der darauf aufbauenden Rechnertechnik wurde die Digitalisierung auch bei den Vermittlungseinrichtungen eingeführt. Dort haben elektronische Koppelfeldstrukturen die elektromechanischen Wähler ersetzt und hoch leistungsfähige Rechnersteuerungen erlaubten eine immer komfortablere und effektivere Steuerung des Netzes und der Verbindungen. Auslöser für die Digitalisierung waren wirtschaftliche Gesichtspunkte, da durch die stürmische Entwicklung der Halbleiter- und Rechnertechnik die digitalen Systeme bezüglich Leistungsfähigkeit, Anschaffungs- und Betriebskosten den analogen deutlich überlegen waren.

Einen weiteren Schritt zur Kostenreduktion und zur Leistungserhöhung der öffentlichen Kommunikationsnetze stellt die Einführung optischer Glasfaser-Übertragungssysteme dar, die derzeit im Gange ist, und durch die die Kosten für die reine Übertragung der Digitalsignale nochmals deutlich gesenkt werden können.

Aufgrund der universellen, weltweiten Erreichbarkeit wurde das Telefonnetz zunehmend auch zur Abdeckung anderer Kommunikationsbedürfnisse verwendet. Niederratige Datenkommunikation wurde mit Hilfe von Modems möglich, die digitale Datensignale zur Übermittlung in analoge Signale umwandeln. Noch wichtiger wurde in diesem Zusammenhang die Übermittlung von Faksimile-Dokumenten (Telefax). Im Gegensatz zu den Fernschreibern, die zum einen Spezialnetze verwendeten und zum anderen nur zur Übermittlung von Texten geeignet waren, können mit der Faksimileübertragung neben maschinengeschriebenen Texten auch handschriftliche und graphische Informationen von jedem beliebigen Telefonanschluß aus übertragen werden. Da diese außerdem ohne Verzögerung am Ziel sofort verfügbar sind, werden inzwischen große Teile des geschäftlichen Schriftverkehrs auf diese Weise erledigt. Durch fallende Preise für Telefaxgeräte und die Integration der Telefaxfunktionalität in Endgeräte wie Telefone oder PCs hat der Telefaxdienst auch im Privatbereich große Verbreitung gefunden. Diese Anwendungen werden in keiner Weise vom Telefonnetz unterstützt, das selbst nur die für das Telefonieren notwendigen Funktionen bereitstellt (Plain Old Telephone Service, POTS), und nutzen das Netz nur zur Bereitstellung einer transparenten Übertragungsstrecke.

Da die flächendeckende Bereitstellung und der Betrieb vieler einzelner, jeweils auf eine Anwendung hin optimierter, Spezialnetze wirtschaftlich nicht sinnvoll ist, wurde im Bereich der öffentlichen Kommunikationsnetze die Idee der diensteintegrierenden Digitalnetze (Integrated Services Digital Network, ISDN, s. Abschn. 11.2.1) geboren. Durch die Erweiterung der Digitalisierung, die innerhalb des Netzes weitgehend abgeschlossen ist, auf den Teilnehmeranschluß sollte dabei die Voraussetzung für die einheitliche und effiziente Übermittlung aller Arten von Information geschaffen werden. Um den Übergang kostengünstig zu ermöglichen, wurde das ISDN technisch so konzipiert, daß die Teilnehmerverkabelung des Telefonnetzes weitgehend weiterverwendet werden kann. Der Teilnehmer sollte durch eine für alle Dienste und Endgeräte einheitliche „Kommunikationssteckdose" und eine ebenfalls einheitliche Rufnummer Zugang zum ISDN erhalten. Gleichzeitig wurden für das ISDN sehr mächtige Signalisiersysteme definiert, die eine explizite Unterstützung unterschiedlicher Dienste im Netz erlauben. Trotz des universellen Anspruchs ist das auch als „Schmalband-ISDN" (Narrowband ISDN) oder „ISDN-64" bezeichnete ISDN mit seinem auf 64 kbit/s-Kanälen basierenden, durchschaltevermittelten Konzept eindeutig auf die Sprachkommunikation hin optimiert. Da die Tarife für einen ISDN-Anschluß höher sind als für einen normalen Telefonanschluß, und die Mehrdienstefähigkeit für die Mehrzahl der Telefonteilnehmer im privaten Bereich keine realen Vorteile brachte, war die Akzeptanz des ISDN bisher deutlich geringer als erwartet. In letzter Zeit hat die Akzeptanz jedoch, vor allem auch bedingt durch den Zuwachs bei Online- und Internet-Diensten, für die das ISDN heute einen idealen Zugang bietet, deutlich zugenommen.

Die Telekommunikationsnetze für die Sprachkommunikation wurden in den meisten Ländern als „öffentliche Netze" von monopolistischen Netzbetreibern aufgebaut, da die Bereitstellung einer funktionierenden, für alle Bürger verfügbaren Kommunikationsinfrastruktur wegen ihrer großen Bedeutung als hoheitliche Aufgabe eingestuft wurde. Das weitgehend regulatorisch festgeschriebene Umfeld und die Notwendigkeit, eine große Zahl von individuellen Teilnehmern flächendeckend mit einem sehr zuverlässigen Dienst zu versorgen, hat zu hierarchisch klar strukturierten, zentral und langfristig geplanten Strukturen geführt. Diese werden zentral verwaltet und müssen extremen Anforderungen bezüglich der Ausfallsicherheit und der Datensicherheit genügen. Da die Ermittlung der Gebühren für die Inanspruchnahme der Kommunikations-Dienstleistung nutzungsabhängig und für jeden Teilnehmer individuell erfolgt, sind hierfür in den öffentlichen Netzen sehr aufwendige Verfahren implementiert. Die Interoperabilität der Netze und Geräte im Rahmen der weltweiten Netze wird durch international gültige Standards sowie durch Vereinbarungen der Netzbetreiber untereinander sichergestellt.

Für die Sprachkommunikation innerhalb von Firmen und anderen Institutionen wurden private Nebenstellenanlagen (Private Branch Exchange, PBX) entwickelt, die im Prinzip die technischen und funktionalen Konzepte der Vermittlungsstellen für die öffentlichen Netze weitgehend übernommen haben. Da die Nebenstellenanlagen ähnlich wie Teilnehmer an den öffentlichen Netzen angeschlossen sind, können die Benutzer der Nebenstellenanlagen über diese weltweit kommunizieren. Für die Vernetzung von Nebenstellenanlagen an verschiedenen Standorten einer Firma ist es oft sinnvoll, nicht das öffentliche Wählnetz zu verwenden, sondern fest geschaltete Übertragungsleitungen (Mietleitung, Leased Line) vom Betreiber des öffentlichen Netzes zu mieten, um Kosten zu sparen.

Parallel zu diesen klassischen Telekommunikationsnetzen für Sprache hat sich seit den sechziger Jahren die Rechner- und Datenkommunikation, d.h. der digitale Datenaustausch zwischen Computern, entwickelt, für die inzwischen ebenfalls eine weltweite Vernetzung existiert. Die rasante Entwicklung der Rechner- und Datenkommunikation ist vor allem durch die Fortschritte im Bereich der Rechnertechnik – und insbesondere bei den Personal Computern – bedingt. Diese haben inzwischen nicht nur im geschäftlichen, sondern auch im privaten Bereich eine enorme Verbreitung erfahren und sind dabei in Leistungsklassen vorgedrungen, die vor einigen Jahren noch Großrechnern vorbehalten waren. Entsprechend hat sich auch die Software-Landschaft entwickelt. Unterstützt durch die Leistungssteigerung der Hardware hat eine deutliche Entwicklung hin zu einer immer weitergehenden Visualisierung stattgefunden, die sich auch in einer entsprechenden Steigerung der bei einer Kommunikation zu übertragenden Datenmengen niedergeschlagen hat. Durch die Entwicklung und weite Verbreitung der lokalen Rechnernetze (Local Area Network, LAN) im geschäftlichen Bereich haben sich sehr dezentrale Strukturen entwickelt, die durch einen zunehmenden Bedarf an hochbitratiger Kommunikation gekennzeichnet sind.

Aufgrund der sehr unterschiedlichen Anforderungen an die Kommunikationsnetze für die Sprach- und die Datenkommunikation haben sich völlig unterschiedliche Welten sowohl in bezug auf die verwendeten technischen Prinzipien als auch in bezug auf die hinter den jeweiligen Netzkonzepten stehenden Philosophien entwickelt, die Synergien in der Vergangenheit nur in sehr geringem Umfang zugelassen haben. Bei der Sprachkommunikation wird normalerweise eine Verbindung gezielt aufgebaut, um über eine bestimmte Dauer hinweg mit einem (menschlichen) Kommunikationspartner kontinuierlich – d.h. ohne große Pausen – Informationen auszutauschen, und dann sofort wieder abgebaut. Die Kommunikationsnetze für Sprache sind auf dieses prinzipielle Verhalten optimiert und beruhen deshalb auf dem Prinzip der Durchschaltevermittlung (Circuit Switching), bei dem einer Verbindung für ihre gesamte Dauer eine feste Übertragungskapazität zugeteilt wird, da die analoge Sprache bei der Digitalisierung in der Regel in einen kontinuierlichen Bitstrom mit einer festen Bitrate (meist 64 kbit/s) umgewandelt wird.

In der Rechnerkommunikation treten dagegen ganz andere Kommunikationsmuster auf, bei denen ein Rechner sporadisch mit wechselnden Partnern kommunizieren muß, um Daten zu übertragen oder die Ausführung eines Programms anzustoßen. Dabei wird die Übertragungskapazität nur zeitweise benötigt, sollte dann aber möglichst groß sein, damit die auftretenden Übertragungsverzögerungen nicht zu groß werden. Deshalb wurden für die Rechnernetze asynchrone, paketorientierte Verfahren entwickelt, bei denen die Übertragungsressourcen nur kurzzeitig und bei Bedarf belegt werden. Oft werden die Datenpakete sogar einzeln verschickt, ohne vorher explizit eine Verbindung aufzubauen (verbindungslose Kommunikation), um den Zusatzaufwand für Verbindungsauf- und -abbau zu umgehen.

Der Ursprung der Rechnernetze liegt im Bereich der „Privatnetze", die sich innerhalb von Firmen und Forschungsinstitutionen entwickelt haben, als die Großrechner mit ihren sternförmig angeschlossenen Terminals in weiten Anwendungsbereichen durch Mikrorechner und Workstations abgelöst wurden. Bei dieser Entwicklung hatten die im Rahmen der ARPAnet-Initiative in den USA (s. Abschn. 11.2.3) erarbeiteten grundlegenden Prinzipien der paketorientierten Datenübertragung einen entscheidenden Einfluß. Zunächst mußten lediglich einige wenige, von mehreren Benutzern abwechselnd benutzte, räumlich nicht allzu weit getrennte Geräte untereinander vernetzt werden. Ziel war es dabei vor allem, teure und große Peripheriegeräte wie Band- und Festplattenspeicher oder Drucker gemeinsam nutzen und die zentrale Verwaltung und Bereitstellung von Software unterstützen zu können. Durch die technische Weiterentwicklung wurden die Rechner zunehmend einzelnen Personen direkt zugeordnet. Auch die Peripheriegeräte wurden immer billiger und konnten dezentral angeordnet werden, ebenso wurde die Speicherung der Software und der Daten weitgehend dezentralisiert, so daß der Aspekt des Datenaustausches zwischen den Rechnern einzelner Benutzer immer mehr in den Vordergrund trat. Mit der Dezentralisierung und der Zunahme der Rechnerzahl wuchsen die meisten Rechnernetz-Installationen „organisch", d.h. wenn die Kapazität einer LAN-Installation an Grenzen (Verkehrsaufkommen, Ausdehnung, Teilnehmerzahl) stieß, wurde sie in mehrere Segmente zerlegt, die untereinander durch Repeater, Bridges oder Router (s. Abschn. 11.2.2) verbunden wurden. Die Betreuung und Verwaltung der Netze erfolgte zunächst lokal, meist durch ausgewählte Benutzer selbst und mußte deshalb relativ einfach und ohne aufwendige Spezialkenntnisse zu handhaben sein. Die Vergebührung spielte im Vergleich zu den öffentlichen Netzen nur eine untergeordnete Rolle, da die Benutzer alle derselben Organisation angehörten und die Kommunikations-Infrastruktur entweder von den Benutzern selbst angeschafft wurde oder die Kosten auf der Basis von Umlagen innerhalb der Firmen und Institutionen verrechnet wurden. Auch die Datensicherheit spielte trotz der extrem leicht angreifbaren LAN-Protokolle keine wichtige Rolle, da die Installationen in der Regel auf ein für Unbefugte vergleichsweise schwer zugängliches Firmengelände begrenzt waren.

Die ersten kommerziellen Vernetzungskonzepte wurden von den Rechnerherstellern zur Verfügung gestellt und verwendeten deshalb vorwiegend firmenspezifische Kommunikationsprotokolle, wie z.B. SNA (IBM), Decnet (Digital Equipment) oder Appletalk (Apple Computers). Um eine Vernetzung von Rechnern unterschiedlicher Hersteller zu erlauben, wurden die Modelle und Protokolle für die „Open Systems Interconnection" (OSI, s. Abschn. 11.1.3) von ISO standardisiert, die jedoch durch die Etablierung von UNIX als Industriestandard im Bereich der Workstation-Betriebssysteme und die damit verbundene flächendeckende Einführung der TCP/IP-Protokolle (s. Abschn. 11.2.4.4) nicht die ihnen zugedachte Bedeutung erlangen konnten.

Vor dem Hintergrund dieser Entwicklung haben sich für die Rechnernetze im lokalen Bereich sehr vielfältige, weitgehend dezentrale Strukturen gebildet, bei denen einfache Handhabung und Erweiterbarkeit sowie geringe Kosten für die Kommunikations-Schnittstellen in den einzelnen Rechnern extrem wichtig sind. Die Interoperabilität wird mehr durch Industriestandards sichergestellt, die sich aufgrund von Marktgegebenheiten entwickeln, als durch international erarbeitete Standards. In den öffentlichen Netzen sind die Geräte aufgrund der langen Planungshorizonte und der riesigen Investitionen für die flächendeckenden Infrastrukturen für eine lange Betriebsdauer und weitge-

hende Aufwärtskompatibilität zwischen unterschiedlichen Generationen ausgelegt. Im Gegensatz dazu werden die Geräte für die lokale Datenkommunikation in ähnlich schnellen Zyklen abgeschrieben und ersetzt wie die Rechner
selbst, so daß Innovationen hier sehr viel schneller Fuß fassen können.

Die immer weitergehende Rechnerunterstützung aller betrieblichen Vorgänge und die zunehmende Globalisierung der Märkte führten in der Folge
zu einem steigenden Bedarf an Datenkommunikation auch im Weitverkehrsbereich. Für die Vernetzung von (wenigen) Firmenstandorten größerer
Firmen bot sich dazu – ebenso wie für die Vernetzung der Sprach-
Nebenstellenanlagen – das Mieten festgeschalteter, transparenter Übertragungsleitungen an, wobei die Vermittlungsfunktion vollständig im Privatnetz
verblieb. Die Verwendung der Mietleitungen erlaubte zwar eine Vernetzung mit
Bitraten im Mbit/s-Bereich, war aber durch die eingeschränkte Erreichbarkeit
nur für bestimmte Anwendungen ausreichend. Für Anwendungen, die eine weitergehende Erreichbarkeit unterschiedlicher Zielteilnehmer erfordern, wurden
paketorientierte, vermittelnde, verbindungsorientiert arbeitende Netze auf der
Basis der X.25-Protokolle (s. Abschn. 11.2.4.1) als öffentliche Datennetze eingeführt – in Deutschland z.B. das Datex-P-Netz. Da die typischen Datenraten in
diesen Netzen bei 2,4 bis 48 kbit/s lagen, ergaben sich im Vergleich zur lokalen
Kommunikation über die LANs deutliche Geschwindigkeitsunterschiede, die
auch für die Teilnehmer deutlich wahrnehmbar waren und zu einem Bedarf an
hochbitratigeren Datennetzen im Weitverkehrsbereich führten.

Da die X.25-Protokolle aufgrund ihrer Struktur nicht beliebig in der Geschwindigkeit skalierbar waren, wurden im Zusammenhang mit der Definition
der Protokolle für das ISDN sehr einfache und effiziente paketorientierte Protokolle unter der Bezeichnung Frame Relay (s. Abschn. 11.2.4.2) definiert, die eine
verbindungsorientierte Datenkommunikation im ISDN erlauben sollten. Frame
Relay, das Datenraten bis typischerweise 2 Mbit/s erlaubt, aber vom Prinzip her
auch deutlich höhere Datenraten unterstützen kann, hat sich vor allem in den
USA in den letzten Jahren sehr weit verbreitet, da Frame Relay-Anschlüsse sehr
kostengünstig angeboten werden können und die Übertragungsraten für die
meisten Anwendungsfälle ausreichend sind.

Gleichzeitig wurde versucht, die LAN-Architekturen sowohl in bezug auf
die Übertragungsraten als auch in bezug auf die räumliche Ausdehnung nach
oben hin zu erweitern (s. Abschn. 11.2.2). Aus diesen Anstrengungen entstanden einerseits die Hochgeschwindigkeits-LANs mit FDDI als typischem
Vertreter für den Einsatz in privaten Datennetzen, andererseits aber auch die
„Metropolitan Area Networks" (MAN) auf der Basis des DQDB-Protokolls, auf
deren Basis öffentliche Netzbetreiber schon sehr frühzeitig den breitbandigen
Kommunikationsbedarf in Ballungsräumen befriedigen konnten. Speziell abgestimmt auf die MAN-Strukturen wurde in den USA von Bellcore (s. Abschn. 1.3)
der „Switched Multi-Megabit Data Service" (SMDS, s. Abschn. 11.2.4.3) definiert. Dieser verbindet das Konzept der verbindungslosen Kommunikation, das

im LAN-Bereich vorherrscht, mit der Verwendung der im öffentlichen Bereich üblichen Übertragungssysteme und der dort gebräuchlichen Adressierung der Teilnehmer durch ISDN-Adressen. Die SMDS-Protokolle wurden im Rahmen des „Connectionless Broadband Data Service" (CBDS) an die europäischen Gegebenheiten angepaßt, so daß heute sowohl in den USA als auch in mehreren europäischen Ländern – darunter Großbritannien und Deutschland – MAN-Netze mit SMDS/CBDS im Einsatz sind.

Auf der Basis des ARPAnet und der in diesem Zusammenhang entwickelten TCP/IP-Protokollfamilie entwickelte sich vor allem im Universitäts- und Forschungsbereich weitgehend ungesteuert und rein bedarfsgetrieben das Internet (s. Abschn. 11.2.3). Dieses nutzte die vorhandene Rechner- und Kommunikations-Infrastruktur, um den Teilnehmern die Möglichkeit zu geben, elektronische Postdienste (Electronic Mail, E-Mail), Datenübermittlung (File Transfer), den Zugang zu entfernten Rechnern über das Netz (Remote Login) und andere Dienste weltumspannend zu nutzen. Die Kosten der Infrastruktur und die Betriebskosten wurden oft zu einem großen Teil im Rahmen von nationalen Forschungsnetzen von staatlichen Stellen subventioniert und teilweise auch von Rechnerherstellern getragen, die eine Mitbenutzung ihrer Firmennetze erlaubten. Da das Internet keinerlei kommerziellen Hintergrund hatte, wurden auch Verbesserungen und Erweiterungen der Kommunikationssoftware sowie sonstige Informationen und Programme freizügig und kostenlos über das Netz verteilt. Außerdem bildeten sich elektronische Diskussionsforen (News Groups), in denen alle erdenklichen Themen durch Einsenden von Beiträgen diskutiert wurden. Da den Nutzern keine direkten Gebühren entstanden, wurden auch länger andauernde Teilausfälle sowie durch Überlast bedingte Beeinträchtigungen der Dienstgüte – insbesondere außerordentlich hohe Verzögerungszeiten – bei Datenübertragungen akzeptiert.

Durch die weltweite Konnektivität wurde das Internet zunehmend auch für geschäftliche Nutzer interessant, z.B. zum Austausch von E-Mail-Nachrichten. Mit der Einführung des sog. World Wide Web (WWW) und seiner einfach zu bedienenden, multimediafähigen Benutzeroberfläche, die auch dem nicht speziell vorgebildeten Nutzer einen themenbezogenen Zugriff auf in aller Welt verteilte Informationen und Programme unterschiedlichster Art erlaubt, wurde das Internet auch für die breite Masse der privaten PC-Nutzer plötzlich attraktiv und erlebt seither einen enormen Zuwachs. Diese Entwicklungen haben dazu geführt, daß sich die staatlichen Förderer weitgehend zurückgezogen haben und das Internet in ein kommerzielles Dienstangebot umgewandelt wurde. Der Zugang erfolgt für die Benutzer über Internet-Dienstanbieter (Internet Service Provider) oder als Teil des Leistungsangebots von Online-Dienstanbietern, die ihren Teilnehmern neben dem Internet-Zugang auch andere Informations- und Kommunikationsdienste offerieren.

Für die reine Verteilkommunikation von Audio- und Fernsehsignalen wurden in vielen Industrieländern neben den nicht-kabelgebundenen terrestrischen und satellitengestützten Funknetzen sog. „Breitband-Kabelnetze" flächendeckend installiert, bei denen die Radio- und Fernsehsignale in hoher Qualität über Baumstrukturen aus Koaxialkabeln an die Haushalte verteilt werden. Diese Netze arbeiten vom Prinzip her streng unidirektional, d.h. es existieren keinerlei Rückkanäle zum Netz hin, die eine Interaktion der Teilnehmer mit dem Netz erlauben. Da diese Netze aber einen bereits existierenden, breitbandigen und flächendeckenden Zugang zu einem enormen Teilnehmerpotential bilden, wird intensiv versucht, diese Netzinfrastruktur so umzugestalten, daß sie auch interaktive Dienste unterstützen kann.

Vor dem Hintergrund dieser Entwicklungen wurden im Bereich der öffentlichen Netze bei Betreibern, Herstellern und den entsprechenden Standardisierungsgremien schon sehr frühzeitig Konzepte für eine Erweiterung des Schmalband-ISDN zu einem breitbandigen, wirklich universellen Kommunikationsnetz für alle Dienste und Anwendungen entwickelt. Diese Ansätze waren zunächst rein technikgetrieben und sahen vor, das ISDN einfach durch Hinzufügen hochratiger Kanäle bis zu 140 Mbit/s unter Beibehaltung des durchschaltevermittelten Konzeptes zum „Breitband-ISDN" (B-ISDN) zu erweitern. Dem Teilnehmer sollten an der Benutzer/Netz-Schnittstelle zusätzlich zu den zwei 64 kbit/s Nutzkanälen und dem 16 kbit/s Zeichengabekanal des Basisanschlusses für das Schmalband-ISDN noch vier Kanäle mit Bitraten im Bereich von 2 Mbit/s sowie ein Kanal mit einer Bitrate von etwa 140 Mbit/s angeboten werden. Der 140 Mbit/s-Kanal war dabei insbesondere für die interaktive Videokommunikation vorgesehen, für die bei Verwendung einfacher Kodierverfahren solche Bitraten benötigt wurden. In Deutschland wurden diese Konzepte sehr intensiv vorangetrieben. Bereits 1983 wurden im Bigfon-Systemversuch [148] breitbandige Glasfaser-Teilnehmeranschlüsse realisiert, die neben TV- und Audioverteilung vor allem für Bildfernsprech-Dienste konzipiert waren. Unter anderem zur Vernetzung der einzelnen Bigfon-Inseln wurde bereits Ende 1984 für die erste Stufe eines deutschlandweiten Breitband-Vorläufernetzes [18, 34] mit durchschaltevermittelnden Breitbandknoten mehrerer deutscher Hersteller der Testbetrieb aufgenommen. Dieses Netz wurde weiter ausgebaut, um den bereits bestehenden Bedarf an breitbandiger Kommunikation abzudecken, der sich auf Videokonferenzanwendungen und die Übertragung von Massendaten konzentrierte, und ist seit 1989 als „Vermitteltes Breitbandnetz" (VBN) im kommerziellen Einsatz.

Die Breitbandanwendungen, ihr individueller Bandbreitenbedarf und ihre Bedeutung relativ zueinander waren in der Anfangsphase weitgehend unbekannt. Deshalb stellte die starre, kanalorientierte Struktur dieses durchschaltevermittelten Verfahrens und die sehr grobe Abstufung der Kanalraten ein entscheidendes Problem dar. Verschärft wurde diese Problematik dadurch, daß sich die für bestimmte Anwendungen benötigten Bandbreiten mit der Weiterentwicklung der Technik dramatisch änderten. So konnte etwa die Bitrate für die interaktive Bewegtbildkommunikation durch moderne, redundanz-

und irrelevanzmindernde[1] Kodierungsverfahren bei gleicher Qualität von 140 Mbit/s auf Werte im Bereich von 2 Mbit/s reduziert werden, während andererseits durch die Leistungssteigerung im Rechnerbereich die Datenraten für die Hochgeschwindigkeits-Datenkommunikation um Größenordnungen anstiegen. Da noch dazu innerhalb der Vermittlungsknoten für die jeweiligen Kanalraten getrennte Koppelnetze für die Durchschaltung benötigt worden wären – und diese je nach Verkehrsanteil der Dienste dimensioniert hätten werden müssen – wäre auch die Realisierung effizient arbeitender Vermittlungsknoten sehr aufwendig gewesen. Darüberhinaus bot dieser kanalorientierte Ansatz keinerlei Möglichkeiten, die Datendienste mit ihrer sehr variablen Verkehrscharakteristik, bei denen der offensichtlichste Bedarf an breitbandiger Kommunikation im Weitverkehrsbereich herrschte, sinnvoll zu unterstützen.

Aufgrund dieser Problematik wurden weltweit alternative, flexiblere Konzepte entwickelt und diskutiert. Unter diesen befanden sich kanalorientierte Verfahren, bei denen die Bandbreite jedoch nur bei Bedarf zugeordnet wurde und die als „Fast Circuit Switching" oder „Burst Switching" bezeichnet wurden [7, 8, 101]. Das Hauptaugenmerk richtete sich aber bald auf paket- und verbindungsorientierte Verfahren, bei denen asynchrone Zeitmultiplexverfahren angewendet wurden [93, 155, 227, 242]. Diese Konzepte wurden unter den Bezeichnungen „Fast Packet Switching" (FPS), „Wideband Packet Technology" (WPT) und „Asynchronous Time-Division Switching" (ATD) bekannt gemacht. In entsprechenden Experimenten, z.B. in Frankreich (PRELUDE [53, 65, 237]) und in den Vereinigten Staaten (WPT [179], STARLITE [114], KNOCKOUT [258]) wurde die prinzipielle Implementierbarkeit dieser neuen Konzepte nachgewiesen. Die Verfahren waren durch den Verzicht auf eine abschnittsweise Fehlersicherung bei der Übertragung sowie eine weitgehende Hardwareunterstützung und Parallelisierung der Vermittlungsvorgänge gekennzeichnet, womit sehr hohe Nutzdurchsätze für einzelne Verbindungen und für die Vermittlungsknoten insgesamt erreicht wurden. Durch das asynchrone Zeitmultiplexverfahren wurde die Festlegung von Kanalraten überflüssig und die Durchschaltung aller Bitraten in einem Koppelfeld sowie eine effektive Unterstützung der Datendienste möglich. Teilweise arbeiteten die Verfahren mit kurzen Datenpaketen konstanter Länge, um auch die sinnvolle Unterstützung von Echtzeitdiensten zu ermöglichen.

Bei der internationalen Normung des B-ISDN, die zu Anfang der Studienperiode 84/88 des CCITT (s. Abschn. 1.3) noch von einem kanalorientierten Konzept ausging, konnten zunächst aufgrund der oben beschriebenen Problematik keine entscheidenden Fortschritte erzielt werden. Dies äußerte sich z.B. darin, daß keine Einigung über die endgültigen Bitraten der Breitbandkanäle erzielt werden konnte. Vergleiche mit den asynchronen, paketorientierten Kon-

---

1 Als Irrelevanz werden diejenigen Bildinformationen bezeichnet, die aufgrund der physiologischen Eigenschaften des menschlichen Auges nicht zum Seheindruck beitragen.

zepten [155, 178, 242] bewirkten ein Umschwenken des CCITT – und damit der Hersteller und Netzbetreiber weltweit – auf ein paketorientiertes Konzept als Ziellösung für das B-ISDN [41, 54]. Dies wurde im Blaubuch, in dem 1988 die Ergebnisse der Studienperiode publiziert wurden, durch die prinzipielle Definition des „asynchronen Transfer-Modus" (Asynchronous Transfer Mode, ATM) in der Empfehlung I.121 „Breitbandaspekte des ISDN" dokumentiert. Aufbauend auf diesen Grundlagen wurde von CCITT, das inzwischen in ITU-T umbenannt worden war, ein umfangreiches Paket von Empfehlungen erarbeitet, das die Eigenschaften des asynchronen Transfer-Modus und alle anderen Aspekte des B-ISDN spezifiziert, wie z.B. die prinzipielle Architektur, die Schnittstellen und die Zeichengabeprotokolle. Die wichtigsten dieser Empfehlungen sind in Abschn. 12.1 aufgelistet. Diese Empfehlungen haben inzwischen einen Stabilitätsgrad erreicht, der es erlaubt, kommerziell einsetzbare ATM-Weitverkehrsnetze zu entwickeln und zu betreiben.

In Deutschland wurde im Rahmen des BERKOM-Projekts [204] in Berlin, das sowohl die Entwicklung der Breitbandnetze selbst, als auch der Dienste und Endsysteme vorantreiben sollte, bereits 1989 eine ATM-Vermittlungsstelle [217, 218] in Betrieb genommen. Dies war weltweit eines der ersten ATM-Vermittlungssysteme, das außerhalb von Labors im praktischen Einsatz war. Obwohl aufgrund der damals noch nicht existierenden Standards z.B. ein Zellformat mit 32 Byte verwendet wurde, implementierte dieser Knoten die Grundprinzipien von ATM und kann deshalb mit Recht als ATM-Knoten bezeichnet werden.

Im Bereich der Datennetze wurde gleichzeitig versucht, die LAN-basierten Strukturen bezüglich der Übertragungsgeschwindigkeit des gemeinsamen Übertragungsmediums in den Gbit/s-Bereich zu skalieren, um auch bei den sehr bandbreitenintensiven Multimedia-Anwendungen vernünftige Teilnehmerzahlen an die Systeme anschließen zu können. Ein Ergebnis dieser „Gigabit-Network"-Studien war, daß mit zunehmendem Bandbreitenbedarf des einzelnen Teilnehmers und mit steigendem Anteil von echtzeitkritischem Verkehr die klassischen Stern/Maschenstrukturen (s. Abschn. 11.1.2) den Strukturen mit gemeinsamem Übertragungsmedium (Shared Medium) überlegen sind. Aus dieser Überlegung heraus starteten in den USA einige Hersteller unter Beteiligung von Bellcore (s. Abschn. 1.3) eine Initiative, in der ein „ATM-LAN" mit einer solchen Struktur als lokales Netz der nächsten Generation definiert werden sollte. Dieses sollte auf den selben grundlegenden ATM-Prinzipien basieren wie sie für das B-ISDN definiert worden waren. Da die entsprechenden ITU-T-Empfehlungen an vielen Stellen noch unvollständig und darüberhinaus in manchen Punkten nicht sinnvoll auf den Privatnetzbereich übertragbar waren, fanden sich interessierte Firmen in einem „ATM-Forum" zusammen. Neben der Förderung der ATM-Idee ganz allgemein setzte sich das ATM-Forum auch die Erarbeitung von Implementierungsvereinbarungen für ATM-Privatnetze zum Ziel, um möglichst schnell zu kompatiblen ATM-

Implementierungen für den sehr dynamischen privaten Datennetzmarkt zu kommen. Das ATM-Forum hat inzwischen solche Bedeutung gewonnen, daß seine Spezifikationen weltweit von Betreibern und Herstellern als Industriestandards akzeptiert werden und viele Impulse für die Weiterentwicklung der ATM-Konzepte vom ATM-Forum ausgehen. In den Spezifikationen des ATM-Forums wurden zwar die auf die ATM-spezifischen Protokollschichten bezogenen Festlegungen von ITU-T, nicht aber alle darüber hinausgehenden Konzepte des B-ISDN übernommen. Aus diesem Grund wird im Sprachgebrauch eine Unterscheidung zwischen ATM als Übermittlungsprinzip und darauf aufgebauten ATM-Netzen allgemein und dem B-ISDN als einer spezifischen Ausprägung gemacht, die den ITU-T-Empfehlungen entspricht.

1.2
...und wie es weitergehen könnte

Es ist inzwischen allgemein akzeptiert, daß die Möglichkeiten zur uneingeschränkten, effektiven und weltweiten Informationsbeschaffung und -verteilung einen entscheidenden Wettbewerbsfaktor nicht nur für Firmen und Konzerne in allen Branchen, sondern auch für ganze Regionen und Volkswirtschaften darstellen. Aus dieser Erkenntnis heraus sind weltweit Initiativen entstanden, die unter Schlagworten wie „Information Super-Highway" oder „Datenautobahn[2]" den schnellen Aufbau einer regionalen, nationalen und letztendlich weltumspannenden Breitbandinfrastruktur für alle Arten von Informationen – Sprache, Daten, Video und deren multimediale Kombinationen – zum Ziel haben. Auch und gerade die weniger entwickelten Länder sehen darin eine Chance, ihre Position im internationalen Wettbewerb nachhaltig zu verbessern und unternehmen große Anstrengungen in diese Richtung.

Für die weitere Entwicklung der Kommunikationsnetze von entscheidender Bedeutung sind neben der Weiterentwicklung der technischen Möglichkeiten auch die Rahmenbedingungen, die sich im Vergleich zur Vergangenheit in vielen Bereichen deutlich geändert haben. Aus diesem Grund sollen im folgenden einige der Tendenzen kurz angesprochen werden.

1.2.1
Die Entwicklung des öffentlichen Telekommunikationsmarktes

Für den Telekommunikationsmarkt insgesamt werden in den nächsten Jahren hohe Zuwachsraten prognostiziert. Dabei ist jedoch zu beachten, daß durch einen zunehmenden Wettbewerb in allen Bereichen und durch neu in der

---

2 Obwohl der Begriff „Autobahn" eigentlich eine Breitbandigkeit impliziert, wird dieser Begriff oft auch plakativ für das derzeit mit relativ geringen Datenraten arbeitende Internet verwendet.

„Nahrungskette" auftauchende Interessengruppen, die Teile des Wachstums abschöpfen, die Position der bereits etablierten Spieler keineswegs ungefährdet ist.

Eine der wichtigsten Quellen für Veränderungen ist im öffentlichen Bereich der weltweite Trend zur Abschaffung der Telekommunikationsmonopole, der auch in Deutschland zu beobachten ist. Abbildung 1.1 zeigt, in welchem Ausmaß sich diese Entwicklung derzeit vollzieht. Während 1990 bis auf wenige Ausnahmen (z.B. die USA) noch alle Länder einen monopolistischen Kom-

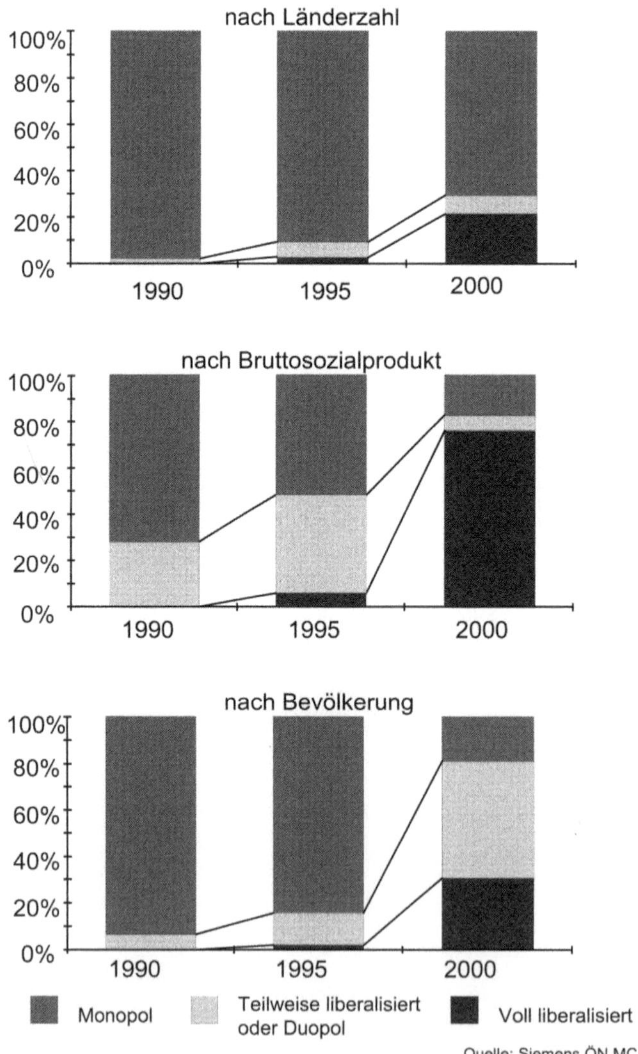

Abb. 1.1. Die weltweite Liberalisierung des Telekommunikationsmarktes

munikationsmarkt hatten, wird der Anteil der Länder mit einer vollständigen oder zumindest teilweisen Liberalisierung auf etwa ein Drittel im Jahr 2000 ansteigen. Betrachtet man nicht nur die Zahl der Länder allein, sondern auch deren wirtschaftliche Bedeutung, wird klar, daß der bei weitem überwiegende Teil des Kommunikationsmarktes unter weitgehend deregulierten Rahmenbedingungen ablaufen wird. Von dieser Entwicklung werden dabei etwa 80% der Weltbevölkerung betroffen sein. In den USA oder in Japan, wo die Deregulierung schon sehr viel früher begonnen wurde, hat sich relativ schnell ein heftiger Wettbewerb entwickelt, bei dem einige neue Netzbetreiber sich mit signifikanten Marktanteilen etablieren konnten. Ähnliches ist auch bei den Mobilfunknetzen in Deutschland zu beobachten, wo sich mehrere Betreiber den Markt teilen.

Die wichtigsten Triebkräfte in einem wettbewerbsgetriebenen Umfeld sind in Abb. 1.2 zusammengefaßt. Zunächst werden neue Netzbetreiber – und auch etablierte Netzbetreiber aus anderen Ländern – in den jeweiligen Markt eintreten und dadurch den Wettbewerb in Gang setzten. Dabei sind solche Mitbewerber im Vorteil, die außer dem nötigen Kapital noch weitere gute Startvoraussetzungen mitbringen, wie z.B. Kabelfernsehbetreiber oder Energieversorgungs-Unternehmen. Einige dieser Neueinsteiger, die aus ganz anderen Branchen kommen, werden über wenig Erfahrung beim Aufbau und beim Betrieb von Kommunikationsnetzen verfügen. Dies eröffnet insbesondere den Herstellerfirmen die Möglichkeit, als Komplettnetz-Anbieter oder Netzintegrator aufzutreten und ganze Netze „schlüsselfertig" aufzubauen (Turn-Key Business) und den neuen Betreiber auch beim Netzbetrieb zu unterstützen. Dadurch können sich strategische Allianzen zwischen Betreibern und Herstellern entwickeln, durch die der Hersteller einen zunehmenden Einfluß auf die Netzent-

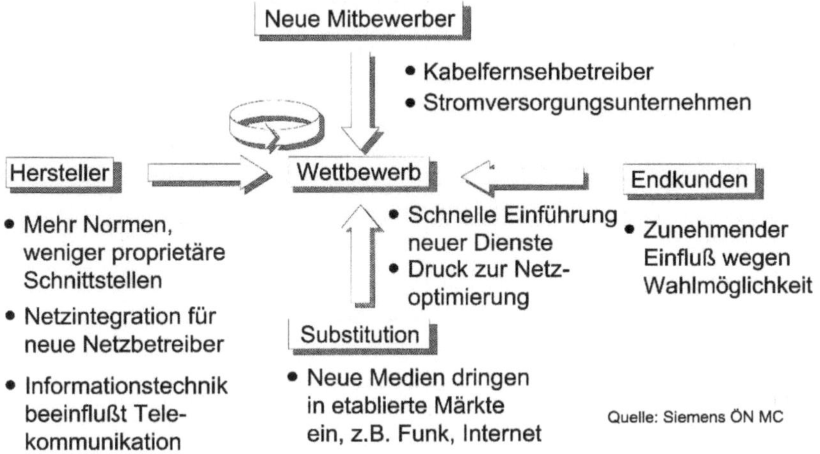

Abb. 1.2. Triebkräfte im Wettbewerbsumfeld

wicklung gewinnt. Andererseits führt der Wettbewerb bei den Netzbetreibern und die dabei entstehende Aufteilung des Marktes zu einem verstärkten Druck in Richtung standardisierter Schnittstellen, um einerseits innerhalb der Netze herstellerunabhängig optimale Lösungen zusammenstellen zu können, und andererseits eine möglichst einfache Interoperabilität der Netze unterschiedlicher Betreiber zu gewährleisten. Dieser gegenläufige Trend kann zu einer abnehmenden Herstellerbindung bei den einzelnen Netzbetreibern führen. Andererseits verbessern sich dadurch die Bedingungen für die Hersteller im Hinblick auf eine globale Präsenz auf dem Weltmarkt. Außerdem müssen sich die Hersteller darauf einstellen, daß durch das Zusammenwachsen der Telekommunikations- und der Datennetze, sowie durch die zunehmende Komplexität der Steuerungs- vorgänge in den Netzen, die Rechner- und Datentechnik einen zunehmenden Einfluß auf die Kommunikationstechnik erlangen wird.

Durch die neuen Technologien werden sich Verschiebungen im Markt er- geben, die die bestehenden Strukturen drastisch ändern können. Ein gutes Beispiel in diesem Zusammenhang ist die Telefonie: Sprachkommunikation kann über die klassischen analogen Telefonnetze, über das ISDN, über das B-ISDN, über zellulare oder satellitengestützte Mobilfunknetze und in Zu- kunft auch über das Internet abgewickelt werden. Dabei werden signifikante Teile des Marktes von den Festnetzen auf die mobilen Netze übergehen. Falls sich die Sprachübertragung über das Internet etablieren sollte, wird sich ein Teil des klassischen Telekommunikationsmarktes hin zum Datenmarkt ver- schieben.

Profitieren von diesen Entwicklungen wird der Endkunde. Der Wettbewerb führt zu einer steigenden Innovationsrate in den Netzen, da die konkurrie- renden Betreiber durch die frühe Einführung neuer Dienste und Dienstlei- stungen versuchen, sich von ihren Mitbewerbern zu differenzieren (Feature Race). Gleichzeitig werden die Netzbetreiber in die Modernisierung und Op- timierung ihrer Netze investieren, um für den Preiswettbewerb gerüstet zu sein. Durch die Wahlmöglichkeit der Endkunden unter mehreren Betreibern wird sich deshalb neben der Kundenbetreuung auch das Angebot an Diensten und Dienstleistungen verbessern, gleichzeitig wird eine generelle Senkung der Tarife zu beobachten sein. Dies betrifft insbesondere die Preise für die reine Übertragungskapazität, z.B. in Form von Mietleitungen, bei denen mit dem Wegfall der Infrastrukturmonopole eine deutliche Senkung des Preisniveaus erwartet werden kann, während der Effekt bei den höherwertigen Sprach- und Datendiensten weniger ausgeprägt sein wird. Gleichzeitig werden sehr kom- plexe und sich schnell ändernde Tarifstrukturen eingeführt werden, die eine optimale Auswahl für den Endkunden erschweren werden.

Diese Triebkräfte werden die verschiedenen Betreibergruppen und deren strategische Ausrichtung in unterschiedlicher Art und Weise beeinflussen. Dar- aus ergeben sich auch unterschiedliche Anforderungen an die Netzkonzepte und ihre Realisierungen.

Bei den klassischen Netzbetreibern wird der zunehmende Wettbewerb den Druck zur Innovation – und damit auch zur Einführung von Breitbandnetzen – verstärken. Nur dadurch kann das volle Spektrum zukünftiger Dienste und Anwendungen unterstützt und damit den Neueinsteigern der Markteintritt so schwer wie möglich gemacht werden. Da die Marktentwicklung noch relativ unsicher ist, sind Flexibilität und vor allem Skalierbarkeit der Netzlösungen von besonderer Bedeutung, um jeweils mit minimierten Investitionskosten auf Veränderungen reagieren zu können. Ein sehr wichtiger Punkt ist die Ausschöpfung aller Potentiale zur Kostensenkung, um die Wettbewerbsposition für den zu erwartenden Preiskampf zu stärken. Dabei spielt die Konsolidierung der meist bestehenden Spezialnetze und eine Vereinheitlichung der Betriebs- und Wartungskonzepte eine entscheidende Rolle. Für die Erfüllung beider Forderungen bieten die ATM-basierten Breitbandnetze eine optimale Voraussetzung, zum einen durch die inhärente Flexibilität des ATM-Ansatzes an sich und zum anderen durch die Tatsache, daß von Anfang an einheitliche Managementkonzepte auf der Basis des TMN (Telecommunication Management Network, s. Kap. 6) für die ATM-Netze mit spezifiziert wurden. Im Vergleich zur monopolistischen Situation werden sich die Lebenszyklen der eingesetzten Geräte tendenziell stark verkürzen. Trotzdem ist es eine spezifische Anforderung der etablierten Netzbetreiber, daß ein evolutionärer Übergang von der existierenden, sehr gut ausgebauten Schmalband-Infrastruktur hin zu Breitbandnetzen möglich ist. Dabei müssen die bereits erfolgten Investitionen so weit wie möglich geschützt werden. Die damit verbundene, optimierte Zusammenarbeit mit den Schmalbandnetzen und den an sie angeschlossenen Teilnehmern stellt ein wichtiges Wettbewerbsargument für die etablierten Betreiber dar, und diese Aspekte wurden deshalb bei den Spezifikationen für die ATM-basierten Breitbandnetze explizit berücksichtigt.

Die Konkurrenz erwächst den klassischen, nationalen Netzbetreibern zunächst von großen Betreibern aus dem Ausland, die nach dem Verlust ihrer Monopole versuchen, ihre Operationen weltweit auszudehnen. Dazu werden sie entweder selbst neue Netze aufbauen oder sich an neuen Betreiberfirmen beteiligen und diese auch mit ihren langjährigen Markterfahrungen unterstützen. Diese Globalisierung des Wettbewerbs führt andererseits auch verstärkt zu strategischen Allianzen, bei denen sich etablierte Netzbetreiber zusammenschließen, um global gesehen eine starke Marktposition zu erreichen und um verbesserte Dienstangebote über die jeweiligen Landesgrenzen hinaus anbieten zu können. Ein weiterer Effekt bei diesen Allianzen ist, daß die Betreiber durch gemeinsame, eventuell über die allgemeingültigen Normen hinausgehende, Spezifikationen einen stärkeren Einfluß auf die Hersteller nehmen können als die Mitglieder der Allianz einzeln. Beispiele für solche Allianzen sind Global One (Deutsche Telekom, France Télécom, Sprint), Concert (British Telecom, MCI) oder Worldpartners (AT&T, KDD, Singapore Telecom und mehr als 10 andere Mitglieder). Auch im Zusammenhang mit diesen

Allianzen sehen sich die etablierten Betreiber einem gewissen Innovationsdruck ausgesetzt, um sich z.B. mit einer führenden Rolle bei der Entwicklung der Breitbandkommunikation als einer der „Key Player" im globalen Spiel der Kräfte zu positionieren.

Da für die branchenfremden Investoren neben dem für die erheblichen Investitionen erforderlichen Kapital auch weitere Erfolgsfaktoren aus unterschiedlichen Bereichen gegeben sein müssen und in einigen Bereichen, z.B. bei den zellularen Mobilfunknetzen, nur eine begrenzte Anzahl von Lizenzen vergeben wird, erfolgt dieses Engagement meist in Form von Konsortien. Neben der Betreibererfahrung und dem Kapital sind für neue Netzbetreiber insbesondere eine eventuell schon vorhandene Infrastruktur, das Vorhandensein geeigneter Standorte für die Vermittlungseinrichtungen sowie der Besitz von Wegerechten zur Installation der Infrastruktur über fremdes Gelände wichtige Erfolgsfaktoren. Aus diesem Grund ist der Markteintritt für Unternehmen besonders attraktiv, die wie etwa Energieversorgungsunternehmen oder Eisenbahngesellschaften, schon über Netze anderer Art verfügen, die zudem oft schon durch das Mitverlegen von Kommunikationskabeln eine solide Basis für den Einstieg bieten. Typische Beispiele in diesem Zusammenhang sind RWE, VIAG und VEBA.

Eine weitere wichtige Gruppe von branchenfremden Unternehmen, für die ein Einstieg besonders lukrativ ist, sind die Betreiber der Kabelfernsehnetze. Diese sind in vielen Ländern, wie z.B. den USA, nicht wie in Deutschland identisch mit den Betreibern der Telekommunikationsnetze. Die Kabelfernsehbetreiber verfügen mit ihren Koaxnetzen über eine flächendeckende Breitbandinfrastruktur, die mit vergleichsweise geringem Aufwand auch für interaktive Kommunikationsdienste benutzbar gemacht werden kann, sobald es die regulatorischen Randbedingungen erlauben. Ein Vorteil ist hier, wie auch bei den Energieversorgungs-Unternehmen, der aus den anderen Bereichen vorhandene Kundenstamm, dem gezielt die neuen Kommunikationsdienstleistungen angeboten werden können. Auch Firmennetze (Corporate Network) wie sie für eine – eventuell sogar weltweite – Vernetzung der Firmenstandorte von vielen Konzernen aufgebaut wurden, können ein solches Startkapital darstellen. Auf dieser Basis kann es für die Betreiber solcher Firmennetze interessant sein, ihre Dienstleistungen auch Firmenfremden anzubieten.

Bei den neuen Netzbetreibern lassen sich unterschiedliche Zielrichtungen und Strategien unterscheiden. Eine Gruppe von Netzbetreibern, die auch als „Transport Provider" bezeichnet wird, hat bevorzugt das Ziel, eine moderne Infrastruktur auf lokaler, regionaler oder nationaler Ebene aufzubauen, um die Übertragungskapazität in Konkurrenz zu den etablierten Netzbetreibern anzubieten. Auf diesem Gebiet ist ein starker Preiswettbewerb zu erwarten und die klassischen Netzbetreiber verfügen oft bereits über genügend freie Kapazitäten in ihren Netzen, um ohne größere Investitionen in den Wettbewerb zu gehen. Deshalb ist ein Markteintritt für neue Betreiber besonders dann sinnvoll, wenn in bestimmten Bereichen eine entsprechende Infrastruktur noch von keinem Mitbewerber angeboten wird. Dies ist z.B. bei Backbone-Netzen für das Internet der Fall, da in vielen Fällen noch keine flächendeckenden, hochleistungsfähigen Datennetze existieren. Aus diesem Grund etablieren sich zunehmend die bereits angesprochenen „Internet Network Provider", die speziell auf das Internet zugeschnittene, meist auf Frame Relay basierende Netze aufbauen, um den offensichtlichen Engpaß der heute für den Transport von Internetverkehr (mit-) verwendeten Infrastruktur zu beheben. Ein anderer Vorteil für den Markteintritt ist es, wenn, wie z.B. im Fall von Energieversorgungs-Unternehmen, bereits günstige Voraussetzungen für den flächendeckenden Aufbau einer Infrastruktur bestehen.

Die Anforderungen dieser neuen Netzbetreiber liegen vor allem im Bereich der hohen Leistungsfähigkeit – sowohl im Übertragungs- als auch im Vermittlungsbereich. Außerdem müssen es die eingesetzten Technologien erlauben, ein möglichst breites Spektrum an Diensten mit einer einheitlichen Basis-Infrastruktur zu unterstützen. Damit sind die Anforderungen ähnlich zu denen der etablierten Betreiber, mit dem Unterschied, daß die neuen Betreiber keine Rücksicht auf eine Weiterverwendbarkeit bereits installierter Systeme zu nehmen brauchen. Deshalb können durch den durchgängigen Einsatz neuester Technologie kostenoptimierte Netzstrukturen aufgebaut werden, mit denen eine ausreichende Wettbewerbsfähigkeit erreicht werden kann. Eine optimale Ressourcenausnutzung durch die flexible und effektive Mischung aller auftretenden Verkehrsarten hat bei diesen Betreibern einen noch höheren Stellenwert als bei den etablierten Betreibern, damit die Investitionen beim schrittweisen Aufbau der Infrastruktur möglichst schnell amortisiert werden können.

Eine andere Gruppe, die sog. „Competitive Access Provider" (CAP), suchen im Teilnehmer-Anschlußbereich den Wettbewerb mit den etablierten Betreibern. In diesem Bereich besteht das Problem beim Markteintritt insbesondere darin, den Zugang für eine große Zahl von Teilnehmern zu gewährleisten. Wenn der neue Betreiber nicht aufgrund regulatorischer Vorgaben zur Mitbenutzung der Anschluß-Infrastruktur der etablierten Betreiber unter ökonomisch sinnvollen Bedingungen berechtigt ist, erfordert dies hohe Investitionen. Deshalb kann es für die neuen CAPs sinnvoll sein, sich zunächst überwiegend auf Großkunden zu konzentrieren, bei denen mit vergleichsweise geringen Investitionen ein hohes Umsatzpotential erschlossen werden kann. Ausgehend von dieser Basis können dann zunehmend auch einzelne Privatkunden aufgeschaltet und die Infrastruktur entsprechend ausgedehnt werden. Um einen möglichst kostengünstig und schnell zu installierenden Teilnehmerzugang zu erhalten, sind funkbasierte digitale Anschlußsysteme zunächst im Schmalbandbereich, in Zukunft aber auch im Breitbandbereich, sehr attraktiv. Im Schmalbandbereich basieren die Ansätze dabei entweder auf dem DECT-Standard, der auch für schnurlose Telefone eingesetzt wird, oder auf dem CDMA-Prinzip (Code Division Multiple Access). Dabei ist das Ziel im Unterschied zu den zellularen

Mobilfunknetzen, wo die Mobilität der Teilnehmer im Vordergrund steht, vor allem die Überbrückung des letzten Stücks (Last Mile) bis hin zum Teilnehmer ohne umfangreiche Baumaßnahmen. Eine beschränkte Mobilität kann jedoch trotzdem geboten werden.

Weiterhin ist bei den CAPs zu berücksichtigen, daß die so entstehenden Teilnehmerinseln in der Regel über das öffentliche Netz (des konkurrierenden Betreibers) vernetzt werden müssen. Deshalb ist es von besonderer Bedeutung für die CAPs, die gemietete Bandbreite optimal zu nutzen. Dies kann z.B. durch den Einsatz von Komprimierungstechniken bei der Sprachübertragung und auch durch eine flexible Integration von Sprach- und Datenverkehr erreicht werden, wobei der Einsatz von ATM entscheidende Vorteile bietet.

Ein weiterer Trend, der weitreichende Konsequenzen für die Entwicklung der Netze haben wird, ist darin zu sehen, daß sich eine zunehmende Vielfalt von höherwertigen Diensten entwickeln wird, für die flexible und leistungsfähige Kommunikationsnetze die Voraussetzung sind. Typische Beispiele sind hier Online- und Internetdienste einerseits und Dienste wie Video-on-Demand oder Teleshopping (s. Abschn. 8.1) andererseits. Diese Dienste haben zunächst gemeinsam, daß sie auf das Privatkundensegment abzielen und dort eine mehr oder weniger breitbandige Infrastruktur voraussetzen. Eine weitere Gemeinsamkeit ist, daß dabei nicht die Konnektivität im Vordergrund steht, sondern der Informationsinhalt bzw. der komfortable, kommunikationsgestützte Zugang zu einer Dienstleistung. Durch diese Dienste wird die Wertschöpfungskette, an der bisher lediglich Hersteller von Telekommunikations-Einrichtungen und Netzbetreiber beteiligt waren, um weitere Interessengruppen erweitert wie in Abb. 1.3 dargestellt.

Zunächst werden in den Endsystemen hochentwickelte Funktionen benötigt, die für die komfortable Inanspruchnahme der Dienste notwendig sind. Diese werden zum großen Teil nicht von den klassischen Herstellern

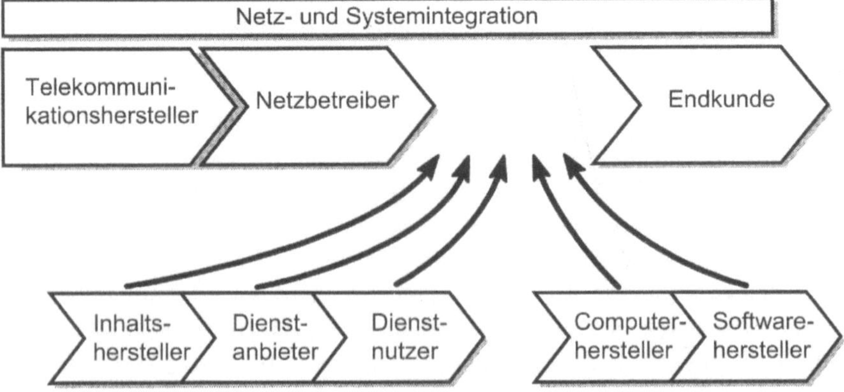

Abb. 1.3. Erweiterung der Wertschöpfungskette in der Telekommunikation

der Telekommunikations-Einrichtungen, sondern von spezialisierten Firmen (Application Provider) oder – da diese Funktionen einen großen Softwareanteil beinhalten – von Herstellern aus dem Bereich der Informationstechnik zur Verfügung gestellt. Insgesamt geht der Trend eindeutig weg von dienstspezifischen Endgeräten hin zu multifunktionalen. Bei den unterhaltungsorientierten Videodiensten geht die Entwicklung in die Richtung erweiterter Bedienbarkeit der Systeme unter Beibehaltung des Fernsehers als Endgerät und der Bedienung über eine Fernbedienung. Dies wird über sog. „Set Top Boxen" erreicht, die die komplexen Kommunikations- und Steuerungsfunktionen übernehmen und die empfangenen, digital kodierten und eventuell verschlüsselten Signale für die Ausgabe auf dem Fernsehschirm aufbereiten. Eine menügesteuerte Benutzerführung am Bildschirm erlaubt dabei auch relativ komplexe Bedienoperationen.

Für die anderen Dienste bietet sich der in vielen Haushalten bereits vorhandene PC an. Bereits heute werden die PCs über Modems an das analoge Telefonnetz oder über entsprechende Schnittstellenkarten an das ISDN angeschlossen und übernehmen neben der Endgerätefunktion für Online- und Internet-Dienste auch teilweise Telefax- und Anrufbeantworterfunktionen. Dieser Trend wird sich weiter fortsetzen, da die PCs und die zusätzlich benötigten Hardware-Erweiterungen immer leistungsfähiger und dabei billiger werden. Eine Schlüsselstellung dabei kommt der Software zu, so daß die großen Softwarehäuser, vor allem Microsoft, mit ihrer hohen Marktdurchdringung entscheidenden Einfluß in diesem Bereich ausüben werden, der auch gravierende Einflüsse auf die Weiterentwicklung der Netze haben wird. Ein bereits erwähntes Beispiel ist die Möglichkeit, den Telefondienst und sogar Videodienste alternativ zu den klassischen Verfahren PC-gestützt über das Internet abzuwickeln, wobei einem Kostenvorteil durch die (derzeitige) Tarifstruktur des Internet (derzeit) Probleme mit der Dienstqualität und der Verfügbarkeit gegenüberstehen. Ob dieser Ansatz sich in signifikantem Umfang durchsetzen wird, hängt einerseits von der Weiterentwicklung der Tarifstrukturen und andererseits davon ab, ob und wie schnell im Internet eine explizite Unterstützung von Echtzeitdiensten, z.B. durch das „Resource Reservation Protocol" (RSVP) und das „Real-Time Transport Protocol" (RTP), eingeführt werden kann.

Die sog. „Content Provider" bieten ihre „Waren" in Form von Informationen oder sonstigen Dienstleistungen über das Netz hinweg an. Das typische Beispiel hier sind Medienkonzerne, die ihre Filme über das Netz zugänglich machen und dadurch die Möglichkeit erhalten, ihre Produkte einer potentiell sehr großen Zahl von Kunden direkt, bequem und jederzeit anzubieten. Die Möglichkeit dazu bieten die interaktiven Videodienste (s. Abschn. 8.1.2), wie z.B. Video-on-Demand, bei dem Videofilme über das Netz angeboten werden und der Benutzer die gleichen – und durch den Einsatz modernster Digitaltechnik sogar noch weitergehende – Bedienmöglichkeiten wie beim lokalen Videorekorder hat. Ein anderes Beispiel sind die im Internet zunehmend verbreiteten, auf kommerzieller Basis angebotenen aktuellen Informationen von Verlagen, wie z.B. elektronische Zeitschriften, oder von Nachrichtenagenturen.

Eine weitere neue Interessengruppe, die Dienstanbieter (Service Provider) stellen die über die reine Konnektivität des Netzes hinausgehenden, generischen Funktionen und Voraussetzungen für die Abwicklung der Dienste bereit. Diese umfassen z.B. die Bereitstellung des Zugangs zu den Informationen bzw. Dienstleistungen, sowie den Aufbau und die Unterhaltung eigenständiger, in der Regel nicht von den Netzbetreibern kontrollierter, Kundenbeziehungen einschließlich der Gebührenabrechnung. Ein typisches Beispiel sind hier die „Internet Service Provider" (ISP), die gegen Gebühr den Zugang zum Internet für ihre Kunden zur Verfügung stellen.

Die Dienstanbieter betreiben aber nicht nur das Endkundengeschäft, viele Firmen werden die von den Dienstanbietern zur Verfügung gestellten Möglichkeiten nutzen, um selbst den Endkunden – eventuell alternativ zu anderen, bereits existierenden Vertriebswegen – ihre speziellen Dienstleistungen und Waren über das Netz anzubieten (Service Subscriber). Ein viel zitiertes Beispiel in diesem Zusammenhang ist das Teleshopping, bei dem der Kunde von zu Hause aus das Warenangebot begutachten und Waren bestellen kann. Dies ist insbesondere für den Versandhandel attraktiv, da er seine Produkte gezielt und aktuell einem großen Kundenkreis präsentieren kann und noch dazu die Betriebsabläufe im Vergleich zum bisherigen Verfahren (Verteilen von Katalogen, Bearbeiten schriftlicher/telefonischer Bestellungen) erheblich rationalisieren kann. Ähnliche Vorteile bieten auch Anwendungen für die Abwicklung der Finanzangelegenheiten über das Netz (Home Banking) oder die eventuell sogar durch den Einsatz von automatischen Expertensystemen unterstützte und rationalisierte Kundenbetreuung (Hotline). Die Unterstützung durch die Service Provider hat für diese Firmen den Vorteil, daß sie sich auf ihre Produkte konzentrieren können und die Beherrschung der Eigenheiten der neuen elektronischen Vertriebskanäle den Spezialisten überlassen können.

Die zunehmende Vielfalt und die damit verbundenen Möglichkeiten, eine bestimmte Anwendung, oder bestimmte Kombinationen von Anwendungen, auf unterschiedliche Arten und eventuell über unterschiedliche Netze zu betreiben, bietet darüberhinaus speziellen Netz- oder Systemintegratoren zunehmend die Gelegenheit, ihre Fachkenntnisse zu vermarkten.

Diese neuen Interessengruppen werden einen signifikanten Anteil des Gesamtumsatzes abschöpfen, da die höherwertigen Dienstfunktionen und der Informationsinhalt gegenüber der reinen Konnektivität und der Übertragung auch finanziell höher bewertet werden. Deshalb wird es natürlich Anbieter geben, die gleichzeitig mehrere der in Abb. 1.3 dargestellten Rollen besetzen, z.B. werden sich auch die etablierten Netzbetreiber gezielt selbst als Dienstanbieter positionieren. Da für Dienstanbieter und Anbieter von Inhalten eine sehr leistungsfähige, flächendeckende Infrastruktur die Basis ihres Geschäfts darstellt und viele der an diesem Gebiet interessierten Investoren, wie z.B. die großen

Medienkonzerne, über ein großes wirtschaftliches Potential verfügen, werden sie auch konkreten Einfluß auf die Entwicklung der Netze und der Dienste bis hin zu technologischen Aspekten nehmen. Dies kann z.B. wiederum durch die Bildung von Allianzen zwischen Netzbetreibern und Dienst/Inhaltsanbietern erfolgen, wie sie vor allem in den Vereinigten Staaten bereits zu beobachten war.

1.2.2
Die Entwicklung im Bereich der privaten Netze

Im Bereich der privaten Netze steht zunächst die weitere Verbesserung der lokalen Infrastruktur im Vordergrund. Dabei stellt ATM zunächst nur eine unter mehreren Möglichkeiten dar, da sich die etablierten LAN-Varianten ebenfalls weiterentwickeln und durch einen Übergang zu sternförmigen Strukturen (Switched Ethernet) und einer Erhöhung der Übertragungsgeschwindigkeit auf 100 Mbit/s (Fast Ethernet) oder sogar in den Gigabit-Bereich (Gigabit-Ethernet) eine echte Konkurrenz für ATM und auch für FDDI im lokalen Bereich darstellen. Für die Ethernet-Varianten spricht, daß sie voll kompatibel mit den älteren Varianten sind und sogar durch die gleiche Schnittstellenkarte unterstützt werden können, so daß im Gegensatz zu ATM, wo ein kompletter Umstieg notwendig ist, nur ein „Upgrade" anfällt. Außerdem sind die Schnittstellenpreise im Vergleich zu ATM und FDDI so günstig, daß sich in der nahen Zukunft der direkte, ATM-basierte Anschluß von Workstations und PCs (ATM to the Desktop) eher zögerlich entwickeln wird.

Im Bereich der Hochgeschwindigkeits-Backbone-Netze innerhalb der Firmen dagegen wird sich ATM, mit seiner nahezu unbegrenzten Skalierbarkeit im Durchsatz, seinen Voraussetzungen zum Aufbau sehr ausfallsicherer Strukturen und den Möglichkeiten zur Garantie und flexiblen Steuerung der Dienstgüte gegenüber FDDI und ähnlichen Konzepten deutlich früher durchsetzen. Positiv wird sich hier auch die Möglichkeit zur Integration der Echtzeitdienste (Sprache, Bewegtbild) auswirken.

Aus diesem Bereich ergibt sich auch der erste signifikante Bedarf an Breitbandkommunikation im öffentlichen Netz, da größere Firmen in der Regel über mehrere Standorte verteilt sind und die hochbitratige Kommunikation firmenweit benötigt wird. Dies zeigen die in Abb. 1.4 zusammengefaßten Ergebnisse einer Umfrage unter großen europäischen Firmen sehr deutlich. Dominierend sind derzeit die Vernetzung von LANs (LAN Interconnection), Möglichkeiten der Telekooperation zwischen räumlich getrennten Mitgliedern von Projektgruppen und der elektronische Daten- und Dokumentenaustausch (Electronic Data Interchange, EDI). An dieser Tatsache wird sich in den nächsten Jahren nichts ändern, lediglich die Durchdringung wird noch weiter steigen. Die Dienste, die einen hohen Anteil an interaktiver Videokommunikation erfordern, sind derzeit noch nicht sehr weit verbreitet, nehmen aber bis zur Jahrtausendwende in der Bedeutung deutlich zu.

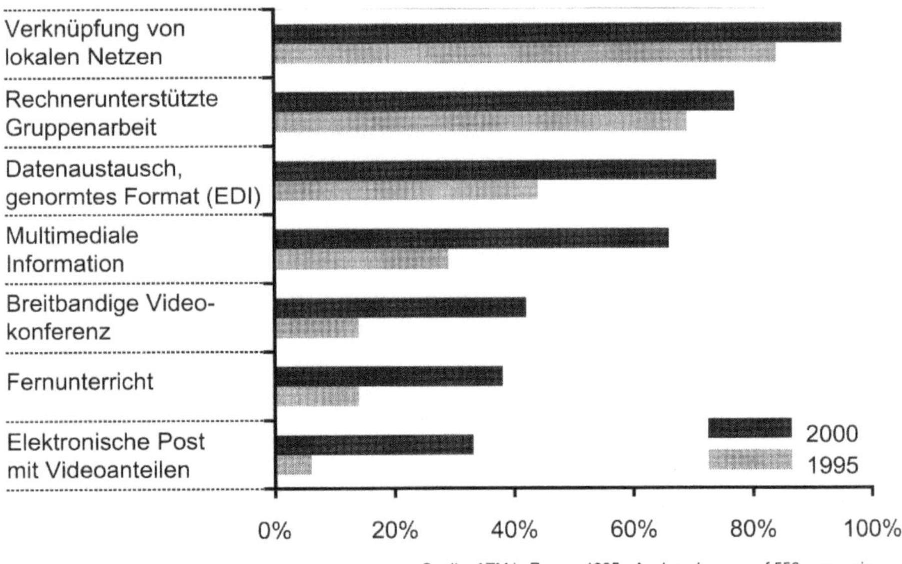

Abb. 1.4. Hauptanwendungen der Breitbandkommunikation im geschäftlichen Bereich

Diese Vernetzung von Standorten wird derzeit meist über Mietleitungen (Leased Lines) bewerkstelligt, die zwar ausreichend hohe Bitraten unterstützen und mit verbesserten Produkten im TDM[3]-Bereich auch eine (begrenzte) Integration von Sprach- und Datenverkehr auf den Übertragungsleitungen erlauben. Trotzdem weisen sie durch die grobe Granularität der einzelnen Verbindungen und das Fehlen von dynamischen Vermittlungsmöglichkeiten deutliche Einschränkungen auf, insbesondere bei einer großen Anzahl zu vernetzender Standorte. Weitere gebräuchliche Techniken, wie X.25-Datennetze oder ISDN hingegen bieten zwar die erforderliche Flexibilität, weisen aber deutliche Einschränkungen bei der Bitrate auf. Derzeit wird ein Teil dieses Marktes aufgrund der früheren Verfügbarkeit entsprechender Infrastrukturen durch die Verwendung von Frame Relay sowie von SMDS auf der Basis von MAN-Strukturen (Metropolitan Area Network) abgedeckt. Wegen der universelleren Einsetzbarkeit von ATM, sowie wegen der unbegrenzten Skalierbarkeit und der Fähigkeit, auch den Sprachtransport flexibel und effektiv zu unterstützen, ist jedoch zu erwarten, daß sich ATM in diesem Bereich relativ schnell durchsetzen wird, sobald die Netze kommerziell verfügbar werden. Dabei werden zum Teil jedoch die Frame Relay, X.25- und SMDS-Schnittstellen – vor allem im niederratigen Bereich – beim Teilnehmer vorerst erhalten bleiben, da sie im Vergleich zu ATM-Schnittstellen noch deutlich kostengünstiger sind. Der Transport im

---

3 Time Division Multiplex, synchrones Zeitmultiplexverfahren

öffentlichen Netz wird jedoch nach der entsprechenden Umsetzung über ATM erfolgen.

Ein weiterer Aspekt, der hier noch angesprochen werden soll, ist der steigende Bedarf an Mobilität bei den Teilnehmern. Dies äußert sich nicht nur durch das enorme Wachstum der zellularen Mobilfunknetze im öffentlichen Bereich, sondern ist auch für den Daten- und Breitbandbereich relevant. Insbesondere ist es für viele Teilnehmer wünschenswert, von beliebigen Orten über das Netz unbeschränkten Zugriff auf die persönlichen Daten und die persönliche Arbeitsumgebung im privaten Firmennetz zu haben. Der Zugang erfolgt dabei über die jeweils verfügbaren Netze mittels portabler PCs, die inzwischen die Leistungsfähigkeit stationärer Geräte erreicht haben und voll multimediafähig sein können. Ziel dabei ist es, dem Teilnehmer auf Reisen vom mobilen PC aus oder zu Hause, von einem der in steigender Zahl eingerichteten Heimarbeitsplätze aus, den gleichen vollwertigen Zugang zu seinem lokalen Firmennetz mit unbeschränktem Zugriff auf die dort vorhandenen Informationen und Ressourcen zur Verfügung zu stellen, wie er ihn von seinem Büroarbeitsplatz gewohnt ist. Dies kann im Extremfall auf der Basis eines „virtuellen" LANs erfolgen, das vom Netzbetreiber oder einem dritten Dienstanbieter zur Verfügung gestellt und betrieben wird, während die Teilnehmer einzeln und an unterschiedlichen Stellen an das Netz angeschlossen werden. Sowohl der externe Zugang zu einem realen LAN als auch insbesondere die Realisierung virtueller LANs erfordern im Netz höherwertige Dienstfunktionen.

1.2.3
Die Entwicklung des Internet

Die unglaubliche Entwicklung des Internet in den letzten Jahren wird weiterhin anhalten. Die Attraktivität des Internet für private Nutzer macht, zusätzlich zu der Vielfalt der zugänglichen Information, der weltweiten Konnektivität und der einfachen Bedienoberfläche, vor allem die Tatsache aus, daß für den Zugang die bereits vorhandenen Netzzugänge wie der analoge Telefonanschluß (mit Modem) oder ISDN-Leitungen ausreichen. Im Gegensatz dazu müssen bei den interaktiven Videodiensten (Video-on-Demand) neue, breitbandige Netzzugänge zur Verfügung gestellt werden, was relativ hohe Kosten verursacht und so die Eintrittsbarriere erhöht. Auch bezüglich der Endgeräte sind oft keinerlei Investitionen notwendig, da der inzwischen in vielen Haushalten vorhandene PC mittels (kostenfreier) Software verwendet werden kann.

Daraus ergeben sich Zukunftsprognosen für die Entwicklung der Teilnehmerzahlen wie sie in Abb. 1.5 dargestellt sind. Es ist aus dieser Grafik zu ersehen, daß weltweit ein Großteil der PC-Benutzer in Zukunft auch das Internet nutzen wird, vor allem um elektronische Nachrichten (Electronic Mail, E-Mail) auszutauschen und um über das World Wide Web (WWW) Zugriff auf die in

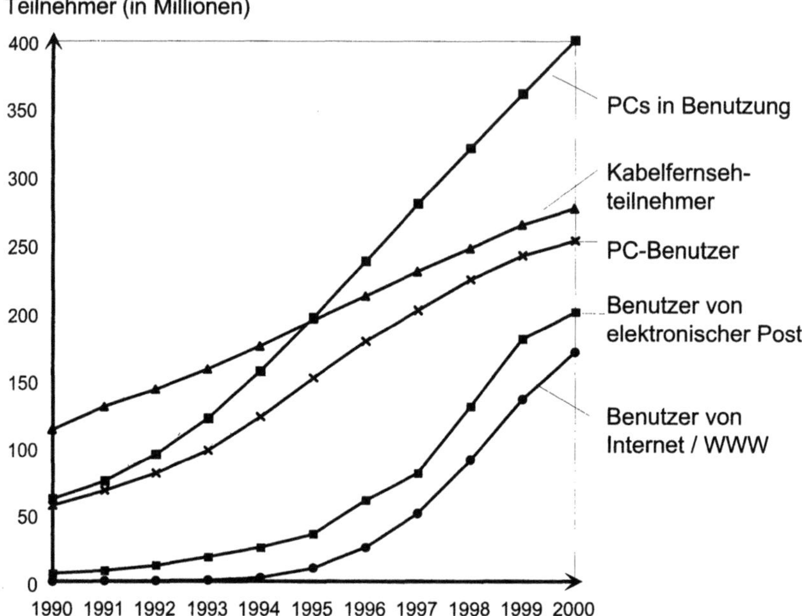

Abb. 1.5. Erwartete Entwicklung der Teilnehmerzahlen im Internet

weltweit verteilten Datenbanken abgelegten Informationen zu erhalten. Um die Größenordnung dieser Entwicklung aufzuzeigen, sind zum Vergleich die Teilnehmerzahlen für Kabelfernsehdienste aufgetragen.

Der dramatische Anstieg der Teilnehmerzahlen und ein Trend hin zu immer mehr graphikorientierter und sogar multimedialer Information hat bereits heute zu einer Überlastung der Internet-Infrastruktur und zu einer deutlichen Verschlechterung der Dienstgüte geführt, so daß derzeit weltweit klassische Netzbetreiber sowie spezielle „Internet Network Provider" neue, sehr viel leistungsfähigere Internet-Infrastrukturen speziell für diesen Anwendungsfall aufbauen. Während der heutige Bedarf mit Netzen auf der Basis von Frame Relay abgedeckt werden kann, wird in Zukunft ein Übergang auf ATM-basierte Internet-Backbones die günstigere Lösung sein, da die Leistungsfähigkeit der ATM-Breitbandnetze besser skalierbar ist und die bisher noch wesentlich höheren Port-Preise bei ATM deutlich fallen werden. Wenn durch die neuen Backbone-Infrastrukturen und die Erhöhung der Leistungsfähigkeit der Datenbankrechner (Server) und der Endgeräte (PCs) die schmalbandigen Anschlußleitungen den Engpaß für die Dienstgüte darstellen, wird sich das Internet durch den daraus entstehenden Bedarf an breitbandiger Kommunikation im Privatbereich zu einer der wichtigen Treibfedern für die Einführung öffentlicher Breitbandnetze entwickeln.

1.2.4
Die Perspektiven für ATM

Aus den obigen Überlegungen ergeben sich zwei klare Anforderungen an die zukünftigen Breitbandnetze, die weitgehend unabhängig vom jeweiligen Anwendungsbereich und vor allem durch das Wettbewerbsumfeld bestimmt sind:

- **Die Breitbandnetze müssen zu einer Reduktion der Kosten bei den Betreibern beitragen, um die Position im zu erwartenden Wettbewerb zu verbessern.** Ein wichtiger Aspekt hierbei ist vor allem bei den etablierten Betreibern die Kosteneinsparung durch die Konsolidierung der Netze, d.h. durch die Überführung der dedizierten Spezialnetze[4] in ein universelles Netz, das zwar nach außen – zumindest für eine gewisse Zeit – die dienstspezifischen Schnittstellen bietet, aber intern auf einem einheitlichen Verfahren beruht. Bei den neuen Betreibern im öffentlichen Bereich und bei den Betreibern von Privatnetzen spielt die effektive Nutzung der Netzressourcen durch eine flexible Integration möglichst vieler Dienste und Verkehrsarten bei der Kostenreduktion ebenfalls eine wichtige Rolle, insbesondere wenn die Ressourcen teilweise von anderen, eventuell konkurrierenden Betreibern gemietet werden müssen. Vielleicht noch wichtiger ist jedoch eine Senkung der über die Einsatzdauer kummulierten Gerätekosten (Life Cycle Cost), an denen die Betriebs- und Wartungskosten einen erheblichen Anteil haben. Daher ist der Einsatz möglichst einheitlicher Bedienkonzepte und -systeme ein ganz entscheidender Faktor beim Aufbau der Breitbandnetze.
- **Die Breitbandnetze müssen sehr flexible und skalierbare Strukturen aufweisen, um eine schnelle Einführung beliebiger neuer Dienste mit vertretbarem Aufwand zu erlauben.** Weder die Anforderungen der Dienste bezüglich der erwarteten Dienstgüte im Netz, noch bezüglich der Bandbreiten oder bezüglich des gesamten Verkehrsaufkommens, das im Netz generiert wird, dürfen die Einführung grundsätzlich neuer Konzepte erfordern, die die bereits getätigten Investitionen vorzeitig entwerten. Neben diesen auf den Nutzdatenbereich bezogenen Beispielen gilt dies auch für die Steuerungsfunktionen im Netz – insbesondere die Zeichengabemechanismen – und auch für die Möglichkeiten, höherwertige, dienstspezifische Funktionalitäten in das Netz zu integrieren.

Das ATM-Prinzip ist für die Erfüllung dieser Anforderungen in besonderer Weise geeignet, da es

- durch Paketorientierung und Verwendung des asynchronen Zeitmultiplexprinzips eine effektive Unterstützung beliebiger auch zeitlich variabler Verkehrsströme (Daten) und deren beliebige Mischung sowohl bei der Übertragung als auch bei der Vermittlung erlaubt,

---

4 Beispielsweise für X.25, Frame Relay, SMDS, für Mietleitungen und auch für Telefonie.

- durch kurze Dateneinheiten mit fester Länge, verbindungsorientierte Kommunikation und wirksame Mechanismen zur Verkehrssteuerung die Unterstützung flexibler Dienstgüteklassen und die Einhaltung entsprechender Garantien erlaubt, insbesondere für die Unterstützung von Diensten mit ausgeprägten Echtzeitanforderungen (Sprache, Video),
- durch den Einsatz mächtiger Zeichengabesysteme eine flexible Bereitstellung der Verbindungen bei Bedarf (Bandwidth on Demand) erlaubt,
- von den verwendeten Prinzipien und Protokollen her weder bezüglich der physikalischen Ausdehnung der Netze noch bezüglich der Anzahl der angeschlossenen Teilnehmer Begrenzungen unterliegt,
- durch seine auf die Prinzipien der bestehenden öffentlichen Netze abgestimmte Konzeption eine effektive Kooperation mit diesen unterstützt,
- durch seine einfachen Grundprinzipien besonders gut für eine stark parallelisierte, hardwarebasierte Implementierung geeignet ist und dadurch die Realisierung von Vermittlungsknoten mit fast unbeschränkt skalierbarer Leistungsfähigkeit erlaubt.

Somit verbindet ATM die vorteilhaften Eigenschaften aus der Datenwelt mit denen der verbindungsorientierten Telekommunikationswelt. Auch wenn ATM im Vergleich mit den unterschiedlichen Spezialverfahren, die für bestimmte Anwendungen optimiert sind, im einzelnen jeweils spezifische Nachteile aufweist, bietet es unter allen derzeit bekannten Verfahren die besten Voraussetzungen für den Aufbau einer universellen Infrastruktur für das Informationszeitalter.

Darüber, daß sich ATM in vielen Marktsegmenten etablieren wird, sind sich die Experten einig, die Frage ist lediglich in welchem Zeitraum dies geschieht. Generell wird im Privatnetzbereich kurzfristig der Einsatz im Backbone-Bereich erfolgen, während für den Anschluß der Teilnehmer zunächst die weiterentwickelten LAN-Technologien weiter dominieren werden. Im öffentlichen Netz wird der Hauptanteil der Anwendungen in der ersten Phase aus den Anforderungen der größeren Firmen nach einer weltweiten Vernetzung ihrer Standorte sowohl für Sprach- als auch für Datenverkehr resultieren. Daneben wird auch der Einsatz als Backbone-Netz für den Internet-Verkehr zunehmend an Bedeutung gewinnen. Im Bezug auf die Privatteilnehmer wird die Einführung von ATM erst verspätet erfolgen, da für deren Kommunikationsbedürfnisse die schmalbandigeren Verfahren größtenteils ausreichend sind und die Kosten einer flächendeckenden ATM-Infrastruktur im Teilnehmeranschluß-Bereich vorerst noch vergleichsweise hoch sind. Etwa ab dem Jahr 2000, wenn die ATM-Technologie vollends ausgereift ist und das Preisniveau durch den Masseneinsatz in den z.B. heute für LAN-Schnittstellen üblichen Preisbereich gefallen ist, wird allgemein ein drastischer Anstieg der ATM-Durchdringung in allen angesprochenen Bereichen erwartet.

Durch eine Vermischung von Einflüssen aus dem Bereich

- der klassischen Telekommunikation und der Datenkommunikation,
- der Übertragungstechnik und der Vermittlungstechnik sowie
- aus den öffentlichen und den privaten Netzen

mit völlig neuen Ansätzen, die erst durch die rasante Weiterentwicklung der Mikroelektronik überhaupt realisierbar geworden sind, ergibt sich auch im Bereich der Hersteller eine sehr heterogene Struktur. Neben den klassischen Herstellern öffentlicher Telekommunikationseinrichtungen etablieren sich neu gegründete Firmen, die nur auf ATM fokussiert und deshalb am Markt sehr erfolgreich sind. Ebenfalls vertreten sind etablierte Firmen aus der Welt der Datenkommunikation sowie Firmen aus dem TDM-Bereich. Jede dieser Gruppierungen und auch die einzelnen Betreibergruppen haben in Teilbereichen einen völlig unterschiedlichen Erfahrungshintergrund und damit andere Vorstellungen und Prioritäten bei der Weiterentwicklung von ATM, was sich auch in den im nächsten Abschnitt vorgestellten Standardisierungsgremien und den in diesen erarbeiteten Spezifikationen widerspiegelt. Obwohl prinzipiell darauf geachtet wird, daß die grundlegenden Definitionen einheitlich bleiben, haben sich aufgrund der unterschiedlichen Anforderungen und Netzphilosophien im privaten und im öffentlichen Bereich – besonders im Bereich der Zeichengabe – deutlich unterschiedliche Konzepte entwickelt. Deshalb wird es für den Erfolg von ATM insgesamt wichtig sein, daß in der Zukunft diese divergenten Entwicklungen sinnvoll vereinheitlicht und auch mit den Entwicklungstendenzen im Bereich des Internet abgestimmt werden.

1.3
Standardisierungsgremien für ATM/B-ISDN und andere relevante Organisationen

Die in den folgenden Kapiteln beschriebenen Konzepte und Mechanismen werden international in Form von Standards (Normen) und weniger formalen Industriestandards festgeschrieben, die eine Interoperabilität der unterschiedlichen Implementierungen und Netze sicherstellen sollen. Da auf diese Spezifikationen immer wieder Bezug genommen wird, sollen hier kurz die relevanten Gremien, ihre Aufgabenbereiche und ihre Arbeitsweisen vorgestellt werden.

Die internationalen, weltweit gültigen Standards für öffentliche Telekommunikationsnetze werden von der International Telecommunication Union (ITU) im „Telecommunication Standardization Sector"[5], kurz ITU-T, erarbeitet. Die ITU ist eine Tochterorganisation der Vereinten Nationen, deren stimmberechtigte Mitglieder diejenigen nationalen Organisationen sind, welche die

---

5 Diese Organisation war früher unter dem Namen „Comité Consultatif International Télégraphique et Téléphonique" (CCITT) bekannt.

hoheitlichen Telekommunikationsaufgaben wahrnehmen. In Deutschland ist dies z.B. das Bundesamt für Post und Telekommunikation (BAPT). Delegierte von öffentlichen Netzbetreibern, Herstellern und anderen Interessengruppen können als technische Berater an den Sitzungen teilnehmen, sind aber nicht stimmberechtigt.

Die Arbeit von ITU-T ist in vierjährige Studienperioden gegliedert (z.B. 1993–1996), an deren Ende früher Bände mit den innerhalb der Studienperiode erarbeiteten oder geänderten Empfehlungen veröffentlicht wurden. Diese Bücher hatten für jede Periode eine andere Farbe und wurden deshalb entsprechend benannt. Das letzte in dieser Folge war das 1988 veröffentlichte „Blaubuch", das die erste B-ISDN Empfehlung enthielt. Inzwischen werden neue Empfehlungen und Revisionen bestehender Empfehlungen einzeln veröffentlicht sobald sie fertiggestellt sind, um die Ergebnisse so früh wie möglich verfügbar zu machen.

Die einzelnen Fragestellungen werden verschiedenen Studiengruppen (Study Group) zugeordnet. Für ATM und B-ISDN wichtige Studiengruppen und deren relevante Themen sind

- **Studiengruppe 1:** Dienstaspekte des B-ISDN,
- **Studiengruppe 4:** Grundlegende Definitionen für das Management von Telekommunikationsnetzen (TMN),
- **Studiengruppe 11:** Zeichengabeprotokolle für das B-ISDN,
- **Studiengruppe 13:** Architektur und Struktur von ATM und B-ISDN
- **Studiengruppe 15:** Übertragungsnetze.

Die Studiengruppen treffen sich etwa alle 8 Monate und erarbeiten in weiter strukturierten Arbeitsgruppen (Working Party) Arbeitspapiere und Empfehlungsvorschläge, die dann von der Vollversammlung verabschiedet werden. Da die ITU-T-Empfehlungen einstimmig verabschiedet werden müssen, kann es relativ lange dauern, bis eine Empfehlung fertiggestellt wird. Oftmals enthält diese dann viele Optionen, um den Interessen aller Beteiligten Rechnung zu tragen. Ein weiteres Problem liegt in der Abstimmung zwischen den einzelnen Studiengruppen, die trotz formaler Koordinationsverfahren relativ schwierig ist.

Auf regionaler Ebene existieren Standardisierungsgremien, die eng mit ITU-T zusammenarbeiten. Sie passen die ITU-T-Empfehlungen an die regionalen Gegebenheiten an und verfeinern sie gegebenenfalls weiter. Außerdem werden in diesen regionalen Gremien Vorarbeiten für ITU-T geleistet. In Nordamerika wird diese Aufgabe vom American National Standards Institute (ANSI) wahrgenommen, dessen Komitee T1 sich speziell mit der Standardisierung von ATM und B-ISDN in den USA beschäftigt, in Japan vom Telecommunication Technology Committee (TTC).

Das regionale Gremium für Europa ist das 1989 gegründete „European Telecommunications Standards Institute" (ETSI), bei dem jede interessierte

Organisation vollwertiges Mitglied werden kann. ETSI übernimmt die ITU-T-Empfehlungen vom technischen Inhalt her und erarbeitet daraus European Telecommunication Standards (ETS), wobei sich die Mitgliedsländer von ETSI verpflichtet haben, diese dann in nationale Standards zu überführen. Daneben veröffentlicht ETSI auch ETSI Technical Reports (ETR), die sich mit Themen beschäftigen, die nicht (oder noch nicht) direkt standardisierungsrelevant sind.

Die Arbeit bei ETSI erfolgt in Technical Committees (TC[6]), die weiter in Sub Technical Committees (STC) untergliedert sind und die sich 3- bis 4 mal jährlich treffen. Das für ATM/B-ISDN wichtigste STC ist NA5, das sich allgemein mit Fragen von ATM/B-ISDN und MANs beschäftigt. Außerdem gibt es noch – wie bei ITU-T – andere STCs, die sich mit Aspekten beschäftigen, die auch für Breitbandnetze relevant sind. ETSI-Dokumente können zwar durch Abstimmung mit einer Mehrheit von 70% verabschiedet werden, in der Regel wird jedoch wie bei ITU-T versucht, einstimmige Entscheidungen zu erreichen. In ETSI-Standards sind keine Optionen erlaubt. Dies führt jedoch nicht unbedingt dazu, daß eine Option des ITU-T-Standards ausgewählt wird, sondern dazu, daß für jede Option ein eigener ETS erstellt wird. Ein Beispiel ist die ITU-T-Empfehlung I.432, in der die physikalische Schicht für die Benutzer/Netz-Schnittstelle des B-ISDN spezifiziert wird. Da hier eine zellbasierte und eine SDH-basierte Option beschrieben sind, wurden daraus bei ETSI der ETS 300 299 für die zellbasierte Variante und der ETS 300 300 für die SDH-basierte Variante abgeleitet.

Nationale Standardisierungsgremien haben die Aufgabe, internationale bzw. regionale Standards in nationale Normen zu überführen. Ein Beispiel ist die Deutsche Elektrotechnische Kommission im DIN und VDE (DKE). Von dieser Organisation und ihren Unterkomitees werden z.B. ETSI-Standards in Vorschläge für entsprechende DIN-Normen umgewandelt. Meist wird dazu lediglich ein deutscher Titel und ein deutsches Vorwort verfaßt, der eigentliche Standard bleibt in seiner ursprünglichen Form erhalten. Nachdem der Vorschlag allen interessierten Kreisen zur Kommentierung vorgelegt wurde, wird er zur deutschen Norm erklärt.

Neben diesen offiziellen Normungsgremien hat das im Oktober 1991 von Northern Telecom, Sprint, SUN Microsystems und Digital Equipment Corporation gegründete ATM-Forum, dem heute die meisten der führenden Netzbetreiber und Hersteller angehören, eine enorme Bedeutung erlangt. Beim ATM-Forum kann jede interessierte Gruppe Mitglied werden, wobei zwischen „Principal Members" (ca. 10 000 $ Jahresbeitrag) mit vollem Stimmrecht und dem Recht zur Teilnahme an allen Sitzungen und „Auditing Members" (ca. 1500 $ Jahresbeitrag) unterschieden wird, die lediglich die Dokumente erhalten,

---

6 Die Arbeitsorganisation von ETSI wird derzeit (Anfang 1997) geändert, die Umstrukturierung ist noch nicht abgeschlossen.

aber weder stimmberechtigt sind noch an allen Sitzungen teilnehmen können. Das ATM-Forum verfolgt zwei Ziele:

- Es will die Vorteile der ATM-Technik bekannt machen, um den privaten ATM-Markt zu stimulieren. Zu diesem Zweck hält das „Market Awareness and Education Committee" mit seinen Zweigen in den USA, Europa und Asien Tutorials und andere Veranstaltungen ab und verteilt Informations-material.
- Da die Belange der Hersteller von Kommunikationsprodukten für den pri-vaten (nicht-öffentlichen) Bereich bei ITU-T nicht abgedeckt sind, will das ATM-Forum in einem „Technical Committee" Spezifikationen für diesen Be-reich erarbeiten, um schnell die Herstellung interoperabler ATM-Systeme zu ermöglichen.

Zusätzlich wurde ein „Enterprise Networking Roundtable" ins Leben gerufen, bei dessen Treffen spezielle „User Members" des ATM-Forums allgemeine An-forderungen formulieren und den oben genannten Komitees zur Kenntnis brin-gen können.

Die technische Arbeit erfolgt in themenbezogenen Arbeitsgruppen (Sub-ject Matter Expert Group), die sich typischerweise vier- bis fünfmal pro Jahr treffen und bei Bedarf kleinere Arbeitsgruppen etablieren, die sich nach Erle-digung der Aufgabe wieder auflösen. Im Gegensatz zu den offiziellen Gremien erfolgt direkt nach der Diskussion eines technischen Beitrags eine Abstim-mung, wobei der Beitrag angenommen wird, wenn mindestens eine Mehrheit von 60% vorliegt. Ergebnis der technischen Arbeit sind Spezifikationen, z.B. für eine Benutzer/Netzschnittstelle. Die Spezifikationen lehnen sich stark an die ITU-T-Empfehlungen an, gehen aber an manchen Stellen deutlich über diese hinaus, wenn es für die Implementierung erforderlich ist und weichen stellenweise auch ab.

Durch die häufigen Treffen und den Abstimmungsmodus entwickelt das ATM-Forum in technischer Hinsicht eine enorme Dynamik, was dazu führt, daß das ATM-Forum bei manchen Themen, z.B. im Bereich der Verkehrs-steuerung oder der LAN-Verknüpfung, eine deutliche Vorreiterrolle spielt. Da viele Themen parallel von ITU-T und vom ATM-Forum behandelt wer-den und sich – insbesondere bei den Schnittstellen und bei verbindungs-weit arbeitenden Mechanismen – keine strikte Trennung zwischen privaten und öffentlichen Netzen ziehen läßt, sind umfangreiche Abstimmungspro-zesse notwendig. Auch unter dem Gesichtspunkt, daß der Hauptmarkt für ATM derzeit im nicht-öffentlichen Bereich liegt, hat das ATM-Forum inzwi-schen bei vielen Herstellern eine erhebliche Beachtung erlangt, so daß die ATM-Forum-Spezifikationen im Prinzip weltweit gültige De-facto-Standards darstellen.

Weitere ATM-Spezifikationen stammen von Bellcore (Bell Communica-tions Research), einer nach der Zerschlagung des AT&T-Monopols von den neuen regionalen Netzbetreibern (Regional Bell Operating Company, RBOC) gegründeten und finanzierten Organisation. Ziel bei der Gründung von Bellcore war neben der Forschungsarbeit die Erarbeitung einheitlicher Richtlinien, um den RBOCs eine gemeinsame Basis für ihre Ausschreibungen zu bieten. Die von Bellcore erarbeiteten Dokumente werden als FA (Framework Advisory), TR (Technical Reference), TA (Technical Advisory) oder GR (Generic Requirement) veröffentlicht. Bellcore arbeitet mit vielen Herstellern direkt in Form von Kooperationen zusammen und läßt die Dokumente von Firmen weltweit begutachten. Die Bellcore-Dokumente sind an vielen Stellen sehr viel detaillierter und weiter fortgeschritten als die offiziellen Standards. Insbesondere enthalten sie oft auch implementierungsrelevante Werte, die in den Standards nicht enthalten sind. Ein Beispiel hierfür sind Angaben über die Anzahl von Verbindungen, die eine Schnittstelle gleichzeitig unterstützen soll. Da die Ergebnisse von Bellcore auch in das ATM-Forum sowie über ANSI intensiv in die offizielle Standardisierung eingebracht werden und sich außerdem viele Netzbetreiber bei ihren Ausschreibungen auf die Bellcore-Dokumente berufen, haben diese einen spürbaren Einfluß auf die ATM-Implementierungen. Da die Finanzierung von Bellcore vor kurzem geändert wurde und sich Bellcore nun mehr in Richtung einer unabhängigen Consulting-Firma orientiert, ist zu erwarten, daß der Aufwand für Spezifikations- und Standardisierungsaufgaben in Zukunft rückläufig ist.

Da ATM die Basis für die zukünftige Kommunikationsinfrastruktur darstellt, beschäftigen sich auch andere Gremien mit den Nutzungsmöglichkeiten von ATM. Dies sind z.B. das Frame Relay Forum, die SMDS Interest Group (SIG) mit ihrem europäischen Pendant oder das Multimedia Forum. Diese Interessengruppen beschäftigen sich insbesondere mit Interworking-Aspekten und treiben entsprechende Spezifikationen weiter. In zunehmendem Maße beschäftigt sich auch die Internet Engineering Task Force (IETF), die für die technischen Spezifikationen im Zusammenhang mit der Weiterentwicklung des Internet verantwortlich ist, mit ATM-Fragen und arbeitet Konzepte für die Nutzung der ATM-Infrastruktur aus.

Innerhalb Europas gehen Impulse für die Entwicklung von ATM und B-ISDN auch von der 1991 gegründeten EURESCOM aus, in der sich mehr als 20 Betreiber öffentlicher Kommunikationsnetze zusammengeschlossen haben. EURESCOM trägt durch eigene, meist den Netzbetrieb betreffende Spezifikationsarbeiten und aktive Mitarbeit bei Pilotversuchen zur Einführung der Breitbandtechnik bei.

Ebenfalls wichtige Beiträge wurden bzw. werden durch die RACE-Initiative (Research in Advanced Communications in Europe) der EG-Kommission und das stärker anwendungsorientierte Nachfolgeprogramm ACTS (Advanced Communication Technology and Services) geleistet. Im Rahmen dieser Programme wurden mehrere hundert Forschungsprojekte – viele davon im Bereich der Breitbandkommunikation – gefördert, deren Ergebnisse die Entwicklung der ATM/B-ISDN-Konzepte und der relevanten Standards maßgeblich beeinflußt haben.

In den vergangenen Jahren war die Entwicklung der ATM-Standards und Spezifikationen vor allem technologiegetrieben und zielte darauf ab, herstellerunabhängig eine transportorientierte Basisfunktionalität zu definieren. Nun stehen zunehmend die höherwertigen Dienstfunktionalitäten im Vordergrund, die eine ökonomisch sinnvolle Ausnutzung der Potentiale des ATM-Konzepts erlauben sollen, um ATM wirklich als einheitliche Basis für die zukünftigen Breitband-Infrastrukturen zu etablieren.

2 Grundideen des Asynchronen Transfer Modus

2.1
Asynchrones Zeitmultiplexverfahren und virtuelle Verbindung

Sowohl das heutige Telefonnetz als auch das Schmalband-ISDN beruhen auf dem Prinzip der Durchschaltevermittlung (Circuit Switching), bei dem das in Abb. 2.1 dargestellte synchrone Zeitmultiplexverfahren (Synchronous Time Division Multiplexing, STD) verwendet wird, um Übertragungsleitungen für mehrere Verbindungen gleichzeitig nutzen zu können. Bei den Übertragungssystemen, die das synchrone Zeitmultiplexverfahren unterstützen (s. Abschn. 11.4) werden auf den Übertragungsleitungen Rahmen definiert, die sich periodisch wiederholen und auf deren Anfänge sich die an der Übertragung beteiligten Geräte synchronisieren können. Innerhalb dieser Übertragungsrahmen werden Zeitschlitze definiert, die relativ zum Rahmenanfang durchnumeriert werden. Im Laufe des Verbindungsaufbaus werden einer Verbindung auf jedem Übertragungsabschnitt im Netz bestimmte Zeitschlitze fest für die gesamte Verbindungsdauer zur exklusiven Nutzung zugeordnet, die erst beim Verbindungsabbau wieder freigegeben werden, wie in Abb. 2.1 angedeutet. Durch diese feste Zuteilung kann die Zuordnung der in den Zeitschlitzen übertragenen Daten zu einer Verbindung aufgrund der jeweiligen Zeitschlitznummer erfolgen (Position Multiplexing).

Eine Vermittlungsstelle schließt mehrere solcher Übertragungsleitungen in ankommender sowie in abgehender Richtung ab. Ihre Aufgabe besteht darin, die in den Zeitschlitzen enthaltenen Informationen von den Eingängen auf die Zielausgänge durchzuschalten (räumliche Vermittlung). Um die Blockierungseffekte zu minimieren, erfolgt in den Vermittlungsstellen auch eine Zeitschlitz-

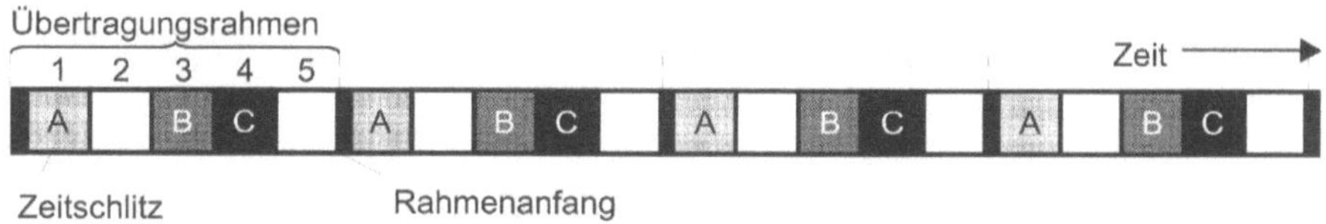

Abb. 2.1. Synchrones Zeitmultiplexverfahren

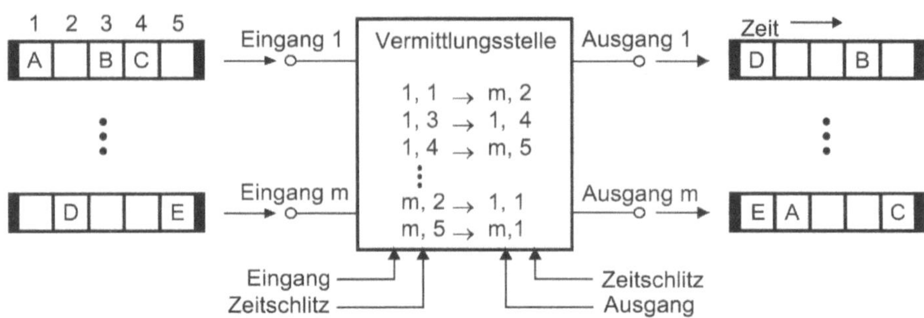

Abb. 2.2. Prinzip der Durchschaltevermittlung

umsetzung (nicht-koinzidente Durchschaltung), d.h. die einer Verbindung auf der Eingangsleitung zugeordnete Zeitschlitznummer kann freizügig in eine beliebige Zeitschlitznummer auf der Ausgangsleitung umgesetzt werden.

Die räumliche und zeitliche Durchschaltung erfolgt anhand von Tabellen, aus denen hervorgeht, welcher Zeitschlitz von welchem Eingang auf welchen Zeitschlitz auf welchen Ausgang durchgeschaltet werden muß. Diese Tabellen werden im Verlauf des Verbindungsaufbaus geladen und die verbindungsspezifischen Einträge bleiben für die Dauer der Verbindung unverändert.

Dieses auch als synchroner Übermittlungsmodus (Synchronous Transfer Mode, STM) bezeichnete Übermittlungsprinzip ist dadurch gekennzeichnet, daß alle Vorgänge, die bereits bestehende Verbindungen betreffen, weitestgehend deterministisch ablaufen und statistische Einflüsse nur durch die vom System aus gesehen zufällig eintreffenden Auf- und Abbauanforderungen für Verbindungen auftreten. Durch die feste Zuteilung der Zeitschlitze auf den Übertragungsleitungen und die starre, periodische Umsetzung in den Vermittlungsstellen ist für jede Verbindung der Weg durch das Kommunikationsnetz festgelegt und gleichzeitig ein Kanal mit einer bestimmten Übertragungskapazität[1] fest zugeordnet, weshalb diese Art von Verbindung oft auch als „physikalische Verbindung" bezeichnet wird.

Neben der reinen Signallaufzeit trägt auch die Zeitschlitzumsetzung[2] in den Vermittlungsstellen zur Durchlaufverzögerung der Informationen bei. Beide Komponenten der Gesamtverzögerung sind jedoch innerhalb einer Verbindung konstant, so daß die Verzögerungsschwankungen innerhalb einer Verbindung sehr gering sind. Informationsverluste kommen außer in Fehlerfällen nur durch Synchronisationsprobleme (Schlupf) zustande und sind nicht von der momentanen Auslastung der Netzelemente abhängig, da sich bestehende Verbindungen nicht gegenseitig beeinflussen.

---

1 Anzahl der Nutzbits pro Rahmen multipliziert mit der Rahmenwiederholfrequenz.
2 Pro Stufe mit Zeitschlitzumsetzung kann bis zu maximal eine Rahmendauer (in der Regel 125 μs) Verzögerung entstehen.

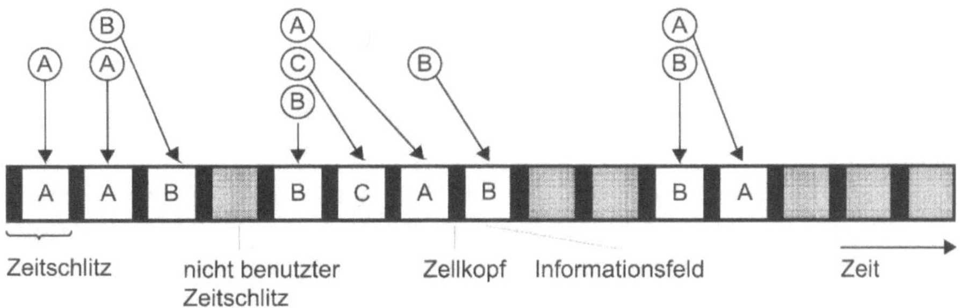

Abb. 2.3. Das asynchrone Zeitmultiplexverfahren

Im Gegensatz dazu basiert der asynchrone Transfer-Modus (Asynchronous Transfer Mode, ATM) auf dem asynchronen Zeitmultiplexverfahren (Asynchronous Time Division Multiplexing, ATD). Wie in Abb. 2.3 dargestellt, wird beim asynchronen Zeitmultiplexverfahren die zur Verfügung stehende Übertragungskapazität weiterhin in gleich große Abschnitte aufgeteilt, die hier ebenfalls als „Zeitschlitze" bezeichnet werden. Im Gegensatz zum synchronen Zeitmultiplex wird jedoch kein periodischer Rahmen mehr verwendet, anhand dessen die Zeitschlitze numeriert werden könnten. Deswegen müssen die in den einzelnen Zeitschlitzen übertragenen Daten mit einer Verbindungskennung versehen werden, damit auf der Empfangsseite die Zuordnung zu einer Verbindung möglich ist. Um den Zusatzaufwand bei der Übertragung (Overhead) durch diese Verbindungskennung in Grenzen zu halten, müssen die Zeitschlitze beim asynchronen Zeitmultiplexverfahren wesentlich mehr Nutzinformation enthalten als beim synchronen Zeitmultiplexverfahren. Pro Zeitschlitz wird deshalb eine komplette Dateneinheit übertragen, die zur Unterscheidung von den als „Pakete" (X.25) oder „Rahmen" (HDLC) bezeichneten Dateneinheiten anderer paketorientierter Verfahren als ATM-„Zelle" (Cell) bezeichnet wird. Die Zelle besteht aus einem Informationsfeld mit der eigentlichen Nutzinformation (48 Byte[3] gegenüber 1 Byte bei STD) sowie einem Zellkopf (Cell Header, 5 Byte), der die Verbindungskennung und andere, zusätzliche Steuerungsinformation trägt.

Eine Verbindung belegt bei Verwendung des asynchronen Zeitmultiplexverfahrens keine fest zugeordneten Zeitschlitze, sondern versucht bei Bedarf den nächsten freien Zeitschlitz zu belegen, sobald sie Daten zu senden hat. Da die einzelnen Quellen unabhängig voneinander senden, ergeben sich beim Multiplexen mehrerer Verbindungen Zugriffskonflikte. Damit in einem solchen Konfliktfall keine Informationen verloren gehen, müssen diejenigen Dateneinheiten (Zellen), die nicht sofort in den nächsten Zeitschlitz eingeschrieben

---

3 In den entsprechenden Empfehlungen von ITU-T wird statt dem aus der Datenwelt stammenden Begriff „Byte" für eine Gruppe von 8 Bits der Begriff „Oktett" verwendet.

werden können, zwischengespeichert werden, damit sie in späteren Zeitschlitzen transportiert werden können.

Dieses asynchrone Zeitmultiplexverfahren bietet den Vorteil, daß Verbindungen mit unterschiedlichen Datenraten und auch Verbindungen mit zeitlich veränderlichen Datenraten in natürlicher Weise unterstützt werden können, ohne durch eine vorgegebene Kanalstruktur eingeschränkt zu werden. Dieser Vorteil wird durch eine gegenseitige Beeinflussung der gleichzeitig bestehenden Verbindungen erkauft, die sich in einem variablen Anteil der Durchlaufverzögerung durch die Zwischenspeicherung äußert. Im Extremfall können sich Informationsverluste durch Pufferüberlauf ergeben.

Beim asynchronen Zeitmultiplexverfahren ist – im Unterschied zum synchronen Zeitmultiplexverfahren – eine Entkopplung des Weges durch das Netz von der Übertragungskapazität zu beobachten: Der Weg der Dateneinheiten durch das Netz ist durch die Verkettung der auf den einzelnen Abschnitten gültigen Verbindungskennungen und die Umwertetabellen vorgegeben und ist so während der gesamten Verbindungsdauer vorhanden, während die Übertragungskapazität nur bei Bedarf belegt wird, d.h. wenn tatsächlich Daten zu senden sind. Aus diesem Grund spricht man hier auch von einer „virtuellen" Verbindung.

2.2
Die Zell-Vermittlungsfunktion

Die Funktion einer ATM-Vermittlungseinrichtung ist wie in Abb. 2.4 dargestellt sehr ähnlich wie bei der Durchschaltevermittlung. Vor der eigentlichen Nutzdatenübertragung werden ebenfalls Verbindungen aufgebaut, so daß alle Nutzinformationen einer Verbindung denselben Weg durch das Netz nehmen. Im Rahmen des Verbindungsaufbaus werden in den Vermittlungsstellen ebenfalls Tabellen mit verbindungsspezifischen Daten geladen, aus denen entnommen werden kann, auf welchen Ausgang die Nutzinformationen durchzuschalten sind. Da die Verbindungskennung eine vergleichbare Funktion zur Zeitschlitznummer beim synchronen Zeitmultiplex erfüllt, wird auch sie in der Vermittlungseinrichtung umgesetzt, um Blockierungseffekte zu minimieren.

In dem Beispiel in Abb. 2.4 haben sowohl die Verbindung „A" als auch die Verbindung „C" auf der ankommenden Übertragungsleitung die Verbindungskennung „1". Da beide Verbindungen auf die gleiche abgehende Übertragungsleitung „m" vermittelt werden sollen, müssen die Verbindungskennungen umgewertet werden, um weiterhin die Eindeutigkeit der Verbindungskennung auf der Übertragungsleitung – und damit die eindeutige Zuordenbarkeit der Zellen zu einer Verbindung – zu gewährleisten. Ohne die Umwertung der Verbindungskennung müßte jeder Verbindung eine über den ganzen Weg durch das Netz hinweg eindeutige Kennung zugeordnet werden, die ähnlich wie z.B.

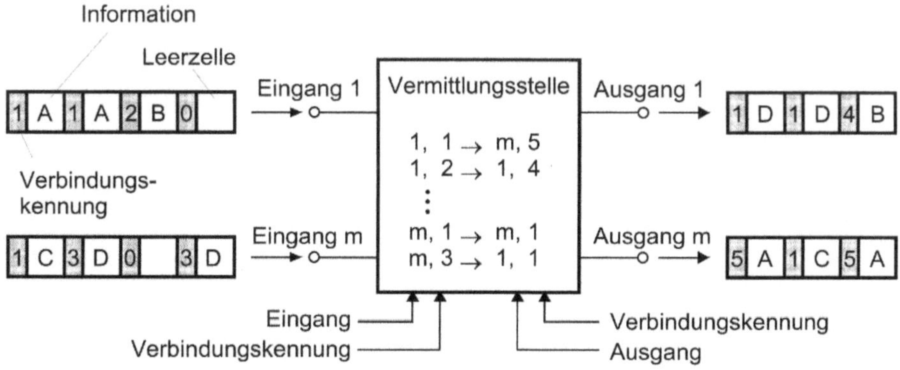

Abb. 2.4. Prinzip der ATM-Vermittlung

eine Telefonnummer sehr viel länger als die in der Zelle verwendeten Verbindungskennungen sein müßte.

Während bei Koppelnetzen für die Durchschaltevermittlung die Koppelpunkte lediglich periodisch umgeschaltet und die dadurch vorgegebenen Wege
durch das Koppelnetz nur beim Auf- und Abbau von Verbindungen verändert
werden, werden jeder ATM-Zelle Wegelenkungs-Informationen mitgegeben,
die in den ATM-Koppelelementen ausgewertet werden, so daß ein ATM-
Koppelelement individuell für jede einzelne Zelle getrennt entscheiden muß,
zu welchem Ausgang diese weitergeschickt wird.

Da die Durchschaltekoppelnetze lediglich im Takt der Zeitschlitze mit der
durch die Rahmendauer vorgegebenen Periode umgeschaltet werden können,
sind sie zunächst nur für eine bestimmte Verbindungsbitrate[4] (Basiskanal) geeignet. Verbindungen mit höheren Bitraten können durch die sog. „Mehr-
kanaldurchschaltung" realisiert werden, bei der einer Verbindung mehrere
Zeitschlitze zugeordnet werden. Weil die Durchschaltekoppelnetze nur – wenn
überhaupt – für einzelne Basiskanal-Verbindungen blockierungsfrei sind und
außerdem bei der Zeitschlitzumsetzung wegen der Notwendigkeit zur Einhaltung der Zeitschlitzreihenfolge innerhalb einer Mehrkanalverbindung (Time
Slot Sequence Integrity, TSSI) Einschränkungen auftreten, ist dieses Verfahren
nur für einen relativ kleinen Bitratenbereich einigermaßen effektiv [251]. Deshalb wären für universelle Breitbandknoten auf STM-Basis getrennte Koppelnetze für unterschiedliche Basiskanäle (z.B. 64 kbit/s, 2 Mbit/s, 140 Mbit/s) notwendig, die jeweils anhand des Verkehrsanteils der jeweiligen Bitraten dimensioniert werden müßten.

---

4 Es können in diesem Zeitraster auch niederratigere Signale übertragen werden, aber
  die Anzahl der realisierbaren Verbindungen bleibt dabei gleich, so daß der Koppel-
  netzdurchsatz sinkt.

Da bei ATM-Koppelnetzen die Vermittlung auf Zellbasis erfolgt, spielt die Bitrate einer Verbindung oder die Tatsache, daß sich diese während der Verbindungsdauer ändert, für die Koppelelemente keine Rolle – bei hochratigen Verbindungen kommen lediglich häufiger Zellen mit der gleichen Wegeleit-Information an als bei niederratigen. Deswegen sind ATM-Koppelnetze in der Lage, beliebige – auch variable – Bitraten effektiv zu vermitteln. Diese Eigenschaft von ATM-Koppelnetzen erlaubt es, alle Verbindungen trotz der um einige Größenordnungen unterschiedlichen Bitraten in einem gemeinsamen Koppelnetz zu vermitteln, wobei dieses Koppelnetz auf der Basis des Gesamtverkehrs, also unabhängig vom Mischungsverhältnis der unterschiedlichen Verkehrsarten, dimensioniert werden kann. Dies stellt einen der ganz entscheidenden Vorteile dar, die ein ATM-basiertes Breitbandnetz gegenüber einem Breitbandnetz auf STM-Basis hat. Einige grundsätzliche Überlegungen zu ATM-Koppelnetzen sowie Beispiele für Koppelfeldarchitekturen sind in Abschn. 10.3 zusammengestellt.

Eine weitere Besonderheit bei der ATM-Vermittlung ist die Möglichkeit zur Unterstützung von Punkt-zu-Mehrpunkt-Verbindungen (Point-to-Multipoint Connections, Pt-Mpt). Dabei werden im Koppelnetz die entsprechenden Zellen bei Bedarf vervielfacht und zu verschiedenen Ausgängen des Koppelnetzes weitergeleitet (Multicast). Dadurch können für die Pt-Mpt-Verbindungen über das ATM-Netz hinweg Verteilbäume so aufgebaut werden, daß auf jeder Übertragungsleitung nur jeweils eine Kopie jeder Pt-Mpt-Zelle übertragen werden muß. Näheres zur Unterstützung von Mehrpunkt-Verbindungen ist in Abschn. 4.3.7 zu finden, einige Möglichkeiten zur Realisierung der Multicast-Funktion in den unterschiedlichen ATM-Koppelfeldstrukturen sind in Abschn. 10.3.4 aufgezeigt.

2.3
Der virtuelle Pfad und seine Anwendungen

Mit dem virtuellen Pfad (Virtual Path, VP) wurde ein Konzept eingeführt, mit dem mehrere – einzelnen Verbindungen entsprechende – virtuelle Kanäle logisch zu einem Bündel zusammengefaßt werden können.

Dieses Konzept eröffnet für den Betrieb eines ATM-Netzes zusätzliche Möglichkeiten, die in dieser Form aus den durchschaltevermittelnden Netzen nicht bekannt sind. Virtuelle Pfade werden vom Netzbetreiber über das Netzmanagementsystem eingerichtet[5] und bestehen deshalb in der Regel über einen längeren Zeitraum.

Ein typisches Beispiel für den Einsatz virtueller Pfade ist die „ATM-Mietleitung", über die z.B. mehrere Firmenstandorte vernetzt werden können.

---

5 Derzeit wird in den Standardisierungsgremien auch über vermittelte virtuelle Pfade diskutiert, die mittels Zeichengabe eingerichtet werden können.

In diesem Fall werden regelmäßig Verbindungen zwischen den gleichen Anschlüssen benötigt. Würden diese Verbindungen mittels Zeichengabe verwaltet, so wären jeweils alle zwischen den Anschlüssen liegenden Vermittlungsstellen an der Verbindungssteuerung beteiligt wie in Abb. 2.5.a dargestellt.

Durch den Einsatz eines virtuellen Pfades, der fest zwischen den beteiligten Anschlüssen besteht und lediglich als ATM-Übertragungsleitung (ATM Pipe) mit definierter Kapazität dient, kann die gesamte Verbindungssteuerung der Einzelverbindungen in den teilnehmerseitigen Vermittlungseinrichtungen konzentriert werden (Abb. 2.5.b). Die einzelnen Kanäle, die innerhalb des virtuellen Pfades aufgebaut werden, sind dabei den Vermittlungseinrichtungen entlang des Pfades nicht bekannt, und die Pfade werden nur komplett als Einheit vermittelt, d.h. in den Umwertetabellen der Vermittlungsstellen (s. Abschnitte 2.1 und 10.2) existiert pro virtuellem Pfad lediglich ein einziger Eintrag. Durch den Wegfall der Verbindungssteuerung für die einzelnen Verbindungen verringert sich die dynamische Last für die Verbindungssteuerung in den Netzknoten erheblich. Außerdem kann dadurch der Verbindungsauf- und -abbau erheblich beschleunigt werden.

Im Gegensatz zu Mietleitungen in durchschaltevermittelnden Netzen haben die virtuellen Pfade den Vorteil, daß sie mit einer beliebigen Bandbreitengranularität eingerichtet werden können und bei Bedarf auch ohne Änderung des physikalischen Anschlusses umkonfiguriert und angepaßt werden können. Außerdem können an einem physikalischen Anschluß mehrere Pfade sowie vermittelte Verbindungen in fast beliebiger Kombination gleichzeitig exisitieren. Weitere Anwendungen für die virtuellen Pfade umfassen z.B.:

- Die Anbindung von Teilnehmern an spezifische Server im Netz, z.B. für die Unterstützung der verbindungslosen Kommunikation über „Connectionless Servers" (siehe auch Abschn. 8.4.2.2).
- Die logische Trennung von Diensten mit unterschiedlichen Verkehrscharakteristika, z.B. Datendiensten und Echtzeitdiensten für Sprache und Bewegtbilder, auf gemeinsamen Übertragungsleitungen. Dadurch kann die Zuordnung unterschiedlicher Übertragungsgüteklassen unterstützt werden.
- Die Unterstützung und Vereinfachung der netzweiten Wegesuche (Routing) für Verbindungen durch Vermaschung bestimmter Vermittlungsstellen, wodurch der physikalischen Netzstruktur eine zusätzliche, frei konfigurierbare logische Struktur überlagert wird.
- Die schnelle Umleitung der Zellströme auf Ersatzwege bei Ausfällen, da viele Einzelverbindungen mit der Änderung eines einzigen Pfadeintrags in den Umwertetabellen umgeleitet werden können und sich somit der Verwaltungsaufwand entsprechend verringert.

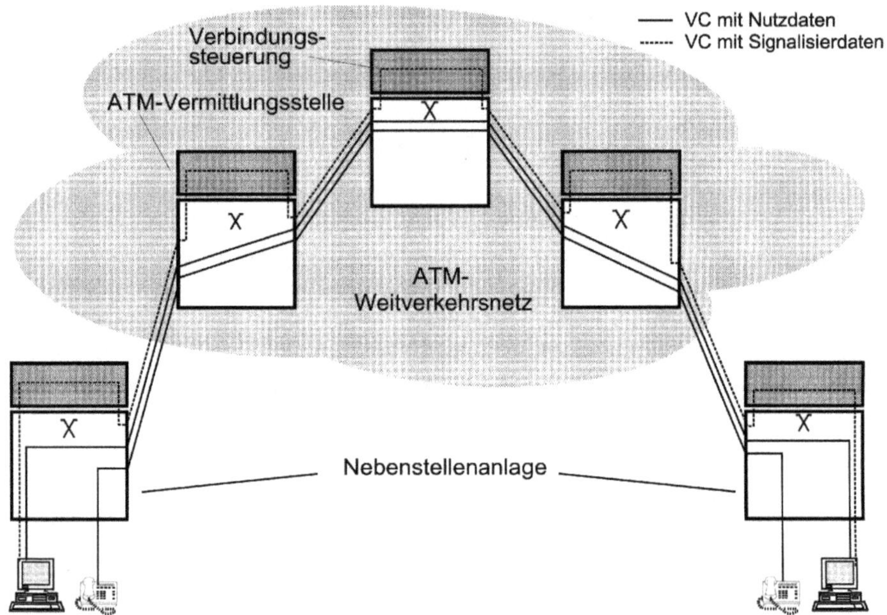

a) Verbindung auf der VC-Ebene

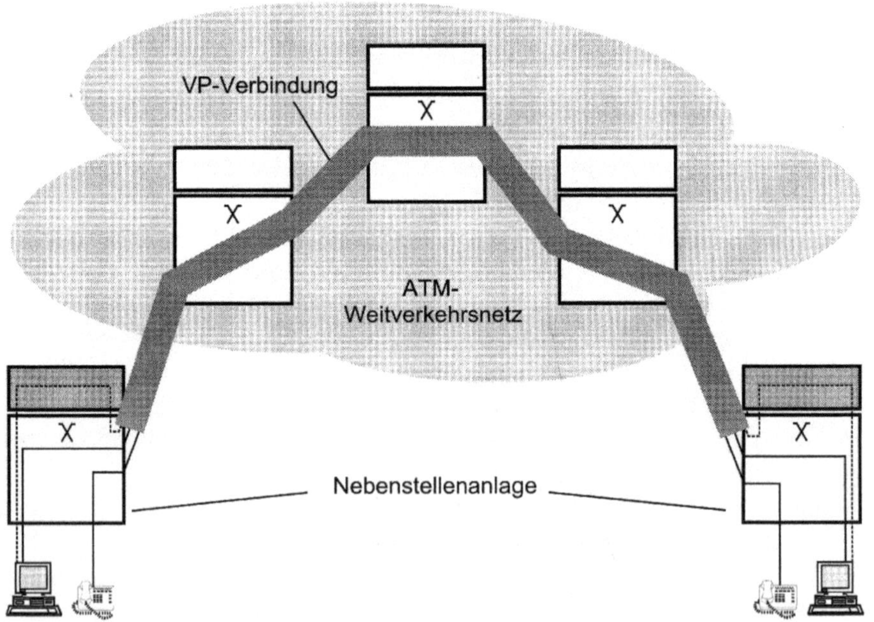

b) Verbindung auf der VP-Ebene

Abb. 2.5. Einsatz der virtuellen Pfade als ATM-„Mietleitung"

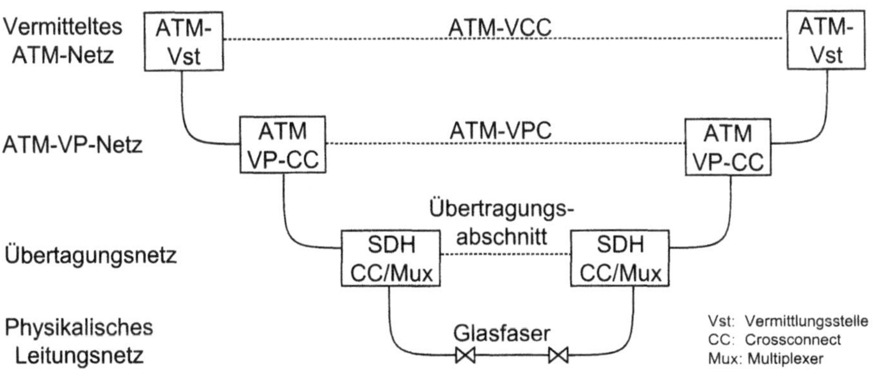

Abb. 2.6. Überlagerung verschiedener Netzwerke

Je nach Anwendung können die virtuellen Pfade zwei Teilnehmer verbinden (User-to-User VP), z.B. bei der ATM-„Mietleitung", oder aber wie bei der Server-Anbindung bei einem Teilnehmer beginnen und bei einem Netzelement enden (User-to-Network VP) bzw. nur innerhalb des Netzes zwischen zwei bestimmten Netzelementen bestehen (Network-to-Network VP) wie bei den beiden letzten Beispielen der obigen Liste.

Netzelemente, die nur virtuelle Pfade verschalten und deshalb nur über das Netzmanagementsystem eingestellt werden, werden als (VP)-Crossconnects bezeichnet (siehe auch Abschn. 9.6). Durch die wesentlich geringeren Dynamikanforderungen an die Knotensteuerung und das Entfallen der Unterstützung der hochkomplexen Zeichengabeprotokolle können ATM-VP-Crossconnects mit deutlich vereinfachter Hard- und Software für die Steuerung auskommen. Andererseits kann ein ATM-Knoten gleichzeitig für bestimmte Pfade als VP-Crossconnect und für andere Verbindungen als vollwertige Vermittlungsstelle wirken.

Wie in Abb. 2.6 angedeutet ergeben sich durch die Einführung von ATM-Netzelementen für den Netzbetreiber zusätzliche Freiheitsgrade bezüglich der Netzstruktur und des Netzbetriebs: Aufbauend auf dem starren Netz der physikalischen Übertragungsleitungen und dem durch konfigurierbare übertragungstechnische Multiplexer und Crossconnects (PDH/SDH) erweiterten Übertragungsnetz läßt sich mit Hilfe von ATM-VP-Crossconnects ein ATM-VP-Netz aufbauen. Dieses besitzt eine flexible, frei konfigurierbare logische Struktur, die sich über das Netzmanagementsystem schnell und mit feiner Granularität an den jeweiligen Bedarf anpassen läßt.

Diesem ATM-VP-Netz kann ein vermittelndes ATM-Netz mit über Zeichengabeprotokolle gesteuerten ATM-Vermittlungsstellen überlagert werden. Dabei bleibt es dem Betreiber überlassen, ob er die eigentliche Vermittlungsfunktion flächendeckend einbringt oder, z.B. in der Einführungsphase, nur an wenigen zentralen Punkten einsetzt. Durch die oben erwähnte Möglichkeit, ATM-

Knoten gleichzeitig als VP-Crossconnect und als Vermittlungsstelle zu betreiben, sowie durch die Möglichkeit, einen ATM-VP-Crossconnect zu einer ATM-
Vermittlungsstelle aufzurüsten, kann der Netzbetreiber die ATM-Infrastruktur
gezielt im Hinblick auf seine Bedürfnisse und strategischen Ziele optimieren
und entsprechende Einführungsszenarien entwerfen.

2.4
Zwischenpufferung in ATM-Netzen

Wie bereits in Abschn. 2.1 erwähnt, müssen die aufgrund des asynchronen
Zeitmultiplexverfahrens auftretenden Zugriffskonflikte beim Multiplexen und
Vermitteln der Zellströme durch Zwischenpufferung aufgelöst werden, um unzulässig häufige Zellverluste zu verhindern. Da diese Zwischenpufferung die
charakteristischen Eigenschaften von ATM-basierten Netzen maßgeblich mit
bestimmt, sollen im folgenden kurz die unterschiedlichen Anwendungsfälle
und die daraus erwachsenden Konsequenzen dargestellt werden.

2.4.1
Gründe für die Zwischenpufferung

Abbildung 2.7 zeigt das Prinzip am Beispiel eines asynchronen Multiplexers
mit drei Eingangsleitungen. Da jede der drei Eingangsleitungen mit der gleichen Übertragungsgeschwindigkeit arbeitet wie die Ausgangsleitung, können
in der Zeit, in der eine Zelle auf der Ausgangsleitung übertragen wird, maximal drei Zellen ankommen. Der Blockierungseffekt, den die zwischenge-
speicherten Zellen erfahren, wird als Abnehmerblockierung bezeichnet. Durch
entsprechende Verkehrssteuerungs-Mechanismen (s. Abschn. 2.5) muß sichergestellt werden, daß nicht über einen längeren Zeitraum mehr Zellen an
den Eingängen des Multiplexers ankommen, als auf der Ausgangsleitung ab-
geführt werden können, da sonst die (nur endlich großen) Pufferspeicher überlaufen.

Weil die Zellen auf den Eingängen asynchron zueinander und – bei Verbindungen mit zeitlich variabler Bitrate – mit unregelmäßigen Zwischenan-
kunftsabständen ankommen, ergeben sich immer wieder Situationen, in denen
die überzähligen Zellen den Pufferspeicher füllen. Durch die vom angetroffe-
nen Pufferfüllstand abhängigen und damit von Zelle zu Zelle unterschiedlichen Wartezeiten im Pufferspeicher werden die ursprünglichen Zellabstände
verändert, wie anhand der Zellen auf dem obersten Eingang deutlich zu sehen ist, und es entstehen Verzögerungsschwankungen (Jitter, Cell Delay Variation) zwischen aufeinanderfolgenden Zellen innerhalb einer Verbindung.
Die maximal pro Multiplexerstufe erzeugbare Verzögerungsschwankung (ge-

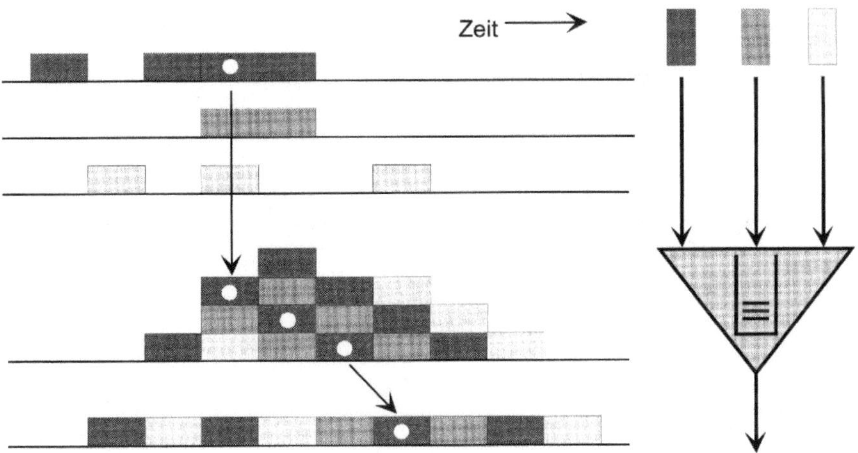

Abb. 2.7. Zwischenpufferung beim asynchronen Multiplexen

messen in Zellübertragungsdauern) entspricht dabei der Anzahl der Speicherplätze[6].

Durch die asynchronen, nicht vollständig steuerbaren Vorgänge innerhalb eines ATM-Netzes treten mit einer gewissen Wahrscheinlichkeit auch Zellverluste durch Pufferüberlauf auf, wobei beliebige, nicht vorherbestimmbare Zellen verloren gehen. Die Wahrscheinlichkeit für Zellverluste wird jedoch durch die später erläuterten Verkehrssteuerungs-Mechanismen auf sehr kleine Werte (in der Größenordnung von 10^{-10}) begrenzt, so daß ATM-Netze trotzdem eine sehr gute Übertragungsgüte garantieren können.

Entsprechende Pufferungsvorgänge finden außer in asynchronen Multiplexern auch noch in ATM-Koppelelementen statt, in denen die räumliche Vermittlung der Zellen von einem Eingang auf einen bestimmten Ausgang erfolgt. Abbildung 2.8 zeigt als Beispiel ein ATM-Koppelelement mit b Eingängen und b Ausgängen, bei dem die Zwischenpuffer jeweils den Eingängen zugeordnet sind. Wie beim asynchronen Multiplexer entstehen wieder unvermeidbare Zugriffskonflikte (Abnehmerblockierungen), wenn gleichzeitig mehrere Zellen für einen Ausgang (im Beispiel für den Ausgang b) zur Übertragung anstehen.

Zusätzlich können bei ATM-Koppelelementen noch weitere Blockiereffekte auftreten, die durch deren innere Struktur begründet sind. Beispielsweise wird im Speicher des Eingangs b die Zelle für den Ausgang 2 durch die zwischengespeicherte Zelle für den Ausgang b blockiert, obwohl der Ausgang 2 im Prinzip die Zelle aufnehmen könnte (Head of Line Blocking, siehe auch Abschn. 10.3.1). Dieser architekturbedingte interne Blockierungseffekt tritt bei einigen der

---

6 Bei einer Übertragungsleitung mit 155 Mbit/s beträgt die Zellübertragungsdauer etwa 2,8 μs.

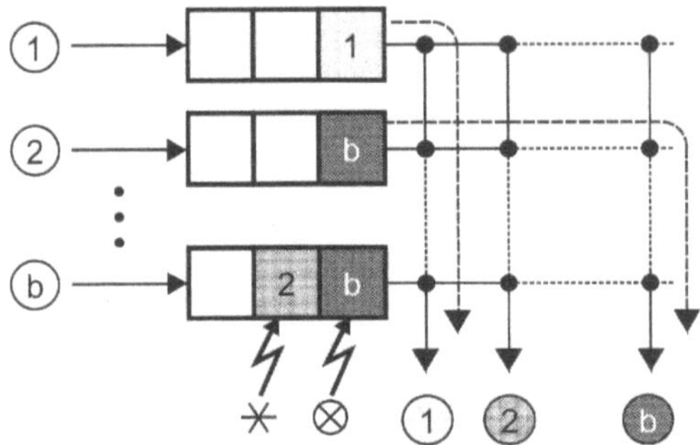

Abb. 2.8. Zwischenpufferung in ATM-Koppelelementen

prinzipiellen Kopplerarchitekturen mehr oder minder stark auf, kann aber
durch entsprechende Maßnahmen (z.B. Geschwindigkeitsüberhöhung, aufwendige Speichersteuerung, usw., s. Abschn. 10.3.1) so reduziert werden, daß er
gegenüber der Abnehmerblockierung vernachlässigbar wird.

Neben den Zellpuffern in den asynchronen Multiplexern und in den Koppelelementen werden auch noch an den Stellen Zellpuffer benötigt, an denen
die Übertragungsgeschwindigkeit reduziert wird. Ein typisches Beispiel hierfür
sind die ausgangsseitigen Anschlußbaugruppen von ATM-Vermittlungsstellen,
die Zellen von den ATM-Koppelfeldern, die normalerweise mit einer internen Leitungsgeschwindigkeit von mindestens 150 Mbit/s arbeiten, empfangen
und auf niederratige externe Leitungen (z.B. 2 Mbit/s) weiterleiten (vgl. auch
Kap. 10). Wie in Abb. 2.9 beispielhaft dargestellt, kann in einem solchen Fall die
Zellübertragungsdauer auf der niederratigen Ausgangsleitung um ein Mehrfaches höher sein als diejenige auf der höherratigen Eingangsleitung der Baugruppe, wodurch während der Übertragung einer Zelle auf dem Ausgang mehrere Zellen am Eingang eintreffen können. Wie beim Multiplexer kann sich
durch die unregelmäßigen Zwischenankunftsabstände der Zellen der Speicher
füllen und es kommt zu Verzögerungsschwankungen und im Extremfall zu
Zellverlusten.

Die Dimensionierung der Puffer für den asynchronen Multiplexer und für
die Geschwindigkeitsreduktion kann mit Hilfe von stochastischen Verfahren
auf der Basis des einfachen Multiplexermodells gemäß Abb. 2.7 erfolgen. Auch
die Puffer in den Koppelelementen können mit diesem einfachen Modell dimensioniert werden, sofern der interne „Head of Line"-Blockierungseffekt
vernachlässigbar ist. Das asynchrone Multiplexermodell, das in Abschn. 5.7.1
ausführlich beschreiben ist, stellt somit die wichtigste Grundlage für die Dimensionierung von Speichern in ATM-Netzen dar.

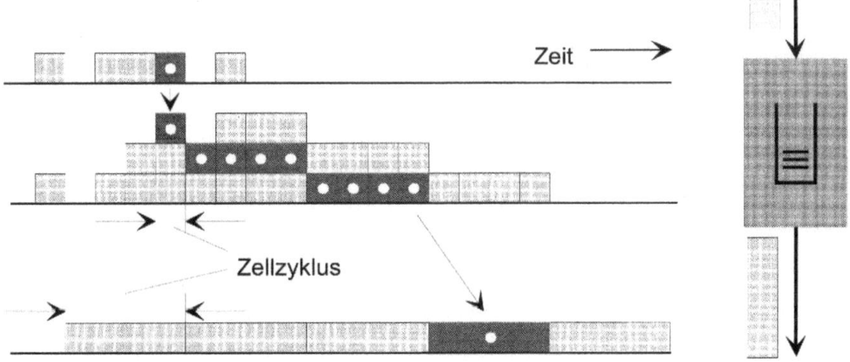

Abb. 2.9. Zwischenpufferung bei Geschwindigkeitsreduktion

Die angesprochenen Pufferspeicher dienen zunächst lediglich dazu, die Zellströme zu synchronisieren, da sie typischerweise nur eine Kapazität in der Größenordnung von 100 Zellen pro Leitung aufweisen („kleine" Speicher). Diese „kleinen" Speicher in ATM-Systemen werden auch benötigt, wenn lediglich Verbindungen mit zeitlich konstanter Bitrate (Constant Bit Rate, CBR) vorhanden sind, die ihre Zellen annähernd periodisch erzeugen, da die Phasenbeziehungen zwischen diesen Verbindungen nicht gesteuert werden können und außerdem Schwankungen unterworfen sind.

Eine weitere Form der Zwischenpufferung wird im Zusammenhang mit dem „statistischen Multiplexen" benötigt. Darunter versteht man allgemein die Anwendung von Verfahren, mit denen die Ausnutzung von Übertragungsleitungen dadurch erhöht wird, daß mehr Verbindungen akzeptiert werden als allein aufgrund der jeweiligen Spitzenbitraten akzeptabel wären. Diese Verfahren können im Prinzip bei allen Verbindungen angewendet werden, die nicht über die gesamte Verbindungsdauer hinweg mit der angemeldeten Spitzenbitrate senden. Unter bestimmten Bedingungen kann durch Anwendung solcher Verfahren mit Netzelementen mit „kleinen" Speichern in gewissem Umfang ein „Multiplexgewinn" erreicht werden (s. Abschn. 5.7.1). Bei (Daten-) Diensten, die tolerant gegenüber größeren Durchlaufverzögerungen der Zellen durch das Kommunikationsnetz sind, kann dieser Multiplexgewinn durch das Einbringen „großer" Speicher (bis zu mehrere Tausend Zellen pro Ausgang) optimiert werden, da diese Speicher in der Lage sind, ganze Daten-„Bursts" zwischenzuspeichern[7]. Die Konsequenzen aus der Einführung solcher „großen" Speicher werden in Kap. 5 ausführlich diskutiert, ein Realisierungsbeispiel ist in Abschn. 10.7.4 zu finden.

---

7 Die ATM-Protokolle erlauben die Übertragung von Dateneinheiten mit einer maximalen Länge von 65535 Byte, die entsprechend in ungefähr 1500 aufeinanderfolgenden ATM-Zellen transportiert werden müssen.

2.5
Verkehrssteuerung in ATM-Netzen

In ATM-Netzen teilen sich virtuelle Verbindungen die Netzressourcen der ATM-Schicht, d.h. Übertragungskapazität auf den Verbindungsleitungen und ATM-Zellenspeicher in den Netzknoten, auf statistischer Basis. Dem sich hieraus ergebenden Vorteil einer sehr flexiblen und effizienten Nutzung dieser Ressourcen steht der Nachteil gegenüber, daß sich bestehende Verbindungen gegenseitig beeinflussen. Bei Überschreiten der zulässigen Netzlast kann es dadurch zu einer merklichen Beeinträchtigung der Übertragungsgüte auf der ATM-Schicht kommen. Eine leistungsfähige Verkehrssteuerung auf der ATM-Schicht ist daher erforderlich, um Netzressourcen effizient zu nutzen und gleichzeitig ATM-Zellenströme gegen Zellverlust und nicht akzeptable Durchlaufverzögerungen zu schützen.

Abbildung 2.10 zeigt die zentralen Elemente der Verkehrssteuerung der ATM-Schicht. Die dargestellten Mechanismen sind in der ITU-T Empfehlung I.371 und in der Traffic Management Spezifikation des ATM-Forums [13] beschrieben und zum Teil standardisiert worden.

Grundlage der Verkehrssteuerung bildet ein Verkehrsvertrag (Traffic Contract), der zwischen einem Teilnehmer und dem Netz abgeschlossen wird. Hierzu teilt der Teilnehmer dem Netz beim Verbindungsaufbau Verkehrsparameter mit, die die gewünschte Verbindung charakterisieren. Die Parameter, die an das Netz zu melden sind, hängen vom gewünschten Verbindungstyp ab. Im einfachsten Fall meldet der Teilnehmer die gewünschte Spitzenzellrate an. Er ist dafür verantwortlich, daß der ins Netz gesendete ATM-Zellenstrom die angemeldeten Verkehrsparameter während der gesamten Verbindungsdauer exakt einhält. Im allgemeinen wird hierzu eine „Traffic Shaping"-Funktion im Endgerät oder auf der Teilnehmerseite des Netzzugangs (User Network Interface, UNI) benötigt, die ATM-Zellen verzögern kann, falls dies erforderlich ist, um

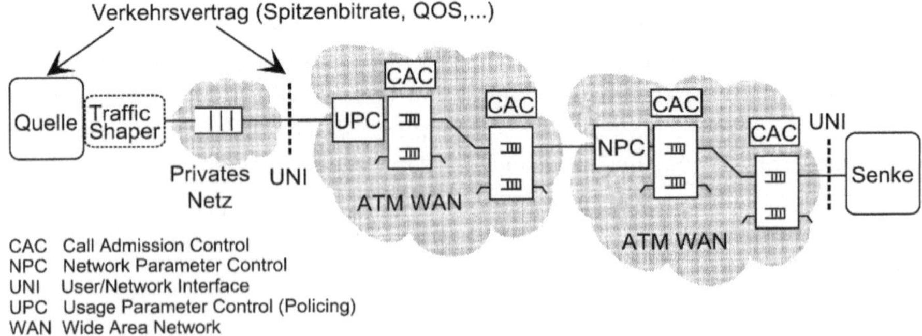

Abb. 2.10. Verkehrssteuerungsfunktionen der ATM-Schicht

die vereinbarten Parameter einzuhalten. Neben den Verkehrsparametern teilt der Teilnehmer dem Netz mit, welche Anforderungen er an die Dienstgüte (Quality of Service, QOS) stellt. Wichtige Parameter zur Kennzeichnung der Dienstgüte auf der ATM-Schicht sind der maximal zulässige Zellverlust und Angaben über zulässige Zellverzögerungen. Aufgrund der vom Teilnehmer gemeldeten Angaben entscheidet das Netz mit Hilfe eines Verbindungsannahme-Algorithmus (Connection Admission Control), ob die gewünschte Verbindung akzeptiert werden kann, ohne daß die vom Netz zugesagte Dienstgüte einer bestehenden Verbindung oder der neu aufzubauenden Verbindung verletzt werden. Der Verbindungsannahme-Algorithmus hat alle von der Verbindung benutzten Leitungsabschnitte gesondert zu überprüfen. Wenn die Verbindung angenommen wird, sind während der gesamten Belegungsdauer Netzressourcen für sie vorzuhalten, die die Einhaltung der geforderten Dienstgüte sicherstellen.

Für alle bestehenden Verbindungen überwacht die „Usage Paramter Control"-Funktion (UPC-Funktion) am Netzzugang, ob die vom Teilnehmer angemeldeten Verkehrsparameter eingehalten werden. Verstößt eine Verbindung gegen den mit dem Netz geschlossenen Verkehrsvertrag, so werden überzählige ATM-Zellen von der UPC-Funktion aus dem Strom entfernt oder besonders gekennzeichnet. In der Regel werden die Verkehrseigenschaften der ATM-Zellenströme nicht nur am UNI, sondern auch an der Schnittstelle zwischen zwei Netzknoten (Network Node Interface, NNI) überwacht, falls zwischen diesen Netzknoten die Grenze zwischen den Netzen zweier Betreiber liegt. Die Funktion wird dann als „Network Parameter Control"-Funktion (NPC-Funktion) bezeichnet.

Neben diesen Basisfunktionen umfaßt die Verkehrssteuerung noch weitere Mechanismen, die eine effiziente Nutzung der Netzressourcen unterstützen: Netzknoten können eine Prioritätssteuerung einsetzen, die berücksichtigt, daß die Dienstgüteanforderungen für verschiedene Verbindungstypen unterschiedlich sind und daß es bei manchen Verbindungstypen hoch- und niederpriore Zellen gibt. Mit Hilfe der schnellen Ressourcenzuteilung können Netzressourcen (Puffer bzw. Übertragungskapazität), die von einer Verbindung nicht ständig benötigt werden, für einzelne Bursts belegt werden.

Die oben beschriebene Art der Verkehrssteuerung auf der Basis eines Verkehrsvertrages, der vom Teilnehmer einzuhaltende Verkehrsparameter und die vom Netz zu garantierende Dienstgüte spezifiziert, knüpft an traditionelle Konzepte der Verkehrssteuerung in Telekommunikationsnetzen an.

Die Verkehrssteuerung in den meisten klassischen Datennetzen, z.B. in lokalen Netzen, basiert nicht auf der Idee eines Vertrags. Teilnehmer in solchen Netzen kennen oft die Verkehrseigenschaften der ins Netz gesendeten Datenströme nicht genau oder möchten sich nicht verpflichten, beim Verbindungsaufbau geschätzte Verkehrsparameter während der gesamten Verbindungsdauer genau einzuhalten. Auf der anderen Seite benötigen viele Datenanwendungen keine strengen Garantien bzgl. der Dienstgüte oder der zur Verfügung stehenden Übertragungskapazität. Viele Anwendungen (File Transfer über TCP/IP ist ein typisches Beispiel) sind in der Lage, ihre Senderaten innerhalb eines weiten Bereichs an die momentan zur Verfügung stehende Übertragungskapazität anzupassen. Solche Anwendungen kommen mit einem Netz zurecht, das keine strikten Garantien bzgl. der zur Verfügung stehenden Übertragungsbitrate gibt („Best Effort" Dienst), dafür aber auch nicht verlangt, daß der zu übertragende Datenstrom schon beim Verbindungsaufbau exakt beschrieben wird. Es wird erwartet, daß das Netz die zur Verfügung stehenden Ressourcen in „fairer" Weise zwischen den konkurrierenden Verbindungen aufteilt.

Damit man Datenanwendungen mit diesen Anforderungen in ATM-Netzen unterstützen kann, wurden spezielle Verbindungstypen definiert. Die in [13] beschriebene „Unspecified Bit Rate (UBR) Service Category", und „Available Bit Rate (ABR) Service Category" sind Beispiele hierfür. Zur effizienten Unterstützung dieser Verkehrsklasse werden zusätzliche Verkehrssteuerungs-Mechanismen auf der ATM-Schicht benötigt. Zum Beispiel wird für den ABR-Dienst ein netzweit arbeitendes Flußkontroll-Protokoll benötigt, um die Senderaten von ABR-Verbindungen bei Überlast im Netz drosseln zu können. Auf Einzelheiten der Verkehrssteuerung wird in Kap. 5 eingegangen.

3 Architekturkonzepte und Schnittstellen für ATM und B-ISDN

Im Blaubuch von ITU-T (s. Abschn. 1.3), das 1988 erschienen ist, war erstmals die Empfehlung I.121 „Broadband Aspects of ISDN" enthalten, die einige generelle Festlegungen für die Breitbanderweiterung des ISDN, das B-ISDN, zusammenfaßte. Ein Hauptpunkt dabei war die Festlegung, daß der „Asynchrone Transfer Modus" (Asynchronous Transfer Mode, ATM) die Basis für das zukünftige B-ISDN darstellen sollte. Die Vorteile von ATM wurden u.a. darin gesehen, daß ATM

- durch den zellbasierten, paketorientierten Transport einen sehr flexiblen Netzzugang ermöglicht,
- eine dynamische Zuteilung von Bandbreite mit einer sehr feinen Granularität erlaubt,
- durch das Konzept der virtuellen Pfade eine einfache Möglichkeit bietet, Festverbindungen zu schalten und vor allem
- daß ATM durch seine Unabhängigkeit von der Ausgestaltung der physikalischen Schicht eine Übertragung über unterschiedlichste Übertragungssysteme erlaubt.

ITU-T hat seither auf der Basis der I.121 eine ganze Reihe von Empfehlungen für das B-ISDN erarbeitet (s. Abschn. 12), die neben den grundsätzlichen Festlegungen für die ATM-spezifischen Protokollschichten und die Breitbandschnittstellen auch Aspekte wie Breitbanddienste, Netzkonzepte, Betriebs-, Administrations- und Wartungskonzepte, die Zusammenarbeit mit bestehenden Netzen und nicht zuletzt die Zeichengabe abdecken und erst in ihrer Gesamtheit das B-ISDN definieren. Erklärtes Ziel dabei war es, mit dem B-ISDN ein universelles Weitverkehrsnetz zu schaffen, in dem längerfristig alle klassischen, öffentlichen Telekommunikationsnetze zusammengefaßt werden sollten.

Aufgrund der Flexibilität und Leistungsfähigkeit der zellbasierten ATM-Übertragung wurde diese im Bereich der privaten Datenkommunikation ebenfalls als Möglichkeit für die nächste Generation von lokalen Rechnernetzen mit hoher Leistungsfähigkeit akzeptiert. Durch die stärkere Fokussierung auf die Datenkommunikation, die historisch bedingt völlig unterschiedlichen, mehr dezentralen Ansätze und auch aufgrund unterschiedlicher Gegebenheiten in bezug auf technische, physikalische und marktbezogene Randbedingungen waren die weitergehenden B-ISDN-Festlegungen nur teilweise in diesen Bereich übernehmbar. Aus diesem Grund wurden für diesen Bereich vom ATM-Forum (s. Abschn. 1.3) Spezifikationen erarbeitet, die zwar auf den Grundprinzipien des von ITU-T standardisierten ATM basieren, aber in manchen Bereichen, z.B. bezüglich der Zeichengabe und der Netzmanagementkonzepte, signifikante Unterschiede zu den B-ISDN-Festlegungen aufweisen.

3.1
Funktionen und Struktur des B-ISDN

Das Konzept des B-ISDN ist eine konsequente Weiterentwicklung der bereits im ISDN eingeführten Grundideen. Dies wird an dem in Abb. 3.1 dargestellten Basis-Architekturmodell für das B-ISDN besonders deutlich, das mit Ausnahme der Breitband-Übermittlungsfunktionen identisch mit dem des Schmalband-ISDN ist.

Das Netz stellt zusätzlich zu den im ISDN bereits verfügbaren Übermittlungsfunktionen auf der Basis von 64 kbit/s-Kanälen auch breitbandige Übermittlungsfunktionen auf ATM-Basis zur Verfügung, die ebenfalls verbindungsorientiert arbeiten. Die Steuerung der entsprechenden Verbindungen erfolgt durch Zeichengabefunktionen, wobei zwischen der Benutzer/Netz-Zeichengabe

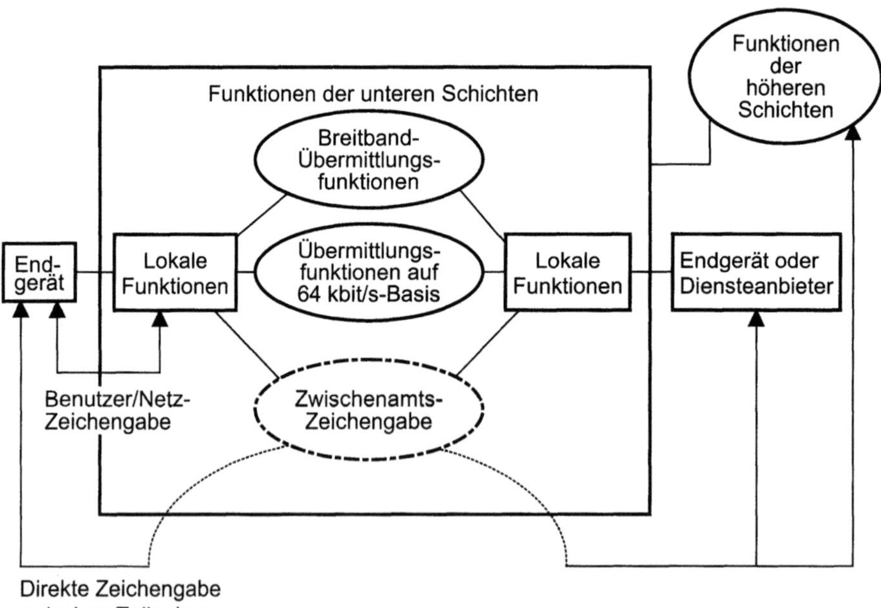

Abb. 3.1. Basisarchitektur des B-ISDN nach ITU-T I.327

und der Zeichengabe der im Netz befindlichen Vermittlungseinrichtungen untereinander (Zwischenamts-Zeichengabe) unterschieden wird, da diese unterschiedliche Protokolle verwenden. Zusätzlich wird noch eine direkte Zeichengabe zwischen Teilnehmern unterstützt, deren Informationen vom Netz lediglich transportiert werden. Die Anbindung der Endgeräte (Terminal, TE) erfolgt über die lokalen Funktionen, die in der Teilnehmer-Vermittlungsstelle angesiedelt sind. Neben Endgeräten können am B-ISDN auch Dienstanbieter angeschlossen sein, die über das Netz hinweg ihre Dienste anbieten. Außer den Funktionen der unteren Schichten können innerhalb des Netzes (oder angeschlossen an das Netz) auch Funktionen höherer Schichten angeboten werden, die z.B. in Form von speziellen Servern realisiert sind.

Für den Transport der Nutz- und Zeichengabeinformationen im B-ISDN wurde ein einheitliches ATM-Transportnetz definiert, das den darüberliegenden Schichten seine Transportfunktionen zur Verfügung stellt. Die Funktionen des ATM-Transportnetzes sind wie in Abb. 3.2 dargestellt in eine physikalische Schicht und eine ATM-Schicht untergliedert. Die physikalische Schicht wiederum ist in die in der Übertragungstechnik definierten Ebenen der Regenerator-, Multiplex- und Übertragungsabschnitte aufgeteilt. Genauso

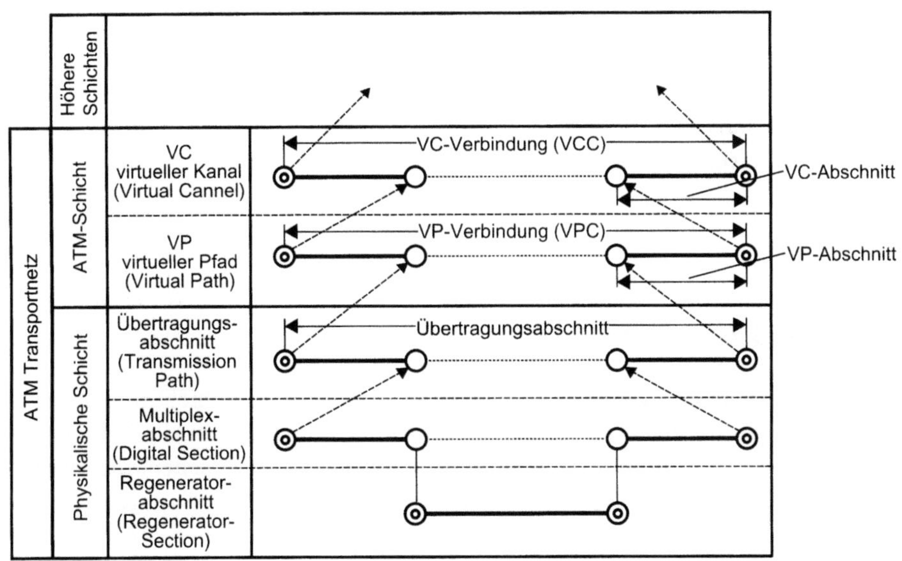

Abb. 3.2. Hierarchische Struktur des ATM-Transportnetzes gemäß ITU-T I.311

ist die ATM-Schicht in die Ebene der virtuellen Pfade (Virtual Path, VP) und in die Ebene der virtuellen Kanäle (Virtual Channel, VC) aufgeteilt.

Jede Verbindung in einer Ebene der ATM-Schicht erstreckt sich zwischen zwei Verbindungs-Endpunkten (Connection Endpoint). Sie besteht in der Regel aus einer Verkettung von Verbindungsabschnitten (Link), an deren Ende sich jeweils End- oder Verbindungspunkte (Connecting Point) befinden. Die Ebenen stehen in einer hierarchischen Beziehung untereinander: Eine Verbindung auf der Ebene der virtuellen Kanäle (VC Connection, VCC) besteht aus VC-Abschnitten (VC Link, VCL), von denen jeder von einer Verbindung auf der Ebene der virtuellen Pfade (VP Connection, VPC) gebildet werden kann, deren VP-Abschnitte wiederum durch Verbindungen auf der Ebene der Übertragungsabschnitte gebildet werden und so weiter. An einem Verbindungspunkt werden lediglich Protokollfunktionen der jeweiligen Schicht bearbeitet, während an den Endpunkten auch die Protokollfunktionen der nächsthöheren Schicht ausgeführt werden. Am Endpunkt eines Übertragungsabschnitts, der sich z.B. auf der Anschlußbaugruppe eines Vermittlungsknotens befindet, werden nach Ausführung der übertragungstechnischen Funktionen die Nutzdaten an die ATM-Schicht übergeben, die dann ihrerseits die entsprechenden ATM-Schicht-Funktionen ausführt.

Der virtuelle Kanal, der in der ITU-T I.113 sehr abstrakt als „Konzept zur Beschreibung des unidirektionalen Transports von ATM-Zellen mit einer gemeinsamen, eindeutigen Kennung" definiert wird, hat eine vergleichbare Funktion zum Zeitschlitz im synchronen Zeitmultiplexverfahren, nämlich die, eine Zuordnung der auf einem Übertragungsabschnitt übertragenen Daten zu einer bestimmten Verbindung zu erlauben. Das Konzept des virtuellen Pfades erlaubt es darüber hinaus, die Zellen mehrerer virtueller Kanäle logisch zu bündeln und damit erweiterte Möglichkeiten für den Netzbetrieb zu schaffen (s. Abschn. 2.3).

3.2
Vermittlung von virtuellen Pfaden und Kanälen

Virtuelle Kanäle und virtuelle Pfade werden auf der ATM-Schicht mit Hilfe von Verbindungskennungen realisiert wie in Abb. 3.3 dargestellt. Alle Zellen einer ATM-Verbindung sind mit einer gemeinsamen Kennung versehen, die auf dem jeweiligen Übertragungsabschnitt – und damit auf einer Übertragungsleitung – eindeutig ist. Die Verbindungskennung ist jeweils nur auf einem Abschnitt der Verbindung gültig und wird deshalb an jedem Verbindungspunkt (Connecting Point) umgewertet.

Die Zellen der Verbindungen A und B müssen auf der Übertragungsleitung zur Vermittlungsstelle 1 (Vst 1) unterschiedliche Verbindungskennungen tragen, da sonst eine eindeutige Zuordnung nicht möglich ist. Da sie jedoch die Vermittlungsstelle auf unterschiedlichen Übertragungsstrecken verlassen,

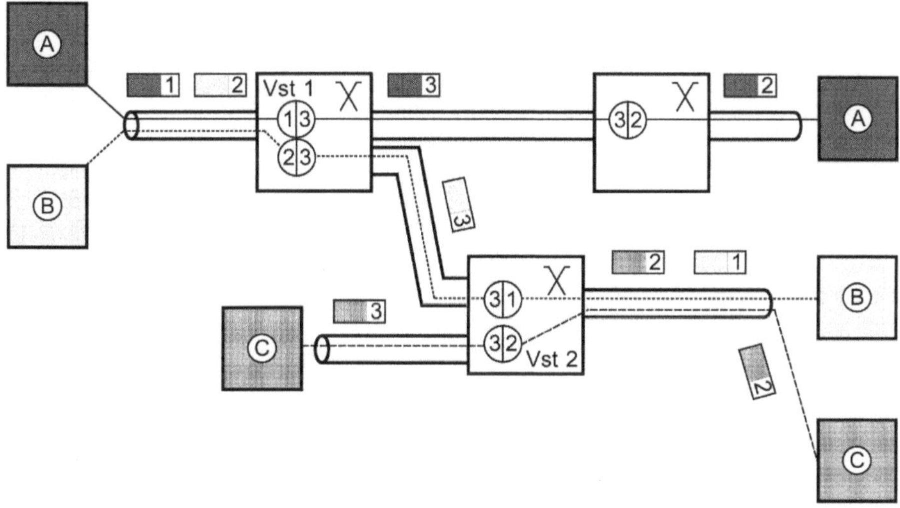

Abb. 3.3. Die Verbindungskennung auf der ATM-Schicht

können sie ohne Probleme nach der Umwertung und der räumlichen Vermittlung die gleichen Verbindungskennungen tragen. Die Umwertung ist notwendig, um die Länge der Verbindungskennung klein zu halten. Wäre keine Umwertung vorgesehen, dann müßte dafür gesorgt werden, daß im Netz keine Situation auftritt wie in der Vst 2, wo zwei Verbindungen mit der gleichen Kennung die gleiche Übertragungsleitung benutzen wollen. Dies würde dazu führen, daß die Verbindungskennungen netzweit eindeutig und damit sehr lang sein müßten, um die Rufblockierungen in Grenzen zu halten.

Die Verbindungskennung besteht aus einem Anteil für die Zuordnung zu einem virtuellen Pfad (Virtual Path Identifier, VPI) und aus einem Anteil für die Zuordnung zu einem bestimmten virtuellen Kanal *innerhalb* des jeweiligen Pfades (Virtual Channel Identifier, VCI). Damit können wie in Abb. 3.4 angedeutet durch Auswertung des VPI alle Zellen eines virtuellen Pfades identifiziert werden, während sich anhand der Kombination aus VPI und VCI die Zellen einer einzelnen Verbindung identifizieren lassen.

Durch die Unterscheidung der beiden Ebenen ergeben sich auch für die Vermittlungseinrichtungen unterschiedliche Aufgaben[1]. Bei der VC-Vermittlung (s. Abb. 3.5.a) werden in ankommender Richtung zunächst die VPs terminiert, d.h. es wird ein VP-Endpunkt realisiert. An diesem VP-Endpunkt werden die einzelnen VCs sichtbar und können individuell weiterbehandelt werden. Dies geschieht logisch in entsprechenden VC-Verbindungspunkten, in denen u.a. die VCI-Werte umgewertet werden. Die einzelnen VCs werden dann in abgehender

---

1 Die ebenfalls notwendige räumliche Vermittlungsfunktion wird hier nicht betrachtet.

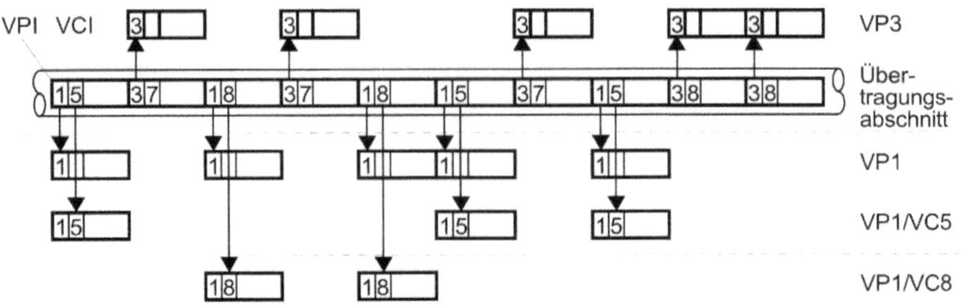

Abb. 3.4. Virtuelle Pfade und virtuelle Kanäle

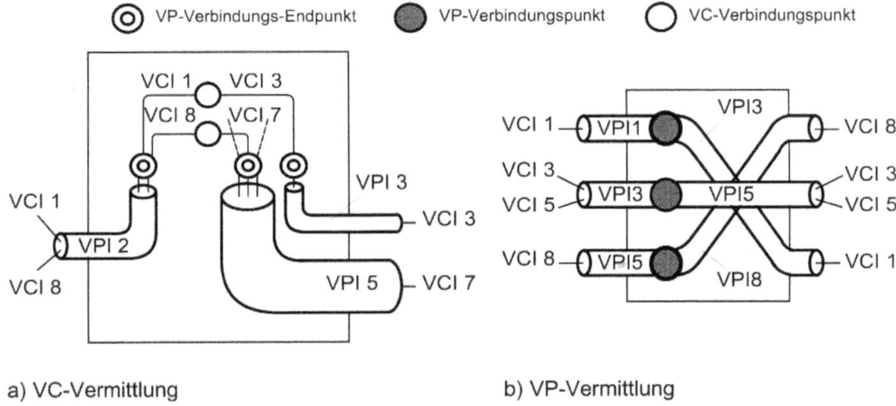

Abb. 3.5. Vermittlung von VCs und VPs

Richtung an den zugeordneten VP-Endpunkten gemultiplext und in abgehende VPs zusammengefaßt, so daß sie in abgehender Richtung sowohl neue VPI- als auch neue VCI-Werte besitzen.

Um diese Funktionen ausführen zu können, müssen in den Umwertetabellen der VC-Vermittlungseinrichtung Einträge für die VPs sowie für jeden einzelnen VC vorhanden sein. Eine Hauptaufgabe der End- und Verbindungspunkte besteht in der Behandlung der Betriebs- und Wartungsfunktionen der ATM-Schicht (s. Abschn. 6.1.3). Treten z.B. Störungen eines VP auf, so müssen am VP-Endpunkt alle in dem VP gebündelten VCs individuell und in sehr kurzer Zeit alarmiert werden, was bei Leitungsausfällen angesichts der großen Anzahl möglicher Verbindungen zu sehr hohen dynamischen Belastungen führen kann.

Bei einer VP-Vermittlungseinrichtung (s. Abb. 3.5.b) werden lediglich VP-Verbindungspunkte benötigt, in denen die VPI-Werte umgewertet werden. Die innerhalb eines VP existierenden VCs sind der Vermittlungseinrichtung

nicht bekannt, d.h. es existieren keine entsprechenden Einträge in den Umwertetabellen. Die VCI-Werte der Zellen dürfen bei der VP-Vermittlung nicht
verändert werden und bleiben so bis zum nächsten VP-Endpunkt gleich. Die
VP-Vermittlungseinrichtung behandelt lediglich die pfadbezogenen Betriebs-
und Wartungsfunktionen.

Über die rein vermittlungsbezogenen Eigenschaften hinaus wurde festgelegt
(ITU-T I.150), daß sowohl innerhalb einer VC-Verbindung als auch innerhalb
einer VP-Verbindung die Reihenfolge der Zellen erhalten bleiben muß (Cell Sequence Integrity), d.h. auch die Reihenfolge der Zellen unterschiedlicher VCs
innerhalb eines VP-Bündels bleibt zwischen den Pfad-Endpunkten erhalten.
Die dem Benutzer einer ATM-Verbindung zugesagte Dienstgüte (Quality of Service, QOS) bezüglich Zellverlusten, Zellverzögerungen und Zellverzögerungs-
Schwankungen wird beim Verbindungsaufbau festgelegt (s. Abschn. 5.3) und
ist während der Verbindung nicht veränderbar. Bei einer VP-Verbindung wird
ebenfalls eine einheitliche Dienstgüte vereinbart, die so gewählt werden muß,
daß die Anforderungen derjenigen VC-Verbindung innerhalb des VP-Bündels
mit der höchsten Dienstgüte erfüllt werden können.

3.3
Das Protokoll-Referenzmodell des B-ISDN

Die Grundstruktur des B-ISDN Protokoll-Referenzmodells (PRM, ITU-T I.321),
das in Abb. 3.6 dargestellt ist, entspricht mit der Aufteilung in Benutzer-Ebene,
(User-Plane, U), Steuerungsebene (Control Plane, C) und Management-Ebene
(Management Plane, M) der bereits im Schmalband-ISDN verwendeten (s. Abschn. 11.2.1.1).

Der Unterschied gegenüber dem ISDN-PRM besteht darin, daß ein einheitliches Transportnetz bestehend aus der physikalischen und der ATM-
Schicht vorhanden ist, das sowohl für die Benutzer- als auch für die Zeichengabeinformation in gleicher Weise verwendet wird. Neu ist auch die ATM-
Anpassungsschicht (ATM Adaptation Layer, AAL), in der dienstspezifische Zusatzfunktionen angesiedelt sind, die bei Bedarf die spezifischen Eigenheiten des
ATM-Transportnetzes ausgleichen, wie z.B. variable Durchlaufverzögerungen
durch das ATM-Netz oder Zellverluste. Art und Umfang der AAL-Protokolle
hängen stark von den Anforderungen der höheren Schichten ab. Eine generelle
Zuordnung der AAL-Funktionen zu den Schichten des OSI-Referenzmodells
ist deshalb nicht möglich, meist umfassen sie jedoch Funktionen der OSI-
Schichten 1 und 2.

Die ATM-Schicht mit ihren Funktionen wurde bewußt so definiert, daß
sie unabhängig von dem Dienst ist, der mit Hilfe der ATM-Verbindung abgewickelt wird, d.h. der ATM-Zelle ist nicht anzusehen, ob sie z.B. Nutzdaten
einer Video-, Sprach- oder Datenverbindung trägt. Ebenso ist die ATM-Schicht
unabhängig von der Art des verwendeten Übertragungssystems und des Über-

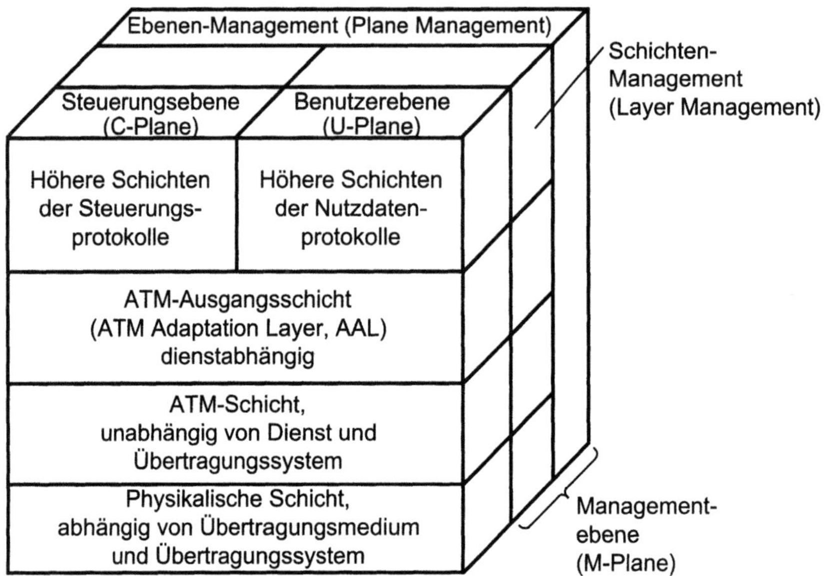

Abb. 3.6. Das Protokoll-Referenzmodell des B-ISDN

tragungsmediums, so daß im Prinzip alle bestehenden – oder auch neu zu definierende – Übertragungssysteme für den Transport von ATM-Zellen genutzt werden können.

Die Funktionen der ATM-spezifischen Schichten werden in Kap. 4 im Detail dargestellt.

3.4
Die Breitband-Schnittstellen

Während die in den vorhergehenden Abschnitten beschriebenen Grundkonzepte sowohl für das B-ISDN gemäß der ITU-T- und ETSI-Festlegungen als auch für ATM-Netze gemäß der Spezifikationen des ATM-Forums Gültigkeit haben, ergeben sich bei der Definition der Benutzer/Netz-Schnittstellen (User-Network Interface, UNI) deutliche Abweichungen zwischen den entsprechenden Spezifikationen.

Bei ITU-T ist die Spezifikation des UNI für das B-ISDN aufgrund der Aufgabenteilung innerhalb der Studiengruppen von ITU-T (s. Abschn. 1.3) auf mehrere Empfehlungen verstreut:

- Die ITU-T I.413 enthält einige Grundaussagen,
- die Spezifikation der physikalischen Schicht erfolgt in ITU-T I.432,
- die Zellstruktur der ATM-Schicht wird in ITU-T I.361 definiert,

- die für die Steuerung des UNI benötigten Verkehrssteuerungs-Funktionen
  sind in ITU-T I.371 enthalten,
- die Funktionen des Schichten-Management der ATM-Schicht definiert
  ITU-T I.610,
- die AAL-Funktionen zur Unterstützung der Zeichengabe am UNI definieren
  die Empfehlungen I.2100, I.2110 und I.2130,
- ein zusätzliches Meta-Signalisierungsprotokoll zur Steuerung der Zeichengabeverbindungen am UNI ist in ITU-T I.2120 spezifiziert,
- die Schicht 3 des UNI-Zeichengabeprotokolls definieren die Q.2931 sowie
  die weiteren zukünftigen Empfehlungen der Serien Q.293x und Q.295x,
- und die für den Teilnehmer verfügbaren ATM-Zellübermittlungsdienste
  sind in den Empfehlungen der Serie F.81x festgelegt.

Im ATM-Forum werden alle diese Aspekte von der „ATM-Forum UNI Specification[2]" abgedeckt, in deren Rahmen auch eine SNMP-basierte Management-Schnittstelle (Interim Local Management Interface, ILMI, s. Abschn. 6.2) definiert ist, mit deren Hilfe Zustandsinformationen über die Schnittstelle und die bestehenden Verbindungen ausgetauscht werden können. Im folgenden sollen lediglich einige Grundaussagen zusammengestellt werden, die detaillierte Beschreibung einzelner Aspekte erfolgt in den entsprechenden Kapiteln.

Abbildung 3.7 zeigt die vom Prinzip her aus dem Schmalband-ISDN übernommene Bezugskonfiguration (Reference Configuration) mit den einzelnen Funktionsblöcken[3] und Bezugspunkten (Reference Point). Die Bezugskonfiguration stellt eine rein funktionsbezogene Aufteilung dar, die keinesfalls die Möglichkeiten für die tatsächliche Realisierung einschränken soll, d.h. nicht an jedem Bezugspunkt muß sich notwendigerweise in jedem Fall eine physikalische Schnittstelle befinden. Um dies zu verdeutlichen, sind in der ITU-T I.413 einige Beispiele für mögliche Realisierungsarten dargestellt. Dabei können mehrere Funktionsblöcke in einem Gerät zusammengefaßt sein, z.B. B-NT1 und B-NT2 oder B-TA und B-NT2. Andererseits kann die B-NT2-Funktion auf mehrere Geräte verteilt sein, wenn eine LAN-artige Struktur vorliegt.

Die UNI-Spezifikationen von ITU-T beziehen sich zunächst auf den Bezugspunkt T_B, es soll jedoch wie im ISDN möglich sein, ein einzelnes B-ISDN-Endgerät direkt, d.h. ohne zusätzliche B-NT2-Funktionen an der für T_B definierten Schnittstelle anzuschließen. Um dies zu erreichen, müssen die (zukünftigen) Spezifikationen für eine Schnittstelle am Bezugspunkt S_B verträglich zu den bereits für T_B bestehenden sein. Aus Kostengründen kann

---

2 Die ersten Ausgaben bis zur Version 3.1 enthielten alle Aspekte in einem Dokument, inzwischen werden auch beim ATM-Forum einzelne Themen abgespalten und in separaten Dokumenten veröffentlicht.
3 Die Aufgaben der Funktionsblöcke sind sinngemäß die gleichen wie die in Abschn. 11.2.1.1 im Zusammenhang mit dem Schmalband-ISDN erläuterten.

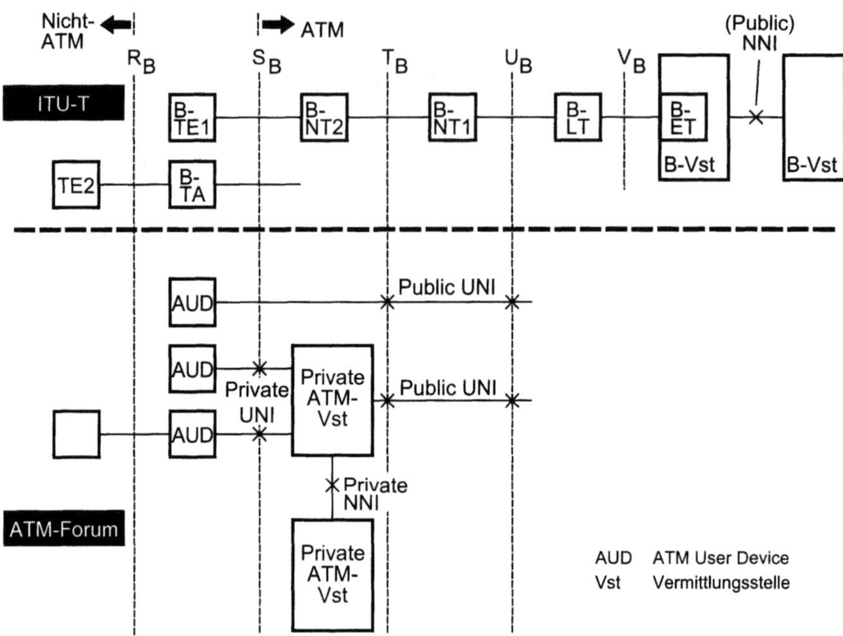

Abb. 3.7. Bezugspunkte und Schnittstellen für Breitbandnetze

es in der Realität sinnvoll sein, auf eine B-NT1-Funktion zu verzichten und somit das UNI an den Bezugspunkt U_B zu verlegen.

Im Bereich der Schmalbandnetze wurden zum herstellerunabhängigen Anschluß von Zugangsnetzen im Anschlußleitungsbereich (Access Network) an die Vermittlungsstellen bei ETSI in den ETS 300 324 und 300 347 zwei Varianten einer Schnittstelle am Bezugspunkt V standardisiert[4], wobei die erste Variante, die sog. V5.1-Schnittstelle lediglich ein starres Multiplexen des Teilnehmerverkehrs zuläßt, während die zweite, als V5.2 bezeichnete Variante eine aktivitätsabhängige Konzentration auf der Verbindungsebene unterstützt. Diese Schnittstellen erfordern dabei keine Signalisierungsbehandlung im Zugangsnetz, die Netzelemente werden über relativ einfache, standardisierte Protokolle von der Vermittlungsstelle ferngesteuert. Am Bezugspunkt V_B werden derzeit von ETSI entsprechende Schnittstellen definiert, die den herstellerunabhängigen Anschluß von Breitband-Zugangsnetzen (Access Network) an eine ATM-Vermittlungsstelle erlauben. Unter der Bezeichnung V_{B5} soll sowohl eine reine Multiplexvariante ($V_{B5.1}$) als auch eine konzentrierende Variante ($V_{B5.2}$) erarbeitet werden.

---

4   Die Festlegungen wurden von ITU-T in den Empfehlungen G.964 und G.965 übernommen, Bellcore hat in der TR 303 ebenfalls Schnittstellen für diesen Zweck spezifiziert.

Für die Schnittstellen zwischen den Vermittlungsknoten im öffentlichen Weitverkehrsnetz gelten die ITU-T-Spezifikationen für das „Network Node Interface" (NNI), für das ein leicht vom UNI abweichendes Zellformat (s. Abschn. 4.3.1) definiert wurde und an dem für die Zeichengabe das Zentralkanal-Zeichengabesystem No. 7 (Common Channel Signalling System No. 7, CCS7) mit seinen Breitbanderweiterungen verwendet wird.

Das ATM-Forum definiert weniger formal ein „ATM User Device" (AUD) und eine private ATM-Vermittlungsstelle (Private ATM Switch). Die Definition einer AUD umfaßt nicht nur Endgeräte, sondern allgemein jedes Gerät, das über ein ATM-UNI an ein öffentliches oder privates ATM-Netz angeschlossen ist. Neben dem „öffentlichen" UNI (Public UNI) zum direkten Anschluß der Geräte mit ATM-Schnittstelle ans öffentliche Netz ist auch ein „privates" UNI (Private UNI) definiert, das am Bezugspunkt S_B des ITU-T-Protokoll-Referenzmodells angesiedelt ist. Dieses dient zum Anschluß an private ATM-Vermittlungsknoten (Private ATM Switch), die in der ITU-T-Bezugskonfiguration einer NT2 entsprechen. Der Hauptunterschied liegt darin, daß die physikalische Reichweite des privaten UNI begrenzter sein kann als die des öffentlichen und daß einige Funktionen, z.B. im Bereich OAM (Operation, Administration and Maintenance) nicht als notwendig betrachtet werden.

In Breitbandnetzen wird vielfach kein einzelnes Endgerät an das öffentliche Netz angeschlossen werden, vielmehr werden ganze Netze im Teilnehmerbereich existieren (Customer Premises Network, CPN). Diese können – z.B. im Fall großer Firmennetze (Corporate Networks) – eine Vielzahl von Knoten umfassen. Deshalb wird zur Verknüpfung der privaten ATM-Vermittlungsknoten, deren Funktionsumfang durchaus mit dem der Vermittlungsstellen im öffentlichen Netz vergleichbar sein kann, derzeit vom ATM-Forum ein privates NNI (Private NNI, PNNI) spezifiziert. Im Unterschied zum öffentlichen NNI basieren dessen Zeichengabeprotokolle nicht auf CCS7, sondern auf den Protokollen für die Teilnehmerzeichengabe. Außerdem wird für das private NNI ein verteiltes, dynamisches Routing-Protokoll definiert, das sich wesentlich von den Routing-Verfahren im öffentlichen Netz unterscheidet. Eine ausführlichere Darstellung der Zeichengabeprotokolle ist in Kap. 7 enthalten.

Daneben hat das ATM-Forum auch eine Spezifikation für ein „Broadband Inter-Carrier Interface" (B-ICI) erarbeitet, die Festlegungen für die ATM-Schnittstelle zwischen den Netzen zweier Betreiber enthält. In dieser Spezifikation sind insbesondere die spezifischen Management-Aspekte abgedeckt, die beim Übergang zwischen den Netzen unterschiedlicher Betreiber auftreten. Neben Festlegungen für einen reinen ATM-Zellübermittlungsdienst (Cell Relay Service) sind insbesondere auch Funktionen in den höheren Schichten beschrieben, die für ein Interworking mit Frame Relay, SMDS und zum Transport isochroner Dienste benötigt werden.

Für das B-ISDN waren bei ITU-T zunächst zwei UNI-Typen definiert, von denen einer mit einer Bitrate von 155,520 Mbit/s arbeitete und der andere mit

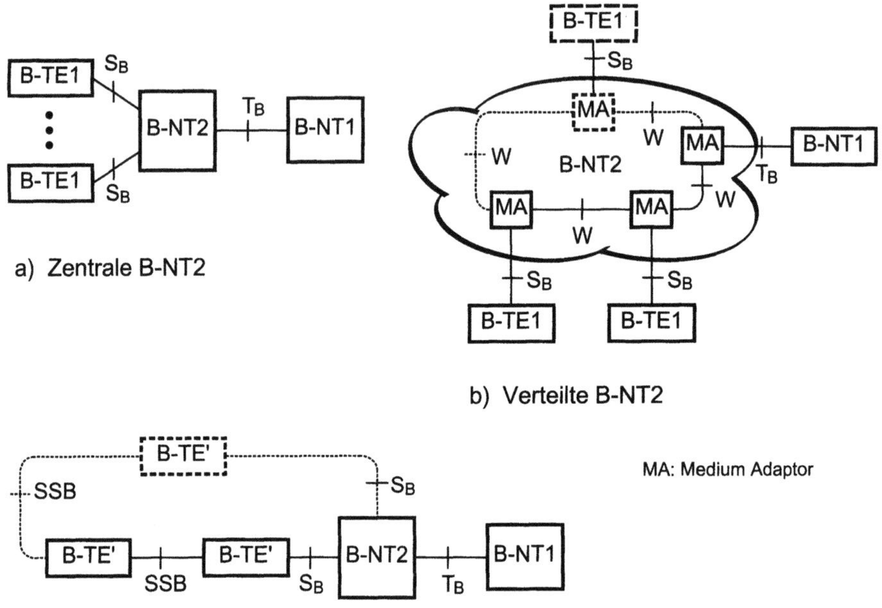

Abb. 3.8. Generische Konfigurationen am Bezugspunkt S_B

622,080 Mbit/s. Für beide Typen wurde jeweils eine SDH-basierte und eine rein zellbasierte physikalische Schicht definiert. Inzwischen wurden auch Schnittstellentypen mit Bitraten von 1,544 Mbit/s, 2,048 Mbit/s sowie 51,84 Mbit/s genormt (ITU-T I.432). Die Definition der ATM-Schicht ist jeweils einheitlich. Für die physikalische Schicht an den Bezugspunkten T_B und S_B gilt jeweils die Beschränkung auf eine Punkt-zu-Punkt Konfiguration, d.h. es ist für die Breitbandschnittstellen keine passive Busstruktur vorgesehen, wie sie im Schmalband-ISDN realisiert ist (S-Bus, s. Abschn. 11.2.1.1). Auf der ATM-Schicht und den höheren Schichten sind Punkt-zu-Mehrpunkt-Konfigurationen jedoch nicht ausgeschlossen.

Bezüglich der möglichen Konfigurationen am Bezugspunkt S_B sind in der ITU-T I.413 lediglich generische Konfigurationen und Realisierungsbeispiele enthalten ohne die Vielfalt der möglichen Spielarten einzuschränken. Neben der klassischen Sternkonfiguration mit zentraler B-NT2-Funktion in Abb. 3.8.a wurde eine LAN/MAN-artige Konfiguration vorgesehen wie in Abb. 3.8.b dargestellt. Bei dieser Konfiguration sind die Endgeräte (oder Terminal-Adaptoren) über eine S_B-Schnittstelle an einen „Medium Adaptor" angeschlossen, der den Zugriff auf ein gemeinsames bus- oder ringförmiges Übertragungsmedium regelt und gleichzeitig eine verteilte B-NT2-Funktion realisiert. Der zwischen den

MAs gelegene Bezugspunkt W hängt von der Realisierung ab, weshalb die entsprechende Schnittstelle nicht notwendigerweise standardisiert ist. Außerdem werden noch Konfigurationen mit gemeinsamem Übertragungsmedium (Bus, Ring, ...) definiert, bei denen die Zugriffssteuerung in den als B-TE' bezeichneten Endgeräten integriert ist (s. Abb. 3.8.c). Die Schnittstelle dieser Endgeräte untereinander wird an einem Bezugspunkt SSB definiert und soll physikalisch identisch mit der S_B-Schnittstelle sein, benötigt aber zusätzliche Funktionen, um den Medienzugriff zu regeln.

Im Gegensatz zu ITU-T, wo es erklärtes Ziel ist, den Zugang zum B-ISDN durch möglichst wenige, einheitliche Schnittstellen zu realisieren, trägt das ATM-Forum den sehr heterogenen Anforderungen und der extremen Kostensensitivität im privaten Bereich Rechnung. Durch die Spezifikation einer Vielzahl von Varianten für die physikalische Schicht soll erreicht werden, daß der Zugang je nach den baulichen Gegebenheiten (Länge der Anschlußleitung, bestehende Verkabelung, usw.), der tatsächlich benötigten Datenrate und der bereits bestehenden Netzinfrastruktur optimal und kostengünstig realisiert werden kann. Damit diese vielfältigen Varianten sinnvoll mit einer einheitlichen ATM-Schicht kombiniert werden können, wurde eine zellbasierte Schnittstelle zwischen der physikalischen Schicht und der ATM-Schicht spezifiziert (Universal Test & Operations PHY Interface for ATM, UTOPIA). In der ATM-Schicht besteht der Hauptunterschied zu den ITU-T-Spezifikationen darin, daß – insbesondere beim privaten UNI – nur eine Teilmenge der in der ITU-T I.610 spezifizierten OAM-Funktionen verwendet wird. Bezüglich der Verkehrssteuerungsfunktionen und des Managements für das UNI gehen derzeit die Spezifikationen des ATM-Forums teilweise über diejenigen von ITU-T hinaus.

4 Funktionen der ATM-spezifischen Schichten

4.1
Überblick über die Funktionen

Einen Überblick über die Funktionen der unteren Schichten des Protokoll-Referenzmodells für das B-ISDN und deren Zuordnung zu den einzelnen Schichten ist in Abb. 4.1 dargestellt.

ATM ist so definiert, daß die herkömmlichen Übertragungssysteme zum Transport der Zellen verwendet werden können, wobei die dort definierten Übertragungsrahmen unverändert übernommen werden. Die zusätzlichen, ATM-spezifischen Funktionen, die noch der physikalischen Schicht zugeordnet werden, sind in einer Konvergenz-Subschicht (Transmission Convergence Sublayer, TC) zusammengefaßt.

Zunächst müssen dort die ATM-Zellen in die Nutzlastbereiche der Übertragungssignale eingefügt werden (Cell Mapping). Die Art und Weise, wie dies geschieht ist für die unterschiedlichen Übertragungssysteme international standardisiert. Außerdem muß in dem kontinuierlichen Bitstrom die ATM-Zellstruktur erkannt werden (Cell Delineation), da an der Dienstschnittstelle zwischen der physikalischen und der ATM-Schicht bereits Zellen und nicht mehr ein Bitstrom übergeben werden. Ebenfalls der TC-Subschicht zugeordnet ist die Fehlersicherung für den Zellkopf (Header Error Control, HEC), so daß Zellen mit nicht korrigierbaren Fehlern im Zellkopf bereits dort verworfen werden. Die Fehlersicherung und die Erkennung der Zellgrenzen werden durch das HEC-Feld im Zellkopf unterstützt. Da diese Funktionen aber bereits in der TC-Subschicht ausgeführt werden, muß kein gültiges HEC-Feld an die ATM-Schicht übergeben werden.

Die Übertragungssysteme benötigen meist kontinuierliche Bitströme, während durch das asynchrone Zeitmultiplexverfahren in der ATM-Schicht unregelmäßige, burstartige (büschelförmige) Zellmuster auftreten. Deshalb müssen bei Bedarf in Senderichtung Stopfzellen eingefügt und in Empfangsrichtung wieder entfernt werden (Cell Rate Decoupling). Während diese Funktion bei ITU-T der physikalischen Schicht zugeordnet wird, wird sie in den Spezifikationen des ATM-Forums der ATM-Schicht zugeordnet. Da für jede der beiden Methoden eine andere Art von Stopfzellen verwendet wird (s. Abschn. 4.2.2.5),

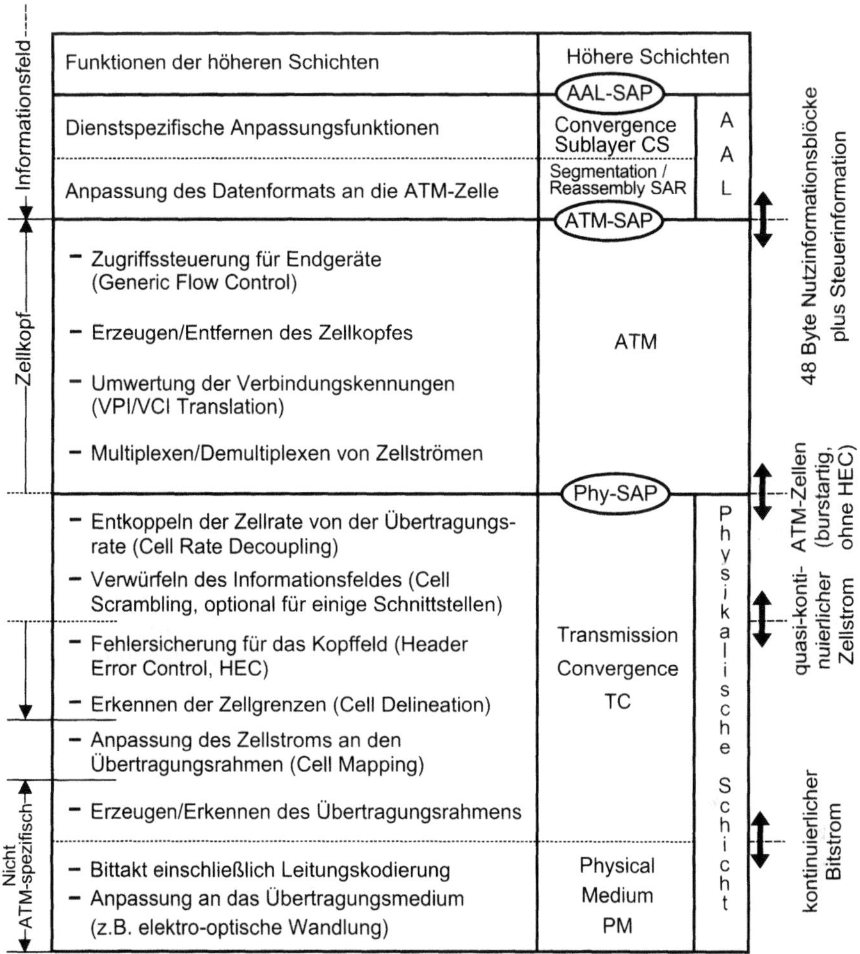

Abb. 4.1. Zuordnung der Funktionen zu den Protokollschichten des B-ISDN PRM

ergeben sich hier Kompatibilitätsprobleme, wenn die Implementierung nicht
für beide Varianten konfigurierbar ist.

Für einige Schnittstellenvarianten ist zur Unterstützung der empfangsseiti-
gen Mechanismen zur Zellgrenzenerkennung und zur Taktrückgewinnung ein
Verwürfeln des Informationsfeldes (Cell Scrambling) vorgesehen, das auf der
Empfangsseite wieder rückgängig gemacht wird.

In der ATM-Schicht erfolgt das Verpacken der in Blöcken von 48 Byte (ATM
Service Data Unit, SDU) zusammen mit einigen zusätzlichen Steuerungsinfor-
mationen vom AAL übergebenen Daten in ATM-Zellen. Ferner werden beim
Transport durch das Netz erforderlichen Vermittlungsfunktionen in der ATM-

Schicht ausgeführt. An der Benutzer/Netzschnittstelle kann ein Protokoll zur Steuerung des Zugriffs (Generic Flow Control) unterstützt werden.

Die ATM-Schicht definiert keine Fehlersicherungsmechanismen für die in den ATM-Zellen transportierten Nutzdaten, lediglich der Zellkopf wird gegen Fehler gesichert. Es besteht in der ATM-Schicht auch keine Sicherung gegen Zellverluste, die z.B. durch Speicherüberlauf in einem Netzelement oder durch Verwerfen einer Zelle mit nicht korrigierbaren Fehlern im Kopffeld entstehen können. Die ATM-Schicht garantiert daher lediglich, daß die Zellreihenfolge innerhalb einer (VP oder VC-) Verbindung nicht verändert wird (Cell Sequence Integrity). Alle darüber hinausgehenden Sicherungsmaßnahmen müssen bei Bedarf durch den AAL oder die höheren Protokollschichten erbracht werden.

Die AAL-Funktionen sind in zwei Subschichten gegliedert, von denen die erste die spezifischen Anpassungsfunktionen für die unterschiedlichen Dienste realisiert (Convergence Sublayer, CS). Neben diesen dienstabhängig sehr unterschiedlichen Funktionen muß im AAL eine Anpassung der von den höheren Schichten übergebenen Datenformate auf das 48 Byte lange Informationsfeld der ATM-Zellen erfolgen. Diese mehr generische Funktion wird der „Segmentation and Reassembly"-Subschicht zugeordnet. Je nach den Anforderungen der jeweiligen Dienste können vom Prinzip her sowohl die SAR- als auch die CS-Subschicht entweder leer (ohne Funktion) oder noch weiter untergliedert sein.

Die AAL-Funktionen werden in der Regel in den Endgeräten ausgeführt. Nur in einigen Fällen, z.B. beim Interworking mit bestehenden Netzen oder für Zeichengabeverbindungen, müssen diese Funktionen innerhalb des Kommunikationsnetzes ausgeführt werden. Von diesen Ausnahmen abgesehen wird in den Elementen des Netzes lediglich die physikalische und die ATM-Schicht bearbeitet, d.h. im Netz wird nur der Zellkopf ausgewertet, das Informationsfeld wird (bis auf mögliche Verfälschungen durch Bitfehler) transparent durch das Netz übermittelt.

Für die Schnittstellen zwischen diesen Schichten sind in den ITU-T-Empfehlungen I.321, I.361 und I.363 formale Dienst-Schnittstellen gemäß der OSI-Konzepte (s. Abschn. 11.1.3) mit Dienst-Primitiven und Dienst-Zugangspunkten (Service Access Point, SAP) definiert. Zwischen den Subschichten des AAL ist derzeit kein SAP definiert. Eine Kombination aus einer SAR- und einer CS-Subschicht definiert einen bestimmten AAL-SAP mit entsprechenden Eigenschaften.

4.2
Die physikalische Schicht

Die physikalische Schicht[1] (Physical Layer, PHY) des Protokoll-Referenz-modells für B-ISDN hat die Aufgabe, den Transport von ATM-Zellen über eine Übertragungsleitung hinweg zu bewerkstelligen. Dies schließt auch Betriebsführungs-Funktionen für die Übertragungsstrecken mit ein, wie sie im Abschn. 6.1.2 beschrieben sind, sowie gegebenenfalls automatische Um-schaltmechanismen, wie sie im Abschn. 10.5.2 dargestellt sind. Im folgenden sollen die beiden Subschichten der physikalischen Schicht, nämlich die vom Übertragungsmedium abhängige „Physical Medium (Dependent)"-Subschicht (PM oder PMD) und die für die Anpassung der Zellübertragung an das Über-tragungssystem verantwortliche „Transmission Convergence"-Subschicht (TC) kurz dargestellt werden. Die Definitionen für die physikalische Schicht sind bei ITU-T in der Empfehlung I.432 enthalten, die aus mehreren Teilen besteht. In der I.422.1 sind die generellen Eigenschaften und Funktionen beschrieben, in den Teilen 2 bis 4 die speziellen Eigenschaften der verschiedenen Typen. Beim ATM-Forum erfolgen die Festlegungen teils im Rahmen der UNI-Spezifikation und teils in eigenen Dokumenten.

4.2.1
Die PMD-Subschicht

Zur Übertragung der ATM-Zellen kommen je nach Einsatzfall und ver-wendetem Übertragungssystem sehr unterschiedliche physikalische Über-tragungsmedien zum Einsatz, wobei die Palette vom einfachen, verdrillten Kupfer-Adernpaar ohne Schirmung (Unshielded Twisted Pair, UTP) über ge-schirmte Adernpaare (Shielded Twisted Pair, STP) und Koaxialkabel bis hin zu Multimode- und Singlemode-Glasfasern reicht.

Die übertragbare Bitrate und die bei der jeweiligen Bitrate erreichbare Reichweite hängt außer vom verwendeten Übertragungsmedium und dessen Dämpfungs- und Verzerrungseigenschaften auch von der Senderleistung, er Leitungskodierung, der Empfindlichkeit gegen elekro-magnetische Störungen (EMV) und der Eingangsempfindlichkeit des Empfängers ab. Bei einem be-stimmten Medium nimmt die Reichweite mit steigender Übertragungsbitrate ab, wobei insbesondere die Verzerrung der Signale auf der Übertragungsleitung einen begrenzenden Faktor darstellt. In der Regel ist die Reichweite bei gleicher Übertragungsrate bei einer elektrischen Übertragung deutlich geringer als bei einer optischen. So erreicht z.B. das in ITU-T I.432.2 spezifizierte elektrische UNI mit 155,520 Mbit/s Reichweiten zwischen 100 und 200 m, während mit der

---

1 Der Begriff „physikalische Schicht" wird anstelle von „Bitübertragungsschicht" verwendet, da auch zellorientierte Funktionen dort ausgeführt werden.

dort spezifizierten optischen Variante bis zu 15 km erreicht werden können. Bei der optischen Übertragung hängt die Reichweite entscheidend von der Leistung des optischen Senders ab, wobei für kurze Reichweiten billige Leuchtdioden verwendet werden, während für die Langstreckenübertragung (bis ca. 50 km) Hochleistungs-Laserdioden eingesetzt werden.

Die hauptsächlichen in der PMD-Subschicht auszuführenden Funktionen sind:

- Die elektrisch/optische bzw. optisch/elektrische Umwandlung bei optischen Schnittstellen,
- die Formung der Pulse beim Sender und die Entzerrung der Signale beim Empfänger,
- die Erzeugung des Bittaktes beim Sender sowie die Taktrückgewinnung, Jitterdämpfung und Biterkennung beim Empfänger und
- die Leitungskodierung/-dekodierung.

Da die Funktionen der PMD-Schicht nicht ATM-spezifisch sind, stützen sie sich auf die Spezifikationen bestehender Übertragungssysteme. Dies sind für die elektrischen Schnittstellen z.B. die ITU-T G.703 und für die optischen Schnittstellen[2] die ITU-T G.957 und G.958 (SDH) sowie die entsprechenden ANSI- und Bellcore-Dokumente für SONET.

Das ATM-Forum definiert darüber hinaus zusätzliche Varianten, bei denen die Tatsache ausgenutzt wird, daß für ein privates UNI die erforderlichen Reichweiten deutlich geringer sind als für ein öffentliches. Dadurch ist der Einsatz kostengünstigerer Varianten von Übertragungsmedien, z.B. geschirmter Kupfer-Doppeladern (Shielded Twisted Pair, STP), ungeschirmter Kupfer-Doppeladern (Unshielded Twisted Pair, UTP) oder von Multimode-Glasfasern und Lichtleitern aus Plastik (Plastic Optical Fiber) möglich. Aufgrund der teilweise reduzierten Bitraten- und/oder Reichweitenanforderungen können auch kostengünstigere mechanische, elektrische und optische Komponenten eingesetzt werden, wie z.B. Laser, die in der Unterhaltungselektronik in CD-Spielern verwendet werden und deshalb deutlich billiger sind als die für öffentliche Netze verwendeten Komponenten. Ein weiteres Ziel bei der Definition dieser Varianten ist die Weiterverwendbarkeit einer bestehenden Hausverkabelung. So kann z.B. für die STP-Variante die Verkabelung für ein Token-Ring-LAN einschließlich der Stecker weiterverwendet werden.

Festgelegt werden in den Spezifikationen für die PMD-Subschicht u.a.:

- die physikalischen und elektrischen bzw. optischen Eigenschaften des jeweils verwendeten Übertragungsmediums einschließlich der Steckverbindungen,

---

2 Spezifikationen bzgl. Jitter und Wander für elektrische und optische Systeme sind in den G.82x-Empfehlungen zu finden.

- für elektrische Schnittstellen Werte für die elekto-magnetische Verträglichkeit, für optische Schnittstellen auf die Laser bezogene Sicherheitsrichtlinien
  und
- der zu verwendende Leitungskode.

4.2.2
Die TC-Subschicht

Abbildung 4.2 zeigt einen Überblick über die grundsätzlichen Funktionen
der TC-Subschicht am Beispiel eines rahmenbasierten Verfahrens (s. Abschn. 4.2.2.1).

In Senderichtung werden von der ATM-Schicht unregelmäßige Zellbursts
an die TC-Subschicht übergeben. Da die meisten Übertragungssysteme kontinuierliche Bitströme benötigen, um die Synchronisation nicht zu verlie-
ren, müssen zwischen die Zellbursts Stopfzellen eingefügt werden. Zur Unterstützung der empfangsseitigen Mechanismen zur Erkennung der Zellstruktur und zur Taktrückgewinnung werden bei einigen TC-Varianten – insbesondere bei den SDH/SONET und den europäischen PDH-Typen (E1 bis E4) –
die Informationsfelder der Zellen in Senderichtung verwürfelt (Cell Scrambling), die Kopffelder bleiben von der Verwürfelung ausgenommen. Dadurch
werden wiederholte, regelmäßige Bitmuster im Informationsfeld verhindert.
Insbesondere wird es dadurch nahezu unmöglich, durch Einfügen entsprechender Bitmuster in das Informationsfeld eine falsche Zellsynchronisation in
der TC-Subschicht herbeizuführen[3] oder andere Bitmuster bewußt zu übertragen, auf die entsprechende Mechanismen im jeweiligen Übertragungssystem reagieren. Zur Fehlersicherung der Kopffelder wird eine Prüfsumme
der ersten 4 Bytes des Kopffeldes berechnet und in das fünfte Byte eingetragen. Dann wird der von dem jeweiligen Übertragungssystem verwendete
Übertragungsrahmen generiert und die Zellen werden in dessen Nutzlastbereich eingefügt. Zusätzlich müssen die Felder des Rahmen-Overheads, die
für Synchronisations- und Betriebsführungszwecke verwendet werden, entsprechend generiert und eingefügt werden. Nun kann der serielle, kontinuierliche Bitstrom zur weiteren Bearbeitung an die PMD-Schicht übergeben
werden.

In Empfangsrichtung wird zunächst aus dem von der PMD-Schicht übergebenen Bitstrom die Struktur des jeweiligen Übertragungsrahmens wiedergewonnen. Die im Rahmen enthaltenen Overhead-Bereiche (OH) werden abgetrennt und in einer für die Betriebsführungs-Funktionen der physikalischen
Schicht zuständigen Instanz verarbeitet. Die im Nutzinformationsbereich des

---

3 Das bewußte Einfügen von Bitmustern, die nach dem Verwürfeln diesen Effekt hervorrufen, beim Aufbau des Informationsfeldes ist weitgehend unmöglich, da nicht-
   deterministische Startwerte des Verwürflers das Ergebnis beeinflussen.

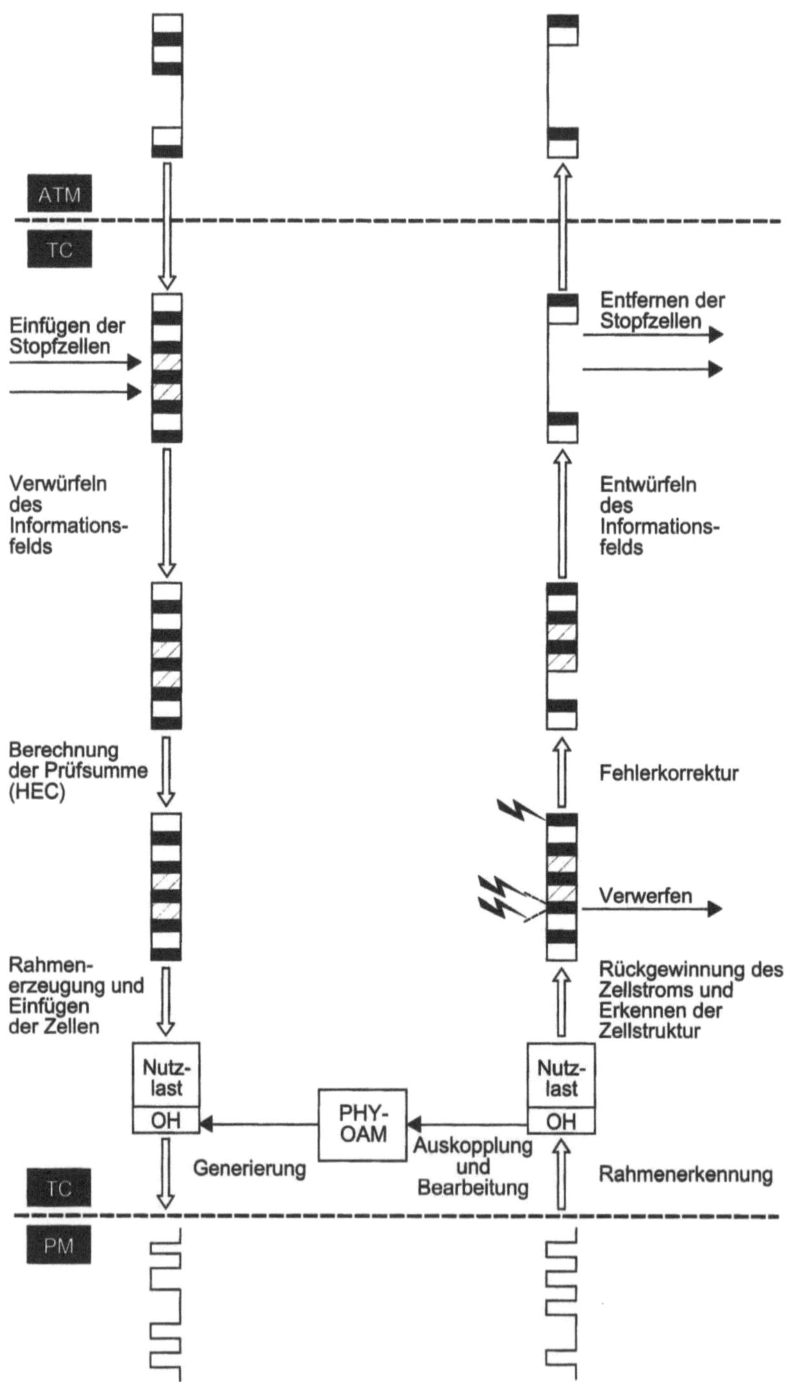

Abb. 4.2. Übersicht über die Funktionen der TC-Subschicht

Rahmens enthaltenen Zellen werden entnommen und die Zellstruktur wird wiedergewonnen. In dem so gewonnenen Zellstrom können sich Zellen befinden, deren Zellkopf bei der Übertragung verfälscht wurde. Diese Übertragungsfehler werden erkannt und soweit möglich korrigiert. Zellen mit nicht korrigierbaren Verfälschungen im Zellkopf werden verworfen[4]. Nach dem Entwürfeln des Informationsfeldes und dem Entfernen der Stopfzellen können die verbliebenen Zellen an die ATM-Schicht weitergereicht werden. Im folgenden sind diese Funktionen näher beschrieben.

4.2.2.1
Erzeugung und Erkennung des Übertragungsrahmens

Der TC-Subschicht ist neben eindeutig ATM-spezifischen Funktionen auch die Erzeugung bzw. Erkennung des jeweiligen Übertragungsrahmens zugeordnet, da für diese Funktion im Rahmen der ATM-Spezifikationen zusätzliche Verfahren definiert wurden.

Rahmenbasierte Übertragungsverfahren Bei den von ITU-T und vom ATM-Forum gleichermaßen definierten Verfahren auf der Basis bestehender Übertragungssysteme für öffentliche Netze (PDH, SDH/SONET) werden die für diese Systeme definierten Übertragungsrahmen unverändert übernommen. Damit wird erreicht, daß bestehende Übertragungsnetze für den Transport von ATM-Zellen ohne Änderung verwendet werden können. Für die STM-1-basierte Schnittstelle gemäß ITU-T wird dabei die VC-4-Nutzlaststruktur verwendet, für die STM-4-Schnittstelle die VC-4-4c-Struktur (s. Abschn. 11.4.2).

Rein zellbasierte Übertragungsverfahren Neben diesen in Abb. 4.3.a vom Prinzip her dargestellten rahmenbasierten Verfahren ist bei ITU-T in der Empfehlung I.432.2 für das UNI eine rein zellbasierte physikalische Schicht für 155.520 und 622,080 Mbit/s beschrieben (Abb. 4.3.b), bei der ein kontinuierlicher Strom von ATM-Zellen ohne zusätzlichen Übertragungsrahmen verwendet wird. Die Funktionen des Rahmen-Overheads, also Unterstützung der Synchronisation (125 µs-Raster) und der OAM-Funktionen der physikalischen Schicht, werden in diesen Fällen von speziellen OAM-Zellen für die physikalische Schicht (Physical Layer OAM Cell) übernommen, die durch eine spezielle Kodierung des Kopffelds gekennzeichnet werden und die bei Bedarf[5] in den Zellstrom eingefügt werden. Die Pausen zwischen den Zellbursts auf der ATM-Schicht werden wie bei den rahmenbasierten Verfahren durch Stopfzellen aufgefüllt. Die Nutzzellrate der rein zellbasierten Schnittstellen wurde so definiert, daß sie mit den jeweiligen rahmenbasierten Varianten übereinstimmt,

---

4 Das Informationsfeld wird nicht gegen Fehler gesichert.
5 Höchstens eine alle 27 Zellen, mindestens eine pro OAM-Fluß alle 513 Zellen.

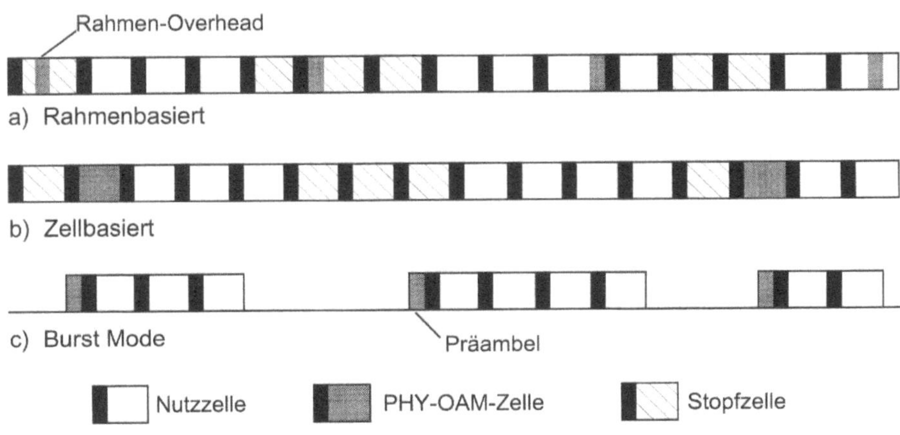

Abb. 4.3. Prinzipielle Verfahren für die Zellübertragung

damit bei Übergängen keine Zellratenanpassungen notwendig sind. Da z.B. bei den SDH/SONET-basierten Varianten der Rahmen-Overhead 1/27 der Gesamtkapazität ausmacht (s. Abschn. 11.4.2), wurde für die entsprechenden zellbasierten Schnittstellen festgelegt, daß nach jeweils 26 Nutzzellen generell entweder eine Phy-OAM-Zelle oder eine Stopfzelle eingefügt werden muß. Da für eine einwandfreie Taktrückgewinnung der für die SDH/SONET-basierte Variante verwendete, relativ einfache Verwürflermechanismus (Generatorpolynom $1 + x^{43}$) nicht ausreicht, wurde für die rein zellbasierten Schnittstellen in der ITU-T I.432.2 ein aufwendigerer aber leistungsfähigerer „Distributed Sample Scrambler" (Generatorpolynom $1 + x^{28} + x^{31}$) definiert.

Beim ATM-Forum wurde ebenfalls eine zellbasierte Schnittstelle für das private UNI definiert, die der oben beschriebenen sehr ähnlich ist. Die Hauptunterschiede bestehen in der PMD-Schicht (Multimode Glasfaser oder STP) sowie darin, daß eine starre Struktur definiert wurde, in der nach jeweils 26 Nutzzellen eine den Phy-OAM-Zellen sehr ähnliche „Physical Layer Overhead Unit" eingefügt werden muß und damit eine periodische Rahmenstruktur entsteht. Außerdem ist keine Zellverwürfelung und keine Fehlerkorrektur (nur Fehlererkennung) für das Kopffeld vorgesehen.

Burst-Mode Übertragungsverfahren Neben der zellbasierten Schnittstelle mit kontinuierlichem Zellstrom werden auch sog. „Burst Mode"-Übertragungssysteme (Abb. 4.3.c) diskutiert, bei denen die asynchrone, burstartige Charakteristik der ATM-Zellströme auch an das Übertragungssystem weitergegeben wird. In einem solchen System werden keine Stopfzellen gesendet, wenn von der ATM-Schicht keine Zellen zur Übertragung geliefert werden, sondern der Übertragungskanal bleibt leer. Bei dieser völlig asynchronen Übertragung muß vor jedem zu übertragenden Zellburst eine sog. „Präambel" angefügt werden, die es dem Empfänger erlaubt, sich auf den Anfang der ersten Zelle zu synchronisieren. Ein entsprechendes Übertragungsverfahren ist derzeit nur beim ATM-Forum im Rahmen einer physikalischen Schicht für eine 100 Mbit/s-Schnittstelle für Multimode-Glasfasern definiert, deren PMD-Subschicht auf den FDDI-Spezifikationen beruht. Die TC-Subschicht dieser Schnittstelle fügt vor jede zu sendende ATM-Zelle ein Byte ein, das den Zellstart anzeigt. Wenn keine Zellen zu senden sind, wird lediglich in bestimmten Abständen (maximal 0,5 Sekunden) ein Leermuster gesendet, um die Byte-Synchronisation zwischen Sender und Empfänger aufrecht zu erhalten.

4.2.2.2
Anpassung des Zellstroms an den Übertragungsrahmen

Bei Verwendung der rahmenbasierten Verfahren, die derzeit im Weitverkehrs-bereich klar dominieren, müssen die ATM-Zellen in die vordefinierten Rah-menstrukturen eingepaßt werden (Cell Mapping). Die dazu meist verwendete Methode ist das direkte Einfügen eines kontinuierlichen Zellstroms in die Nutz-lastbereiche des Rahmens (Direct Cell Mapping). Da bei keinem der beste-henden Systeme die Länge der Nutzlastbereiche ein ganzzahliges Vielfaches von 53 Byte beträgt, werden die Zellen bei dieser Methode nicht auf den Rah-menanfang ausgerichtet und können sich auch über Rahmengrenzen hinweg erstrecken.

Als einfaches Beispiel ist in Abb. 4.4 dargestellt, wie der E1-Rahmen eines PCM 30-Übertragungssystems (2,048 Mbit/s) für den Zelltransport verwendet wird.

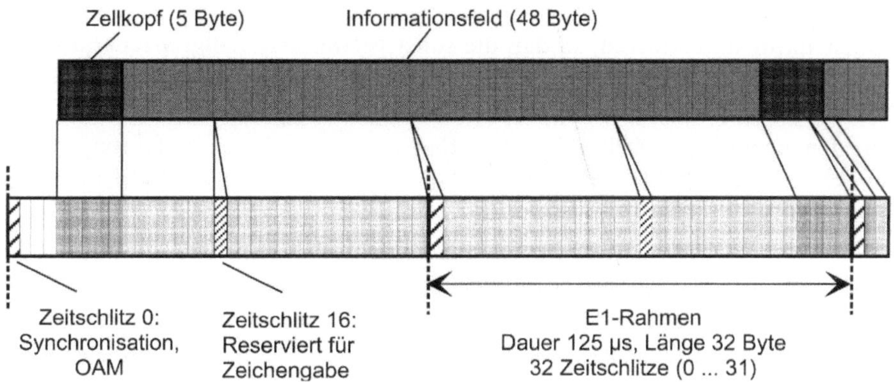

Abb. 4.4. Transport von ATM-Zellen in einem PCM 30-Rahmen

Der Rahmen wiederholt sich alle 125 μs und ist 32 Byte lang. Bei der Verwendung für das synchrone Zeitmultiplex stellt jedes Byte einen Zeitschlitz für die Übertragung eines 64 kbit/s-Kanals dar. Der Zeitschlitz 0 bildet den Rahmen-Overhead, dessen Bits alternierend für Synchronisations- und Betriebsführungsaufgaben verwendet werden. Außerdem wird in dieser Anwendung der Zeitschlitz 16 zur Übermittlung von Zeichengabeinformation verwendet, so daß dieses Signal insgesamt 30 Nutzkanäle tragen kann, von denen pro Rahmen jeweils ein Byte übertragen wird.

Beim Zelltransport wird der gesamte Nutzlastbereich für die serielle Übertragung eines kontinuierlichen Zellstroms verwendet, wobei lediglich die Zeitschlitze 0 und 16 ausgeblendet werden. Der Zeitschlitz 16 wird nicht belegt – obwohl er bei der Zellübertragung nicht für Zeichengabeinformation verwendet wird – um Kompatibilitätsprobleme bei der Mitverwendung bestehender Übertragungsnetze zu vermeiden. An diesem Beispiel ist klar zu sehen, daß die Zellanfänge keinen Bezug zum Rahmenanfang haben.

Für die Signale der plesiochronen digitalen Hierarchie (PDH, s. Abschn. 11.4.1) wird das Einfügen der Zellen in die entsprechenden Rahmen in der ITU-T G.804 definiert. Die dabei verwendeten Rahmen sind diejenigen, die für den Transport von SDH-Elementen über PDH-Netze definiert wurden. Diese unterscheiden sich von den in der ursprünglichen PCM-Technik verwendeten Rahmen dadurch, daß sie eine Byte-orientierte Struktur und eine einheitliche Dauer von 125 μs aufweisen und außerdem keine Möglichkeit zum Einfügen von Stopfinformation mehr benötigen.

Eine Ausnahme von dem direkten Einfügen ist für die DS3-Schnittstelle (44,736 Mbit/s) definiert. Dort wurde bereits für DQDB-MANs (IEEE 802.6, s. Abschn. 11.2.2) ein Mechanismus zum Transport der ebenfalls 53 Byte langen DQDB-Slots definiert, bei dem ein spezieller Adaptionsrahmen innerhalb des eigentlichen DS3-Rahmens verwendet wird. Dieser PLCP-Rahmen (Physical Layer Convergence Protocol) dauert 125 μs[6] und beinhaltet 12 Zellen. Zu jeder Zelle werden 4 PLCP-Overhead-Bytes hinzugefügt, die u.a. die Erkennung der Zellstruktur unterstützen, so daß die sonst verwendete Zellgrenzenerkennung (s. Abschn. 4.2.2.4) sowie das Verwürfeln der Informationsfelder entfallen kann. Da bei diesem Verfahren nur etwa 92% der Nutzkapazität des DS3-Rahmens für den eigentlichen Zelltransport verfügbar sind, ist dieses Verfahren weniger effektiv als das direkte Einfügen der Zellen, das für die DS3-Schnittstelle auch definiert ist.

Bei den SDH/SONET-Systemen wird nur das direkte Einfügen der ATM-Zellen in die Nutzlastbereiche der Signale verwendet, wobei der ATM-Zelltransport bei ITU-T für das NNI bereits in allen SDH-Containern (s. Abschn. 11.4.2) definiert ist. Für den ATM-Transport mit mehr als 155 Mbit/s

---

6 Im Prinzip kann dieser PLCP-Rahmen sogar zur Rückgewinnung des 8 KHz-Taktes verwendet werden.

ist derzeit nur die N-fach verkettete Struktur (C-4-Nc) standardisiert. Dabei werden in den höherratigen Signalen nicht mehrere einzelne C-4-Container transportiert, sondern alle enthaltenen Container werden zu einem einzigen Nutzlastbereich verkettet. Für die 622,080 Mbit/s-Übertragung werden deshalb z.B. die vier verfügbaren C-4-Container zu einem C-4-4c-Container mit einer Nutzkapazität von insgesamt 599,040 Mbit/s verkettet. Die entsprechenden Festlegungen sind bei ITU-T in der Empfehlung G.707 sowie in der I.432.2 enthalten. Die Definitionen für SONET sind analog zu denen bei SDH und sind in den entsprechenden ANSI- und Bellcore-Dokumenten zu finden. Eine Beschreibung der 155,520 Mbit/s-Schnittstelle (STS-3c) ist auch in der UNI-Spezifikation des ATM-Forums zu finden, die 622,080 Mbit/s-Schnittstelle (STS-12c) ist beim ATM-Forum im Rahmen der B-ICI-Spezifikation[7] beschrieben.

4.2.2.3
Fehlersicherung für den Zellkopf

Die ersten 4 Byte des ATM-Zellkopfes tragen wichtige Steuerinformationen wie z.B. die Verbindungskennung (VPI/VCI) oder eine Kennung zur Unterscheidung von Nutz- und OAM-Zellen (s. Abschn. 4.3.1).Verfälschungen in diesen Feldern können z.B. dazu führen, daß Zellen fälschlich in andere Verbindungen eingefügt werden oder OAM-Zellen als Nutzzellen weitergegeben werden. Um dies zu verhindern, werden diese Felder durch eine redundante Kodierung mit 8 Prüfbits gegen Verfälschungen gesichert (Header Error Control, HEC). Die Prüfbits werden im fünften Byte des Zellkopfes transportiert.

Zur Berechnung der Prüfbits wird das Bitmuster der ersten vier Byte als Polynom mit Grad 31 dargestellt[8] und mit einem Polynom x^8 (1 0000 0000) multipliziert, was einem Verschieben der Bitpositionen um 8 Bit nach links entspricht. Danach wird das erweiterte Bitmuster mittels einer Modulo 2 durchgeführten Polynomdivision durch ein sog. „Generatorpolynom" dividiert, das in diesem speziellen Fall die Form $x^8 + x^2 + x + 1$ (1 0000 0111) hat. Der bei dieser Operation verbleibende Divisionsrest, der maximal ein Polynom vom Grad 7 sein kann und damit mit einem 8 Bit langen Bitmuster eindeutig dargestellt werden kann, wird im fünften Byte als Prüfsumme übertragen. Der Empfänger führt dieselben Operationen auf den ersten vier Byte der empfangenen Zelle aus und subtrahiert den erhaltenen Divisionsrest von den empfangenen Prüfbits. Wenn beide Bitmuster identisch sind, d.h. wenn das durch diese Subtraktion erhaltene „Fehlersyndrom" nur NULLen enthält, sind keine (erkennbaren) Verfälschungen aufgetreten. Enthält das Fehlersyndrom jedoch auch EINSen, dann kann aus dem Fehlersyndrom nicht nur erkannt

---

7 Broadband Inter-Carrier Interface

8 Das Bitmuster 1011 läßt sich z.B. als $x^3 + x^1 + 1$ und damit als Polynom vom Grad 3 darstellen.

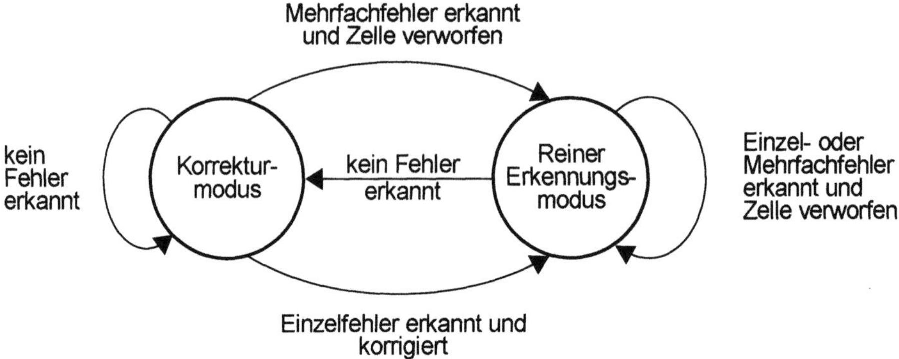

Abb. 4.5. Kombinierter Betrieb der Fehlersicherung

werden, daß Verfälschungen aufgetreten sind, zusätzlich sind Rückschlüsse auf die Zahl der Verfälschungen und – bei Einfachfehlern – auf die Bitposition der Verfälschungen möglich.

Je nach dem Generatorpolynom hat ein solcher Kode aus der Klasse der „zyklischen" Kodes bestimmte Eigenschaften bezüglich der Fehlererkennung und einer möglichen Fehlerkorrektur. Der verwendete Kode erlaubt es z.B., einzelne Bitfehler genau zu lokalisieren und damit zu korrigieren und darüber hinaus mehrfache Bitfehler noch zu erkennen. Bei mehrfachen Bitverfälschungen (die auch die Prüfbits treffen können) kann der Fall auftreten, daß sich insgesamt beim Empfänger wieder ein Fehlersyndrom mit lauter NULLen ergibt. In diesem Fall kann die Verfälschung nicht erkannt werden (Restfehlerwahrscheinlichkeit) und die verfälschte Zelle wird akzeptiert. Wird nicht nur die Möglichkeit der Fehlererkennung ausgenutzt, sondern auch versucht, einzelne Bitfehler zu korrigieren, dann kann es bei mehrfachen Fehlern zusätzlich vorkommen, daß das Fehlersyndrom falsch interpretiert wird und eine falsche „Korrektur" erfolgt und dadurch eine verfälschte Zelle akzeptiert wird. Dies führt dazu, daß die Restfehlerwahrscheinlichkeit im Korrektur-Modus höher ist als im reinen Erkennungs-Modus. Da Untersuchungen ergeben haben, daß bei optischen Übertragungssystemen typischerweise entweder sporadische Einzelfehler oder aber längere, zusammenhängende Fehlerbüschel auftreten, wurde in der ITU-T I.432.1 die in Abb. 4.5 dargestellte Kombination aus beiden Betriebsarten festgelegt.

Im fehlerfreien Betrieb befindet sich der Empfänger im Korrektur-Modus. Wird dabei ein Einzelfehler erkannt, so wird dieser korrigiert, die Zelle wird akzeptiert und es erfolgt der Übergang in den reinen Erkennungs-Modus. Dies geschieht, da die Wahrscheinlichkeit besteht, daß es sich bei dem Fehler um den Anfang eines ganzen Fehlerbüschels gehandelt hat und bei einem solchen die Restfehlerwahrscheinlichkeit so gering wie möglich gehalten werden soll.

Tritt in der nächsten Zelle kein Fehler mehr auf, dann hat es sich um einen Einzelfehler gehandelt und der Empfänger geht wieder in den Korrektur-Modus. Treten jedoch Folgefehler auf und liegt damit ein Fehlerbüschel vor, werden die verfälschten Zellen verworfen, auch wenn das Fehlersyndrom auf einen Einzelfehler hindeutet. Erst am Ende des Fehlerbüschels geht der Empfänger wieder in den Korrektur-Modus. Wird im Korrektur-Modus ein Mehrfachfehler erkannt, wird die Zelle verworfen und es erfolgt auch ein Übergang in den Erkennungs-Modus. Bei einigen Schnittstellenvarianten, z.B. bei der zellbasierten ATM-Forums-Schnittstelle, wird nur ein vereinfachter Betrieb mit reiner Fehlererkennung spezifiziert.

Um – ähnlich wie beim Verwürfeln des Informationsfeldes – den Mechanismus zur Zellgrenzenerkennung sicherer zu machen, werden die Prüfbits beim Sender Modulo 2 mit dem Bitmuster „01010101" addiert. Dies hat auch zur Folge, daß längere Folgen von NULLen vermieden werden, wodurch die Effektivität der Mechanismen zur Taktrückgewinnung verbessert wird. Der Empfänger macht diese Operation vor der Auswertung der Bits wieder rückgängig, so daß sich keinerlei Einfluß auf den Fehlersicherungsmechanismus ergibt.

4.2.2.4
Erkennen der Zellgrenzen

Für die Erkennung der Zellgrenzen (Cell Delineation) wurde in der ITU-T I.432.1 ein Verfahren gewählt, das unabhängig von den eventuell vorhandenen Synchronisationsmechanismen des Übertragungssystems arbeitet, damit diese Funktion unabhängig vom Übertragungssystem gehalten werden kann.

Bei dem Verfahren wird die Tatsache ausgenutzt, daß bei jeder (unverfälschten) Zelle das fünfte Byte nach dem oben beschriebenen Verfahren aus den ersten vier Bytes berechnet werden kann. Im einzelnen funktioniert der Algorithmus wie in Abb. 4.6 dargestellt.

Nach dem Aktivieren der TC-Subschicht befindet sich der Algorithmus im „HUNT"-Zustand, in dem aus einem (zufälligen) Block von 4 Byte die Prüfsumme errechnet und das Fehlersyndrom aus dem Vergleich mit dem nachfolgenden Byte gebildet wird. Falls dieses nicht lauter NULLen enthält, wird der Block um ein Bit verschoben und die Operation wiederholt. Dies geschieht solange, bis eine Stelle im Bitstrom gefunden wird, an der die errechneten Prüfbits mit dem fünften Byte übereinstimmen. Dann wird angenommen, daß ein Zellanfang gefunden wurde und es erfolgt der Übergang in den „PRESYNC"-Zustand. In diesem Zustand erfolgt die Berechnung der Prüfsumme im Zellraster, d.h. sie wird nur alle 53 Byte wiederholt. Der eigentliche „SYNC"-Zustand, in dem der Normalbetrieb aufgenommen wird, wird erst erreicht, wenn mehrfach hintereinander (δ mal) im „PRESYNC"-Zustand

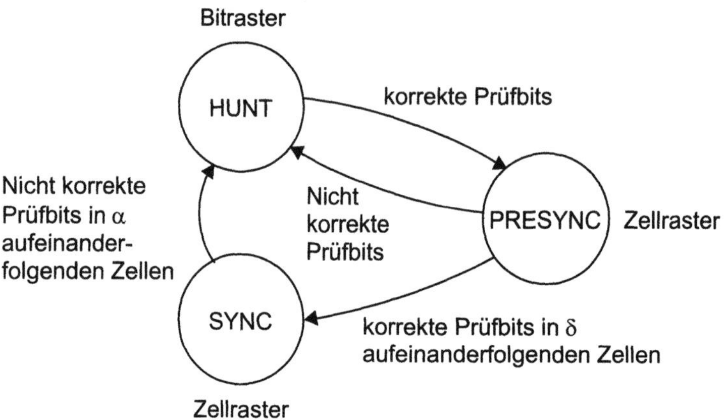

Abb. 4.6. Verfahren zur Erkennung der Zellgrenzen

gültige Prüfsummen erkannt wurden und eine zufällige Fehlsynchronisation
damit weitgehend ausgeschlossen ist.

Im „SYNC"-Zustand erfolgt weiterhin eine Überwachung der Prüfsummen
im Zellraster, um einen Synchronisationsverlust zu erkennen. Damit nicht
durch jeden Bitfehler im Zellkopf ein Synchronisationsverlust vorgetäuscht
wird, wird ein solcher erst angenommen, wenn mehrfach hintereinander
(α mal) eine falsche Prüfsumme ermittelt wurde. In diesem Fall werden keine
Zellen mehr an die ATM-Schicht weitergegeben und es erfolgt ein Übergang
in den „HUNT"-Zustand, in dem versucht wird, die Zellsynchronisation wie-
derzuerlangen.

Die Wahl des Parameters δ ermöglicht einen Kompromiß zwischen der
Wahrscheinlichkeit einer Fehlsynchronisation und der Dauer des Aufsynchro-
nisationsvorgangs, die des Parameters α einen Kompromiß zwischen der Dauer
bis zum Erkennen eines Synchronisationsverlusts und der Wahrscheinlichkeit,
daß aufgrund von Bitfehlern fälschlicherweise ein Synchronisationsverlust angenommen wird. Aufgrund von Untersuchungen der Leistungsfähigkeit des
Synchronisationsmechanismus in Abhängigkeit von den beiden Parametern
und der angenommenen Bitfehlerwahrscheinlichkeit wurden z.B. für die SDH-
basierte Schnittstelle bei ITU-T $\delta = 6$ und $\alpha = 7$ festgelegt.

Bei einigen der ATM-Forum-Schnittstellen werden aus Aufwandsgründen
andere Synchronisationsmechanismen verwendet. Bei der DS3-Schnittstelle
mit PLCP-Mapping wird z.B. die Zellsynchronisation auf der Basis des PLCP-
Overheads vorgenommen, bei der zellbasierten Variante wird der Synchronisationsmechanismus der 27 Zellen langen Rahmenstruktur mitverwendet und
bei der FDDI-basierten Variante werden die zusätzlichen Zellstart-Bytes verwendet.

4.2.2.5
Entkoppeln der Zellrate von der Übertragungsrate

Da mit Ausnahme der Burst-Mode-Übertragungssysteme (s. Abschn. 4.2.2.1) alle Übertragungssysteme einen kontinuierlichen Zellstrom mit einer bestimmten Zellrate zur Übertragung benötigen, muß durch Stopfzellen eine Anpassung zwischen diesen und den in der ATM-Schicht vorliegenden burstförmigen Zellströmen erfolgen (Cell Rate Decoupling).

In der ITU-T I.432.1 ist dafür ein spezieller Zelltyp, die Leerzelle (Idle Cell) definiert, die durch ein spezielles Bitmuster im Zellkopf gekennzeichnet ist. Die Leerzellen werden bei Bedarf in Senderichtung eingefügt und beim Empfänger nach der Ausführung der Fehlersicherungsoperationen wieder verworfen. Da diese Leerzellen nicht an die ATM-Schicht weitergegeben werden, liegt an der Schnittstelle ein burstförmiger Zellstrom vor.

Davon abweichend wird beim ATM-Forum die Entkopplungsfunktion der ATM-Schicht zugeordnet. Gemäß der ATM-Forum UNI-Spezifikation werden zwischen die Zellbursts bereits in der ATM-Schicht spezielle Zellen, sog. „Unassigned Cells[9]" mit einer speziellen Kodierung im Kopffeld als Stopfzellen eingefügt. Diese werden auf der Empfangsseite wieder bis in die ATM-Schicht hochgereicht und erst dort verworfen. Dementsprechend liegt an der Schnittstelle zwischen ATM-Schicht und TC-Subschicht in diesem Fall ein kontinuierlicher Zellstrom vor. Da an dieser Stelle meist auch eine physikalisch existierende Schnittstelle zwischen unterschiedlichen Bausteinen vorliegt, kann es durch diese unterschiedlichen Definitionen zu Inkompatibilitäten kommen, wenn die Bausteine nicht je nach Bedarf für beide Varianten konfiguriert werden können.

4.2.2.6
Die UTOPIA-Schnittstelle

Während die Ausprägungen der physikalischen Schicht je nach dem verwendeten Übertragungssystem sehr unterschiedlich sind und dementsprechend auch unterschiedliche Bausteine für die Realisierung benötigt werden, ist die ATM-Schicht unabhängig davon einheitlich definiert. Um den Einsatz unterschiedlichster PHY-Bausteine zusammen mit einheitlichen ATM-Bausteinen zu ermöglichen, hat das ATM-Forum die „UTOPIA"-Schnittstelle (Universal Test & Operations PHY Interface for ATM) spezifiziert.

Die UTOPIA-Schnittstelle erlaubt den Austausch von 53 Byte ATM-Zellen, wobei das HEC-Feld im fünften Byte des Zellkopfes keine gültigen Prüfsummen tragen muß, da diese in der physikalischen Schicht berechnet und ausge-

---

9 Der Name kommt daher, daß diese Zellen keiner bestimmten Verbindung zugeordnet sind.

wertet werden. Das Prüfsummenfeld kann deshalb bei Bedarf für andere Zwecke genutzt werden. Die Stopfzellen werden auf der PHY-Seite der UTOPIA-Schnittstelle behandelt, so daß auf der Schnittstelle selbst ein asynchroner, burstförmiger Zellstrom ausgetauscht wird. Der asynchrone Zelltransfer wird dabei über zusätzliche Handshake-Signale für beide Richtungen gesteuert.

Während die erste UTOPIA-Spezifikation (Level 1) auf Punkt-zu-Punkt-Konfigurationen und einen Durchsatz von 200 Mbit/s beschränkt war, erlaubt die UTOPIA Level 2 den vierfachen Durchsatz und ist mehrpunktfähig.

Außer zur Kopplung von PHY- und ATM-Bausteinen kann der Zelltransfermechanismus der UTOPIA-Schnittstelle auch zur Kopplung von AAL- und ATM-Bausteinen sowie von ATM-Bausteinen mit unterschiedlichen Teilfunktionen untereinander verwendet werden.

Diese Schnittstelle hat sich, teilweise mit proprietären Erweiterungen, als Industriestandard durchgesetzt und wird von allen Herstellern entsprechender Bausteine verwendet.

4.2.2.7
Verfahren zum inversen Multiplexen

Beim ATM-Forum werden zellbasierte Verfahren definiert, mit denen hochratige Zellströme zur Übertragung in mehrere Teile mit einer Granularität von 1,5 Mbit/s zerlegt und beim Empfänger wieder zusammengesetzt werden können, ohne die Zellreihenfolge zu verändern (Inverse Multiplexing). Solche Verfahren erlauben z.B. eine optimale Nutzung der in den USA in großer Zahl und zu – im Vergleich zu höherratigen Leitungen – günstigen Tarifen verfügbaren T1-PDH-Übertragungsstrecken. Außerdem erlauben diese Verfahren das Mischen von ATM- und nicht-ATM-Signalen mit einer Granularität von 1,5/2 Mbit/s in höherratigen PDH- und SDH-Signalen. Dies kann in einigen Spezialfällen sehr vorteilhaft sein, da dann kein komplettes höherratiges Übertragungssystem für den ATM-Verkehr reserviert werden muß und nur der tatsächlich benötigte Teil belegt wird. Ein Beispiel ist etwa die transkontinentale Übertragung über Unterseekabel, wo die insgesamt verfügbare Bandbreite begrenzt und entsprechend teuer ist.

4.3
Die ATM-Schicht

Die ATM-Schicht ist die zentrale Schicht, in der alle zellbezogenen Transportfunktionen ablaufen. Das Zellformat und die grundlegenden Funktionen sind in der ITU-T I.361 sowie entsprechend in der UNI-Spezifikation des ATM-Forums definiert. In den folgenden Abschnitten sollen die von den Feldern des ATM-Zellkopfes unterstützten Funktionen dargestellt werden. Die ebenfalls stark ATM-spezifischen Verkehrssteuerungsfunktionen werden in Kap. 5 umfassend dargestellt. Die für die ATM-Schicht definierten Betriebsführungsfunktionen (Operation, Administration & Management, OAM) werden in Kap. 6 ausführlich beschrieben.

4.3.1
Das ATM-Zellformat

Die 53 Byte der ATM-Zelle sind aufgeteilt in ein 5 Byte langes Kopffeld, dessen Felder die Zelltransportfunktionen auf der ATM-Schicht unterstützen und ein 48 Byte langes Informationsfeld, das zum transparenten Transport der von den darüberliegenden Schichten übergebenen Daten dient. Die Länge der ATM-Zelle stellt einen Kompromiß zwischen den Anforderungen von Daten- und Echtzeitdiensten dar. Für Datendienste sind längere Dateneinheiten günstiger, da der Aufwand im Kopffeld nicht entsprechend zunimmt und so das Verhältnis zwischen dem Overhead (Kopffeld) und der Nutzkapazität günstiger wird. Bei den niederratigen Echtzeitdiensten, insbesondere bei der paketierten Sprachübertragung, hingegen sind relativ kleine Dateneinheiten wünschenswert, um die für das Füllen einer Zelle benötigte Wartezeit (Paketierungsverzögerung) gering zu halten (s. Abschn. 8.4.1.3). Die Struktur der ATM-Zelle ist in Abb. 4.7 dargestellt. Bei der Übertragung der Zelle wird das höchstwertige Bit, das Bit 8, des ersten Bytes zuerst gesendet, dann die anderen Bits des ersten Bytes gefolgt von den weiteren Bytes. Aufgrund der etwas unterschiedlichen Anforderungen sind für das UNI und für das NNI zwei unterschiedliche Zellformate definiert worden. Das GFC-Feld in den höherwertigen 4 Bits des ersten Bytes ist für die Flußsteuerung sowohl für Punkt-zu-Punkt- als auch für Punkt-zu-Mehrpunkt-Konfigurationen am UNI vorgesehen. Da diese Funktion am NNI nicht vorgesehen ist, werden die entsprechenden Bits dort für eine Erweiterung des Wertebereichs der Pfadkennung (VPI) verwendet. Das „Header Error Control"-Feld (HEC) trägt die 8 Prüfbits für die Fehlersicherung des Kopffelds, deren Funktion in Abschn. 4.2.2.3 ausführlich beschrieben ist.

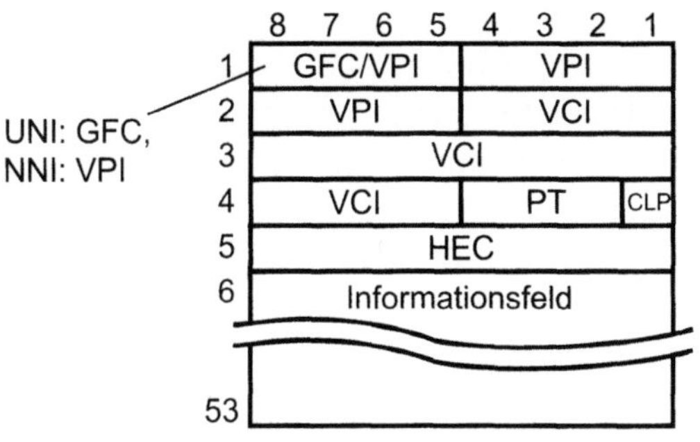

Abb. 4.7. Die Struktur der ATM-Zelle

Tabelle 4.1. Kodepunkte im Kopffeld für Zellen der physikalischen Schicht

Verwendung	Byte 1	Byte 2	Byte 3	Byte 4
Leerzelle (Idle Cell)	00000000	00000000	00000000	00000001
PHY-OAM-Zelle	00000000	00000000	00000000	00001001
Reserviert	PPPP0000	00000000	00000000	0000PPP1

P: Verfügbar für noch zu definierende Funktionen

Die in Tabelle 4.1 aufgelisteten Kodepunkte im Wertebereich des Kopffeldes sind für Zellen reserviert, die nicht in der ATM-Schicht, sondern in der physikalischen Schicht verwendet werden.

Neben den Kodepunkten für die Kennzeichnung von Leerzellen (s. Abschn. 4.2.2.5) und für die bei rein zellbasierten Schnittstellen benötigten PHY-OAM-Zellen (s. Abschn. 4.2.2.1) ist ein weiterer Bereich für zukünftige Anwendungen auf der physikalischen Schicht reserviert. Die so gekennzeichneten Zellen werden nur in der physikalischen Schicht behandelt und nicht an die ATM-Schicht weitergegeben. Die Kodierung des Kopffelds dieser speziellen Zellen steht in keinerlei Zusammenhang mit den Funktionen, die diesen Bitpositionen bei normalen ATM-Schicht-Zellen zugeordnet sind. Die PHY-Zellen tragen jeweils eine gültige Prüfsumme im fünften Byte, da sie auch die Zellerkennungs- und Fehlersicherungsmechanismen durchlaufen müssen.

4.3.2
Die Generische Flußsteuerung

Die Generische Flußsteuerung (Generic Flow Control, GFC) ist dazu vorgesehen, den Verkehr auf der Teilnehmerseite des UNI, also am Bezugspunkt S_B sowie an der für Anschlußkonfigurationen mit gemeinsamem Übertragungsmedium definierten SSB-Schnittstelle (s. Abschn. 3.4) zu steuern. Falls ein Endgerät direkt am Bezugspunkt T_B angeschlossen ist, kann die Flußsteuerung auch zwischen dem Endgerät und dem Netz erfolgen, es bleibt aber dem Netzbetreiber überlassen, ob er eine GFC-Unterstützung auf der Netzseite des UNI anbietet oder nicht. Falls eine GFC-Unterstützung angeboten wird, kontrolliert die Netzseite die Flußsteuerung und es wird nur der vom Endgerät ins Netz fließende Verkehr gesteuert, nicht aber der Verkehr vom Netz in Richtung Endgerät. Das GFC-Protokoll steuert nur den Verkehr lokal am UNI und kann deshalb netzweite Flußsteuerungsmechanismen nicht ersetzen.

Nachdem eine Einigung auf ein einheitliches GFC-Protokoll für die erste Ausgabe der ITU-T I.361 nicht möglich war, wurde dort nur der ungesteuerte Betrieb (Uncontrolled Transmission) festgelegt, bei dem die GFC-Bits

grundsätzlich alle zu 0 zu setzen sind und keine Flußsteuerung erfolgt. In der
neuen Ausgabe ist nun zumindest für eine Punkt-zu-Punkt-Konfiguration am
UNI (S_B bzw. T_B) ein GFC-Protokoll festgelegt, ein GFC-Protokoll für die SSB-
Schnittstelle ist noch nicht enthalten. Für Punkt-zu-Punkt-Konfigurationen am
UNI können bezüglich der GFC-Funktion drei Klassen von Geräten unterschie-
den werden:

- Ungesteuerte Geräte, die das GFC-Protokoll nicht anwenden,
- gesteuerte Geräte, bei denen das Aussenden von Zellen über das GFC-
  Protokoll gesteuert wird und
- steuernde Geräte, die das GFC-Protokoll verwenden, um den Verkehrsfluß
  zu steuern.

Steuernde und gesteuerte Geräte müssen jeweils auch den ungesteuerten Betrieb beherrschen, da dieser verwendet wird, falls der Schnittstellenpartner das
GFC-Protokoll nicht unterstützt. Die Steuerung des GFC-Protokolls kann z.B.
von einer NT2 (S_B) oder von der Teilnehmer-Vermittlungsstelle (T_B) übernommen werden.

Bezüglich der Verbindungen selbst wird bei Anwendung des GFC-Protokolls
zwischen „gesteuerten" und „ungesteuerten" Verbindungen unterschieden. Die
gesteuerten Verbindungen unterliegen in vollem Umfang der expliziten Steuerung des GFC-Protokolls, während die ungesteuerten lediglich mit Hilfe der
HALT-Befehle gedrosselt werden können. Die gesteuerten Verbindungen an einem UNI können zusätzlich optional noch in zwei Gruppen A und B eingeteilt
werden[10], die getrennt voneinander gesteuert werden können. Die Festlegung,
zu welcher der drei Gruppen eine Verbindung gehört, wird beim Verbindungsaufbau getroffen.

Für den Transport der Steuerinformation für das GFC-Protokoll werden in
der Regel die sowieso zu sendenden Zellen verwendet, steuernde Geräte können
aber auch Zellen ohne Nutzinformation mit einer speziellen Kodierung im
Kopffeld (Unassigned Cells, s. Abschn. 4.3.3) generieren, um die Information
zu schicken, wenn keine anderen Zellen zu senden sind.

Die bisher definierten Kodierungen des GFC-Felds sind in Tabelle 4.2 zusammengestellt.

Mit diesen Befehlen und Anzeigen bietet das GFC-Protokoll zwei Steuerungsmechanismen an:

- Als Option können mit HALT/NO_HALT Befehlen (bei Verwendung gesteuerter Geräte) alle Verbindungen, auch die ungesteuerten angehalten und
  wieder freigegeben werden. Da die HALT-Befehle zyklisch generiert werden müssen, wird dadurch die Datenrate auf der Schnittstelle auf einen
  Bruchteil der physikalisch möglichen Rate begrenzt.

---

10 Der Default-Fall ist, daß nur die Gruppe A unterstützt wird.

Tabelle 4.2. Kodierung des GFC-Feldes

Befehle vom steuernden zum gesteuerten Gerät

Kodierung		Bedeutung	
0000	NO_HALT	NULL	
1000	HALT	NULL_A	NULL_B
0100	NO_HALT	SET_A	NULL_B
1100	HALT	SET_A	NULL_B
0010	NO_HALT	NULL_A	SET_B
1010	HALT	NULL_A	SET_B
0110	NO_HALT	SET_A	SET_B
1110	HALT	SET_A	SET_B

Alle anderen Werte werden ignoriert

Anzeigen vom gesteuerten zum steuernden Gerät

Kodierung	Geräteklasse	Zugehörigkeit der Zelle
0000	Ungesteuert	Unassigned oder ungesteuerte Verbindung
0001	Gesteuert	Unassigned oder ungesteuerte Verbindung
0101	Gesteuert	Gesteuerte Verbindung, Gruppe A
0011	Gesteuert	Gesteuerte Verbindung, Gruppe B

Alle anderen Werte werden ignoriert

– Mit SET_A- und SET_B-Befehlen kann für die beiden Gruppen von gesteuerten Verbindungen getrennt die Sendeerlaubnis für eine oder mehrere Zellen erteilt werden (Credit Based). Mit diesem Mechanismus können nur die gesteuerten Verbindungen beeinflußt werden, die ungesteuerten Verbindungen reagieren lediglich auf HALT-Befehle.

Wieviele Zellen mit einem SET-Befehl freigegeben werden hängt von einem gruppenspezifischen Parameter (GO_VALUE_A oder B) ab, der mit eins initialisiert wird und über Managementprozeduren geändert werden kann. Die Zahl der zum Senden in einer Gruppe freigegebenen Zellen wird in einem als „Credit Counter" bezeichneten Zähler (GO_CNTR_A und _B) im gesteuerten Gerät gespeichert. Dieser Zähler wird bei einem SET-Befehl entsprechend erhöht und beim Senden einer Zelle der entsprechenden Gruppe um eins erniedrigt. NULL-Befehle verändern die Zählerstände nicht.

Die zu sendenden Zellen werden im gesteuerten Gerät getrennt nach den drei Verbindungsklassen in Warteschlangen eingetragen. Wenn das Senden nicht durch einen HALT-Befehl unterbrochen ist, werden zunächst die Zellen der ungesteuerten Verbindungen gesendet und sind damit gegenüber den Zellen der gesteuerten Verbindungen priorisiert. Solange diese Warteschlange leer ist, werden Zellen der gesteuerten Verbindungen gesendet, wenn die entsprechenden Credit Counter Werte größer null aufweisen. Dabei wird nach jeder Zelle zwischen Gruppe A und B gewechselt, solange noch bei beiden Gruppen zu sendende Zellen und entsprechende Credits vorhanden sind. Läuft bei einer Gruppe die Warteschlange oder der Credit Counter leer, wird nur noch die andere Gruppe abgearbeitet, bis wieder Zellen und Credits der ersteren vorhanden sind. Aufgrund der Anzeigen in den von den gesteuerten Geräten gesendeten Zellen kann das steuernde Gerät erkennen, zu welcher Verbindungsklasse die zuletzt gesendeten Zellen gehören und kann dadurch insbesondere die Gruppen A und B gezielt steuern.

Die Entscheidung, ob auf einer bestimmten Übertragungsleitung der gesteuerte Betrieb verwendet wird, wird bei der Initialisierung getroffen und kann während des Betriebs nicht geändert werden. Dazu sendet das steuernde Gerät während der Initialisierungsphase für eine bestimmte Dauer T (5 Sekunden) HALT- oder SET-Befehle, damit die gesteuerten Geräte erkennen können, daß ein gesteuerter Betrieb möglich ist. Die gesteuerten Geräte, die sich nach dem Hochlauf im ungesteuerten Betrieb befinden, antworten mit einem von 0000 verschiedenen GFC-Kode und gehen in den gesteuerten Betrieb über. Falls die Zeit T abläuft ohne daß eine Zelle mit einem GFC-Kode ungleich 0000 empfangen wurde, geht das steuernde Gerät in den ungesteuerten Betrieb über.

4.3.3
Die Verbindungskennung

Die Verbindungskennung am UNI setzt sich aus 8 Bits für die Pfadkennung (Virtual Path Identifier, VPI) und aus 16 Bits für die Kanalkennung (Virtual Channel Identifier, VCI) zusammen.

Die Kodierung VPI=0/VCI=0 zusammen mit einem auf CLP=0 gesetzten CLP-Bit kennzeichnet eine gültige, aber keiner bestimmten Verbindung zugewiesene Zelle (Unassigned Cell). Solche Zellen können bei Bedarf GFC-Information transportieren, außerdem werden sie gemäß der UNI-Spezifikation 3.1. des ATM-Forums als Stopfzellen verwendet, wenn die jeweilige Ausprägung der physikalischen Schicht das Vorhandensein eines kontinuierlichen Zellstroms erfordert. Der VCI=0 darf außer in diesem speziellen Fall nicht verwendet werden, so daß alle Zellen mit VPI≠0 und VCI=0 ungültig sind (Invalid Cell).

Innerhalb des Pfades mit VPI=0 sind einige VCIs für die Zeichengabekanäle zur Teilnehmer-Vermittlungsstelle reserviert. Im einzelnen sind dies:

VCI=1 Über diesen Kanal können bei Punkt-zu-Mehrpunkt-Konfigurationen zusätzliche Zeichengabekanäle verwaltet werden (Meta-Signalisierung).

VCI=2 Über diesen Kanal können bei Punkt-zu-Mehrpunkt-Konfigurationen Broadcast-Meldungen verschickt werden, z.B. um alle angeschlossenen Endgeräte über einen ankommenden Ruf zu informieren (General Broadcast Signalling).

VCI=5 Dieser Kanal wird für die Punkt-zu-Punkt-Zeichengabe verwendet.

Innerhalb der anderen Pfade sind diese VCI-Werte ebenfalls für Zeichengabefunktionen reserviert, z.B. für die Zeichengabe mit anderen Endgeräten oder mit Zeichengabeinstanzen in anderen Netzen.

Weitere VCI-Werte sind reserviert, um VP-spezifisch bestimmte Zelltypen zu kennzeichnen, die weder Benutzerinformation noch Zeichengabeinformation enthalten. Dadurch folgen diese Zellen dem gleichen Weg durch das Netz wie die Nutz- und Zeichengabeverbindungen des entsprechenden Pfades, können aber leicht von diesen unterschieden werden. Definiert sind dabei die folgenden Werte:

VCI=3 Kennzeichnet spezielle Zellen zum Austausch von Betriebsführungsinformation (Operation, Administration and Maintenance, OAM; s. Abschn. 6.1.3), die auf ein Segment des jeweiligen Pfades bezogen sind (F4 Segment Flow).

VCI=4 Kennzeichnet Zellen zum Austausch von OAM-Informationen, die auf den gesamten Pfad bezogen sind (F4 End-to-End Flow).

VCI=6 Kennzeichnet pfadbezogene Resource-Management-Zellen (VP RM), die für eine Flußsteuerung auf der ATM-Schicht verwendet werden (s. Abschn. 5.8.3).

Desweiteren sind auch die VCI-Werte von VCI=7 bis VCI=32 für zukünftige, pfadspezifische Anwendungen reserviert.

Am NNI stehen für die Pfadkennung 12 Bit zur Verfügung. Da im Netz bezüglich der Zeichengabe nur Punkt-zu-Punkt-Verbindungen vorgesehen sind, werden die Funktionen der Meta- und Broadcast-Signalisierung nicht benötigt, so daß auch keine entsprechenden Kanäle reserviert werden müssen. Für die Zwischenamts-Zeichengabe steht in jedem Pfad der VCI=5 zur Verfügung. Von diesen Abweichungen abgesehen sind die reservierten VPI/VCI-Kombinationen identisch mit denen am UNI.

Um die Implementierung der ATM-Schicht zu vereinfachen (s. Abschn. 10.2) ist sowohl in den ITU-T-Empfehlungen I.361 und I.150 als auch in der UNI-Spezifikation des ATM-Forums festgelegt, daß nicht alle VPI/VCI-Bits für die Verbindungskennung zur Verfügung stehen müssen. Die Anzahl der tatsächlich verwendeten Bits kann zwischen dem Netzbetreiber und dem Teilnehmer ausgehandelt werden, z.B. bei der Einrichtung des Anschlusses. Dabei gilt die Einschränkung, daß für VPI und VCI jeweils ein zusammenhängender Wertebereich vorhanden sein muß, der jeweils aus den niederwertigsten Bits der

Felder besteht. Alle nicht benutzten (höherwertigen) Bits der beiden Felder sind auf 0 zu setzen.

Die Verbindungskennungen für eine Verbindung (VPI/VCI bzw. VPI) werden immer bidirektional vergeben, d.h. für beide Übertragungsrichtungen auf einem Verbindungsabschnitt gilt jeweils die gleiche Kennung, wodurch die Verwaltung der Verbindungskennungen drastisch vereinfacht wird. Dadurch wird bei rein unidirektionalen Verbindungen die Verbindungskennung in der Rückrichtung unnötig blockiert. Da der verfügbare Wertebereich jedoch sehr groß ist und streng unidirektionale Verbindungen sehr ungewöhnlich sind, da in der Gegenrichtung meist zumindest Betriebsführungsinformation geschickt wird, ist dies akzeptabel.

4.3.4
Die Funktionen des PT-Feldes

Zum Austausch VC-bezogener Betriebsführungsinformation (F5 OAM Flow, s. Abschn. 6.1.3) werden spezielle OAM-Zellen ausgetauscht. Da diese, z.B. für Prüfschleifen, den exakt gleichen Weg durch das Netz nehmen müssen wie die Nutzzellen der Verbindung, müssen sie den gleichen VPI/VCI tragen. Anders als bei den entsprechenden VP-bezogenen Funktionen, für die bestimmte VCI-Werte reserviert werden können, muß deshalb innerhalb des Zellkopfes eine zusätzliche Unterscheidungsmöglichkeit bestehen. Deshalb wurde ein „Payload Type"-Feld mit ursprünglich 2 Bit vorgesehen, um Nutzdatenzellen, segment-bezogene F5-OAM-Zellen und F5-OAM-Zellen für verbindungsweite (Ende-zu-Ende) Funktionen unterscheiden zu können.

Da im Laufe der Standardisierung noch weitere VC-bezogene Zusatzfunktionen identifiziert wurden, wurde dieses Feld um ein nachfolgendes, noch nicht verwendetes Bit erweitert. Um mehrere unterschiedliche Funktionen mit den 3 Bit unterstützen zu können, wurden den Funktionen keine Bits zugewiesen, sondern lediglich Kodepunkte. Die zusätzlichen Funktionen sind im einzelnen:

- Eine zweiwertige Information, die der „Benutzer" des ATM-Schicht-Dienstes[11], also die ATM-Anpassungsschicht (AAL) der entsprechenden Partnerinstanz übermitteln kann (ATM-User to ATM-User Indication, AUU). Diese Funktion wird z.B. vom AAL Typ 5 verwendet (s. Abschn. 4.4.6).
- Eine Indikation, mit der ein momentan in Überlast befindliches Netzelement den Verbindungsendpunkt über diese Tatsache informieren kann (Explicit Forward Congestion Indication EFCI, s. Abschn. 5.10.3).

---

11 Die Begriffe werden hier im Sinne des OSI-Modells verwendet (s. Abschn. 11.1.3).

Tabelle 4.3. Kodierung des PT-Feldes

Kodierung	Zelltyp	User to User Indication	Überlast
000	Nutzdaten	0	nein
001	Nutzdaten	1	nein
010	Nutzdaten	0	ja
011	Nutzdaten	1	ja
100	Segment F5-OAM	–	–
101	End-zu-End F5-OAM	–	–
110	Resource Management	–	–
111	Reserviert	–	–

– Eine Kennung für spezielle RM-Zellen zur Flußsteuerung auf der ATM-Schicht (Resource Management Cell, s. Abschn. 5.8.3)

Die Zuordnung dieser Funktionen zu den Kodepunkten des PT-Feldes ist in Tabelle 4.3 zusammengefaßt.

Für diejenigen VCI-Werte, die Zellen für pfadbezogene OAM- und RM-Funktionen kennzeichnen, werden die PT-Werte 4, 5 und 6 nicht für die Erkennung des Zelltyps ausgewertet. Der PT-Wert 7 ist für zukünftige Anwendungen reserviert, wobei der ebenfalls reservierte VCI=7 dann die gleiche Anwendung bezogen auf die Pfadebene erhalten soll.

4.3.5
Das CLP-Bit

Mit dem „Cell Loss Priority"-Bit (CLP) wurde die Möglichkeit geschaffen, die Zellen auf der ATM-Schicht in zwei Klassen mit unterschiedlichen Anforderungen bezüglich der einzuhaltenden Zellverlustwahrscheinlichkeit einzuteilen. Ein Wert von CLP=1 bedeutet dabei, daß diese Zelle eher verloren gehen darf als eine Zelle mit CLP=0. Mit dieser Unterscheidung kann im Prinzip eine höhere Gesamtauslastung des Netzes erreicht werden, indem die bei der Erhöhung der Last vermehrt auftretenden Zellverluste gezielt auf die Zellen mit CLP=1 konzentriert werden.

Das CLP-Bit wird im allgemeinen von der Quelle der entsprechenden Zelle entsprechend den jeweiligen Bedürfnissen gesetzt. Dabei können alle Zellen einer Verbindung (VP oder VC) den gleichen CLP-Wert tragen, der eventuell sogar durch den verwendeten Dienst vorgegeben ist, oder aber die CLP-Werte können innerhalb einer Verbindung unterschiedlich sein.

Neben dieser Anwendung kann das CLP-Bit auch im Rahmen der Überwachung der Zellströme am Netzeingang vom entsprechenden Netzelement unter bestimmten Bedingungen von CLP=0 auf CLP=1 modifiziert werden (Cell Tagging).

Die Unterstützung des CLP-Mechanismus hat weitreichende Konsequenzen für die Implementierung der ATM-Netzelemente, da jeder Pufferspeicher im ATM-Netz die beiden Verlustprioritäten unterscheiden und durch eine kompliziertere Pufferverwaltung die Zellen mit CLP=1 bevorzugt verwerfen muß, sobald die Puffer vollaufen. Außerdem hat die CLP-Unterstützung einen gravierenden Einfluß auf die Verkehrssteuerungsfunktionen der ATM-Schicht, die dadurch erheblich komplizierter werden.

Die Anwendungsfälle des CLP-Bits sowie Beispiele für die Implementierung der CLP-Unterstützung und ihre Auswirkungen auf die Verkehrssteuerung sind im Abschn. 5.4 zu finden.

4.3.6
Die Dienst-Schnittstellen der ATM-Schicht

In der ITU-T I.361 wurden formale Dienst-Zugangspunkte (Service Access Point, SAP) gemäß dem OSI-Modell zwischen der physikalischen und der ATM-Schicht bzw. zwischen der ATM-Schicht und dem AAL definiert.

Für den ATM-SAP wurden dabei die Dienst-Primitive „ATM-DATA Request" und „ATM-DATA Indication" definiert, mit denen die AAL-Instanz das Senden einer ATM-Zelle anfordern kann bzw. über den Empfang einer solchen unterrichtet wird. Als Parameter enthalten diese Primitive jeweils eine ATM-SDU (Service Data Unit), die aus den 48 Byte Nutzinformation besteht, die im Informationsfeld transportiert werden. Zusätzlich werden noch Parameter übergeben, die in Senderichtung, also vom AAL zur ATM-Schicht, die Werte für das CLP-Bit, die ATM-User to ATM-User Indication und optional auch für die Explicit Forward Congestion Notification[12] vorgeben. In Empfangsrichtung werden die Werte an den AAL weitergegeben, die im PT-Feld empfangen wurden.

Für den PHY-SAP wurden die Primitive „PHY-DATA Request" und „PHY-DATA Indication" definiert, die als Parameter lediglich eine PHY-SDU haben, die aus einer ATM-Zelle besteht, wobei die Prüfsumme im HEC-Feld nicht gültig ist.

Für die Kommunikation der ATM-Schicht-Instanz mit der lokalen Instanz für das Schichten-Management der ATM-Schicht (ATM Management Entity, ATMM) wurden ebenfalls die Primitive „ATMM-DATA Request" und „ATMM-DATA Indication" spezifiziert, mit denen OAM-Zellen, Resource-Management-Zellen und Zellen für die Meta-Signalisierung ausgetauscht werden können.

---

12 Dies ist z.B. beim Interworking mit Frame Relay notwendig, damit eine Überlast im FR-Netz weitergemeldet werden kann.

4.3.7
Mehrpunktverbindungen auf der ATM-Schicht

Für bestimmte Anwendungen, z.B. „Near Video-on-Demand" (s. Abschn. 8.1.2) ist eine Unterstützung von Punkt-zu-Mehrpunkt-Verbindungen auf der ATM-Schicht erforderlich, bei denen Kopien der Zellen an mehrere Empfänger verteilt werden. Abbildung 4.8 zeigt das dabei verwendete Prinzip. Von der Quelle der Zellen (Root) aus wird eine Baumstruktur durch das Netz aufgebaut, über die jeder an der Verbindung beteiligte Empfänger (Leaf) erreicht werden kann. Der Baum wird so eingerichtet, daß die Verzweigungen möglichst spät erfolgen und auf jedem Übertragungsabschnitt nur eine Zellkopie verschickt werden muß, um die Übertragungskapazität des Netzes effektiv auszunutzen. Im allgemeinen Fall kann jeder Leaf-Knoten in Rückrichtung Zellen direkt zum Root-Knoten schicken, wobei Hin- und Rückrichtung unterschiedliche Bandbreiten aufweisen können. Die Leaf-Knoten können nicht direkt miteinander kommunizieren.

Für bestimmte Konferenz-Anwendungen ist es wünschenswert, auch Mehrpunkt-zu-Mehrpunkt-Verbindungen auf der ATM-Schicht zu unterstützen. Dabei sind alle Knoten gleichberechtigt, und die von einem Knoten verschickten Zellen werden an alle anderen weitergeleitet, wodurch sich noch wesentlich kompliziertere Strukturen ergeben.

Auf der ATM-Schicht sind zur Unterstützung der Mehrpunktverbindungen zwei Funktionen notwendig:

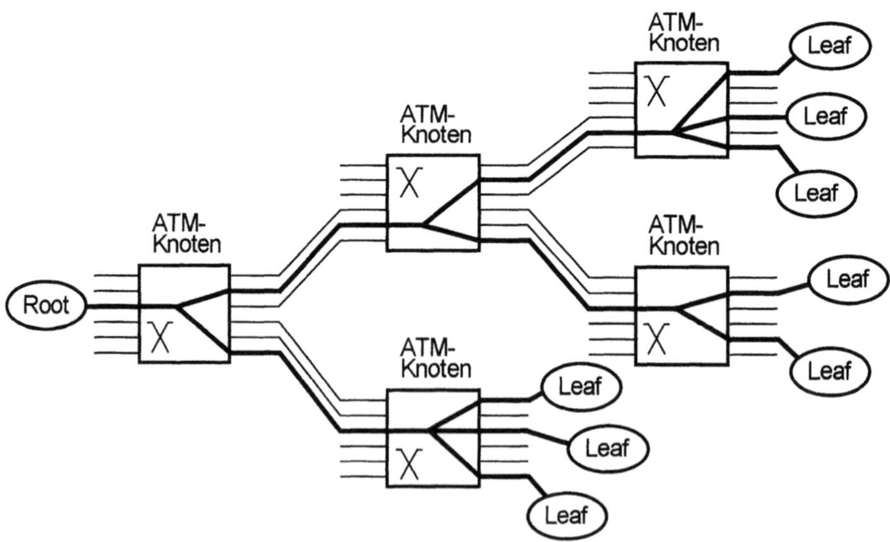

Abb. 4.8. Das Prinzip der Punkt-zu-Mehrpunkt-Verbindung

- *Multicast:* In Richtung vom Root-Knoten zu den Leaf-Knoten müssen die Zellen in den ATM-Netzelementen vervielfacht und auf beliebig viele – im Extremfall alle – Ausgangsleitungen weitergeleitet werden. Um Abhängigkeiten zwischen den verschiedenen Ausgangsleitungen und unnötige Blockiereffekte zu vermeiden, muß jede Zellkopie dabei eine individuelle Verbindungskennung bekommen.
- *Channel Merging:* In der Rückrichtung müssen die Zellen von den Leaf-Knoten, die unterschiedliche Verbindungskennungen tragen und auf unterschiedlichen Übertragungsleitungen ankommen, zu einer Verbindung mit einheitlicher Verbindungskennung zusammengefaßt werden. Auf der ATM-Schicht ist dabei am Root-Knoten nicht mehr erkennbar, von welchem Leaf-Knoten die jeweilige Zelle stammt. Diese Zuordnung muß deshalb auf den höheren Schichten vorgenommen werden.

Eine Besonderheit tritt auf, wenn mehrere Leaf-Knoten nur über ein Netzelement erreicht werden können, das auf der ATM-Schicht keine Mehrpunkt-Verbindungen unterstützt. In diesem Fall muß der letzte Knoten vor diesem Netzelement bereits mehrere Zellkopien mit unterschiedlichen Verbindungskennungen auf die gleiche Ausgangsleitung schicken, um so die Multicast-Funktion zu emulieren. In der Rückrichtung müssen dementsprechend mehrere auf einer Leitung ankommende Verbindungen zu einer zusammengefaßt werden. Zur Unterscheidung bezeichnet man diese Funktionen als „logisches" (Logical) Multicast/Channel Merging während man im anderen Fall von „räumlichem" (Spatial) Multicast/Channel Merging spricht.

Die Definition dieser Funktionen ist bisher nicht in den Standards enthalten und wurde von Bellcore in dem Dokument GR-1110 [28] eingeführt. In der UNI-Spezifikation des ATM-Forums sind aber die Zeichengabe-Prozeduren beschrieben, die zur Verwaltung von Punkt-zu-Mehrpunkt-Verbindungen (Aufbau, Hinzufügen/Entfernen von Leaf-Knoten) benötigt werden. In der ersten Phase werden dort lediglich unidirektionale Verbindungen ohne Rückkanal unterstützt. Mehrpunkt-zu-Mehrpunkt-Verbindungen werden ebenfalls noch nicht unterstützt. Diese können durch überlagerte Punkt-zu-Mehrpunkt-Verbindungen nachgebildet werden, bei denen jeder Endpunkt gleichzeitig Root-Knoten eines Baumes und Leaf-Knoten bei allen anderen ist. Alternativ können auch von den Leaf-Knoten Punkt-zu-Punkt-Verbindungen zum Root-Knoten aufgebaut werden, so daß dieser die auf diesen Verbindungen erhaltenen Zellen zu den anderen Leaf-Knoten spiegeln kann. Da in beiden Fällen mehrere getrennte ATM-Verbindungen notwendig sind, ist auf den höheren Schichten eine entsprechende Koordinationsfunktion notwendig.

Ein offener Punkt in bezug auf Mehrpunkt-Verbindungen sind noch die Betriebsführungs-Funktionen. Alle bisher definierten OAM-Funktionen sind für Punkt-zu-Punkt-Verbindungen ausgelegt, und es muß noch untersucht werden, welche dieser Funktionen für Mehrpunkt-Verbindungen überhaupt sinnvoll sind und wie die entsprechenden Prozeduren zu modifizieren sind.

4.4
Die ATM-Anpassungsschicht (AAL)

4.4.1
Diensteklassen und AAL-Typen

Die ATM-Anpassungsschicht (ATM Adaptation Layer, AAL) erweitert den von der ATM-Schicht gebotenen Dienst, damit die speziellen Anforderungen der Protokolle höherer Schichten erfüllt werden können. Dabei können einerseits ATM-spezifische Effekte, wie z.B. variable Zellverzögerungen oder Zellverluste, ausgeglichen werden und andererseits Funktionen, wie z.B. eine Fehlersicherung für die im Informationsfeld transportierten Daten, geboten werden, die auf der ATM-Schicht nicht verfügbar sind. Diese Funktionen sind stark von den Anforderungen der jeweils verwendeten Protokolle und Kommunikationsdienste abhängig und werden in einem „Convergence Sublayer" (CS) zusammengefaßt. Eine wichtige Aufgabe des AAL ist auch die Anpassung der unterschiedlichen Datenformate der höheren Protokollschichten an das ATM-Zellformat. Diese Aufgabe wird logisch einem „Segmentation and Reassembly Sublayer" (SAR) zugeordnet.

Um die Anzahl der zu standardisierenden AAL-Protokolle möglichst gering zu halten, wurden in der ITU-T I.362 vier allgemeine AAL-Diensteklassen definiert, die ein möglichst breites Anwendungsspektrum abdecken sollten. Die AAL-Diensteklassen, die verwendeten Unterscheidungskriterien sowie typische Anwendungsbeispiele sind in Abb. 4.9 aufgelistet.

Auf der Basis dieser Klassifikation wurde begonnen, vier AAL-Typen zu spezifizieren, von denen jeder die Anforderungen einer Diensteklasse abdecken sollte. Die AAL-Typen wurden von Typ 1 bis Typ 4 durchnumeriert. Da bei diesem Vorgehen zu wenig Rücksicht auf die tatsächlichen Anforderungen der unterschiedlichen Dienste genommen wurde und außerdem insbesondere in bezug auf die paketierte Übertragung von Videoinformation überhaupt noch keine klaren Anforderungen vorlagen, haben sich die vier AAL-Typen sehr unterschiedlich entwickelt und es ist ein fünfter dazugekommen.

Der AAL Typ 1 (Klasse A) hat sich für die Übertragung isochroner Dienste, wie z.B. 64 kbit/s Sprache und anderer Schmalbanddienste durchgesetzt. Der AAL Typ 2 (Klasse B) hingegen, der für die Übertragung von Echtzeitdiensten (Audio, Video) gedacht war, die mit variabler Bitrate kodiert sind, hat bisher keine sinnvolle Anwendung gefunden, und es ist sehr fraglich, ob er überhaupt noch spezifiziert wird. Bei der Definition der AAL Typen 3 (Klasse C) und 4 (Klasse D) wurden so starke Gemeinsamkeiten erkannt, daß sie zu einem AAL Typ 3/4 zusammengefaßt wurden. Dieser AAL-Typ war ursprünglich auch als

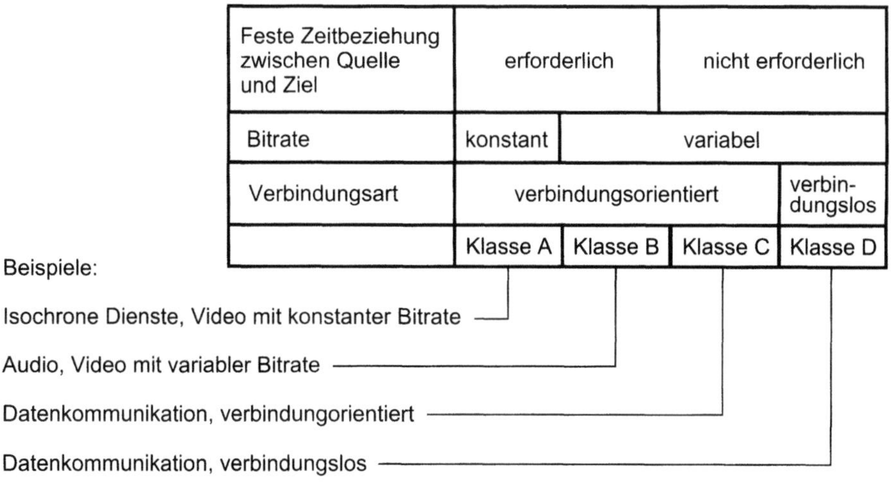

Feste Zeitbeziehung zwischen Quelle und Ziel	erforderlich		nicht erforderlich	
Bitrate	konstant	variabel		
Verbindungsart	verbindungsorientiert			verbindungslos
	Klasse A	Klasse B	Klasse C	Klasse D

Beispiele:

Isochrone Dienste, Video mit konstanter Bitrate

Audio, Video mit variabler Bitrate

Datenkommunikation, verbindungorientiert

Datenkommunikation, verbindungslos

Abb. 4.9. Die AAL-Diensteklassen gemäß ITU-T I.362

Basis für den Transport der Zeichengabeinformation vorgesehen. Mit der zunehmenden Anwendung von ATM im Datenbereich wurden Forderungen laut, einen „Simple and Efficient AAL" für die Datendienste zu definieren, der weniger Funktionalität als der Typ 3/4 aber auch wesentlich weniger Overhead[13] haben sollte. Aus dieser Aktivität ist der AAL Typ 5 entstanden, der inzwischen zusammen mit dem AAL Typ 1 die größte Bedeutung erlangt hat. Er wird inzwischen auch für den Transport der Zeichengabeinformation sowie für den Transport von Frame Relay und TCP/IP über ATM verwendet (s. Abschn. 8.4.2). Außerdem wird er für die Übermittlung MPEG-kodierter Videodaten verwendet, die sich im Bereich der Bewegtbildübertragung als wichtigster Standard etabliert hat. Der AAL Typ 3/4, der mit erheblichem Standardisierungsaufwand definiert wurde, wird dagegen praktisch nur noch für verbindungslose Anwendungen im Zusammenhang mit SMDS/CBDS (s. Abschn. 8.4.2.2) verwendet.

Es werden immer wieder Vorschläge für neue AAL-Typen für spezielle Anwendungen gemacht. So wurde z.B. ein im Vergleich zum AAL Typ 1 wesentlich einfacherer AAL unter der Bezeichnung AAL Typ 0 speziell für die 64 kbit/s Sprachübertragung vorgeschlagen, der keinen Overhead in der ATM-Zelle verursacht und deshalb eine etwas effektivere Sprachübertragung erlaubt.

Da der AAL Typ 1 keine Möglichkeit bietet, komprimierte Sprache mit weniger als 64 kbit/s und einer eventuell durch die Kodierung oder durch eine Pausenunterdrückung bedingten variablen Bitrate zu paketieren, wird derzeit in der Standardisierung an einem neuen AAL für niederratige Dienste gearbeitet. Dieser AAL soll es erlauben, eine variable Anzahl niederratiger Kanäle

---

13 Der AAL Typ 3/4 belegt im Informationsfeld jeder Zelle 4 Byte.

sehr flexibel in eine ATM-Verbindung zu multiplexen, um die Verzögerungen in tolerierbaren Grenzen zu halten (Composite Cells). Dabei soll die Anzahl der Kanäle und die jeweilige Länge der einzelnen Dateneinheiten durch entsprechende AAL-Felder im Informationsfeld gekennzeichnet werden. Die effektive Sprachübertragung mit Kompression und Sprachpausenunterdrückung gewinnt im Zusammenhang mit den Mobilfunknetzen, für eine kostengünstige Vernetzung von Nebenstellenanlagen und insbesondere für die weiträumige Vermaschung von (Insel-)Netzen neuer Betreiber über gemietete Übertragungsstrecken zunehmend an Bedeutung (s. Abschn. 8.4.1). Es ist deshalb anzunehmen, daß diese Arbeiten in naher Zukunft zu entsprechenden Standards führen, um die Basis für die Unterstützung dieser lukrativen Dienste in ATM-Netzen zu schaffen.

Die Bezeichnung AAL Typ 0 wird auch oft für einen „leeren" AAL ohne Funktionalität verwendet, bei dem die höheren Protokollschichten direkt auf die ATM-Schicht aufsetzen, eine solche Variante ist aber in den Standards bisher nicht enthalten.

4.4.2
Der AAL Typ 1

Der in der ITU-T I.363 definierte AAL Typ 1 ist für den Transport von Dateneinheiten mit einer konstanten Quellenbitrate ausgelegt. Er spielt die Dateneinheiten auf der Empfangsseite mit der ursprünglichen Datenrate wieder aus und ist in der Lage, Informationen zur Taktrückgewinnung sowie Informationen bezüglich der Struktur der Daten (z.B. Start eines N Byte langen Blocks) zwischen Quelle und Ziel zu übermitteln. Außerdem bietet er Fehlersicherungsmechanismen für die gesendeten Daten.

An der Dienst-Schnittstelle zur höheren Schicht, dem AAL-SAP, sind die Dienst-Primitive „AAL-UNITDATA-REQUEST" und „AAL-UNITDATA-INDICATION" definiert, mit denen die Übertragung einer AAL-SDU[14] angefordert bzw. eine empfangene AAL-SDU an die höheren Schichten weitergegeben wird. Die in diesen Primitiven enthaltene AAL-SDU hat eine konstante Länge und die Primitive treten periodisch auf, so daß sich eine konstante Bitrate ergibt. Die Länge der SDU hängt von den Anforderungen des Dienstes ab. Neben den Nutzdaten in der AAL-SDU kann optional in beiden Richtungen ein Struktur-Parameter mit übergeben werden der anzeigt, ob die AAL-SDU den Anfang oder einen nachfolgenden Teil eines strukturierten Datenblocks enthält. Auf der Empfangsseite kann außerdem ein Status-Parameter mit ausgegeben werden der anzeigt, ob die Daten aus Sicht des AAL nach Auswertung der Fehlersicherungsmechanismen gültig oder ungültig sind.

---

14 Service Data Unit, s. Abschn. 11.1.3.

4.4.3
Die SAR-Subschicht des AAL Typ 1

Die SAR-Subschicht des AAL Typ 1 führt die Abbildung der CS-PDUs (Convergence Sublayer) auf die 48 Byte langen SAR-PDUs durch, die dann als ATM-SDUs mit der ATM-Schicht ausgetauscht werden. Das Format der SAR-PDU ist in Abb. 4.10 dargestellt.

Das Kopffeld der SAR-PDU ist 1 Byte lang und besteht aus einem Feld für die Folgenummer (SN, 4 Bit) und einem Feld mit Prüfsummen für die Folgenummer (SNP, 4 Bit). Für die Übertragung von Struktur-Information ist ein sog. „P-Format" definiert, bei dem das erste Byte nach dem Kopffeld durch ein Zeigerfeld belegt ist, so daß in der SAR-PDU nur noch 46 Byte Nutzinformation transportiert werden können.

Der Standard erlaubt explizit auch teilgefüllte Zellen (Partially Filled Cells), bei denen der Nutzlastbereich der SAR-PDU nur teilweise mit Nutzdaten gefüllt ist, während der Rest mit Dummyinformation aufgefüllt wird. Dieses Verfahren führt dazu, daß auf Kosten der Übertragungseffizienz die Paketierungsverzögerung reduziert wird (siehe auch Abschn. 8.4.1.3). Der Füllgrad aller Zellen einer Verbindung ist dabei gleich und hängt von der maximal tolerierbaren Verzögerung ab.

Im SN-Feld wird eine 3 Bit lange Folgenummer übertragen, die in der CS-Subschicht erzeugt und ausgewertet wird. Außerdem wird ein zusätzliches Bit (CS Indication, CSI) übertragen, über das die CS-Instanzen Zusatzinformationen austauschen können. Dieses Feld wird durch einen zyklischen Kode (Generator $x^3 + x + 1$) geschützt, der die Korrektur von Einzelfehlern und die Erkennung von Mehrfachfehlern erlaubt. Das SN-Feld und die drei Prüfsummenbits werden zusätzlich durch ein Paritätsbit geschützt. Ähnlich wie beim HEC-Mechanismus auf der physikalischen Schicht (s. Abschn. 4.2.2.3) wird ein kombinierter Korrektur/Erkennungs-Betrieb verwendet, wobei die Übergänge zwi-

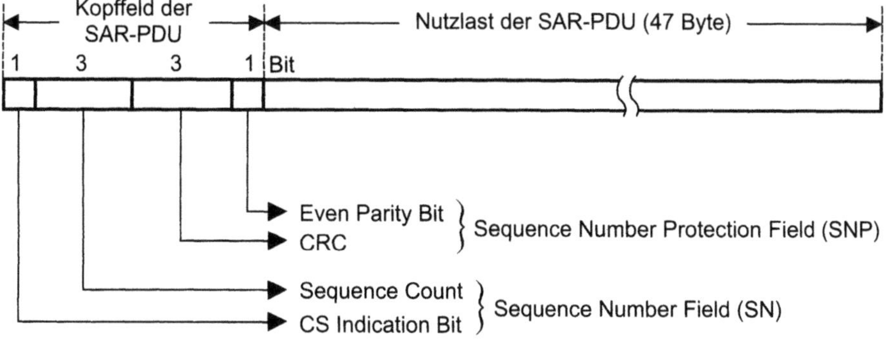

Abb. 4.10. Das Format der SAR-PDU

schen den Zuständen und die Reaktionen auf der Auswertung der CRC-Bits und des Paritätsbits basieren. Allerdings werden Zellen mit nicht korrigierbaren Folgenummernfehlern nicht verworfen, sondern der CS-Schicht wird lediglich angezeigt, daß die Folgenummer ungültig ist.

4.4.4
Die CS-Subschicht des AAL Typ 1

Da nicht alle Dienste, für deren Unterstützung der AAL Typ 1 vorgesehen ist, die gleichen Anforderungen haben, sind in der ITU-T I.363 für die CS-Subschicht spezifische Festlegungen für

- die Übertragung kompletter Signale von externen Leitungsschnittstellen (z.B. eines PCM-30-Signals),
- den Transport von Videosignalen mit konstanter Bitrate und
- die Übertragung von Sprache

getroffen, die z.B. die Länge der AAL-SDUs und die Reaktion auf Bitfehler, Zellverluste und Zelleinfügungen im Detail beschreiben. Im Prinzip werden dabei jeweils die gleichen Funktionen der CS-Subschicht verwendet, die im folgenden im Überblick beschrieben werden sollen.

Ausgleich der Verzögerungsschwankungen   Die auf dem Weg durch das ATM-Netz entstehenden Verzögerungsschwankungen zwischen den Zellen einer Verbindung (Cell Delay Variation) werden mit Hilfe eines elastischen Puffers ausgeglichen. Dabei werden die ersten Dateneinheiten der Verbindung vor dem Ausspielen solange im Puffer gehalten, bis ein gewisser Füllstand erreicht ist. Dieser Füllstand ist so dimensioniert, daß selbst bei der maximal erwarteten Verzögerung immer eine Dateneinheit zum Ausspielen verfügbar ist. Falls der Puffer trotzdem leerläuft, muß eventuell Dummyinformation ausgespielt werden, um die Synchronisation des Empfängers oberhalb des AAL zu erhalten. Wenn der Füllstand des Puffers zu groß wird, müssen eventuell Dateneinheiten verworfen werden.

Ausgleich von Zellverlusten und Zelleinfügungen   Die an die SAR-Subschicht weitergegebenen CS-PDUs werden mit einer 3 Bit langen Folgenummer versehen (Modulo 8). Anhand dieser Folgenummer und anhand der Ergebnisse der Sicherungsprozedur für die Folgenummer in der SAR-Subschicht kann die empfangende CS-Subschicht Zellverluste und Zelleinfügungen[15] erkennen. Fälschlich eingefügte Zellen werden verworfen, Zellverluste können durch Einfügen von Dummyinformation behoben werden.

---

15 Diese können durch Mehrfachfehler im Zellkopf entstehen, wenn diese vom HEC-
   Mechanismus nicht erkannt werden und der VPI/VCI betroffen ist.

Rückgewinnung des Sendetaktes Da Sender und Empfänger der vom AAL transportierten Daten nicht notwendigerweise auf den Netztakt synchronisiert sein müssen (asynchroner Betrieb), stellt die CS-Subschicht Mechanismen zur Verfügung, mit denen der ursprüngliche Sendetakt auf der Empfangsseite wiedergewonnen werden kann. Eine Methode hierzu ist das „Synchronous Residual Time Stamp"-Verfahren (SRTS). Bei diesem in der ITU-T I.363 im Detail beschriebenen Verfahren wird über eine festgelegte Periode hinweg in der empfangsseitigen CS-Subschicht die Abweichung zwischen dem Sendetakt und dem Netztakt gemessen. Diese Abweichung wird als RST (Residual Time Stamp) seriell im CSI-Bit der SAR-PDU übertragen, wobei jeweils nur die CSI-Bits der PDUs mit ungeraden Folgenummern (1, 3, 5 und 7) für den Transport der Zeitmarke verwendet werden dürfen. Unter der Annahme, daß ein einheitlicher Netztakt existiert, reicht die Übertragung der Taktabweichung aus, um den Sendetakt zu rekonstruieren, da die Dauer der Meßperiode beim Empfänger ebenfalls bekannt ist. Falls kein einheitlicher Netztakt vorhanden ist (plesiochroner Betrieb), kann diese Methode nicht verwendet werden.

Eine andere, einfachere Methode zur Rückgewinnung des Sendetaktes ist die „Adaptive Clock Method", bei der die Information auf der Empfangsseite in einen Puffer eingespeichert wird, dessen Füllstand verwendet wird, um den Sendetakt nachzuregeln.

Strukturierte Datenübertragung Über den AAL-SAP kann in dem Struktur-Parameter Information über eine periodische Struktur (z.B. die 8 KHz-Struktur der 64 kbit/s-Übermittlungsdienste im ISDN) der Daten an die CS-Schicht übergeben werden. Soll diese bei der Übertragung erhalten bleiben, so wird die Strukturierte Datenübertragung (Structured Data Transfer, SDT) verwendet. Dazu kann die CS-Subschicht ein sog. P-Format für die Nutzlast der SAR-PDU generieren, das im ersten Byte ein Zeigerfeld enthält und nur 46 Byte Nutzinformation. Das höchstwertige Bit des Feldes wird nicht verwendet, die übrigen sieben zeigen an, wo in einem Block aus den 46 Byte der Nutzlast dieser PDU und den 47 Byte Nutzlast der nächsten PDU der Anfang der jeweiligen Struktur zu finden ist. Das P-Format muß so oft verwendet werden wie notwendig, um eine sichere Übertragung der Strukturinformation zu erreichen, z.B. einmal alle acht Zellen. Die Unterscheidung, ob das P-Format in einer PDU verwendet wird oder nicht, wird über den Wert des CSI-Bits im Kopffeld der SAR-PDU übermittelt (1 bedeutet P-Format). Da die CSI-Bits in den PDUs mit ungerader Folgenummer für den SRTS-Mechanismus verwendet werden, kann das P-Format nur in PDUs mit gerader Folgenummer übertragen werden.

Korrektur von Bitfehlern und Zellverlusten Bisher ist lediglich eine Methode zur Sicherung im Falle von Video-Verteildiensten spezifiziert. Dabei wird ein Reed-Solomon-Kode verwendet, der für einen Block von 124 Byte Nutzinformation jeweils eine Prüfsumme von 4 Byte generiert. Dieser Kode kann bis zu zwei gefälschte Bytes korrigieren. Wenn die Position der gefälschten Bytes innerhalb des Blocks bekannt ist, können sogar vier gefälschte Bytes korrigiert werden.

Vor dem Senden werden aufeinanderfolgende Blocks reihenweise in einen Matrixspeicher mit 128 Spalten (jeweils 1 Byte) und 47 Reihen eingeschrieben. Die SAR-PDU-Nutzlast wird dann durch spaltenweises Auslesen generiert. Dadurch wird erreicht, daß beim Verlust einer Zelle in jedem Block nur ein Byte gefälscht wird, dessen Position außerdem bekannt ist, und eine Korrektur möglich ist. Durch diese Methode wird eine zusätzliche Verzögerung von 128 Zelldauern eingefügt, was aber bei Verteildiensten keinerlei Probleme mit sich bringt.

4.4.5
Der AAL Typ 3/4

4.4.5.1
Funktionen und Struktur

Der AAL Typ 3/4 wurde definiert, um sowohl verbindungsorientierte als auch verbindungslose Datendienste zu unterstützen. Bezüglich des Funktionsumfangs bietet er zwei Optionen an:

- *Gesicherte Übertragung:* Die an den AAL übergebenen Dateneinheiten (AAL-SDU) werden gegen Übertragungsfehler und Datenverluste gesichert, indem gefälschte oder verlorene Dateneinheiten wiederholt werden. Außerdem wird eine Flußsteuerung geboten.
- *Ungesicherte Übertragung:* Die AAL-SDUs können verfälscht werden oder verlorengehen und werden im Fehlerfall nicht wiederholt. Die verfälschten AAL-SDUs werden vom AAL entweder verworfen oder als Option trotzdem an die höheren Schichten weitergegeben (Optional Error Delivery). Eine Flußsteuerung wird als Option angeboten.

Außerdem sind zwei unterschiedliche Betriebsarten definiert worden, die sich in der Art der Weitergabe der Dateneinheiten unterscheiden:

- *Message-Modus:* Die AAL-SDUs werden in einem Stück an den AAL übergeben. Innerhalb des AAL können diese Dateneinheiten für die Übertragung je nach den dienstspezifischen Datenformaten und Anforderungen zusammengefaßt (Blocking/Deblocking) oder aufgeteilt (Segmentation/Reassembling) werden, bevor sie an die unteren Teilschichten des AAL weitergegeben werden.
- *Streaming-Modus:* Die AAL-SDUs werden in mehreren Teilen zwischen dem AAL und den höheren Schichten ausgetauscht. Auf diese Weise hat der AAL die Möglichkeit, mit dem Senden der Daten einer SDU bereits zu beginnen, bevor die ganze SDU übergeben wurde (Pipelining). Dadurch können insbe-

sondere bei langen AAL-SDUs die Verzögerungen reduziert werden. Da in diesem Fall auf der Empfangsseite bereits Teile der SDU an die höheren Schichten weitergegeben werden, bevor Fehler in einem nachfolgenden Teilstück entdeckt werden können, wurde eine Möglichkeit geschaffen, den Abbruch einer teilweise übergebenen SDU zu initiieren (Abort Service).

Neben Punkt-zu-Punkt-Verbindungen sind auf der AAL-Schicht auch Punkt-zu-Mehrpunkt-Verbindungen vorgesehen. Dabei wird auf der ATM-Schicht eine Punkt-zu-Mehrpunkt-Verbindung verwendet, um die Daten an alle empfangenden AAL-Instanzen zu übermitteln. Für solche Konfigurationen ist zunächst lediglich eine ungesicherte Übertragung vorgesehen.

Der AAL Typ 3/4 bietet auch die Möglichkeit, mehrere AAL-Verbindungen über eine einzige ATM-Verbindung zu unterhalten. Dabei können die einzelnen Teile der AAL-SDUs ineinander verschachtelt übermittelt werden, d.h. aufeinanderfolgende Zellen der ATM-Verbindung können Teile unterschiedlicher AAL-SDUs tragen. Entsprechend muß die Zugehörigkeit der in einer Zelle enthaltenen Daten zu einer bestimmten AAL-SDU im AAL erkannt werden, um dic AAL-SDUs wieder richtig zusammensetzen zu können.

Aus diesen Anforderungen ergibt sich die in Abb. 4.11 dargestellte Struktur des AAL Typ 3/4. Der „Convergence Sublayer" (CS) wurde weiter unterteilt in

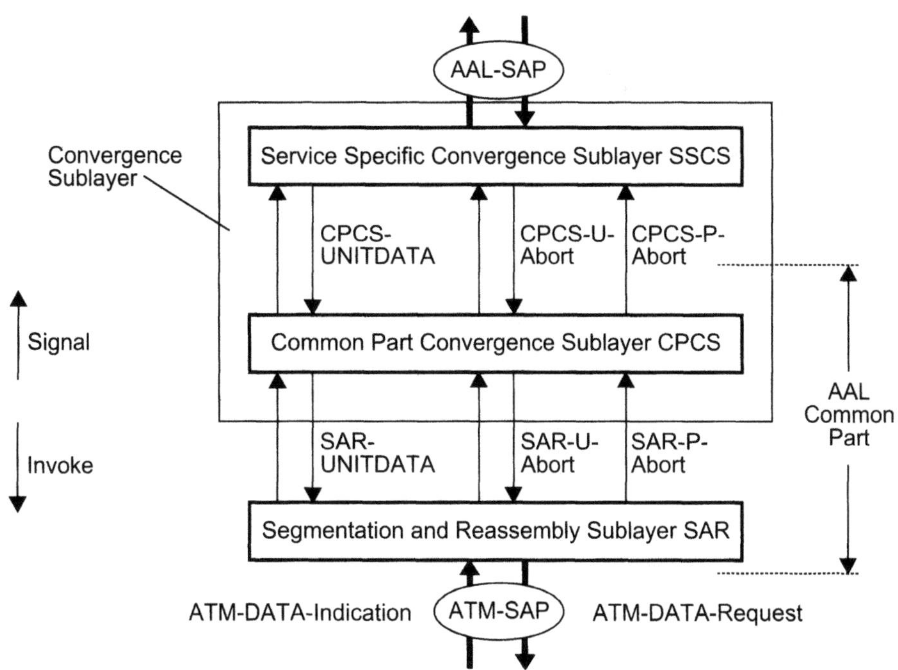

Abb. 4.11. Die Struktur des AAL Typ 3/4

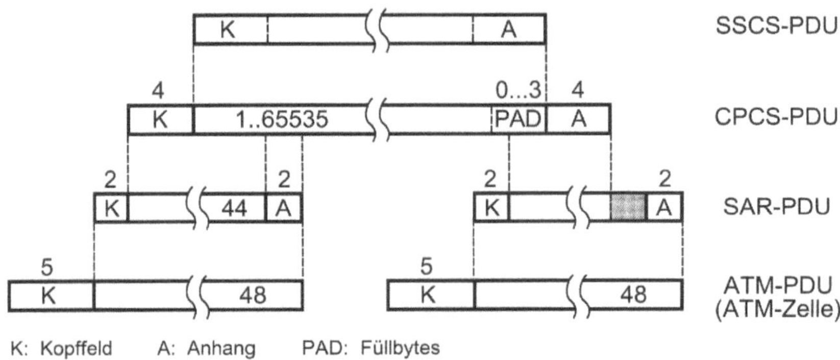

Abb. 4.12. Die Zusammensetzung der Dateneinheiten im AAL Typ 3/4

einen dienstspezifischen Teil (Service Specific CS, SSCS), der z.B. die Protokolle für die gesicherte Übertragung und für die Flußsteuerung enthält, und in einen Teil, der mehr allgemein verwendete Funktionen beinhaltet (Common Part CS, CPCS), wie z.B. die Erkennung von Übertragungsfehlern. Die Kombination von SAR und CPCS wird auch als „Common Part" bezeichnet. In der ITU-T I.363 sind nur die SAR- und die CPCS-Subschichten beschrieben, die SSCS-Subschichten müssen bei Bedarf im Zusammenhang mit den entsprechenden Diensten spezifiziert werden.

Zwischen den Subschichten des AAL wurden keine formalen Dienstschnittstellen gemäß OSI definiert. Um dies auch in der Nomenklatur für die Primitive zum Ausdruck zu bringen, wurden diese nicht mit den im OSI-Modell verwendeten Bezeichnungen „Request" und „Indication" versehen, sondern mit „Invoke" und „Signal". Neben den „UNITDATA"-Primitiven, mit denen die Dateneinheiten und zusätzliche Parameter übergeben werden, sind für den Streaming-Modus noch die „ABORT"-Primitive definiert, mit denen der Abbruch einer bereits teilweise übergebenen Dateneinheit initiiert werden kann. P-ABORT-Signal wird dabei jeweils in der lokalen Instanz aufgrund von erkannten Fehlern generiert, während das U-ABORT-SIGNAL auf der entfernten Seite generiert wird.

Ein Beispiel für die Einkapselung der Nutzinformation im AAL Typ 3/4 ist in Abb. 4.12 zusammengestellt. Die jeweiligen SDUs sind nicht dargestellt, weil sie jeweils nur für die Art der Übergabe zwischen den Schichten relevant sind.

Die SSCS-PDU kann dienstspezifisch neben dem Nutzinformationsfeld ein Kopffeld (Header) und/oder einen Anhang (Trailer) enthalten. In ihr können je nach Anwendung eine AAL-SDU, mehrere AAL-SDUs oder nur ein Teil einer AAL-SDU transportiert werden. Nach der Übergabe an die CPCS-Subschicht wird die SSCS-PDU in das Nutzlastfeld einer CPCS-PDU verpackt, das maximal eine Länge von 65535 Byte haben kann. Je nach Länge des Nutzlastfeldes der CPCS-PDU werden 0 bis 3 Füllbytes (PAD) hinzugefügt, um die Gesamtlänge auf ein ganzzahliges Vielfaches von 4 Byte zu verlängern. Die CPCS-PDU wird dann durch einen CPCS-Kopf (4 Byte) und einen CPCS-Anhang (4 Byte) vervollständigt. In der SAR-Subschicht wird die CPCS-PDU in 44 Byte große Stücke aufgeteilt, die zusammen mit jeweils 2 Byte SAR-Kopf und SAR-Anhang die SAR-PDU bilden. Das letzte Teilstück kann dabei eine Länge von weniger als 44 Byte aufweisen, so daß die letzte SAR-PDU nur zum Teil mit Nutzinformation gefüllt ist. Dies kann auch bei sehr kurzen CPCS-PDUs vorkommen, die weniger als 44 Byte lang sind (Single Segment Message). Die SAR-PDU wird an die ATM-Schicht übergeben, wo sie in das Informationsfeld der ATM-PDU, also der ATM-Zelle eingefügt wird. Insgesamt führt dies dazu, daß zur Übertragung einer CPCS-PDU maximaler Länge 1490 ATM-Zellen benötigt werden.

4.4.5.2
Die SAR-Subschicht

Das Format der SAR-PDU ist in Abb. 4.13 dargestellt. Das Feld für den Segment-Typ (ST) und der Längenindikator (LI) dienen dazu, die Struktur der CPCS-SDU, die genau eine CPCS-PDU enthält, bei der Übermittlung zu bewahren. Dazu kann das ST-Feld folgende Bedeutungen annehmen:

- *Begin of Message (BOM):* Die SAR-Nutzlast trägt den Anfang der CPCS-PDU,
- *Continuation of Message (COM):* Die SAR-Nutzlast trägt einen nachfolgenden Teil der CPCS-PDU,
- *End of Message (EOM):* Die SAR-Nutzlast trägt das Ende einer CPCS-PDU und
- *Single Segment Message (SSM):* Es handelt sich um eine CPCS-PDU die innerhalb einer SAR-PDU komplett transportiert wird.

Das LI-Feld gibt an, wieviele Bytes CPCS-PDU-Information in der SAR-PDU transportiert werden und sein Wert kann lediglich für EOM und SSM ungleich 44 sein.

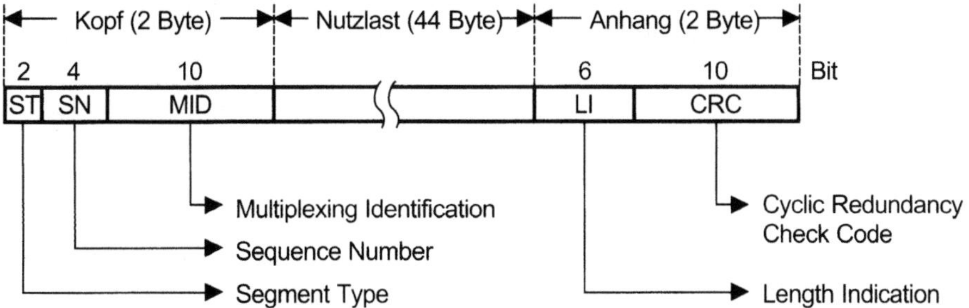

Abb. 4.13. Das Format der SAR-PDU des AAL Typ 3/4

Mit Hilfe einer Folgenummer (SN) werden alle SAR-PDUs, die Informationen einer bestimmten CPCS-PDU enthalten, fortlaufend durchnumeriert, um Zellverluste und -einfügungen zu erkennen. Die CPCS-PDUs, bei denen dies geschieht, werden entweder verworfen oder als Option trotzdem an die CPCS-Schicht weitergegeben. In diesem Fall wird bei der Übergabe angezeigt, daß die Information verfälscht ist.

Das CRC-Feld trägt eine zehn Bit lange Prüfsumme für die gesamte SAR-PDU (Generatorpolynom $x^{10} + x^9 + x^5 + x^4 + x + 1$), die zur Erkennung von Bitfehlern verwendet wird.

Mit Hilfe des MID-Feldes kann die Zugehörigkeit der Information einer SAR-PDU zu einer bestimmten CPCS-PDU angezeigt werden. Anhand dieser Kennung kann der Empfänger die beim Multiplexen mehrerer AAL-Verbindungen auf eine ATM-Verbindung verschachtelt ankommenden Daten unterschiedlicher CPCS-PDUs auseinanderhalten und diese wieder ordnungsgemäß zusammenbauen.

Die zum Abbruch teilweise übermittelter CPCS-PDUs benötigte Abort-SAR-PDU ist in gleicher Weise wie die anderen SAR-PDUs kodiert und trägt den Segment-Typ EOM. Außerdem wird zur Unterscheidung von einer normalen EOM-PDU der Längenindikator auf den Wert 63 gesetzt. Die Nutzlast der Abort-SAR-PDU wird beim Empfänger ignoriert.

4.4.5.3
Die CPCS-Subschicht

Die CPCS-Schicht bietet eine ungesicherte Übertragung von CPCS-SDUs an, wobei die CPCS-SDU entweder in einem Stück (Message-Modus) oder in mehreren Teilen (Streaming-Modus) an die CPCS-Schicht übergeben werden kann. In beiden Fällen wird jedoch die gesamte CPCS-SDU zur Übermittlung in eine einzige CPCS-PDU verpackt. Die CPCS-Subschicht wurde so definiert, daß beim Interworking mit SMDS/CBDS (s. Abschn. 8.4.2.2) keine zusätzliche SSCS-Subschicht benötigt wird.

Die Struktur der CPCS-PDU ist in Abb. 4.14 dargestellt. Neben dem maximal 65535 Byte fassenden Nutzlastfeld und den 0 bis 3 Füllbytes zur Erweiterung der Länge auf ein Ganzzahliges Vielfaches von 4 Byte beinhaltet sie noch ein Kopffeld und einen Anhang von je 4 Byte Länge.

Das CPI-Feld dient zunächst dazu, die Bedeutung der anderen Felder des CPCS-Overhead genauer zu definieren. Sowohl das BASize-Feld als auch der Längenindikator geben zunächst die entsprechenden Werte in „Zähleinheiten" (Counting Unit) an, die durch die CPI-Kodierung quantifiziert werden. Bisher ist lediglich der Kodepunkt 0000 0000 festgelegt der anzeigt, daß beide Zähleinheiten Bytes sind. Neben dieser Anwendung sollen in der Zukunft weitere CPCS- und SAR-bezogene Funktionen mit Hilfe dieses Feldes unterstützt werden.

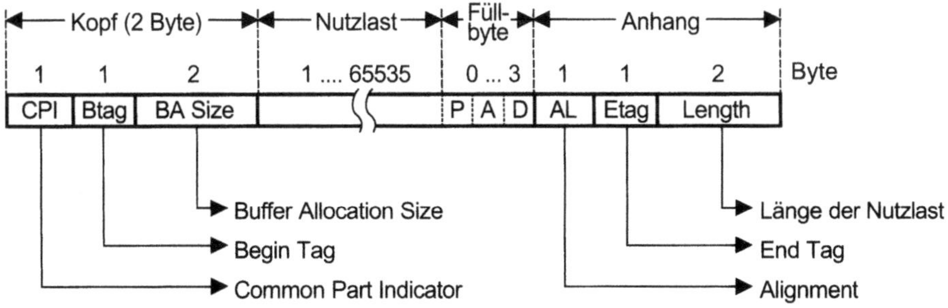

Abb. 4.14. Das Format der CPCS-PDU des AAL Typ 3/4

Die Btag- und Etag-Felder kennzeichnen die Zusammengehörigkeit des Kopffelds und des Anhangs, da sie bei einer CPCS-PDU identische Werte aufweisen, die nach jeder CPCS-PDU gewechselt werden. Somit kann überprüft werden, ob die beiden Felder tatsächlich zur gleichen CPCS-PDU gehören.

Das BASize-Feld zeigt der empfangenden Instanz an, wieviel Speicherplatz benötigt wird, um die gesamte CPCS-SDU speichern zu können. Dieser Wert entspricht im Message-Modus genau der Nutzlastlänge der CPCS-PDU, im Streaming-Modus kann er größer sein.

Das AL-Feld hat nur die Funktion, den Anhang auf eine Länge von 4 Byte zu verlängern. Alle Bits dieses Feldes werden auf 0 gesetzt.

4.4.6
Der AAL Typ 5

Aufgrund des erheblichen Overheads durch die Protokolle des AAL Typ 3/4, der über 8% des Informationsfelds jeder Zelle belegt, wurde zusätzlich ein einfacherer AAL Typ 5 definiert und nachträglich in die ITU-T I.363 aufgenommen. Die Vereinfachung wurde vor allem dadurch erreicht, daß die Funktionen der SAR-Subschicht, die pro Zelle einen Overhead erzeugen, in die CPCS-Subschicht verlagert wurden, wo der Overhead lediglich einmal für jede – in der Regel sehr viel längere – CPCS-PDU anfällt. Außerdem wurde das Multiplexen von AAL-Verbindungen mit einer verschachtelten Übermittlung der Dateneinheiten weggelassen.

Die generelle Struktur des AAL Typ 5 wurde vom AAL Typ 3/4 übernommen und entspricht deshalb ebenso wie die Definitionen für eine gesicherte und eine ungesicherte Übertragung sowie für einen Message- und einen Streaming-Modus genau den Ausführungen in Abschn. 4.4.5.1. Eine Ausnahme bilden die Primitive zum Abbruch einer Übertragung auf der SAR-Subschicht. Da beim AAL Typ 5 auf dieser Subschicht keine Fehlererkennungsmechanismen definiert sind, sind auch die entsprechenden Primitive nicht definiert.

Als sinnvolle Ergänzung erlaubt der AAL Typ 5 das transparente Durchreichen eines Parameters für die Verlustpriorität der Information und für die Anzeige einer Überlast. Dadurch kann das CLP-Bit und die EFCI-Kodierung der ATM-Zelle (s. Abschnitte 4.3.4 und 4.3.5) von den höheren Schichten gesetzt bzw. ausgewertet werden.

Typische Beispiele für bereits definierte SSCS-Subschichten für den AAL Typ 5 sind die FR-SSCS für das Interworking mit Frame Relay (s. Abschn. 8.4.2.1) sowie die Definitionen für den AAL zur Übermittlung der Zeichengabeinformation im B-ISDN (Signalling-AAL, SAAL, s. Abschn. 7.1).

4.4.6.1
Die SAR-Subschicht

Die SAR-Subschicht des AAL Typ 5 belegt keine Bits im Informationsfeld der ATM-Zellen, sie verwendet lediglich die „ATM-User to ATM-User Indication" (AUU) im ATM-Zellkopf (s. Abschn. 4.3.4). Ein Wert von 0 bedeutet dabei, daß es sich um den Beginn oder ein nachfolgendes Teilstück einer SAR-SDU handelt, während mit einem Wert von 1 das Ende einer SAR-SDU (EOM) angezeigt wird.

An der Schnittstelle zur CPCS-Subschicht werden nur SDUs ausgetauscht, deren Länge ein Ganzzahliges Vielfaches von 48 Byte ist. Dadurch sind die SAR-PDUs immer ganz gefüllt und es wird kein Längenindikator benötigt wie beim AAL Typ 3/4. Durch den Verzicht auf das Multiplexen im AAL wird das MID-Feld ebenfalls nicht benötigt. Auf die Reihenfolgesicherung der SAR-PDUs wird ganz verzichtet, und die Sicherung gegen Übertragungsfehler wird in der CPCS-Subschicht durchgeführt, so daß die entsprechenden Felder ebenfalls nicht benötigt werden. Die einzige zusätzliche Funktion der SAR-Subschicht besteht im Durchreichen der CLP- und EFCI-Information in beiden Richtungen.

4.4.6.2
Die CPCS-Subschicht

Die CPCS-Subschicht des AAL Typ 5 bietet, wie die des AAL Typ 3/4, eine ungesicherte Übertragung von CPCS-SDUs an, wobei die CPCS-SDU entweder in einem Stück (Message-Modus) oder in mehreren Teilen (Streaming-Modus) an die CPCS-Schicht übergeben werden kann. In beiden Fällen wird jedoch wiederum die gesamte CPCS-SDU zur Übermittlung in eine einzige CPCS-PDU verpackt. Als Besonderheit kann in der CPCS-Subschicht eine Pipelining-Funktion angeboten werden, bei der mit dem Senden begonnen wird, bevor die komplette CPCS-SDU verfügbar ist. Für diesen Fall ist ein Abbruch-Mechanismus definiert, mit dem teilweise übertragene SDUs abgebrochen werden können.

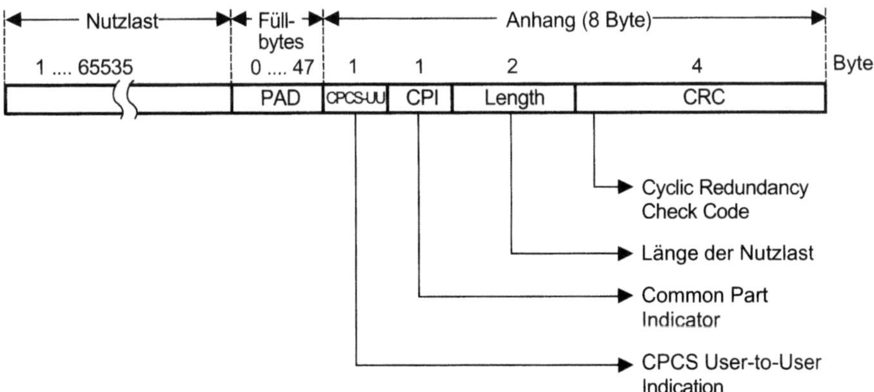

Abb. 4.15. Das Format der CPCS-PDU des AAL Typ 5

Die einzelnen Funktionen sind aus der Struktur der CPCS-PDU in Abb. 4.15 zu ersehen. Die CPCS-PDU des AAL Typ 5 verfügt über kein Kopffeld, so daß an das zwischen einem und 65535 Byte lange Nutzlastfeld lediglich ein Anhang (Trailer) mit 8 Byte Länge angefügt ist.

Ähnlich wie bei der CPCS-PDU des AAL Typ 3/4 ist ein PAD-Feld vorgesehen, mit dem in diesem Fall jedoch die Gesamtlänge der CPCS-PDU auf ein ganzzahliges Vielfaches von 48 Byte erweitert wird, so daß dieses Feld zwischen null und 47 Byte lang sein kann.

Der Längenindikator wird wie beim AAL Typ 3/4 verwendet, um die Länge des Nutzlastfeldes (in Byte) zu übermitteln. Der Wert 0 beim Längenindikator wird für die Kennzeichnung einer Abbruch-Zelle verwendet. Der Vergleich der Anzahl tatsächlich empfangener Bytes mit dem Wert des Längenindikators wird auf der Empfangsseite benutzt, um verlorene oder fehleingefügte Daten zu erkennen.

Die Sicherung gegen Übertragungsfehler wird mit Hilfe einer 32 Bit Prüfsumme (CRC-32) bewerkstelligt, die gemäß einem zyklischen Kode mit dem Generatorpolynom $x^{32} + x^{26} + x^{23} + x^{22} + x^{16} + x^{12} + x^{11} + x^{10} + x^8 + x^7 + x^5 + x^4 + x^2 + x + 1$ aus dem gesamten Inhalt der CPCS-PDU (inklusive PAD und der ersten 4 Byte des Anhangs) berechnet wird. Werden Fehler erkannt, werden die Daten verworfen oder optional mit einer entsprechenden Anzeige weitergeleitet.

Das CPI-Feld wird derzeit nur verwendet, um den Anhang auf eine Länge von 8 Byte zu erweitern und ist mit NULLen zu belegen. Die Verwendung für andere, AAL-spezifische Funktionen ist in der Zukunft vorgesehen.

Das CPCS-UU-Feld erlaubt die transparente Übermittlung von Informationen zwischen den Benutzer-Instanzen der CPCS-Subschicht. Außerdem bietet auch die CPCS-Subschicht die Möglichkeit, CLP- und EFCI-Information in beiden Richtungen transparent durchzureichen.

5 Verkehrssteuerung und statistisches Multiplexen

In ATM-Netzen werden Netzressourcen von Verbindungen mit unterschiedlichen Dienstgüte- und Bitratenanforderungen gemeinsam benutzt. Die Verkehrssteuerung muß dafür sorgen, daß die hiermit verbundene wechselseitige Beeinflussung von Verbindungen nicht zu einer Beeinträchtigung der Übertragungsgüte auf der ATM-Schicht führt. Gleichzeitig muß sie dafür sorgen, daß die Netzressourcen effizient genutzt werden. In Abschn. 2.5 wurde ein Überblick über die Mechanismen gegeben, die der Verkehrssteuerung hierfür zur Verfügung stehen. Diese Mechanismen bilden ein hierarchisches System, das die Steuerung und Kontrolle des Verkehrsaufkommens auf verschiedenen zeitlichen Ebenen erlaubt. In der Literatur werden häufig drei Ebenen unterschieden (s. z.B. [117]), nämlich die Zellebene, die Burstebene und die Verbindungsebene. Die Schwankungen des Verkehrsaufkommens auf diesen verschiedenen Ebenen resultieren aus unterschiedlichen Ursachen. Das Prinzip des asynchronen Multiplexens führt zu kurzzeitigen Schwankungen des Zellaufkommens (Zellebene). Quellen, die nur zeitweilig aktiv sind (burstartige Quellen) oder die ihre Senderate laufend ändern, bestimmen die Schwankungen des Verkehrsaufkommens auf der Burstebene. Das Verkehrsaufkommen auf der Verbindungsebene hängt von der Ankunftsrate neuer Verbindungen ab.

Abbildung 5.1 ordnet die Verkehrssteuerungs-Mechanismen, die im folgenden näher beschrieben werden, den verschiedenen zeitlichen Ebenen zu. Die Reaktionszeit eines Mechanismus bestimmt, auf welcher zeitlichen Ebene er das Verkehrsaufkommen regeln kann.

5.1
Verbindungstypen

In einem ATM Netz sind Verbindungen mit sehr unterschiedlichen Verkehrseigenschaften und Anforderungen an die Dienstgüte zu unterstützen. Um diesen Unterschieden Rechnung zu tragen, hat man in der Traffic Management (TM) Spezifikation des ATM-Forums [13] und in der ITU-T-Empfehlung I.371 unterschiedliche Verbindungstypen definiert. Der Verkehrsvertrag, der

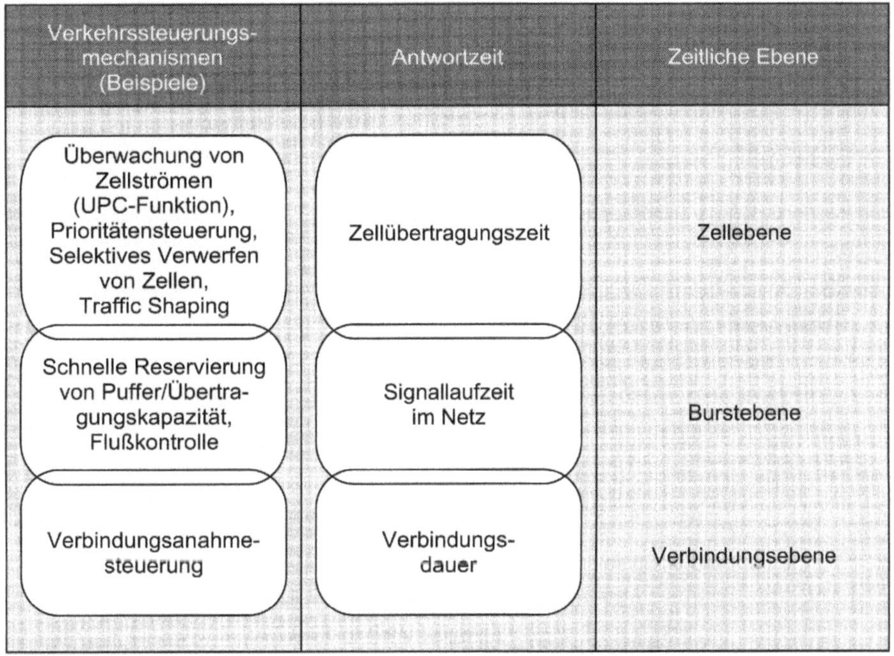

Abb. 5.1. Einteilung von Verkehrssteuerungs-Mechanismen nach ihrer Reaktionszeit

beim Verbindungsaufbau zwischen Teilnehmer und Netz abgeschlossen wird, sowie die benötigten Verkehrssteuerungs-Mechanismen unterscheiden sich von Typ zu Typ recht deutlich. In der ITU-T-Empfehlung I.371 werden die Verbindungstypen als „ATM Transfer Capabilities" bezeichnet, in der ATM-Forum-Spezifikation als „Service Categories". Im folgenden werden die wichtigsten Verbindungstypen ausgehend von der Klassifizierung in der ITU-T-Empfehlung I.371 beschrieben.

5.1.1
Deterministische Bitrate (Deterministic Bit Rate, DBR)

Bei diesem Verbindungstyp wird vom Netz für die gesamte Verbindungsdauer eine feste Übertragungsbitrate - die maximal von der Verbindung benötigte Bitrate - zur Verfügung gestellt. Der Verbindungstyp DBR ist besonders geeignet für Echtzeitanwendungen, die strenge Anforderungen bezüglich der Zellverzögerungen im Netz stellen, nur geringe Zellverzögerungs-Schwankungen verkraften und eine nahezu konstante Senderate aufweisen. Typische Beispiele sind Sprache oder interaktive Videoverbindungen. In der TM-Spezifikation des

ATM-Forums wird ein ähnlicher Verbindungstyp unter der Bezeichnung „Constant Bit Rate Service Category" (CBR) beschrieben.

5.1.2
Statistische Bitrate (Statistical Bit Rate, SBR)

Der Verbindungstyp SBR ist für Anwendungen gedacht, die eine variable, im Zeitverlauf schwankende Senderate aufweisen. Beispiele sind Videoverbindungen, bei denen die Videosignale mit variabler Bitrate kodiert wurden, Sprache mit Pausenunterdrückung und verschiedene Datendienste.

SBR-Verbindungen, deren mittlere Senderate deutlich unter ihrer maximalen Senderate liegt, sind für „statistisches Multiplexen" geeignet. Dies bedeutet: Werden viele solcher Verbindungen über eine gemeinsame Leitung geführt, so ist es im allgemeinen nicht notwendig, für jede einzelne Verbindung die maximale Senderate auf der Leitung zu reservieren, sondern die Leitung kann zu einem gewissen Grad „überbucht" werden. Viele unkorrelierte Verbindungen mit niedriger Aktivität können sich dann die vorhandene Übertragungskapazität auf statistischer Basis teilen, ohne daß die Dienstgüte leidet.

Vom ATM-Forum wird ein entsprechender Verbindungstyp als „Variable Bit Rate Service Category" (VBR) bezeichnet. Dabei unterscheidet man in [13] noch zwischen Verbindungen mit Echtzeitanforderungen (Real Time VBR, rt-VBR) – z.B. für die Übertragung von Sprache oder Video – und Verbindungen, die weniger strenge Anforderungen an die Zellverzögerungen stellen (Non-Real Time VBR, nrt-VBR).

5.1.3
Verfügbare Bitrate (Available Bit Rate, ABR)

Der Verbindungstyp ABR soll es erlauben, die momentan nicht von DBR- und SBR-Verbindungen benötigte Übertragungskapazität zu nutzen, die sonst verschwendet werden würde. Auf der Basis von ABR-Verbindungen können deshalb preiswerte Dienste angeboten werden, wobei die Einschränkung für den Teilnehmer darin liegt, daß den ABR-Verbindungen keine strengen Garantien bezüglich der Zellverzögerungen im Netz erteilt werden. Ferner müssen ABR-Verbindungen ihre Senderate an die Lastsituation im Netz anpassen. Mit Hilfe eines netzweit arbeitenden Flußkontrollprotokolls werden sie ständig über ihre momentan erlaubte Senderate informiert.

Der ABR-Verbindungstyp wurde zuerst vom ATM-Forum spezifiziert. Der inzwischen auch in der ITU-T Empfehlung I.371 beschriebene ABR-Verbindungstyp ist dem in der TM-Spezifikation des ATM-Forums beschriebenen Verbindungstyp sehr ähnlich.

ABR-Verbindungen sind ist in erster Linie für Datenanwendungen gedacht, die keine ständig fest garantierte Übertragungskapazität benötigen. Das ABR-

Protokoll erlaubt es aber, eine garantierte Mindestrate beim Verbindungsaufbau festzulegen. Die für ABR-Verkehr benutzte Flußkontrolle wird in Abschn. 5.8.3 noch im Detail beschrieben.

5.1.4
ATM-Block-Übertragung (ATM Block Transfer, ABT)

Der in der ITU-T Empfehlung I.371 beschriebene Verbindungstyp ABT ist ebenfalls für Anwendungen mit variabler, im Zeitverlauf schwankender Bitrate gedacht. Bei diesem Verbindungstyp wird die Spitzenzellrate mit Hilfe von Prozeduren auf der ATM-Schicht jeweils für ATM-Blöcke vereinbart. Ein ATM-Block ist eine Gruppe von ATM-Zellen, die durch zwei spezielle „Resource Management"-Zellen[1] (RM Zellen) am Anfang und am Ende begrenzt ist. Eine RM-Zelle kann dabei das Ende eines Blocks und gleichzeitig den Beginn eines neuen Blocks kennzeichnen. Für einen vom Netz akzeptierten Block werden die gleichen Dienstgütegarantien wie für DBR-Verbindungen gegeben. Beim Verbindungstyp ABT unterscheidet man zwei Varianten. Bei der Variante „Delayed Transmission" sendet eine Quelle mit einer gegenüber dem vorhergehenden Block erhöhten Spitzenzellrate erst nachdem das Netz der Erhöhung zugestimmt hat. Bei der Variante „Immediate Transmission" sendet die Quelle ATM-Blöcke ohne vorherige Absprache mit dem Netz. Kann das Netz die für den Block gewünschte Spitzenzellrate nicht bereitstellen, so werden bei dieser Protokollvariante alle Zellen des Blocks vom Netz verworfen.

Beim Verbindungstyp „ATM-Block-Übertragung" kann eine Modifikation der zwischen Netz und Teilnehmer vereinbarten Rate - ähnlich wie bei ABR - nicht nur von den Endgeräten, sondern auch vom Netz angestoßen werden. Beim Verbindungsaufbau kann jedoch eine Mindestrate vereinbart werden, die vom Netz ständig bereitgestellt werden muß. Weitere Einzelheiten über die Prozeduren zur Verhandlung der Spitzenzellraten werden im Abschn. 5.8.1 erläutert.

Da der Verbindungstyp ABT und die entsprechenden Prozeduren vom ATM-Forum in seinen Spezifikationen nicht unterstützt werden, ist damit zu rechnen, daß dieser Verbindungstyp gegenüber den anderen Verbindungstypen für die Unterstützung von Datendiensten mit variabler Bitrate eine deutlich geringere Bedeutung erlangen wird.

---

1 Die RM-Zellen werden durch die Kodierung des PT-Feldes im Zellkopf gekennzeichnet, s. Abschn. 4.3.4.

5.1.5
Nicht Spezifizierte Bitrate (Unspecified Bit Rate, UBR)

Neben den obigen in der ITU-T Empfehlung I.371 aufgeführten Verbindungstypen definiert die TM-Spezifikation des ATM-Forums noch den Typ UBR. Für
Verbindungen dieses Typs muß das Netz keine Ressourcen vorhalten. Der UBR-
Verkehr wird mit niedrigster Priorität abgewickelt und den Verbindungen werden keinerlei Garantien bezüglich der Dienstgüte gegeben, insbesondere auch
nicht bezüglich der Zellverluste. Aus diesem Grund wird im Zusammenhang
mit UBR-Verkehr oft auch von „Best Effort"-Verkehr gesprochen.

UBR-Verbindungen können für kostengünstige Datendienste verwendet
werden, bei denen die höheren Protokollschichten explizit tolerant gegenüber
großen Verzögerungen und Informationsverlusten ausgelegt sind. Das Ziel,
nämlich die Ausnutzung überschüssiger Bandbreite, ist das gleiche wie beim
ABR-Verkehr, es wird jedoch auf Kosten von Informationsverlusten auf die
aufwendigen Flußkontrollverfahren auf der ATM-Schicht verzichtet.

5.2
Parameter zur Beschreibung der Übertragungsgüte auf der ATM-Schicht

Die Güte der Datenübertragung auf der ATM-Schicht läßt sich mit Hilfe
von Parametern beschreiben, die die Zellverlustwahrscheinlichkeit und Zellverzögerungen charakterisieren.

5.2.1
Zellverlustwahrscheinlichkeit

Zu Zellverlusten bei ATM-Verbindungen kommt es in erster Linie, wenn ATM-
Zellspeicher, die im allgemeinen mit Hilfe statistischer Methoden dimensioniert sind, in extremen Lastsituationen nicht ausreichen, um alle ankommenden Zellen zu speichern. Die Zellverlustwahrscheinlichkeit einer ATM-
Verbindung läßt sich durch den Parameter „Cell Loss Ratio" (CLR) schätzen,
der definiert ist durch

$$CLR = \frac{\text{Anzahl der in einem Meßintervall T zu Verlust gegangenen Zellen}}{\text{Anzahl der im Meßintervall T gesendeten Zellen}}$$

$$(5.1)$$

Anforderungen an die Zellverlustwahrscheinlichkeit werden in vielen Fällen
nur für die hochprioren Zellen innerhalb einer Verbindung spezifiziert, d.h.
für die Zellen, bei denen das Cell Loss Priority (CLP) Bit im ATM-Zellkopf
den Wert 0 hat. Typische Werte liegen im Bereich zwischen 10^{-5} und 10^{-10}.
Für niedrigpriore Zellen innerhalb einer Verbindung – das CLP-Bit hat den
Wert 1 – gibt das Netz oft keine Garantien bezüglich des Zellverlusts.

5.2.2
Zellverzögerung

Die Verzögerung einer ATM Zelle zwischen zwei Referenzpunkten in einem
ATM-Netz (Cell Transfer Delay) setzt sich aus einem festen und einem variablen
Anteil zusammen. Der feste Anteil enthält die Zeit für die physikalische Übertragung im Netz sowie die Zeiten, die für die Bearbeitung einer Zelle in den
Netzknoten benötigt würde, auch wenn die Zelle jeweils nur leere Zellspeicher
antreffen würde. Der feste Anteil der Zellverzögerung stellt einen Minimalwert
da, um den jede Zelle einer Verbindung mindestens verzögert wird. Der variable Anteil der Zellverzögerung ist im wesentlichen durch die Wartezeiten in
den ATM-Zellspeichern bestimmt.

Wichtige Parameter zur Beschreibung der Zellverzögerung sind:

- die mittlere Zellverzögerung (Mean Cell Transfer Delay) und
- $(1 - \alpha)$-Quantile der Zellverzögerung.

Das $(1 - \alpha)$-Quantil gibt diejenige Verzögerung t_α an, die nur mit einer
Wahrscheinlichkeit von α überschritten wird. Für sehr kleine Werte von α,
z.B. für $\alpha = 10^{-10}$ wird das $(1 - \alpha)$-Quantil der Zellverzögerung manchmal
vereinfachend auch als maximale Zellverzögerung bezeichnet (vgl. [13]). Diese
Betrachtungsweise ist naheliegend, wenn man Zellen mit einer Verzögerung
größer als t_α als verlorene Zellen betrachtet und bei der Berechnung des Zellverlusts berücksichtigt.

5.2.3
Zellverzögerungs-Schwankungen

Die Zellen einer ATM-Verbindung werden auf ihrem Weg vom Sender zum
Empfänger i.a. unterschiedlich stark verzögert. Der wichtigste Grund für
Zellverzögerungs-Schwankungen (Cell Delay Variation, CDV) sind die sich
zufällig ändernden Füllstände der ATM-Zellspeicher. Für Anwendungen wie
z.B. Sprache, die einen kontinuierlichen Datenstrom erwarten, sind die
Verzögerungsschwankungen beim Empfänger auf der ATM-Anpassungsschicht
(s. Abschn. 4.4.4) mit Hilfe eines elastischen Puffers auszugleichen, der
einen Vorrat an Zellen hält und mit konstanter Rate ausgelesen wird. Die
Größenordnung der Schwankungen ist bei der Dimensionierung dieses Puffers zu berücksichtigen.

In der Literatur wurden verschiedene Parameter vorgeschlagen, um
Verzögerungschwankungen innerhalb einer Verbindung zu charakterisieren.
Die in der ITU-T Empfehlung I.356 definierte 1-Punkt-CDV (s. Abb. 5.2) be-
schreibt die Variabilität eines ATM-Zellstroms an einem Referenzpunkt. Als
Referenzpunkt kann z.B. der Zugang zum öffentlichen Netz (UNI) gewählt
werden. Die 1-Punkt-CDV ist definiert bezüglich der maximalen Senderate

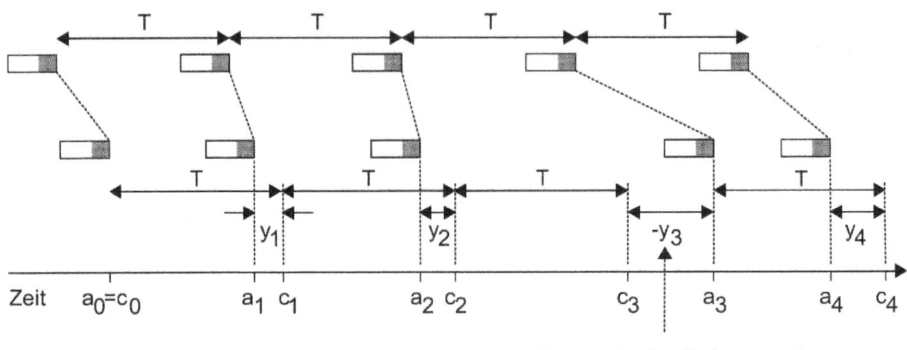

Abb. 5.2. Definition der 1-Punkt-CDV

$r = \frac{1}{T}$ einer Verbindung. (r wird auch als Spitzenzellrate bezeichnet.) Wenn die betrachtete Quelle mit der Rate r sendet, erzeugt sie Zellen im Abstand von T Sekunden. Die 1-Punkt-CDV der k-ten Zelle ist definiert als die Differenz $y_k = c_k - a_k$ zwischen einem Referenz-Ankunftszeitpunkt c_k und dem tatsächlichen Ankunftszeitpunkt a_k. Die Referenzzeitpunkte (c_k) sind dabei definiert durch

$$c_0 = a_0 = 0 \tag{5.2}$$
$$c_{k+1} = \begin{cases} a_k + T & \text{falls } y_k < 0 \\ c_k + T & \text{sonst} \end{cases}$$

Der Wert von y_k ist negativ, wenn eine Zelle später als erwartet eintrifft, d.h. wenn der Abstand zur vorhergehenden Zelle größer als T war. Positive Werte zeigen, daß sich Zellen zusammengeschoben haben und die Abstände zwischen aufeinanderfolgenden Zellen kürzer als T sind.

Die 2-Punkt-CDV ist für einen beliebigen Abschnitt einer Verbindung definiert, der durch zwei Referenzpunkte begrenzt ist. Der Wert $v_k = x_k - d$ der k-ten Zelle gibt die Differenz zwischen der absoluten Zellverzögerung x_k der k-ten-Zelle zwischen den beiden Referenzpunkten und einer Referenzverzögerung d an. Als Referenzverzögerung kann z.B. die Verzögerung der ersten Zelle der Verbindung gewählt werden.

Die „Peak-to-Peak Cell Delay Variation" (s. [13]) ist definiert als die Differenz zwischen einem $(1 - \alpha)$-Quantil der Zellverzögerung und dem festen Anteil der Zellverzögerung der betrachteten Verbindung. Der Wert α wird dabei üblicherweise sehr klein gewählt, z.B. als 10^{-10}. Die Peak-to-Peak CDV gibt für die Zellen einer Verbindung die Differenz zwischen einem Maximalwert der Zellverzögerung, der nur mit vernachlässigbarer Wahrscheinlichkeit α überschritten wird, und der minimalen Zellverzögerung an.

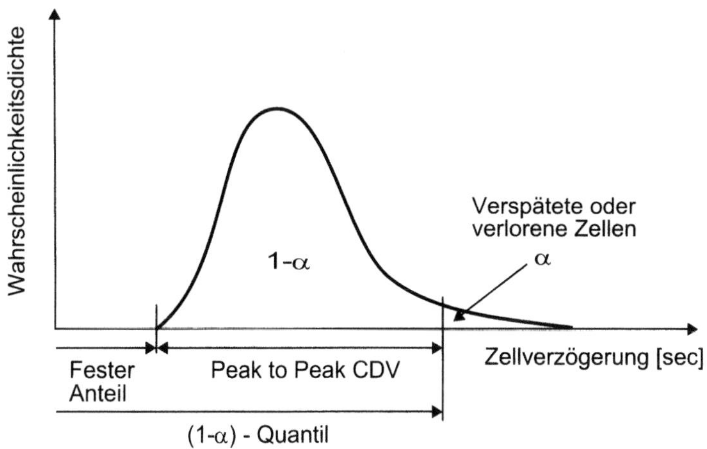

Abb. 5.3. Parameter zur Beschreibung von Zellverzögerungs-Schwankungen

Wenn in der Definition der 2-Punkt-CDV die Referenzzeit d als fester Anteil der Zellverzögerung gewählt wird, dann entspricht die Peak-to-Peak CDV dem $(1 - \alpha)$-Quantil der Verteilung der 2-Punkt-CDV.

Die Zusammenhänge zwischen einigen der hier definierten Parameter zur Zellverzögerung sind in Abb. 5.3 zusammengestellt.

5.3
Der Verkehrsvertrag

Die Verkehrssteuerung auf der ATM-Schicht basiert auf dem Konzept des Verkehrsvertrags (Traffic Contract). Der Teilnehmer verpflichtet sich dem Netz gegenüber, vereinbarte Verkehrseigenschaften einzuhalten. Das Netz sichert dem Teilnehmer dafür zu, die Übermittlung mit definierter Dienstgüte abzuwickeln. Der Verkehrsvertrag, der beim Aufbau einer ATM-Verbindung zwischen Teilnehmer und Netz geschlossen wird, enthält Angaben zu folgenden der ATM Schicht zuzuordnenden Punkten:

- Verbindungstyp (DBR, SBR, ABT, ABR oder UBR).
- Übertragungsgüte auf der ATM Schicht, die vom Netz zu garantieren ist.
- Liste von Verkehrsparametern, die das Verhalten der Verbindung an der Quelle beschreiben. Diese Liste wird als Quellen-Verkehrsdeskriptor (Source Traffic Descriptor) bezeichnet.
- Obergrenze für Zellverzögerungs-Schwankungen (Cell Delay Variation) zwischen Quelle und UNI, die vom Netz, bzw. der „Usage Parameter Control"-Funktion (UPC) am UNI, toleriert werden müssen. Diese Obergrenze wird als CDV-Toleranz bezeichnet.

– Formale Definition, mit der eindeutig entschieden werden kann, ob eine
  am UNI eintreffende Zelle den Verkehrsvertrag verletzt (Conformance Definition).

Die Verbindungstypen und Parameter zur Beschreibung der Übertragungsgüte auf der ATM Schicht wurden bereits in vorangehenden Abschnitten beschrieben. Welche Parameter zur Kennzeichnung der Übertragungsgüte im einzelnen im Verkehrsvertrag zu spezifizieren sind, hängt vom Verbindungstyp ab. Im folgenden wird auf die restlichen Komponenten des Verkehrsvertrages näher eingegangen.

5.3.1
Die Spitzenzellrate einer ATM-Verbindung

Beim Aufbau jeder ATM-Verbindung ist im Quellen-Verkehrsdeskriptor vom Teilnehmer die gewünschte maximale Senderate anzugeben. Diese Rate wird als Spitzenzellrate (Peak Cell Rate, PCR) der Verbindung bezeichnet und hat die Maßeinheit Zellen/s. Die Spitzenzellrate einer ATM-Verbindung ist mit Hilfe des abstrakten Referenzmodells für ein ATM-Endgerät definiert, das in Abb. 5.4 dargestellt ist. Über die tatsächliche Implementierung des Endgeräts wird damit nichts ausgesagt. In diesem Referenzmodell sendet die ATM-Schicht eine Anforderung an die physikalische Schicht, wenn für eine der bestehenden Verbindungen eine ATM-Zelle übertragen werden soll. Die Spitzenzellrate $R_P = \frac{1}{T}$ einer ATM-Verbindung ist an der Schnittstelle zwischen ATM-Schicht und physikalischer Schicht (Physical Layer Service Access Point, PHY-SAP) dieses Modells definiert und zwar als der Kehrwert des minimalen Abstandes T zwischen zwei von der gleichen Verbindung gestellten Anforderungen. Aufgabe der in Abb. 5.4 gezeigten Shaping-Funktion im Endgerät ist es sicherzustellen, daß

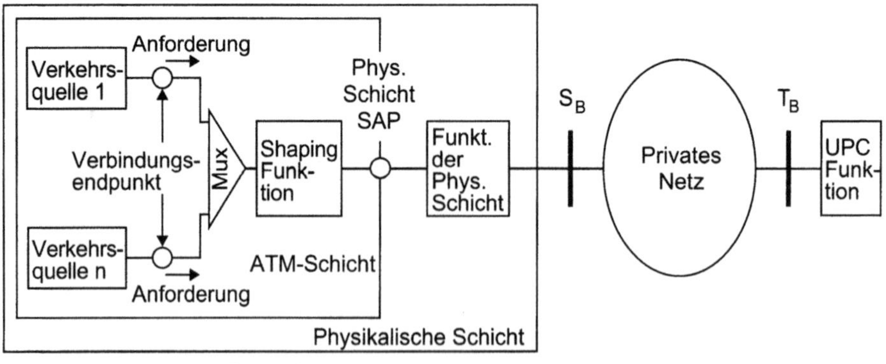

Abb. 5.4. Referenzmodell eines ATM-Endgeräts für die Definition der Spitzenzellrate

für jede der bestehenden Verbindungen der im Verkehrsvertrag vereinbarte Minimalabstand T eingehalten wird.

Spitzenzellraten lassen sich für verschiedene Teilströme einer Verbindung definieren. Wichtige Teilströme sind z.B.:

- der gesamte Zellstrom der Verbindung,
- der Teilstrom der hochprioren Zellen, d.h. der Zellen der Verbindung, bei denen das Cell Loss Priority (CLP) Bit den Wert 0 hat,
- der Teilstrom der vom Benutzer erzeugten OAM-Zellen (User OAM Cells).

Es hängt vom Verkehrsvertrag ab, für welche dieser Teilströme die Spitzenzellraten in den Quellen-Verkehrsdeskriptor für eine Verbindung aufgenommen werden.

5.3.2
Der „Generic Cell Rate"-Algorithmus (GCRA)

Bevor weitere Verkehrsparameter erläutert werden, soll zunächst der „Generic Cell Rate"-Algorithmus (GCRA) vorgestellt werden. Dieser Algorithmus wird zu zwei Zwecken benutzt: Zum einen lassen sich mit ihm Verkehrsparameter definieren, zum anderen wird er gleichzeitig dazu benutzt, um präzise festzulegen, wann ein am UNI eintreffender ATM-Zellenstrom den Verkehrsvertrag verletzt (Conformance Definition). Mit Hilfe von „Generic Cell Rate"-Algorithmen läßt sich für jede einzelne Zelle entscheiden, ob die Ankunft zu diesem Zeitpunkt mit der vereinbarten CDV-Toleranz und dem vereinbarten Quellen-Verkehrsdeskriptor verträglich ist oder nicht. Für die Definition eines Verkehrsvertrages können, abhängig von der Anzahl der Parameter im Quellen-Verkehrsdeskriptor, eine oder mehrere Instanzen des GCRA mit unterschiedlichen Parametersätzen benutzt werden.

Mit Hilfe der formalen Definition, wann der Verkehrsvertrag verletzt ist, wird die Voraussetzung dafür geschaffen, daß die „Usage Parameter Control"-Funktion (UPC, s. Abschn. 5.4) am Netzzugang ankommende Zellenströme präzise überwachen, eventuell überzählige Zellen wegwerfen und somit sicherstellen kann, daß nur der bei der Verwaltung der Netzressourcen berücksichtigte Verkehr auch tatsächlich ins Netz fließt.

Ein GCRA wird benutzt, um die Verträglichkeit (Conformance) eines ATM-Zellstroms mit zwei Parametern zu definieren. Der Parameter I des GCRA wird als Inkrement, der zweite Parameter L wird als Grenzwert bezeichnet. Das Prinzip des GCRA läßt sich an Hand von zwei Darstellungen, dem Virtual-Scheduling-Algorithmus (VSA) und dem Leaky-Bucket-Algorithmus[2] erklären. Diese beiden Darstellungen, die in Abb. 5.5 gegenübergestellt werden, sind in

---

2 In der ITU-T-Empfehlung I.371 wird der hier beschriebene Algorithmus als „Continuous Leaky Bucket" bezeichnet. Der Einfachheit halber wird der Zusatz „Continuous" im folgenden weggelassen.

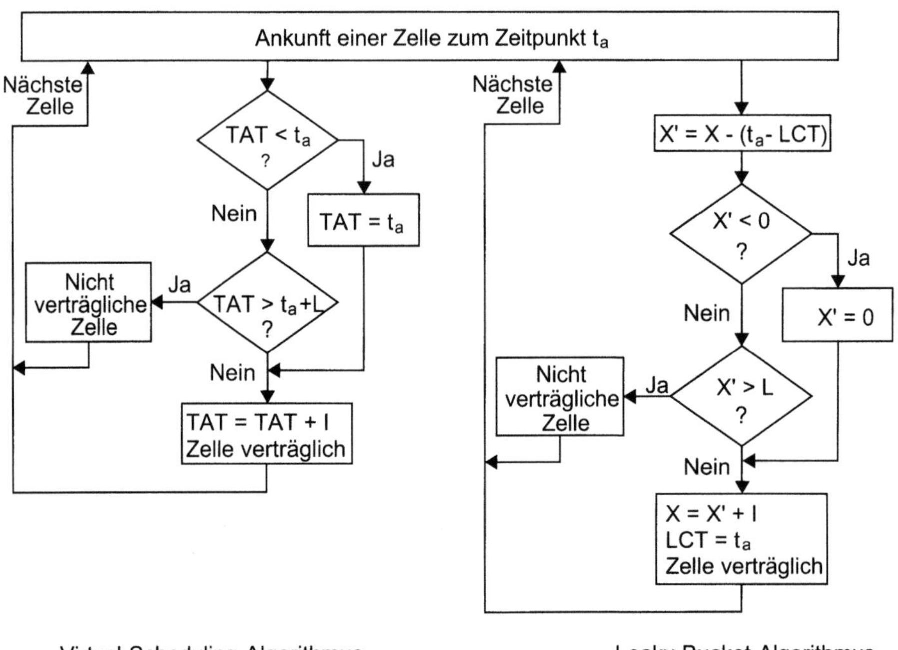

Abb. 5.5. Der „Generic Cell Rate"-Algorithmus (GCRA)

dem Sinne äquivalent, daß sie die gleichen Zellen eines beliebigen Zellstroms als verträglich, bzw. nicht verträglich mit den Parametern I und L kennzeichnen.

Bei dem Virtual-Scheduling-Algorithmus wird für jede eintreffende Zelle die tatsächliche Ankunftszeit t_a mit einer bei Ankunft der vorhergehenden Zelle berechneten Sollankunftszeit TAT (Theoretical Arrival Time) verglichen. Die eintreffende Zelle gilt als verträglich mit den Parametern I und L des GCRA, wenn die Zelle zum Zeitpunkt $TAT - L$ oder später eintrifft. Wenn eine Zelle um mehr als L Zeiteinheiten vor der Sollankunftszeit TAT eintrifft, ist die Zelle nicht verträglich mit dem Algorithmus GCRA(I, L). Für die Berechnung der Sollankunftszeit TAT wird angenommen, daß aufeinanderfolgende Zellen einer aktiven Quelle einen Abstand von I Zeiteinheiten haben.

Ein Analogon für den Leaky-Bucket-Algorithmus ist ein löchriger mit Flüssigkeit gefüllter Eimer, der sich gleichmäßig (um eine Maßeinheit pro Zeiteinheit) leert. Bei Ankunft einer Zelle erhöht sich der Flüssigkeitsspiegel (Leaky Bucket Zähler) sprungartig um I Maßeinheiten, was dem Einkippen eines Glases voll Flüssigkeit entspricht. Eine eintreffende Zelle gilt als nicht verträglich mit dem Leaky-Bucket-Algorithmus, wenn der Flüssigkeitsspiegel (Zählerwert) bei Ankunft einer Zelle (vor der Erhöhung um I Maßeinheiten) höher als der Grenzwert von L Maßeinheiten ist, d.h. wenn beim Einkippen des neuen Glases der Eimer (der die Größe L+I hat) überlaufen würde. Dieses Analogon stimmt insofern nicht ganz, als es sich beim Leaky-Bucket-Algorithmus um eine reine Zähleroperation handelt und die ankommende Zelle – im Gegensatz zu dem eingekippten Wasser – nicht zwischengespeichert wird, sondern ohne Verzögerung ihren Weg fortsetzt, sofern sie nicht das Konformitätskriterium verletzt und eventuell verworfen wird.

Das Konzept des Verkehrsvertrags auf der Basis eines GCRA wird manchmal in dem Sinne mißverstanden, daß der GCRA eine „Usage Parameter Control"-Funktion (UPC) sei oder gar (wie durch das Analogon des löchrigen Eimers nahegelegt) eine „Traffic Shaping"-Funktion enthalte, die Zellen zwischenspeichern kann. Beides ist nicht der Fall. Der GCRA ist zunächst einmal lediglich ein Hilfsmittel, um die Verträglichkeit eines ATM-Zellstroms zu zwei Parametern formal eindeutig zu definieren. Natürlich kann man darüber hinaus UPC-Algorithmen oder „Traffic Shaping"-Funktionen (z.B. für ein Endgerät) spezifizieren, die auf der Basis dieser Verträglichkeitsdefinition arbeiten.

Der GCRA-Algorithmus kann auf mehrfache Weise benutzt werden, um die Verträglichkeit von ATM-Zellenströmen mit Parameterpaaren zu definieren. In Betracht kommende Parameterpaare sind dabei

– die Spitzenzellrate und die CDV-Toleranz und
– die andauernd erlaubte Zellrate (Sustainable Cell Rate) und die Burst-Toleranz.

Die Anwendung des GCRA auf diese Parameterpaare wird in den nächsten beiden Abschnitten näher erläutert.

5.3.3
CDV-Toleranz

Am UNI wird von der „Usage Parameter Control"-Funktion (UPC, s. Abschn. 5.4) überwacht, daß die Endgeräte die im Verkehrsvertrag mit dem Netz vereinbarten Zellraten, z.B. die Spitzenzellrate, einhalten. Ein prinzipielles Problem bei dieser Überwachung besteht darin, daß sie nicht an dem Punkt durchgeführt werden kann, an dem die Raten definiert sind, nämlich im Endgerät, sondern innerhalb des ATM-Netzes erfolgen muß. Wenn z.B. ein Endgerät den gemäß der Spitzenzellrate $R_P = \frac{1}{T}$ erlaubten Minimalabstand T zwischen zwei aufeinanderfolgenden Zellen einer Verbindung exakt einhält, so kann dieser Abstand T am UNI dennoch unterschritten werden. Grund hierfür sind die Zellverzögerungsschwankungen, die den Zellen einer Verbindung zwischen Quelle und UNI zugefügt werden können. Solche Schwankungen (Cell Delay Variation, CDV) treten z.B. auf, wenn ein Zellenstrom einen ATM-Multiplexer zwischen Quelle und UNI durchläuft oder wenn OAM-Zellen hinzugefügt werden. In welchem Maße ein Unterschreiten des Minimalabstands T am UNI für eine exakt mit R_P sendende Quelle zu erwarten ist, hängt im wesentlichen davon ab, welche Zellspeicher eine ATM-Zelle zwischen Quelle und UNI durchläuft.

Die UPC-Funktion muß bei der Überwachung des Zellstroms diese Verzögerungsschwankungen berücksichtigen. Andernfalls besteht die Gefahr, daß in der UPC-Funktion häufig ATM-Zellen korrekt sendender Endgeräte verworfen werden. Ungerechtfertigtes Wegwerfen von Zellen in der UPC-Funktion erhöht den Ende-zu-Ende-Zellverlust der Verbindung und verschlechtert die vom Netz gebotene Übertragungsgüte. Um das Maß an Zellverzögerungsschwankungen zu quantifizieren, das vom Netz zu tolerieren ist, wurde in der ITU-T-Empfehlung I.371 der Verkehrsparameter CDV-Toleranz eingeführt, der Bestandteil des Verkehrsvertrags ist. Dieser Paramter wird mit Hilfe des „Generic Cell Rate"-Algorithmus im Zusammenhang mit der Spitzenzellrate einer Verbindung definiert:

Ein am UNI eintreffender ATM-Zellenstrom wird als verträglich (Conforming) mit einer Spitzenzellrate $R_P = \frac{1}{T}$ und einer CDV-Toleranz τ bezeichnet, wenn ein GCRA-Algorithmus mit Inkrement $I = T$ und Grenzwert $L = \tau$ alle Zellen des Stroms als verträglich mit den Parametern T und τ bewertet.

Mit Hilfe dieser Definition ist eindeutig definiert, wann ein am UNI eintreffender Zellenstrom bei vorgegebener CDV-Toleranz die Spitzenzellrate R_P verletzt. Es bleibt jedoch die Frage zu klären, wie der Parameter τ zu dimensionieren ist. Bei der Wahl von τ gibt es zwei Gesichtspunkte: Damit die ATM-Zellen einer sich ordnungsgemäß verhaltenden Quelle nur in sehr seltenen Fällen am UNI als nicht verträglich mit T und τ bewertet werden, ist die CDV-Toleranz genügend groß zu wählen. Je größer die CDV-Toleranz ist, desto höher wird auf der anderen Seite aber auch die Wahrscheinlichkeit, daß ein kurzfristiges Überschreiten der Spitzenzellrate durch das Endgerät von der UPC-Funktion am UNI nicht erkannt werden kann. Wenn die CDV-Toleranz groß ist, führt ein kurzfristiges Überschreiten der Spitzenzellrate nämlich nicht unbedingt dazu, daß Zellen am UNI als nicht verträglich mit T und τ erscheinen.

In [183] wird eine auf heuristischen Überlegungen beruhende Regel für die Dimensionierung von τ gegeben: τ sollte als das $(1 - \alpha)$-Quantil des variablen Anteils der Zellverzögerung zwischen Quelle und UNI (d.h. als „Peak-to-Peak Cell Delay Variation" zum Wert α wie in Abschn. 5.2.3 definiert) gewählt werden, um sicherzustellen, daß für eine exakt mit $R_P = \frac{1}{T}$ sendende Quelle der Anteil der nicht mit T und τ verträglichen Zellen am UNI in der Größenordnung von α liegt. Mehrere Untersuchungen aus der Literatur [98, 32] bestätigen, daß dieses einfache Verfahren in der Praxis zu akzeptablen Ergebnissen führt. Genauere Verfahren werden in [52] diskutiert. Das $(1-\alpha)$-Quantil des variablen Anteils der Zellverzögerung zwischen Quelle und UNI läßt sich mit geeigneten Warteschlangenmodellen schätzen (s. Abschn. 5.7.1). Die resultierenden Werte für τ hängen stark von der Struktur des Zugangsnetzes zwischen Endgerät und UNI ab.

Die Verkehrsparameter Spitzenzellrate R_P und CDV-Toleranz τ werden für den Aufbau jeder ATM-Verbindung benötigt. Sie reichen aus, um die Verkehrseigenschaften einer DBR-Verbindung im Verkehrsvertrag zu beschreiben[3]. Für andere Verbindungstypen werden weitere Verkehrsparameter benötigt.

5.3.4
Die andauernd erlaubte Zellrate (Sustainable Cell Rate, SCR) und die Burst-Toleranz

SBR-Verbindungen zeichnen sich dadurch aus, daß ihre Senderate im Zeitverlauf schwankt und nur zeitweise die Spitzenzellrate erreicht. Um das statistische Multiplexen von SBR-Verbindungen zu ermöglichen, bei dem nicht für jede SBR-Verbindung ständig eine Übertragungskapazität in Höhe der Spitzenzellrate vorgehalten wird, werden neben der Spitzenzellrate sowohl in der TM-Spezifikation des ATM-Forums als auch in der ITU-T-Empfehlung I.371 zwei weitere Verkehrsparameter zur Beschreibung der Verkehrseigenschaften von SBR-Verbindungen definiert. Dies sind die andauernd erlaubte Zellrate (Sustainable Cell Rate, SCR) und die Burst-Toleranz (Burst Tolerance, BT)[4]. Diese beiden Parameter sind wie die Spitzenzellrate einer Verbindung (s. Abschn. 5.3.1) mit Hilfe des in Abb. 5.4 dargestellten Referenzmodells für ein Endgerät an der Schnittstelle von ATM Schicht und physikalischer Schicht (Physical Layer Service Access Point, PHY-SAP) definiert. Eine Verbindung hält eine andauernd erlaubte Zellrate SCR $R_S = \frac{1}{T_{SCR}}$ und eine Burst-Toleranz τ_{SCR} ein, wenn die zugehörige Folge der von der ATM-Schicht an die physikalische Schicht gesendeten Sendeanforderungen mit einem (hypothetischen) am PHY-SAP definierten GCRA mit Parametern $I = T_{SCR}$ und $L = \tau_{SCR}$ verträglich sind.

Ein Endgerät, das die Verkehrsparameter $I = T_{SCR}$ und $L = \tau_{SCR}$ kontrollieren soll, benötigt eine „Traffic Shaping"-Funktion, die wesentlich komplexer ist, als wenn nur DBR Verbindungen zu unterstützen sind. In diesem Fall muß die Shaping-Funktion im Endgerät (s. Abb. 5.4) sicherstellen, daß die Folge der von der ATM-Schicht an die physikalische Schicht gesendeten Sendeanforderungen die Minimalabstände einhalten, die sich aus PCR, SCR und BT ergeben. Hierzu wird man kaum umhin kommen, in der Shaping-Funktion für jede SBR-Verbindung einen GCRA mitlaufen zu lassen, um entscheiden zu können, wann Sendeanforderungen der ATM-Schicht nur verzögert bedient werden dürfen.

---

3 Möglicherweise werden mehrere Parameterpaare für unterschiedliche Teilströme einer Verbindung mit konstanter Bitrate angegeben, z.B. für den Gesamtstrom und für den Teilstrom der vom Benutzer erzeugten OAM-Zellen.

4 Hier wird die Begriffsbildung des ATM-Forums benutzt, in der ITU-T-Empfehlung I.371 wird dieser Parameter als „Intrinsic Burst Tolerance" bezeichnet.

Die andauernd erlaubte Zellrate SCR einer Verbindung ist in Zellen/s definiert und ist stets kleiner oder gleich der Spitzenzellrate. SCR stellt eine Obergrenze für die Senderate dar, mit der eine SBR-Quelle im Mittel senden darf. Von der Burst-Toleranz BT hängt es ab, wie lange eine Verbindung mit einer höheren Senderate als SCR (maximal mit der Spitzenzellrate) senden darf. SCR und BT zusammen bestimmen die maximale Anzahl von Zellen, die mit der Spitzenzellrate $R_P = \frac{1}{T}$ gesendet werden dürfen. Dieser Parameter, der auch als maximale Burst-Größe (Maximum Burst Size) bezeichnet wird, ergibt sich aus der Formel

$$MBS = \lfloor 1 + \frac{\tau_{SCR}}{T_{SCR} - T} \rfloor, \tag{5.3}$$

wobei $\lfloor x \rfloor$ den ganzzahligen Anteil von x bezeichnet. Formal sind SCR und BT im Endgerät auf gleiche Weise definiert wie PCR und CDV-Toleranz am UNI. Das Zeitintervall, in dem eine SBR-Verbindung die SCR überschreiten darf, ist aber typischerweise um Potenzen größer (im Sekundenbereich) als das Zeitintervall, in dem die Spitzenzellrate am UNI entsprechend der vereinbarten CDV-Toleranz überschritten werden darf (μs- oder ms-Bereich).

Wenn am UNI überprüft werden soll, ob eine Quelle vereinbarte Parameter SCR und BT einhält, so sind wie bei der Überprüfung der Spitzenzellrate die Verzögerungsschwankungen zwischen Quelle und UNI zu berücksichtigen. Bei gegebener CDV-Toleranz τ_{SCR} lassen sich SCR und BT mit Hilfe eines $GCRA(SCR, BT + \tau_{SCR})$ überprüfen.

5.3.5
Weitere Bestandteile von Verkehrsverträgen

Die in den obigen Abschnitten beschriebenen Verkehrsparameter und Verträglichkeitsdefinitionen erlauben die Definition von Verkehrsverträgen für DBR-, SBR- und UBR-Verbindungen. Für die Definition eines Verkehrsvertrages für ABR- und ABT-Verbindungen sind weitere Angaben erforderlich.

Wichtige Verkehrsparameter einer ABR-Verbindung neben der Spitzenzellrate sind z.B. die minimale Zellrate (Minimum Cell Rate, MCR), die momentan erlaubte Senderate (Allowed Cell Rate, ACR) und die Anfangszellrate (Initial Cell Rate). Die Bedeutung dieser Parameter wird in Abschn. 5.8.3 erläutert.

Im Verkehrsvertrag für eine ABR-Verbindung ist außerdem festzulegen, wie eine Verletzung des ABR-Flußkontrollprotokolls durch die Quelle am UNI festgestellt werden soll. Teillösungen zu diesem Problem, insbesondere die Überwachung der sich ständig ändernden ACR mit Hilfe eines „dynamischen GCRA", sind in der TM-Spezifikation des ATM-Forums beschrieben.

Beim Verkehrsvertrag für ABT-Verbindungen stellt sich ebenfalls das Problem, genau zu definieren, wie Protokollverletzungen am UNI festgestellt werden sollen.

5.3.6
Verkehrs- und Güteparameter verschiedener Verbindungstypen

Die in Abschn. 5.1 beschriebenen Verbindungstypen unterscheiden sich hinsichtlich der im Verkehrsvertrag anzugebenden Verkehrsparameter und der vom Netz garantierten Dienstgüte. Tabelle 5.1 gibt einen Überblick über die relevanten Parameter.

5.4
Überwachung von ATM-Zellströmen

Die „Usage Parameter Control"-Funktion (UPC), die oft auch als „Policing"-Funktion bezeichnet wird, überwacht am Netzzugang, typischerweise am UNI, daß die mit dem Netz vereinbarten Verkehrsparameter eingehalten werden. Hierzu wird zum einen überprüft, ob die in einer Zelle eingetragene Verbindungskennung (VPI bei einem virtuellen Pfad, bzw. VPI/VCI bei einem virtuellen Kanal) gültig ist. Zum anderen wird überprüft, ob die bestehenden Verbindungen die angemeldeten Verkehrsparameter, z.B. die Spitzenzellrate und die CDV-Toleranz, einhalten. Wenn ein Verkehrsvertrag verletzt wird, werden überzählige Zellen von der UPC-Funktion aus dem Zellenstrom entfernt, bzw. in einigen Spezialfällen (s. Abschn. 5.4.3) in ihrer Priorität herabgesetzt, d.h. der Wert 0 im CLP-Bit des Zellkopfes wird durch den Wert 1 überschrieben. Bei fortgesetzter Parameterverletzung kann die UPC-Funktion auch das Auslösen einer Verbindung veranlassen.

Am Übergang zwischen Netzen unterschiedlicher Betreiber, d.h. an bestimmten NNI-Schnittstellen, können ATM-Zellenströme mit Hilfe der „Network Parameter Control"- Funktion (NPC), deren Einsatz optional ist, überwacht werden. Da die Funktionsweisen von UPC und NPC sehr ähnlich sind, wird im folgenden bei der Beschreibung weiterer Details lediglich auf die UPC-Funktion Bezug genommen, die Aussagen gelten aber auch für die NPC-Funktion.

Es ist nicht standardisiert, welchen Algorithmus die UPC-Funktion zu verwenden hat. Er muß aber die folgenden Anforderungen erfüllen:

- *Tranparenz*: Die UPC-Funktion sollte Zellen von Verbindungen, die sich ordnungsgemäß verhalten, nur in sehr seltenen Fällen verwerfen. Andernfalls kann das Netz die im Verkehrsvertrag vereinbarte maximal zulässige Zellverlustwahrscheinlichkeit (z.B. 10^{-10}), die ein nicht gerechtfertigtes Verwerfen von Zellen in der UPC-Funktion einschließt, nicht einhalten.
- *Genauigkeit*: Die UPC-Funktion muß die Parameter des Verkehrsvertrags hinreichend genau überwachen. In der ITU-T Empfehlung I.371 wird z.B.

Tabelle 5.1. Verkehrs- und Güteparameter verschiedener Verbindungstypen

	Verbindungstypen					
ITU-T-Bezeichnung	DBR	SBR		ABR	-	ABT
ATM-Forum-Bez.	CBR	rt-VBR	nrt-VBR	ABR	UBR	-
Verkehrs-parameter im Verkehrsvertrag	PCR, CDVT	PCR, CDVT, SCR, BT	PCR, CDVT, SCR, BT	PCR, CDVT, MCR	PCR, CDVT	PCR, CDVT SCR, BT
Zellverlust-anforderungen für CLP=0 Zellen	ja	ja	ja	ja[1]	nein	ja
Zellverlust-anforderungen für CLP=1 Zellen	gleich wie für CLP=0 Zellen	nein[2]	nein[2]	nein	nein	gleich wie für CLP=0 Zellen
Anforderungen an CDV	ja	gemäß ATM-Forum[3]	nein	nein	nein	ja
Anforderungen an maximale Zellverzögerung	gemäß ATM-Forum	gemäß ATM-Forum[3]	nein	nein	nein	nein

1) In der TM-Spezifikation des ATM-Forums wird gefordert, daß das Netz den Zellverlust für ABR-Verbindungen „minimiert", sofern die Quelle die Senderate entsprechend der Kontrollinformation aus dem Netz anpaßt.

2) Diese Aussage gilt nur für den Fall, daß die andauernd erlaubte Zellrate des hochprioren Zellstroms (SCR_0) und die Spitzenzellrate des Gesamtstroms (PCR_{0+1}) im Verkehrsvertrag vereinbart sind (s. Abschn. 5.4.3). Sind hingegen die Spitzenzellrate (PCR_{0+1}) und die andauernd erlaubte Zellrate (SCR_{0+1}) des Gesamtstroms vereinbart, so sind für CLP=0-Zellen und CLP=1-Zellen die gleichen Anforderungen bezüglich des Zellverlusts einzuhalten.

3) Von ITU-T (s. ITU-T I.371) sind bislang keine Anforderungen für die Zellverzögerungen von SBR-Verbindungen spezifiziert worden.

gefordert, daß die Spitzenzellrate einer Verbindung auf ein Prozent genau überwacht wird[5].

- *Reaktionzeit*: Auf Parameterverletzungen sollte möglichst schnell reagiert werden.

5.4.1
Policing-Algorithmen

In der Literatur wurden in der Vergangenheit eine Vielzahl verschiedener Policing-Algorithmen untersucht (s. z.B. [206, 202, 201]), die es erlauben, Verletzungen von Verkehrsparametern in der UPC-Funktion zu erkennen. Seit dem man sich bei ITU-T auf die algorithmische Definition des Verkehrsvertrags auf der Basis des GCRA geeinigt hat, haben die meisten dieser Algorithmen allerdings an Praxisrelevanz verloren. Die oben genannten Anforderungen an die Transparenz und Genauigkeit einer UPC-Funktion können nämlich nur eingehalten werden, wenn der verwendete Policing-Algorithmus den GCRA hinreichend genau approximiert. Einige der wichtigsten Policing-Algorithmen werden im folgenden beschrieben.

Leaky Bucket: Es ist naheliegend, in der UPC-Funktion einen der beiden äquivalenten Algorithmen zu benutzen, die den GCRA (s. Abschn. 5.3.2) definieren. Der Leaky Bucket ist einer dieser Algorithmen. Er ist geeignet zur gleichzeitigen Überwachung von Spitzenzellrate und CDV-Toleranz, wie auch zur gleichzeitigen Überwachung der andauernd erlaubten Zellrate (Sustainable Cell Rate) und der Burst-Toleranz.

Virtual Scheduling: Dies ist der zweite Algorithmus, der zur Definition des GCRA in der ITU-T-Empfehlung I.371 benutzt wird. Er ist zum Leaky-Bucket-Algorithmus in dem Sinne äquivalent, daß er die gleichen Zellen in einem Zellstrom als nicht verträglich mit den überwachten Parametern kennzeichnet. Bezüglich der Implementierung hat er gegenüber dem Leaky-Bucket-Algorithmus den Vorteil, daß nur drei Variablen pro Verbindung (TAT, L, I) statt vier Variablen beim Leaky-Bucket-Algorithmus (X, LCT, L, I) zu speichern sind.

Sliding Window: Einer der in der Literatur am häufigsten untersuchten Policing-Algorithmen ist der „Sliding Window"-Algorithmus, der die Anzahl von Zellen innerhalb eines „Fensters" kontrolliert. Ein Fenster ist ein Zeitintervall, das typischerweise als Anzahl aufeinander folgender Zeitschlitze auf einer ATM-Leitung definiert ist. Der Sliding-Window-Algorithmus benutzt zwei Parameter:

- die Fenstergröße W und
- die maximale Anzahl der pro Fenster zulässigen ATM-Zellen X.

---

5 Diese Forderung gilt für eine Spitzenzellrate, die größer oder gleich 160 Zellen/s ist.

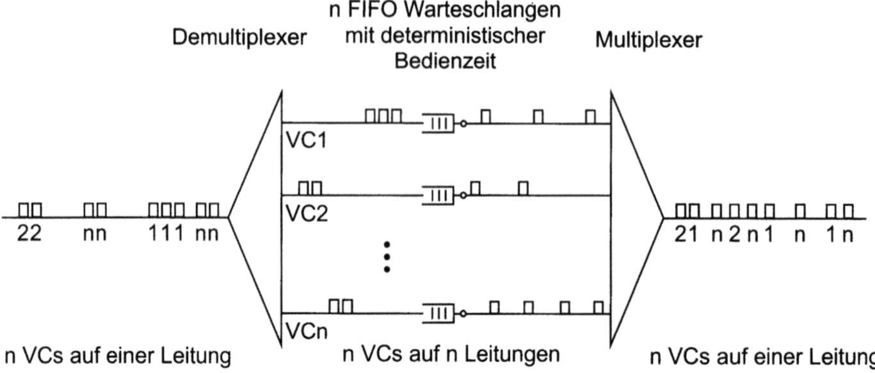

Abb. 5.6. Funktionsmodell des Spacing Policer

Der Sliding-Window-Algorithmus verwirft eine zum Zeitpunkt t eintreffende Zelle, wenn innerhalb des Fensters $[t - W, t)$ bereits X Zellen eingetroffen sind. Der Algorithmus überwacht das Einhalten der Zellrate $R = X/W$. Von der Fenstergröße W hängt es ab, wie schnell der Algorithmus auf Verletzungen der überwachten Rate reagiert und in welchem Rahmen Zellverzögerungsschwankungen (CDV) hingenommen werden, ohne Zellen zu verwerfen. Das Sliding Window Verfahren ist nicht in der Lage, den GCRA genau zu approximieren.

Spacing Policer: Der Spacing Policer [248, 106] ist ein Algorithmus zur Überwachung von Spitzenzellrate und CDV-Toleranz. Der Spacing Policer kombiniert den Leaky Bucket mit einer „Traffic Shaping"-Funktion. Eine eintreffende Zelle wird genau dann weggeworfen, wenn der Leaky Bucket sie verwerfen würde. Eine akzeptierte Zelle wird allerdings nur dann ohne Verzögerung ins Netz gelassen, wenn eine verbindungsindividuell einstellbare Zellrate („Spacing-Rate") nicht überschritten wird. Ziel des Traffic Shaping ist es, den ankommenden Verkehr am UNI zu glätten. Es soll verhindert werden, daß ein kurzzeitiges Überschreiten der Spitzenzellrate, das aufgrund der zwischen Teilnehmer und Netz vereinbarten CDV-Toleranz möglich ist, den Zellverlust in den Zellspeichern im Netz unzulässig erhöht. Der Spacing Policer bietet die in Abb. 5.6 gezeigte Funktionalität.

Eintreffende Zellen durchlaufen einen Demultiplexer und werden in verbindungsindividuellen Warteschlangen gespeichert. Vor dem Eintragen in eine dieser verbindungsindividuellen Warteschlangen wird mit Hilfe eines Leaky Buckets geprüft, ob die eintreffende Zelle die für diese Verbindung vereinbarte Spitzenzellrate bzw. die vereinbarte CDV-Toleranz verletzt und deshalb zu verwerfen ist. Die Zellen verlassen die verbindungsindividuellen Warteschlangen mit einem Abstand, der dem Kehrwert der eingestellten „Spacing-Rate" R_{SP} entspricht. R_{SP} sollte dabei etwas größer als die zu überwachende Spitzenzellrate R_P gewählt werden. Würden R_P und R_{SP} exakt gleich gewählt, so könnte sich der Füllstand einer verbindungsindividuellen Warteschlange nie vermindern, solange die Quelle mit der Senderate R_P sendet und hohe Verzögerungen für Verbindungen mit konstanter Bitrate wären die Folge. Die Zellen, die die verbindungsindividuellen Warteschlangen verlassen, werden schließlich wieder auf eine gemeinsame Leitung gemultiplext.

Der in [37] beschriebene Spacer Controller ist ein weiterer, dem Spacing Policer sehr ähnlicher Algorithmus, der Policing und Traffic Shaping kombiniert.

5.4.2
Vergleich von Policing-Algorithmen

In [105] wird am Beispiel von Spitzenzellrate und CDV-Toleranz untersucht, wie effizient der Sliding-Window-Algorithmus, der Leaky Bucket, bzw. der Spacing Policer das Einhalten der Parameter eines GCRA überwachen können.

Die verglichenen Algorithmen wurden dazu zunächst so dimensioniert, daß die folgenden Anforderungen an Transparenz und Genauigkeit erfüllt sind:

- Zellströme, die mit vorgegebenen Parametern R_P und τ verträglich sind, erleiden keinen Zellverlust.
- Die Rate, mit der eine Quelle andauernd Zellen ins Netz senden kann, überschreitet die angemeldete Spitzenzellrate R_P höchstens um $\Delta\%$.

Dann wurde der periodische Ein-/Aus-Verkehr mit maximaler Burstlänge bestimmt, den ein Teilnehmer durch die so dimensionierten Policing-Algorithmen ins Netz schicken könnte, sofern nur eine Verbindung auf seiner Teilnehmerleitung aktiv ist. Aktivphasen mit T_{on} direkt aufeinander folgenden Zellen und Passivphasen mit einer Länge von T_{off} Zellzyklen wechseln sich dabei ab. T_{on} ist die vom Policing-Algorithmus gerade noch zugelassene maximal mögliche Burstlänge, T_{off} ist die minimale Pausenlänge die notwendig ist, damit ein weiterer Burst der Länge T_{on} durchgelassen wird. Dieser Ein-/Aus-Verkehr approximiert den „Worst Case"-Verkehr, der durch die UPC-Funktion in ein ATM-Netz gelangen kann[6]. In [105, 104] wird untersucht, wie groß der Zellverlust im ersten Multiplexer hinter der UPC-Funktion ist, wenn ein einzelner oder mehrere Teilnehmer den oben beschriebenen „Worst Case"-Verkehr senden. Das diesen Untersuchungen zugrunde liegende Warteschlangenmodell ist in Abb. 5.7 dargestellt.

Die erste Warteschlange in einem ATM-Netz hinter der UPC-Funktion wird durch einen Multiplexer mit n Eingängen und S Speicherplätzen modelliert. Pro Zellzyklus der Ausgangsleitung können n Zellen (eine Zelle pro Eingang)

---

6 Wie in [70, 253] gezeigt wird, hat der „Worst Case"-Verkehr bezüglich des Zellverlusts im Netz für den Leaky-Bucket-Algorithmus keine Ein-/Aus-Charakteristik, Ein-/Aus-Verkehr approximiert den „Worst Case"-Verkehr aber ziemlich genau.

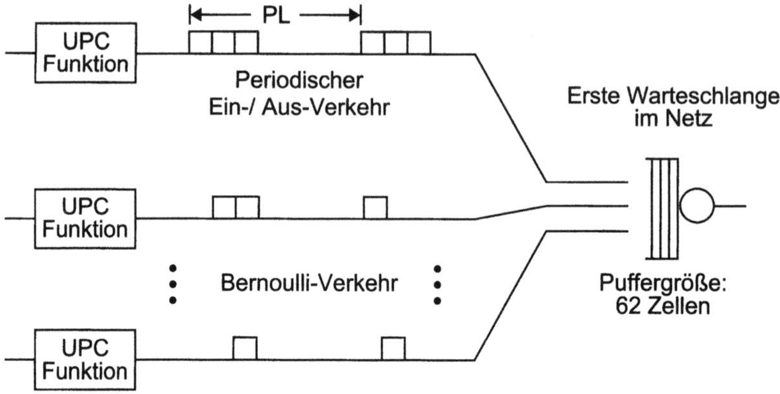

Abb. 5.7. Warteschlangenmodell zur Untersuchung von Policing-Funktionen

eintreffen. Auf Eingang 1 wird dem Multiplexer periodischer Ein-/Aus-Verkehr mit Parametern T_{on} und T_{off} zugeführt. Auf jedem der restlichen Eingänge wird dem Multiplexer ein Bernoulli-Prozeß mit Parameter p angeboten, d.h. mit Wahrscheinlichkeit p enthält ein Zeitschlitz auf einer dieser Leitungen eine Zelle, mit der Restwahrscheinlichkeit $1 - p$ keine Zelle[7].

Abbildung 5.8 zeigt die mit dem Geo(n)+P/D/S+1 Modell berechnete Zellverlustwahrscheinlichkeit für den Bernoulli-Verkehr im Multiplexer in Abhängigkeit von der Spitzenzellrate R_P des Ein-/Aus-Stroms auf der Eingangsleitung 1. Der Parameter p der Bernoulli-Prozesse wurde so gewählt, daß eine der Spitzenzellrate R_P entsprechende Last auf Eingang 1 und die Last auf den Eingängen 2 bis n sich zu einer Gesamtlast von 85% aufsummieren.

Die Kurven zeigen, daß der Sliding-Window-Algorithmus nicht dazu geeignet ist, die Einhaltung von Spitzenzellrate und CDV-Toleranz, die auf der Basis eines GCRA-Algorithmus definiert sind, zu überwachen. Ein Vergleich der Kurven für $\Delta = 10\%$ und $\Delta = 2\%$ macht darüber hinaus deutlich, daß die Anforderungen bezüglich langfristiger Genauigkeit und schneller Reaktion auf plötzliches Ansteigen der Senderate beim Sliding-Window-Algorithmus konkurrierende Ziele sind. Bei einer Genauigkeitsanforderung von $\Delta = 2\%$ treten höhere Verluste auf als bei $\Delta = 10\%$. Ob die Shaping-Funktion des Spacing Policers zum effektiven Schutz des ATM-Netzes benötigt wird, hängt von der zwischen Teilnehmern und Netz vereinbarten CDV-Toleranz und den im Netz vorhandenen Speichern ab. Bei einer CDV-Toleranz von $\tau = 75$ Zellzyklen und einem Zellspeicher von 62 Plätzen bleibt die Zellverlustwahrscheinlichkeit sich wohlverhaltender Quellen (hier durch Bernoulliverkehr mo-

---

7 Dieses Warteschlangenmodell ist ein Spezialfall des Geo(n)+P/D/S+1 Modells, das in [104] analysiert wurde, „Geo" steht dabei für die (verschobene) geometrische Verteilung der Zwischenankunftsabstände, die sich bei Bernoulli-Verkehr ergibt.

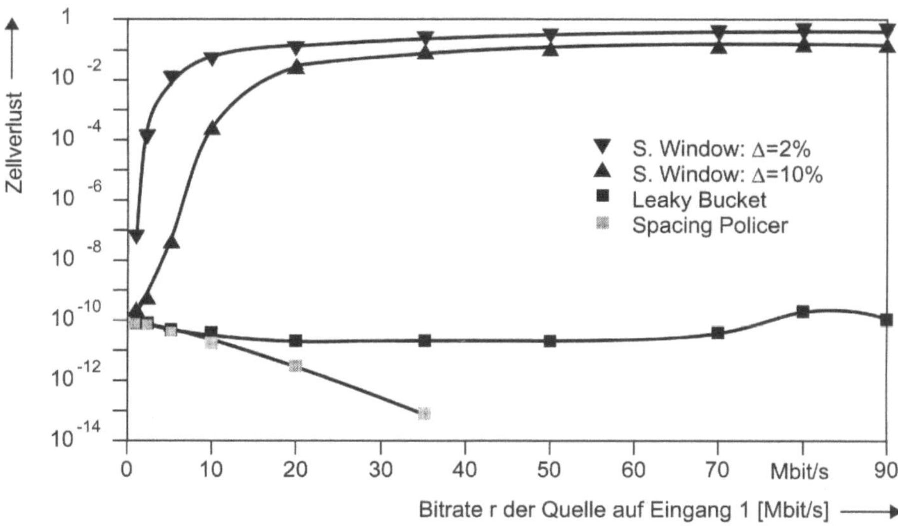

Abb. 5.8. Zellverlustwahrscheinlichkeit des Bernoulli-Verkehrs im Multiplexer in Abhängigkeit von der Spitzenzellrate des „Worst Case"-Verkehrs

delliert) unabhängig vom Verhalten einer einzigen hochbitratigen „Worst-Case-Verbindung" unter einem Wert von 10^{-10}. Bei mehreren „Worst-Case-Verbindungen" oder einer größeren CDV-Toleranz kann der Zellverlust aber leicht über den Wert von 10^{-10} steigen.

5.4.3
UPC-Konfigurationen

Die UPC-Funktion hat häufig mehrere Verkehrsparameter einer Verbindung getrennt zu überwachen, z.B., wenn im Verkehrsvertrag PCR und SCR vereinbart wurden oder wenn – wie bei SBR-Verbindungen möglich – das Cell Loss Priority (CLP) Bit im ATM-Zellkopf benutzt wird, um hochpriore (CLP=0) und niederpriore (CLP=1) Zellen innerhalb einer Verbindung zu unterscheiden. In solchen Fällen reicht ein einzelner GCRA oder ähnlicher Policing-Algorithmus (im folgenden als GCRA-Instanz bezeichnet) nicht aus, sondern es werden mehrere Instanzen für die Überwachung der Verbindung benötigt, die möglicherweise untereinander koordiniert werden müssen. In der ITU-T Empfehlung I.371 sind UPC-Konfigurationen beschrieben, die die verschiedenen Parameter von DBR- und SBR-Verbindungen überwachen können. Diese Konfigurationen werden im folgenden vorgestellt. Auf das Problem der Überwachung von ABR- oder ABT-Verbindungen wird hier nicht eingegangen. Ansätze für die Überwachung von ABR-Verbindungen sind in der TM-Spezifikation des ATM-Forums zu finden.

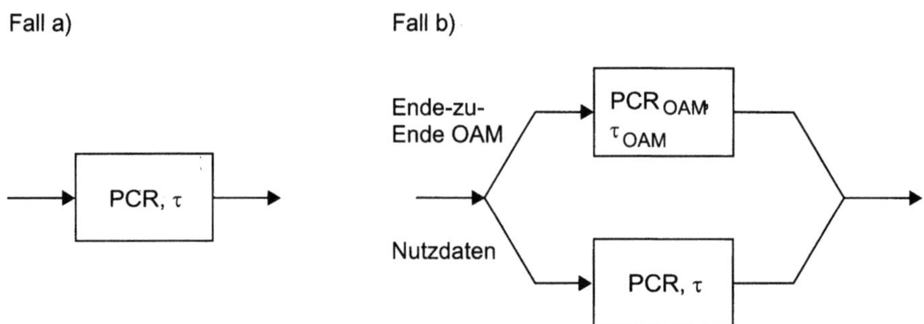

Abb. 5.9. UPC-Konfiguration zur Überwachung der Spitzenzellrate und CDV-Toleranz

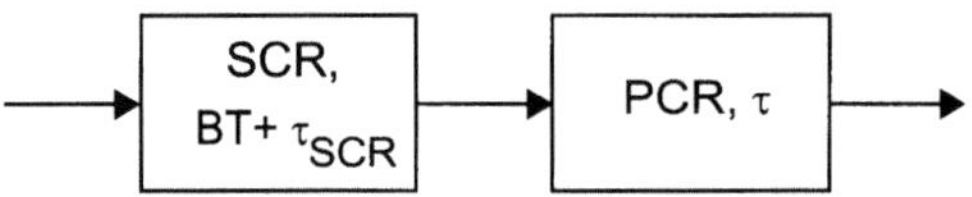

Abb. 5.10. UPC-Konfiguration zur Überwachung von SCR und PCR

Die in Abb. 5.9 dargestellten UPC-Konfigurationen sind für die Überwachung einer DBR-Verbindung gedacht. Im Fall a) werden alle Zellen einer solchen Verbindung von einer einzigen GCRA-Instanz überwacht, die Spitzenzellrate (PCR) und CDV-Toleranz (τ) der Verbindung kontrolliert. Im Fall b) werden zwei Teilströme einer DBR-Verbindung, die vom Benutzer erzeugten OAM-Zellen (User OAM Cells) und die übrigen Zellen (User Data Cells), von zwei GCRA-Instanzen getrennt überwacht. Da aber jede einzelne Zelle einer DBR-Verbindung auch in diesem Fall nur eine GCRA-Instanz durchläuft, reicht auch für diese UPC-Konfiguration die hardwaremäßige Implementierung eines GCRA-Algorithmus aus. Pro Verbindung sind allerdings zwei GCRA-Parametersätze im Speicher zu halten, von denen jeweils einer abhängig vom eintreffenden Zelltyp benutzt wird.

Abbildung 5.10 zeigt eine UPC-Konfiguration, die statistisches Multiplexen von SBR-Verbindungen unterstützt. In der ersten GCRA-Instanz wird überprüft, ob die Verbindung die vereinbarten Verkehrsparameter andauernd erlaubte Zellrate (SCR), Burst-Toleranz (BT) und CDV-Toleranz (τ_{SCR}) einhält. Verträglichkeit zu diesen Parametern wird dabei mit einem $GCRA(SCR, \tau_{SCR} + BT)$ definiert. Die zweite GCRA-Instanz überprüft das Einhalten der Spitzenzellrate (PCR) und der ihr zugeordneten CDV-Toleranz τ. Wenn eine Zelle von beiden GCRA-Instanzen als verträglich mit den Parametern bewertet worden ist, werden die zu den beiden Instanzen gehörenden Variablen auf den neuen Stand gebracht und die Zelle wird akzeptiert.

Bei SBR-Verbindungen besteht – im Gegensatz zu DBR-Verbindungen – die Möglichkeit, im Verkehrsvertrag zwischen hochprioren (CLP=0) und nie-

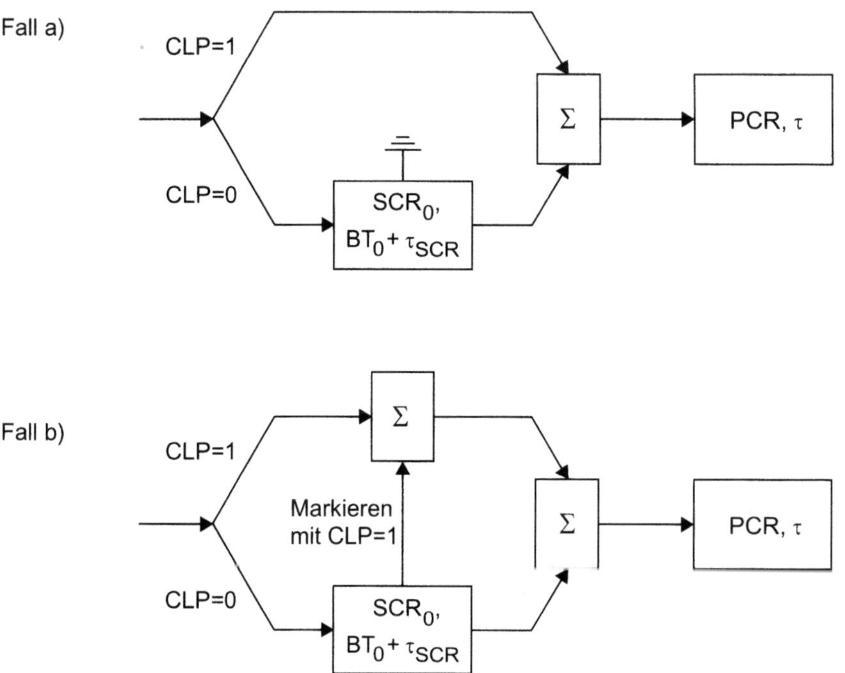

Abb. 5.11. UPC-Konfigurationen mit Berücksichtigung des CLP-Bits

derprioren Zellen (CLP=1) innerhalb einer Verbindung zu unterscheiden. Bei Überlast wird das Netz bei solchen Verbindungen nach Möglichkeit CLP=1 Zellen verwerfen (Selective Cell Discard). In Abb. 5.11 sind zwei UPC-Konfigurationen dargestellt, die für SBR-Verbindungen gedacht sind, bei denen im Verkehrsvertrag zwischen hoch- und niederprioren Zellen unterschieden wird.

Bei diesen UPC-Konfigurationen werden CLP=0-Zellen und CLP=1-Zellen auf unterschiedliche Weise überprüft. Eine GCRA-Instanz überprüft, ob der CLP=0 Teilstrom die vereinbarten Verkehrsparameter SCR_0, BT_0 und τ_{SCR} einhält. Verträglichkeit zu diesen Parametern wird dabei mit einem $GCRA(SCR_0, \tau_{SCR}+BT_0)$ definiert. Die beiden dargestellten Konfigurationen unterscheiden sich darin, wie diese GCRA-Instanz auf die Feststellung einer Parameterverletzung reagiert: Bei der UPC-Konfiguration ohne „Violation Tagging" (auch als „Cell Tagging" bezeichnet) wird die betroffene CLP=0-Zelle verworfen. Bei der Konfiguration mit „Violation Tagging" wird die hochpriore Zelle in eine niederpriore Zelle umgewandelt, indem der Wert 0 des CLP Bits durch den Wert 1 überschrieben wird. Die zweite GCRA Instanz der UPC-Konfiguration prüft, ob der aus hochprioren und niederprioren Zellen bestehende Gesamtstrom die vereinbarten Parameter PCR und τ einhält. Stellt diese GCRA-Instanz eine Parameterverletzung fest, so wird die betroffene Zelle verworfen. Wird eine Zelle von keiner der beiden GCRA-Instanzen verworfen, so gelangt sie ins Netz und es werden die zu den beiden GCRA-Instanzen gehörenden Variablen auf den neuen Stand gebracht. Die zum $GCRA(SCR_0, \tau_{SCR} + BT_0)$ gehörenden Variablen werden aber nur dann verändert, wenn eine CLP=0-Zelle bearbeitet wurde und diese nicht in eine CLP=1-Zelle umgewandelt wurde.

Bei den in Abb. 5.11 gezeigten UPC-Konfigurationen werden SCR und BT nur für den CLP=0 Strom überwacht. Die Menge an CLP=1-Zellen, die über die Verbindung ins Netz gelangen kann, ist nur sehr vage durch die Spitzenzellrate des Gesamtstroms begrenzt. Da diese UPC-Konfigurationen speziell für statistisches Multiplexen von SBR-Verbindungen gedacht sind, wird die Summe der zu überwachenden Spitzenzellraten aller über eine Leitung vermittelten Verbindungen im Normalfall größer als die Kapazität der Leitung sein. Die UPC-Konfigurationen lassen es in dieser Situation zu, daß die Ankunftsrate des aus hoch- und niederprioren Zellen bestehenden, auf eine ATM-Leitung gemultiplexten, Zellenstroms die Kapazität der Leitung beliebig lange übersteigt. Daher lassen sich keine Garantien bezüglich der Zellverlustwahrscheinlichkeit für niederpriore Zellen geben. Dieser Effekt ist der Grund dafür, daß in den Standards von ITU-T und ATM-Forum der Zellverlust für CLP=1-Zellen bei Anwendung obiger UPC-Konfiguration nicht spezifiziert ist.

Wenn keine Garantien bezüglich des Zellverlusts für CLP=1-Verkehr gegeben werden können, stellt sich natürlich die Frage, warum dann in der zweiten GCRA-Instanz der in Abb. 5.11 gezeigten UPC-Konfigurationen nicht konsequenterweise auch nur die Spitzenzellrate des CLP=0-Stroms überwacht wird. Dies Vorgehen hätte allerdings Nachteile bei der Zusammenarbeit mit ATM-Sytemen, die das CLP-Bit im ATM-Zellkopf nicht auswerten und deshalb hochprioren Verkehr (CLP=0) nicht gegen niederprioren Verkehr (CLP=1) schützen können. In solchen Systemen kann eine Garantie für den Zellverlust bei CLP=0-Verkehr nur gegeben werden, wenn die Spitzenzellrate des Gesamtstroms aus CLP=0- und CLP=1-Zellen überwacht wird und Übertragungskapazität in entsprechendem Umfang reserviert wird.

5.5
Traffic Shaping

„Traffic Shaping"-Funktionen werden in Endgeräten und innerhalb eines ATM-Netzes eingesetzt, um die Verkehrseigenschaften eines Zellstroms (VCC oder VPC) zu verändern. Zum einen wird Traffic Shaping benutzt, um sicherzustellen, daß vereinbarte Verkehrsparameter an gewissen Schnittstellen (z.B. am UNI oder NNI) eingehalten werden. Zum anderen werden „Traffic Shaping"-Funktionen eingesetzt, um Zellströme zu glätten und somit die bei Einhaltung der vorgegebenen Dienstgüteanforderungen erreichbare Auslastung der Leitungen im Netz zu erhöhen. Traffic Shaping von ATM-Zellströmen führt stets zur Erhöhung der mittleren Zellverzögerung. Wichtige Beispiele für den Einsatz von Traffic Shaping-Funktionen sind:

- Überwachung von PCR, SCR und BT im Endgerät,
- Reduktion der Spitzenzellrate einer Verbindung mit variabler Bitrate innerhalb des Netzes,
- Reduktion der Zellverzögerungs-Schwankungen (CDV) innerhalb eines ATM-Netzes,
- Herstellung der Spitzenzellrate des Pfades beim Zusammenstellen von virtuellen Pfaden innerhalb des Netzes,
- Wiederherstellung der Spitzenzellrate einzelner Kanäle beim Auflösen von virtuellen Pfaden innerhalb des Netzes.

Auf die „Traffic Shaping"-Funktionen in Endgeräten wurde schon in den Abschnitten 5.3.1 und 5.3.4 eingegangen. Die anderen Anwendungen von Traffic Shaping werden in den folgenden Abschnitten erläutert.

5.5.1
Reduktion der Spitzenzellrate innerhalb des Netzes

Die Ressourcen, die für eine SBR-Verbindung im Netz reserviert werden müssen, hängen bei gegebener mittlerer Bitrate entscheidend von der Spitzenzellrate der Verbindung ab. Je höher die Spitzenzellrate ist, desto mehr Übertragungskapazität (und/oder Speicher) muß für eine Verbindung reserviert werden, damit die Anforderungen bezüglich des Zellverlusts eingehalten werden können. Wird die Spitzenzellrate einer SBR-Verbindung innerhalb des ATM-Netzes (z.B. am UNI) reduziert, erhöht sich hierdurch die erreichbare Auslastung der Leitungen hinter dem Punkt, an dem das Traffic Shaping durchgeführt wird. Dem Vorteil der besseren Netzauslastung stehen bei der Reduktion der Spitzenzellrate innerhalb des Netzes allerdings eine Reihe anderer Nachteile gegenüber:

- Durch die Reduktion der Spitzenzellrate erhöhen sich die vom Teilnehmer beobachteten Zellverzögerungen. Die Zusammenhänge zwischen verbesserter Netzauslastung und Erhöhung der Zellverzögerungen wurden von Niestegge in [184] untersucht.
- Bei der Reduktion der Spitzenzellrate werden Zellen unabhängig von der Lastsituation im Netz verzögert. Idealerweise sollten Zellen dagegen nur dann verzögert werden, wenn Engpässe bei der Übertragungskapazität vorliegen (Prinzip des statistischen Multiplexens).
- Der Teilnehmer hat keinen Vorteil von einer „hohen" Übertragungskapazität zwischen Quelle und dem Punkt an dem die Spitzenzellrate reduziert wird. Die Ende-zu-Ende-Verzögerungen werden durch den „Flaschenhals" am Ausgang der „Traffic Shaping"-Funktion bestimmt. Die Reduktion einer

Spitzenzellrate im Netz ist daher nur sinnvoll, wenn ein Endgerät nicht in der Lage ist, die Spitzenzellrate auf den gewünschten Wert zu begrenzen.

5.5.2
Reduktion von Zellverzögerungs-Schwankungen

Zellverzögerungs-Schwankungen innerhalb einer Verbindung (Cell Delay Variation, s. Abschn. 5.2.3) sind bei der Dimensionierung von Netzressourcen (Übertragungskapazität bzw. Speicher) zur Bedienung einer ATM-Verbindung zu berücksichtigen. Traffic Shaping läßt sich einsetzen, um die Zellverzögerungs-Schwankungen innerhalb eines Zellstroms zu verringern. Eine Reduzierung der Verzögerungsschwankungen kann aus verschiedenen Gründen wünschenswert sein.

Reduktion der CDV am UNI: Manchmal wird gefordert, daß die UPC-Funktion Zellverzögerungs-Schwankungen in der Größenordnung einiger ms toleriert, ohne Zellen zu verwerfen. Eine CDV-Toleranz in dieser Größenordnung ist erwünscht, um einfache (nicht standard-konforme) Endgeräte verwenden zu können, die die Spitzenzellrate an der Quelle nur ungenügend genau einhalten. Die Zellspeicher vieler derzeit eingesetzter ATM-Systeme sind aber für solche Zellverzögerungs-Schwankungen nicht ausgelegt. Häufig stehen pro Multiplexer bzw. Ausgang eines Koppelelementes nur Zellspeicher in der Größenordnung von einigen zehn bis zu wenigen hundert ATM-Zellen zur Verfügung. Bei diesen Speichergrößen und Zellverzögerungs-Schwankungen im ms-Bereich ist ein Traffic Shaping zur Reduktion der CDV am Netzzugang erforderlich. Das Beispiel aus Abschn. 5.4.2 macht deutlich, daß ansonsten Zellverluste in der Größenordnung von 10^{-10} nicht garantiert werden können.

Reduktion der CDV am NNI: Die Verzögerungsschwankungen innerhalb eines Zellstroms vergrößern sich mit der Anzahl der Netzknoten, die ein Zellstrom durchläuft. Um die Verzögerungsschwankungen zu begrenzen, wird daher manchmal vorgeschlagen, Traffic Shaping am NNI einzusetzen. Untersuchungen von van den Berg und Resing [52] lassen andererseits den Schluß zu, daß eine Reduktion von Zellverzögerungs-Schwankungen zum Schutz von Zellspeichern vor Zellverlust in den meisten Fällen nicht erforderlich ist. Halten alle Verbindungen die Spitzenzellraten am Netzzugang ein (d.h. die CDV am Netzzugang ist vernachlässigbar) und stellen die Verbindungsannahme-Strategien sicher, daß keine Überlast auf Burstebene auftritt (d.h. die Summenbitrate aller aktiven Verbindungen auf einer Leitung ist stets geringer als die Leitungsbitrate), so ist eine Reduktion der Verzögerungsschwankungen innerhalb eines ATM-Netzes zum Schutz der Zellspeicher vor unzulässigem Zellverlust nicht erforderlich. Auf die Gründe hierfür wird in Abschn. 5.7.1 näher eingegangen.

5.5.3
Traffic Shaping bei Virtuellen Pfaden

Die Spitzenzellrate $R_P = 1/T$ eines virtuellen Pfades ist – analog zur Spitzenzellrate eines virtuellen Kanals – über den Kehrwert von T, d.h. den minimal
erlaubten Abstand zwischen aufeinanderfolgenden Zellen, definiert. Werden
verschiedene virtuelle Kanäle innerhalb des Netzes in einen virtuellen Pfad
zusammengemultiplext, so werden die Zellen des resultierenden Zellstroms im
allgemeinen den minimal erlaubten Abstand T nicht einhalten. Damit bei einem
solchen Pfad kein Zellverlust bei der Überwachung der Spitzenzellrate in einer NPC-Funktion am NNI auftritt, kann es notwendig sein, am Anfangspunkt
des virtuellen Pfades den Zellenstrom des Pfades mit einer Traffic Shaping
Funktion zu glätten. Ob ein Shaping des Pfades erforderlich ist, hängt von
der erlaubten CDV am NNI ab. Ebenso kann es erforderlich sein, an einem
Endpunkt eines virtuellen Pfades im Netz die Spitzenzellraten der einzelnen
virtuellen Kanäle wiederherzustellen.

5.6
Prioritätensteuerung in ATM-Netzen

ATM-Netze müssen Verbindungen mit sehr unterschiedlichen Anforderungen
an Zellverzögerungen und Zellverlust bereitstellen (vgl. Abschn. 5.3.6). Um die
unterschiedlichen Anforderungen effizient in einem Netz erfüllen zu können,
ist eine Prioritätensteuerung erforderlich.

ATM-Zellen verschiedener Verbindungen lassen sich auf der Basis der
VPI/VCI-Feldes mit unterschiedlicher Priorität vermitteln. Daneben bietet das
Cell Loss Priority (CLP) Bit im ATM-Zellkopf die Möglichkeit, zwei Verlustprioritäten innerhalb einer Verbindung zu unterscheiden.

5.6.1
Prioritäten innerhalb einer Verbindung

Mit Hilfe des CLP-Bits lassen sich hochpriore Zellen (CLP=0) und niederpriore
Zellen (CLP=1) innerhalb einer Verbindung unterscheiden. Bei Benutzung des
CLP-Bits wird i.a. die zulässige Zellverlustwahrscheinlichkeit nur für hochpriore Zellen definiert, während für die niederprioren Zellen keine Garantien
bezüglich des Zellverlusts gegeben werden. Um die Zellverlust-Anforderungen
für CLP=0-Zellen zu erfüllen, sollte das Netz in Überlastsituationen möglichst
nur CLP=1-Zellen verwerfen (Selective Cell Discard).

In der ITU-T Empfehlung I.371 ist vorgesehen, die Anwendung des CLP-
Mechanismus und des „Selective Cell Discard" vom Verbindungstyp abhängig
zu machen. Bei DBR-Verbindungen ist die Auswertung des CLP-Bits durch
das Netz nicht vorgesehen. Bei einer DBR-Verbindung gelten deshalb für alle

Zellen einer Verbindung die gleichen Garantien bezüglich der Zellverlustwahrscheinlichkeit. Bei den übrigen Verbindungstypen kann der CLP-Mechanismus benutzt werden.

Als Anwendungsbeispiel für verbindungsinterne Prioritäten bei SBR-Verbindungen wurde häufig „Layered Video Coding" genannt: Ein Videocodec kann das CLP-Bit benutzen, um zwischen wichtigen Informationen, die zur Aufrechterhaltung einer Minimalqualität erforderlich sind, und weniger wichtigen Informationen, die der weiteren Verbesserung der Bildqualität dienen, zu unterscheiden. Mit der Etablierung der MPEG-Standards [42] für die digitale Videocodierung hat jedoch das „Layered Video Coding" und damit diese Anwendung für verbindungsinterne Prioritäten deutlich an Praxisrelevanz verloren.

Eine weitere Anwendung des CLP-Bits bei SBR-Verbidungen steht im Zusammenhang mit dem sog. „Violation Tagging", das es dem Teilnehmer erlauben soll, in Zeiten geringer Netzauslastung einen möglichst hohen Durchsatz zu geringen Kosten zu erreichen: Der Teilnehmer meldet dazu eine SBR-Verbindung mit der Spitzenzellrate des Gesamtstroms (PCR), der andauernd erlaubten Zellrate und Burst-Toleranz des hochprioren Stroms (SCR_0 und BT_0) und der Option „Violation Tagging" an. Der Zellstrom wird dementsprechend am Netzzugang mit der in Abb. 5.11 dargestellten UPC-Konfiguration überwacht. Die Zellen, die mit den angemeldeten Parametern verträglich sind, sendet der Teilnehmer als CLP=0-Zellen. Zellen, die er darüberhinaus sendet, ohne die angemeldete Spitzenzellrate des Gesamtstroms zu verletzen, verlassen die UPC-Funktion als CLP=1-Zellen. Dabei macht es keinen Unterschied, ob der Teilnehmer sie bereits als CLP=1-Zellen sendet, oder ob sie von der UPC-Funktion von CLP=0-Zellen in CLP=1-Zellen umgewandelt werden. Bei einer niedrigen Last im Netz wird der Zellverlust sowohl für die CLP=0-Zellen als auch für die CLP=1-Zellen gering sein. Bei Hochlast wird das Netz die CLP=1 Zellen verwerfen, ohne daß die Dienstgüte von anderen Verbindungen, die ausschließlich CLP=0-Zellen senden, durch die Überlast an CLP=1-Zellen beeinträchtigt wird. Bei Hochlast ist der Teilnehmer gezwungen, seine Senderate soweit zu reduzieren, bis der Zellverlust auf akzeptable Werte sinkt. Idealerweise wird dabei die Senderate durch Protokolle auf höheren Schichten (z.B. vom Transport Control Protokoll (TCP)) abhängig vom beobachteten Zellverlust geregelt.

In der Literatur wurden verschiedene Strategien zur Implementierung von verbindungsinternen Zellverlust-Prioritäten untersucht. Die Anzahl der in Frage kommenden Strategien wird dadurch eingeschränkt, daß die korrekte Reihenfolge (Cell Sequence Integrity) bei den nicht verworfenen Zellen eingehalten werden muß.

Beim „Überschreibverfahren" (Pushout Mechanism) wird eine hochpriore Zelle immer dann in den Zellspeicher übernommen, wenn der Speicher nicht voll ist oder mindestens eine niederpriore Zelle im Speicher steht. Falls nötig wird die zuletzt eingetroffene niederpriore Zelle aus dem Speicher entfernt. Die eintreffende hochpriore Zelle wird stets am Ende der Warteschlange eingefügt. Durch dieses Verfahren ist gesichert, daß die korrekte Reihenfolge der Zellen einer Verbindung nicht gestört wird. Die Zellverlustwahrscheinlichkeit für hochpriore Zellen ist beim Überschreibverfahren unabhängig von der Menge der eintreffenden niederprioren Zellen. Die Zellverlustwahrscheinlichkeit für niederpriore Zellen wurde für den Spezialfall Poisson'scher Ankunftsströme in [102] und in [151] berechnet. Der Poisson'sche Ankunftsprozeß ist ein zeitkontinuierlicher Punktprozeß, bei dem sich die Wahrscheinlichkeit, daß der Abstand zwischen zwei Ankünften den Wert t überschreitet, zu $1 - e^{-\lambda t}$ ergibt (negativ-exponentielle Verteilung mit Parameter λ). Dieser Prozeß hat einige für die mathematische Lösung von Warteschlangenproblemen sehr vorteilhafte Eigenschaften und wird deshalb in diesem Zusammenhang oft verwendet. Eine dieser Eigenschaften, die sog. „Gedächtnisfreiheit" wurde von Markoff beschrieben, weshalb der Prozeß oft auch als Markoff-Prozeß bezeichnet wird.

Die Ergebnisse dieser Untersuchungen sind allerdings in der Praxis nur bedingt anwendbar, da man i.a. nur sehr vage Aussagen über den Ankunftsstrom niederpriorer Zellen machen kann. Die in Abb. 5.11 dargestellten UPC-Konfigurationen, die das CLP-Bit berücksichtigen, überwachen die Menge der ins Netz fließenden CLP=1-Zellen nämlich nur indirekt über die Spitzenzellrate des aus hochprioren und niederprioren Zellen bestehenden Gesamtstroms. Wie bereits in Abschn. 5.4.3 ausgeführt wurde, lassen sich daher i.a. keine zuverlässigen Aussagen bezüglich des Zellverlusts für CLP=1-Verkehr machen.

Überlast aufgrund von CLP=1-Verkehr führt bei Anwendung des Überschreibverfahrens dazu, daß eintreffende hochpriore Zellen sehr häufig auf dem letzten Platz einer Warteschlange eingetragen werden und hohe Verzögerungen in Kauf nehmen müssen. Bei Überlast wegen niederprioren Verkehrs ist es also kaum möglich, Garantien bezüglich der Zellverzögerungen für hochpriore Zellen zu geben. Diese Überlegungen zeigen, daß das bezüglich des Zellverlusts für CLP=0-Zellen optimale Überschreibverfahren zur Unterstützung des CLP-Bits nicht geeignet ist, wenn die CLP=1-Zellströme nur vage mit den in Abb. 5.11 gezeigten UPC-Konfigurationen überwacht werden.

Beim „Schwellwertverfahren" (Threshold Mechanism, Partial Buffer Sharing) wird eine niederpriore Zelle nur dann in den Zellspeicher übernommen, wenn der Füllstand des Speichers bei Ankunft der Zelle unterhalb eines Schwellwertes von M Zellen liegt. Hochpriore Zellen werden übernommen, solange der Speicher (der Größe N Zellen mit $N > M$) nicht voll ist. Beim Schwellwertverfahren ist die Zellverlustwahrscheinlichkeit der hochprioren Zellen von der Menge der eintreffenden niederprioren Zellen abhängig. In [151] wird die Zellverlustwahrscheinlichkeit für hoch- und niederpriore Zellen in einem ATM Multiplexer mit Poisson'schen Ankunftsströmen berechnet. Rothermel [212] hat das Schwellwertverfahren für ein Koppelelement mit

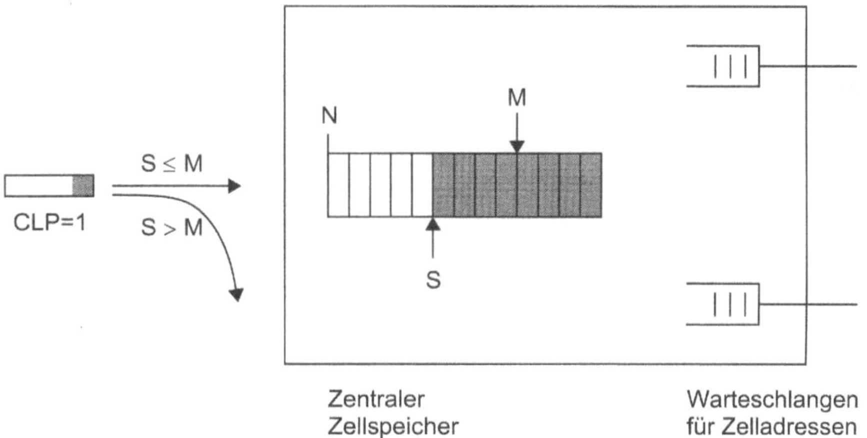

Abb. 5.12. Schwellwertverfahren bei einem Koppelelement mit Zentralspeicher: Schwellwert M, Zentralspeichergröße N.

Zentralspeicher (s. Abschn. 10.3.1) und logischen Ausgangswarteschlangen bei Poisson'schen Ankunftsströmen untersucht. Ob eine Zelle in den Zentralspeicher übernommen wird, hängt in dem von Rothermel benutzten Modell vom Füllstand des Zentralspeichers und nicht von dem Füllstand der einzelnen Ausgangswarteschlangen ab (s. Abb. 5.12).

Garantien bezüglich des Zellverlusts für niederpriore Zellen sind beim Schwellwertverfahren aus dem gleichen Grund wie beim Überschreibverfahren nicht möglich. Der Schwellwert M ist so zu dimensionieren, daß die $N - M$ Speicherplätze oberhalb des Schwellwerts ausreichen, um die Anforderungen an die Zellverlustwahrscheinlichkeit für hochpriore Zellen erfüllen zu können. Die Zellverzögerungen für hochpriore Zellen lassen sich – unabhängig vom CLP=1-Verkehr – nach oben abschätzen, indem man zunächst die Zellverzögerungen ermittelt, die sich ergäben wenn nur hochpriore Zellen vermittelt würden, und anschließend die resultierenden Werte um M Zellzeiten erhöht. Dieser Abschätzung liegt die Worst-Case-Annahme zugrunde, daß eine eintreffende hochpriore Zelle M niederpriore Zellen in der Warteschlange vorfindet. Wenn man niedrige Zellverzögerungen garantieren möchte, darf man also den Schwellwert M nicht zu hoch ansetzen.

5.6.2
Zeitprioritäten

Unterschiedliche Anforderungen verschiedener Verbindungstypen an die Zellverzögerungen lassen sich durch Systeme mit Zeitpriorität unterstützen. Ein Modell für ein System mit Zeitpriorität und Verlustpriorität wurde z.B. in

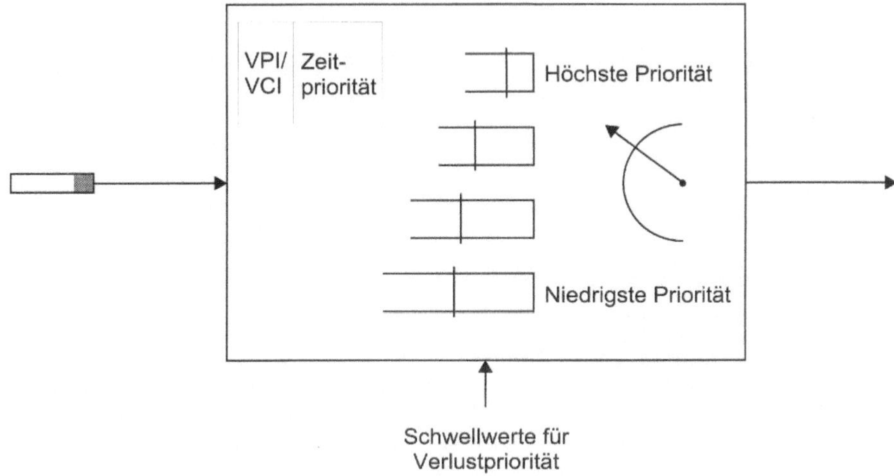

Abb. 5.13. System mit 4 Zeitprioritäten und Verlustpriorität

[94] untersucht. Abbildung 5.13 zeigt ein weiteres Beispiel eines solchen Systems: Eintreffende Zellen werden in einer von vier Wartschlangen abgespeichert, die mit absteigender Priorität bedient werden. Jede Warteschlange unterstützt zusätzlich zwei Verlustprioritäten mit Hilfe des Schwellwertverfahrens. In einem solchen System könnte man z.B. Zellen von Verbindungen mit Realzeitanforderungen mit höchster Priorität, SBR-Verbindungen ohne Realzeitanforderungen mit zweiter Priorität, ABR-Verbindungen mit dritter und UBR-Verbindungen mit der vierten, niedrigsten Priorität vermitteln.

5.6.3
Verbindungsspezifische Prioritäten

In dem in Abb. 5.13 dargestellten System werden die Zellen von Verbindungen einer Prioritätsklasse nach dem FIFO (First In First Out) Prinzip bedient. Eine weiter verfeinerte Alternative hierzu bieten Pufferverwaltungsstrategien, die verbindungsindividuelle logische Warteschlangen benutzen (Per-VC Queueing). Solche Verfahren haben zwei wesentliche Vorteile:

– Es läßt sich sicherstellen, daß die auf einer Leitung zur Verfügung stehende Übertragungskapazität fair zwischen konkurrierenden Verbindungen aufgeteilt wird. Insbesondere für den ABR-Dienst wird eine faire Aufteilung der Netzressourcen als wichtig angesehen. Bei FIFO-Warteschlangen, die von mehreren Verbindungen gemeinsam genutzt werden, wird die Übertragungskapazität proportional zu den Ankunftsraten also i.a. nicht fair verteilt.

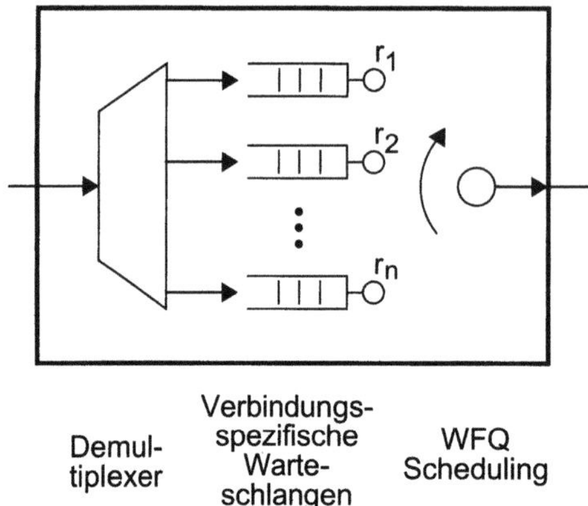

Abb. 5.14. ATM-Multiplexer mit WFQ-Bediendisziplin

- Es lassen sich auf effiziente Weise Durchsatzgarantien für einzelne Verbindungen geben. Durchsatzgarantien können die Verkehrssteuerung in ATM-Netzen mit großen Speichern wesentlich vereinfachen. Ein Konzept für die Verkehrssteuerung auf der Basis von Durchsatzgarantien, das von Roberts [208] beschrieben wurde, wird in Abschn. 5.7.3 vorgestellt.

Wenn verbindungsindividuelle Warteschlangen benutzt werden, kommt der Bedienstrategie eine zentrale Bedeutung zu. Die einfachste Strategie für solche Systeme stellt das „Round Robin"-Verfahren dar, bei dem die Warteschlangen reihum bedient werden. Mit Hilfe von „Weighted Fair Queueing" (WFQ) kann man in einem System mit verbindungsindividuellen Warteschlangen verschiedene Verbindungen mit unterschiedlicher Priorität bedienen. Abbildung 5.14 zeigt das konzeptionelle Modell eines ATM Multiplexers, der die WFQ-Bediendisziplin benutzt.

Eintreffende Zellen werden in verbindungsspezifischen Warteschlangen gespeichert. Jeder Warteschlange ist ein Gewicht r_i zugeordnet. Die Übertragungskapazität des Multiplexers wird zu jedem Zeitpunkt proportional zu den Gewichten r_i zwischen den nicht leeren Warteschlangen aufgeteilt. Die absolute Größe von r_i ist dabei bedeutungslos. Wenn die Ausgangsleitung des Multiplexers eine Bedienkapazität von C Mbit/s besitzt und n Warteschlangen mit Gewichten $r_1, ..., r_n$ eingerichtet sind, so ist jeder auf Bedienung wartenden Verbindung i stets eine Bedienrate von

$$\frac{r_i}{\sum_{i=1}^{n} r_i} \times CMbit/s \tag{5.4}$$

garantiert.

Wenn in einem Multiplexer mit einer Abgangsleitung von 150 Mbit/s z.B. nur eine einzige Warteschlange nicht leer ist, wird die zugehörige Verbindung mit einer Rate von 150 Mbit/s bedient. Sind die Warteschlangen von zwei Verbindungen mit Gewichten $r_1 = 1$ und $r_2 = 2$ nicht leer, so wird die erste Verbindung mit einer Bitrate von 50 Mbit/s, die zweite Verbindung mit einer Bitrate von 100 Mbit/s bedient.

„Weighted Fair Queueing", das zuerst in [223] untersucht wurde, ist ein Ideal, das zunächst einmal nur für ein idealisiertes Flüssigkeitsmodell (Fluid Flow Model) definiert ist, bei dem die diskrete Granularität der ATM-Zellen vernachläßigt wird. In [193] wurde gezeigt, wie sich das Prinzip des „Weighted Fair Queueing" auch auf paketorientierte Systeme übertragen läßt. Golestani [92] und Roberts [208] entwickelten unabhängig voneinander einen Algorithmus, der Parekhs Algorithmus approximiert und soweit vereinfacht, daß er für die Implementierung in ATM-Systemen geeignet ist. Dieser von Roberts als „Virtual Spacing" bezeichnete Algorithmus funktioniert nach dem folgenden Prinzip:

Bei Ankunft einer Zelle wird die „virtuelle Abgangszeit" der Zelle berechnet und die Zelle mit einem entsprechenden „Zeitstempel" versehen. Die im Multiplexer wartenden Zellen werden aus dem Zellspeicher in aufsteigender Reihenfolge der Zeitstempel ausgelesen. Jeder Zellzyklus auf der Abgangsleitung wird genutzt, solange der Zellspeicher nicht leer ist.

Wenn eine Zelle der Verbindung i eintrifft, wird die virtuelle Abgangszeit mit Hilfe des verbindungsindividuellen Gewichts r_i, der virtuellen Abgangszeit der vorhergehenden Zelle VDT_i der gleichen Verbindung und der „virtuellen Zeit" VT berechnet. Die Variable VT enthält stets den Zeitstempel der Zelle, die als letzte bedient wurde. Solange der Multiplexer nicht leer wird, entspricht die virtuelle Zeit VT also dem Zeitstempel der Zelle, die gerade ausgelesen wird. Es ist zu beachten, daß die virtuelle Zeit VT abhängig von der momentanen Last schneller oder langsamer als die echte Zeit voranschreiten kann. Bei leerem System bleibt die virtuelle Zeit stehen.

Wenn bei Ankunft der Zelle der Verbindung i mindestens eine weitere Zelle der gleichen Verbindung auf Bedienung wartet oder gerade bedient wird, so wird die neue virtuelle Abgangszeit als $VDT_i + 1/r_i$ berechnet. Andernfalls, d. h. es befindet sich keine weitere Zelle der Verbindung i im Multiplexer, wird die neue virtuelle Abgangszeit als $VT + 1/r_i$ berechnet.

Warten mehrere Zellen einer Verbindung im Multiplexer, so unterscheiden sich die Zeitstempel aufeinanderfolgender Zellen also jeweils um $T_i = 1/r_i$. Mit dem Abstand T_i würden die Zellen den Multiplexer verlassen, wenn die Verbindung i mit der Rate r_i bedient würde.

Das Kernproblem bei der Implementierung der WFQ-Bediendisziplin besteht in der Realisierung eines Sortierverfahrens, das es ermöglicht, innerhalb eines Zellzyklusses stets die Zelle mit dem niedrigsten Zeitstempel zu finden.

Für Verbindungen mit strengen Anforderungen an die Zellverzögerungszeiten ist WFQ, wie auch das in [208] vorgeschlagene Virtual Spacing, nur sehr bedingt geeignet, da insbesondere die Zellen von niederbitratigen Verbindungen bei hoher Last stark verzögert werden können. Dies liegt daran, daß die erste Zelle einer aktiv werdenden Verbindung eine virtuelle Abgangszeit ($VT + 1/r_i$) zugewiesen bekommt, die weit in der Zukunft liegt. Dies wird deutlich , wenn man die Gewichte r_i so skaliert, daß sie den Zellraten entsprechen. In diesm Fall liegt z.B. die virtuelle Abgangszeit $VT + 1/r_i$ der ersten Zelle einer 64 kbit/s-Verbindung $1/r_i = 6\,ms$ nach der aktuellen virtuellen Zeit VT. Bei einer Auslastung der Leitung zu $x\%$, wäre die zu erwartende mittlere Verzögerung der Zelle im Multiplexer $x/100 \times 6ms$. Dieser Nachteil des Virtual Spacing läßt sich abmildern, indem man, wie in [52] vorgeschlagen wird, der ersten Zelle einer aktiv werdenden Verbindung anstelle der virtuellen Abgangszeit $VT + 1/r_i$ die virtuelle Abgangszeit VT zuordnet. In [52] wird angemerkt, daß die Fairness-Eigenschaften des Virtual Spacing bei dieser Modifikation erhalten bleiben.

5.7
Verbindungsannahme-Algorithmen

Die Verbindungsannahme-Steuerung (Connection Admission Control, CAC) hat die Aufgabe, während der Verbindungsaufbauphase (oder bei einer Neuverhandlung des Verkehrsvertrags) zu überprüfen, ob eine gewünschte Verbindung (bzw. ein veränderter Verkehrsvertrag) akzeptiert werden kann, ohne die Anforderungen an die Dienstgüte der neuen Verbindung oder einer bestehenden Verbindung zu verletzen.

Eine Verbindungsannahme-Steuerung gibt es auch in Netzen die nach dem Prinzip der Durchschaltevermittlung funktionieren. Während der Verbindungsaufbauphase wird ein Weg von der Quelle zur Senke gesucht und auf jedem Abschnitt die geforderte Übertragungskapazität (z.B. in Form von einem oder mehreren Kanälen eines Zeitmultiplexsystems) reserviert. In ATM-Netzen funktioniert die Verbindungssteuerung grundsätzlich nach einem ähnlichen Schema. Die Entscheidung, ob eine Verbindung über einen speziellen Leitungsabschnitt geführt werden kann, ist allerdings komplizierter als in durchschaltevermittelten Netzen. Zum einen ist bei Verbindungen mit variabler Bitrate nicht von vornherein klar, welche Kapazität für sie reserviert werden muß. Zum anderen kann es erforderlich sein, neben der Übertragungskapazität auch Zellspeicher für Verbindungen zu reservieren. Vor der Vorstellung einzelner Verbindungsannahme-Algorithmen soll zunächst kurz auf die warteschlangentheoretischen Grundlagen der Verbindungsannahme-Steuerung und insbesondere des statistischen Multiplexens in ATM-Netzen eingegangen werden.

5.7.1
Grundlagen des statistischen Multiplexens in ATM-Netzen

Wie in Abschn. 2.5 bereits beschrieben wurde, werden Schwankungen des Vekehrsaufkommens in ATM-Netzen durch mehrere weitgehend unabhängige Faktoren verursacht, die verschiedenen zeitlichen Ebenen zugeordnet werden können. Kurzfristige Schwankungen des Verkehrsaufkommens auf der Zellebene sind auf das Prinzip des asynchronen Multiplexens und dadurch verursachte Zellverzögerungs-Schwankungen zurückzuführen. Schwankungen auf der Burstebene werden z.B. durch eine variierende Aktivität der ATM-Quellen hervorgerufen. Schwankungen auf der Verbindungsebene entstehen z.B. durch Schwankungen der Ankunftsrate neuer Verbindungen im Tagesablauf. Für die Analyse von Warteschlangen in ATM-Netzen ist es naheliegend, ein hierarchisches Modell zu benutzen, das die verschiedenen Ebenen widerspiegelt. Bei vielen Fragestellungen kann man sich auf die Untersuchung einer einzelnen Ebene konzentrieren, indem man die Schwankungen des Verkehrsaufkommens auf niedrigeren Ebenen vernachlässigt und das Verkehrsaufkommen auf darüberliegenden Ebenen konstant wählt.

Abbildung 5.15 zeigt, wie der Verkehr in einem ATM-Netz auf Zell-, Burst- und Verbindungsebene beschrieben werden kann. Auf der Zellebene läßt sich eine virtuellen Verbindung durch einen zeitdiskreten stochastischen Prozeß

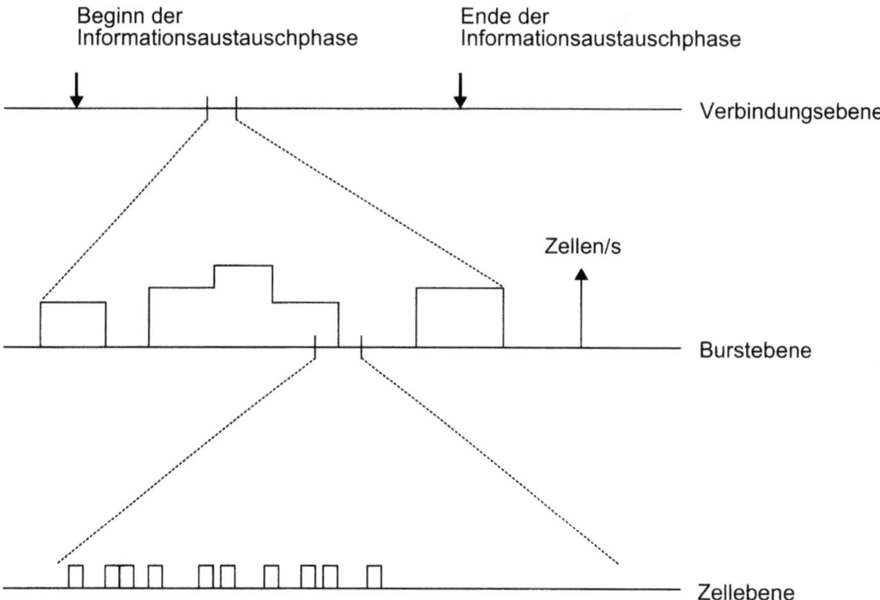

Abb. 5.15. Verbindungs- Burst- und Zellebene bei ATM-Verbindungen

beschreiben, der den Zellstrom modelliert. Auf der Burstebene wird von der Zellenstruktur abstrahiert. Auf dieser Ebene läßt sich eine virtuelle Verbindung durch einen reellwertigen stochastischen Prozeß $X_t, t \in$ R beschreiben. Die Zufallsvariable X_t gibt die Bitrate der Verbindung zum Zeitpunkt t an. Wichtige Parameter der Burstebene sind z.B. Dauern von Aktiv- oder Passiv-Phasen. Bei der Analyse von Verkehrsproblemen auf der Burstebene kommen häufig „Fluid-Flow"-Modelle (s. z.B. [241]) zum Einsatz. Zur Beschreibung des ATM-Verkehrs auf einer ATM-Leitung auf der Verbindungsebene benutzt man den Ankunftsprozeß, der die Abstände zwischen dem Eintreffen aufeinanderfolgender Verbindungswünsche und die Verteilung der Belegungsdauern getrennt nach Verbindungsklassen beschreibt. Dabei gehören Verbindungen zur gleichen Klasse, wenn sie die gleichen Verkehrsparameter und Dienstgüteanforderungen aufweisen.

Im folgenden soll die Warteschlange in einem ATM-Multiplexer genauer betrachtet werden. ATM-Multiplexer sind bei der verkehrstheoretischen Analyse von ATM-Netzen von besonderer Bedeutung, da sich die Verkehrseigenschaften der Koppelelemente mit Ausgangspufferung, die bei kommerziellen Implementierungen von ATM-Koppelnetzen überwiegend verwendet werden, wie in Abschn. 2.4.1 beschrieben an Hand des ATM-Multiplexer-Modells untersuchen lassen.

Die Anzahl der SBR-Verbindungen, die sich über die Ausgangsleitung eines ATM-Multiplexers führen lassen, hängt stark

- von den Spitzenzellraten der Verbindungen, genauer vom Verhältnis zwischen Spitzenzellrate und Zellrate der Ausgangsleitung und
- von der Größe des Zellspeichers im Multiplexer

ab. Abbildung 5.16 zeigt den Einfluß dieser Parameter an einem Beispiel. Unabhängige Verbindungen mit Ein/Aus-Charakteristik werden auf eine 150 Mbit/s-Leitung gemultiplext. Alle Verbindungen haben die gleichen Verkehrseigenschaften. Das auch als „Burstiness" bezeichnete Verhältnis der Spitzenzellrate zur mittleren Zellrate ist 10, d.h. die über die Zeit gemittelte Zellrate beträgt 10% der maximalen Zellrate. Die Länge von Ein- und Aus-Phasen ist negativ-exponentiell verteilt. Die Ein-Phase hat einen Mittelwert von 1890 Zellen (100 kbytes entsprechend). Die Kurve zeigt die bei einer vorgegebenen Zellverlustwahrscheinlichkeit von 10^{-10} erreichbare Leitungsauslastung in Abhängigkeit von der Spitzenbitrate der Verbindungen. Bei einer Speichergröße von 75 Zellen läßt sich ein Gewinn durch statistisches Multiplexen erreichen, sofern die Spitzenbitrate der Verbindungen 10 Mbit/s nicht übersteigt. Um bei Verbindungen mit hoher Spitzenzellrate einen nennenswerten Gewinn durch statistisches Multiplexen zu erzielen, wird ein wesentlich größerer Speicher benötigt. Abbildung 5.16 zeigt, daß in dem speziellen Beispiel eine hohe Auslastung der Leitung auch für hohe Spitzenzellraten mit einem um den Faktor 1000 größeren Speicher erzielt werden kann.

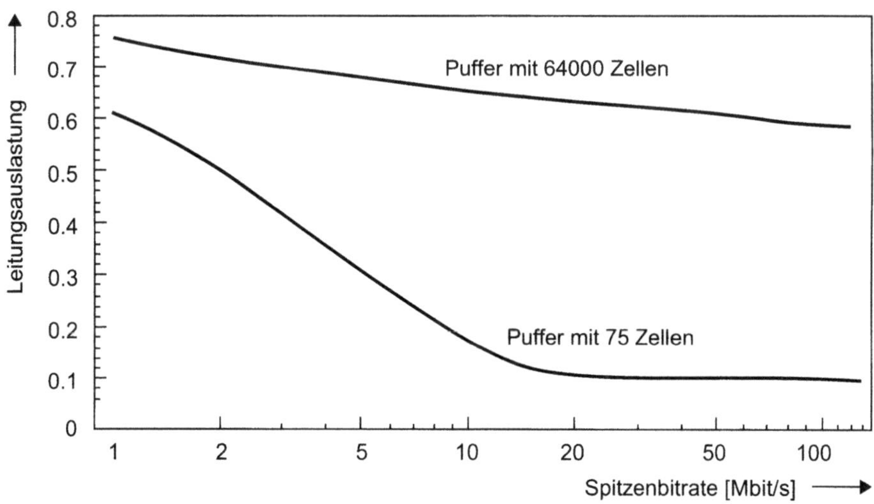

Abb. 5.16. Maximal erreichbare Auslastung in einem ATM-Multiplexer

Für ein fest vorgegebenes Angebot an SBR-Verkehr zeigt Abb. 5.17 die typische Form einer Kurve, die den Zellverlust in einem ATM-Multiplexer in Abhängigkeit von der Speichergröße darstellt. Verschiedene Untersuchungen aus der Literatur (z.B. [152, 207]) haben gezeigt, daß sich Zellverluste in einem ATM-Multiplexer auf zwei verschiedene Phänomene zurückführen lassen. Diese beiden sich überlagernden Blockierungseffekte führen zu dem in Abb. 5.17 angedeuteten charakteristischen Verlauf der Zellverlustwahrscheinlichkeit in Abhängigkeit von der Puffergröße.

In ATM-Multiplexern mit großen Zellspeichern (flacher Kurvenabschnitt) kommt es vor allem dann zu Zellverlust, wenn die Aktivität der Quellen so groß ist, daß die Summenzellrate der aktiven Verbindungen die Bedienrate des ATM-Multiplexers übersteigt. In dieser Situation spricht man auch von Überlast auf der Burstebene (Burst Scale Congestion). Der Schnittpunkt der gestrichelten Verlängerung des flachen Kurvenabschnitts mit der Ordinate zeigt, wie groß die Wahrscheinlichkeit für Überlast auf der Burstebene ist.

Bei Verringerung der Speichergröße gibt es einen kritischen Wert, von dem ab der Zellverlust plötzlich stark ansteigt. Bei Speichergrößen unterhalb des kritischen Wertes (d.h. links von dem Knick der Kurve) hat ein zweiter Blockierungseffekt einen dominierenden Einfluß auf den Zellverlust. Diese Zellkomponente des Zellverlusts resultiert vor allem aus kurzzeitigen Schwankungen der Anzahl der eintreffenden Zellen. Die Anzahl der innerhalb weniger Zellzyklen von verschiedenen Verbindungen eintreffenden Zellen schwankt wegen des asynchronen Multiplexverfahrens. Außerdem werden diese Schwankungen durch die Zellverzögerungs-Schwankungen (CDV) verstärkt, die zwischen Quelle und ATM-Multiplexer entstanden sind.

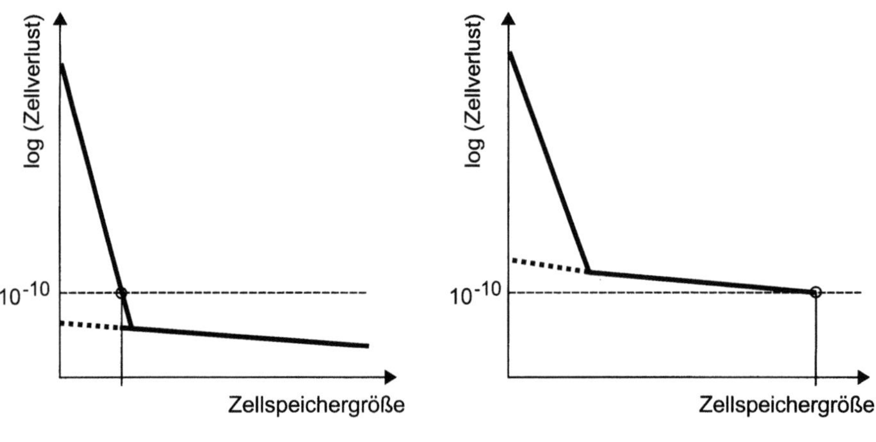

Fall a):   Überlast auf Burstebene   Fall b):   Überlast auf Burstebene bei
           extrem unwahrscheinlich,   Speicherdimensionierung zu
           daher bei Speicherdimensio-   berücksichtigen
           nierung nicht zu berücksichtigen

Abb. 5.17. Zellverlust in Abhängigkeit von der Puffergröße

Den zwei unterschiedlichen Blockierungseffekten entsprechend, gibt es
auch zwei unterschiedliche Ansätze für die Dimensionierung von Zellspeichern in ATM-Netzen. Wird durch die Verbindungsannahme-Steuerung sichergestellt, daß Überlast auf der Burstebene nur mit sehr geringer Wahrscheinlichkeit auftritt, d.h. mit einer Wahrscheinlichkeit, die in der Größenordnung
der zulässigen Zellverlustwahrscheinlicheit oder darunter liegt, so kommt man
mit relativ kleinen Speichern aus. Für ihre Dimensionierung ist nur der steile
Abschnitt der Kurve relevant wie im Fall a) aus Abb. 5.17 gezeigt. Wenn die
Verbindungssteuerung Überlast auf der Burstebene zuläßt, um eine höhere Leitungsauslastung zu erreichen wie im Fall b) aus Abb. 5.17, so werden wesentlich
größere Speicher benötigt. In diesem Fall sind beide Abschnitte der Kurve bei
der Speicherdimensionierung zu berücksichtigen.

Speicher, die lediglich dazu gedacht sind, Schwankungen auf der Zellebene abzufangen, werden häufig mit dem M/D/1/s-Warteschlangenmodell
(vgl. [147]) dimensioniert. Dieses Modell ermöglicht es, den Zellverlust in einem ATM-Multiplexer mit kleinen Speichern (steiler Kurvenast) abzuschätzen.
In der in der Verkehrstheorie verwendeten Notierung für Warteschlangenmo-
delle steht das M/D/1/s-Modell für eine Bedieneinheit (1), welche Aufträge,
die in einer Warteschlange mit s Plätzen warten, auf FIFO (First In First
Out) Basis bearbeitet. Die Bediendauer eines Auftrags ist konstant, was durch
das „D" für deterministisch angedeutet wird. Die Ankunftszeitpunkte neuer
Aufträge werden mit Hilfe eines durch das „M" charakterisierten Markoff'schen

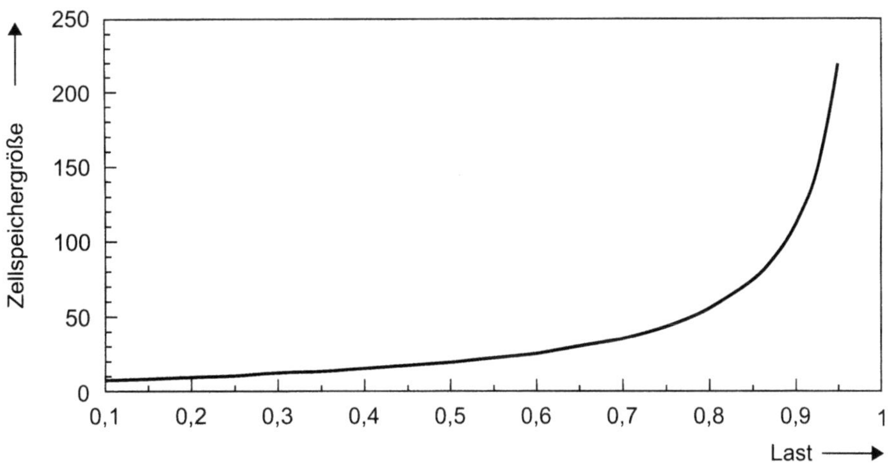

Abb. 5.18. Erforderliche Speicherplätze in einem M/D/1/s-System bei vorgegebener Verlustwahrscheinlichkeit von 10^{-11}

Ankunftsprozesses[8] modelliert, bei dem sich die Wahrscheinlichkeit, daß der Abstand zwischen zwei Ankünften den Wert t überschreitet, zu $1 - e^{-\lambda t}$ ergibt (negativ-exponentielle Verteilung). Der Parameter λ gibt dabei die Anzahl der im Mittel pro Zeiteinheit t eintreffenden Aufträge an.

Bei der Modellierung eines ATM-Multiplexers mit Hilfe des M/D/1/s-Modells entsprechen die Aufträge eintreffenden Zellen. Die Zellübertragungszeit auf der Abgangsleitung wird als Zeiteinheit gewählt, so daß die Bedienzeit einer Zelle genau eine Zeiteinheit beträgt. Der Parameter λ des Poisson-Prozesses gibt somit die Anzahl der im Mittel während einer Zellübertragungszeit eintreffenden Zellen an. Abbildung 5.18 zeigt die Anzahl der Speicherplätze, die gemäß dem M/D/1/s-Modell bei unterschiedlichen Lasten erforderlich sind, um eine Zellverlustwahrscheinlichkeit von 10^{-11} einzuhalten.

Die Dimensionierung des Speichers in einem ATM-Multiplexer mit dem M/D/1/s-Modell hat „konservativen" Charakter, wenn die folgenden Bedingungen erfüllt sind:

- Die Verbindungsannahme-Steuerung stellt sicher, daß keine Überlast auf der Burstebene auftritt. Genauer gesagt, sie stellt sicher, daß zu jedem beliebigen Zeitpunkt die Summenbitrate aller Verbindungen eine vorgegebene zulässige Auslastung (z.B. 85% der Leitungskapazität) nie oder nur mit vernachlässigbarer Wahrscheinlichkeit überschreitet, d.h. mit einer Wahr-

---

8 Die Anzahl der in einem beliebigen Zeitintervall ankommen Anforderungen gehorcht beim Markoff-Prozeß einer Poisson-Verteilung, weshalb dieser Prozeß auch als Poisson-Prozeß bezeichnet wird.

scheinlichkeit, die in der Größenordnung der zulässigen Zellverlustwahrscheinlicheit liegt.

- Der Parameter λ des M/D/1/s-Modells wird entsprechend der von der Verkehrssteuerung kontrollierten zulässigen Auslastung gewählt, z.B. $\lambda = 0,85$
  bei einer zulässigen Auslastung von 85%. Die bei der Dimensionierung des
  Speichers benutzte Ankunftsrate entspricht also dem „Extremfall", daß die
  Summenbitrate aller aktiven Verbindungen der zulässigen Auslastung entspricht.

- Die Endgeräte halten die im Verkehrsvertrag vereinbarten Spitzenzellraten ein und die Zellströme weisen am Netzrand (UNI) nur geringe
  Verzögerungsschwankungen (CDV) auf. [9]

Eine verkehrstheoretische Rechtfertigung für dieses Vorgehen liefern die
Untersuchungen von van den Berg und Resing, über die in [52] berichtet wird.
Nach ihren Untersuchungen weist ein „gestörter periodischer Zellstrom", d.h.
ein periodischer Zellstrom, der viele ATM-Multiplexer durchlaufen hat und
in jedem Knoten durch Querverkehr mit exponentiell-verteilten Zellabständen
(Poisson-Verkehr) gestört wird, geringere Verzögerungsschwankungen (CDV)
auf als ein Zellstrom gleicher Last mit exponential-verteilten Zellabständen. Daher ist zu erwarten, daß die Benutzung des Poisson-Prozesses als Modell für den
aus vielen gestörten periodischen Zellströmen bestehenden Ankunftsprozeß
tendenziell zu einer Überschätzung des Zellverlusts in einem ATM-Multiplexer
führt. Andererseits zeigt ein Vergleich des M/D/1/s Modell mit dem nD/D/1
Modell (vgl. [206]), daß der Zellverlust speziell bei einer sehr großen Anzahl
von Verbindungen nur wenig überschätzt wird[10].

Bei dem hier beschriebenen Ansatz zur Dimensionierung kleiner Speicher
wurde ausschließlich ein Parameter berücksichtigt, nämlich die zulässige Auslastung einer Leitung. Leider ist die Dimensionierung von Puffern in ATM-
Multiplexern, bei denen Überlast auf der Burstebene zugelassen wird, viel
komplizierter. Der Grund liegt darin, daß der Verlauf des flachen Kurvenabschnitts in Abb. 5.17 – im Gegensatz zum Verlauf des steilen Abschnitts –
stark vom Verhalten der Quelle, bzw. von einer Reihe schwer zu übersehen-
der Parameter eines mathematischen Quellenmodells (z.B. mittlere oder maximale Burstlänge, Verteilung der Burstlänge, etc.) abhängt. Einen Überblick
über mathematische Modelle für ATM-Quellen wird in [51] gegeben. Viel be-
achtete Quellenmodelle findet man u.a. in [103, 175, 241, 168]. In Abschn. 5.7.3
wird näher darauf eingegangen, wie man trotz dieser Probleme zu robusten
Verfahren für die Dimensionierung großer ATM-Zellspeicher bzw. zu robusten
Verfahren für statistisches Multiplexen bei großen Speichern kommen kann.

---

9 Hohe CDV-Werte könnten am Netzrand z.B. auftreten, wenn ATM-Ströme zwischen
   Quelle und UNI nicht auf FIFO-Basis bedient werden, z.B. in Bus-Systemen.
10 Mit dem nD/D/1 Modell läßt sich ein ATM-Multiplexer untersuchen, dem Verkehr von
   n stochastisch unabhängigen Quellen mit jeweils konstanter Zellrate zugeführt wird.

5.7.2
Verbindungsannahme-Algorithmen für Verkehr mit Echtzeitanforderungen

ATM-Verbindungen, die Echtzeitanwendungen unterstützen – typischerweise sind dies DBR oder SBR-Verbindungen – müssen strenge Anforderungen bezüglich der Zellverzögerungen erfüllen. So wird z.B. von Bellcore [28] gefordert, daß das $(1 - 10^{-10})$-Quantil der variablen Zellverzögerungen für solche Verbindungen bei Benutzung von 150 Mbit/s-Leitungen höchstens $250\,\mu s$ pro Knoten betragen darf. In diesem Abschnitt werden Verbindungsannahme-Algorithmen für einen ATM-Multiplexer vorgestellt, der Zellen von ATM-Verbindungen mit solchen oder ähnlichen Dienstgüteanforderungen vermittelt. Für einen solchen ATM-Multiplexer reicht ein relativ kleiner Zellspeicher, der nach dem oben beschrieben Verfahren mit dem M/D/1/s-Modell dimensioniert ist. Sehr große Zellspeicher können wegen der strengen Anforderungen an die Zellverzögerungen nicht genutzt werden. Als Verbindungsannahme-Algorithmen sind Verfahren geeignet, die dafür sorgen, daß Überlast auf der Burstebene (s. obigen Abschnitt) gar nicht oder nur mit vernachlässigbarer Wahrscheinlichkeit auftritt. Hierzu muß ein Verbindungsannahme-Algorithmus sicherstellen, daß zu jedem beliebigen Zeitpunkt die momentane Summenzellrate aller akzeptierten Verbindungen eine vorab ermittelte zulässige Auslastung C nur mit sehr geringer Wahrscheinlichkeit überschreitet. Die zulässige Auslastung C (z.B. 85% der Leitungskapazität) wird dabei typischerweise mit dem M/D/1/s-Modell berechnet.

5.7.2.1
Spitzenzellraten-Reservierung

Bei diesem Verfahren werden die Spitzenzellraten PCR_i aller für eine Leitung akzeptierten Verbindungen aufsummiert. Wenn bereits n Verbindungen bestehen, wird eine weitere Verbindung (mit Nummer $n + 1$) nur dann akzeptiert, wenn die Gleichung

$$\sum_{i=1}^{n+1} PCR_i \leq C \tag{5.5}$$

erfüllt ist. Spitzenzellraten-Reservierung ist ein naheliegender Algorithmus für Leitungen, die ausschließlich von DBR-Verbindungen genutzt werden. Spitzenzellraten-Reservierung kann andererseits bei SBR-Verbindungen zu extrem schlechter Leitungsauslastung führen. Ein wesentlicher Vorteil der ATM-Übermittlungstechnik gegenüber der STM-Technik, die inhärente Fähigkeit des statistischen Multiplexens, wird nicht ausgenutzt.

5.7.2.2
Lineare Zuteilung von Übertragungskapazität

Bei diesem Ansatz reserviert der Annahmealgorithmus für jede Verbindung eine feste Bitrate bzw. Zellrate, die nur von den angemeldeten Verbindungsparametern und den Systemparametern, insbesondere der Übertragungskapazität der Leitung abhängt. Der reservierte Wert wird häufig als „äquivalente" oder „effektive" Bitrate bezeichnet. Für die Berechnung von effektiven Bitraten wurden in der Literatur viele Verfahren diskutiert. In [206] wird z.B. vorgeschlagen, für eine SBR-Verbindung mit einer Spitzenzellrate p und einer mittleren Zellrate m die zu reservierende Zellrate nach der Formel

$$k = 1,2m + 60m(p - m)/L \tag{5.6}$$

zu berechnen. Hier bezeichnet L die Zellrate der betrachteten ATM-Leitung. Die erlaubte Zellverlustwahrscheinlickkeit hat in diesem Beispiel den Wert 10^{-9}.

Bei dem linearen Ansatz wird nicht berücksichtigt, daß die bei Annahme einer weiteren Verbindung zusätzlich benötigte Übertragungskapazität nicht nur von den Parametern der Verbindung selbst, sondern auch von den Verkehrseigenschaften der bereits akzeptierten Verbindungen abhängt. Wenn z.B. auf einer Leitung bisher ausschließlich DBR-Verbindungen bestehen, kann eine SBR-Verbindung nur dann angenommen werden, wenn für sie noch Übertragungskapazität in Höhe der Spitzenzellrate zur Verfügung steht. Wird hingegen die gleiche SBR-Verbindung zusätzlich zu bestehenden SBR-Verbindungen angenommen, so wird die zusätzlich erforderliche Kapazität in vielen Fällen geringer sein. Abgesehen von extremen Verkehrsgemischen hängt die bei Aufbau einer Verbindung zusätzlich erforderliche Übertragungskapazität aber nur wenig vom bestehenden Verkehrsgemisch auf der Leitung ab.

5.7.2.3
Faltungsalgorithmen und verwandte Approximationen

Wie sich die Bitrate einer SBR-Verbindung im Verlauf der Zeit ändert, läßt sich mit Hilfe eines stochastischen Prozesses $X_t, t \in \mathbb{R}$ beschreiben. Im folgenden bezeichne die Zufallsgröße $X_t^{(i)}$ die Bitrate einer Verbindung i zum Zeitpunkt t. Die Grundidee der Faltungsalgorithmen besteht darin, eine zusätzliche Verbindung nur dann anzunehmen, wenn Überlast auf der Burstebene zu einem beliebigen Zeitpunkt t nur mit vorgegebener Wahrscheinlichkeit α (z.B. $\alpha = 10^{-10}$) auftritt. In formaler mathematischer Schreibweise bedeutet dies: Eine Verbindung (mit Nummer $n + 1$) wird zusätzlich zu n bereits bestehenden Verbindungen nur dann angenommen, wenn für jeden Zeitpunkt t die

Gleichung

$$P(\sum_{i=1}^{n+1} X_t^{(i)} > C) \le \alpha \tag{5.7}$$

erfüllt ist. Diese Bedingung ist wegen der Definition eines Quantils äquivalent dazu, daß das $(1 - \alpha)$-Quantil t_α der Zufallsgröße $\sum_{i=1}^{n+1} X_t^{(i)}$ die Bedingung

$$t_\alpha \le C \tag{5.8}$$

erfüllt.

Stellt der Annahmealgorithmus das Einhalten der Ungleichung (5.8) sicher, so ist dadurch auch garantiert, daß der auf Überlast auf der Burstebene zurückzuführende Zellverlust kleiner als α ist [188]. Bei der praktischen Anwendung des Faltungsalgorithmus ergeben sich vor allem zwei Probleme:

- die Berechnung des Quantils t_α der Summenverteilung $\sum X_t^{(i)}$ ist numerisch so aufwendig, daß sie nicht bei jedem Verbindungsaufbau durchgeführt werden kann und
  die genaue Verteilung der Zufallsgröße $X_t^{(i)}$ ist im allgemeinen nicht bekannt.

In der Literatur sind verschiedene Ansätze beschrieben worden, um diese Probleme zu überwinden. Bei dem Verfahren von Joos und Verbiest [133] wird vereinfachend unterstellt, daß $Y = \sum_{i=1}^{n} X_t^{(i)}$ einer (von t unabhängigen) Normalverteilung genügt. Aus dem zentralen Grenzwertsatz der Statistik folgt nämlich, daß die Verteilung $\sum_{i=1}^{n} X_t^{(i)}$ von n unabhängigen Zufallsgrößen mit wachsender Zahl n (unter gewissen Annahmen an die Varianzen der einzelnen Summanden) gegen die Normalverteilung konvergiert (vgl. z.B. [77]). Mit der Normalverteilungsannahme ergibt sich das $(1 - \alpha)$-Quantil t_α von Y aus der Formel

$$t_\alpha = m + q_\alpha \cdot \sigma \tag{5.9}$$

wobei m die Summe der mittleren Bitraten der einzelnen Verbindungen und σ^2 die Summe der Varianzen der Zufallsgrößen $X_t^{(i)}$, und q_α das $(1 - \alpha)$-Quantil der Standard-Normalverteilung ist. Die genauen Werte von m und σ sind i.a. zwar unbekannt, sie lassen sich aber mit Hilfe der Spitzenzellraten p_i und den andauernd erlaubten Zellraten s_i der Verbindungen nach oben abschätzen. Es gilt nämlich

$$m \le \sum_i s_i \tag{5.10}$$

und falls $s_i/p_i \le 1/2$ gilt außerdem

$$Varianz(X_t^{(i)}) = E[(X_t^{(i)})^2] - [EX_t^{(i)}]^2 \le EX_t^{(i)}(p_i - EX_t^{(i)}) \le s_i(p_i - s_i) \tag{5.11}$$

und somit

$$\sigma^2 \le \sum s_i(p_i - s_i). \tag{5.12}$$

Mit Hilfe der Normalverteilungsannahme und dieser Abschätzungen erhält die vor Annahme einer Verbindung zu verifizierende Ungleichung (5.8) die Form:

$$\sum_{i=1}^{n+1} s_i + q_\alpha \cdot [\sum_{i=1}^{n+1} s_i(p_i - s_i)]^{1/2} \leq C. \tag{5.13}$$

Die Anwendung der Normalverteilungs-Annahme beim Verfahren von Joost und Verbiest ist allerdings problematisch, da i.a. gerade im Bereich der extremen Quantile die Verteilungsfunktion von $Y = \sum X_t^{(i)}$ nur recht langsam gegen die Normalverteilung konvergiert. Eine wesentlich exaktere, aber i.a. auch mit beträchtlichem Rechenaufwand verbundene Approximation dieser Quantile erhält man mit Mitteln der „Large Deviation Theory" (vgl. [206]), deren Anwendung für die Verbindungsannahme-Steuerung zuerst von Hui [117, 116] vorgeschlagen wurde.

Bei den in [180] vorgeschlagenen zweistufigen Annahmealgorithmen wird die Verteilung von $Y = \sum X_t^{(i)}$ in gewissen Abständen – z.B. stets nach einer festen Anzahl von Verbindungsaufbau- bzw. Verbindungsabbauvorgängen – explizit berechnet und das $(1-\alpha)$-Quantil t_α aus dieser Verteilung abgeleitet.

Zwischen zwei Berechnungen der Verteilungsfunktion von Y wird ein Näherungswert t_α' bei jedem Verbindungsaufbau und -abbau auf Worst-Case-Basis z.B. entsprechend dem folgenden Verfahren angepaßt: Wenn eine neue Verbindung hinzukommt, setzt man $t_\alpha' := t_\alpha' + PCR$, wobei PCR die Spitzenzellrate der neuen Verbindung ist. Bei Abbau einer Verbindung setzt man $t_\alpha' := t_\alpha' - SCR$, wobei SCR die andauernd erlaubte Zellrate der abgebauten Verbindung ist.

Dieser zweistufige Annahmealgorithmus setzt voraus, daß die Verteilung der Bitrate jeder Verbindung bekannt ist oder sich zumindest approximieren läßt. Sind von einer Verbindung nur die Spitzenzellrate p_i und die andauernd erlaubte Zellrate s_i bekannt, so wird man die Verteilung ihrer Bitrate durch eine Zweipunktverteilung mit maximaler Varianz approximieren. Bei der Berechnung der Faltung Y benutzt man dann die Wahrscheinlichkeiten:

$$P(X_t^{(i)} = p_i) = s_i/p_i \quad \text{und} P(X_t^{(i)} = 0) = (1 - s_i)/p_i. \tag{5.14}$$

5.7.2.4
Sigma-Regel

Die Sigma-Regel (vgl. [249, 250]) zielt wie die Faltungsalgorithmen darauf ab, die Wahrscheinlichkeit für die Überlast auf der Burstebene so gering zu halten, daß die Anforderungen an die Dienstgüte der einzelnen Verbindungen eingehalten werden. Sie basiert auf einer Ungleichung (s. Ungleichung (6) in [250]), in der die Überlast auf Burstebene explizit zur Verlustwahrscheinlichkeit einer einzelnen Verbindung in Beziehung gesetzt wird.

Die Sigma-Regel unterscheidet zwei Klassen von Verbindungen. Klasse S enthält Verbindungen, die für statistisches Multiplexen geeignet sind. Dies sind Verbindungen mit hinreichend großer „Burstiness" und einer Spitzenzellrate, die gegenüber der Leitungsrate klein ist. Klasse P enthält alle übrigen Verbindungen. Für Verbindungen der Klasse P wird stets die Spitzenzellrate reserviert. Die beiden Klassen S und P sind vor der Benutzung der Sigma-Regel zu definieren.

Über die Annahme einer zusätzlichen Verbindung neben bereits bestehenden n Verbindungen (alle Verbindungen seien charakterisiert durch PCR p_i und SCR s_i) wird aufgrund des folgenden Algorithmus entschieden: Falls

$$\sum_{i=1}^{n+1} p_i \leq C, \tag{5.15}$$

d.h. die Summe aller Spitzenzellraten ist kleiner oder gleich der zulässigen Auslastung C, wird die Verbindung angenommen, ohne daß weitere Schritte des Algorithmus durchlaufen werden. Andernfalls wird sie angenommen, falls

$$c = C - \sum_{i=1,i\in P}^{n+1} p_i \geq C_{min}, \tag{5.16}$$

gilt (d.h. falls die für die Verbindungen der Klasse S zur Verfügung stehende Kapazität c größer ist als ein für statistisches Multiplexen erforderlicher Minimalwert C_{min}), und gleichzeitig

$$\sum_{i=1,i\in S}^{n+1} m_i + q(c) \cdot [\sum_{i=1,i\in S}^{n+1} (m_i(p_i - m_i)]^{1/2} + \max\{p_i \mid 1 \leq i \leq n+1, i \in S\} \leq c \tag{5.17}$$

gilt. Die letzte Ungleichung stellt sicher, daß die für die Klasse S benötigte Übertragungskapazität kleiner oder gleich c ist.

Die Parameter C_{min} und die Funktion $q(c), c \in [C_{min}, C]$ sind Parameter, die vorab mit Hilfe von Rechnerprogrammen zu bestimmen sind (vgl. [249]). Diese Parameter hängen wesentlich von der Definition der Klassen S und P ab. Gleichung (5.17) weist formale Ähnlichkeit mit dem Annahmekriterium in Gl. (5.13) auf. Statt eines Quantils q_α der Standard-Normalverteilung wird hier aber die Quantil-Funktion $q(c)$ benutzt, die berücksichtigt, daß die Summenbitrate $\sum_{i=1,\in S}^{n+1} X_t^{(i)}$ der statistisch gemultiplexten Verbindungen aus S i.a. nicht genau normalverteilt ist. Der Term $\max\{p_i \mid 1 \leq i \leq n+1, i \in S\}$, zu dem es in Gl. (5.13) kein Äquivalent gibt, stellt sicher, daß die vorgegebene Zellverlustwahrscheinlichkeit nicht nur gemittelt über alle Verbindungen sondern auch für jede einzelne Verbindung eingehalten wird.

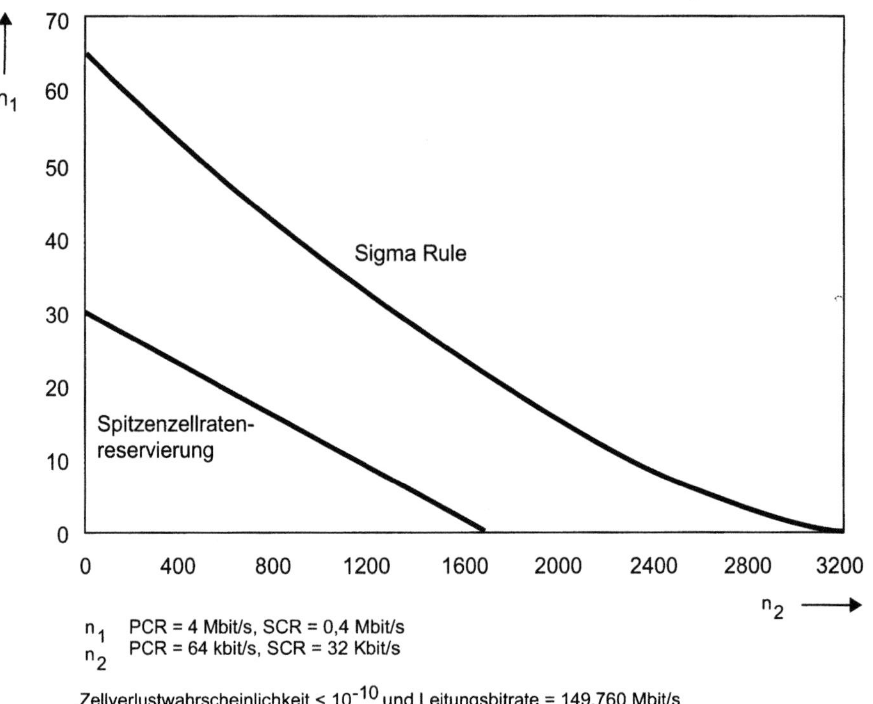

Abb. 5.19. Statistischer Multiplexgewinn mit der Sigma-Regel

Abbildung 5.19 zeigt an einem Beispiel den statistischen Multiplexgewinn, der mit der Sigma-Regel zu erreichen ist. In diesem Beispiel wird statistisches Multiplexen auf einem 150 Mbit/s-Link untersucht. Klasse S enthält alle Verbindungen, deren Spitzenzellrate (PCR) und andauernd erlaubte Zellrate (SCR) die folgenden Bedingungen erfüllen:

$$PCR \leq 4Mbit/s \quad \text{und} \quad 0,1 \leq SCR/PCR \leq 0,5 \tag{5.18}$$

Die durchgezogene Kurve zeigt die Anzahl n_1 von Verbindungen mit einer Spitzenzellrate von 4 Mbit/s und einer andauernd erlaubten Zellrate von 0,4 Mbit/s, die von der Sigma-Regel zusätzlich zu n_2 Verbindungen mit einer Spitzenzellrate von 64 kbit/s und einer andauernd erlaubten Zellrate von 32 kbit/s bei einer vorgegebenen Zellverlustwahrscheinlichkeit von 10^{-10} und einer maximalen Leitungsauslastung $C = 85\%$ akzeptiert werden. Zum Vergleich sind die Werte bei Spitzenzellraten-Reservierung angegeben. Hierbei wurde ebenfalls von einer zulässigen Auslastung von 85% ausgegangen.

5.7.3
Verbindungsannahme-Algorithmen für Verkehr ohne Echtzeitanforderungen

Werden SBR-Verbindungen ohne strenge Anforderungen an die Zellverzögerungszeiten auf einer ATM-Leitung übertragen, so kann in Kauf genommen
werden, daß die Summe der Bitraten aller Verbindungen die Übertragungskapazität der Leitung zeitweilig überschreitet. Damit während einer solchen
Überlastsituation (Überlast auf der Burstebene) keine Zellverluste auftreten,
werden große Zellspeicher benötigt (vgl. Abb. 5.17). Wie in Abschn. 5.7.1
erläutert wurde, hängt die Zellverlustwahrscheinlichkeit beim Auftreten von
Überlast auf der Burstebene nicht nur von der stationären Verteilung der Bitrate ab, sondern von vielen nur schwer kontrollierbaren Parametern der Verkehrsquellen, bei Quellen mit Ein-/Aus-Charakteristik z.B. von der Länge und
der Verteilung der Aktivphasen.

In der Literatur sind einige Verbindungsannahme-Algorithmen beschrieben worden [96, 97, 82], die diese oder ähnliche Parameter in Betracht ziehen.
Insbesondere Verfahren, die auf dem Prinzip der äquivalenten Bitraten basieren (vgl. Abschn. 5.7.2.2), werden in der Literatur nicht nur für Verbindungen
mit Echtzeitanforderungen, sondern auch für ATM-Systeme mit großen Zellspeichern vorgeschlagen. Das Verfahren in [96, 97] kombiniert das Konzept
der äquivalenten Bitrate mit den im letzten Abschnitt diskutierten Faltungsalgorithmen. Die vereinfachenden Annahmen, die bei diesem wie bei ähnlichen
Algorithmen gemacht werden müssen, verhindern es aber, den potentiellen
statistischen Multiplexgewinn voll auszuschöpfen.

Eine andere Möglichkeit, das Problem der schwer kontrollierbaren Quellenparameter zu umgehen, besteht darin, im Annahmealgorithmus vom Worst-
Case-Verkehr auszugehen, der aufgrund des Verkehrsvertrages ins Netz gelangen kann. Die Burstlänge einer SBR-Verbindung ist z.B. aufgrund der angemeldeten Parameter für die andauernd erlaubte Bitrate (SCR) und die maximale
Burst-Größe (MBS, s. Abschn. 5.3.4) begrenzt. Ein Annahmealgorithmus, der
auf Worst-Case-Prinzipien beruht, wurde in [74] untersucht. Bei diesem Ansatz ergibt sich allerdings das Problem, daß die Worst-Case-Annahmen am
UNI nach der UPC-Funktion zwar erfüllt sind, innerhalb des Netzes i.a. aber
nicht. Insbesondere in einem ATM-Netz mit großen Zellspeichern können sich
die Verkehrsparameter einer Verbindung stark ändern.

Ein grundsätzlich anderer Ansatz, das Problem der Verbindungsannahme
in ATM-Netzen mit großen Zellspeichern zu lösen, wird in der Arbeit [208] vor-
geschlagen. Dieser Ansatz setzt voraus, daß Zellspeicher exklusiv für einzelne
Verbindungen reserviert werden können und daß für jede Verbindung eine
Mindestbedienrate garantiert werden kann. In einem ATM-Multiplexer mit der
Bediendisziplin FIFO (First In First Out) sind diese Annahmen nicht erfüllt.
Mindestbedienraten lassen sich aber mit anderen Bedienstrategien, z.B. mit
dem in Abschn. 5.6.3 beschriebenen „Weighted Fair Queueing"-Verfahren ga-

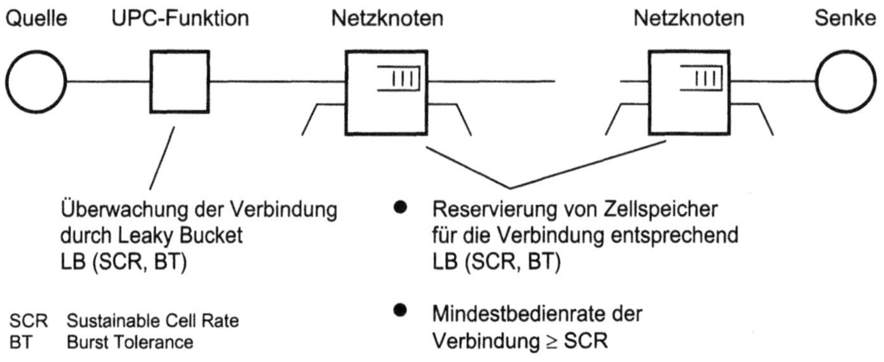

Abb. 5.20. Statistisches Multiplexen mit Speicher- und Bitratenreservierung

rantieren. Beim Weighted Fair Queueing werden verbindungsspezifische Warteschlangen proportional zu voreingestellten Gewichten bedient. Im Spezialfall
gleicher Gewichte für alle Warteschlangen entspricht Weighted Fair Queueing
dem einfachen Round-Robin Verfahren, bei dem die Verbindungen reihum bedient werden.

Das in [208] beschriebene Verfahren beruht auf der in Abb. 5.20 dargestellten Grundidee: Wenn für jede SBR-Verbindung auf jedem Leitungsabschnitt
mindestens die andauernd erlaubte Zellrate reserviert wird und durch die Pufferverwaltung stets eine Mindestbedienrate in dieser Höhe in jedem Netzknoten garantiert ist, so ist die Menge an ATM-Zellen, die sich von einer Verbindung in einem Knoten anhäufen können (von Effekten der Zellebene abgesehen) deterministisch begrenzt. Die Anzahl der in einem Netzknoten von einer
Verbindung wartenden Zellen ist kleiner oder gleich dem Fassungsvermögen
des „Leaky Buckets" mit dem die durchsetzbare Zellrate der SBR-Verbindung
am Netzzugang überwacht wird. Wenn nun in jedem Netzknoten für die Verbindung Zellenspeicher in der Größe dieses Leaky Buckets reserviert wird, so
kann kein Zellverlust auftreten.

Ein Annahmealgorithmus, der auf dieser Idee basiert, reserviert beim Aufbau einer SBR-Verbindung also zum einen Übertragungskapazität entsprechend der durchsetzbaren Zellrate, zum anderen Zellspeicher entsprechend der
sich aus den Verkehrsparametern SCR und BT ergebenden Größe des Leaky
Buckets.

Bei diesem Verfahren werden keinerlei Annahmen über die statistische Unabhängigkeit der Verbindungen gemacht. Es liefert allerdings keine strengen
Grenzen bezüglich der Zellverzögerungen. Ein weiterer Nachteil des Verfahrens
liegt darin, daß der für eine Verbindung exklusiv reservierte Speicher schlecht
ausgenutzt wird.

5.7.4
Weitere Verbindungsannahme-Algorithmen

Neben den oben beschriebenen Verfahren werden in der Literatur noch viele weitere Verfahren diskutiert. Die in [153, 88] untersuchten Verfahren benutzen neben den angemeldeten Verbindungsparametern gemessene Lastwerte. Mit Hilfe von Lastmessungen läßt sich berücksichtigen, daß die von einem Teilnehmer tatsächlich erzeugte Verkehrslast oft geringer ist als die aufgrund des Verkehrsvertrags erlaubte „Worst Case Last". Insbesondere ist zu erwarten, daß die andauernd erlaubte Zellrate (SCR) einer Verbindung in vielen Fällen die tatsächliche mittlere Zellrate um ein Mehrfaches übersteigt.

Auch der Einsatz von neuronalen Netzen zur Entscheidung über die Verbindungsannahme wurde in der Literatur vorgeschlagen (s. z.B. [110]). Kelly [144] untersuchte die Relevanz der Tarifierung für die Verbindungsannahme-Steuerung.

5.8
Schnelle Ressourcenzuteilung

Viele Datenanwendungen zeichnen sich durch extreme Bursthaftigkeit und kaum vorhersehbares Quellenverhalten aus. Statistisches Multiplexen solcher Datenströme allein auf der Basis einer Zugangskontrolle auf der Verbindungs-ebene ist ineffizient, da reservierte Ressourcen (Übertragungskapazität oder Zellspeicher) nur sehr sporadisch genutzt werden. Aus diesem Grund ist in der Literatur vielfach vorgeschlagen worden, Übertragungskapazität oder Zellspeicher nicht für die gesamte Dauer der Verbindung zu reservieren, sondern die einer Verbindung zugeteilten Ressourcen in wesentlich kleineren Zeitintervallen (z.B. für jeden einzelnen Burst) den Bedürfnissen einer Quelle anzupassen. Bei diesen Verfahren wird neben der Verbindungsannahme-Steuerung auf der Verbindungsebene eine Zugangskontrolle auf der Burstebene benutzt.

5.8.1
Reservierung von Übertragungskapazität

Das „Fast Reservation Protokoll" (FRP) [38] erlaubt es, einer Verbindung Übertragungskapazität auf Burstebene zu reservieren. Das vom Endgerät benutzte Protokoll enthält die folgenden Elemente:

- Wenn das Endgerät Daten zu senden hat, schickt es eine „Reservierungszelle" in das Netz, um die gewünschte Spitzenzellrate für die Dauer eines Bursts zu reservieren.
- Mit dem Absenden von Daten wartet das Endgerät, bis eine Positiv-Quittung vom Netz eintrifft. Trifft diese Bestätigung nicht innerhalb einer vorgege-

benen Zeit $T1$ ein, so darf das Endgerät nach Ablauf einer Zeit $T3$ eine neue Reservierungszelle ins Netz senden.
- Nach Beendigung des Bursts sendet das Endgerät eine weitere Zelle in das Netz, um die Übertragungskapazität wieder freizugeben.

Die Reservierungszellen durchlaufen alle auf dem Weg der Verbindung liegenden Knoten. Diese Knoten müssen die folgenden Protokollaktionen ausführen:

- Beim Empfang einer Reservierungszelle wird (sofern möglich) die geforderte Bitrate reserviert und ein Timeout-Zähler $T2$ gestartet. Wenn die Reservierungsprozedur nach Ablauf dieses Zählers nicht abgeschlossen ist, wird die reservierte Übertragungskapazität wieder freigegeben.
- Kann ein Knoten die geforderte Übertragungskapazität nicht bereitstellen, so verwirft er die empfangene Reservierungszelle.

Wenn die angeforderte Bitrate in allen betroffenen Knoten reserviert werden konnte, sendet der letzte Knoten vor dem Ziel eine Positiv-Quittung zurück an die Quelle.

Effizientes statistisches Multiplexen mit FRP setzt voraus, daß die mittlere Übertragungsdauer eines Bursts wesentlich größer ist als die Laufzeit der Reservierungszellen von der Quelle zum Empfänger und zurück. Die Parameter $T1$ und $T2$ des Protokolls sind im wesentlichen von dieser „Round Trip Time" bestimmt. Für Netze mit sehr großer geographischer Ausdehnung ist das Fast Reservation Protokoll daher nur bedingt geeignet.

Bei Einsatz des Fast Reservation Protokolls muß für die Zugangskontrolle auf der Verbindungsebene eine getrennte Prozedur benutzt werden. Der Annahmealgorithmus auf Verbindungsebene wird benötigt um sicherzustellen, daß die Übertragung von Bursts vom Netz nur mit geringer Wahrscheinlichkeit abgelehnt wird. Um gleichzeitig eine hohe Leitungsauslastung und eine niedrige Blockierungswahrscheinlichkeit von Bursts (z.B. 10^{-4}) zu erreichen, dürfen die Spitzenzellraten der einzelnen Verbindungen nicht zu groß sein. In [206] wird empfohlen, daß die Spitzenzellrate einer einzelnen Verbindung 2% der Leitungsbitrate nicht übersteigen soll. Für die praktische Anwendbarkeit stellt diese Forderung eine wesentliche Einschränkung dar, so ist FRP bei diesen Vorgaben z.B. zur Vermaschung von Local Area Networks (z.B. Ethernet LANs mit einer Kapazität von 10 Mbit/s) über 155 Mbit/s-Leitungen nicht geeignet.

FRP ist in der oben beschriebenen Form nur für Anwendungen geeignet, die keine strengen Anforderungen an die Verzögerungen stellen. Um dieses Problem zu umgehen, wurde eine Variante des Protokolls (Fast Reservation Protocol with Immediate Transmission, FRP/IT) vorgeschlagen [38], bei dem die Quelle beim Aussenden eines Bursts nicht auf das Eintreffen einer Bestätigung vom Netz wartet. Bei diesem Verfahren entscheidet ein Netzknoten aufgrund der Reservierungszelle, ob er den Burst übertragen kann oder nicht. Wenn die freie Übertragungskapazität nicht ausreicht, werden alle Zellen des Bursts verworfen.

Die ATM Block Übertragung (s. Abschn. 5.1.4) stellt eine Weiterentwicklung des Fast Reservation Protokolls dar. Verglichen mit dem oben beschriebenen FRP hat der ATM Block Transfer Modus eine erweiterte Funktionalität:

- Beim Verbindungsaufbau wird für die Verbindung eine maximale Spitzenzellrate definiert. Die tatsächlich angeforderte Bitrate kann von Block zu Block schwanken. Die Reservierungsprozedur wird nicht nur benutzt, um Übertragungskapazität anzufordern, sondern auch, um die reservierte Bitrate zu ändern.

- Änderungen in der Übertragungsbitrate können von beiden Endgeräten und vom Netz angestoßen werden.

- Der Teilnehmer kann beim Verbindungsaufbau eine andauernd erlaubte Zellrate (SCR) und eine zugehörige Burst Toleranz (BT) spezifizieren. Das Netz muß die vom Endgerät geforderte Übertragungsbitrate bereitstellen, solange sie im Einklang mit diesen Parametern ist (vgl. Abschn. 5.3.4). Insbesondere können Anforderungen, die Bitrate zu erhöhen, vom Netz nicht abgelehnt werden, wenn der Teilnehmer seine andauernd erlaubte Bitrate nicht überschreitet.

Der ATM Block Transfer Modus unterstützt in gleicher Weise wie FRP die beiden Varianten „Delayed Transmission" und „Immediate Transmission".

5.8.2
Reservierung von Pufferkapazität

In ATM-Netzen mit großen Speichern lassen sich Protokolle zur schnellen Ressourcenzuteilung einsetzen, um Pufferkapazität für die Dauer eines Bursts zu reservieren [68, 69]. Insbesondere bei Verbindungen mit hohen Spitzenzellraten ermöglicht die Reservierung von Pufferkapazität effizienteres Multiplexen als die Reservierung von Übertragungskapazität. Allerdings müssen dafür höhere Wartezeiten der Zellen in den großen Puffern in Kauf genommen werden.

Für die Dimensionierung der für einen Burst zu reservierenden Pufferkapazität gibt es verschiedene Ansätze. Einfache Regeln ergeben sich, wenn die Anzahl der Zellen, die von einer Verbindung gleichzeitig im Netz sein können, deterministisch begrenzt ist. Dies ist z.B. der Fall, wenn die Datenverbindung oberhalb der ATM-Schicht ein Transportprotokoll benutzt, das die Anzahl der unquittiert ausstehenden Dateneinheiten (das sind die Dateneinheiten, die maximal gleichzeitig im Netz unterwegs sind) mit Hilfe eines Fenstermechanismus begrenzt. Wird die sich hieraus ergebende Pufferkapazität (d.h. die Fenstergröße) in jedem Knoten reserviert, so ist statistisches Multiplexen ohne Zellverlust möglich. Ein anderer in [208] beschriebener Ansatz, die Anzahl

der in einem Knoten zu speichernden ATM-Zellen einer Verbindung deterministisch zu begrenzen, wurde in Abschn. 5.7.3 erläutert. Das dort vorgestellte
Konzept für die Behandlung von SBR-Verbindungen in ATM-Netzen mit großen
Speichern läßt sich mit der schnellen Ressourcenzuteilung auf Burstebene kombinieren.

5.8.3
Die Flußkontrolle für ABR-Verkehr

Bei ABR-Verbindungen werden Verfahren für schnelle Ressourcenzuteilung
eingesetzt, um bei Hoch- oder Überlast die Senderaten von ABR-Quellen zu
drosseln und an die im Netz verfügbaren Übertragungskapazitäten anzupassen. Die Flußkontrolle wird mit Hilfe von Resource Management (RM) Zellen
auf der ATM-Schicht durchgeführt.

Abbildung 5.21 zeigt den Einsatz der RM-Zellen. Eine ABR-Quelle fügt in festen Abständen RM-Zellen in den Strom der ausgesandten Datenzellen ein, z.B.
jeweils eine RM-Zelle nach 32 Datenzellen. Die RM-Zellen werden entlang des
beim Verbindungsaufbau festgelegten Weges bis zum Empfänger (ABR-Senke)
übertragen. Die ABR-Senke wandelt die empfangenen RM-Zellen (Zellen in
Vorwärtsrichtung) um und sendet sie als RM-Zellen in Rückwärtsrichtung
zurück.

Eine wichtige Aufgabe der RM-Zellen besteht darin, Informationen über
den Lastzustand im Netz zu transportieren. Das ABR-Protokoll sieht zwei Mechanismen vor, Überlast an eine ABR-Quelle zu melden. Den überlasteten Netzknoten (oder einer überlasteten ABR-Senke) ist es freigestellt, welchen dieser

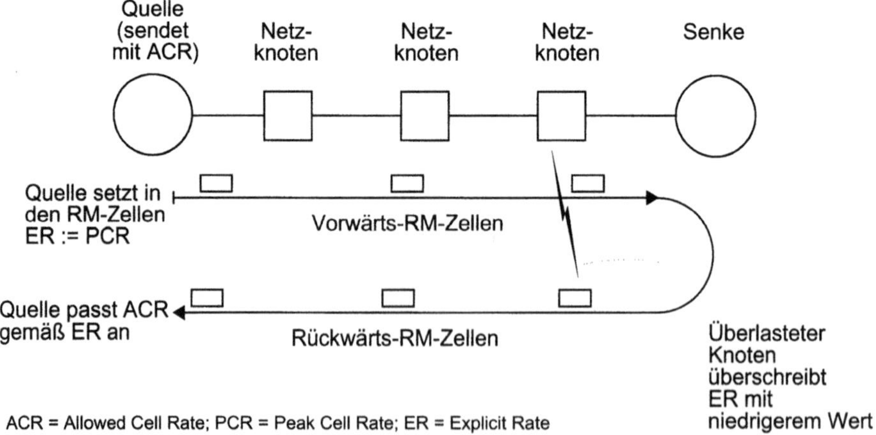

Abb. 5.21. Fluß der RM-Zellen einer ABR-Verbindung

beiden Mechanismen sie benutzen. Die ABR-Quelle muß auf beide Mechanismen reagieren.

Ein einfacher Mechanismus (Binary Feedback) sieht vor, daß ein überlasteter Knoten oder eine überlastete Senke ein Bit (Congestion Indication, CI) in vorbeikommenden RM-Zellen in Vorwärts- oder in Rückwärtsrichtung setzt, um Überlast anzuzeigen.

Neben dieser binären Überlastanzeige bietet das Protokoll überlasteten Knoten oder einer überlasteten ABR-Senke auch die Möglichkeit, explizit eine Zellrate (Explicit Rate, ER) anzugeben, die derzeit für die betroffene Verbindung bereitgestellt werden kann. Diesem Zweck dient das „Explicit Rate"-Feld der RM-Zellen. Eine ABR-Quelle trägt beim Aussenden einer RM-Zelle in dieses Feld die Spitzenzellrate der Verbindung ein. Ist ein Knoten (oder die ABR-Senke) überlastet und nicht in der Lage, die in diesem Feld eingetragene Rate für die Verbindung bereitzustellen, so kann der Knoten den vorgefundenen Wert durch eine niedrigere Rate überschreiben, die er momentan bereitstellen kann. Wenn eine RM-Zelle bei der ABR-Quelle nach Durchlauf durch das Netz ankommt, so enthält das ER-Feld der RM-Zelle die niedrigste Rate, die entlang des Weges der Verbindung bereitgestellt werden kann und die Quelle muß ihre Senderate entsprechend anpassen. Knoten, die nur den binären Mechanismus unterstützen, sind dabei allerdings nicht berücksichtigt.

Die Rate, mit der eine ABR-Quelle senden darf (Allowed Cell Rate, ACR), hängt von der Lastsituation im Netz ab. Wenn eine ABR-Verbindung aktiv wird (nach dem Verbindungsaufbau oder nach einer längeren Pause), darf sie zunächst mit einer Anfangsrate (Initial Cell Rate, ICR) senden. Solange die Quelle aktiv bleibt und keine Überlast aus dem Netz gemeldet wird, steigt die erlaubte Senderate ACR stufenweise mit jeder ausgesandten RM-Zelle um einen festen Wert (Additive Increase). Wenn die aus dem Netz zurückkommenden RM-Zellen Überlast anzeigen, ist die Senderate zu reduzieren. Jedesmal, wenn eine RM-Zelle mit gesetztem CI-Bit empfangen wird, wird die ACR mit einem Faktor kleiner 1 multipliziert (Multiplicative Decrease). Empfängt die Quelle eine RM-Zelle mit einer expliziten Rate ER, die kleiner als ACR ist, so reduziert sich die erlaubte Senderate ACR sofort auf den Wert ER. Abbildung 5.22 zeigt ein Beispiel für das Verhalten einer ABR-Quelle.

Bei der Festlegung der Anfangsrate ICR, der Spitzenzellrate und der Parameter, die plötzliche Änderungen der Senderate begrenzen, ist die Entfernung zwischen ABR-Quelle und ABR-Senke zu berücksichtigen. Die Kombination aus diesen Parametern und der Signallaufzeit zwischen Quelle und Senke bestimmen im wesentlichen die Stabilität der Regelschleife und die Menge an Daten, die ein Knoten in der transienten Phase zwischen Erkennen einer Überlast und dem Wirksamwerden der Reduzierung der Senderaten zwischenspeichern muß. Insbesondere bei Fernverbindungen darf die Senderate nicht zu plötzlich erhöht werden (Slow Start), damit die Regelschleife nicht instabil wird.

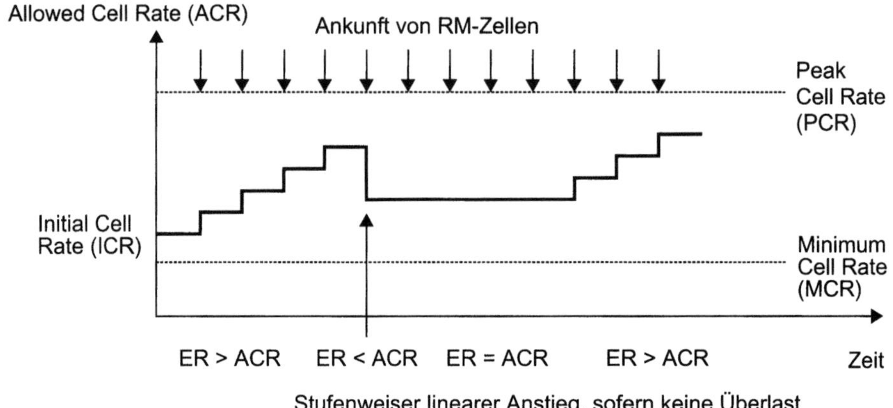

Abb. 5.22. Beispiel für die Veränderungen der Senderate einer ABR-Quelle

5.9
Einsatz virtueller Pfade

Der Einsatz virtueller Pfade kann im Hinblick auf die Verkehrssteuerung vorteilhaft sein (vgl. ITU-T-Empfehlung I.371). Virtuelle Pfade

- vereinfachen die Verbindungsannahme und die Verkehrslenkung, da die hiermit verbundenen Aufgaben beim Aufbau eines virtuellen Kanals innerhalb eines Pfades nicht in allen Knoten entlang des Weges, sondern nur in den Knoten durchgeführt werden müssen, in denen der Pfad beginnt oder endet,
- können eine Prioritätsbehandlung unterstützen, da sie eine logische Trennung von virtuellen Kanälen mit unterschiedlichen Dienstgüteanforderungen ermöglichen und
- vereinfachen die UPC- und NPC-Funktionen, wenn zwei Teilnehmer durch einen virtuellen Pfad verbunden sind. In diesem Fall reicht es nämlich aus, die UPC- bzw. NPC-Funktion auf Pfad-Basis durchzuführen.

Andererseits kann eine Einrichtung von virtuellen Pfaden aus verkehrstheoretischer Sicht auch von Nachteil sein. Wird die Übertragungskapazität einer ATM-Leitung auf einzelne Pfade aufgeteilt, so kann dies zu einer Verringerung der Netzauslastung führen. Es kann nämlich vorkommen, daß eine Verbindung nicht zustande kommt, da die Kapazität eines virtuellen Pfades erschöpft ist, obwohl auf der Leitung noch Kapazität frei ist. Um diesen Nachteil abzuschwächen, müßte die Kapazität virtueller Pfade ständig an die Laststituation des Netzes angepaßt werden. Hierfür geeignete Verfahren wurden z.B. in [40] vorgeschlagen.

Die Aufteilung der Übertragungskapazität von ATM-Leitungen auf Pfade mit konstanter Rate (DBR-Pfade) erschwert zusätzlich das statistische Multiplexen. Teilen sich alle Verbindungen auf einer Leitung die gesamte Übertragungskapazität auf statistischer Basis, so wird die zulässige Auslastung in vielen Fällen wesentlich höher sein, als wenn statistisches Multiplexen nur innerhalb virtueller Pfade möglich ist. Dies ist ein Nachteil, der auch nicht dadurch behoben wird, daß die Kapazität von Pfaden dynamisch an die Lastsituation im Netz angepaßt wird.

5.10
Überlastbehandlung auf der ATM-Schicht

Die Verkehrssteuerung der ATM-Schicht hat das Ziel, Überlastsituationen zu vermeiden, in denen das Netz die geforderte Dienstgüte nicht gewährleisten kann. Wird dieses Ziel z.B. aufgrund von unvorhersehbaren statistischen Schwankungen oder Fehlfunktionen des Netzes nicht erreicht, so ist es die Aufgabe der Überlastbehandlung (Congestion Control), die Intensität, Dauer und Ausbreitung der Überlast zu minimieren. Im folgenden werden einige Mechanismen der Überlastbehandlung beschrieben.

5.10.1
Selektives Verwerfen von Zellen

In Überlastsituationen werden die Zellverlustanforderungen für hochprioren Verkehr so lange wie möglich gewahrt, indem zunächst niederpriore Zellen verworfen werden (Selective Cell Discard). Niedrigste Priorität haben Zellen, die verworfen werden können, ohne Garantien bezüglich der Zellverlustwahrscheinlichkeit zu verletzen. Dies sind typischerweise Zellen von UBR-Verbindungen und Zellen von ABR- und SBR-Verbindungen, bei denen das Cell Loss Priority (CLP) Bit den Wert 1 hat.

Für CLP=0-Zellen von ABR-Verbindungen gelten nach der ITU-T Empfehlung I.371 nicht die gleichen strengen Anforderungen bezüglich des Zellverlusts wie für die Zellen von DBR-Verbindungen. Deshalb sollten ABR-Zellen verworfen werden, falls hierdurch das Einhalten der Zellverlustanforderungen für DBR-Verbindungen garantiert werden kann.

Es hängt stark von der Struktur eines ATM-Vermittlungsystems ab, welche Strategien beim selektiven Verwerfen von Zellen im einzelnen eingesetzt werden können. Ein Verwerfen von ABR-Zellen zugunsten von DBR-Verbindungen macht z.B. nur dann Sinn, wenn diese beiden Verbindungstypen gemeinsame Puffer benutzen.

5.10.2
Frühzeitiges Verwerfen von Paketen

Bei virtuellen Kanälen, die den AAL Typ 5 (s. Abschn. 4.4.6) benutzen, läßt sich am PT-Feld im ATM-Zellkopf erkennen, wann eine neue Dateneinheit der ATM-Anpassungsschicht (AAL Protocol Data Unit, AAL PDU) beginnt. Bei Anwendung des „Frühzeitigen Verwerfens von Paketen" (Early Packet Discard, EPD), wird eine AAL PDU nur dann akzeptiert, wenn bei Ankunft der ersten Zelle sichergestellt ist, daß alle Zellen der AAL PDU mit großer Wahrscheinlich- keit Platz im Zellspeicher finden werden. Um dies entscheiden zu können, wird bei Ankunft der ersten Zelle einer AAL PDU der Füllstand des Zellspeichers mit einem vordefinierten Schwellwert verglichen. Überschreitet der Füllstand des Zellspeichers diesen Wert, so werden alle Zellen der AAL PDU verworfen. Untersuchungen aus der Literatur (s. z.B. [209]) zeigen, daß insbesondere in Überlastsituationen der Durchsatz an fehlerfrei übertragenen AAL PDUs durch Benutzung von EPD deutlich erhöht werden kann. Die Anwendung von EPD bietet sich insbesondere bei UBR-Verbindungen an, bei denen vom Netz keiner- lei Garantie für eine sehr geringe Zellverlustwahrscheinlichkeit erwartet wird.

5.10.3
Explizite Anzeige einer Überlast

Bei ABR-Verbindungen haben die Netzknoten die Möglichkeit, drohende oder bestehende Überlast in RM-Zellen anzuzeigen und die ABR-Quellen zur Redu- zierung der Senderate aufzufordern (vgl. Abschn. 5.8.3). Die Möglichkeit, eine Überlast explizit anzuzeigen, besteht aber auch bei den anderen Verbindungs- typen mit Hilfe des PT-Felds im Kopf einer ATM-Zelle (Explicit Forward Conge- stion Indication, EFCI). Ein Netzknoten kann diese Anzeige z.B. in allen ausge- sendeten Zellen setzen, sobald der Füllstand seiner Zellpuffer einen kritischen Schwellwert überschritten hat. Hiermit enthält ein Endgerät die Möglichkeit, seine Senderate der Lastsituation anzupassen. Verfahren hierfür sind z.B. in [1] vorgeschlagen worden.

In [106] wurden zwei Verfahren zur Überlastbehandlung verglichen, die oberhalb der ATM-Schicht arbeiten und die Senderate der Endgeräte dy- namisch an die Lastsituation anpassen. Ein Verfahren benutzt den EFCI- Mechanismus, um Überlast zu erkennen. Das andere Verfahren erkennt Über- last an steigendem Zellenverlust. Die Untersuchungen zeigen, daß der EFCI- Mechanismus nur in ATM-Netzen mit sehr großen Zellspeichern relevante In- formation bezüglich der Überlast bringt. Sind die Zellspeicher klein und nur dazu ausreichend, die im Netz entstehenden Zellverzögerungs-Schwankungen abzufangen (d.h. eine Warteschlange hat höchstens wenige hundert Plätze), so erkennt das Endgerät eine Überlastsituation am steigenden Zellverlust fast genau so schnell wie mit Hilfe des EFCI-Mechanismus.

6 Managementkonzepte für Breitbandnetze

Vor allem in großen Netzen stammen die Einrichtungen im Netz (Hard- und Software) aus den verschiedensten Entwicklungszeiten, von verschiedenen Herstellern und sind nach unterschiedlichsten Funktionen und Prinzipien konzipiert. Entsprechend sind auch die Bedien- und Wartungsfunktionen und die dazu verwendeten Bediensysteme sehr unterschiedlich. Dies bedeutet für den Netzbetreiber, daß er das Bedienpersonal auf unterschiedlichen Systemen schulen muß. Außerdem erfordern viele Bedienvorgänge, z.B. das Einrichten eines Breitbandteilnehmers, der über Zugangsmultiplexer oder andere Zugangsnetze an eine ATM-Vermittlungsstelle angeschlossen ist, oder das Einrichten eines virtuellen Pfades über ein inhomogenes Netz hinweg, daß die unterschiedlichen Bediensysteme der betroffenen Netzelemente getrennt angesprochen werden müssen, um den Vorgang auszuführen. Da die Bedien- und Wartungskosten einen erheblichen Anteil an den über die Lebensdauer eines Gerätes summierten Kosten (Life Cycle Cost) haben, ist es für die Netzbetreiber von enormer Bedeutung, die Bedien- und Wartungsfunktionen weitgehend zu vereinheitlichen und damit ihre Kostenposition zu verbessern.

Aus diesem Grund wird seit einigen Jahren in den internationalen Standardisierungsgremien unter der Bezeichnung Telecommunication Management Network (TMN, s. Abschn. 11.3.1) ein einheitlicher Ansatz entwickelt, der es den Netzbetreibern erlauben soll, eine Vielzahl von unterschiedlichsten Geräten, Einrichtungen, Systemen, Diensten und Informationen über eine einheitliche Plattform zu steuern und zu kontrollieren. Das TMN-Konzept stellt einen ganzheitlichen Ansatz dar und geht weit über den eigentlichen Betrieb des Netzes hinaus. Es schließt das Betreiben der einzelnen Netzelemente, die Steuerung und den Einsatz der Netzressourcen, die Verwaltung und den Betrieb von Diensten und sogar die Administration von Kundendaten und andere geschäftsbezogene Tätigkeiten mit ein.

Die Konzepte des TMN haben erst in den letzten Jahren einen Reifegrad erreicht, der die Entwicklung von Managementsystemen auf dieser Basis erlaubt. Außerdem sind die Betriebskonzepte der gesteuerten Geräte so weitgehend vom TMN betroffen, daß eine Umstellung bereits existierender Produkte sehr aufwendig ist. Aus diesem Grund werden die öffentlichen Breitbandnetze – neben den neuen SDH-Übertragungsnetzen und den CCS7-Signalisiernetzen – eine der ersten Anwendungen des TMN-Konzeptes sein.

Im Bereich der LANs hat sich das „Simple Network Management Protocol" (SNMP, s. Abschn. 11.3.2) als allgemein verwendetes Protokoll für die Steuerung und Bedienung der eingesetzten Geräte durchgesetzt, vor allem, da es als Anwendung innerhalb der TCP/IP-Protokollfamilie (s. Abschn. 11.2.4.4) sehr universell einsetzbar ist. Dieses Konzept hat einen Funktionsumfang, der speziell auf die Anforderungen in lokalen Netzen zugeschnitten ist und der zwar – insbesondere im Bereich der Sicherheitsfunktionen – in keiner Weise mit dem Leistungsumfang des TMN-Ansatzes vergleichbar, aber dafür wesentlich weniger komplex in der Implementierung ist. Vor diesem Hintergrund basieren einige der im ATM-Forum diskutierten Management-Ansätze auf SNMP. Da die auf eine gesamte Schnittstelle bezogenen Managementfunktionen, z.B. zum Austausch von Statusinformationen, bei ITU-T noch nicht definiert waren, wurde in der UNI-Spezifikation 3.1 entsprechend ein „Interim Local Management Interface" (ILMI) definiert, das ein Management der UNI-Schnittstelle erlaubt. In der Spezifikation für das B-ICI werden Festlegungen für Managementfunktionen an einer NNI-Schnittstelle zwischen zwei Betreibern spezifiziert.

Durch die Verwischung der Grenzen zwischen öffentlichen und privaten Netzen werden die Netzbetreiber vor der Aufgabe stehen, sowohl Netzelemente mit SNMP-basiertem Management als auch TMN-basierte Netzelemente in ihren Netzen zu betreiben. Daneben werden von vielen Herstellern proprietäre Managementkonzepte verwendet. Diese weisen teilweise für die entsprechenden Netzelemente und homogene Netze aus diesen einen größeren Funktionsumfang auf als die ausschließlich auf den derzeitigen (unvollständigen) Standards basierenden. Deshalb wird die Bereitstellung hochfunktionaler, flexibler Netzmanagement-Systeme, die auch bezüglich des Managements der Netzelemente in sehr heterogenen Netzen eine weitgehend einheitliche Ausführung der alltäglichen Bedienvorgänge erlauben, einen entscheidenden Erfolgsfaktor sowohl für die Netzbetreiber als auch für die Hersteller darstellen.

In diesem Kapitel soll eine Übersicht über die ATM-spezifischen Managementaspekte gegeben werden, wobei zunächst auf die für die physikalische und die ATM-Schicht definierten Betriebsführungs- und Wartungsfunktionen (Operation, Administration & Management, OAM) und auf die ILMI-Definition des ATM-Forums eingegangen werden soll. Daneben werden noch einige der auf das gesamte Netz bezogenen Netzmanagement-Funktionen kurz dargestellt. Weitere Einzelheiten zu den (nicht ATM-spezifischen) Grundsätzen des TMN-Konzeptes und des SNMP-Konzepts sind im Abschn. 11.3 beschrieben.

6.1
Schichtspezifische Managementfunktionen im ATM-Transportnetz

Betriebsführungs-Funktionen (Operation, Administration & Management, OAM) werden entsprechend dem B-ISDN Protokoll-Referenzmodell (s. Abschn. 3.3) den Funktionen des Schichtenmanagements zugeordnet. Dabei werden für die einzelnen Schichten jeweils eigene Funktionen und Protokolle definiert, die die Überwachung und Steuerung der schichtspezifischen Ressourcen sowie bei Bedarf die Weitermeldung von Daten und Fehlermeldungen an die betroffenen höheren Protokollschichten oder an das Netzmanagement-System (Network Management System, NMS) ermöglichen. Diese Funktionen sind in den einzelnen Netzelementen implementiert und damit der Netzelement-Schicht (Network Element Layer) des TMN (s. Abschn. 11.3.1) zugeordnet.

6.1.1
Das Konzept der OAM-Flüsse

Zum Austausch der für die Durchführung der OAM-Funktionen notwendigen Informationen sind jeder Funktionsebene des ATM-Transportnetzes (s. Abschn. 3.1), wie in Abb. 6.1 dargestellt, eigene Informationsflüsse zugeordnet.

Der F1-Fluß wird für die Überwachung eines einzelnen Regeneratorabschnitts eingesetzt und überwacht lediglich die Funktionen der PMD-Teilschicht (s. Abschn. 4.2.1). Der F2-Fluß überwacht den als „Multiplexer Section" oder „Digital Section" bezeichneten Abschnitt zwischen zwei übertragungstechnischen Multiplexern (PDH bzw. SONET/SDH), der F3-Fluß überwacht einen kompletten Übertragungsabschnitt (Transmission Path). Die Flüsse F4 und F5 sind ATM-spezifisch und überwachen die VP-Ebene bzw. die VC-Ebene des ATM-Transportnetzes.

Abbildung 6.2 zeigt ein Beispiel für die Anwendung der OAM-Flüsse auf eine Verbindung durch das Netz, wobei in der F4- und F5-Ebene lediglich Ende-zu-Ende-Flüsse verwendet werden.

Während die F1-und F2-Flüsse nicht ATM-spezifisch sind und auch von rein übertragungstechnischen Netzelementen abgeschlossen werden können, ist der F3-Fluß ATM-spezifisch, da er z.B. die Funktionen der TC-Teilschicht (s. Abschn. 4.2.2) überwacht. Er wird deshalb immer von ATM-Netzelementen abgeschlossen. Der F5-Fluß überwacht eine VC-Verbindung, an deren Endpunkten der Übergang zur AAL-Schicht erfolgt, und endet deshalb in der Regel in einem Endgerät. Ausnahmen bilden Interworking-Fälle mit nicht-ATM-Verkehr, wenn z.B. Sprachverkehr aus dem Schmalbandnetz oder Frame Relay Verkehr über ATM übertragen werden soll. In diesem Fall wird der F5-Fluß in der Interworking-Instanz im Netz abgeschlossen. Eine weitere Ausnahme bilden die Zeichengabekanäle, bei denen die ATM-Schicht in den Vermittlungsknoten abgeschlossen wird (s. Abschn. 7.1). Da die Zeichengabeprotokolle aber

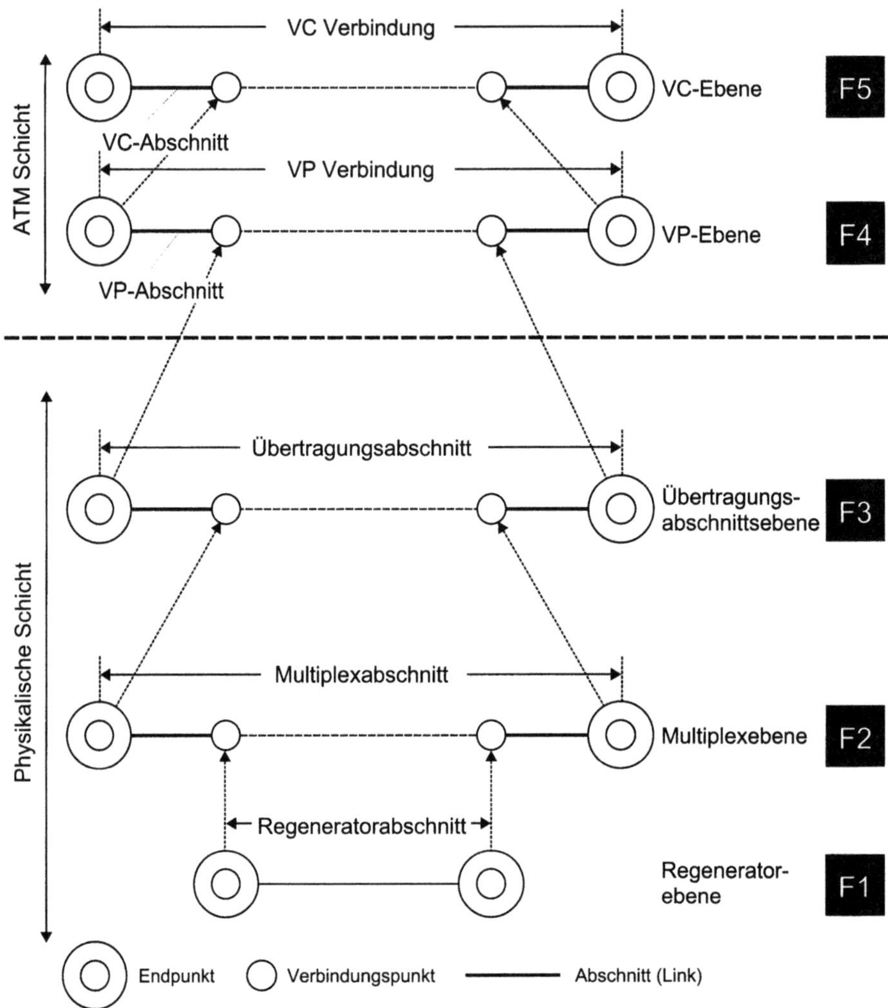

Abb. 6.1. Strukturelle Hierarchie der OAM-Funktion und ihre Einordnung in die Struktur des ATM-Transportnetzes (nach Abb. 2/ITU I.610)

über eigene Überwachungsmechanismen verfügen, ist eine Auswertung der F5-Flüsse dort derzeit nicht vorgesehen. Ein VC-Switch muß – um einzelne VC-Verbindungen vermitteln zu können – die VP-Ebene abschließen und dementsprechend die F4-Flüsse terminieren, während ein auf der VP-Ebene arbeitender Cross-Connect die (Ende-zu-Ende-) F4-Flüsse nicht abschließt.

Die Realisierung der OAM-Flüsse der physikalischen Schicht (F1 bis F3) hängt vom benutzten Übertragungssystem ab und ist bei bereits bestehenden Übertragungssystemen nicht B-ISDN-spezifisch. Die OAM-Information der

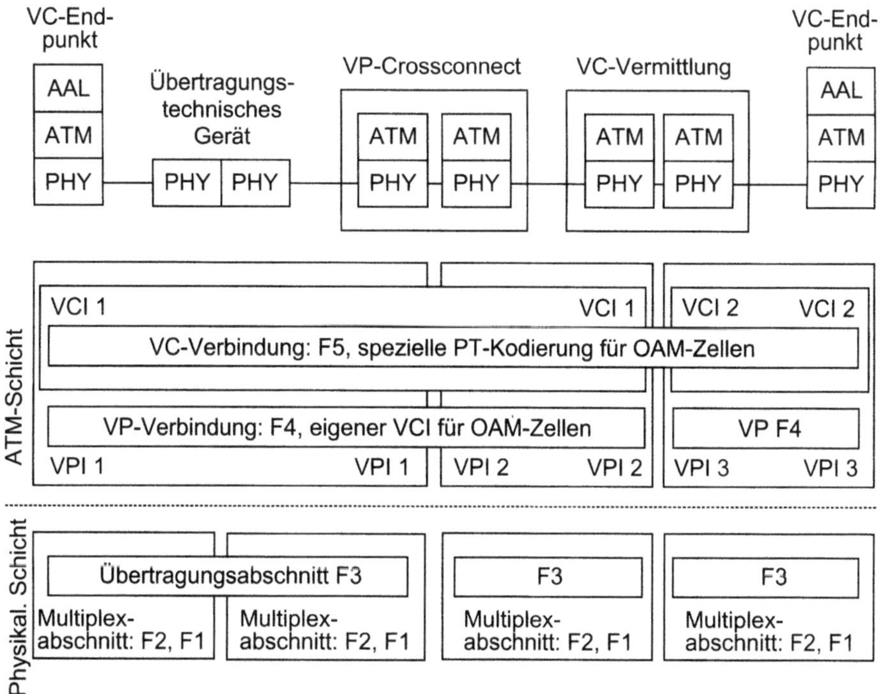

Abb. 6.2. Beispiel der Anwendung der Informationsströme auf eine ausgewählte Verbindung (nach Abb. 3/I. 610)

physikalischen Schicht wird dabei in systemspezifischer Weise wie folgt transportiert:

- **PDH-Übertragungssysteme:** Die in bestehenden Netzen weit verbreiteten PDH-Systeme haben spezifische Fehlerüberwachungs-Mechanismen auf der Bitebene (z.B. für Kodeverletzung, Prüfsummen usw.), die die Funktionen der OAM-Flüsse in unterschiedlichem Umfang teilweise abdecken. Diese Funktionen werden genutzt. Weitergehende Funktionen werden nicht definiert, um die bestehenden Systeme ohne Modifikationen für den Transport von ATM-Zellen benutzen zu können. Lediglich bei Verwendung des PLCP-Rahmens bei DS3-Signalen (s. Abschn. 4.2.2.2) wird der F3-Fluß zusätzlich durch diesen unterstützt.

- **SDH-Übertragungssysteme:** Da die Struktur der OAM-Flüsse entsprechend der SDH-Definitionen erfolgt ist, stehen hier entsprechende Felder im Overhead für den Transport zur Verfügung. Die F1- und F2-Information wird in Bytes des Section-Overheads und die F3-Information in Bytes des Path-Overheads des SDH-Übertragungsrahmens übermittelt.

- **Zellorientierte Übertragungssysteme:** Die Informationen der F1- bis F3-
  Flüsse für werden in besonderen OAM-Zellen der physikalischen Schicht
  transportiert (s. Abschnitte 4.2.2.1 und 4.3.1).

Zum Transport der F4-Information der VP-Ebene werden besondere Zellen benutzt, die die gleiche VP-Kennung (VPI) tragen wie die Nutzzellen der VP-Verbindung. Die OAM-Zellen folgen also dem gleichen physikalischen Weg wie die Nutzer-Informationszellen und alle Verbindungspunkte (Connecting Point) der Verbindung haben bei Bedarf Zugriff auf die Informationen. Netzelemente erkennen die OAM-Zellen an bestimmten für diesen Zweck reservierten VCI-Werten (s. Abschn. 4.3.1). Die F4-Funktionen können sowohl zwischen den Verbindungs-Endpunkten der VP-Verbindung (End-to-End OAM Flow, VCI=4) oder auch über einzelne Segmente der Verbindung (Segment OAM Flow, VCI=3) hinweg ausgeführt werden. Die Segmente werden individuell für die jeweilige VP-Verbindung vom Netzmanagement-System definiert und können einen oder mehrere zusammenhängende Verbindungsabschnitte (VP Link) überspannen. Sie können bei Bedarf auch während des Bestehens der Verbindung vom Netzmanagement-System modifiziert werden.

Auch für den Transport der F5-Information werden besondere OAM-Zellen verwendet. Diese müssen den gleichen VPI/VCI wie die Nutzzellen tragen, damit sie dem Weg der Nutzzellen durch das Netz folgen. Deshalb werden sie durch eine spezielle Kodierung des PT-Feldes im Zellkopf gekennzeichnet, wobei wiederum zwischen Ende-zu-Ende- (PT=101) und Segment-Flüssen (PT=100) unterschieden wird wie bei den F4-Flüssen.

Dadurch, daß die Ende-zu-Ende- und Segment-OAM-Zellen sowie die F4- und F5-Flüsse im Zellkopf unterschiedlich gekennzeichnet werden, können entsprechende Funktionen gleichzeitig verwendet werden, ohne sich zu stören. Auf einer VP- oder VC-Verbindung können gleichzeitig mehrere Segmente definiert sein, z.B. damit bei einer internationalen Verbindung jeder Netzbetreiber den durch sein Netz führenden Abschnitt der Verbindung überwachen kann. Es muß lediglich sichergestellt werden, daß sich die Segmente auf einer Verbindung nicht überlappen. Jeder Netzbetreiber, der diese Funktionen innerhalb seines Netzes einrichtet und nutzt, muß sicherstellen, daß segmentbezogene OAM-Zellen aus dem Informationsstrom herausgenommen werden, wenn die Verbindung sein Netz verläßt. Die F4- und F5-Flüsse werden von den Verbindungs-Endpunkten bzw. von den Verbindungspunkten am Segmentende abgeschlossen, die die OAM-Zellen wieder aus dem Zellstrom entfernen. Dazwischen liegende Verbindungspunkte dürfen die OAM-Zellen zwar bei Bedarf auswerten und eventuell neue OAM-Zellen einfügen, aber keine OAM-Zellen entfernen. Eine Ausnahme ist die Schleifenbildung (Loopback), bei der derjenige Knoten, der den Endpunkt der Schleife bildet, die OAM-Zelle an den Sender zurückspiegelt und dieser sie aus dem Zellstrom entfernt.

6.1.2
OAM-Funktionen der Physikalischen Schicht

Der Zweck der OAM-Funktionen der physikalischen Schicht ist die Sicherung des Zelltransports gegen Fehlfunktionen und Ausfälle der Übertragungssysteme. Solche Funktionen werden auch für den Transport von nicht-ATM-Verkehr benötigt und sind in den Standards für die Übertragungssysteme[1] großteils bereits definiert. Diese Definitionen werden im Zusammenhang mit ATM nicht verändert, um die Verwendung der bereits bestehenden Übertragungseinrichtungen für den Transport von ATM-Verkehr zu erlauben. Der Umfang und die Realisierung der OAM-Funktionen der physikalischen Schicht hängt deshalb stark vom verwendeten Übertragungssystem ab. Prinzipiell sind auf der physikalischen Schicht die in den folgenden Abschnitten beschriebenen OAM-Funktionen vorgesehen.

6.1.2.1
Fehlererkennung und Alarmierung (Fault Management)

Auf jeder Ebene sind entsprechende Erkennungsmechanismen für Fehlfunktionen definiert. So wird z.B. auf der F1-Ebene das Ausbleiben der elektrischen oder optischen Signale (Loss of Signal) erkannt, auf der F3-Ebene werden Störungen bei der Entkopplung der Zellraten und bei der Erkennung der Zellgrenzen (s. Abschn. 4.2.2) detektiert. Erkannte Fehlfunktionen werden unter Echtzeitbedingungen an die höherliegenden Ebenen weitergeleitet und es werden innerhalb der gestörten Verbindungen (Inband-) Wartungssignale (Maintenance Signal) ausgesendet, um die betroffenen Endpunkte zu alarmieren. Dazu werden in Vorwärtsrichtung AIS-Signale (Alarm Indication Signal) und in Rückwärtsrichtung RDI-Signale (Remote Defect Indication[2]) geschickt. Diese sind auf jeder Ebene definiert und es wird folgendermaßen verfahren: Auslöser für die Wartungssignale sind entweder Fehlfunktionen, die ein Netzelement selbst detektiert oder der Empfang eines AIS-Signals auf einer der Ebenen, die es abschließt, d.h. für die es einen Verbindungs-Endpunkt darstellt. Als Reaktion werden in der höchsten Ebene, die das Netzelement abschließt, AIS-Signale für alle betroffenen Verbindungen der nächsthöheren (nicht mehr abgeschlossenen) Ebene generiert und in Senderichtung weitergeschickt. Gleichzeitig werden für alle Verbindungen der vom Netzelement abgeschlossenen Ebenen, die von der Fehlfunktion betroffen sind, in Rückwärtsrichtung RDI-Signale geschickt, um die Sendeseite zu alarmieren.

---

1 ITU-T G.832, G.804 für PDH, G.782 bis G.784 für SDH, ANSI- und Bellcore-Dokumente für SONET.
2 Diese wurden früher als FERF (Far End Receive Failure) bezeichnet.

Ziel dieser Mechanismen ist es, im Fehlerfall möglichst schnell – d.h. möglichst lokal – zu reagieren, da die Einbeziehung übergeordneter Instanzen, wie z.B. des Netzmanagement-Systems, relativ große Verzögerungen mit sich bringt. Deshalb wird je nach Schweregrad und Dauer der Fehlfunktion unterschieden zwischen:

- **Sollwertabweichung (Anomaly):** Die Abweichung zwischen der geplanten und erwarteten und der tatsächlichen Eigenschaft einer Funktion. Beispiele sind Fehler in Rahmenkennworten oder durch die Prüfsummen erkannte Bitfehler. Sporadische Sollwertabweichungen werden lediglich lokal erfaßt, da sie die ersten Anzeichen von beginnenden Fehlfunktionen sein können, und lösen zunächst keine weiteren Reaktionen aus.

- **Störung (Defect):** Die zeitlich begrenzte Unterbrechung einer zugesicherten Funktion, die dadurch gekennzeichnet ist, daß sich in einem kurzen Zeitraum (Bruchteil von Sekunden) Sollwertabweichungen häufen. Über solche Situationen werden die betroffenen Verbindungs-Endpunkte durch Wartungssignale (AIS/RDI) informiert. Dort kann dann z.B. bei Vorhandensein von Redundanzmechanismen (s. Abschn. 10.5) durch Umschaltmechanismen auf den verschiedenen Ebenen versucht werden, den fehlerfreien Betrieb wiederherzustellen.

- **Ausfall (Failure):** Hält die Störung über einen längeren Zeitraum (im Sekundenbereich) an, ist dies ein Zeichen, daß die beteiligten Netzelemente den Fehler nicht lokal beheben können und das Netzmanagement-System wird informiert. Dieses kann – soweit möglich – automatisch netzweite Redundanzmechanismen aktivieren oder das Bedienpersonal alarmieren.

Zusätzlich zum AIS/RDI-Mechanismus, der von allen in öffentlichen Netzen gebräuchlichen Übertragungssystemen unterstützt wird, sind teilweise – insbesondere bei SDH und SONET – zusätzliche Funktionen definiert, die z.B. die Konsistenz von Kennungen für die einzelnen Verbindungspfade oder für die Art der Nutzdaten (z.B. ATM-Zellen) überprüfen, Umschaltvorgänge bei redundanten Konfigurationen steuern oder die Lokalisierung von Fehlern erlauben.

6.1.2.2
Dauernde Überwachung der Übertragungsqualität (Performance Management)

Ausfälle kündigen sich oft zunächst durch eine Verschlechterung der Übertragungsqualität an. Deshalb wird durch die Bildung von Prüfsummen in Form von Paritätsbits (Bit Interleaved Parity, BIP) oder durch Anwendung sonstiger redundanter Kodierverfahren (Cyclic Redundancy Check, CRC) über Informationsblöcke bestimmter Länge hinweg das Auftreten von Bitfehlern und anderen Problemen in allen gebräuchlichen Übertragungssystemen dauernd überwacht. Durch Zählen der in bestimmten Zeitintervallen aufgetretenen Fehler

(Schwellwertüberwachung) können beginnende Probleme frühzeitig erkannt und gemeldet werden. Der Sender kann durch FEBE-Signale (Far End Block Error) auf erkannte Verschlechterungen hingewiesen werden.

6.1.2.3
Zusätzliche systemspezifische Funktionen

Besonders die SDH- und SONET-Übertragungssysteme bieten einige Zusatzfunktionen, die Betriebs- und Wartungsoperationen unterstützen. Dazu gehört insbesondere die Bereitstellung zusätzlicher Übertragungskanäle im Rahmen-Overhead, z.B. für Inband-TMN-Kanäle (Data Communication Channel, DCC) oder zum Anschluß von Diensttelefonen an übertragungstechnische Geräte, über die das vor Ort arbeitende Wartungspersonal mit dem Netzmanagement-Zentrum in Verbindung treten kann.

Da vor allem die Unterstützung der letztgenannten Funktionen sehr aufwendig ist, wird bei UNI-Schnittstellen oder bei sog. „Intra-Office"-Schnittstellen, mit denen Nutzer, z.B. ATM-Netzelemente, über kurze Entfernungen an das Übertragungsnetz angeschlossen werden können (s. Abschn. 2.3), nur eine Teilmenge der definierten Funktionen verwendet.

6.1.3
OAM-Funktionen der ATM-Schicht

Die OAM-Funktionen der ATM-Schicht, die in der ITU-T-Empfehlung I.610 im Detail spezifiziert sind, wurden in Anlehnung an die im vorigen Abschnitt beschriebenen Verfahren der physikalischen Schicht definiert. Die Festlegungen beschränken sich derzeit auf die Bereiche der Fehlererkennung und -alarmierung und der Überwachung der Übertragungsqualität. Zusätzlich wurden Funktionen definiert, die den spezifischen Eigenschaften der ATM-Übermittlung Rechnung tragen, insbesondere der unten beschriebene Mechanismus zur Kontinuitätsprüfung (Continuity Check).

Grundsätzlich stehen für die Verbindungen der VP- und der VC-Ebene durch die F4- und F5-Flüsse getrennte Überwachungsfunktionen zur Verfügung, die darüber hinaus bei Bedarf für einzelne Verbindungen im laufenden Betrieb aktiviert bzw. deaktiviert werden können. Durch die außerdem vorgesehene flexible Definition von Verbindungssegmenten für den Geltungsbereich der einzelnen Funktionen und durch die Tatsache, daß alle Funktionen betriebsbegleitend (d.h. ohne Störung des laufenden Betriebs) ausgeführt werden können, stehen mit diesen Funktionen dem Netzbetreiber sehr mächtige Instrumente zur Überwachung des ATM-Netzes zur Verfügung.

Im einzelnen sind derzeit folgende Funktionen definiert, die sowohl auf der VP- als auch auf der VC-Ebene in gleicher Weise genutzt werden können:

- Fehlererkennung und Alarmierung durch AIS/RDI,
- Kontinuitätsprüfung (Continuity Check),
- betriebsbegleitende Schleifenbildung (Loopback) und
- Überwachung der Übertragungsgüte einschließlich der entsprechenden Berichterstattung (Performance Monitoring).

Außerdem sind Mechanismen definiert, die es erlauben, die Qualitätsüberwachung sowie die Kontinuitätsprüfung direkt mittels spezieller OAM-Zellen zu aktivieren und zu deaktivieren. Weiterhin ist die Möglichkeit vorgesehen, daß Ende-zu-Ende über das Netz hinweg zwischen Endsystemen OAM-Zellen für Sonderanwendungen ausgetauscht werden können (System Management).

Das ATM-Forum definiert in seiner UNI-Spezifikation lediglich die Mechanismen zur Fehlererkennung und Alarmierung (AIS/RDI) und die Verwendung von Schleifen zur Überprüfung der Durchgängigkeit von ATM-Verbindungen (Loopback), wobei die im folgenden beschriebenen Mechanismen und Zellformate unverändert übernommen werden. Die Mechanismen zur Kontinuitätsprüfung und zur Überwachung der Übertragungsgüte werden nicht verwendet.

6.1.3.1
Fehlererkennung und Alarmierung durch AIS/RDI

Für die VP- und VC-Ebene ist ein Alarmierungsmechanismus definiert, der nach den bereits in Abschn. 6.1.2.1 dargestellten Prinzipien arbeitet, und damit eine reine Erweiterung der in der Übertragungstechnik definierten Konzepte auf die ATM-Schicht darstellt.

Die AIS/RDI-Signale werden durch Aussenden entsprechender AIS/RDI-OAM-Zellen realisiert, die periodisch mit einer Frequenz von 1 Zelle/s auf den betroffenen Verbindungen ausgesandt werden, solange die Störung andauert, d.h. solange ein selbst erkannter Fehler vorliegt oder AIS-Signale von den unteren Ebenen empfangen werden. Die AIS/RDI-Zellen werden an die entsprechenden Verbindungs-Endpunkte weitergeleitet. Die Knoten, die lediglich als Verbindungspunkte dienen, können diese Zellen lediglich beobachten, dürfen sie aber nicht entfernen oder durch die Beobachtung verzögern. Ein nicht selbst erkannter Alarmzustand wird aufgehoben, sobald die erste gültige Nutzerzelle bzw. eine für die Kontinuitätsprüfung eingesetzte OAM-Zelle empfangen wurde oder drei Perioden lang (entsprechend etwa 3 s) keine Alarmzellen empfangen wurden. Das Abwarten der dreifachen Periodendauer dient dazu, daß Verzögerungsschwankungen zwischen den einzelnen Zellen der Verbindung oder sporadische Verluste von OAM-Zellen (nicht korrigierbare Fehler im Kopffeld, Speicherüberlauf) keine Zustandswechsel hervorrufen können.

Die Alarmierung soll sehr schnell nach dem Erkennen von Fehlfunktionen ausgelöst werden, wobei z.B. Zeiten von kleiner 50 ms für die Alarmierung aller betroffenen Verbindungen gefordert werden. Vor allem an den VP-Endpunkten in Vermittlungseinrichtungen der VC-Ebene, wo die virtuellen Pfade abgeschlossen und damit die einzelnen VC-Verbindungen sichtbar werden, führt dies in Anbetracht der großen Zahl von Verbindungen, die z.B. durch den Ausfall einer Übertragungsstrecke betroffen werden können, zu einer kurzfristig sehr hohen dynamischen Last. Dadurch wird eine Implementierung der Mechanismen in Form von schneller Spezialhardware erforderlich.

6.1.3.2
Kontinuitätsprüfung (Continuity Check)

Diese Funktion wird aufgrund der Tatsache benötigt, daß eine ATM-Quelle burstartigen Verkehr erzeugen kann, bei dem über längere Intervalle hinweg keinerlei Nutzzellen gesendet werden. In diesem Fall können Fehler der ATM-Schicht nicht durch Mechanismen erkannt werden, die auf die Übertragung von Nutzzellen angewiesen sind. Bei diesen würde eine Unterbrechung der Verbindung erst dann erkannt werden, wenn wieder Nutzzellen transportiert werden.

Um einen vom Vorhandensein von Nutzzellen unabhängigen Mechanismus zur Überwachung der Durchgängigkeit zu haben, werden spezielle „Continuity Check"-OAM-Zellen erzeugt, deren Eintreffen vom entfernten (Segment- oder Verbindungs-) Endpunkt überwacht wird. Die Erzeugung kann dabei alternativ

- periodisch in einem nominalen Abstand von einer Sekunde unabhängig vom Vorhandensein von Nutzerzellen oder
- nur, wenn mindestens eine Sekunde lang keine Nutzzelle empfangen wurde

erfolgen, wobei die erste Alternative einfacher zu implementieren ist, jedoch unnötig viele OAM-Zellen erzeugt.

Wenn der entfernte Endpunkt weder Continuity Check- noch Benutzerzellen empfängt, erkennt er den Verlust der Kontinuität (Loss of Continuity, LOC) und wird nach der dreifachen Periodendauer (3,5 s +/- 0,5 s) in den Alarmzustand übergehen und AIS-Zellen aussenden.

6.1.3.3
Betriebsbegleitende Schleifenbildung (Loopback)

Für die betriebsbegleitende, d.h. die Verbindung nicht unterbrechende, Schleifenbildung auf der ATM-Schicht werden spezielle „Loopback"-OAM-Zellen in den Zellstrom der Verbindung eingefügt und von vorbestimmten Zielknoten auf dem Weg der Verbindung zurückgespiegelt. Die Bestimmung des Zielknotens kann entweder durch Einstellungen des Netzmanagement-System oder – auch ohne Mitwirkung des Netzmanagement-Systems – durch Knotenkennnungen (Loopback Location Identifier) in der OAM-Zelle erfolgen, die an allen

Verbindungspunkten mit der jeweiligen Kennung des bearbeitenden Knotens verglichen wird. Der Abstand zwischen zwei Loopback-Zellen auf einer Verbindung soll mindestens fünf Sekunden betragen. Ein Loopback wird als nicht erfolgreich betrachtet, wenn innerhalb von fünf Sekunden die gespiegelte Zelle nicht zum Sender zurückgekommen ist. Beim Zurückspiegeln der Zelle wird eine Loopback-Kennung von „1" auf „0" gesetzt. Dadurch kann überprüft werden, daß die Schleifenbildung wirklich in der ATM-Schicht und nicht etwa auf der physikalischen Schicht erfolgt ist. Außerdem wird dadurch sichergestellt, daß Loopback-Zellen die Schleife nur einmal durchlaufen und nicht mehrfach hin- und hergeschickt wird, etwa durch Verwendung einer Default-Kennung (kodiert durch lauter EINSen), von der sich alle Knoten angesprochen fühlen.

Dadurch, daß die Schleifen bei Bedarf sowohl Ende-zu-Ende als auch über beliebige Abschnitte einer Verbindung hinweg eingelegt werden können, bieten sich mehrere Einsatzfälle an:

- Überprüfen der Durchgängigkeit einer Verbindung aus konkretem Anlaß, z.B. bei Beschwerden.
- Überprüfen einer neu eingerichteten Festverbindung vor der Inbetriebnahme.
- Lokalisierung des Fehlerorts durch sukzessives Einlegen von Schleifen mit unterschiedlichen Endpunkten. Dabei können nach Absprache der Netzbetreiber (bei Verbindungen über mehrere Teilnetze hinweg) bzw. des Teilnehmers mit dem Netzbetreiber auch Abschnitte überprüft werden, die über den jeweiligen Einflußbereich hinausgehen.

6.1.3.4
Überwachung der Übertragungsgüte (Performance Monitoring)

Mit dieser Funktion werden neben der Bitfehlerrate für die Informationsfelder der Nutzzellen auch ATM-typische Dienstgüteparameter überwacht. Insbesondere sind das die Anzahl der Zellverluste, die entweder durch Verwerfen der Zellen aufgrund nicht-korrigierbarer Fehler im Zellkopf oder durch Pufferüberlauf auftreten können, sowie die Zahl der fälschlich – aufgrund von nicht erkannten Fälschungen des VPI/VCI-Feldes im Zellkopf – in eine Verbindung eingefügten Zellen. Prinzipiell können durch Verwendung von Zeitmarken auch die auftretenden Zellverzögerungen gemessen werden, hierfür liegen jedoch noch keine konkreten Festlegungen vor.

Zur Überwachung dieser Kennwerte werden die Zellen im Nutzzellstrom durch Einfügen von „Forward Monitoring"-OAM-Zellen (FM-Zellen) in Zellblöcke strukturiert. In jeder FM-Zelle sind eine Prüfsumme (BIP-16[3]) über

---

3 Bit Interleaved Parity mit 16 Prüfbits: Die zu überwachende Bitfolge wird in Blöcke von jeweils 16 Bit Länge unterteilt, das erste Prüfbit wird als gerade Parität aus allen ersten Bits, das zweite als gerade Parität aller zweiten usw. berechnet.

die Informationsfelder des vorausgehenden Blocks von Nutzzellen sowie Angaben zu der Anzahl der im Block enthaltenen Nutzzellen enthalten, wobei
neben der Gesamtzahl von Zellen die Anzahl der Zellen mit CLP=0 getrennt
ausgewiesen ist. Der entfernte Endpunkt der Überwachungsfunktion ermittelt
die entsprechenden Werte selbst aus dem empfangenen Zellstrom und kann
durch Vergleich mit den in der FM-Zelle enthaltenen Angaben Rückschlüsse
auf Bitfehler und Zellverluste bzw. -einfügungen ziehen. Die Ergebnisse des Vergleichs werden mittels sog. „Backward Reporting"-OAM-Zellen an den Knoten
zurückgemeldet, der die FM-Zellen erzeugt hat.

Die Blöcke können eine nominale Länge von 128, 256, 512 oder 1024 Zellen haben. Dabei kann die Länge der einzelnen Blöcke in gewissen Grenzen
schwanken, damit die FM-Zellen jeweils in freie Zellzeitschlitze eingefügt werden können. Damit wird vermieden, daß sie an bestimmte Zellpositionen gesetzt werden müssen (Forced Insertion) und dabei eventuell den Nutzzellstrom
beeinflussen würden.

6.1.3.5
Das Format der OAM-Zellen

Für die Kodierung der OAM-Zellen der ATM-Schicht ist in der ITU-T-
Empfehlung I.610 ein einheitliches Format definiert worden, das in Abb. 6.3
dargestellt ist.

Die Kodierung des Zellkopfes erfolgt entsprechend der in der ITU-T-
Empfehlung I.361 festgelegten Regeln unter Verwendung der festgelegten VCI-
und PT-Werte (s. Abschnitte 4.3.1 und 6.1.1). Die ersten acht Bit des Informationsfeldes kennzeichnen die OAM-Kategorie und die spezifische Funktion
der jeweiligen OAM-Zelle, wobei derzeit die in Tabelle 6.1 aufgeführten Werte
definiert sind. Alle anderen Werte sind für zukünftige Anwendungen reserviert.

Am Ende des Informationsfeldes befindet sich eine 10 Bit lange Prüfsumme,
die unter Verwendung eines zyklischen Kodes (Generatorpolynom $1 + x +
x^4 + x^5 + x^9 + x^{10}$) errechnet wird und das Informationsfeld gegen Übertra-

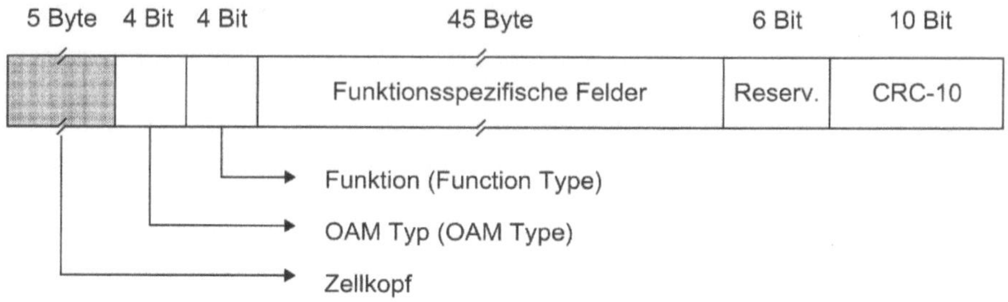

Abb. 6.3. Format der OAM-Zellen der ATM-Schicht

Tabelle 6.1. Kodierung der Felder für OAM-Typ und Funktion der ATM-OAM-Zellen

OAM-Typ	Kodierung	Funktion	Kodierung
Fault Management	0001	AIS	0000
	0001	RDI	0001
	0001	Continuity Check	0100
	0001	Loopback	1000
Performance	0010	Forward Monitoring	0000
Management	0010	Backward Reporting	0001
Aktivierung/Deaktivierung	1000	Performance Monitoring	0000
	1000	Continuity Check	0001
System Management	1111	*	*

* Funktion wird nur in Endgeräten verwendet, diese Werte werden nicht standardisiert

gungsfehler schützt. Die ersten 6 Bit des vorletzten Bytes sind für zukünftige Anwendungen reserviert. Die restlichen 45 Byte enthalten die für die jeweiligen OAM-Funktionen benötigten Informationen, die je nach Funktion der OAM-Zelle unterschiedlich sind. Die Kodierung dieses Feldes ist in der Norm ebenfalls beschrieben.

6.1.4
Verkehrsmessungen auf der ATM-Schicht

Zusätzlich zu den in den vorigen Abschnitten beschriebenen Funktionen, die darauf abzielen, den ordnungsgemäßen Betrieb des Netzes sicherzustellen, benötigt der Netzbetreiber weitere Informationen über den Zustand seines Netzes. Neben Verkehrsmessungen bezüglich der Auslastung der Steuerungsprozessoren in den Vermittlungsknoten sind dies vor allem Aussagen über die Auslastung der Übertragungsressourcen. Solche Messungen sind in der Regel auf einen kompletten physikalischen Port einer Vermittlungsstelle bezogen, können aber auch auf einen bestimmten virtuellen Pfad bezogen sein. Eine möglichst genaue Erfassung der auftretenden Verkehrsmuster, ihrer durch die Tageszeit oder sonstige Einflüsse bestimmten Schwankungen und ihrer längerfristigen Änderungen durch die Weiterentwicklung des Netzes oder

Änderungen im Verhalten der Teilnehmer sind die für die langfristige Dimensionierung und Optimierung der Netzressourcen von großer Bedeutung.

Neben diesen generellen Messungen sind beim Auftreten nicht einfach nachvollziehbarer Probleme gezielte Messungen an bestimmten Verbindungen sehr hilfreich. Wenn z.B. auf einer Verbindung übermäßig viele Zellen verloren gehen, muß nachvollzogen werden können, ob dies durch Verletzung der UPC-Kriterien (s. Abschn. 5.4) geschieht und somit vom Teilnehmer zu vertreten ist, oder ob die Gründe in einer Überlastsituation im Netz liegen und damit vom Netzbetreiber zu verantworten sind.

In öffentlichen ATM-Netzen, wo die Vergebührung eine sehr wichtige Rolle spielt, soll in Zukunft für die Berechnung der Verbindungsgebühren neben der Verbindungsdauer auch die tatsächlich übertragene Datenmenge berücksichtigt werden. Dafür müssen diese Daten für jede einzelne Verbindung mit hoher Genauigkeit erfaßt werden, d.h. es muß für jede Verbindung (mit variabler Bitrate) die Zahl der tatsächlich übertragenen Zellen gemessen werden.

Die verschiedenen Messungen sind zwar derzeit nicht explizit standardisiert, werden aber in unterschiedlichem Umfang von den Netzbetreibern gefordert. Insbesondere Bellcore hat in seinen Dokumenten Anforderungen für solche Messungen formuliert. Die auf Zellbasis erfolgenden Messungen müssen aufgrund der hohen Dynamik der Zellströme und der notwendigen Zuordnung der Meßdaten zu einzelnen Verbindungen sehr stark durch die Hardware der ATM-Schicht-Implementierung unterstützt werden. Typischerweise wird mit Meßintervallen gearbeitet, die 15 Minuten dauern und nach deren Ablauf die entsprechenden Zählerstände erfaßt, bearbeitet, gespeichert und bei Bedarf an das Netzmanagement-System oder besondere Vergebührungszentralen übermittelt werden.

Abbildung 6.4 zeigt eine Übersicht über mögliche Messungen, die auf der Eingangsseite einer ATM-Vermittlungsstelle in der ATM-Schicht auszuführen sind, um die unterschiedlichen Anforderungen erfüllen zu können.

Vor dem Übergang von der physikalischen Schicht in die ATM-Schicht wird der Zellkopf auf Bitfehler untersucht (s. Abschn. 4.2.2.3). Dabei kann die Zahl der aufgrund von nicht korrigierbaren Fehlern verworfenen Zellen registriert und mit einem Schwellwert überwacht werden, um bei häufigen Fehlern einen Alarm auslösen zu können. Die korrekt empfangenen Zellen können zusätzlich zur Gesamtzahl nach den Zelltypen (Resource Management, OAM, Nutzzellen) getrennt gezählt werden, wobei auch die unterschiedlichen Prioritäten (CLP) getrennt erfaßt werden können. Erst die getrennte Erfassung all dieser Werte erlaubt es, durch entsprechende Kombination der Werte die einzelnen Teilströme genau quantitativ zu erfassen. Am UNI können zusätzlich die Einflüsse der UPC-Funktion und beim Übergang zwischen zwei Netzen entsprechend diejenigen der NPC-Funktion von Interesse sein. Dies sind insbesondere die

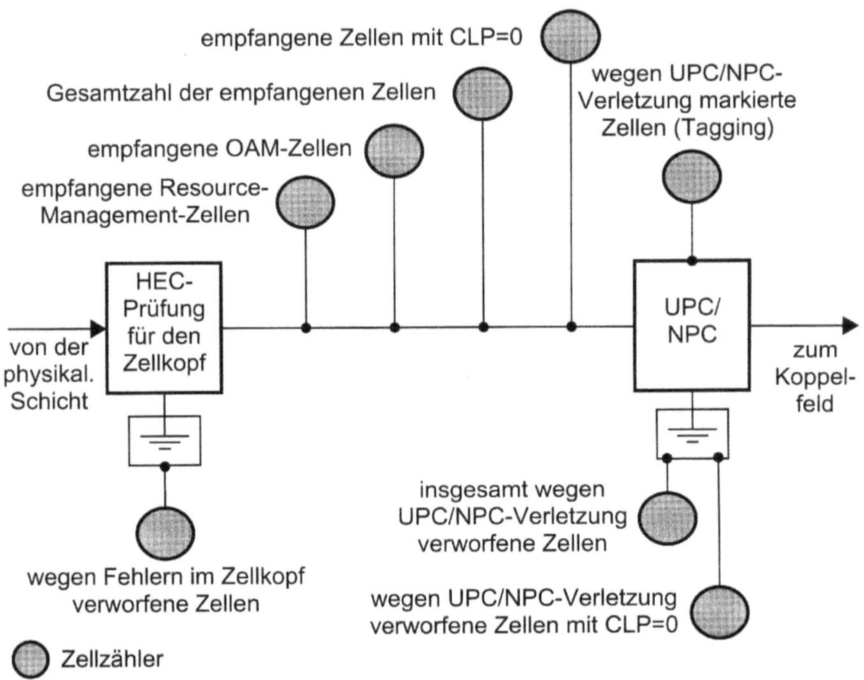

Abb. 6.4. Mögliche Zähler für Verkehrsmessungen auf der ATM-Schicht

Anzahl der verworfenen Zellen – eventuell getrennt nach der CLP-Kodierung – und bei Verwendung der Tagging-Option (s. Abschn. 5.4.3) außerdem noch diejenigen Zellen, deren CLP-Bit in der UPC/NPC-Funktion von „0" auf „1" gesetzt wird.

Welche dieser Messungen in ATM-Vermittlungsknoten tatsächlich zur Verfügung gestellt werden, ist herstellerspezifisch. Genauso ist es dem Netzbetreiber überlassen, welche der Messungen er durchführt.

6.2
Die ILMI-Definitionen des ATM-Forums

Da bei ITU-T keine Spezifikationen für das Management des UNI verfügbar waren, hat das ATM-Forum für frühe Implementierungen eine sog. Interim Local Management Interface (ILMI) Spezifikation erarbeitet und mit der Version 3.1 der UNI-Spezifikation verabschiedet. Auf der Basis von SNMP (s. Abschn. 11.3.2) wurde dabei eine spezielle ATM-UNI Management Information Base (MIB) erarbeitet, die den Austausch von Informationen über den Status und die Konfiguration aller Ports und aller eingerichteten VP- und VC-Verbindungen zwischen ATM-Systemen über eine UNI-Schnittstelle hinweg erlaubt. Darüber hinaus können in begrenztem Umfang weitere Konfigurations-

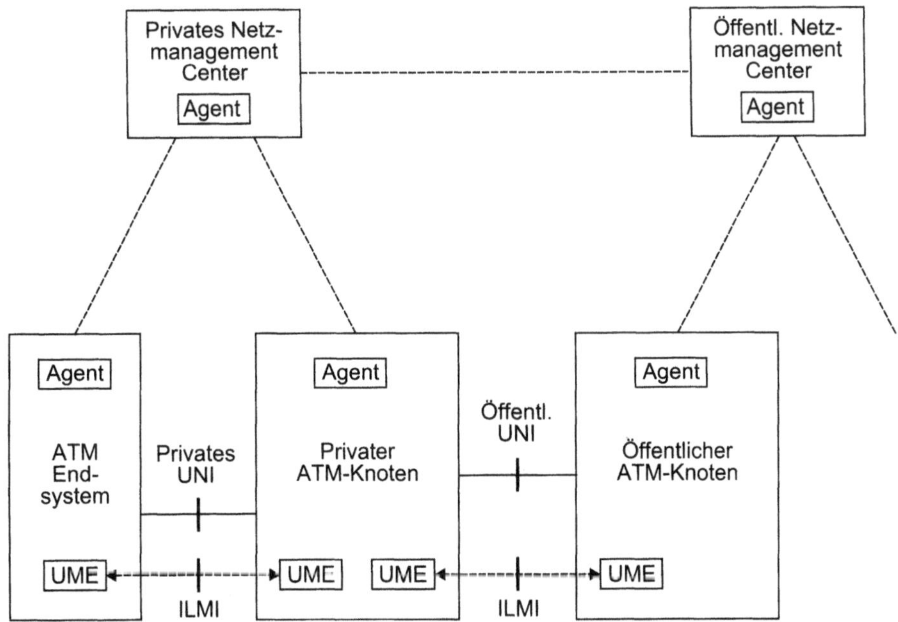

ILMI: Interim Local Management Interface   UME: UNI Management Entity

Abb. 6.5. ILMI-Architektur des ATM-Forums

und Statistikdaten ausgetauscht werden. Abbildung 6.5 zeigt das Modell der Umgebung, in der ILMI zur Anwendung kommt.

Die Eigenschaften der ILMI-Managementschnittstelle können wie folgt zusammengefaßt werden:

- Jedes ATM-System[4] kann ein oder mehrere UNIs unterstützen.
- Die ILMI-Funktionen für ein UNI informieren über den Status, die Konfiguration und die Betriebszustände der Übertragungsleitung, der physikalischen Schicht sowie über alle eingerichteten VP- und VC-Verbindungen.
- Die ILMI-Funktionen für ein UNI unterstützen den Austausch von Adreßinformation zwischen dem Endgerät und dem Vermittlungsknoten, so daß die am UNI verwendeten ATM-Endsystem-Adressen dynamisch festgelegt werden können.
- Es wurde ein Katalog von ILMI-Objekten definiert, der ausreichend ist, um die ILMI-Funktionen zu unterstützen. Diese ILMI-Attribute sind in einer standardisierten MIB niedergelegt für die pro UNI jeweils eine Instanz existiert.

---

4 ATM-Systeme im Sinne des ILMI sind Systeme, die ihre Informationen in ATM-Zellen über das UNI senden oder erhalten.

- In jedem ATM-System gibt es eine Managementinstanz pro UNI (UNI Management Entity, UME), die die ILMI-Funktionen des zugehörigen UNI unterstützt und dabei auch die schichtbezogenen Managementinstanzen der physikalischen und der ATM-Schicht koordiniert. Jede UME beinhaltet eine Agentenfunktion, sie kann zusätzlich auch Managerfunktionen ausüben.[5]
- Die Managementkommunikation in bezug auf die ILMI-Funktionen findet zwischen den UMEs der über das UNI verbundenen ATM-Systeme statt. Diese Systeme werden als benachbarte Systeme bezeichnet.
- Das ILMI-Kommunkationsprotokoll ist ein offenes Managementprotokoll, das zunächst auf SNMP und AAL Typ 5 aufsetzt, wobei es einen vordefinierten VPI/VCI-Wert (VPI=0, VCI=16) verwendet.
- Eine UME hat Zugriff auf die MIB des benachbarten ATM-Systems, ein weitergehender Zugriff auf zusätzliche Information ist nicht spezifiziert und kann bei Bedarf herstellerspezifisch realisiert werden.
- Die Kommunikation zwischen dem ATM-System und seinem Netzmanagement-System sowie zwischen den Netzmanagement-Systemen, die für die ATM-Systeme auf beiden Seiten des UNI zuständig sind, erfolgt über eigene Agentenfunktionen, nicht mit Hilfe der ILMI-Instruktionen. Allerdings haben die Agentenfunktionen innerhalb eines ATM-Systems Zugriff auf die ILMI-MIB. Die Schnittstellen zwischen den Netzmanagement-Systemen und zwischen diesen und den ATM-Systemen ist nicht Gegenstand der ILMI-Definition.

Die Baumstruktur der ILMI-MIB wird in Abb. 6.6 gezeigt. In den einzelnen Gruppen sind die jeweils relevanten Attribute angeordnet. Die Objekte der MIB sind mit Hilfe der Abstract Syntax Notation 1 (ASN.1) definiert. Jedes Managed Object hat demnach einen Namen, eine Syntax und eine Kodierungsvorschrift. Für alle ILMI-Objekte wurden sog. Objektdeskriptoren erstellt und verabschiedet.

Der Zugriff auf die auf einen physikalischen Port bezogenen Daten erfolgt über eine eindeutige Identifikation des Ports (Interface Index). Wird der Wert „0" als Interface Index angegeben, so bezieht sich das Kommando auf die Schnittstelle, über die es empfangen wurde. Durch die Angabe anderer Indizes können Informationen über andere Schnittstellen abgefragt werden. Dieser Zugriff kann eingeschränkt sein, um ein Mindestmaß an Sicherheitsfunktionen bieten zu können.

Bezüglich der Attribute der physikalischen Schicht wird zwischen solchen unterschieden, die allen Schnittstellen gemeinsam sind und solchen, die speziell für einen bestimmten Schnittstellentyp definiert sind. Die gemeinsamen Attribute geben den Schnittstellentyp und das verwendete physikalische Me-

---

5 Manager-/Agentenkonzept, siehe Abschn.11.3.

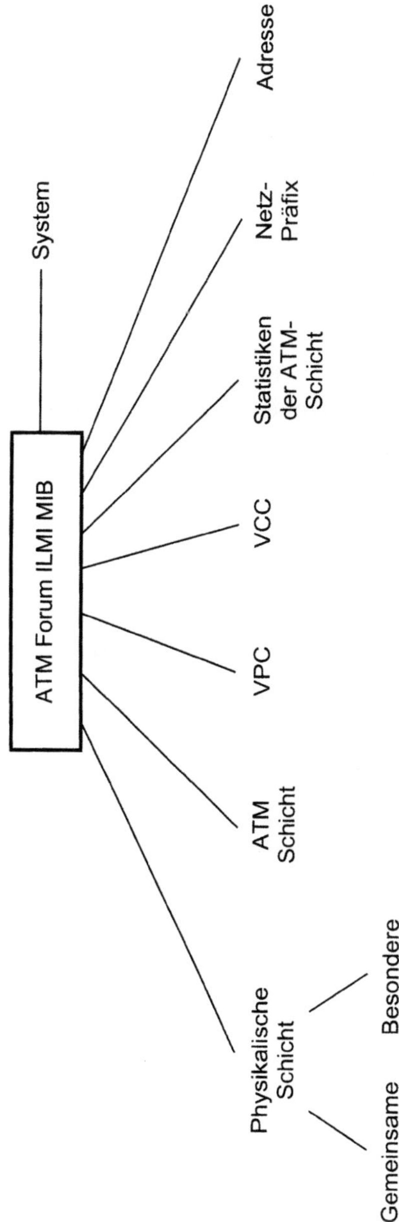

Abb. 6.6. Struktur der ILMI-MIB des ATM Forums

dium an. Desweiteren sind Informationen über den Betriebszustand und über das direkt benachbarte System enthalten.

Die Attribute bezüglich der ATM-Schicht geben zum einen Grenzwerte an, wie z.B. die maximale Anzahl gleichzeitig unterstützter VPCs bzw. VCCs oder Einschränkungen des nutzbaren VPI/VCI-Wertebereichs. Zum anderen enthalten sie Informationen über die Anzahl aktuell eingerichteter Festverbindungen auf VP- und VC-Ebene. Außerdem wird der UNI-Typ (öffentlich/privat) und die verwendete UNI-Version angegeben.

Innerhalb der Gruppen der VPC- und VCC-bezogenen Attribute ist eine Verbindung zusätzlich zum Interface Index durch den VPI bzw. den VPI/VCI eindeutig gekennzeichnet. Für jede Verbindung sind die im jeweiligen Verkehrsvertrag (s. Abschn. 5.3) festgelegten Quellen-Verkehrsdeskriptoren und Dienstgüteklassen abgelegt. Außerdem sind Informationen über den jeweiligen Betriebszustand enthalten.

Die Attribute für das Netz-Präfix und die Netzadresse ergeben zusammen die ATM Endsystem-Adresse (s. Abb. 7.7) des ATM-Systems.

In einer optionalen Gruppe von Attributen können auf das gesamte Interface bezogene Zählwerte für die korrekt empfangenen bzw. gesendeten ATM-Zellen sowie über die Zahl der aufgrund von Fehlern (z.B. HEC-Fehler) beim Empfang verworfenen Zellen abgelegt werden, die für die Dimensionierung oder für die Fehlersuche nützlich sind.

Zusätzlich wird eine generische System-Gruppe verwendet, die nicht ATM-spezifisch ist und in der MIB-II-Spezifikation von IETF [120] definiert ist. Sie stellt allgemeine Informationen, wie z.B. einen Namen für das System, den Aufstellungsort, einen Ansprechpartner für die Verwaltung des Knotens, eine Beschreibung des Gerätetyps und der Funktion zur Verfügung. Außerdem bietet sie Möglichkeiten zum Senden von allgemein gebräuchlichen Meldungen für außergewöhnliche Ereignisse (Trap), z.B. für Schnittstellenausfälle.

Zwischen den benachbarten UMEs wird eine VC-Verbindung benutzt, um die mittels AAL Typ 5 in ATM-Zellen verpackten SNMP-Kommandos zu übermitteln, die Nutzung von AAL Typ 3/4 ist optional möglich. Für die ILMI-Kommunikation wird defaultmäßig VPI=0 und VCI=16 verwendet, der VPI/VCI-Wert muß allerdings konfigurierbar sein. Die Zellen mit ILMI-Meldungen werden mit einer hohen Verlustpriorität (CLP=0) kodiert. Auch für die Verkehrsparameter der ILMI-VCC werden Vorgaben gemacht: Die ILMI-VCC soll eine dauernd erlaubte Zellrate (Sustainable Cell Rate) von höchstens 1% der Leitungskapazität und eine Spitzen-Zellrate von höchstens 5% der Leitungskapazität besitzen, die maximale Burstlänge soll 484 Oktett nicht übersteigen.

Anhand des SNMP-PDU-Typs wird zwischen Request-, Response- und Trap-Meldungen unterschieden. Die Formatierung der SNMP-Nachrichten erfolgt gemäß der SNMP-Version 1, alle Meldungen sind mit dem Namen „ILMI" gekennzeichnet. SNMP-Nachrichtenblöcke von mehr als 484 Oktett sollen nicht benutzt werden, es sei denn, der Empfänger toleriert es ausdrücklich.

Bezüglich der Leistungsfähigkeit einer UME-Implementierung ist festgelegt, daß in 95% der Fälle die Antwortzeiten für einfache SNMP-Funktionen nicht mehr als 1 Sekunde betragen sollten.

6.3
Managementfunktion der Netzebene

Die Standardisierung der großteils in der ATM-Hardware der Netzelemente zu implementierenden OAM-Funktionen des ATM-Transportnetzes ist schon sehr weit fortgeschritten und stabil. Im Gegensatz dazu befinden sich die Standardisierungsbemühungen für die ATM-spezifischen Managementfunktionen in den höheren Managementschichten noch in einer früheren Phase. Bezüglich der für einen effektiven Netzbetrieb grundlegend wichtigen Funktionen der Netzelement-Management- und der Netzmanagement-Ebene existieren bei den unterschiedlichen Gremien, die Standards und Spezifikationen erarbeiten, jedoch umfangreiche Aktivitäten, die im folgenden kurz aufgelistet werden sollen.

6.3.1
Übersicht über die Standardisierungsaktivitäten

In der Studiengruppe 4 von ITU-T wird derzeit an einer Beschreibung der TMN-Management-Dienste für das B-ISDN gearbeitet (M.3205). Dokumente, die die Anwendung des TMN auf B-ISDN-Netze (M.3610) und das Management der ATM-Schicht unter Verwendung des TMN (M.3611) allgemein beschreiben, sind ebenfalls in Arbeit. Weitergehende Festlegungen für ATM-spezifische Schnittstellen einschließlich der dafür benötigten Informationsmodelle sind nur in Teilbereichen verfügbar. Im Bereich des Fehler- und Konfigurations-Managements sowie im Bereich der Leistungsüberwachung (Fault, Configuration, Performance Management) liegen aus dem Bereich der Übertragungsnetze schon Spezifikationen vor, die aufgrund der sehr ähnlichen Strukturen mit einigen Anpassungen und Erweiterungen übernommen werden können. Deshalb sind die Arbeiten auf diesen Gebieten am weitesten gediehen. In der ITU-T-Empfehlung I.751 wird die Modellierung eines ATM- Crossconnects spezifiziert. Auch im Bereich des Managements für CCS7-Signalisiernetze liegen aus dem Schmalband-ISDN in einigen Bereichen schon weitgehende Festlegungen vor, die eine gute Basis für die entsprechenden B-ISDN-Definitionen darstellen.

Bei EURESCOM, wo sich 20 öffentliche Netzbetreiber aus Europa zusammengeschlossen haben, wurden im Zusammenhang mit dem europäischen ATM-Pilotversuch in einigen Projekten sehr weitgehende Spezifikationen erarbeitet, insbesondere in bezug auf die X-Schnittstelle (s. Abschn. 11.3.1) zwischen den TMNs unterschiedlicher Betreiber. Außerdem wurden im Rahmen

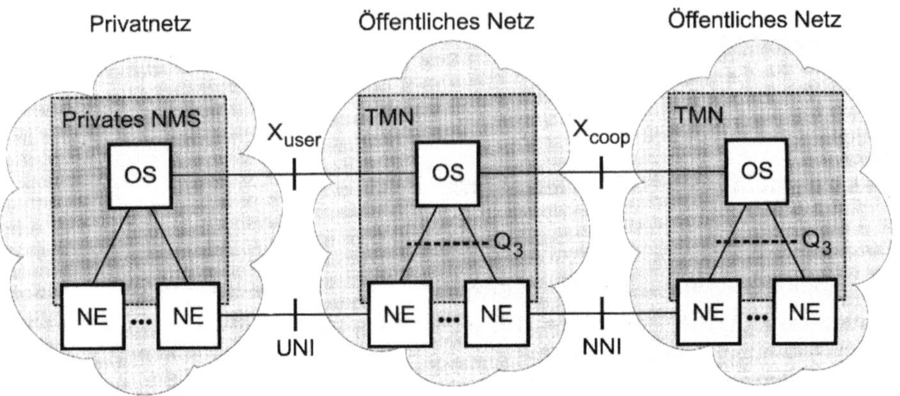

Abb. 6.7. Management-Schnittstellen in öffentlichen Netzen

einiger RACE-Projekte managementbezogene Themen untersucht. Aus diesem
Grund sind bei ETSI einige Standards in bezug auf die Modellierung eines
ATM-Netzes aus VP-VC-Crossconnects (ETS 300 469) und in bezug auf die in
diesem Zusammenhang benötigten Funktionen und Informationsmodelle an
der X-Schnittstelle schon sehr weit gediehen. In [19] werden die generellen
Konzepte beschrieben, wobei wie in Abb. 6.7 zwischen einer X_{coop}-Schnittstelle
zwischen zwei öffentlichen Netzbetreibern und einer X_{user}-Schnittstelle unterschieden wird, die einem privaten Netzmanagement-System (NMS) die
Kommunikation mit dem TMN des öffentlichen Netzbetreiber erlaubt. Aufgrund der unterschiedlichen Anforderungen unterscheiden sich diese in den
verfügbaren Funktionen und in dem Umfang, in dem ein Zugriff auf die Informationen des jeweils anderen Netzes erlaubt wird. Die Bezeichnung X_{coop}
deutet darauf hin, daß hier das Konzept des „kooperativen" Management von
netzübergreifenden Verbindungen verwendet wird. Bei diesem kontrollieren
die beteiligten Netzmanagement-Systeme jeweils den in ihrem Hoheitsbereich
verlaufenden Teil der Verbindung und das Ursprungsnetz initiiert lediglich die
Managementaktionen durch entsprechende Anforderungen.

Die Netzmanagement-Arbeitsgruppe des ATM-Forums hat eine ähnliche
Konfiguration für die im Zusammenspiel zwischen öffentlichen und privaten ATM-Netzen erforderlichen Management-Schnittstellen definiert. Wie in
Abb. 6.8 dargestellt wurden die erforderlichen Management-Schnittstellen mit
M_1 bis M_5 bezeichnet, wobei

- M_1 ein privates Netzmanagement-System (NMS) mit einem ATM-Endgerät
   verbindet,
- M_2 ein privates NMS mit den Knoten eines privaten ATM-Netzes verbindet,
- M_3 ein privates NMS mit dem NMS eines öffentlichen Betreibers verbindet
   und damit entsprechende Aufgaben wie die X_{user}-Schnittstelle hat,

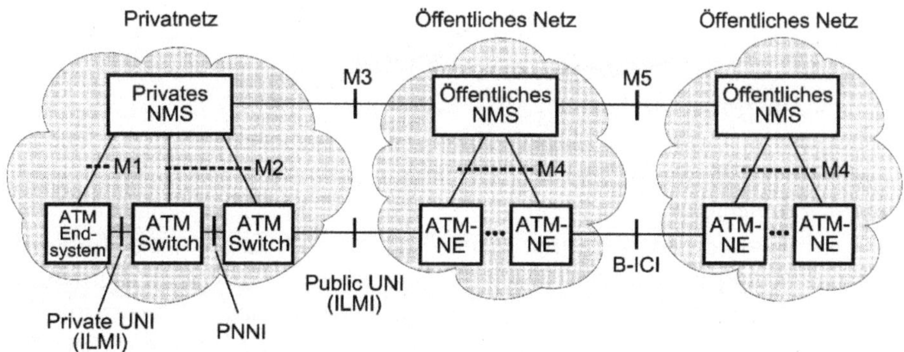

Abb. 6.8. Management-Schnittstellen in ATM-Netzen gemäß dem ATM-Forum

– M_4 das NMS eines öffentlichen Betreibers mit einem ATM-Netzelement im öffentlichen Netz verbindet und damit die entsprechenden Aufgaben wie eine ATM-spezifische Q_3-Schnittstelle hat und
– M_5 die Verbindung zwischen den Netzmanagement-Systemen unterschiedlicher öffentlicher Betreiber realisiert und damit im Prinzip die ATM-bezogenen Aufgaben einer X_{coop}-Schnittstelle übernimmt.

Im ATM-Forum wird bevorzugt an Definitionen für die Schnittstellen M_3 und M_4 gearbeitet, wo auch schon erste Spezifikationen vorliegen (s. Abschn. 12.2). Die Funktionen an der M_3-Schnittstelle umfassen Funktionen aus den Bereichen Fehler- und Konfigurations-Management sowie Leistungsüberwachung. Optional können auch noch Funktionen für das Management von Verbindungen im öffentlichen Netz und für das Konfigurations-Management des physikalischen Netzzugangs zur Verfügung gestellt werden. All diese Funktionen beziehen sich natürlich lediglich auf die Betriebsmittel und Verbindungen im öffentlichen ATM-Netz, die dem jeweiligen Privatnetz zugeordnet sind. Dadurch erhält der Betreiber des Privatnetzes einen Überblick über sein Gesamtnetz, zu dem logisch auch Teile des öffentlichen ATM-Netzes gehören. Diese Art von (eingeschränktem) Management öffentlicher Netzbetriebsmittel durch den Teilnehmer wird allgemein als „Customer Network Management" (CNM) bezeichnet. Für das CNM existiert beim Teilnehmer ein CNM-Manager, der mit einem entsprechenden Agenten im Netzmanagement-System des öffentlichen Netzes kommuniziert. Neben einer konzeptionell vom verwendeten Protokoll unabhängigen Definition existiert für die M_3-Schnittstelle auch eine SNMP-MIB (s. Abschn. 11.3.2).

Für die M_4-Schnittstelle hat das ATM-Forum eine logische, protokollunabhängige MIB definiert, die den Austausch von Konfigurationsinformation von Netzelementen und die Konfiguration von ATM-Schnittstellen sowie von Verbindungsabschnitten auf der VP- und VC-Ebene erlaubt. Ebenfalls unterstützt wird das Fehler-Management, wobei auch die Bildung von

Schleifen auf der ATM-Schicht (Loopback, s. Abschn. 6.1.3.3) unterstützt wird. Leistungsüberwachungs-Funktionen sowie Prozeduren zur Beschränkung des Zugriffs z.B. durch Paßwortschutz und Benutzerkennungen sind ebenfalls enthalten. Außerdem wurde eine CMIP-Spezifikation (s. Abschn. 11.3) für die M_4-Schnittstelle erstellt. Die Modellierung der entsprechenden Aspekte der M_4-Schnittstelle (Network Element View) ist kompatibel mit den Definitionen der ITU-T-Empfehlung I.751.

Innerhalb der Internet Engineering Task Force (IETF) ist eine SNMP-MIB für das Management von ATM-VP-VC-Crossconnects entwickelt worden, die unter der Bezeichnung AToM-MIB (Definitions of Managed Objects for ATM Management) bekannt ist. Sie hat eine Struktur, die derjenigen der ILMI-MIB sehr ähnlich ist. Für die Crossconnect-Funktion sind jedoch zusätzlich Objekte vorgesehen, die die Konfiguration von Verbindungsabschnitten auf VP- und VC-Ebene sowie deren Verknüpfung zu VP- bzw. VC-Verbindungen erlauben.

Bellcore hat ebenfalls ein umfangreiches Informationsmodell für die Modellierung von ATM-Crossconnects einschließlich der Netzschnittstellen und Teilnehmerschnittstellen auf der Basis des TMN-Konzeptes erstellt. Dabei wurden die Funktionen der Netzelement-, der Netzelement-Management- und der Netzmanagement-Schicht (s. Abschn. 11.3.1) berücksichtigt.

6.3.2
Typische Funktionen von Netzmanagement-Systemen für ATM-Netze

Unabhängig davon, ob die Realisierung eines leistungsfähigen Netzmanagement-Systems für ein großes ATM-Netz auf der Basis des TMN-Konzepts, auf SNMP-Basis oder auf der Basis herstellerspezifischer Konzepte erfolgt, wird in der Regel ein Satz von Grundfunktionen in ähnlicher Form zur Verfügung gestellt wie er nachfolgend beschrieben ist. Natürlich unterscheiden sich die einzelnen Implementierungen im Bedienungskomfort erheblich, so daß die Beschreibung lediglich als (einigermaßen typisches) Beispiel im Bereich öffentlicher Netze zu sehen ist, in Privatnetzen wird lediglich eine Teilmenge der dargestellten Funktionen benötigt. Im Idealfall sind alle Überwachungs-, Einstellungs- und Wartungsaufgaben (z.B. Datensicherung), die keinen physikalischen Zugriff auf Hardware-Komponenten der Netzelemente erfordern, fernbedienbar und können von Bedienplätzen in einer – oder mehreren – Netzmanagement-Zentralen (Network Management Center) aus erfolgen. Die Bedienung erfolgt fast ausnahmslos unter Verwendung einer graphischen Benutzeroberfläche (Graphical User Interface, GUI), die durch die Anwendung der Fenstertechnik sehr benutzerfreundlich und gleichzeitig mächtig ist.

Im Bereich des Konfigurations-Managements wird auf der obersten Ebene eine graphische Repräsentation der Gesamtnetz-Topologie (Network Map) zur Verfügung gestellt. Darin werden, wie in Abb. 6.9 beispielhaft gezeigt, die Netz-

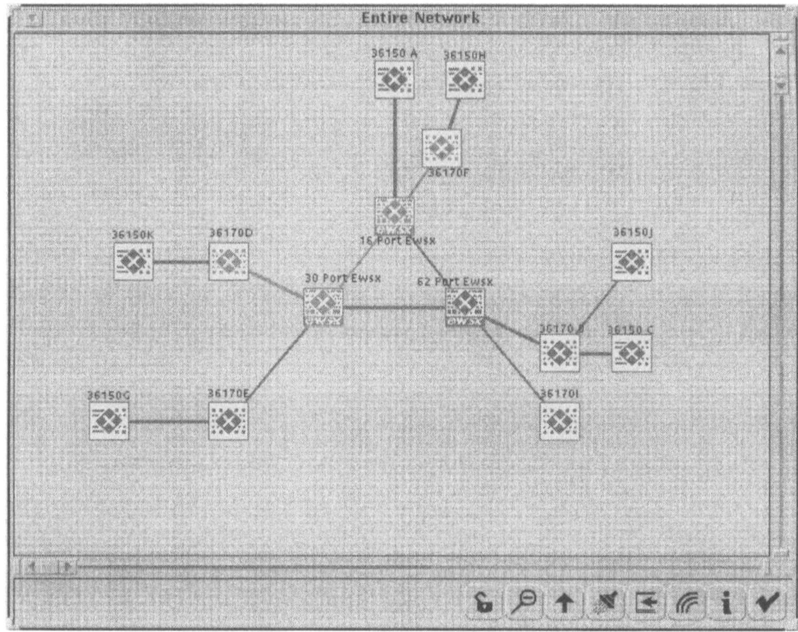

Abb. 6.9. Beispiel für die graphische Darstellung der Netztopologie

elemente als Symbole (Icon) und die Übertragungsstrecken zwischen ihnen als Striche repräsentiert.

Durch entsprechendes Anklicken der Symbole können einzelne Netzknoten ausgewählt und Detailinformationen auf unterschiedlichen Ebenen (gesamte Hardware-Konfiguration, Baugruppe, Port) dargestellt werden, wobei durch die Verwendung von Farben der Betriebszustand der einzelnen Einheiten signalisiert werden kann. Mit Hilfe entsprechender Textfenster können alle in der entsprechenden MIB vorhandenen Konfigurationsinformationen über physikalische Einheiten, Schnittstellen und die bestehenden physikalischen Verbindungen (Übertragungsleitungen) und deren Betriebszustand angezeigt und bei Bedarf modifiziert werden.

Neben den physikalischen Verbindungen können durch Anklicken der Verbindungsleitungen alle auf der Übertragungsleitung existierenden VPs mit ihren Kennwerten (Bitrate, VP-Kennung, Verbindungs-Endpunkte, etc.) angezeigt werden. Durch weiteres Anklicken können die innerhalb eines Pfades bestehenden VC-Verbindungen dargestellt werden.

Entsprechende Möglichkeiten bestehen auch für die Darstellung der einzelnen Komponenten eines verteilten Netzmanagement-Systems und deren Verbindungen untereinander über das Datenkommunikations-Netz (DCN).

Zur Administration der Festverbindungen (Permanent Virtual Connection, PVC) stellt das Netzmanagement-System ebenfalls umfangreiche Unterstützungsmechanismen zur Verfügung. In einigen Implementierungen reicht ein Markieren der Endpunkte durch Anklicken und eine Angabe der für den Verkehrsvertrag relevanten Parameter (s. Abschn. 5.3) aus, alle weiteren Funktionen führt das System dann selbsttätig aus (End-to-End Provisioning). Zu diesen gehört die Festlegung des Weges, die Durchführung des Verbindungsannahme-Algorithmus, die Einstellung der betroffenen Netzelemente und letztendlich die Aktivierung der Verbindung und der erforderlichen Gebührenerfassung. Alternativ dazu kann die Festlegung des Weges auch manuell erfolgen, wenn eine bestimmte Konfiguration im Netz vorgegeben werden soll. Bei Punkt-zu-Mehrpunkt-Verbindungen ist das Vorgehen ähnlich, wobei lediglich eine Quelle und mehrere Ziele markiert werden müssen. Zur Unterstützung von Wählverbindungen (Switched Virtual Connection, SVC) können vom Netzmanagement-System aus – falls erforderlich – die für die Wegesuche beim Verbindungsaufbau in den Vermittlungsknoten verwendeten Routing-Tabellen konfiguriert werden. Für das Management von CCS7-Signalisiernetzen sind (im Schmalband-Bereich) umfangreiche Managementfunktionen definiert, die in ähnlicher Weise auch in Breitbandnetzen unterstützt werden müssen.

Auch die Verwaltung der in den Netzelementen gespeicherten Programme und Konfigurationsdaten kann vom Netzmanagement-System unterstützt werden. Ein Aspekt dabei ist das Anlegen von Sicherungskopien der kompletten Programm- und Datenspeicher von Netzelementen, so daß diese nach Fehlfunktionen wieder eingespielt werden können. Dies ist z.B. erforderlich, wenn die Fehlfunktionen die Datenintegrität verletzt haben oder wenn ein Netzelement nach Ausführung aller lokalen Fehlerbehebungs-Maßnahmen (Rücksetzen einzelner Module, Systemneustart) keinen stabilen Betriebszustand mehr erreicht. Dabei werden im Netzmanagement-System die Speicherung und die Generationsverwaltung der gespeicherten Sicherungskopien unterstützt. Die Datenübermittlung erfolgt über das DCN. Für die Übermittlung kann z.B. das FTAM-Protokoll (s. Abschn. 11.3.1) verwendet werden, oft wird jedoch auch das aus der TCP/IP-Welt stammende FTP (s. Abschn. 11.2.4.4) eingesetzt. Das automatische Protokollieren der seit der letzten Sicherung erfolgten Bedieneingaben und deren automatische Wiederholung nach dem Einspielen einer Sicherungskopie erlaubt die Wiederherstellung des aktuellen Betriebszustandes, wie er vor dem Auftreten der Probleme vorgelegen hat. Neben der bei Bedarf, z.B. vor dem Laden einer neuen Softwareversion, durchgeführten Sicherung können auch periodische Sicherungsvorgänge programmiert werden, die dann ohne Mitwirkung des Bedienpersonals durchgeführt werden.

Ein weiterer Aspekt bei der Softwareverwaltung ist das Einspielen neuer Softwareversionen von einem zentralen Bedienplatz aus. Dabei wird die Software über das DCN übermittelt und alle Bedienoperationen für das Vorbereiten des Netzelements, die Speicherung, den Test und die Aktivierung der neuen Softwareversion sowie für das Löschen der nicht mehr benötigten Software werden vom Bedienplatz aus gesteuert. Neben kompletten Softwareversionen können auch Teilverbesserungen und Korrekturen (Patch) in die Software der Netzelemente geladen und aktiviert werden. In modernen Systemen werden anstatt der früher üblichen EPROMs, die zum Einbringen neuer Versionen der hardwarenahen Software (Firmware) ausgetauscht werden mußten, zunehmend sog. Flash-PROMs verwendet. Diese behalten ebenfalls bei Abschalten der Spannung die Daten, sind aber per Software ladbar. In solchen Implementierungen können neben der zentralen Steuerungssoftware der Netzelemente sogar die sehr hardwarenahen Softwareanteile auf den einzelnen Baugruppen vom Netzmanagement-Zentrum aus eingespielt werden. Dadurch wird eine komplette Softwareaufrüstung möglich, ohne daß sich ein Wartungstechniker vor Ort begeben muß.

Für die Alarmüberwachung werden die von den Netzelementen gesendeten Alarme verarbeitet und in Form spezieller Informationsfenster, sog. „Trouble Tickets", zur Verfügung gestellt. Diese enthalten alle relevanten Angaben (Fehlerort, Zeit, Fehlertyp, Priorität, Bearbeitungsstatus, usw.) zur Bearbeitung der Fehlermeldung. Das Vorliegen solcher Tickets wird optisch und akustisch angezeigt, um das Bedienpersonal aufmerksam zu machen. Die Verarbeitung umfaßt auch die Zusammenfassung mehrerer Alarme mit gleicher Ursache, z.B. wenn durch den Ausfall einer Baugruppe mehrere Schnittstellen betroffen sind. Durch diese Alarm-Korrelation wird eine Anzeige unnötig vieler Alarme beim Bedienpersonal verhindert und der Überblick erleichtert. Falls aufgrund von Ausfällen die Netzelemente keine Alarme mehr generieren können, wird dies durch periodische Abfragen vom Netzmanagement-System aus erkannt und ebenfalls angezeigt. Alle Alarme und die daraufhin erfolgten Operationen werden protokolliert und stehen jederzeit zu einer Nachbearbeitung der Fehlersituation zur Verfügung.

In Fehlersituationen oder auch zur routinemäßigen Überprüfung der Netzelemente oder einzelner Komponenten stehen dem Bedienpersonal umfangreiche Test- und Diagnosemöglichkeiten zur Verfügung. Diese können z.B. die Aktivierung von Selbsttests für die Hardware-Funktionen einzelner Baugruppen und von Konsistenzprüfungen für gespeicherte Daten zur Fehlerlokalisierung umfassen. Daneben erlauben sie insbesondere den Einsatz von Testschleifen (Loopback) und Kontinuitätsprüfungen (Continuity Check) auf der ATM-Schicht zur Überprüfung von VP- und VC-Verbindungen oder Verbindungssegmenten. Neben diesen für die Fehlerdiagnose eingesetzten Verfahren können auch Routinetests konfiguriert werden, die dauernd oder periodisch im Hintergrund laufen und die Funktionsfähigkeit einzelner Module überprüfen.

Eine wichtige Funktion im Zusammenhang mit dem Fehlermanagement ist die automatische Umlenkung von Festverbindungen nach Erkennen einer Störung (Rerouting). Dabei kann – um im Fehlerfall die Umschaltzeit möglichst gering zu halten – bereits ein vordefinierter Ersatzweg festgelegt sein, oder es wird bei Bedarf ein neuer Weg durch das Netz gesucht. Dabei kann die OS-

Software alle Einstellungen in den Netzelementen ohne Mithilfe des Bedienpersonals vornehmen, so daß die betroffenen Verbindungen nur kurz gestört werden.

Im Bereich der Leistungsüberwachung (Performance Management) können vom Bedienplatz aus alle in den Netzelementen erfaßten Meßdaten, insbesondere die in Abschn. 6.1.4 angesprochenen Verkehrsmessungen auf der ATM-Schicht – aber auch die Messungen anderer Protokollschichten – sowie Messungen bezüglich der Auslastung der zentralen Steuerung der Netzelemente jederzeit gezielt konfiguriert, abgefragt, angezeigt und abgespeichert werden. Dadurch kann sich das Bedienpersonal jederzeit einen aktuellen Überblick über den Lastzustand des Netzes verschaffen und relevante Daten für eine spätere Auswertung speichern.

Das Sicherheits-Management (Security Management) wird durch Benutzerkennungen und Paßwörter für die Zugangskontrolle unterstützt. Dabei werden unterschiedliche Ebenen von Zugangsberechtigungen unterstützt, die sich im Umfang der erlaubten Bedienoperationen und Datenzugriffe unterscheiden.

Für die weitere Auswertung der Meßdaten, ebenso wie für die Verwaltung von Kundendaten und andere Funktionen der höheren Managementschichten stehen in der Regel spezielle Programmpakete zur Verfügung, die entweder direkt oder über Standard-Schnittstellen (z.B. Q_3) mit eingebunden und vom Bedienplatz aus angewendet werden können. Die Verarbeitung der gesammelten Gebührendaten erfolgt in der Regel in speziellen Vergebührungs-Zentralen (Billing Center), so daß dafür vom Netzmanagement-System lediglich die Daten von allen Netzelementen gesammelt und eventuell vor der Übertragung zur Vergebührungs-Zentrale vorverarbeitet werden. Dabei kann z.B. eine Umwandlung der erfaßten Rohdaten in ein zur Bearbeitung geeignetes Format vorgenommen werden.

Für alle Funktionen werden sehr umfangreiche Möglichkeiten zur Ein- und Ausgabe, Anzeige, Protokollierung und Speicherung geboten. Dazu gehört auch die Möglichkeit, Zeitaufträge abzusetzen, die nicht sofort, sondern zu einem bestimmten Zeitpunkt, eventuell auch periodisch wiederholt, ausgeführt werden. Dies ist vor allem für die Steuerung semi-permanenter Verbindungen nützlich, da diese nach Voranmeldung nur für eine bestimmte Dauer einmalig, oder in bestimmten Abständen mehrfach wiederholt, aktiviert werden müssen. Außerdem wird die Möglichkeit geboten, nicht nur Einzelbefehle, sondern ganze Befehlsfolgen (Script) mit einem Kommando ausführen zu lassen. Diese Befehlsfolgen lassen sich entweder manuell zusammenstellen oder können durch Mitprotokollieren von Bedienvorgängen automatisch erzeugt werden. Die Möglichkeit zur freizügigen Definition solcher Befehlsfolgen in Kombination mit der Möglichkeit von Zeitaufträgen erlaubt eine weitgehende Automatisierung der routinemäßigen Bedienvorgänge, z.B. der Datensicherung.

Meist wird neben der Dokumentation der einzelnen Funktionen in Papierform oder auf CD-ROM auch eine Online-Dokumentation zur Verfügung gestellt, auf die bei Bedarf während der Bedienung zugegriffen werden kann.

Eine weitere Aufgabe eines Netzmanagement-Systems für öffentliche Netze ist die Bereitstellung eines CNM-Agenten (Customer Network Management, s. Abschn. 6.3.1), der es einem entsprechenden Manager beim Teilnehmer erlaubt, die dem Teilnehmer im öffentlichen Netz zugeordneten Betriebsmittel zu verwalten.

Sinnvoll ist auch die Bereitstellung von Umsetzungsfunktionen, die ein Ausführen der hauptsächlichen Steuerungsfunktionen solcher Netzelemente erlauben, die nach anderen Managementgrundsätzen arbeiten (Mediation Function). Insbesondere bei TMN-basierten Systemen ist es erforderlich, eine Möglichkeit zur Steuerung von SNMP-basierten Netzelementen anzubieten, da solche Geräte im Zugangsbereich relativ verbreitet sind.

Dadurch, daß nur die grundlegenden Steuerungsfunktionen standardisiert werden, bieten sich trotz der Standardisierung genügend Möglichkeiten für Hersteller und Netzbetreiber, sich von ihren Mitbewerbern im Management-bereich zu differenzieren. Beispiele sind die Algorithmen zur Wegesuche oder für die Entscheidung über die Verbindungsannahme, die nicht standardisiert werden, deren Effektivität aber einen signifikanten Einfluß auf die Leistungsfähigkeit des Netzes hat.

6.3.3
Sicherheitsaspekte im Bereich des Netzmanagements

Durch entsprechende Bedienoperationen können Netzknoten, Netzteile oder sogar ganze Netze außer Betrieb genommen werden, es können Verbindungen unterbrochen oder die Gebührenzählung gestoppt werden, außerdem können Kunden- und Vergebührungsdaten modifiziert oder gelöscht werden. Aus diesen Gründen ist das Netzmanagement in mehrfacher Hinsicht sehr sensibel und ein durchgängiges Sicherheitskonzept mit einer strengen Kontrolle des Zugangs ist unbedingt erforderlich. Dabei muß sowohl eine mißbräuchliche Bedienung durch befugte Personen als auch der unerlaubte Eingriff durch unbefugte Außenstehende verhindert werden.

Der Betrieb von weitverzweigten Netzen mit ihrer Vielzahl von Netzelementen macht ein ebenfalls weitverzweigtes Datenkommunikations-Netz (DCN, s. Abschn. 11.3.1) zwischen den Funktionseinheiten des Netzmanagement-Systems notwendig. Wenn das Netz nicht auf ein abgeschlossenes Firmengelände beschränkt ist, was bei großen Firmennetzen und insbesondere bei öffentlichen Netzen der Fall ist, bietet dieses DCN vielfältige Angriffsmöglichkeiten. Dies ist umso mehr der Fall, da aus Aufwandsgründen die Management-Kommunikation meist über bestehende, frei zugängliche Kommunikationsnetze (z.B. öffentliche Datennetze oder ISDN) oder aber über das gesteuerte Kommunikationsnetz selbst abgewickelt wird.

Alle großen Netzbetreiber arbeiten daher an Sicherheitskonzepten für ihre Netzmanagement-Systeme. In der Regel erfolgen dabei Systembetrachtungen, die nicht nur die eigentlichen Netzelemente und die Management-Funktionalitäten, sondern auch bauliche und organisatorische Maßnahmen einbeziehen. In Deutschland sind diese Arbeiten in den Grundrahmen des IT-Sicherheitshandbuches der Bundesanstalt für Sicherheit in der Informationstechnik eingebunden. Danach werden zunächst Schutzrechte definiert und bestehende Systeme analysiert, so daß eine Bedrohungsanalyse erstellt und mögliche Risiken bewertet werden können. Erst danach werden mögliche Sicherheitsmaßnahmen festgelegt und kostenmäßig bewertet.

Bauliche Sicherheitsmaßnahmen können kaum generell geregelt werden, sondern müssen entsprechend den örtlichen Gegebenheiten gelöst werden. Organisatorische Maßnahmen sollen festen Regeln folgen, z.B. durch abgestufte Zugangsberechtigungen, und müssen auch in das Netzmanagement-System integriert werden. Jede Betriebskraft erhält dabei individuelle Zugangsrechte zugeteilt, die wiederum z.B. durch individuelle Paßwörter und PIN-Codes (Personal Identification Number) unterstützt werden. Alle Identifizierungen und Zugänge werden von einem zentralen Sicherheitsmanagement-System administriert. Dieses System identifiziert und autorisiert die Eingriffe des Betriebspersonals vor jeder Aktion. Es steuert und kontrolliert auch die Dokumentation und Archivierung der einzelnen Aktionen, so daß nachvollzogen werden kann, wer bestimmte Bedienoperationen durchgeführt hat.

Um das Netzmanagement-System wirksam gegen unberechtigte Eingriffe des Betriebspersonals und von Außenstehenden zu schützen, müssen diese organisatorischen Maßnahmen auch in den technischen Systemen lückenlos unterstützt werden. Die wichtigsten Aspekte dabei sind:

- **Sicherheitsfunktionen in der Netzmanagement-Plattform:** Die Netzmanagement-Plattform (s. Abschn. 6.4) unterstützt die eigentlichen Managementdienste und stellt damit einen zentralen Zugangspunkt für den Zugriff auf alle Managementfunktionen und Informationen dar. In eine solche Plattform müssen deshalb die erforderlichen Sicherheitsfunktion für eine Identifikation, Authentisierung, Autorisierung und Protokollierung integriert sein.

- **Sicherung der Übermittlung im Datenkommunikations-Netz:** Die Zugangsknoten und -Zugangsrufnummern des DCN werden zwar nicht veröffentlicht, Unbefugten kann es aber trotzdem gelingen, diese herauszufinden. Naheliegend ist daher die Verschlüsselung des gesamten Nachrichtenverkehrs im DCN, einschließlich der Wahl- und Adreßinformation. Technisch gelöst wird dies durch Verschlüsselungseinrichtungen zwischen allen funktionalen Einheiten des TMN. In vielen Fällen können dafür externe Zusatzgeräte verwendet werden, da für den Zugang zum DCN dedizierte Schnittstellen verwendet werden. Wenn jedoch die TMN-Kanäle im gesteuerten Kommunikationsnetz selbst realisiert sind, wie z.B. im Fall der „Embedded TMN-Kanäle" auf der Basis von ATM-Verbindungen, müssen die Verschlüsselungsverfahren in das Netzelement integriert werden. Die verwendeten Schlüssel werden dabei über eine personifizierte Zuweisung verteilt (z.B. über Chipkarten) oder auch für jede Bediensitzung neu zugeteilt. Diese Schlüsselverwaltung ist eine der Aufgaben des Sicherheitsmanagement-Systems.

6.4
Netzmanagement-Plattformen

Im Rahmen der Standardisierung des Netzmanagement wird versucht, weitgehend einheitliche Konzepte für das Management unterschiedlicher Kommunikationsnetze zu definieren. Dies legt auch für die Implementierung der Systeme einen plattform-orientierten Ansatz nahe, bei dem die allgemein verwendbaren Funktionen und Softwarekomponenten nur einmal implementiert werden und lediglich die netzspezifischen Teile je nach Bedarf ergänzt werden müssen. Zu den Funktionen und Eigenschaften, die eine solche Netzmanagement-Plattform aufweisen sollte, gehören z.B.

- ein flexibles Laufzeitsystem, das alle für die Unterstützung der Managementdienste erforderlichen Ein- und Ausgabefunktionen unterstützt,
- die Unterstützung unterschiedlicher Managementmodelle durch das Bereitstellen einer Kommunikationsmöglichkeit zwischen den einzelnen Managementinstanzen über möglichst vielfältige Protokollstacks und Netze,
- ein bedarfsgerecht konfigurierbares Sicherheitssystem,
- eine Unterstützung zur Überwachung und Verwaltung des Managementsystems selbst,
- eine Entwicklungsumgebung zur Erstellung und Erweiterung von Managementanwendungen durch das Bedienpersonal,
- die Möglichkeit, selbst erstellte oder zugekaufte Managementanwendungen im laufenden Betrieb mit einzubinden,
- eine über einen weiten Bereich skalierbare Leistungsfähigkeit und
- die Erfüllung sehr strenger Verfügbarkeitsanforderungen, die entsprechende Redundanzmechanismen erforderlich machen kann.

Die Implementierung solcher Management-Plattformen erfolgt in der Regel auf der Basis handelsüblicher Workstations, weswegen in vielen Fällen UNIX als Betriebssystem-Basis verwendet wird. Als kleinste Konfiguration wird lediglich eine einzelne Workstation verwendet, die alle Funktionen übernimmt. Für spezielle Anwendungen, z.B. für den Einsatz von Wartungspersonal vor Ort am Netzelement können noch kleinere Versionen, z.B. auf der Basis portabler PCs mit entsprechend reduziertem Funktions- und Leistungsumfang zur Verfügung gestellt werden. Wenn aufgrund der Netzgröße die Leistungsfähigkeit einer einzelnen Workstation nicht mehr ausreicht, können unter Verwendung normaler LAN-Technologie als „lokales DCN" mehrere Workstations als Bedienplätze mit leistungsfähigen Servern für die eigentliche Informationsverarbeitung und speziellen Ein- und Ausgabegeräten verbunden werden. Durch die Verwendung moderner Client/Server-Konzepte kann dabei eine weitgehend unbegrenzte Leistungssteigerung erreicht werden. Im Extremfall können auch mehrere über ein Weitverkehrs-DCN vernetzte Installationen an verschiedenen Standorten eine verteilte Netzmanagement-Plattform bilden. In solchen verteilten Realisierungen ist eine sinnvolle Verteilung der Aufgaben und der zu ihrer Ausführung benötigten Informationen auf die räumlich verteilten Plattform-Komponenten sehr wichtig. Dabei erfolgt meist eine hierarchische Strukturierung der Managementaufgaben in unterschiedliche Geltungsbereiche (Management Domains), wie sie z.B. im TMN-Konzept vorgesehen ist. Durch den Einsatz von Workstations und lokalen bzw. Weitverkehrs-DCNs lassen sich auch die aufgrund der Verfügbarkeitsanforderungen notwendigen redundanten Hardware-Konfigurationen mit bestehender Technologie realisieren. Auch für die redundante Datenhaltung existieren im Workstation-Bereich funktionsfähige Standardlösungen.

Die generelle funktionale Struktur einer Netzmanagement-Plattform ist in Abb. 6.10 dargestellt. Aufbauend auf den vom Betriebssystem zur Verfügung gestellten Funktionen werden eine Reihe von Basisdiensten aus den unterschiedlichsten Bereichen angeboten, die von allen Managementanwendungen in gleicher Weise genutzt werden können. Die einzelnen, modular aufgebauten Basisdienste stellen einheitliche Software-Schnittstellen (Application Programming Interface, API) zur Verfügung, über die die unterschiedlichen Managementanwendungen (s. Abschn. 6.3.2) auf diese zugreifen können. Die Verwendung einer solchen Struktur erlaubt u.a. die Verwendung marktgängiger Implementierungen für Basisdienste, z.B. für Protokollstacks, und eine weitgehend von der Plattformrealisierung unabhängige Implementierung der Managementanwendungen. Von der Mensch/Maschine-Schnittstelle aus, die meist als fensterorientierte, graphische Benutzeroberfläche (Graphical User Interface, GUI) ausgebildet ist, kann ebenfalls auf die Basisdienste zugegriffen werden.

Jeder Zugriff wird durch eine konsequent eingezogene Zwischenschicht kontrolliert, die eine Zugangskontrolle für die angeforderten Dienste und Informationen sicherstellt. Diese Zwischenschicht bedient sich der Sicherheitsdienste, die zunächst eine Identifikation des jeweiligen Benutzers[6] anhand von Benutzerkennungen und Paßwörtern bzw. PIN-Codes (Personal Identification Number) erlauben (Authentication). Darauf aufbauend können mit Hilfe der Sicherheitsdienste die Zugriffsrechte auf bestimmte Funktionen und Informationen überprüft (Authorization) und alle sicherheitsrelevanten Ereignisse und

---

6 Ein „Benutzer" kann dabei ein Mensch an der Bedienstation oder eine Managementanwendung (Programm) sein.

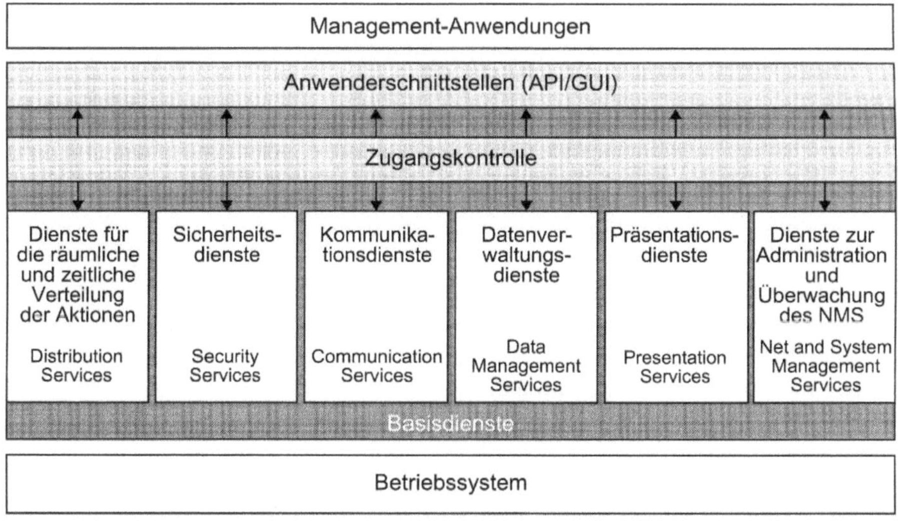

Abb. 6.10. Generelle Struktur einer Netzmanagement-Plattform

Aktionen protokolliert und zur späteren Auswertung archiviert werden (Auditing). Außerdem stellen die Sicherheitsdienste Verfahren zur Ver- und Entschlüsselung von Daten zur Verfügung (Encryption).

Eine Gruppe von Basisdiensten unterstützt die räumliche und zeitliche Verteilung der Managementfunktionen. Für die zeitliche Verteilung wird auf der Basis von externen Zeitgebern (z.B. Funkuhr) und auf der Basis von anderen Methoden zur Zeitsynchronisation die termingerechte Ausführung von Operationen auch in Konfigurationen sichergestellt, die räumlich über weite Bereiche verteilt sind. Außerdem werden die Mechanismen für das zeitversetzte Ausführen von Kommandos unterstützt (Scheduled Commands). Bezüglich der räumlichen Verteilung wird der netzweite Zugriff auf Daten und Anwendungen sowie das Auffinden bestimmter Server und Dienste in dem verteilten System unterstützt (Directory Services).

Die Kommunikationsdienste stellen die für die Kommunikation der Management-Instanzen erforderlichen Protokollstacks zur Verfügung, z.B. den Q_3-Stack des TMN (s. Abschn. 11.3.1). Außerdem werden Möglichkeiten für eine effiziente Massendatenübertragung zur Verfügung gestellt. Für die Kommunikation des Bedienpersonals untereinander werden auch Electronic Mail-Dienste angeboten.

Die Datenverwaltungsdienste bieten vielfältige Möglichkeiten zur permanenten und sicheren Speicherung von Daten sowie zur Verwaltung der dabei verwendeten Datenbanken und zum schnellen, gezielten Zugriff auf die Daten. Neben der Speicherung von administrativen Daten (z.B. Adressen von Netzelementen) und Sicherungskopien der in den Netzelementen verteilten Daten und Programme müssen die – insbesondere im TMN – aufgrund der Objektorientierung sehr komplexen Strukturbeschreibungen der einzelnen Objekte in geeigneter Form gespeichert werden können. Die Datenverwaltungsfunktionen unterstützen auch die automatische Protokollierung der von den einzelnen Objekten erzeugten Meldungen (Event Logging).

In den Bereich der Präsentationsdienste fallen zunächst alle Unterstützungsfunktionen für die graphische Benutzeroberfläche wie sie von fensterbasierten Bedienoberflächen, z.B. auf PCs, hinlänglich bekannt sind. Dies schließt z.B. einen kontextbezogenen Zugriff auf Hilfeinformationen (Online Help) und einen Zugriff auf Standarddienste (ausdrucken, abspeichern, etc.) durch Anklicken von Symbolen (Icon) mit ein. Außerdem werden spezifische Funktionen zur einheitlichen Darstellung der einzelnen Objekte (Netzknoten, Baugruppen, Verbindungen, usw.) auf dem Bildschirm zur Verfügung gestellt. Ebenfalls unterstützt werden muß die flexible Darstellung der Netztopologie auf verschiedenen Detaillierungsebenen und der schnelle Wechsel zwischen diesen. Neben diesen auf die Bedienoberfläche bezogenen Funktionen wird von den Präsentationsdiensten auch die Aufbereitung der Informationen für eine formatierte Ausgabe auf einem Drucker sehr komfortabel unterstützt.

Eine weitere Gruppe von Basisdiensten erlaubt die Überwachung und Administration des Netzmanagement-Systems, das selbst ein hochkomplexes, verteiltes Rechnersystem darstellt. In ähnlicher Form wie für das gesteuerte Kommunikationsnetz sind hierbei Funktionen für die Konfiguration, den Betrieb, die Überwachung und die Entstörung des Systems und des verwendeten DCN erforderlich.

6.5
Vergebührung

Durch die Abschaffung der Netzmonopole im Bereich der öffentlichen Netze kommt den Gebühren und Tarifen für die Kommunikations-Dienstleistungen eine immer größere Bedeutung zu. Dabei werden von den konkurrierenden Betreibern sehr komplizierte Tarifstrukturen entwickelt, um bei bestimmten Zielgruppen Vorteile zu erzielen. Bisher wurden bei den Pilotversuchen und Felderprobungen der ATM-Technik meist sehr einfache Tarifstrukturen verwendet, wobei die Gebühren oft in Form von Pauschalen erhoben wurden. Dies ist zum einen dadurch begründet, daß bei diesen Projekten der kommerzielle Aspekt nur eine untergeordnete Rolle spielte, zum anderen dadurch, daß die Mechanismen für die flexible und detaillierte Erfassung der Rohdaten für die Vergebührung in den Netzelementen und die Verfahren für deren Auswertung in den ersten Implementierungen nur in begrenztem Umfang zur Verfügung standen. Sobald die ATM-Breitbandnetze jedoch in großem Umfang für den kommerziellen Betrieb genutzt werden, wird sich aufgrund ihrer Flexibilität bezüglich der Bitraten, der Dienstgüte und aufgrund der vielfältigen, über den reinen Transport hinausgehenden dienstspezifischen Zusatzfunktionen ein sehr komplexes Tarifgefüge entwickeln. Da Tarif- und Gebührenstrukturen nicht Gegenstand der Standardisierung sind, hat lediglich ETSI in einem „Technical Report" (ETR 123) eine Liste von Parametern zusammengestellt, die für die Gebührenerfassung herangezogen werden könnten. In diesem Zusammenhang wurden auch die entsprechenden Erfassungsmechanismen dargestellt.

Die künftigen Tarifstrukturen für Breitbandnetze werden im Prinzip aus den gleichen Grundkomponenten bestehen wie diejenigen der bestehenden Netze. Zunächst wird eine einmalige Bereitstellungsgebühr für die Installation des Anschlusses sowie eine monatliche Grundgebühr enthalten sein, die unabhängig von der tatsächlichen Nutzung ist und meist auch die Wartungskosten mit abdeckt. Daneben wird jedoch auch ein nutzungsabhängiger Anteil vorhanden sein. Bei verbindungsorientierten Diensten wird dieser wie bisher von der Entfernung der Kommunikationspartner, von der Dauer der Verbindung, vom Zeitpunkt der Verbindung (Tageszeit, Wochentag), vom verwendeten Dienst, von den eventuell zusätzlich benutzten Dienstmerkmalen und von der angemeldeten Spitzenbitrate abhängen. Zusätzlich wird aufgrund der paketorientierten Natur des ATM-Konzepts bei Verbindungen mit variabler Datenrate das tatsächlich übertragene Datenvolumen berücksichtigt werden müssen. Dazu müssen auf der ATM-Schicht verbindungsspezifische Zellzähler implementiert werden, die eine Erfassung der Anzahl übertragener Zellen erlauben (s. Abschn. 6.1.4).

Im Verkehrsvertrag (s. Abschn. 5.3) sind aber noch zusätzliche Parameter enthalten, die den Umfang der im Netz für die Verbindung vorzuhaltenden Betriebsmittel und damit die Kosten für den Netzbetreiber beeinflussen, nämlich

- der Anteil hoch- und niederpriorer Zellen (CLP=0/1),
- die über die Spitzenzellrate hinaus spezifizierten Quellenparameter (CDV-Toleranz, andauernd erlaubte Zellrate, Burst-Toleranz),
- der Verbindungstyp (DBR, SBR, ABT, ABR, UBR) und
- die Dienstgüteanforderungen bezüglich Verzögerungen, Verzögerungsschwankungen und Zellverlusten.

Diese Angaben werden dem Netz beim Verbindungsaufbau bekanntgegeben und im Rahmen der Verbindungsannahme-Algorithmen berücksichtigt. Entsprechend könnten diese Angaben auch bei der Vergebührung berücksichtigt werden.

Bei der Berechnung der Gebühren aus all diesen Komponenten muß noch berücksichtigt werden, daß die Berechnung nicht einfach auf der Basis der im Netz belegten Betriebsmittel erfolgen kann, weil sonst eine Video-on-Demand-Verbindung mit 2 Mbit/s etwa dreißig mal teurer sein müßte als eine Telefonverbindung mit 64 kbit/s. Dies wiederum würde solche Dienste absolut unattraktiv machen. Neben den reinen Kosten einer Verbindung für den Netzbetreiber müssen die Gebühren deshalb auch den Kundennutzen reflektieren und auch aus dieser Sicht ausgewogen sein.

Abzuwarten bleibt auch, wie sich die in ATM-Breitbandnetzen sehr vielfältigen Möglichkeiten für die Unterstützung einer bestimmten Anwendung auf die Tarifgestaltung und umgekehrt auswirken. Ein Beispiel hier ist die Sprachkommunikation über das Internet, die durch die komplett unterschiedlichen Gebührenstrukturen (bei allerdings derzeit noch wesentlich schlechterer Qualität) in manchen Fällen viel günstiger sein kann als die Benutzung normaler Telefoniedienste.

7 Zeichengabe in ATM-Netzen

Die Zeichengabe[1] in ATM-Netzen basiert auf den Prinzipien und Protokollen, die für das Schmalband-ISDN entwickelt wurden (s. Abschn. 11.2.1). Die offensichtlichste Änderung ist die Umstellung des Meldungstransports auf ATM-basierte Verfahren, in deren Rahmen auch die im Schmalband-ISDN zwischen Teilnehmer- und Zwischenamts-Zeichengabe sehr unterschiedlichen Funktionen der unteren Protokollschichten weitgehend vereinheitlicht wurden. In den Protokollschichten, die für die eigentliche Verbindungssteuerung zuständig sind, wurden durch die Einführung neuer Parameter in den Zeichengabemeldungen ATM-spezifische Erweiterungen vorgenommen. Außerdem wurden die Strukturen so angepaßt, daß die Steuerung von Mehrpunktverbindungen und Multimedia-Gesprächen unterstützt werden kann, die für zukünftige Breitbandnetze eine große Rolle spielen. Bei Mehrpunktverbindungen ist eine Quelle (Root) mit mehreren Senken (Leaf) verbunden, wobei erforderlich ist, daß während der Verbindung über die Signalisierung freizügig neue Senken zugeschaltet und andere abgeschaltet werden. Bei den Multimedia-Gesprächen sind auf der Netzebene mehrere Verbindungen (Connection) notwendig, um die verschiedenen Media-Komponenten für ein komplettes Gespräch (Multi-Connection Call) zu transportieren. Diese Verbindungen müssen während des Gesprächs flexibel konfigurierbar sein und müssen in der Signalisierung miteinander koordiniert werden. Deshalb wird bei der Signalisierung zwischen „Call Control" und „Connection Control" unterschieden.

Die ersten ATM-Installationen weltweit wurden auf der Basis von ATM-Festverbindungen eingerichtet, da die Zeichengabeprotokolle erst mit deutlicher Verzögerung gegenüber den anderen ATM-Standards erarbeitet wurden. Um eine möglichst frühzeitige Einführung von Wählverbindungen zu ermöglichen, werden die Zeichengabemöglichkeiten bei ITU-T in mehreren Stufen (Capability Sets) eingeführt, von denen die erste nur wenig mehr als die Basisfunktionen für die Verbindungssteuerung umfaßt.

---

1 Die Begriffe „Zeichengabe" und „Signalisierung" werden im folgenden synonym verwendet.

Das ATM-Forum hat im Rahmen seiner Spezifikationen für die Benutzer/ Netz-Schnittstelle (User/Network Interface, UNI) auch die Zeichengabeprotokolle festgelegt. Obwohl man sich dabei prinzipiell auf die Festlegungen von ITU-T abgestützt hat, ergeben sich durch die stärkere Datenorientierung des ATM-Forums deutliche Unterschiede. So wurde einerseits nur ein Teil der ITU-T-Festlegungen übernommen, andererseits wurden zusätzliche Festlegungen getroffen, z.B. für Punkt-zu-Mehrpunkt-Verbindungen, die in den ITU-T-Empfehlungen (noch) nicht enthalten waren. Auch bezüglich der Adressierung ergeben sich Unterschiede, da das ATM-Forum bevorzugt die aus der Datenwelt stammende NSAP-Adressierung verwendet, während ITU-T in der Regel die aus dem ISDN übernommene Adressierung gemäß ITU-T E.164 verwendet.

Völlig andere Wege als ITU-T ist das ATM-Forum bei der Definition der Zeichengabe zwischen den Knoten eines (privaten) Netzes gegangen: Statt der im öffentlichen Netz verwendeten Zeichengabe auf der Basis der Breitbanderweiterung des Zentralkanal-Zeichengabesystems CCS7 wurde ein neues Protokoll für das private NNI definiert. Dieses PNNI-Protokoll basiert von den Meldungsformaten her auf den Festlegungen für das UNI, die Mechanismen für die selbständige, dezentrale Konfiguration des Netzes sowie für die Wegelenkung (Routing) sind weitgehend an die Erfahrungen aus den Internet-Protokollen angelehnt.

7.1
Die ATM-Anpassungsschicht für die Zeichengabe

Die ATM-Anpassungsschicht für die Zeichengabe (Signalling AAL, SAAL) ist ein typisches Beispiel für die Kombination von allgemeinen und dienstspezifischen Funktionen im AAL. In der Standardisierung bei ITU-T war zunächst vorgesehen, den AAL Typ 3/4 (s. Abschn. 4.4.5) als Basis für den Transport der Zeichengabemeldungen zu verwenden, da die Zeichengabe auf einem verbindungsorientierten Datendienst basiert. Da der AAL Typ 5 (s. Abschn. 4.4.6) die erforderlichen Funktionen jedoch genauso zur Verfügung stellt und einfacher und effizienter ist, wurde letztendlich dieser vorgezogen.

Zusätzlich zu dem allgemeinen Teil, der aus der SAR- und der CPCS-Teilschicht des AAL Typ 5 (s. Abschn. 4.4.6) besteht, wurden für den SAAL wie in Abb. 7.1 dargestellt zwei dienstspezifische Teilschichten definiert. Das in ITU-T Q.2110 definierte „Service Specific Connection Oriented Protocol" (SSCOP) erweitert den ungesicherten Übermittlungsdienst des AAL Typ 5 durch die typischen Funktionen der Sicherungsschicht, wie Fehlererkennung und -behebung und Flußsteuerung, zu einem gesicherten, verbindungsorientierten Übermittlungsdienst. Durch die „Service Specific Coordination Functions" (SSCF) wird dieser Dienst an die Anforderungen der darüberliegenden Zeichengabeprotokolle angepaßt. Da diese Anforderungen für die Teilnehmer- und die Zwischenamts-Zeichengabe unterschiedlich sind, mußten in den Emp-

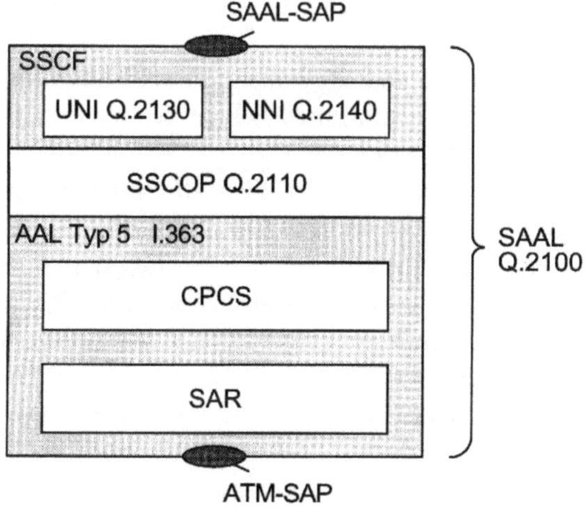

Abb. 7.1. Die Struktur des SAAL

fehlungen ITU-T Q.2130 und Q.2140 jeweils eigene Festlegungen getroffen werden.

7.1.1
Die Funktionen der SSCOP-Teilschicht

Das Protokoll der SSCOP-Teilschicht ist ein typisches, bitorientiertes Sicherungsprotokoll, das auf den Prinzipien der HDLC-Protokolle (High-Level Data Link Control, s. Abschn. 11.2.1.2) basiert. Neben der gesicherten Datenübertragung, die im Rahmen der Punkt-zu-Punkt Verbindungen für die Zeichengabe verwendet wird, unterstützt des SSCOP-Protokoll auch die ungesicherte Übertragung, die z.B. im Rahmen des Verbindungsaufbaus verwendet wird. Prinzipiell kann das SSCOP-Protokoll auch andere AALs als den Typ 5 verwenden und auch für andere Zwecke als die Übermittlung von Zeichengabenachrichten verwendet werden, bisher ist jedoch nur die Verwendung im Rahmen des SAAL definiert.

Die Funktionen des SSCOP-Protokolls umfassen im einzelnen:

Nutzdatenübertragung: SSCOP erlaubt die Übertragung von Nutzdaten zwischen den Nutzern des SSCOP-Dienstes, die Übertragung kann gesichert oder ungesichert erfolgen. Das Informationsfeld der SSCOP-PDU beträgt maximal 65 528 Byte, wobei die tatsächlich verwendete maximale Länge durch Abstimmung der SSCOP-Nutzerprotokolle untereinander auf kleinere Werte eingeschränkt werden kann.

Reihenfolgesicherung: Bei der gesicherten Übertragung werden die an SSCOP übergebenen Dateneinheiten zyklisch durchnumeriert (Modulo 2^{24}).

Dadurch kann die Einhaltung der korrekten Reihenfolge bei der Übertragung garantiert werden.

Behebung von Übertragungsfehlern: Anhand der Folgenummern kann das SSCOP-Protokoll bei der gesicherten Übertragung das Fehlen von Dateneinheiten erkennen, die in der CPCS-Teilschicht des AAL Typ 5 aufgrund von erkannten Übertragungsfehlern verworfen wurden[2] und diese wiederholen. Im Gegensatz zu den meisten HDLC-artigen Protokollen, bei denen alle Dateneinheiten ab der ersten verloren gegangenen wiederholt werden müssen, auch wenn sie korrekt empfangen wurden (Go Back N), werden bei SSCOP nur die tatsächlich verlorengegangenen wiederholt (Selective Repeat). Ein weiterer Unterschied ist, daß das aktive Anfordern von Quittungen durch den Sender (Kontrollpunktverfahren, Polling) nicht nur bei Bedarf, sondern periodisch erfolgt.

Flußsteuerung: SSCOP erlaubt eine Flußsteuerung anhand eines Fenstermechanismus (Window Flow Control), bei dem nur für eine bestimmte Anzahl von Dateneinheiten die entsprechenden Quittungen ausstehen dürfen. Ist diese Anzahl erschöpft, darf die Sendeseite keine Daten mehr senden. Im Gegensatz zu den meisten anderen Protokollen, bei denen die Größe des Sendefensters ein fest eingestellter Parameter ist, wird sie bei SSCOP dynamisch vom Empfänger durch Erteilen von Sendeberechtigungen (Credits) für eine bestimmte Anzahl von Dateneinheiten gesteuert.

Fehleranzeige an das Schichten-Management: Aufgetretene Fehler können an die Instanz für das Schichten-Management gemeldet werden.

Steuerung der SSCOP-Verbindungen: Durch entsprechende Meldungen und Prozeduren können SSCOP-Verbindungen auf- und abgebaut und nach Fehlern können die SSCOP-Instanzen wieder aufeinander synchronisiert werden. Innerhalb der Meldungen für die Verbindungssteuerung können jeweils Nachrichten mit einer maximalen Länge von 65 524 Byte transparent und ungesichert zwischen den Nutzern des SSCOP ausgetauscht werden.

Überprüfung der Funktionsfähigkeit der SSCOP-Verbindung: Wenn die Nutzer des SSCOP über längere Zeit hinweg keine Daten austauschen, werden durch einen „IDLE"-Timer Steuermeldungen initiiert, die eine entsprechende Antwort des Empfängers provozieren und damit die Durchgängigkeit der Verbindung verifizieren.

Erkennen und Beheben von Fehlern im Protokollablauf: Fehler im Protokollablauf werden anhand unterschiedlicher Zeitüberwachungen und anderer Mechanismen erkannt, so daß entsprechende Behebungsmechanismen angestoßen werden können.

Austausch von Statusinformation zwischen SSCOP-Instanzen: Durch entsprechende Meldungen können die SSCOP-Instanzen Informationen über den

---

2 SSCOP selbst besitzt keinen CRC-Mechanismus zur Erkennung von Übertragungsfehlern.

Status ihrer lokalen Zähler austauschen und somit Protokoll- und Übertragungsfehler erkennen.

Zurückholen noch nicht gesendeter Dateneinheiten: Der Nutzer kann Dateneinheiten vom SSCOP zurückfordern, die zwar schon an den SSCOP zur Übertragung übergeben, aber noch nicht erfolgreich übertragen worden sind und deshalb noch in den Sendepuffern stehen (Local Data Retrieval).

Der prinzipielle Ablauf des SSCOP-Protokolls für die gesicherte Übertragung ist in Abb. 7.2 dargestellt. Aufbau (BGN, BGAK) und Abbau (END, ENDAK) der SSCOP-Verbindung erfolgen auf Anforderung der darüberliegenden Schicht, wobei z.B. in der BGN-Nachricht bereits die Verbindungsaufbau-Anforderung der Schicht 3 (SETUP) mitgeschickt werden kann, um die Verbindungsaufbauzeit zu reduzieren. Eine SSCOP-Instanz kann einen ankommenden Verbindungsaufbauwunsch mit BGREJ ablehnen.

Die Signalisiernachrichten (oder andere Daten) der SSCOP-Nutzer werden in SD-Dateneinheiten (Sequenced Data PDU) übertragen, die mit einer 3 Byte langen Folgenummer versehen werden, um Verluste von PDUs erkennen zu können. Während der aktiven Phase der Verbindung werden, gesteuert durch einen sog. „POLL-Timer" auf der Sendeseite, zyklisch POLL-PDUs erzeugt, in denen dem Empfänger der Status der Zustandsvariablen des Senders, insbesondere des Sendefolgezählers, mitgeteilt wird[3]. Anhand dieser Information kann der Empfänger erkennen, ob alle bis dahin gesendeten PDUs empfangen worden sind. Als Reaktion auf die POLL-PDU wird der Empfänger eine STAT-PDU (Solicited Status PDU) generieren, in der alle bisher empfangenen PDUs quittiert werden. Falls eine oder mehrere PDUs verloren gegangen sein sollten, werden diese mit Hilfe der STAT-PDU zur wiederholten Übertragung angefordert. Die fehlenden PDUs werden durch Angabe eines Bereichs identifiziert, wobei die erste fehlende Reihenfolgenummer und die erste wieder korrekt empfangene angegeben wird. Die fehlenden PDUs werden vom Sender daraufhin selektiv wiederholt. Der Empfänger speichert alle nach der Lücke empfangenen PDUs solange zwischen, daß nach der Wiederholung alle PDUs in der richtigen Reihenfolge ausgegeben werden können.

Eine STAT-PDU kann auch mehrere Lücken zur Wiederholung kennzeichnen (Multiple Selective Reject). Wenn z.B. die PDUs 1, 2, 5, 8, 9 und 10 empfangen wurden und eine POLL-PDU mit der Sendefolgenummer 11[4] ankommt, enthält die als Antwort geschickte STAT-PDU

- die Empfangsfolgenummer 3, da die PDU 3 als nächste erwartet wird, sowie
- eine Liste mit den Elementen {3, 5, 6, 8, 11}, wobei die ungeraden Listenelemente jeweils den Beginn einer Lücke und die geraden deren Ende angeben.

---

3 POLL-PDUs werden auch erzeugt, wenn innerhalb eines POLL-Zyklusses eine vorher festgelegte Maximalzahl von gesendeten PDUs überschritten wird.
4 Die Sendefolgenummer kennzeichnet immer die als nächstes zu sendende PDU.

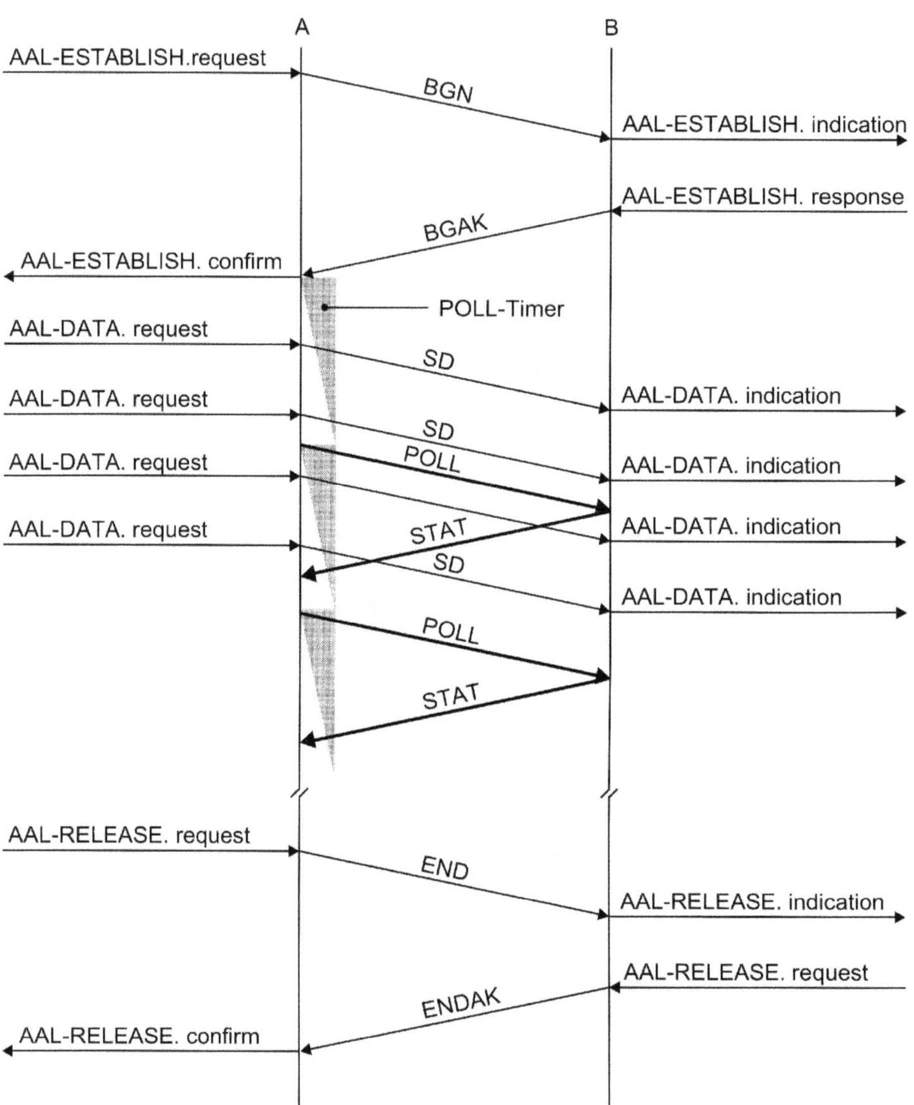

Abb. 7.2. Prinzipieller Ablauf des SSCOP-Protokolls

Neben den vom Empfänger angeforderten Statusmeldungen generiert der
Empfänger auch USTAT-PDUs (Unsolicited Status PDU), wenn er anhand der
Reihenfolgenummern den Verlust von SD-PDUs erkennt, d.h. wenn in der Folge
empfangener PDUs eine oder mehrere fehlen. Die Kennzeichnung des fehlen-
den Bereichs erfolgt analog wie bei der STAT-PDU, wobei jedoch lediglich eine
Lücke pro PDU gemeldet werden kann.

Die POLL-PDUs werden ebenfalls mit einer eigenen Folgenummer durchnumeriert, die in die entsprechenden STAT-PDUs übernommen werden. Dadurch kann festgestellt werden, auf welche Anfrage sich die Antwort bezieht, und Verluste von POLL- und STAT-PDUs können erkannt werden.

Zur Unterstützung der Flußsteuerung ist in den PDUs zur Verbindungssteuerung (z.B. BGAK) sowie in den STAT- und USTAT-PDUs ein Feld enthalten, in welchem dem Sender ein neuer, in der Regel erhöhter, Wert für die maximale Folgenummer übermittelt wird, die der Empfänger noch akzeptiert (Credit Mechanism). Dadurch kann der Empfänger den Durchsatz der SSCOP-Verbindung durch Anpassung des Sendefensters nach seinen Bedürfnissen steuern und bei Bedarf den Sender drosseln, da dieser aufhört zu senden, wenn die maximale akzeptierte Folgenummer erreicht ist.

Durch die periodischen POLL-Zyklen wird sichergestellt, daß der Empfänger oft genug Quittungen für empfangene PDUs und neue Sendeberechtigungen schickt, um einen kontinuierlichen Informationstransfer zu ermöglichen.

Im Rahmen der SSCOP-Verbindungssteuerung kann der Nutzer des SSCOP über ein entsprechendes Signal[5] eine Neusynchronisation der Puffer und Zustandsvariablen in beiden Übertragungsrichtungen initiieren. Die lokale SSCOP-Instanz informiert die Partnerinstanz mittels einer RS-PDU (Resynchronization PDU), die nach Informieren ihrer Nutzerinstanz und Rücksetzen der Zustandsvariablen mit RSAK (Resynchronization Acknowledge) quittiert. Ein Rücksetzen der Zustandsvariablen und Puffer kann auch von einer SSCOP-Instanz selbst initiiert werden, wenn sie einen Protokollfehler, z.B. unsinnige Folgenummern, entdeckt. Die Partnerinstanz wird durch Senden einer ER-PDU (Error Recovery PDU) informiert und quittiert mit ERAK (Error Recovery Acknowledge). Die jeweiligen Nutzer und die Schichtenmanagement-Instanzen werden durch entsprechende Signale benachrichtigt.

Für die ungesicherte Übertragung von Nutzer- und Managementdaten stehen die PDU-Typen UD (Unit Data) und MD (Management Data) zur Verfügung. Diese PDUs enthalten keine Folgenummern und beeinflussen die Zustandsvariablen der SSCOP-Schicht nicht. Deshalb können die mit ihrer Hilfe transportierten Daten nicht gegen Verluste gesichert werden.

Sowohl die Meldungssequenzen für die Verbindungssteuerung als auch diejenigen für den Datenaustausch werden innerhalb des SSCOP-Protokolls zeitüberwacht, so daß auch durch Meldungsverluste keine Blockierungen (Deadlocks) im Ablauf entstehen. In der aktiven Phase der Verbindung übernimmt der „Poll"-Timer diese Funktion, solange PDUs übertragen werden. Wenn im Sender keine PDUs zur Übertragung anstehen, werden mittels eines „Idle"-Timers ebenfalls regelmäßig POLL-PDUs erzeugt, eventuell aber mit ent-

---

5 Die Bezeichnung „Signal" wird anstelle von „Dienstprimitiv" verwendet, um anzudeuten, daß an der oberen Schnittstelle des SSCOP kein formaler Dienst-Zugangspunkt (SAP) gemäß OSI definiert ist.

sprechend längeren Pausen. Dadurch kann die Länge der POLL-Zyklen an die jeweilige Situation angepaßt werden. Durch einen „No Response"-Timer wird überwacht, ob die POLL-PDUs mit STAT-PDUs quittiert werden, so daß eine Unterbrechung der Verbindung erkannt und in einem solchen Fall die SSCOP-Instanz in den Ruhezustand überführt werden kann. Während des Wartens auf eine STAT-PDU wird das Senden der POLL-PDU mehrfach wiederholt, so daß der Verlust einzelner POLL- oder STAT-PDUs nicht zu einem Auslösen der Verbindung führt. Insbesondere wenn keine PDUs zu senden sind, wird diese Wiederholung durch einen „Keep Alive"-Timer gesteuert.

Tabelle 7.1 zeigt die zwischen den SSCOP und dessen Nutzerinstanzen, d.h. den SSCF-Instanzen, definierten Signale, über die die vom SSCOP gebotenen Dienste in Anspruch genommen werden können. Da keine formale Dienstschnittstelle gemäß OSI definiert ist, wird der Begriff „Signale" anstatt „Dienstprimitive" verwendet, die Bezeichnung der Signaltypen erfolgt jedoch wie bei OSI-Dienstschnittstellen (s. Abschn. 11.1.3). Je nach Funktion werden nicht immer alle vier Typen benötigt. Da z.B. die SSCOP-Schicht die Sicherungsfunktionen übernimmt, ist auch bei der gesicherten Übertragung an der Dienstschnittstelle eine unbestätigte Kommunikation ausreichend und AA-DATA.RESPONSE und AA-DATA.CONFIRM sind deswegen nicht definiert.

7.1.2
Die Funktionen der SSCF-Teilschicht

Während die SSCOP-Teilschicht ein allgemein verwendbares Sicherungsprotokoll realisiert, ist die SSCF-Teilschicht sehr stark auf die Anforderungen spezifischer Nutzerprotokolle zugeschnitten. Dies zeigt sich auch darin, daß für die Zeichengabe am UNI und am NNI unterschiedliche SSCF-Definitionen erforderlich sind.

Eine Hauptfunktion der SSCF-Teilschicht besteht in der Umsetzung zwischen der oberen Schnittstelle des SSCOP und den formal definierten Dienstzugangspunkten des SAAL (SAAL-SAP), die von den Verbindungssteuerungs-Protokollen des DSS2 (Q.2931) am UNI bzw. vom MTP Level 3 am NNI verwendet werden. Dazu wird in der ITU-T Q.2130 für das UNI und in der ITU-T Q.2140 für das NNI jeweils die Abbildung der von den höheren Schichten verwendeten Dienstprimitive und ihrer Parameter auf die Signale des SSCOP definiert. Weiterhin werden Dienst-Protokolle für die beiden Schnittstellen der SSCF-Teilschicht definiert, die eine Nutzung der vom SSCOP realisierten Dienste durch die DSS2- und MTP-Protokolle erlauben.

Neben dieser Anpassung der Dienstschnittstellen realisiert die SSCF-Teilschicht diejenigen Funktionen, die in den unteren – durch den SAAL ersetzten – Schichten der Zeichengabeprotokolle im Schmalband-ISDN über die SSCOP-Funktionen hinaus realisiert waren. Während sich daraus für die Funktionalität der SSCF-Teilschicht am UNI keine zusätzlichen Anforderun-

Tabelle 7.1. Signale an der oberen Schnittstelle des SSCOP

Bezeichnung	Req.	Ind.	Resp.	Conf.	Anwendung
AA-ESTABLISH	×	×	×	×	Verbindungsaufbau
AA-RELEASE	×	×	–	×	Verbindungsabbau
AA-DATA	×	×	–	–	Gesicherte Übertragung, Punkt-zu-Punkt
AA-RESYNC	×	×	×	×	Resynchronisation, veranlaßt durch SSCOP-Nutzer
AA-RECOVER	–	×	×	–	Resynchronisation, veranlaßt durch SSCOP
AA-UNITDATA	×	×	–	–	Ungesicherte Übertragung, Punkt-zu-Punkt oder Broadcast
AA-RETRIEVE	×	×	–	–	Lokales Zurückfordern nicht übertragener PDUs
AA-RETRIEVE COMPLETE	–	×	–	–	Keine weiteren PDUs im SSCOP vorhanden
MAA-ERROR	–	×	–	–	Benachrichtigung der Management-Instanz
MAA-UNITDATA	×	×	–	–	Ungesicherte Übertragung von Managementinformation, Punkt-zu-Punkt oder Broadcast

×: Definiert   –: Nicht definiert

gen ergeben, müssen für das NNI einige Funktionen realisiert werden, die im MTP Level 2 enthalten waren, um die Verfügbarkeit des Zeichengabenetzes zu erhöhen.

Außerdem sind in den SSCF-Spezifikationen die Werte für SSCOP-Parameter, wie z.B. für die unterschiedlichen Timer und die maximale Länge der Dateneinheiten festgelegt.

7.1.2.1
Die Funktionen der SSCF-Teilschicht am UNI

Die SSCF-Teilschicht für das UNI (Q.2130) stellt folgende Dienste zur Verfügung:

Ungesicherte Datenübertragung: Die ungesicherte Übertragung von Dienst-Dateneinheiten (SDU) mit maximal 4096 Byte Länge wird unterstützt, wobei vorausgesetzt wird, daß die Länge ein ganzzahliges Vielfaches eines Bytes ist. Dabei können sowohl Punkt-zu-Punkt- als auch Punkt-zu-Mehrpunkt-Verbindungen auf der ATM-Schicht verwendet werden[6].

Gesicherte Datenübertragung: Die gesicherte Datenübertragung wird unterstützt, wobei dieselben Einschränkungen für das SDU-Format gelten wie im ungesicherten Fall. Für die gesicherte Übertragung können lediglich Punkt-zu-Punkt-Verbindungen auf der ATM-Schicht verwendet werden. Die Sicherung, die in der SSCOP-Subschicht realisiert ist, umfaßt den Schutz gegen Verlust, fälschliche Einfügung, Verfälschung und Veränderung der Reihenfolge der Daten (s. Abschn. 7.1.1).

Transparente Datenübertragung: Der SAAL beschränkt in keiner Weise den Inhalt, das Format oder die Kodierung der Information, so daß er einen transparenten Übertragungskanal zur Verfügung stellt.

Verbindungssteuerung für die gesicherte Übertragung: Der SAAL unterstützt den Auf- und Abbau von SAAL-Verbindungen für die gesicherte Übertragung, wobei die Verbindungen in bestimmten Fehlerfällen auch auf Initiative des SAAL abgebaut werden können, so daß eventuell Nutzerdaten verlorengehen.

Ein Multiplexen von mehreren Zeichengabeverbindungen in eine ATM-Verbindung wird nicht unterstützt, so daß jedem Verbindungsendpunkt (Connection Endpoint) im AAL-SAP (Service Access Point) genau ein Verbindungsendpunkt im ATM-SAP zugeordnet ist und umgekehrt.

---

6 Derzeit ist keine Zeichengabeanwendung definiert, die eine ungesicherte Punkt-zu-Punkt-Übertragung verwendet.

7.1.2.2
Die Funktionen der SSCF-Teilschicht am NNI

Die transparente, gesicherte Datenübertragung über Punkt-zu-Punkt-Verbindungen auf der ATM-Schicht ist für die SSCF-Teilschicht am NNI (Q.2140) identisch definiert wie für das UNI. Die einzige Zusatzfestlegung besteht darin, daß die zu übertragenden SDUs eine Länge von mindestens 5 Byte haben müssen. Eine ungesicherte Übertragung wird vom SAAL am NNI nicht angeboten.

Zusätzlich wurden für die Schnittstelle zum MTP folgende Dienste definiert:

Verbindungssteuerung: Die Steuerung für die Signalisierungsverbindungen wurde durch eine Prüfprozedur (Initial Alignment Procedure) erweitert, mit der die Übertragungsqualität einer neu aufgebauten SAAL-Verbindung überprüft werden kann, bevor diese zur Benutzung freigegeben wird. In dieser Phase werden von der SSCF-Teilschicht PDUs geschickt und die Managementinstanz überwacht die Anzahl der notwendigen Wiederholungen. Die PDUs werden mit einer Rate erzeugt, die 50% der Maximalrate entspricht, so daß in der Prüfphase relativ hohe dynamische Anforderungen an die Protokollimplementierungen gestellt werden. In Sonderfällen kann auf die Prüfprozedur verzichtet werden (Emergency Alignment).

Zurückholen von SDUs aus den SSCOP-Sendespeichern: Mit diesem Dienst (Local Retrieval) kann der sendende SAAL-Nutzer SDUs vom SSCOP zurückfordern, solange sie noch nicht übertragen und quittiert sind. Dieser Dienst wird beim Umschalten zwischen zwei Zeichengabestrecken (Changeover) verwendet.

Fehlerüberwachung für die Zeichengabestrecke: Neben der Überprüfung vor der Aktivierung wird eine Fehlerüberwachungsfunktion zur Verfügung gestellt, die während des Betriebs die Übertragungsqualität überwacht und gegebenenfalls die Außerbetriebnahme der Strecke mit veranlaßt.

Flußsteuerung: Eine lokale Anzeige für Überlastsituationen der Zeichengabestrecke wird definiert, wobei deren Ausprägung von der jeweiligen Realisierung abhängt.

Neben der Abbildung der Dienst-Primitive zum MTP auf diejenigen zum SSCOP und den entsprechenden Dienstprotokollen ist eine Schnittstelle zum in der ITU-T Q.2144 definierten Schichten-Management für den SAAL definiert. Diese Managementinstanz ist für die Überprüfung der Übertragungsgüte verantwortlich und steuert deshalb z.B. das „Initial Alignment". Über die Schnittstelle zum Schichten-Management werden auch zusätzliche Informationen über Fehlfunktionen weitergegeben. So wird beim Auslösen einer SSCOP-Verbindung der Auslösegrund an die Managementinstanz weitergegeben. Die Überwachung der Zeichengabestrecken wird auch dadurch unterstützt, daß die SSCF-Teilschicht lokale Zustandsvariablen über deren aktuellen Zustand verwaltet und gegebenenfalls bei Zustandsänderungen den MTP bzw. die SSCOP-Teilschicht unterrichtet.

Die Managementinstanz kann außerdem die SSCF-Teilschicht von einem lokalen Prozessorausfall (Processor Outage) unterrichten. Daraufhin wird die SAAL-Verbindung abgebaut und die lokale MTP-Instanz informiert. Über einen Parameter in der Abbauanforderung wird der Auslösegrund an die Gegenseite übermittelt, wo von der SSCF-Teilschicht sowohl die Managementinstanz als auch die MTP-Instanz benachrichtigt wird.

Für die Übermittlung der „Processor Outage"-Meldung sowie für die Steuerung der Überprüfung bei Inbetriebnahme werden Meldungselemente benötigt, die zur Partnerinstanz übertragen werden (Peer-to-Peer). Dafür ist ein Typ von SSCF-PDU definiert, der eine feste Länge von 4 Byte hat. Da bisher erst neun Kodepunkte definiert sind, wird lediglich das vierte Byte verwendet, die restlichen sind für zukünftige Anwendungen reserviert. Dadurch, daß alle Dateneinheiten der SAAL-Nutzer mindestens 5 Byte lang sind, kann die Unterscheidung zwischen diesen und den SSCF-PDUs beim Empfänger sehr einfach anhand der Länge erfolgen.

Da die Anforderungen an die Verfügbarkeit beim Signalisiernetz, das das „Nervensystem" des Netzes darstellt, sehr hoch sind, sind auch die für das NNI festgelegten Werte für die Timer erheblich kürzer als für das UNI[7]. Durch die entsprechend kurzen POLL-Zyklen ergibt sich eine erhebliche dynamische Grundlast für die Protokollinstanzen, auch wenn keine oder nur wenig Signalisierinformation ausgetauscht wird.

7.2
Teilnehmersignalisierung

7.2.1
Die Teilnehmersignalisierung gemäß ITU-T Q.2931

Bei ITU-T[8] wird die Teilnehmersignalisierung für das B-ISDN unter der Bezeichnung „Digital Subscriber Signalling System No. 2" (DSS2) spezifiziert. Während die Schichten 1 und 2 des D-Kanal-Protokolls für die Signalisierung im Schmalband-ISDN (DSS1, s. Abschn. 11.2.1.2) durch den ATM-basierten Transport mittels des SAAL ersetzt wurden, basiert die Schicht 3, die die eigentliche Steuerung der Benutzerverbindungen realisiert, weitgehend auf dem entsprechenden Standard für das Schmalband-ISDN.

7　Am NNI (UNI) gelten: Poll 100 ms (750 ms), Keep-Alive 100 ms (2 s), Idle 100 ms (15 s), No-Response 1,5 s (7 s).

8　ETSI übernimmt die Festlegungen von ITU-T analog in die entsprechenden ETSI-Standards, die deshalb hier nicht extra erwähnt werden.

Die Zeichengabemeldungen werden getrennt von den eigentlichen Nutzdaten in speziellen Signalisierkanälen (Signalling Virtual Channel) transportiert, für die auf der ATM-Schicht bestimmte VPI/VCI-Kombinationen reserviert sind (s. Abschn. 4.3.3). Bezüglich der Signalisierung wird am B-UNI zwischen einer Punkt-zu-Punkt- und einer Punkt-zu-Mehrpunkt-Konfiguration unterschieden. Bei der ersteren existiert auf der Benutzerseite des B-UNI lediglich eine Zeichengabeinstanz (Signalisierungs-Endpunkt), während bei der letzteren mehrere vorhanden sind (ITU-T I.311).

Während sich im Schmalband-ISDN in der Regel mehrere an einem passiven Bus angeschlossene Endgeräte einen gemeinsamen D-Kanal im asynchronen Zugriff zur Übermittlung der Zeichengabemeldungen teilen, werden im B-ISDN Punkt-zu-Punkt-Signalisierkanäle verwendet, die exklusiv einem Signalisierungs-Endpunkt – und damit einem Endgerät oder einer Nebenstellenanlage – zugeordnet sind. Für die am B-UNI bisher standardisierte Punkt-zu-Punkt-Konfiguration des UNI, bei der lediglich ein Endgerät angeschlossen ist, reicht deshalb ein einziger Punkt-zu-Punkt-Signalisierkanal aus. Dieser ist immer vorhanden und wird durch die Kombination von VPI=0 und VCI=5 gekennzeichnet. Mit diesem Signalisierkanal können auch Nutzverbindungen in anderen virtuellen Pfaden (VPI$\neq$0) gesteuert werden (Non-VP Associated Signalling). Neben dieser Variante, die auf jeden Fall unterstützt werden muß, kann auch eine VP-bezogene Signalisierung (VP Associated Signalling) als Option unterstützt werden, bei der in jedem virtuellen Pfad ein eigener Signalisierkanal existiert, der nur die Nutzverbindungen im jeweiligen Pfad steuert. Statt dem in der ATM-Schicht verwendeten VPI zur Kennzeichnung eines virtuellen Pfades wird in den Signalisierprotokollen ein logischer „Virtual Path Connection Identifier" (VPCI) verwendet, dessen Abbildung auf den VPI in den Signalisierinstanzen auf beiden Seiten des UNI unterschiedlich sein kann. Dies ist z.B. deshalb erforderlich, weil der VPI zwischen dem UNI und der Zeichengabeinstanz im Netz durch eventuell vorhandene ATM-Crossconnects verändert werden kann. Für die Kennzeichnung der einzelnen Verbindungen innerhalb eines Pfades wird auch in den Signalisierprotokollen direkt der VCI verwendet.

Für eine Punkt-zu-Mehrpunkt-Konfiguration am B-UNI müssen mehrere Punkt-zu-Punkt-Zeichengabekanäle je nach Bedarf aufgebaut werden. Außerdem werden Broadcast-Zeichengabekanäle benötigt, um z.B. ankommende Verbindungsaufbau-Anforderungen gleichzeitig an alle Endgeräte weiterleiten zu können. Die Verwaltung dieser Zeichengabekanäle wird durch eine sog. „Meta-Signalisierung" (Meta-Signalling) vorgenommen, die in Abschn. 7.2.7 näher beschrieben wird. Die Meta-Signalisierung ist nicht erforderlich, wenn am B-UNI lediglich Punkt-zu-Punkt-Konfigurationen unterstützt werden.

Die einfache Verbindungssteuerung ohne zusätzliche Dienstmerkmale (Basic Call) wird in der ITU-T Q.2931 definiert. In der ersten Stufe (Capability

Set 1) wird lediglich die Steuerung einzelner Punkt-zu-Punkt-Verbindungen mit Zuordnung der Spitzenzellrate unterstützt. Die Angabe von Parametern über die Spitzenzellrate hinaus und Mehrpunktverbindungen werden nicht unterstützt. Außerdem werden keine Gespräche aus mehreren Einzelverbindungen (Multi-Connection Call) unterstützt, weshalb auch keine Unterscheidung zwischen „Call Control" und „Connection Control" vorgenommen wird. In der ITU-T Q.2931 werden die aus dem Schmalband-ISDN (Q.931) bekannten Prinzipien bis hin zu den Meldungstypen und den Meldungselementen, aus denen sie bestehen, zum Großteil übernommen[9]. Zusätzlich werden B-ISDN- und ATM-spezifische Meldungselemente neu definiert, um z.B. die Eigenschaften des ATM-Übermittlungsdienstes oder die Charakteristika der Verbindung selbst beschreiben zu können. Um ein einfaches Interworking mit der Signalisierung für das Schmalband-ISDN (DSS1, s. Abschn. 11.2.1.2) zu gewährleisten, werden Prozeduren, Meldungen (PROGRESS, SETUP ACKNOWLEDGE, INFORMATION) und Meldungselemente unterstützt, die im B-ISDN selbst nicht verwendet werden. Außerdem wird festgelegt, wie die Meldungselemente, die im DSS1 die jeweils verwendeten Übermittlungs- (Bearer Service) und Teledienste (Tele Service) festlegen, beim Interworking zwischen DSS1 und DSS2 ineinander umgesetzt werden.

Ein generisches Protokoll für die Steuerung der zusätzlichen Dienstmerkmale wird im Rahmen des Capability Set 2 in der Q.2932 festgelegt.

Zur Adressierung der Teilnehmer wird bei B-ISDN-Netzen auf der Basis der ITU-T-Empfehlungen bevorzugt der ISDN-Rufnummernplan (ITU-T E.164) verwendet[10]. Der Aufbau einer ISDN-Adresse ist in Abb. 7.3 dargestellt[11]. Die Kodierung erfolgt mittels des BCD-Kodes (Binary Coded Decimal), bei dem jede Dezimalziffer mit 4 Bit binär dargestellt wird. Der erste Teil, die internationale ISDN-Nummer mit einer Länge von maximal 15 Dezimalziffern entspricht dabei der vom analogen Telefonnetz her bekannten internationalen Teilnehmernummer. Neben einer Länderkennzahl (Country Code, 1–3 Ziffern, Beispiel: 49 für Deutschland) besteht sie aus einem nationalen Zielcode und der eigentlichen ISDN-Teilnehmernummer. Der nationale Zielcode (National Destination Code) kennzeichnet dabei entweder ein spezielles Netz innerhalb eines Landes, z.B. ein Mobilfunknetz (171/172), ein Ortsnetz (z.B. 89 für München) oder eine Kombination von beiden.

---

9 Bezüglich der Meldungstypen und Abläufe wird das getrennte Auslösen der Zeichengabe- und der Nutzkanalverbindung (DISCONNECT/RELEASE) durch ein gemeinsames Auslösen mit RELEASE ersetzt.

10 Das DSS2-Protokoll läßt prinzipiell auch andere Adressierungsarten zu, z.B. eine OSI NSAP-Adressierung (ITU-T X.213)

11 Präfixe, wie z.B. die Verkehrs-Ausscheidungsziffer 0, und andere Steuerinformationen werden nicht als Teil der ISDN-Nummer behandelt und sind deshalb hier nicht dargestellt.

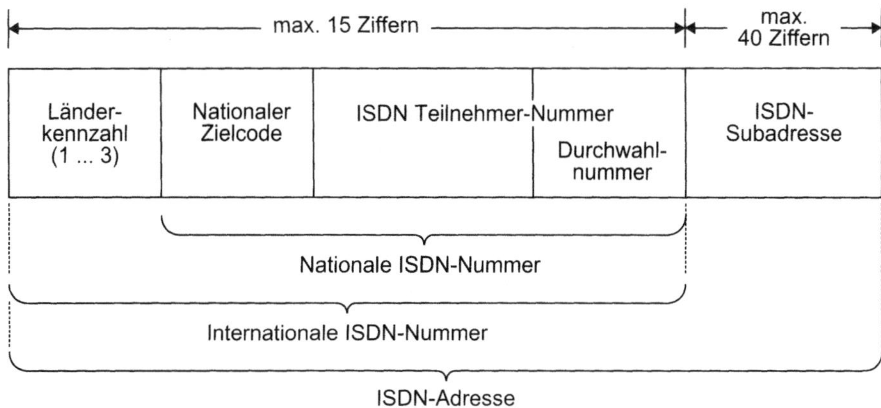

Abb. 7.3. Aufbau einer ISDN-Adresse gemäß ITU-T E.164

Die Teilnehmernummer identifiziert einen bestimmten Teilnehmeranschluß. Falls der Teilnehmer mittels einer privaten Installation, z.B. einer ISDN-Nebenstellenanlage (Private Branch Exchange, PBX oder PABX) angeschlossen ist, können die letzten Ziffern der Teilnehmernummer zur direkten Durchwahl (Direct Dialling In, DDI) innerhalb der Nebenstellenanlage verwendet werden. Dieser Teil der Teilnehmernummer wird dann vom Teilnehmer verwaltet und im Netz nicht ausgewertet.

Der zweite Teil der ISDN-Adresse, die ISDN-Subadresse, bietet zusätzliche Adressierungsmöglichkeiten und kann eine Länge von bis zu 40 Dezimalziffern haben. Für Datenanwendungen kann als Subadresse z.B. eine OSI NSAP-Adresse (s. Abschn. 11.1.3) verwendet werden, um einen bestimmten Dienstzugangspunkt der Schicht 3 innerhalb einer Teilnehmerinstallation zu adressieren.

Bei der im nächsten Abschnitt beschriebenen einfachen Verbindungssteuerung (Basic Call) im B-ISDN wird lediglich die Adressierung eines Anschlusses am öffentlichen Netz unterstützt, die direkte Durchwahl und die Subadressierung wird im Rahmen der einfachen Zusatz-Dienstmerkmale unterstützt (s. Abschn. 7.2.4).

7.2.1.1
Einfache Verbindungssteuerung

Abbildung 7.4 zeigt den prinzipiellen Ablauf des Peer-to-Peer-Protokolls der Schicht 3 des DSS2 für den (erfolgreichen) Auf- und Abbau einer einfachen Punkt-zu-Punkt-Verbindung. Dargestellt sind die teilnehmerseitigen Instanzen auf der rufenden bzw. der gerufenen Seite, insbesondere die DSS2-Signalisierinstanz und die Anwenderinstanz, die den tatsächlichen Teilneh-

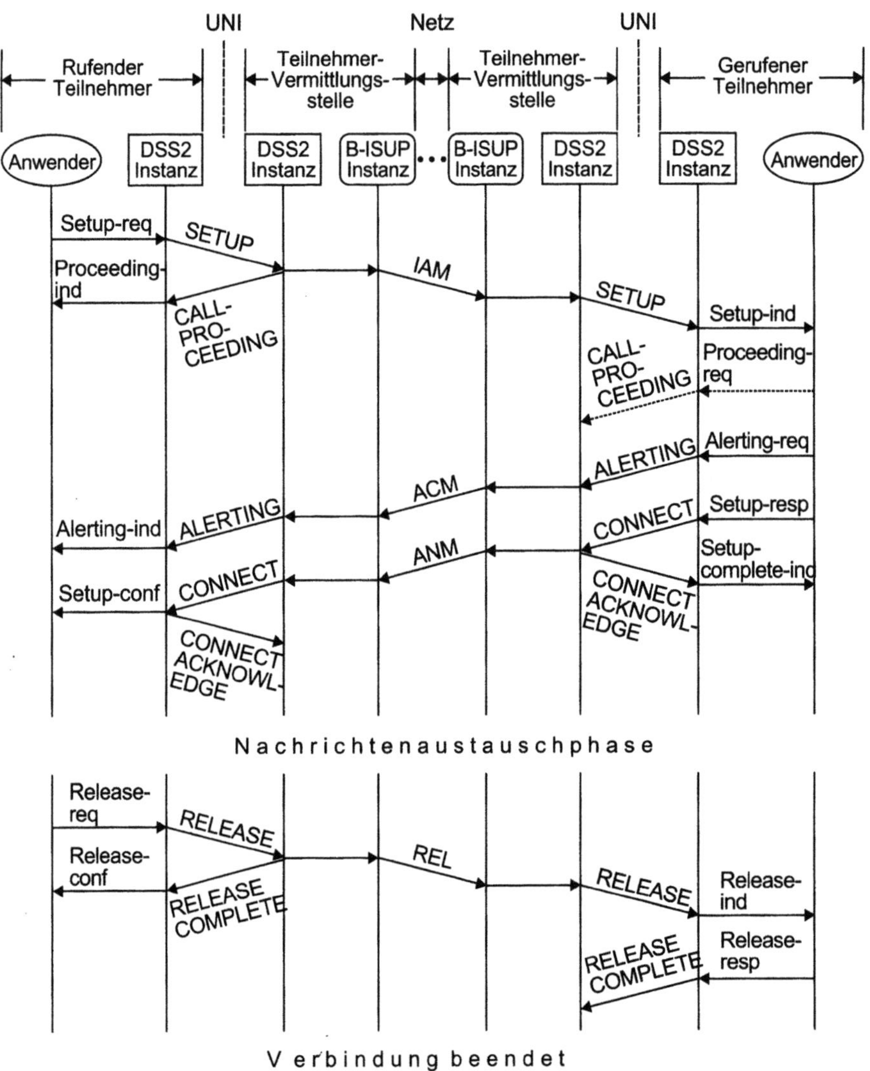

Abb. 7.4. Verbindungsauf-und Abbau am B-UNI

mer (Mensch, Anwendungsprogramm) repräsentiert. Außerdem sind die netz-seitigen DSS2-Instanzen dargestellt, die sich in der jeweiligen Teilnehmer-Vermittlungsstelle befinden. Die ebenso in den Teilnehmer-Vermittlungsstellen angesiedelten B-ISUP-Instanzen, die für die Steuerung der Verbindung innerhalb des Netzes zuständig sind, sind ebenfalls angedeutet, die weiteren B-ISUP-Instanzen in den Transitknoten sind weggelassen. Während alle relevanten Schicht 3-Nachrichten des DSS2-Protokolls dargestellt sind, sind nur diejenigen B-ISUP-Meldungen dargestellt, die für das Verständnis notwendig sind[12].

Die Anwenderinstanz auf der rufenden Seite initiiert den Verbindungsaufbau, indem sie eine entsprechende Anforderung generiert. Daraufhin wird eine DSS2-Schicht 3-Instanz für diese Verbindung erzeugt und gegebenenfalls eine Signalisierverbindung (VPI=0, VCI=5) aufgebaut, falls diese noch nicht existiert, damit eine gesicherte Übertragung der Zeichengabemeldungen möglich ist. Die DSS2-Instanz erzeugt eine SETUP-Meldung, mit der die Netzseite über das Vorliegen eines Verbindungswunsches informiert wird. Die SETUP-Meldung enthält alle für den Verbindungsaufbau notwendigen Informationen, insbesondere:

- Die komplette Zieladresse (Blockwahl), die nachträgliche Übermittlung von Wählziffern in INFORMATION-Meldungen wird im B-ISDN nicht verwendet und lediglich für das Interworking mit dem Schmalband-ISDN unterstützt.

- Alle Informationen zum angeforderten Dienst, wie z.B. die für den Verkehrsvertrag relevanten Parameter der ATM-Schicht, den ATM-Verbindungstyp (ATM Transfer Capability, s. Abschn. 5.1), AAL-Typ und AAL-Parameter (optional), sowie weitere zur Definition des Dienstes notwendige Angaben zu den Protokollen der höheren Schichten.

- Die Anforderung einer Verbindungskennung (VPCI/VCI): Falls der Teilnehmer die Verwendung einer bestimmten Verbindungskennung wünscht, kann er dies optional ebenfalls angeben. Er kann dabei den gewünschten VPCI angeben, bezüglich des VCIs kann er entweder einen bestimmten Wert vorgeben, oder alle im entsprechenden VPCI erlaubten Werte zulassen. Falls keine Angaben gemacht werden, wird die Verbindungskennung von der netzseitigen DSS2-Instanz zugewiesen.

Zusätzlich können noch weitere (optionale) Informationen enthalten sein, wie z.B. die eigene Adresse oder Angaben über die Auswahl eines bevorzugten Betreibers im Transitnetz.

Die netzseitige DSS2-Instanz wird die Verfügbarkeit der entsprechenden Ressourcen (Bandbreite, VPCI/VCI etc.) überprüfen und den rufenden Teilnehmer mit einer CALL-PROCEEDING-Meldung davon unterrichten, daß der angeforderte Verbindungsaufbau initiiert worden ist und daß keine auf den Verbindungsaufbau bezogenen Informationen mehr akzeptiert werden. In dieser Meldung wird auch die für die Verbindung gültige Verbindungskennung (VPCI/VCI) zugeteilt. Dabei wird entweder der explizit vom Teilnehmer angeforderte VPCI/VCI-Wert bestätigt oder es wird ein VPCI/VCI-Wert bekanntgegeben, wenn kein bestimmter Wert angefordert war. Falls bereits in dieser Phase erkannt wird, daß die Verbindung nicht aufgebaut werden kann,

---

12 Die B-ISUP-Meldungen sind in Abschn. 7.3.1 erklärt.

z.B. weil die angeforderte VPCI/VCI-Kombination nicht verfügbar ist, wird der Verbindungsaufbau abgebrochen und dies dem Teilnehmer mit einer RELEASE COMPLETE-Meldung mitgeteilt.

Wenn, wie im gezeigten Beispiel, für die Zwischenamts-Signalisierung das CCS7-Signalisiersystem verwendet wird, kommuniziert die netzseitige DSS2-Instanz mit der für den Verbindungsaufbau durch das Netz verantwortlichen B-ISUP-Instanz, die ihrerseits den Verbindungswunsch in einer IAM-Meldung (Initial Address Message) durch das Zeichengabenetz zur Partnerinstanz in der Teilnehmer-Vermittlungsstelle des gerufenen Teilnehmers weiterleitet.

Angestoßen durch die B-ISUP-Instanz wird in der Teilnehmer-Vermittlungsstelle auf der gerufenen Seite ebenfalls eine DSS2-Schicht 3-Instanz für die Verbindung erzeugt und gegebenenfalls eine Signalisierungsverbindung zum gerufenen Teilnehmer aufgebaut (falls diese noch nicht existiert). Die Verbindungsaufbau-Anforderung wird an den Teilnehmer geschickt, wobei die für diesen relvanten Informationen in bezug auf die Verbindung und den angeforderten Dienst mit enthalten sind. Daraufhin wird eine teilnehmerseitige DSS2-Schicht 3-Instanz für die Verbindung erzeugt. Diese Instanz überprüft, ob das entsprechende Endgerät kompatibel zu dem in der SETUP-Meldung angeforderten Dienst ist und benachrichtigt in diesem Fall die gerufene Anwenderinstanz. Falls das Endgerät inkompatibel ist, wird der Verbindungsaufbau durch Senden von RELEASE COMPLETE abgebrochen, wobei die Inkompatibilität des Zielteilnehmers als Abbruchsgrund mit übermittelt wird.

Auf Anforderung der Anwenderinstanz wird die DSS2-Schicht 3-Instanz beim gerufenen Teilnehmer mit einer ALERTING-Meldung signalisieren, daß der Teilnehmer gerufen wird. Dies wird über das Signalisiernetz bis zum rufenden Teilnehmer zurückgemeldet. Wenn der gerufene Teilnehmer die Verbindung annimmt, sendet seine DSS2-Schicht 3-Instanz eine CONNECT-Meldung, die der rufenden Seite übermittelt wird. Nachdem die CONNECT-Meldung auf beiden Seiten lokal mit CONNECT ACKNOWLEDGE quittiert worden ist, ist die Verbindung erfolgreich aufgebaut und die Nachrichtenaustausch-Phase beginnt.

Die Verbindungskennung (VPCI/VCI) auf der gerufenen Seite wird durch Meldungselemente in der SETUP-Meldung und in der ersten vom gerufenen Teilnehmer zurückgeschickten Meldung ausgehandelt. Die Netzseite kann dabei entweder eine bestimmte VPCI/VCI-Kombination vorgeben oder die Auswahl von VCI bzw. VPCI und VCI dem Endgerät überlassen.

Automatisch antwortende Endgeräte können ohne Senden einer ALERTING-Meldung die Verbindung direkt mit CONNECT annehmen. Falls die Bearbeitung der SETUP-Meldung auf der gerufenen Seite solange dauert, daß die Zeitüberwachung der SETUP-Meldung ablaufen würde, kann der gerufene Teilnehmer mit CALL PROCEEDING der Netzseite signalisieren, daß die Aufbauanforderung empfangen wurde und in Bearbeitung ist. Ein besetzter Teilnehmer kann mit RELEASE COMPLETE den Abbruch des Verbindungsaufbaus einleiten.

Das Beenden der Verbindung wird von einer der beiden beteiligten Seiten auf Anforderung der Nutzerinstanz durch Senden einer RELEASE-Meldung initiiert. Diese Meldung wird zur anderen Seite übermittelt und startet auch dort den Abbauvorgang. Nachdem alle Ressourcen (z.B. die Verbindungskennung) freigegeben sind, werden die RELEASE-Meldungen lokal mit RELEASE COMPLETE quittiert und alle beteiligten DSS2-Schicht 3-Instanzen werden in den Ruhezustand überführt.

Eine Verbindung kann sowohl in der Nachrichtenaustausch-Phase als auch während der Verbindungsaufbau-Phase jederzeit von beiden Seiten unabhängig mit RELEASE beendet werden. Um dem Kommunikationspartner mitzuteilen, ob es sich um einen ganz normalen Verbindungsabbau handelt oder ob z.B. eine Inkompatibilität, ein Besetztfall oder ein Ressourcenengpaß vorliegt, enthält die RELEASE-Meldung ein Meldungselement, das die Übermittlung des jeweiligen Grundes erlaubt.

Für das Schmalband Interworking wird außer der Blockwahl auch die Nachwahl (Overlap Sending) unterstützt, bei der Teile der Zieladresse nicht in der SETUP-Meldung, sondern in getrennten INFORMATION-Meldungen übermittelt werden. In diesem Fall wird eine empfangene SETUP-Meldung mit SETUP ACKNOWLEDGE quittiert um anzuzeigen, daß die Aufbauanforderung empfangen wurde, daß aber möglicherweise noch Informationen für die vollständige Bearbeitung fehlen. Ebenfalls beim Interworking wird eine PROGRESS-Meldung verwendet, um Informationen über den Fortschritt des Verbindungsaufbaus zu übermitteln.

Alle Signalisiermeldungen werden in den beteiligten Instanzen der Schicht 3 auf Formatfehler überprüft und der gesamte Meldungsaustausch wird über verschiedene Timer zeitüberwacht, um Blockierungen im Protokollablauf zu vermeiden. Außerdem kann bei vermuteten Protokollfehlern eine Schicht 3-Instanz mittels einer STATUS ENQUIRY-Meldung den aktuellen Zustand der Partnerinstanz abfragen, der daraufhin in einer STATUS-Meldung zurückgemeldet wird. Im Fehlerfall können die Protokollinstanzen durch Senden einer RESTART-Meldung einzelne Verbindungen, komplette virtuelle Pfade oder alle von der Instanz kontrollierten Verbindungen in den Ruhezustand zurücksetzen. Das erfolgte Rücksetzen wird mittels RESTART ACKNOWLEDGE zurückgemeldet.

7.2.1.2
Struktur der Schicht 3-Meldungen

Die Schicht 3-Meldungen müssen sehr vielfältige Informationen übermitteln, die je nach Meldungstyp, Senderichtung (zum Netz oder zum Teilnehmer, rufende oder gerufene Seite) und konkretem Anwendungsfall variieren. Deshalb

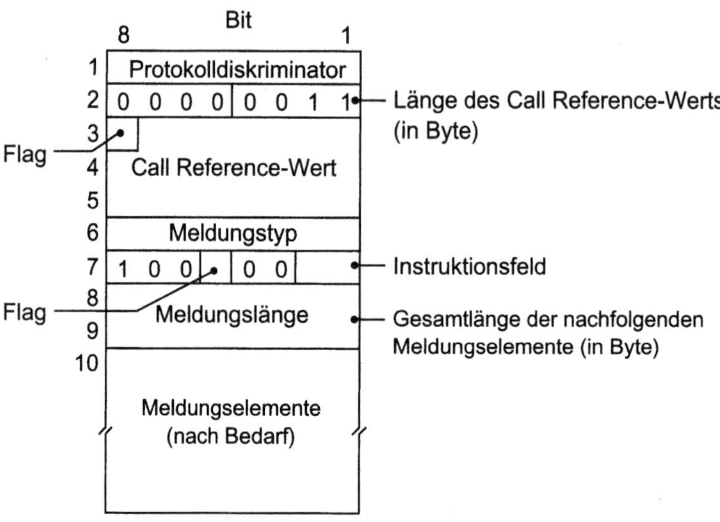

Abb. 7.5. Format einer Schicht 3-Meldung

wurde eine sehr flexible Struktur für die Meldungen definiert. Neben den ersten
vier, für alle Meldungen einheitlichen Feldern, aus denen die Funktion der Meldung, ihre Zugehörigkeit zu einer bestimmten Signalisierungsbeziehung und
ihre Länge bestimmt werden kann, bestehen die Signalisiermeldungen aus einer variablen Anzahl von Meldungselementen, die jeweils eine variable Länge
aufweisen und spezifische Informationen und Parameter enthalten. Für jede
Meldung ist dabei genau festgelegt, welche Meldungselemente enthalten sein
müssen und welche optional enthalten sein können. Abbildung 7.5 zeigt das
prinzipielle Format einer Schicht 3-Meldung.

Das erste Byte jeder Meldung enthält den „Protokolldiskriminator",
der eine Unterscheidung unterschiedlicher Protokolle erlaubt. Die Kodie-
rung 10001001 kennzeichnet Verbindungssteuerungs-Meldungen gemäß ITU-T
Q.2931, während 00001000 Verbindungssteuerungs-Meldungen für die ISDN-
Signalisierung gemäß ITU-T Q.931 anzeigt. Die anderen Werte sind für andere
Schicht 3-Protokolle bzw. für nationale Protokollvarianten reserviert.

Das zweite Feld enthält die „Call Reference" (Byte 2 bis 5), die die Zugehörigkeit der Meldung zu einer bestimmten Signalisierungsbeziehung (Verbindung) kennzeichnet. Die Call Reference ist eine lokale Kennung, die nur
an dem jeweiligen B-UNI gültig ist, so daß die auf der rufenden und der gerufenen Seite für eine Verbindung gewählten Werte voneinander unabhängig
sind. Bei der Generierung einer Verbindungssteuerungs-Instanz wird dieser
eine Call Reference zugeordnet, die in allen Meldungen dieser Signalisierungsbeziehung verwendet wird. Da mehrere Verbindungen – und damit Signalisie-
rungsbeziehungen – gleichzeitig an einem B-UNI existieren können, wird die

Call Reference benötigt, um die über den gemeinsamen Zeichengabekanal ankommenden Meldungen an die richtige Protokollinstanz weiterzuleiten. Nach Beendigung der Signalisierungsbeziehung wird der Wert wieder freigegeben und steht für eine erneute Verwendung zur Verfügung.

In den Bits 1 bis 4 des zweiten Bytes der Meldung ist die Länge des eigentlichen Call Reference-Wertes (in Byte) abgelegt[13]. Um eine gleichzeitige Vergabe einer identischen Call Reference durch die Protokollinstanzen auf beiden Seiten einer Schnittstelle zu verhindern, setzt diejenige Instanz, die die Signalisierungsbeziehung initiiert hat, also die Teilnehmerseite bei einem abgehenden und die Netzseite bei einem ankommenden Ruf, das Bit 8 des dritten Bytes der Meldung (Flag) in allen Meldungen zu NULL während die Partnerinstanz in ihren Meldungen zwar den gleichen Wert für die Call Reference verwendet, dieses Bit aber zu EINS setzt.

Für Meldungen, die alle aktiven Signalisierverbindungen betreffen (Statusabfragen, RESTART-Meldungen) gibt es eine „globale" Call Reference, deren Wert mit lauter NULLen kodiert ist. Eine Kodierung des Wertes mit lauter EINSen ist als „Dummy" Call Reference definiert. Diese Kodierung wird derzeit nicht verwendet.

Das dritte Feld (Bytes 6 und 7) gibt den Meldungstyp an. Im Byte 6 ist dabei der eigentliche Meldungstyp (SETUP, etc.) kodiert. Ein Wert mit lauter NULLen kennzeichnet, daß ein länderspezifischer Meldungstyp vorliegt. In diesem Fall ist der eigentliche Meldungstyp im zehnten Byte der Meldung kodiert. Ein Wert mit lauter EINSen ist für einen Erweiterungsmechanismus reserviert, mit dem der eigentliche Meldungstyp ebenfalls im zehnten Byte kodiert werden kann, falls die Kodepunkte im Byte 6 nicht mehr ausreichen sollten. Das Byte 7 wird verwendet, um dem Empfänger explizit mitzuteilen, wie er sich verhalten soll, wenn der den jeweiligen Meldungstyp nicht kennt. Ist das Flag in Bit 5 zu NULL gesetzt, wird das Instruktionsfeld (Bit 1 und 2) ignoriert und die in der ITU-T Q.2931 definierten Standardregeln für die Fehlerbehandlung werden angewendet. Andernfalls wird je nach Kodierung des Instruktionsfeldes (Message Action Indicator) die Verbindung ausgelöst, die Meldung nur verworfen oder die Meldung verworfen und zusätzlich ein Statusreport generiert.

In den Bytes 8 und 9 ist die Gesamtlänge der nachfolgenden Meldungselemente (in Byte) kodiert, die zwischen 0 und maximal 4087 Byte betragen kann[14].

Die weiteren Meldungselemente (Message Element), die die eigentlichen Informationen und Parameter der Meldung enthalten, haben je nach Typ eine unterschiedliche Länge, sind aber alle nach dem in Abb. 7.6 dargestellten Muster aufgebaut. Im ersten Byte eines jeden Meldungselements ist der jeweilige Typ (Zieladresse, Verbindungskennung, AAL Parameter, etc.) kodiert, die Ko-

---

13 Die Länge ist in der ITU-T Q.2931 fest als 3 Byte definiert.
14 Beschränkt durch die maximale Länge der SSCF-PDU (4096 Byte).

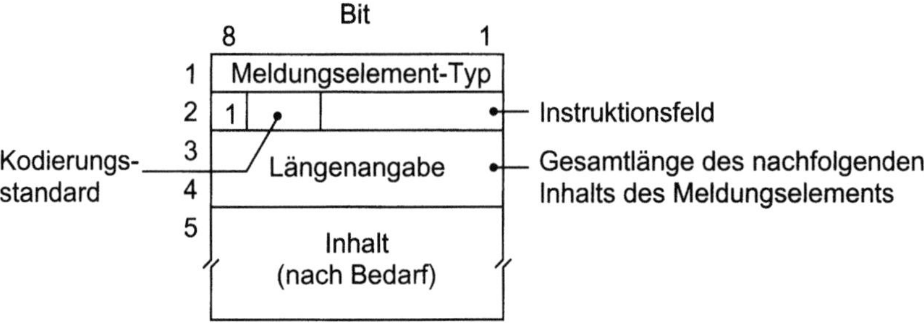

Abb. 7.6. Struktur eines Meldungselements

dierung mit lauter EINSen ist wie bei den Meldungen selbst für einen Erweiterungsmechanismus reserviert.

Die Bits 6 und 7 des zweiten Bytes erlauben die Angabe unterschiedlicher Kodierungsstandards für unterschiedliche Organisationen (ITU-T, ISO/IEC, länder- oder netzspezifisch). Die Bits 1 bis 5 des zweiten Bytes enthalten wiederum Instruktionen, wie bei Auftreten eines unbekannten Meldungselements beim Empfänger verfahren werden soll. Die möglichen Reaktionen sind im Prinzip dieselben wie oben für unbekannte Meldungen beschrieben, es wird jedoch unterschieden, ob lediglich das unbekannte Meldungselement verworfen werden soll, oder ob die Bearbeitung der ganzen Meldung abgebrochen werden muß. Außerdem ist ein Bit für ein „Pass Along Request" reserviert, mit dessen Hilfe es in zukünftigen Versionen möglich sein soll, unbekannte Meldungselemente ohne Fehlerbehandlung weiterzureichen, um die Aufwärtskompatibilität verschiedener Protokollversionen zu erleichtern. Die Bytes 3 und 4 enthalten eine Längenangabe für den nachfolgenden Inhalt des Meldungselements, die es erlaubt, das Ende eines Meldungselements zu erkennen.

Um die Anzahl möglicher Meldungselemente weiter zu vergrößern, wurde die Möglichkeit geschaffen, mit SHIFT-Meldungselementen zwischen acht Kodesätzen für die Meldungselemente hin- und herzuschalten. Der Kodesatz 0 wird für die in der ITU-T Q.2931 definierten Meldungselemente verwendet, andere Kodesätze können von verschiedenen Organisationen (z.B. dem ATM-Forum) verwendet werden. Es sind auch teilnehmerspezifische Kodesätze (User Specific) vorgesehen, die z.B. für die Kommunikation zwischen Nebenstellenanlagen über das öffentliche Netz hinweg verwendet werden können.

Die unterschiedlichen Meldungselemente erlauben es, alle verbindungsbezogenen Angaben bei Bedarf zu übermitteln, insbesondere:

– Die Verbindungskennung (VPCI/VCI),

- Informationen zum angeforderten Dienst, wobei auch die über den reinen ATM-Dienst hinausgehenden Protokollanforderungen und Parameter[15] bei Bedarf angegeben werden können,
- Adressinformationen, wie die Rufnummer und die Subadresse von rufendem und gerufenem Teilnehmer und
- Zustands- und Steuerinformationen für die Erkennung und Behebung von Protokollfehlern.

Anhand der Angaben zum angeforderten Dienst kann die DSS2-Schicht 3-Instanz im Endgerät überprüfen, ob der geforderte Dienst in allen Einzelheiten kompatibel unterstützt wird. Nur in diesem Fall kann eine Verbindung zustande kommen, ansonsten wird sie wegen Inkompatibilität abgelehnt.

Durch diese sehr flexible und erweiterungsfähige Kodierung der Meldungen und der in ihnen enthaltenen Informationen, die bereits in sehr ähnlicher Form beim DSS1-Protokoll angewendet wurde, wurde die Möglichkeit geschaffen, neue Protokollversionen und auch organisations-, länder- und betreiberspezifische Varianten zu definieren, ohne die grundlegenden Protokollmechanismen ändern zu müssen.

7.2.1.3
Zusätzliche Dienstmerkmale

Die zusätzlichen Dienstmerkmale dienen dazu, die Verbindungssteuerung für den Benutzer flexibler und komfortabler zu gestalten. Da in der ersten Stufe der Protokolldefinition für die Breitbandsignalisierung der Schwerpunkt auf der möglichst schnellen Einführung einfacher Wählverbindungen lag, sind im Capability Set 1 nur die wenigen, einfachen[16] Dienstmerkmale zusätzlich spezifiziert, die im folgenden aufgelistet sind.

Durchwahl (Direct Dialling In, DDI, Q.2951.1): Ein Teilnehmer, der hinter einer B-NT2 (Nebenstelle, LAN) angeschlossen ist, kann direkt angewählt werden.

Mehrfachrufnummer (Multiple Subscriber Number, MSN, Q.2951.2): Einem B-UNI können mehrere Rufnummern zugeordnet sein, um z.B. private und geschäftliche Anrufe unterscheiden zu können.

Anzeige der Rufnummer des rufenden Teilnehmers (Calling Line Identification Presentation, CLIP, Q.2951.3): Dem gerufenen Endgerät wird die Adresse des rufenden Teilnehmers übermittelt und kann dem gerufenen Teilnehmer schon vor der Annahme einer Verbindung angezeigt werden.

---

15 Für das Interworking mit dem Schmalband-ISDN existieren eigene Meldungselemente für die Spezifikation des Dienstes.

16 Diese Dienstmerkmale werden als „einfach" bezeichnet, da sie keine eigenen Meldungsflüsse benötigen, sondern lediglich über zusätzliche Meldungselemente in den sowieso gesendeten Meldungen realisiert werden.

Unterdrückung der Rufnummer des rufenden Teilnehmers (Calling Line Identification Restriction, CLIR, Q.2951.4): Der rufende Teilnehmer kann verhindern, daß seine Adresse beim gerufenen Teilnehmer angezeigt wird.

Anzeige der Rufnummer des verbundenen Teilnehmers (Connected Line Identification Presentation, COLP, Q.2951.5): Dem rufenden Endgerät wird die Adresse des tatsächlich verbundenen Teilnehmers übermittelt und kann dem rufenden Teilnehmer angezeigt werden.

Unterdrückung der Rufnummer des verbundenen Teilnehmers (Connected Line Identification Restriction, COLR, Q.2951.6): Der verbundene Teilnehmer kann verhindern, daß seine Adresse beim rufenden Teilnehmer angezeigt wird.

Übermittlung einer Subadresse (Subaddressing, SUB, Q.2951.8): Zusätzlich zur Ziel- oder Ursprungsadresse (Rufnummer) kann weitere Adreßinformation in einem Subaddress-Meldungselement übermittelt werden.

Übermittlung von Signalisierinformationen zwischen Benutzern (User-to-User Signalling Service 1 Implicit Request, UUS1, Q.2957.1): Mit diesem einfachen Dienst können Signalisierinformationen über das Signalisiernetz hinweg zwischen den Teilnehmern ausgetauscht werden. Die Übermittlung erfolgt in speziellen Meldungselementen (User-to-User Information), wobei der Dienst implizit durch Senden dieser Meldungselemente angefordert wird.

Weitere zusätzliche Dienstmerkmale werden in späteren Stufen (Capability Sets) der B-ISDN-Signalisierprotokolle definiert, so daß sukzessive die vom Schmalband-ISDN her bekannten Komfortfunktionen auch für die Breitbandteilnehmer verfügbar gemacht werden können.

7.2.2
Die Teilnehmersignalisierung gemäß ATM-Forum

Das ATM Forum hat im Rahmen seiner UNI-Spezifikationen ebenfalls Protokolle für die Teilnehmersignalisierung festgelegt. Für den Transport der Signalisiermeldungen wurden dabei die Festlegungen für den SAAL (s. Abschn. 7.1) unverändert übernommen. Bezüglich der Verbindungssteuerung wurden die Protokolle, Meldungen und Meldungsformate von ITU-T (Q.2931) weitgehend übernommen. Es wurden aber zum einen in manchen Fällen, z.B. bei der Adressierung, aufgrund der unterschiedlichen Gegebenheiten abweichende Festlegungen getroffen, zum anderen wurden bei der Definition des Leistungsumfangs unterschiedliche Prioritäten gesetzt. Die gravierendsten Abweichungen zwischen der UNI-Spezifikation 3.1 des ATM-Forums und der Stufe 1 der ITU-T Q.2931 sind folgende:

- Es werden Punkt-zu-Mehrpunkt-Verbindungen unterstützt.
- Das Interworking mit dem Schmalband-ISDN wird nicht unterstützt.

- Ein Aushandeln der Verbindungskennung (VPCI/VCI) wird nicht unterstützt, die Verbindungskennung wird immer von der Vermittlungsseite vorgegeben.
- Anstatt dem Rufnummernplan gemäß ITU-T E.164 werden bevorzugt „ATM Endsystem-Adressen" (ATM End System Address, AESA) verwendet, die nach dem Format für einen Schicht 3-Dienstzugangspunkt gemäß OSI strukturiert und kodiert sind.
- Neben der Spitzenzellrate können auch die Parameter für die dauernd erlaubte Zellrate (Sustainable Cell Rate) und für die Burst-Toleranz angegeben werden, die für ein statistisches Multiplexen benötigt werden. Ebenso können weitere Optionen für die Verkehrssteuerung (Best Effort Indikator, Cell Tagging) angegeben werden.
- Es ist ein Registrierungsalgorithmus definiert, mit dem sich ein Terminal bei der Vermittlungsstelle anmeldet und dort seine ATM-Adresse erfragt.
- Es sind keine zusätzlichen Dienstmerkmale spezifiziert, lediglich die Adresse des rufenden Teilnehmers kann übermittelt werden und ISDN-Subadressen können verwendet werden.
- Die ALERTING-Meldung für die Anzeige, daß ein Verbindungsaufbauwunsch den gerufenen Teilnehmer erreicht hat, wird nicht verwendet.

Während viele der Abweichungen durch eine unterschiedliche Priorisierung bestimmter Aspekte bei der gestuften Weiterentwicklung der Zeichengabeprotokolle entstanden sind und somit nur in der Einführungsphase der Breitbandnetze relevant sind, spiegeln die unterschiedliche Adressierung und der Registrierungsalgorithmus die grundlegend unterschiedlichen Konzepte in Netzstruktur und Betrieb wieder. Das stark von der Datenwelt beeinflußte ATM-Forum zielt auf ein dezentral verwaltetes, selbstorganisierendes Netz, während ITU-T eine zentral geplante und verwaltete Struktur zugrunde legt.

Im Gegensatz zu der einheitlichen ISDN-Adresse gemäß ITU-T E.164 (s. Abb. 7.3) werden für die ATM Endsystem-Adresse (ATM End System Address, AESA) die drei in Abb. 7.7 dargestellten, unterschiedlichen Formate auf der Basis der Definitionen für OSI NSAP-Adressen (ITU-T X.213, s. Abschn. 11.1.3) definiert, die alle unterstützt werden sollen.

Für den international standardisierten, weltweit eindeutigen Adreßanteil (Initial Domain Part, IDP) sind neben der internationalen ISDN-Nummer gemäß ITU-T E.164 (Abb. 7.7.c) auch „Data Country Codes" (DCC, Abb. 7.7.a) gemäß ISO 3166 zugelassen, die dasjenige Land angeben, in dem die jeweilige Adresse registriert ist. Zusätzlich sind Adressen auf der Basis eines „International Code Designator" (ICD[17], Abb. 7.7.b) erlaubt, der eine internationale Organisation angibt, die für die Vergabe der jeweiligen Adresse verantwortlich ist.

---

17 Die Vergabe der ICD-Kodes erfolgt durch das British Standards Institute.

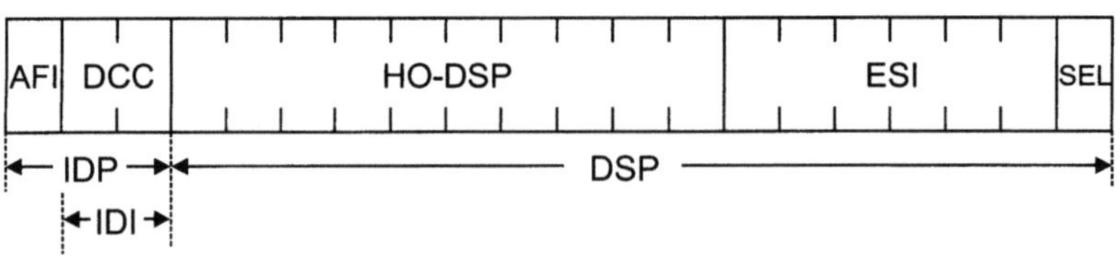

a) DCC ATM-Format

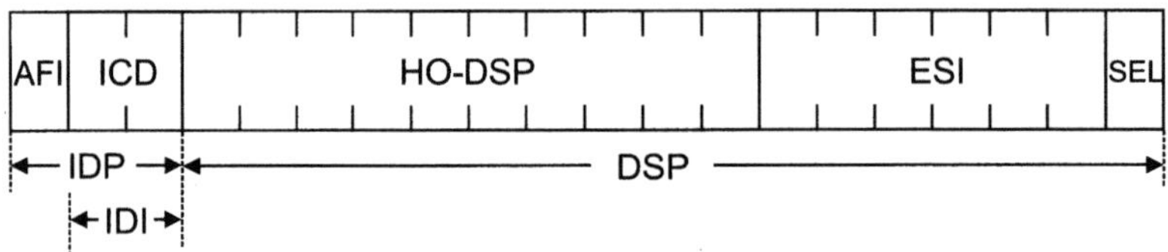

b) ICD ATM-Format

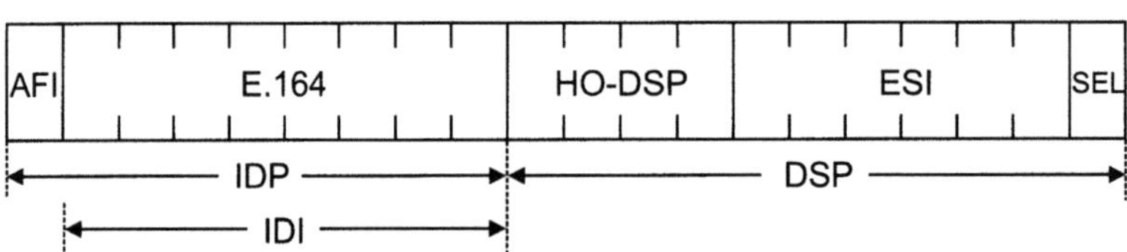

c) E.164 ATM-Format

Abb. 7.7. Formate für ATM Endsystem-Adressen gemäß ATM-Forum

Der zweite Teil der Adresse (Domain Specific Part, DSP), ist je nach IDP-Ausprägung verschieden strukturiert, enthält aber jeweils einen Anteil, der die Wegesuche innerhalb des durch den IDP festgelegten Bereichs erlaubt (High Order DSP, HO-DSP) und einen Anteil, der ein bestimmtes Endsystem (Endgerät) identifiziert (End System Identifier, ESI). Im Prinzip würde es ausreichen, wenn der ESI innerhalb des durch IDP plus HO-DSP angegebenen Bereichs eindeutig wäre, aber um z.B. die Mechanismen zur Selbstkonfiguration der Netze zu unterstützen, ist die Verwendung einer weltweit eindeutigen Kennung wie etwa einer IEEE MAC-Adresse (s. Abschn. 11.2.2) sinnvoll. Ein weiteres Byte der Adresse, der sog. „Selector" ist für die Verwendung innerhalb des Endsystems vorgesehen.

Die Adresse wird in speziellen Meldungselementen (Called bzw. Calling Party Number) transportiert, die neben der eigentlichen Adreßinformation auch zwei Felder für die Kennung des Adreßtyps und des verwendeten Rufnummernplans[18] enthalten. Während die Adressierung nach ITU-T durch den Adreßtyp „Internationale Nummer" und den Rufnummernplan „E.164" an-

---

18 Der Rufnummernplan spezifiziert die Struktur der Adreßinformation, siehe z.B. Abb. 7.3.

gezeigt wird, wird die Adressierung gemäß ATM-Forum durch den Typ „Unbekannt" und den Rufnummerplan „ATM Endsystem-Adresse" angezeigt. Da die
Art der Adressierung untrennbar mit den Wegesuchverfahren im Netz verbunden ist, haben sich hier Unterschiede entwickelt, die eine optimale Zusammenarbeit zwischen privaten und öffentlichen ATM-Netzen deutlich erschweren.

Das ATM-Forum hat bereits in der Version 3.1 seiner UNI-Spezifikation
die Möglichkeit vorgesehen, vermittelte Punkt-zu-Mehrpunkt-Verbindungen
zu unterstützen, wobei die Einschränkung gilt, daß lediglich eine unidirektionale Informationsübermittlung vom rufenden Teilnehmer (Root) zu den gerufenen Teilnehmern (Leaves) erfolgt. Da für die OAM-Funktionen auf der
ATM-Schicht, deren Erweiterung für Punkt-zu-Mehrpunkt-Verbindungen oh-
nehin problematisch ist, bidirektionale Verbindungen benötigt werden, sind
diese für Punkt-zu-Mehrpunkt-Verbindungen nicht definiert. Dadurch wird zur
Unterstützung auf der ATM-Schicht nur ein Teil der in Abschn. 4.3.7 beschriebenen Funktionalität benötigt, insbesondere die Channel-Merging-Funktion
wird nicht verwendet.

In bezug auf die Schicht 3-Zeichengabe waren einige Erweiterungen notwendig:

- Ein neues Meldungselement (Endpoint Reference) wird benötigt, um die
  einzelnen Leaf-Teilnehmer unterscheiden zu können.
- Neue Signalisiermeldungen werden benötigt, um neue Leaf-Teilnehmer hin-
  zuzufügen oder nicht mehr benötigte zu entfernen.
- Neben den normalen Verbindungszuständen muß für jeden einzelnen Leaf-
  Teilnehmer dessen individueller Zustand auf der Root-Seite gehalten und
  verwaltet werden.
- Neue Prozeduren werden benötigt, um die Verbindungssteuerung für
  Punkt-zu-Mehrpunkt-Verbindungen zu unterstützen.

Vom Prinzip her läuft der Aufbau einer Punkt-zu-Mehrpunkt-Verbindung
sehr ähnlich ab wie für Punkt-zu-Punkt-Verbindungen. Die Verbindung mit
dem ersten Leaf-Teilnehmer wird gemäß der Prozeduren für Punkt-zu-Punkt-
Verbindungen, d.h. ohne die Verwendung mehrpunktspezifischer Meldungen,
abgewickelt. Lediglich in dem Meldungselement, das in der SETUP-Meldung
die Eigenschaften des Breitband-Übermittlungsdienstes spezifiziert (Broadband Bearer Capability), wird angegeben, daß es sich um eine Punkt-zu-
Mehrpunkt-Verbindung handelt. Außerdem wird in der SETUP-Meldung und
in allen folgenden Meldungen ein Endpoint Reference-Element mitgeschickt,
das den ersten Leaf-Teilnehmer mit der Endpunkt-Kennung 0 identifiziert.

Für nachfolgende Leaf-Teilnehmer wird der Verbindungsaufbau vom Root-
Teilnehmer mittels einer ADD PARTY-Meldung initiiert, die die gleiche Call
Reference trägt wie die vorherigen Meldungen der Signalisierbeziehung. In
dieser Meldung müssen weder dienstbezogene Parameter noch Angaben zum
VPCI/VCI enthalten sein, da diese Parameter für alle Äste der Verbindung iden-

tisch sind. Neben Ziel- und eventuell Ursprungsadresse enthält die Meldung eine innerhalb der Punkt-zu-Mehrpunkt-Verbindung eindeutige Endpunkt-Kennung. Beim Leaf-Teilnehmer erfolgt der ankommende Verbindungsaufbau wie bei einer Punkt-zu-Punkt-Verbindung, so daß ein Endgerät, das selbst keine Punkt-zu-Mehrpunkt-Verbindungen unterstützt, trotzdem als Leaf-Teilnehmer fungieren kann. Besteht an einem UNI bereits ein Leaf der Verbindung, so wird der zusätzliche Verbindungsaufbau über eine ADD PARTY-Meldung vorgenommen. Falls der Verbindungsaufbau zu einem neuen Leaf-Teilnehmer erfolgreich war, wird dies dem Root-Teilnehmer mit ADD PARTY ACKNOWLEDGE mitgeteilt, ansonsten wird in einer ADD PARTY REJECT-Meldung der Grund für den Mißerfolg übermittelt.

Das Entfernen eines Leaf-Teilnehmers kann sowohl von diesem als auch vom Root-Teilnehmer initiiert werden, indem eine DROP PARTY-Meldung geschickt wird. Durch die lokale Quittung DROP PARTY ACKNOWLEDGE wird bestätigt, daß die Abbauanforderung empfangen und der Verbindungsabbau im Netz angestoßen wurde. Der letzte oder einzige Teilnehmer einer Punkt-zu-Mehrpunkt-Verbindung an einem UNI löst die Verbindung mit den für Punkt-zu-Punkt-Verbindungen definierten Prozeduren (RELEASE/RELEASE COMPLETE) aus. Mit einer RELEASE-Meldung können alle an einer Schnittstelle aktiven Leaf-Teilnehmer gleichzeitig ausgelöst werden.

7.2.3
Weiterentwicklung der Teilnehmersignalisierung

Die weitere Entwicklung der Teilnehmersignalisierung erfolgt bei ITU-T im Rahmen des „Capability Set 2.1" und beim ATM-Forum im Rahmen der UNI-Spezifikation 4.0. Dabei werden einige Unterschiede zwischen den Spezifikationen der beiden Organisationen ausgeglichen. In der UNI-Spezifikation 4.0 werden die bei ITU-T in der ersten Stufe (Capability Set 1) definierten zusätzlichen Dienstmerkmale (s. Abschn. 7.2.4) ebenfalls entsprechend spezifiziert. Bei ITU-T wird die Unterstützung von unidirektionalen Punkt-zu-Mehrpunkt-Verbindungen (Q.2971) ähnlich wie beim ATM-Forum spezifiziert. Wie bei Punkt-zu-Punkt-Verbindungen wird zusätzlich zu den Definitionen des ATM-Forums eine PARTY ALERTING-Meldung mit den notwendigen Prozeduren eingeführt. Ebenfalls mit aufgenommen wird bei ITU-T die Angabe zusätzlicher Verkehrsparameter bei Verbindungen mit variabler Bitrate (Q.2961.1). Die Festlegungen entsprechen denen des ATM-Forums, lediglich der „Best Effort Indicator", der für UBR-Verbindungen (s. Abschn. 5.1.5) verwendet wird, und die ebenfalls für UBR-Verbindungen vorgesehene Möglichkeit zum Verwerfen ganzer CPCS-PDUs (AAL Typ 5) sind nicht enthalten, da der Verbindungstyp UBR bei ITU-T nicht spezifiziert ist.

Sowohl bei ITU-T als auch beim ATM-Forum wird die Möglichkeit vorgesehen, die ATM-Schicht-Parameter während des Verbindungsaufbaus auszuhandeln (Q.2962). Dabei enthält die SETUP-Meldung neben dem „ATM Traffic Descriptor" (ATD), der die gewünschten Werte enthält, entweder ein Meldungselement mit alternativen Angaben (Alternative ATD) oder ein Meldungselement, in dem die minimal akzeptablen Werte angegeben sind (Minimum Acceptable ATD). Auf der Basis dieser Angaben können sowohl die Vermittlungsknoten im Netz als auch der gerufene Teilnehmer die Parameter modifizieren. Die letztendlich verwendeten Werte werden in der CONNECT-Meldung übermittelt.

Ebenfalls sowohl bei ITU-T als auch beim ATM-Forum wird der Bezug auf die „Broadband Connection Oriented Bearer Services" (BCOB, s. Abschn. 8.3) in den Signalisierungsmeldungen durch die Angabe der ATM-Verbindungstypen ersetzt (ATM Transfer Capabilities, ATC, s. Abschn. 5.1). Dies wurde durch die Weiterentwicklung der Verkehrssteuerungs-Mechanismen notwendig, da das auf der Definition von AAL-Dienstklassen in der ITU-T-Empfehlung I.362 (s. Abschn. 4.4.1) basierende Konzept der BCOBs nicht mehr geeignet war.

Bei ITU-T sind im Capability Set 2.1 darüber hinaus noch weitere zusätzliche Dienstmerkmale vorgesehen, die beim ATM-Forum nicht unterstützt werden:

- *Geschlossene Benutzergruppe (Closed User Group, CUG, Q.2955.1)*: Mit diesem Dienstmerkmal können sowohl in abgehender Richtung die erreichbaren Ziele, als auch in ankommender Richtung der Zugang zu bestimmten Teilnehmern eingeschränkt werden. Dadurch können innerhalb des öffentlichen Netzes völlig vom Rest des Netzes abgeschlossene Gruppen von Benutzern geschaffen werden.
- *Änderung der Spitzenzellrate während der Nachrichtenaustausch-Phase (Connection Modification, Q.2963.1)*: Bei Punkt-zu-Punkt-Verbindungen kann der rufende Teilnehmer während der aktiven Phase der Verbindung eine Erhöhung oder Verringerung der Spitzenzellrate anfordern (MODIFY REQUEST/ACKNOWLEDGE/REJECT). Während der Änderung bleibt die Verbindung weiterhin aktiv.
- *Überprüfen der Kompatibilität und des Zustandes des gerufenen Teilnehmers vor dem Aufbau einer Nutzverbindung (Look Ahead, Q.2964.1)*: Die Teilnehmer-Vermittlungsstelle auf der rufenden Seite schickt unter Verwendung von SCCP und TCAP (s. Abschn. 11.2.1.3) alle relevanten Parametern der vom Teilnehmer empfangenen SETUP-Meldung zur Ziel-Vermittlungsstelle. Diese ermittelt mit Hilfe einer FACILITY-Meldung (Q.2932.1), ob der gerufene Teilnehmer kompatibel und frei ist. Nur dann wird die eigentliche Nutzverbindung über das Netz hinweg aufgebaut. Dieser Mechanismus ist insbesondere bei hochratigen Verbindungen sinnvoll, um Blindbelegungen der Netzressourcen zu verhindern.
- *Gespräche mit mehreren Verbindungen (Multi-Connection Calls, Q.298x)*: Zur Unterstützung von Multimedia-Gesprächen soll es möglich sein, mehrere Nutzverbindungen über eine gemeinsame Signalisierungsbeziehung zu

koordinieren (Call Connection Separation) und bei Bedarf einzelne Verbindungen hinzuzufügen oder auszulösen.

Während die Standards für die ersten drei Leistungsmerkmale bereits stabil sind, ist die Spezifikation der Multiconnection Calls derzeit (Anfang 1997) noch völlig offen.

7.2.4
Meta-Signalisierung

Im Gegensatz zum Schmalband-ISDN, wo bei einer UNI-Konfiguration mit mehreren Endgeräten der Zeichengabekanal (D-Kanal) im konkurrierenden Zugriff von allen Endgeräten gemeinsam genutzt wird (s. Abschn. 11.2.1.2), steht im B-ISDN in diesem Fall für jedes Endgerät bei Bedarf ein exklusiv zugeordneter Zeichengabekanal (Signalling Virtual Channel, SVC) zur Verfügung. Um diese Zeichengabekanäle flexibel verwalten zu können, wurde eine Meta-Signalisierung (Q.2120) definiert, die dem Schichten-Management der ATM-Schicht zugeordnet ist. Mit Hilfe der Meta-Signalisierung kann optional auch die Konfiguration bezüglich der Signalisierung an einem UNI dynamisch geändert werden, wobei die Fälle

- keine Signalisierungskonfiguration aktiv,
- Punkt-zu-Punkt-Konfiguration für Signalisierung und
- Punkt-zu-Mehrpunkt-Konfiguration für Signalisierung

unterschieden werden. Falls diese Mechanismen verwendet werden, werden auch die Zeichengabekanäle für die Punkt-zu-Punkt-Konfiguration (VCI=5) über die Meta-Signalisierung aufgebaut.

Für die Unterstützung einer Punkt-zu-Mehrpunkt-Konfiguration am UNI (s. Abschn. 3.4) werden folgende Zeichengabekanäle benötigt (ITU-T I.311):

- Punkt-zu-Punkt-Zeichengabekanäle (Point-to-Point SVC, PSVC): Jeder Signalisierungsinstanz, d.h. im allgemeinen jedem Endgerät, ist in jeder Übertragungsrichtung exklusiv ein PSVC zugeordnet. Über diesen PSVC werden z.B. die in Abschn. 7.2.1 beschriebenen Prozeduren für die Steuerung der Nutzverbindungen abgewickelt. Bei der pfadbezogenen Signalisierung (VP Associated Signalling) wird pro aktivem Pfad ein PSVC benötigt. Als Kennung können für die PSVCs beliebige VCI-Werte aus dem nicht reservierten Bereich (s. Abschn. 4.3.3) verwendet werden.
- Allgemeine Rundsende-Zeichengabekanäle (General Broadcast SVC, GBSVC): Diese Zeichengabekanäle werden verwendet, um einen ankommenden Verbindungswunsch gleichzeitig an alle angeschlossenen Endgeräte weiterzugeben[19] (Call Offering). Für die GBSVCs ist der VCI=2 reserviert.

---

19 Die entsprechenden Prozeduren für DSS2 sind noch nicht definiert.

– Selektive Rundsende-Zeichengabekanäle (Selective Broadcast SVC, SBSVC):
  Diese Zeichengabekanäle erfüllen den gleichen Zweck wie die GBSVCs. Sie
  werden verwendet, wenn beide Seiten des UNI Mechanismen unterstützen,
  mit denen den Endgeräten bestimmte Dienstprofile zugeordnet werden
  können. In diesem Fall weiß die Vermittlungsstelle, daß bestimmte Rufe nur
  einer bestimmten Gruppe von Endgeräten weitergegeben werden müssen,
  die über einen gemeinsamen SBSVC erreichbar sind. Als Kennung können
  für die SBSVCs beliebige VCI-Werte aus dem nicht reservierten Bereich
  verwendet werden.

Zur Verwaltung der eigentlichen Zeichengabekanäle kommunizieren die
Meta-Signalisierungsinstanzen auf beiden Seiten des UNI über Meta-Signa-
lisierkanäle (Meta SVC, MSVC) miteinander. Die MSVCs haben den reservierten VCI=1 in jedem virtuellen Pfad und können nur die Zeichengabekanäle
innerhalb des jeweiligen Pfades verwalten. Die MSVCs und die zugehörigen
Meta-Signalisierungsinstanzen werden bei der Einrichtung des jeweiligen virtuellen Pfades aktiviert, im Pfad mit VPI=0 existiert der MSVC immer. Die
Default-Spitzenzellrate der MSVCs beträgt 42 Zellen/s, was einer Nutzbitrate
von 16 kbit/s entspricht. Die für die Meta-Signalisierung definierten Meldungen
haben eine einheitliche Länge von 48 Byte, so daß sie innerhalb einer ATM-Zelle
übermittelt werden können. Die Meldungen werden ohne Verwendung einer
AAL-Schicht direkt am Dienstzugangspunkt der ATM-Schicht übergeben und
werden somit ungesichert zwischen den Meta-Signalisierungsinstanzen übertragen. Zur Fehlererkennung enthalten alle Meta-Signalisierungsnachrichten
ein 32 Bit langes Prüffeld, mit dem der Inhalt gegen Übertragungsfehler gesichert wird.

Die Meta-Signalisierung umfaßt Prozeduren, mit denen die Endgeräte
den Aufbau einer PSVC und der zugehörigen GBSVC bzw. SBSVC anfordern
können. Diese Prozeduren werden vom Endgerät nach dem Einschalten angestoßen, wenn in einem bestimmten virtuellen Pfad ein Zeichengabekanal
benötigt wird oder wenn vom Netz her Zellen mit einem entsprechenden VPI
und einem VCI$\neq$0 empfangen werden. Als Parameter werden dem Netz die
gewünschte Signalisierungs-Konfiguration (Punkt-zu-Punkt oder Punkt-zu-
Mehrpunkt), die VCI-Werte für die Punkt-zu-Punkt- und Rundsende-Zeichengabekanäle sowie die Spitzenzellrate der PSVC[20] mitgeteilt. Die Zellrate des
Rundsende-Zeichengabekanals richtet sich nach derjenigen des PSVC. Falls
Dienstprofile verwendet werden, wird auch eine Kennung für das vom Endgerät verwendete Dienstprofil mit übermittelt. Die Netzseite teilt daraufhin die
Zeichengabekanäle zu oder übermittelt den Grund, warum eine Zuteilung nicht
möglich war.

---

20 Von 42 bis 2667 Zellen/s in mehreren Stufen.

Wenn bestimmte Zeichengabekanäle nicht mehr benötigt werden oder wenn Protokollfehler (z.B. Mehrfachzuweisung von Zeichengabekanälen) erkannt worden sind, können sowohl die Teilnehmer- als auch die Netzseite den Abbau der entsprechenden Zeichengabekanäle initiieren.

Darüberhinaus bietet die Meta-Signalisierung der Netzseite die Möglichkeit, bestimmte oder alle zugeteilten Zeichengabekanäle zu überprüfen. Dazu generiert sie Prüfanforderungen, die sich entweder auf bestimmte Zeichengabekanäle beziehen oder die alle Zeichengabekanäle betreffen. Die Endgeräte werten die Anforderungen aus und schicken für alle ihnen zugeteilten und von der Abfrage betroffenen Zeichengabekanäle eine Antwortmeldung mit der Kennung des entsprechenden Zeichengabekanals. Damit kann z.B. überprüft werden, ob die Zuordnung der Punkt-zu-Punkt- zu den Rundsende-Zeichengabekanälen korrekt ist. Die Prüffunktion kann außerdem von der Netzseite regelmäßig oder bei Bedarf initiiert werden, um zu verhindern, daß der Vorrat an Zeichengabekanälen dadurch aufgebraucht wird, daß Endgeräte deaktiviert worden sind, ohne die Zeichengabekanäle ordnungsgemäß abzubauen.

7.3
Die CCS7-Zeichengabe für das B-ISDN

Wie in Abschn. 7.1 dargestellt basiert die Zeichengabe am B-NNI gemäß ITU-T auf einem SAAL, der sich aus dem AAL Typ 5, der SSCOP-Teilschicht und der SSCF-Teilschicht für das NNI zusammensetzt. Dabei werden im Prinzip wie in Abb. 7.8 dargestellt die Ebenen 1 und 2 des MTP (Message Transfer Part, s. Abschn. 11.2.1.3) durch eine ATM-basierte, gesicherte Übertragung der Zeichengabemeldungen ersetzt, außerdem wurde ein neuer Anwenderteil für die Verbindungssteuerung im B-ISDN (B-ISDN User Part, B-ISUP) definiert.

Die Ebene 3 des MTP muß nicht prinzipiell verändert werden, da ihre Funktionen für den Meldungstransport sowie für die Steuerung des Zeichengabenetzes weitgehend unabhängig von der Umstellung auf eine ATM-basierte Übertragung sind. Um eine optimale Nutzung der ATM-basierten Übertragung zu ermöglichen, sind jedoch einige Anpassungen notwendig, weswegen in Abb. 7.8 die Bezeichnung MTP Level 3* verwendet wird. Da der SAAL längere Dateneinheiten transportieren kann als der MTP Level 2, entfallen die entsprechenden Beschränkungen und der MTP kann Dateneinheiten bis zu 4096 Byte Länge übertragen. Auch für die Umschaltmeldung zwischen zwei Zeichengabestrecken (Changeover) ist eine Anpassung des Formats notwendig, da in dieser Meldung Folgenummern von SSCOP-PDUs übermittelt werden müssen, die länger sind als diejenigen der Ebene 2 des MTP. Außerdem sind Vorkehrungen notwendig, um im Interworkingfall die Schmalband-Zeichengabestrecken zu schützen. Um die Vorteile der ATM-Verbindungen (beliebige, variable Datenraten) für die Zeichengabe voll nutzen zu können, werden weitere Modifikationen

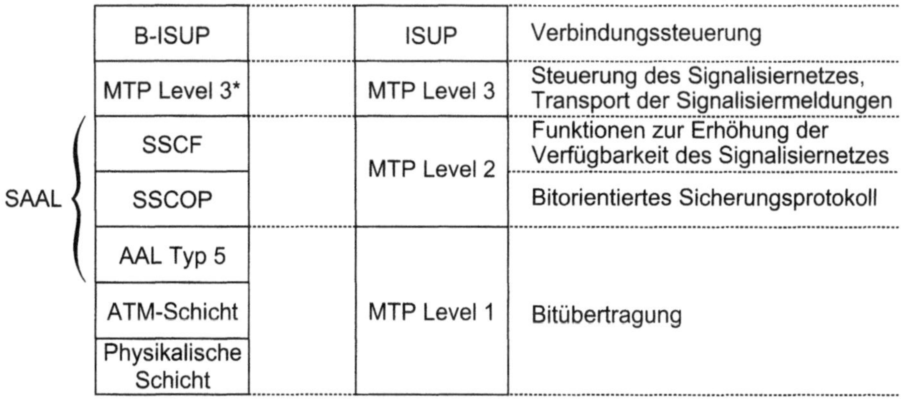

B-ISUP		ISUP	Verbindungssteuerung
MTP Level 3*		MTP Level 3	Steuerung des Signalisiernetzes, Transport der Signalisiermeldungen
SSCF		MTP Level 2	Funktionen zur Erhöhung der Verfügbarkeit des Signalisiernetzes
SSCOP			Bitorientiertes Sicherungsprotokoll
AAL Typ 5			
ATM-Schicht		MTP Level 1	Bitübertragung
Physikalische Schicht			

SAAL umfasst: AAL Typ 5, SSCOP, SSCF

ISUP: ISDN User Part   SSCOP: Service Specific Connection Oriented Protocol
MTP: Message Transfer Part   SSCF: Service Specific Coordination Functions
SAAL: AAL for Signalling

Abb. 7.8. Gegenüberstellung der NNI-Zeichengabeprotokolle für ISDN und B-ISDN

diskutiert, die vor allem die Behandlung der ATM-spezifischen Verbindungsparameter und die Verkehrssteuerung betreffen.

Der SCCP (Signalling Connection Control Part) kann unverändert übernommen werden, wobei vor allem durch die aus der Schmalband-Signalisierung stammenden Meldungsformate (255 Byte für unsegementierte und 2048 Byte für segmentierte Meldungen) Einschränkungen in Kauf genommen werden müssen. Damit der SCCP die erweiterten Möglichkeiten des SAAL, insbesondere die erweiterten Meldungslängen, voll nutzen kann, ist in Zukunft eine Umstellung des SCCP notwendig. Da die derzeitigen Meldungsformate, z.B. wegen ihres nur ein Byte umfassenden Längenindikators, eine kompatible Erweiterung nicht erlauben, müssen dazu neue Meldungen mit neuen Formaten definiert werden. Dies führt dazu, daß unterschiedliche SCCP-Versionen explizite Interworkingfunktionen erfordern werden, um miteinander kommunizieren zu können.

Auf die Protokolle oberhalb des SCCP, insbesondere auf den TCAP (Transaction Capabilities Application Part) für transaktionsorientierte Anwendungen, hat die Umstellung auf ein breitbandiges Transportnetz keinen direkten Einfluß.

7.3.1
Der Anwenderteil für das B-ISDN (B-ISUP)

Der B-ISDN-Anwenderteil (B-ISDN User Part, B-ISUP) umfaßt die Funktionen, die für die Unterstützung der Verbindungssteuerung für die einfachen Übermittlungsdienste sowie für die zusätzlichen Dienstmerkmale benötigt werden. Die grundlegende Struktur des B-ISUP ist in der ITU-T Q.2761 festgelegt, die in den Prozeduren verwendeten Meldungen, ihre Formate und Kodierungen und die Prozeduren für die einfache Verbindungssteuerung sind in den Empfehlungen Q.2762, Q.2763 und Q.2764 beschrieben. Weitere Empfehlungen definieren die Funktionen zur Unterstützung der zusätzlichen Dienstmerkmale, die im Capability Set 1 enthalten sind (Q.2730) und die Interworkingmechanismen zur Teilnehmersignalisierung (DSS2, Q.2650) und zum Schmalband-ISUP (Q.2660). Die Erweiterungen für spätere Entwicklungsstufen werden in den Empfehlungen der Serien Q.272x und Q.273x definiert.

Um möglichst wenige Einschränkungen durch die bestehenden Protokolle zu haben und gleichzeitig ein optimiertes, engpaßfreies Interworking mit den Schmalband-Protokollen zu gewährleisten, wurde für das B-ISDN ein neuer B-ISUP definiert, dessen Konzeption sich deutlich von der des (N)-ISUP unterscheidet und der Struktur für Protokolle der Anwendungsschicht gemäß OSI entspricht. Der B-ISUP ist wie in Abb. 7.9 dargestellt aus modularen Funktionsblöcken (Application Service Element, ASE) aufgebaut, die jeweils einen bestimmten Funktionstyp realisieren und die über eine gemeinsame, weitgehend funktionsunabhängige Kontrollfunktion (Single Association Control Function, SACF) koordiniert werden. Dadurch können im Laufe der Weiterentwicklung der Zeichengabeprotokolle zusätzliche Funktionsblöcke eingefügt werden, ohne die Struktur prinzipiell verändern zu müssen. Insbesondere wurde eine Trennung der Gesprächssteuerung (Call Control ASE) und der Steuerung für die zur Übermittlung verwendeten Verbindungen (Bearer Control ASE) eingeführt, um in späteren Versionen Gespräche[21] mit mehreren Verbindungen behandeln zu können (Multi-Connection Call).

Bei der Definition des B-ISUP wurden auch die Meldungsformate so angepaßt, daß alle B-ISUP-Meldungen und alle in diesen enthaltenen Parameter ein einheitliches Format besitzen und daß jeder B-ISUP-Parameter eindeutig einem bestimmten Funktionsblock zugeordnet werden kann und umgekehrt. Abbildung 7.10.a zeigt den prinzipiellen Aufbau aller B-ISUP-Meldungen. Das erste Feld enthält diejenigen Informationen, die benötigt werden, um die Signalisierungsmeldungen innerhalb des Signalisiernetzes ans richtige Ziel vermitteln zu können (Routing Label). Dabei werden die gleichen Felder und Kodierungen verwendet wie für das Schmalband-ISDN. Neben der Kodierung des Meldungstyps und einer Längenangabe für den eigentlichen Meldungsinhalt enthält jede B-ISUP-Meldung Kompatibilitätsinstruktionen, anhand derer ein spezieller Funktionsblock (Unrecognized Information ASE) bei unbekannten Meldungen entscheiden kann, wie diese sinnvoll zu behandeln sind. Durch diesen konsequenten Kompatibilitätsmechanismus wird die Zusammenarbeit zwischen verschiedenen Varianten und Versionen der B-ISUP-Protokolle erheb-

---

21 „Gespräch" (Call) bezeichnet die ganze Kommunikationsbeziehung, für die, z.B. im Fall von Multimedia-„Gesprächen", mehrere einzelne Verbindungen (Connection) durch das Netz benötigt werden.

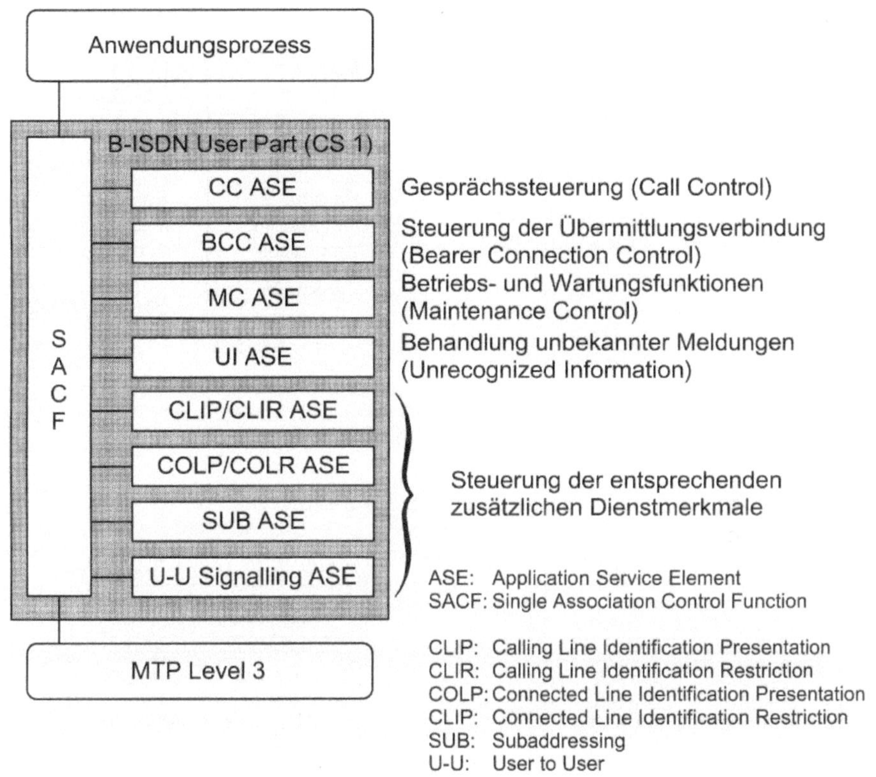

Abb. 7.9. Struktur des B-ISUP (Capability Set 1)

lich erleichtert. Der eigentliche Meldungsinhalt besteht aus einer Aneinander-
reihung von B-ISUP-Parametern, die je nach Meldungstyp und Anwendungsfall
unterschiedlich sind.

Abbildung 7.10.b zeigt den prinzipiellen Aufbau eines B-ISUP-Parameters,
der für alle Parameter einheitlich ist. Neben dem Namen und der Angabe über
die Länge seines Inhalts enthält jeder einzelne B-ISUP-Parameter ebenfalls
Kompatibilitätsinstruktionen, so daß für einzelne Parameter spezifische Be-
handlungsarten, z.B. transparentes Durchreichen, vorgegeben werden können.
Der Parameterinhalt trägt die eigentlichen Informationen, z.B. die Zielrufnum-
mer oder andere, im Zusammenhang mit der Teilnehmersignalisierung ange-
sprochene Angaben.

Wie in Abb. 7.11 dargestellt werden in einer Transitvermittlungsstelle die ankommenden und abgehenden Abschnitte der Verbindung in der Benutzerebene
durch getrennte B-ISUP-Instanzen kontrolliert, die über die Anwendungssoftware für die Verbindungssteuerung in der Vermittlungsstelle koordiniert werden. Die B-ISUP-Instanzen werden dynamisch erzeugt, wenn Signalisierungsmeldungen empfangen werden, für die noch keine B-ISUP-Instanz existiert. Zur

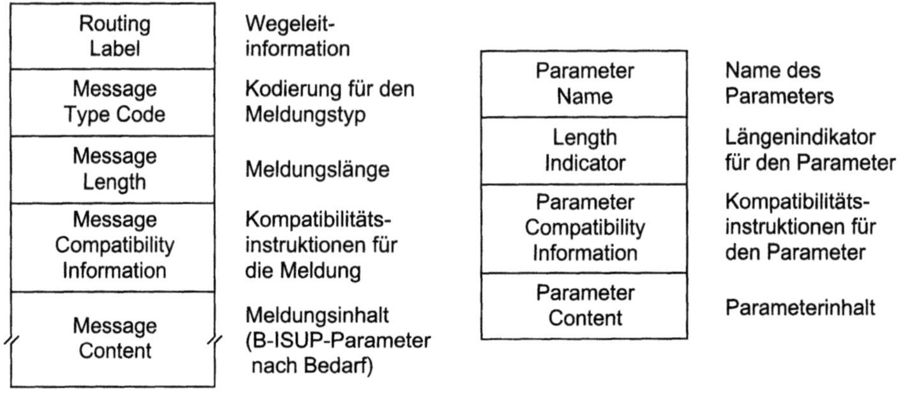

Abb. 7.10. Aufbau der Signalisierungsmeldungen des B-ISUP

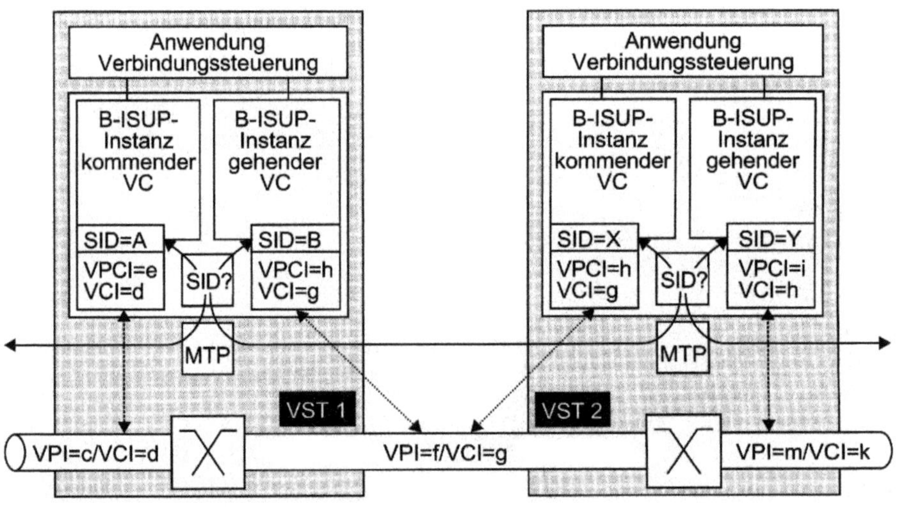

Abb. 7.11. Verknüpfung zwischen Signalisierungsinstanzen und Nutzkanälen

eindeutigen Identifikation der Verbindungen in der Steuerungs- und der Benutzerebene dienen getrennte Kennungen, die innerhalb der B-ISUP-Instanz miteinander verknüpft werden. Der entsprechende Verbindungsabschnitt in der Benutzerebene wird analog zur Teilnehmersignalisierung durch die Kombination von VPCI und VCI identifiziert. Die zugehörigen B-ISUP-Instanzen werden in den Signalisiermeldungen durch Paare von lokalen Signalisierungskennungen (Signalling Identifier, SID) identifiziert, die Quell- (Origination SID) und Zielinstanz (Destination SID) eindeutig kennzeichnen.

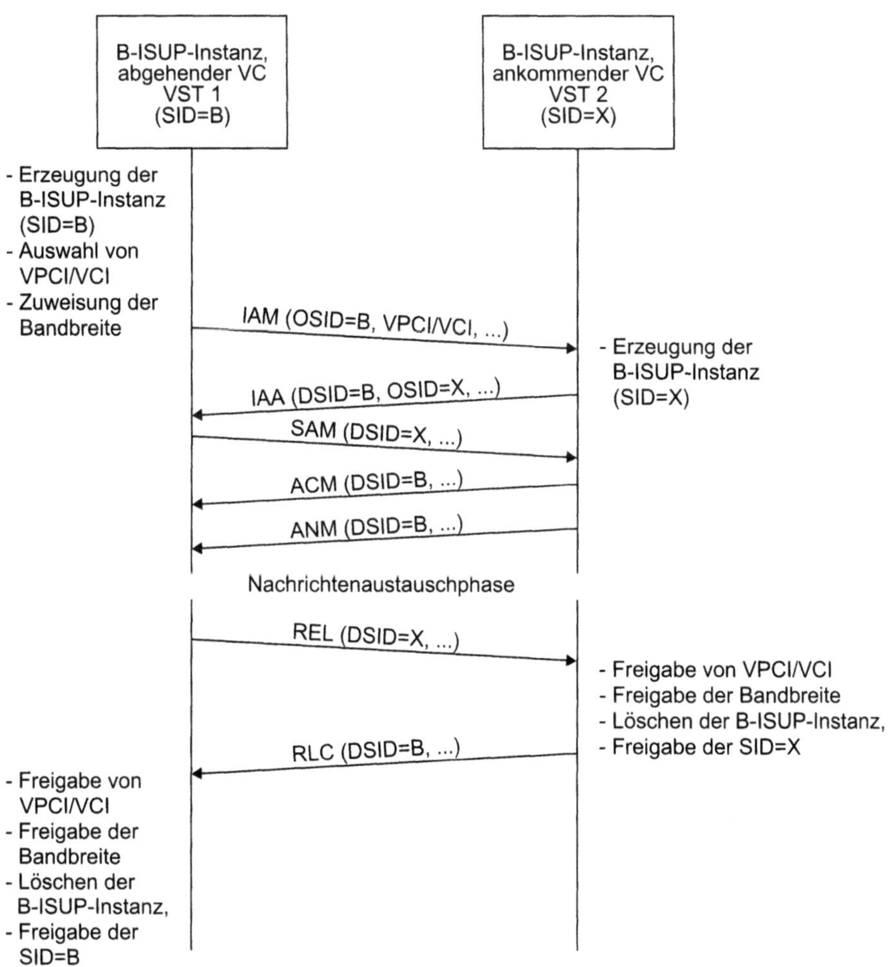

Abb. 7.12. Signalisierungsablauf im B-ISUP für eine einfache Verbindung

Für die Verwaltung der Bandbreite innerhalb eines bestimmten virtuellen Pfadabschnitts sowie der darin enthaltenen VCIs ist jeweils eine der beiden beteiligten Vermittlungsstellen verantwortlich, so daß Doppelbelegungen durch gleichzeitige Verbindungsaufbau-Anforderungen von beiden Seiten her verhindert werden. Diese Verantwortlichkeit wird bei der Einrichtung des Pfades zusammen mit der Zuordnung des VPCI zu einem VPI-Wert festgelegt. Prinzipiell ist jede der Vermittlungsstellen für die Hälfte der VPCIs verantwortlich, wobei diejenige mit der höheren Signalisierungspunkt-Adresse (Signalling Point Code) die geraden Werte verwaltet und die andere die ungeraden.

Der Signalisierungsablauf im B-ISUP für eine einfache Verbindung innerhalb einer Transit-Vermittlungsstelle ist in Abb. 7.12 dargestellt, wobei lediglich die beiden direkt miteinander kommunizierenden B-ISUP-Instanzen (SID=B und SID=X in Abb. 7.11) dargestellt sind.

Initiiert durch eine SETUP-Meldung (s. Abb. 7.4) des rufenden Teilnehmers wird in der rufenden Teilnehmer-Vermittlungsstelle eine IAM-Meldung (Initial Address Message) erzeugt, die unter anderem die in der SETUP-Meldung enthaltenen verbindungs- und dienstbezogenen Informationen enthält. Diese wird durch das Netz weitergeleitet, wobei jeweils die entsprechenden VPCI/VCI-Werte und Bandbreiten für die Nutzkanalverbindung abschnittsweise reserviert werden. Bei der Ankunft der IAM-Meldung auf der ankommenden Seite der Vermittlungsstelle 1 (VST 1, s. Abb. 7.11) werden die verbindungsbezogenen Instanzen des B-ISUP (SID=A und SID=B) sowie die entsprechenden Anwendungsinstanzen für die knoteninterne Behandlung der Verbindung erzeugt. Dort wird die IAM-Meldung analysiert und die Richtung bestimmt, in die die Verbindung weiter aufgebaut werden muß (Routing). Wenn auf den von der VST 1 verwalteten Pfaden der Verbindungsleitungen zur nächsten Transit-Vermittlungsstelle (VST 2) noch Ressourcen (VPCI/VCI, Bandbreite) frei sind, werden diese der Verbindung zugeordnet und damit reserviert.

Auf der abgehenden Seite der VST 1 erzeugt die B-ISUP-Instanz eine IAM-Meldung, die neben den – von der vorherigen Vermittlungsstelle empfangenen – verbindungs- und dienstbezogenen Parametern auch die SID der sendenden B-ISUP-Instanz (OSID=B) und den gewählten VPCI/VCI enthält. Da die IAM-Meldung keine Ziel-SID enthält, wird in der VST 2 erkannt, daß es sich um eine neue Verbindung handelt, und die entsprechenden Protokollinstanzen werden dynamisch erzeugt. In einer IAA-Meldung (IAM Acknowledge) wird der B-ISUP-Instanz in VST 1 die SID der Partnerinstanz (OSID=X) mitgeteilt, und die Signalisierungsbeziehung ist somit zustande gekommen. Wenn der rufende Teilnehmer die Einzelziffernwahl verwendet, können die nachfolgenden Wählziffern innerhalb von SAM-Meldungen (Subsequent Address Message) weitergegeben und mit DSID=X eindeutig an die Partnerinstanz adressiert werden.

Falls in VST 1 keine selbst verwalteten Ressourcen mehr verfügbar sind, enthält die IAM-Meldung keinen VPCI/VCI. In diesem Fall werden VPCI/VCI und Bandbreite von der VST 2 zugeordnet, der VPCI/VCI wird der VST 1 in der IAA-Meldung mitgeteilt. Falls auch die VST 2 nicht mehr über die angeforderten Ressourcen verfügt, kann sie die Verbindung unter Angabe des Grundes mit einer IAR-Meldung (IAM Reject) ablehnen.

Nach Aufbau des Weges durch das gesamte Netz werden in Rückwärtsrichtung eine als Reaktion auf eine ALERTING-Meldung des gerufenen Endgeräts erzeugte ACM-Meldung (Address Complete) sowie die aufgrund der Annahme der Verbindung durch den gerufenen Teilnehmer erzeugte ANM-Meldung (Answer Message) an die rufende Teilnehmer-Vermittlungsstelle weitergeleitet und die Nachrichtenaustausch-Phase kann beginnen.

Das Auslösen einer Verbindung und die damit verbundene Beendigung der Signalisierungsbeziehung wird durch eine REL-Meldung (Release) eingeleitet. Nach deren Empfang werden die Ressourcen der Verbindung (VPCI/VCI, Bandbreite) freigegeben und die B-ISUP-Instanz wird nach dem Senden einer RLC-Meldung (Release Complete) gelöscht. Somit steht die freigewordene SID für eine neue Verbindung zur Verfügung. Nach Empfang der RLC-Meldung wird auch die Partnerinstanz in den Ruhezustand überführt, und die Signalisierungsbeziehung ist beendet.

Neben diesen einfachen Prozeduren für die Verbindungssteuerung sind für den B-ISUP auch Prozeduren und Meldungen für die Unterstützung von Betriebs- und Wartungsfunktionen sowie für die Unterstützung der zusätzlichen Dienstmerkmale der Stufe 1 definiert.

Für die weitere Entwicklung des B-ISUP wurden entsprechend zur Teilnehmersignalisierung (s. Abschn. 7.2.6) bisher zwei weitere Stufen definiert, die als Capability Set 2.1 und Capability Set 2.2 bezeichnet werden.

Im Capability Set 2.1, der in der ITU-T-Empfehlung Q.2721 im Überblick dargestellt ist, sind im einzelnen folgende Erweiterungen enthalten:

- Unterstützung von Punkt-zu-Mehrpunkt-Verbindungen am NNI (Q.2722.1),
- Unterstützung zusätzlicher Verkehrs- und Dienstgüte-Parameter für Verbindungen mit variabler Bitrate (Q.2723.1),
- Überprüfen der Kompatibilität und des Zustandes des gerufenen Teilnehmers vor dem Aufbau einer Nutzverbindung[22] (Look Ahead, Q.2724.1),
- Aushandeln der ATM-Schicht-Parameter während des Verbindungsaufbaus (Negotiation, Q.2725.1),
- Änderung der Spitzenzellrate während der Nachrichtenaustausch-Phase (Modification Procedures, Q.2725.2),
- Unterstützung der beim ATM-Forum definierten ATM-Endsystem-Adressen, die das OSI-NSAP-Format verwenden (ATM End System Address, AESA, Q.2726.1),
- Vergabe unterschiedlicher Prioritäten an Verbindungen (Call Priority, Q.2726.2),
- Unterstützung von globalen Kennungen (Network Call Correlation Identifier, Q.2726.3), die zusätzlich zu den lokal gültigen SIDs eine netzweit eindeutige Verbindungskennung erlauben, die z.B. im Zusammenhang mit der Nachverarbeitung von Verbindungsdaten verwendet werden kann und
- Unterstützung von vermittelten Frame-Relay-Verbindungen (Q.2727).

Für den Capability Set 2.2 werden folgende Funktionen geplant:

- Unterstützung des zusätzlichen Dienstmerkmals „geschlossene Benutzergruppe" (Closed User Group, Q.2735.1),

---

22 Dabei werden transaktionsorientiert über SCCP und TCAP die Anfragen und Antworten übermittelt, ohne im Netz die Ressourcen zu reservieren.

- Prozeduren für die Unterstützung von Gesprächen mit mehreren zugeordneten Nutzverbindungen (Multi-Connection Call Procedures, Q.2722.2),
- Unterstützung der Verbindungstypen[23] „verfügbare Bitrate" (ABR, Q.2723.2) und „ATM Block Übertragung" (ABT, Q.2723.3) und der Angabe von Grenzwerten für Verzögerungsschwankungen (Cell Delay Variation Tolerance, Q.2723.4),
- Möglichkeiten zur Übermittlung vom Teilnehmer generierter Kennungen, wie sie z.B. bei der Steuerung von Videodiensten über das DSM-CC-Protokoll[24] verwendet werden.

7.4
PNNI-Signalisierung

Zur Zeichengabe zwischen ATM-Vermittlungsknoten in privaten Netzen hat das ATM-Forum ein PNNI und entsprechende Protokolle definiert. PNNI steht dabei sowohl für „Private Network Node Interface" als auch für „Private Network-to-Network Interface" um anzudeuten, daß es sowohl für die Verschaltung von privaten ATM-Knoten zu Privatnetzen als auch für die Verbindung zwischen Privatnetzen unterschiedlicher Betreiber eingesetzt werden kann. Die Definition des PNNI wurde entscheidend durch Erfahrungen und Forschungsergebnisse aus dem Internet-Umfeld geprägt. Die Protokolle sind so konzipiert, daß weltumspannende Netze mit einer dem Internet entsprechenden Komplexität und einer großen Zahl von Vermittlungsknoten und Teilnehmern realisierbar sind. Andererseits sollen die Protokolle einen einfachen Einstieg in ATM-Netze erlauben, so daß auch kleinere Firmen und andere Institutionen ohne sehr spezielle Kenntnisse kleine Netze aufbauen, betreiben und mit anderen Netzen verbinden können (Plug and Play).

Neben dem Protokoll für die Verbindungssteuerung umfassen die PNNI-Spezifikationen auch Protokolle, die es erlauben, ohne zentralisierte Verwaltungsinstanzen Netze aufzubauen, die sich selbst organisieren und konfigurieren. Damit eng verknüpft sind die Protokolle für die Wegelenkung der Verbindungen (Routing), die es erlauben, die Wegesuchverfahren dynamisch an die sich ändernde Topologie der Netze sowie an die sich ändernden Lastverhältnisse anzupassen. Um bereits vor der endgültigen Fertigstellung der PNNI-Spezifikationen ATM-Privatnetze mit Wählverbindungen aufbauen zu können, hat man sich im ATM-Forum auf ein „Interim Inter-Switch Signalling Protocol" (IISP) geeinigt, das auch als PNNI Phase 0 bezeichnet wird. Während die Protokolle für die Verbindungssteuerung im IISP im Prinzip identisch mit den für das PNNI definierten sind, werden die Autokonfiguration und das dynamische Routing nicht unterstützt, d.h. die Informationen über die Netz-

---

23 (s. Abschn. 5.1)
24 Digital Stored Media – Command and Control

topologie und die Wegelenkungstabellen sind statisch und müssen von Hand konfiguriert werden. Diese Zwischenlösung ist deshalb nur für relativ kleine Netze geeignet. Um ein Interworking zwischen PNNI- und CCS7-Netzen zu gewährleisten, erarbeitet das ATM-Forum die Spezifikation eines „ATM Inter Network Interface" (AINI). In diesem Zusammenhang werden auch die Probleme durch die unterschiedlichen Adressierungsverfahren behandelt.

7.4.1
PNNI-Protokolle für die Verbindungssteuerung

Die Verbindungssteuerung des PNNI wurde so definiert, daß möglichst viel von der UNI-Signalisierung des ATM-Forums übernommen werden konnte und basiert auf den Protokollen der UNI-Spezifikation 3.1. Während die UNI-Signalisierung asymmetrisch ist, d.h. sich die Funktionen auf der Teilnehmerseite von denen auf der Vermittlungsseite unterscheiden, sind die Verbindungssteuerungs-Protokolle des PNNI symmetrisch, wobei auf beiden Seiten des PNNI die (umfangreicheren) vermittlungsseitigen Funktionen der UNI-Signalisierung verwendet werden. Bezüglich der Signalisiermeldungen wurden lediglich einige neue Meldungselemente zur Unterstützung der erweiterten Funktionen definiert, neue Meldungen wurden nicht definiert.

Im Normalfall werden über eine physikalische Schnittstelle mehrere virtuelle Pfadverbindungen existieren, die in unterschiedliche Richtungen weitergehen. Da es im Gegensatz zur CCS7-Signalisierung keinen MTP gibt, der die Signalisiermeldungen unabhängig von den Nutzkanalverbindungen durch das Zeichengabenetz an den richtigen Zielknoten übermitteln kann, wird in diesem Fall die VP-bezogene Signalisierung (VP Associated Signalling) verwendet, bei der innerhalb jedes aktiven virtuellen Pfades eine Zeichengabeverbindung existiert, die die Nutzverbindungen dieses Pfades steuert. Nur falls alle Pfade einschließlich des Pfades mit VPI=0 in die gleiche Richtung gehen, kann die nicht VP-bezogene Signalisierung verwendet werden, bei der der Zeichengabekanal im Pfad mit VPI=0 für die Steuerung sämtlicher Nutzverbindungen in allen Pfaden verwendet wird.

Da die einzelnen Vermittlungsknoten ausreichend viel Information über die Topologie und den Lastzustand des Netzes haben (s. Abschn. 7.4.2), bestimmt der Vermittlungsknoten, von dem der Verbindungsaufbau ausgeht, den gesamten Weg der Verbindung durch das Netz (Source Routing). Dieses Verfahren hat gegenüber der abschnittsweisen Wegesuche (Hop-by-Hop Routing), bei der die Wegesuchentscheidungen lokal in allen Knoten entlang des Weges getroffen werden, einige Vorteile:

– Es wird vermieden, daß aufgrund unterschiedlicher Wegesuchalgorithmen oder aufgrund inkonsistenter Topologieinformationen, z.B. in der transienten Phase nach einer Topologieänderung, beim Verbindungsaufbau Schleifen gebildet werden und so Verbindungen nicht zustande kommen.

- Solange die Information über Topologie und Lastzustand des Netzes ausreichend umfassend und aktuell ist, erzielt die weitspannende Wegesuche bessere Ergebnisse als die lokale Wegesuche, bei der nur die nähere Umgebung des jeweiligen Knotens in die Entscheidung mit einbezogen wird.
- Die Wegesuchprozedur muß nur einmal bei der Quelle anstatt in jedem einzelnen Transitknoten ausgeführt werden.
- Unterschiedliche Knoten oder Teilnetze können unterschiedliche Wegesuchalgorithmen verwenden, ohne daß sich Probleme bei der Zusammenarbeit ergeben.

Der potentielle Nachteil dieses Verfahrens besteht darin, daß jeder einzelne Knoten Informationen über das Gesamtnetz speichern muß, die noch dazu laufend aktualisiert werden müssen. Da es nicht möglich bzw. sinnvoll ist, Informationen über alle möglichen Wege und deren Lastzustand in einem großen Netz in jedem Knoten komplett zu halten, wird das Netz wie in Abschn. 7.4.2 beschrieben hierarchisch strukturiert. Die Informationen werden dann so gefiltert und aggregiert, daß die Knoten lediglich über ihre nähere Umgebung im Detail informiert sind, während sie über weiter entfernte Netzteile nur die unbedingt notwendigen Informationen erhalten.

Auf der Basis der durch diese Informationen definierten aktuellen Sicht des Netzes wählt der Ursprungsknoten einen Weg durch das gesamte Netz aus (Hierarchically Complete Source Route), wobei er für jeden Verbindungsabschnitt einen generischen[25] Verbindungsannahme-Algorithmus (Generic CAC) ausführt, um zu bestimmen, ob die Verbindung auf diesem Abschnitt angenommen werden wird oder nicht. Da aus Aufwandsgründen nur größere Änderungen der Linkauslastung und auch diese nur mit Verzögerung zwischen den Knoten kommuniziert werden können, ergibt dieses Verfahren lediglich eine Abschätzung, ob der jeweilige Knoten beim nachfolgenden Verbindungsaufbau die Verbindung tatsächlich akzeptiert oder nicht, wenn er tatsächlich die CAC-Funktion ausführt.

Die so erzeugte Wegeleitinformation wird in Form einer „Designated Transit List" (DTL) in der Verbindungsaufbau-Meldung transportiert und von den Transitknoten in der Regel lediglich interpretiert. Da der Ursprungsknoten bezüglich der weiter entfernten Netzteile nur noch Informationen über die generelle Konnektivität und nicht über die tatsächlich existierenden Wegemöglichkeiten besitzt, müssen die betroffenen Transitknoten die Wegeleitinformation so ergänzen, daß das ihnen explizit bekannte Teilnetz optimal durchlaufen und der von der Quelle angegebene Zielpunkt erreicht wird.

---

25 Die Algorithmen werden nicht standardisiert und können deshalb in den einzelnen Knoten unterschiedlich sein, es kann also nicht der wirklich verwendete Algorithmus eingesetzt werden.

Auf Grund der eingeschränkten und eventuell nicht ganz aktuellen Zustandsinformation im Ursprungsknoten kann es vorkommen, daß eine Verbindung beim Aufbau entlang des durch die DTL vorgegebenen Weges blockiert, d.h. in einem Transitknoten abgelehnt wird. Für diese Fälle ist eine alternative Wegelenkung vorgesehen, bei der die blockierte Verbindung an den letzten Transitknoten zurückverwiesen wird, der die DTL modifiziert hat anstatt sie sofort ganz abzulehnen. Dieser kann dann – falls verfügbar – einen alternativen Weg durch das ihm bekannte Teilnetz zum gewünschten Ziel auswählen oder die Verbindung ebenfalls in Richtung auf ihren Ursprung zurückverweisen (Crankback Alternate Routing). Auch für diesen Mechanismus wurden neue Meldungselemente für die Zeichengabemeldungen definiert.

Im Rahmen des PNNI wird auch die Möglichkeit geschaffen, Festverbindungen auf VP- und VC-Ebene unter Verwendung der Zeichengabeprotokolle aufzubauen (Soft PVPC/PVCC) anstatt sie mit Hilfe des Managementsystems einzurichten. Dabei werden der Ursprungs-Vermittlungsstelle vom Managementsystem lediglich die verbindungsbezogenen Parameter und die Zieladresse der Festverbindung übergeben, der Auf- und Abbau der Verbindung wird von der Vermittlungsstelle unter Verwendung spezieller Meldungselemente über die Signalisierung erledigt. Falls solche Festverbindungen unterbrochen werden, können sie von der Ursprungs-Vermittlungsstelle durch einen erneuten Verbindungsaufbau wiederhergestellt werden, anstatt daß irgendwelche Ersatzschaltemechanismen des Managementsystems (Rerouting) in Anspruch genommen werden.

7.4.2
Die logische Struktur von PNNI-Netzen

In öffentlichen Netzen werden durch den Netzbetreiber hierarchische Netzstrukturen definiert, die Topologie der Netze wird zentral geplant und festgelegt und ist damit weitgehend statisch. Bei der Inbetriebnahme neuer Vermittlungsknoten oder Übertragungsstrecken wird das Netz vom Bedienpersonal explizit umkonfiguriert und dabei veranlaßt, daß die Wegelenkungsinformation in den betroffenen Knoten aktualisiert wird. Auch für Ausfälle im Netz wird vorgesorgt, indem Ersatzwege vordefiniert werden. Die Steuerung des Signalisiernetzes einschließlich der Umschaltvorgänge im Fehlerfall und der gleichmäßigen Lastverteilung erfolgt durch die Protokolle der Ebene 3 des MTP (s. Abschn. 11.2.1.3).

Im Gegensatz dazu liegt dem PNNI der Ansatz zugrunde, daß die Netze aus im Prinzip gleichberechtigten Knoten bestehen und ohne Zutun einer zentralen Instanz erweitert werden können. Neue Vermittlungsknoten werden deshalb nicht von einer zentralen Instanz ins Netz gebracht, sondern melden sich selbsttätig bei ihren Nachbarknoten. Durch entsprechende Mechanismen wird ihre Anwesenheit im Netz bekannt gemacht, und die Topologieinformationen

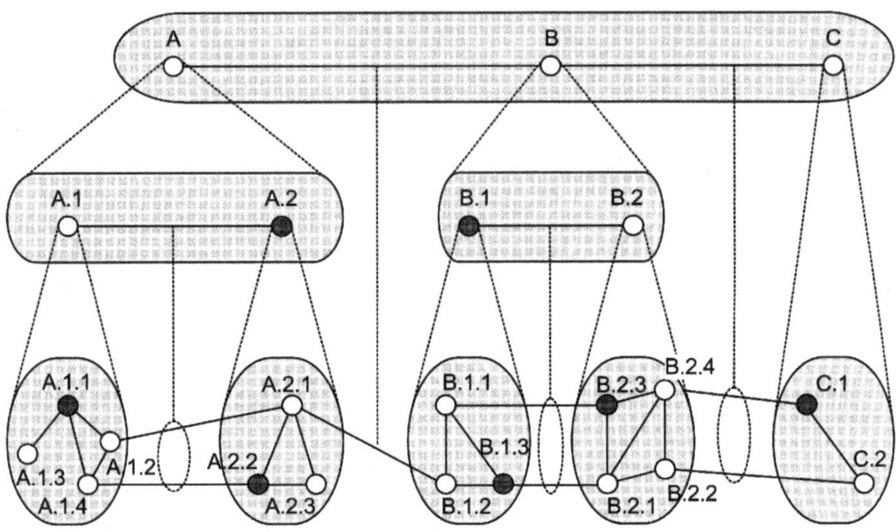

Abb. 7.13. Beispiel für die logische Hierarchie eines PNNI-Netzes

in den anderen Netzknoten werden aktualisiert. Der neue Knoten selbst bezieht
von seinen Nachbarknoten automatisch alle relevanten Informationen, die er
für die Teilnahme an der Zeichengabe und an der Wegelenkung benötigt, so
daß sich das Netz selbst konfiguriert (Autoconfiguration).

Um das PNNI-Konzept skalierbar und damit für größere Netze anwendbar zu machen, wurde das Konzept der „Peer Groups" eingeführt, mit dem
sich eine selbstorganisierende, hierarchische Struktur realisieren läßt wie in
Abb. 7.13 dargestellt. Die Knoten, die in der Abbildung mit A.1.1, A.1.2, A.1.3
und A.1.4 bezeichnet werden, bilden z.B. die Peer Group A.1. Die Zugehörigkeit
zu einer Peer Group ergibt sich aus der vom Netzadministrator konfigurierten
ATM-Endsystem-Adresse des Knotens (s. Abb. 7.7), deren erste 13 Byte zur Zuordnung verwendet werden können (Address Prefix), wobei die Anzahl der pro
Hierarchiestufe verwendeten Bits den Anforderungen entsprechend gewählt
werden kann. Eine Peer Group muß so in sich abgeschlossen sein, daß alle ihre
Mitglieder durch Zwischenleitungen zwischen den Gruppenknoten erreichbar
sind. Die als Striche dargestellten, bidirektionalen Übertragungsstrecken werden durch geeignete Parametersätze repräsentiert, die z.B. die Knoten und
Ports, die die Strecke verbindet, sowie deren Übertragungskapazität angeben.

Die unmittelbar benachbarten, d.h. direkt miteinander verbundenen Knoten einer Peer Group tauschen untereinander mit Hilfe sog. „Hello"-Pakete, die
über einen beim Aktivieren der Zwischenleitung aufgebauten Kontrollkanal
(PNNI Routing Control Channel, RCC) laufen, aktuelle Topologie- und Last-
informationen über ihre direkten Nachbarn aus. Jeder Knoten faßt dann die
ihm bekannten Informationen zusammen und verteilt sie an alle Mitglieder der

Gruppe (Flooding). Anhand dieser Informationen gleichen alle Gruppenmitglieder ihre Daten miteinander ab, so daß jeder Knoten innerhalb einer Peer Group identische und vollständige Informationen über seine eigene Gruppe hat. Das Hello-Protokoll läuft andauernd, so daß die Informationen über den Zustand der Peer Group laufend aktualisiert werden.

Die Knoten einer Peer Group wählen untereinander einen Knoten zum "Peer Group Leader" (in der Abbildung mit einem ausgefüllten Kreis markiert), der die Gruppe in der nächsthöheren Hierarchiestufe repräsentiert. In der Gruppe A.1 wird diese Funktion z.B. durch den Knoten A.1.1 wahrgenommen. Die Aufgabe, die den Peer Group Leader von den anderen Knoten der Gruppe unterscheidet, besteht darin, die Informationen über seine Gruppe zu filtern und so zusammenzufassen, daß er die gesamte Gruppe als einen einzigen logischen Knoten (Logical Node) in der Peer Group der nächsthöheren Hierarchiestufe repräsentieren kann. Dabei werden auch alle Übertragungsstrecken zwischen zwei Gruppen der höheren Ebene (z.B. zwischen A.1 und A.2) zu einem logischen Link (Logical Link) mit der Summenkapazität aggregiert. Innerhalb der Peer Group der höheren Ebene laufen die gleichen Mechanismen ab wie in der untersten Ebene, so daß sich eine rekursive Struktur ergibt. In der obersten Ebene wird kein Peer Group Leader benötigt. Die Informationen, die innerhalb der PNNI-Protokolle ausgetauscht werden, umfassen:

- Informationen über die Knoten selbst und ihre Fähigkeiten, z.B. über die Priorität, die zur Wahl des Peer Group Leaders herangezogen wird.
- Informationen über die Übertragungsstrecken, die die Verknüpfung der Knoten herstellen. Neben der Information über Knoten und Ports, an denen die Übertragungsleitungen angeschlossen sind, werden auch andere statische Kennwerte (Attribute) übermittelt. Außerdem werden auch Kennwerte ausgetauscht, die sich dynamisch ändern (Metric), z.B. Kennwerte bezüglich der belegten Bandbreite oder bezüglich aktueller Dienstgüteparameter (Verzögerung, usw.). Ein sehr häufiger Austausch dieser dynamischen Zustandsinformationen verbessert zwar das Wissen der einzelnen Knoten über den aktuellen Netzzustand und optimiert die daraus resultierenden Routingentscheidungen, auf der anderen Seite wird der Aufwand für Austausch und Verarbeitung in den einzelnen Knoten entsprechend hoch, so daß hier ein vernünftiges Maß gefunden werden muß.
- Informationen über die Zieladressen, die über den jeweiligen – physikalischen oder logischen – Knoten erreicht werden können. Dazu gehören neben den durch die Struktur der Peer Groups vorgegebenen Adreßbereichen[26] weitere Adressen, die andere Adress-Präfixe haben (z.B. X.3.3) und per Konfiguration zugeordnet werden. Die Adreßbereiche werden auf dem Weg in die höheren Hierarchieebenen so weit wie möglich

---

26 Über Knoten A sind z.B. alle untergeordneten Knoten und Endgeräte erreichbar, deren Adress-Präfix mit „A" beginnt (A.1, A.1.1, usw.).

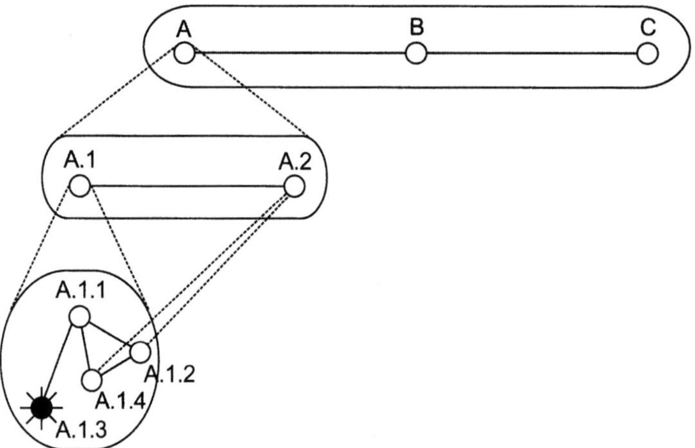

Abb. 7.14. Die Netztopologie aus Sicht des Knotens A.1.3

zusammengefaßt, um die zu verteilende Information zu reduzieren. Für bestimmte Adressen oder Bereiche kann gezielt die Verbreitung der Informationen unterdrückt werden (Address Supression), um die Struktur des jeweiligen Netzbereichs geheim zu halten. Außerdem kann festgelegt werden, bis zu welcher Hierarchieebene die Adressen bekannt gemacht werden (Address Scoping).

Um jedem einzelnen Knoten die Wegesuche durch das gesamte Netz zu ermöglichen, müssen von den höheren Ebenen die relevanten, durch die dort ablaufenden Hello-Protokolle bekanntgemachten, Informationen bis zu den einzelnen Knoten der untersten Ebene nach unten durchgegeben werden. So erhält ein Knoten der untersten Ebene, der bereits über vollständige Informationen über seine eigene Peer Group verfügt, zusammengefaßte Informationen über alle Peer Groups, die in der Hierarchie aus seiner eigenen abgeleitet worden sind. Für den Knoten A.1.3 ergibt sich daraus die in Abb. 7.14 dargestellte Topologie des Netzes, die bezüglich der Peer Groups B und C nur noch Informationen über die generelle Konnektivität enthält.

Bei der Zusammenstellung der Routinginformation im Ursprungsknoten (s. Abschn. 7.4.1) kann deshalb lediglich festgelegt werden, daß die Verbindung über B nach C verlaufen soll, der spezifische Weg innerhalb der Peer Groups B und C muß von den Knoten dieser Gruppen beim Verbindungsaufbau hinzugefügt werden.

8 Anwendungen, Dienste und Interworking

8.1
Anwendungen für eine Breitband-Infrastruktur

Wenn die Frage aufkommt, wofür man eine breitbandige Kommunikations-Infrastruktur benötigt, werden zunächst meist futuristische und etwas exotisch anmutende Beispiele angeführt, die nicht selten zu der Frage verleiten „braucht man das wirklich?". Bei einer eingehenderen Analyse dieses Themas wird schnell klar, daß die „Killer-Anwendung", die allein den mit enormen Kosten verbundenen Aufbau einer durchgängigen Breitband-Infrastruktur rechtfertigt, derzeit nicht in Sicht ist. Ebenso wird klar, daß es zwei sehr deutlich getrennte potentielle Benutzergruppen gibt, die sehr unterschiedliche Anforderungen und Beweggründe für einen Einstieg in die Breitbandkommunikation haben, nämlich diejenigen, die die neuen Kommunikationsmöglichkeiten geschäftlich nutzen wollen und die Privatteilnehmer. Die professionellen Anwender, d.h. Firmen aller Größen, stellen eine Kosten/Nutzenrechnung auf, indem sie ihre bisherigen Kommunikationsprozesse mit den neuen Möglichkeiten und deren Kosten vergleichen. Ergeben sich dabei insgesamt signifikante Vorteile durch die Einführung der breitbandigen Kommunikation, sind diese Anwender auch bereit, relativ hohe Gebühren für einen Breitbandanschluß zu zahlen und sind deshalb insbesondere in der Einführungsphase für die Netzbetreiber interessant. Die Privatteilnehmer hingegen, die zwar als einzelne den Netzbetreibern wesentlich weniger Gebühren einbringen, stellen durch ihre enorme Zahl ein Potential dar, das erschlossen werden muß, um eine flächendeckende Infrastruktur zu rechtfertigen. Diese Teilnehmer, deren Interessen an der Breitbandkommunikation mehr auf dem Gebiet der Unterhaltung und des einfachen Zugriffs auf Dienstleistungen liegen, haben eine relativ niedrige absolute Obergrenze für ihre Kommunikationsausgaben, die auch durch sehr attraktive Angebote nicht beliebig nach oben verschoben werden kann. Im folgenden sollen einige typische Anwendungen angesprochen werden, die eine Breitband-Infrastruktur erforderlich machen und in ihrer Gesamtheit auch die dabei entstehenden Kosten rechtfertigen können.

8.1.1
Anwendungen im geschäftlichen Bereich

Im geschäftlichen Bereich existieren derzeit getrennte Infrastrukturen für die Sprach- und die Datenkommunikation. Die Sprachkommunikation wird über leistungsfähige (ISDN-)Nebenstellenanlagen (Private Branch Exchange, PBX) mit sehr komfortablen zusätzlichen Dienstmerkmalen, wie z.B. Anrufumleitung, automatischer Rückruf, Briefkasten für Sprachnachrichten (Voice Mail) usw., abgewickelt. Dabei wird als physikalische Infrastruktur ein sternförmiges Netz aus Kupfer-Doppeladern verwendet. Die Nebenstellenanlagen an verschiedenen Firmenstandorten sind über das öffentliche Telefonnetz oder über Mietleitungen (Leased Line) miteinander verbunden, die Kommunikation mit externen Partnern erfolgt über das öffentliche Telefonnetz. Bis auf eventuelle Einschränkungen bei den Dienstmerkmalen ist kein signifikanter Unterschied zwischen der lokalen und der standortübergreifenden Kommunikation spürbar.

Die Datenkommunikation wird über PCs und Workstations abgewickelt, die innerhalb eines Standortes über lokale Rechnernetze (LAN, s. Abschn. 11.2.2) miteinander verbunden sind und über diese auch Zugang zu zentralen Datenspeichern (File Server) haben. Die Anwendungsprogramme sind entweder auf dem lokalen Rechner oder auf speziellen Hochleistungsrechnern (Server) im Netz verfügbar und können vom Arbeitsplatz aus verwendet werden. Aufgrund der Leistungsfähigkeit der lokalen Netze ist – bei vernünftiger Dimensionierung und Struktur der Netze – kein signifikanter Unterschied zwischen einer lokal oder auf einem Server ablaufenden Anwendung zu bemerken. Als einziger rechnerbasierter Kommunikationsdienst wird in der Regel die elektronische Post (E-Mail) verwendet, die sich immer mehr gegenüber anderen Diensten wie z.B. Telefax durchsetzt, da inzwischen weltweit eine durchgängige Erreichbarkeit gegeben ist und die in elektronischer Form verschickten Dokumente beim Empfänger direkt weiterverarbeitet werden können. Außerdem erlaubt der personenbezogene, paßwortgeschützte Empfang einen besseren Schutz der Vertraulichkeit der Informationen als beim Telefax. Der physikalische Anschluß der Teilnehmer, der klassisch über spezielle Koaxkabel in Bus- oder Ringstrukturen erfolgte, wird aufgrund der Verfügbarkeit entsprechender Technologien zunehmend in eine sternförmige Verkabelung mit Kupferadernpaaren überführt, wie sie auch für die Anbindung der Teilnehmer an die Nebenstellenanlagen verwendet wird. Dadurch wird eine einheitliche physikalische Infrastruktur geschaffen, die erhebliche Verbesserungen für Betrieb und Wartung erbringt.

Im Gegensatz zu der sehr leistungsfähigen Datenkommunikation innerhalb eines Firmenstandortes unterliegt die Datenkommunikation über das Weitverkehrsnetz hinweg noch gravierenden Einschränkungen, da dort oft nur im Vergleich zum LAN niederratige Verbindungen (X.25, ISDN, Mietleitungen) zur Verfügung stehen. Dadurch wird es meist unmöglich, Anwendungen auf Servern an anderen Standorten zu verwenden und auch bei der Übertragung großer Datenmengen ergeben sich Probleme und Wartezeiten.

Die Datenkommunikation im lokalen Bereich macht die Defizite im Weitverkehrsbereich immer deutlicher. Mit der rasanten Weiterentwicklung der Rechnertechnologie und der ebenso schnell fortschreitenden Weiterentwicklung der lokalen Vernetzung, bei der durch den Übergang auf neue Hochgeschwindigkeits-LANs oder ATM ein weiterer Sprung in der Leistungsfähigkeit erfolgt, steigern sich die Anforderungen immer mehr. Da außerdem eine hochleistungsfähige, weltweite Datenkommunikation durch die zunehmende Globalisierung der Märkte und des Wettbewerbs immer mehr zu einem wichtigen Erfolgsfaktor im Wettbewerb wird, ergibt sich in diesem Bereich ein starker Druck hin zu einer breitbandigen Kommunikationsinfrastruktur im Weitverkehrsbereich.

Die mit Abstand wichtigste Anwendung für Breitbandnetze im geschäftlichen Bereich ist deshalb in den nächsten Jahren die Vernetzung von lokalen Netzen über das Weitverkehrsnetz hinweg, gefolgt vom Austausch großer Mengen von Daten in elektronischer Form (Electronic Data Interchange, EDI).

Ein weiteres wichtiges Argument für einen Umstieg auf die ATM-basierte Breitbandkommunikation ist die Möglichkeit, Sprach- und Datenkommunikation bei der Übermittlung über das Weitverkehrsnetz hinweg flexibel zu kombinieren und gemeinsam zu übertragen, wodurch die Kosten gegenüber einer getrennten Übermittlung deutlich verringert werden können. Da Vernetzungen, die auf der Basis von virtuellen Pfaden vom öffentlichen Netzbetreiber zur Verfügung gestellt und vom Endkunden selbst weitgehend flexibel verwaltet werden können, sehr viel mehr Anpassungsmöglichkeiten an den aktuellen Kommunikationsbedarf erlauben als TDM-Mietleitungen, sind die Einsparungen erheblich. Bei der einfachsten Art der PBX-Vernetzung wird lediglich die ATM-Schnittstelle und die Anschlußleitung für den Sprachverkehr mitbenutzt und das ATM-Netz nur als Übertragungsinfrastruktur verwendet. Zusätzlich können aber auch Verfahren wie eine redundanzmindernde Kodierung und Sprachpausenunterdrückung sowie intelligente Wegelenkungsverfahren eingesetzt werden, um die Ausnutzung der Übertragungskapazität weiter zu optimieren.

Insbesondere für Firmen mit weltweiten Geschäftsbeziehungen ist auch die Verbesserung der Möglichkeiten für Videokonferenzen von großem Interesse, da mit diesen nicht nur ein Teil der Dienstreisen überflüssig wird, sondern auch spontane, zeitkritische Koordinationsvorgänge erheblich effektiver unterstützt werden können als z.B. durch Telefonkonferenzen. Bedingung hierfür ist jedoch, daß die Konferenzen ohne aufwendige Studios und Voranmeldung bei Bedarf einberufen werden können. Gut geeignet sind auf jeden Fall PC-basierte Lösungen, bei denen Videokonferenzen mit minimalem Aufwand vom Schreibtisch aus abgehalten werden können.

Neben diesen Anwendungen, die eine Erweiterung und Verbesserung heute bereits bestehender Möglichkeiten darstellen, werden die neuen, multimedialen Anwendungen in den nächsten Jahren deutlich an Bedeutung gewinnen. Ein wichtiges Beispiel ist hier die Telekooperation[1], bei der mehrere, räumlich voneinander getrennte Personen gleichzeitig an einer bestimmten Aufgabe, z.B. an der Erstellung eines Dokuments, arbeiten können und dabei durch die Möglichkeiten der multimedialen Kommunikation unterstützt werden. Kernpunkt dabei ist das eigentliche Dokument, das alle Beteiligten gleichzeitig auf ihrem Bildschirm sehen können und an dem jeder Änderungen vornehmen kann. Diese werden unmittelbar bei allen Anderen angezeigt, so daß der oft langwierige Zyklus von Bearbeitung, Austausch, Begutachtung, Abstimmung und Änderung wesentlich abgekürzt werden kann. Zur Koordination der gemeinsamen Arbeit besteht gleichzeitig eine Sprach- und eventuell sogar eine Videoverbindung, über die sich die beteiligten Personen unterhalten können. Die so arbeitende Gruppe ist flexibel konfigurierbar, so daß bei Bedarf jederzeit zusätzliche Teilnehmer zu- und andere abgeschaltet werden können. Die Anwendung beschränkt sich dabei keineswegs auf reine Text- und Graphikdokumente, sondern kann im Prinzip jede beliebige Art von gespeicherter Information, von der Kundenpräsentation bis zum Videoclip umfassen. Solche Anwendungen stellen auch eine wichtige Voraussetzung dafür dar, daß Telearbeitsplätze, bei denen zumindest ein Teil der Arbeit von zu Hause aus erledigt wird, sinnvoll genutzt werden können.

Da auch andere Aufgaben, die im Büroalltag vorkommen, wie z.B. das Einholen von Kommentaren und Unterschriften, Umläufe, Terminabsprachen, usw. im Prinzip auf elektronischem Wege erledigt werden können, ist eine weitgehend computerunterstützte „virtuelle" Büroumgebung (Virtual Office) möglich. Eine solche Umgebung bietet unter anderem auch den Vorteil, daß sie durch die breitbandige Vernetzung für den Benutzer überall in gleicher Weise verfügbar ist und so seine Mobilität unterstützt.

Während die bisher beschriebenen Anwendungen es erlauben, die innerbetrieblichen Abläufe effektiver zu gestalten und deshalb für die Firmenkunden interessant sind, eröffnen sich durch die breitbandige Kommunikation auch ganz neue Möglichkeiten im Dienstleistungsbereich. So kann z.B. die Expertise bestimmter Personen über beliebige Entfernungen hinweg effektiv genutzt werden, da die notwendigen Detailinformationen schnell ausgetauscht werden können und das Beratungsgespräch durch eine ausreichende interaktive Kommunikation unterstützt wird. Ein typisches Beispiel sind hier die bereits weltweit in Feldversuchen erprobten Anwendungen im medizinischen Bereich, bei denen vom behandelnden Arzt – evtl. sogar während der Behandlung – Spezialisten konsultiert werden können. Dabei müssen zum einen komplexe Informationen, wie z.B. sehr detailreiche Röntgenaufnahmen, ohne Verfälschung und

---

1 Andere Bezeichnungen sind z.B. Collaborative Work und Joint Editing.

Qualitätsverlust schnell übermittelt werden, zum anderen muß eine hochqualitative Sprach- und Videokommunikation möglich sein, um die Behandlung nicht aufgrund von Kommunikationsproblemen zu verzögern.

Ein weiteres typisches Beispiel ist die Fernschulung (Tele-Education), bei der die Lerninhalte an räumlich entfernte Schüler so vermittelt werden können, als ob sie sich in direkter Nähe des Lehrers befinden, da neben der Übermittlung der Lehrmedien auch eine direkte Kommunikation mit dem Lehrer möglich ist. Auf diese Weise können die Lerninhalte effektiv vermittelt werden, auch wenn die direkte physische Anwesenheit der Schüler, wie z.B. bei einer Operation, nicht möglich oder ökonomisch nicht sinnvoll ist, weil sie räumlich zu weit verstreut sind.

Neben dieser interaktiven Form können die Kurse auch gespeichert und in Datenbanken abgelegt werden, von wo aus sie bei Bedarf jederzeit abrufbar sind. Dabei können die Inhalte durch Einbeziehung moderner Medien, wie z.B. Computersimulationen oder Videosequenzen, weit besser dargestellt werden als bisher möglich. Weitere Anwendungsbeispiele im Dienstleistungsbereich, die mehr auf Privatpersonen abzielen, werden im nächsten Abschnitt aufgezeigt.

Auch im öffentlichen Bereich gibt es sehr viele Funktionen und Abläufe, die durch eine breitbandige Kommunikation deutlich effizienter gemacht oder erst ermöglicht werden. Beispiele reichen hier von der verbesserten Kommunikation innerhalb und zwischen Behörden über die bürgerfreundliche Abwicklung von Anträgen bis hin zu Informationssystemen, mit deren Hilfe Informationen der Verwaltungen und Behörden jederzeit und unbürokratisch verfügbar gemacht werden können. Konkreter Bedarf besteht hier in Deutschland beispielsweise im Zusammenhang mit der Verlegung eines Teils der Ministerien und anderer Verwaltungsorgane von Bonn nach Berlin, wo durch eine breitbandige Kommunikationsbrücke zwischen den beiden Standorten eine reibungslose Kooperation trotz der räumlichen Trennung unterstützt werden soll.

8.1.2
Anwendungen im privaten Bereich

Im Bereich der Privatteilnehmer wird die technische Kommunikation eindeutig durch zwei Anwendungen dominiert, nämlich durch die Sprachkommunikation einerseits und den Empfang von Audio- und Fernsehverteildiensten auf der anderen Seite. Die Sprachkommunikation wird weltweit sehr komfortabel und mit hoher Dienstgüte über die öffentlichen Telefonnetze und zunehmend auch über das Schmalband-ISDN abgewickelt. Durch die weltweit sehr hohe Durchdringung dieser Netze werden sie zunehmend auch genutzt, um bei Bedarf andere Dienste, z.B. die private Datenkommunikation – einschließlich des Zugangs zu Online-Diensten und zum Internet – oder den Austausch von Dokumenten über Telefax ohne große Zusatzinvestitionen zu nutzen. Dabei werden von der Dienstgüte her in den analogen Netzen deutliche Einschränkungen akzeptiert und der Übergang zum wesentlich leistungsfähigeren ISDN vollzieht sich relativ langsam solange die Kosten noch spürbar höher sind. Die Versorgung der Teilnehmer erfolgt über eine flächendeckend sehr dichte Infrastruktur auf der Basis von Kupferkabeln. Obwohl die Kupferkabel im Anschlußbereich aus wirtschaftlichen Gründen zunehmend durch eine Glasfaser-Infrastruktur ersetzt werden, wird der letzte Abschnitt der Teilnehmerleitung in der alten Form beibehalten, da das Verlegen des letzten Teilstücks bis zum Teilnehmer insgesamt den größten Kostenfaktor darstellt. Im Bezug auf die Verteilkommunikation wurden in vielen Ländern Breitband-Kabelnetze auf der Basis von Koaxialkabeln verlegt, die neben dem Direktempfang über normale oder Satellitenantennen für die Versorgung verwendet werden.

Die typischen Endgeräte im privaten Bereich sind das Telefon sowie der Radio- oder Fernsehapparat, wobei sich in den letzten Jahren auch zunehmend PCs als Kommunikationsendgeräte etabliert haben. Die interaktiven, multimedialen Anwendungen werden bevorzugt über multimediafähige PCs sowie – je nach Anwendung – über Fernsehgeräte abgewickelt werden. Die Fernsehgeräte werden dafür durch Empfangs- und Steuereinheiten (Set Top Box) ergänzt, die die empfangenen Signale in die für den Fernsehapparat benötigte Form umsetzen und gleichzeitig die Steuerung der Verbindungen unterstützen, die Bedienung erfolgt über leistungsfähige Fernbedienungen.

Die für den Privatteilnehmer relevanten Breitbanddienste liegen vor allem in den Bereichen Dienstleistung, Informationsbeschaffung und Unterhaltung. Während die Anwendungen in den beiden ersten Bereichen bereits – mit entsprechenden Beschränkungen – auf Basis der bestehenden Schmalbandinfrastruktur eingeführt werden können, ist insbesondere im Unterhaltungsbereich durch den hohen Anteil an Videoinformation ein breitbandiger Teilnehmeranschluß notwendig.

Im Dienstleistungsbereich werden schon heute Dienste wie das Tele-Banking eingeführt, bei dem die Kontoführung und das Tätigen von Transaktionen von zu Hause über Telefon oder PC erfolgen kann. Die breite Einführung dieses Dienstes erlaubt den Banken eine deutliche Rationalisierung ihrer internen Abläufe und damit Kosteneinsparungen und bedeutet gleichzeitig für den Kunden eine Service-Verbesserung, da er seine Geschäfte bequem von zu Hause und unabhängig von den Geschäftszeiten erledigen kann. Die gleichen Vorteile versprechen sich insbesondere Versandhäuser vom sog. „Home Shopping", bei dem das Warenangebot interaktiv am Bildschirm begutachtet, ausgewählt und bestellt werden kann. Damit würde das kostenintensive Verteilen von Katalogen (in Papierform oder auf CD) entfallen und das Angebot könnte leichter aktualisiert werden. Die Präsentation der Waren könnte, z.B. durch Videoclips, interessanter gestaltet werden und die Bestellungen könnten ohne menschliche Interaktion in die logistischen Prozesse eingebracht werden. Das Sehen der Ware spielt bei diesen Diensten eine dominierende Rolle und es werden relativ hohe Datenraten benötigt, um die Antwortzeiten, z.B. für die Übertragung von Festbildern mit entsprechender Auflösung, in einem erträglichen Rahmen zu halten. Deshalb muß der Verkäufer die Kommunikationskosten ganz oder teilweise subventionieren, um den Dienst attraktiv zu machen. Aus diesem Grund sind besonders Sparten für den Einsatz solcher Dienste interessant, bei denen einzelne Objekte mit relativ großem Beratungsaufwand verkauft werden, wie etwa Immobilien, oder bei denen das Produkt normalerweise nicht direkt begutachtet werden kann. Beispiele hierfür sind Reisen, bei denen die Reiseziele per Video vorgestellt werden können, oder Bauvorhaben, bei denen dem Kunden durch Computeranimationen ein plastischer Eindruck vermittelt werden kann. Auch wenn letztendlich noch ein direktes Verkaufsgespräch notwendig ist, kann sich für den Verkäufer durch die Rationalisierung der Auswahlphase die Einführung solcher Dienste lohnen.

Im Bereich der Unterhaltung stehen besonders Dienste im Vordergrund, die sich aus der Fernsehverteilung entwickeln, wobei nicht einfach die reine Fernsehverteilung ersetzt werden soll, sondern das Augenmerk auf kompliziertere Dienste gelegt wird. Bereits heute existieren Dienste, bei denen bestimmte Kanäle nur auf Anmeldung und mit Zahlung individueller Gebühren empfangen werden können (Pay-TV). Außerdem existieren Dienste, bei denen Gebühren auf der Basis einzelner Sendungen, wie z.B. Sportveranstaltungen oder Konzertübertragungen, erhoben werden (Pay-per-View). Dabei werden die entsprechenden Signale weiterhin ausgestrahlt und können von beliebigen Teilnehmern empfangen werden. Da sie verschlüsselt sind, können sie jedoch erst nach Bezahlung mit entsprechenden Dekodern tatsächlich verwendet werden.

Im Gegensatz zu diesen Diensten soll bei den zukünftigen breitbandigen Unterhaltungsdiensten die Verteilung der Signale durch die Vermittlungsfunktion des Kommunikationsnetzes auf die berechtigten Benutzer beschränkt werden. Ein typisches Beispiel ist hier ein als „Advanced Pay-per-View" (APPV) oder „Near Video-on-Demand" (NVoD) bezeichneter Dienst, bei dem eine Auswahl aktueller Spielfilme angeboten wird. Diese werden gestaffelt mit einer Verschiebung im Bereich von wenigen Minuten periodisch jeweils auf mehreren Kanälen gesendet. Dadurch muß der Teilnehmer lediglich ein paar Minuten auf den Anfang des gewünschten Films warten und kann auch – durch Wechseln des Kanals – innerhalb des Filmes springen. Die Filme sind in digitaler Form im Netz auf sog. „Videoservern" gespeichert und werden über ATM-Verbindungen übermittelt. Da beim APPV alle zugeschalteten Teilnehmer genau die gleiche Information erhalten, kann dieser Dienst in idealer Weise durch Punkt-zu-Mehrpunkt-Verbindungen unter Verwendung der Multicast-Funktion der ATM-Schicht (s. Abschn. 4.3.7) unterstützt werden. Die Steuerung der Verbindungen durch den Teilnehmer erfolgt in der Regel über eine Fernbedienung und Auswahlmenüs, die von der Set Top Box erzeugt werden.

Diese kommuniziert mit entsprechenden Instanzen im Netz, die eine Navigation im Netz, d.h. zunächst die Auswahl eines bestimmten Dienstanbieters und anschließend die Auswahl eines bestimmten Films, erlauben und den Aufbau (oder die Umkonfiguration) der entsprechenden Verbindung veranlassen. Die Gebührenerfassung erfolgt auf der Basis der Verbindungsdaten und wird vom Netz unterstützt.

Beim reinen „Video-on-Demand" (s. z.B. [64]) wird im Gegensatz dazu die Information in einer Punkt-zu-Punkt-Verbindung exklusiv für einen Teilnehmer vom Videoserver übermittelt. Damit können diesem alle vom Videorecorder her bekannten Funktionen wie Anhalten, Vor- und Zurückspulen, Zeitlupe usw. zur Verfügung gestellt werden. Dieser Dienst ist aus Sicht des Dienstanbieters und aus Sicht des Netzes sehr viel aufwendiger als APPV, da durch die Individualität der Übermittlung sowohl die Kapazität der Videoserver als auch die im Netz benötigte Bandbreite erheblich höher ist.

Für beide Dienste existieren bereits weltweit Pilotversuche und das Interesse der Medienkonzerne ist erheblich, da sie sich neben Kino und Videoverleih und -verkauf eine zusätzliche Möglichkeit zur Vermarktung ihrer Produkte erhoffen. Es ist jedoch zu bedenken, daß diese Dienste eine flächendeckende Breitbandinfrastruktur für Privatteilnehmer erfordern. Außerdem konkurrieren sie direkt mit den anderen Distributionsmethoden, so daß sich die Gebühren z.B. im Bereich der Leihgebühr für ein entsprechendes Video bewegen müssen, damit der Dienst eine breite Akzeptanz findet.

Im Zusammenhang mit solchen Diensten ergeben sich auch für die Werbung neue Möglichkeiten. Insbesondere kann die Gebühr abhängig von dem individuell akzeptierten Werbeanteil gestaffelt werden. Daneben besteht die Möglichkeit, vor dem Beginn die Präferenz des Benutzers abzufragen und so sehr gezielt für bestimmte Produkte zu werben.

Weitere Möglichkeiten im Bereich der Unterhaltung ergeben sich im Zusammenhang mit Videospielen, die ähnlich wie die Videos über das Netz auf die lokalen Spielkonsolen (oder PCs) geladen werden können. Zusätzlich besteht dann die Möglichkeit, daß mehrere Teilnehmer über das Netz mit- oder gegeneinander spielen.

In Zukunft kann es auch in bestimmten Fällen sinnvoll sein, die Fernsehverteilung in das Kommunikationsnetz zu integrieren. Dabei erfolgt die Verteilung der Kanäle zu den einzelnen Teilnehmern ebenfalls mit Hilfe der Vermittlungsfunktionen des Netzes (Switched Digital Broadcast), so daß keine getrennte Verteilinfrastruktur beim Teilnehmer notwendig ist. Ob dabei eine Einspeisung der Verteilkommunikation relativ nahe beim Teilnehmer, d.h. erst in den Netzelementen des Zugangsnetzes (Access Network), sinnvoller ist als eine vollständige Integration in das Netz hängt von den Netztopologien und Realisierungskonzepten ab.

Die Anwendungen im Bereich der Informationsbeschaffung, die sich durch die Kombination von multimedialer Informationsübermittlung, Datenverarbeitung und interaktiver Kommunikation auszeichnen, werden derzeit im Zusammenhang mit Online-Diensten und vor allem durch das Internet auf breiter Basis eingeführt. Die hochbitratigen Anteile – vor allem Video – werden dabei jedoch momentan nur unzureichend unterstützt. Da gleichzeitig auch Möglichkeiten geschaffen werden, daß die für die kommerzielle Vermarktung der angebotenen Dienstleistungen notwendigen Finanztransaktionen elektronisch vorgenommen und direkt mit der Nutzung der Dienstleistung gekoppelt werden können, wird die Nutzung der Online-Dienste und des Internet zunehmend auch für Firmen interessant. So kann z.B. der Kundendienst durch die Kombination einer vollelektronischen Bearbeitung von Standardanfragen mittels eines Expertensystems und einer Weiterleitung spezieller Probleme an die Kundenberater deutlich verbessert und gleichzeitig rationalisiert werden.

Durch die Einführung der multimedialen Bedienoberfläche (World Wide Web, WWW) ist die Akzeptanz des Internet bei einer breiten Anwenderschicht deutlich gestiegen. Dadurch und aufgrund der Menge und Vielfalt der verfügbaren Informationen und Dienstleistungen ist weltweit eine dramatische Zunahme der angeschlossenen Teilnehmer zu beobachten, so daß sich das Internet immer mehr zu einem wichtigen Faktor bei der Evolution hin zu einer breitbandigen Kommunikations-Infrastruktur entwickelt. Zunächst werden zunehmend leistungsfähige Backbone-Netze für die Übermittlung des zunehmenden Internet-Verkehrs benötigt, um die bereits verfügbaren Dienste und Anwendungen angesichts der riesigen Anzahl von Benutzern mit einer erträglichen Dienstgüte zu bewältigen. Zusätzlich entwickeln sich die Anwendungen durch die kostengünstige Verfügbarkeit sehr leistungsfähiger, multimedia-tauglicher PCs in eine Richtung weiter, bei der die für eine sinnvolle Nutzung benötigten Kommunikationsbandbreiten kontinuierlich steigen.

Insgesamt ist der Markt für die Breitbandkommunikation im privaten Bereich sehr viel schwerer vorhersehbar als im geschäftlichen Bereich, da neben technologischen Einflüssen auch andere Randbedingungen wie Einführungsstrategien der Netzbetreiber, Tarife und – speziell im Unterhaltungsbereich – urheberrechtliche Bestimmungen Umfang und Zeitpunkt der breiten Einführung erheblich mitbestimmen. Da jedoch außer den Netzbetreibern und den Teilnehmern auch neue, sehr einflußreiche und finanzkräftige Interessengruppen wie Handel, Werbebranche oder Medienkonzerne sehr an der Entwicklung dieses Sektors interessiert sind, wie sich z.B. aus den zahlreichen Kooperationen zwischen Medienkonzernen und Netzbetreibern ersehen läßt, ist die Frage nicht so sehr ob, sondern wie und wann diese Dienste eingeführt werden.

Der vorangegangene Abschnitt kann lediglich einen kurzen Überblick über die derzeit angedachten Anwendungen und Dienste geben, die tatsächlichen Möglichkeiten sind nur durch die Phantasie und Kreativität der Beteiligten begrenzt wie die Entwicklung des Internet deutlich zeigt. Im folgenden Abschnitt werden die konkreten Funktionen und Dienste dargestellt, die das zukünftige

Breitband-Kommunikationsnetz als Basis für diese Vielfalt von Anwendungen zur Verfügung stellen muß.

8.2
Das Dienstkonzept des B-ISDN

Ziel einer jeden technischen Kommunikation (s. Abschn. 11.1.1) ist es, Informationen zu einem bestimmten Zweck auszutauschen. Beispiele hierfür sind der Austausch von Sprachinformation über das Telefon oder die Übermittlung von Abrechnungsdaten zwischen Computern. Die technischen Funktionen, die zur Erreichung eines spezifischen Zwecks verwendet werden, werden in der Datenwelt als „Anwendungen" bezeichnet. Eine typische Anwendung ist etwa die elektronische Post (Electronic Mail, E-Mail). Sie umfaßt u.a. Programme, mit denen Nachrichten verfaßt und geschickt sowie ankommende Nachrichten empfangen, ohne zutun des Benutzers gespeichert und bei Bedarf gelesen werden können. Unterschiedliche Ausprägungen solcher Programme werden von unterschiedlichen Herstellern für unterschiedliche Rechnersysteme angeboten, die in diesem Fall als Endgeräte dienen. Deshalb müssen z.B. auch Funktionen vorhanden sein, die eine Umwandlung der unterschiedlichen Datenformate (Zeichensätze, usw.) zwischen den verschiedenen Programmen und Rechnersystemen erlauben. Außerdem sind Funktionen notwendig, die aufgrund der vom Benutzer eingegebenen Zieladresse einen Kommunikationskanal über eines oder sogar mehrere (unterschiedliche) Kommunikationsnetze herstellen. Letztlich sind auch Funktionen erforderlich, welche den Transport der Nachrichten über die Kommunikationsnetze bewerkstelligen. Für die Beschreibung all dieser Funktionen, die für eine reibungslose Zusammenarbeit unterschiedlicher Implementierungen einer Anwendung einheitlich spezifiziert sein müssen, wurde das „OSI"-Modell (Open Systems Interconnection, s. Abschn. 11.1.3) entwickelt. Dieses Modell unterteilt die Funktionen in sieben aufeinander aufbauende Schichten, von denen jede der übergeordneten einen „Dienst" (im OSI-Sinne), z.B. die gesicherte Übertragung von Dateneinheiten über einen Übertragungsabschnitt, erbringt. Die Schichten 1 bis 3 umfassen die transportorientierten Funktionen, die in der Regel vom jeweiligen Kommunikationsnetz erbracht werden, während die Schichten 4 bis 7 mehr anwendungsbezogen sind und meist in den beteiligten Endgeräten realisiert sind.

In der Telekommunikationswelt wird der Begriff „Dienst" in einem anderen Sinne als im OSI-Kontext verwendet. Insbesondere im Schmalband-ISDN wird unterschieden zwischen den „Übermittlungsdiensten" (Bearer Service) bei denen lediglich die transportorientierten Netzfunktionen entsprechend der OSI-Schichten 1 bis 3 spezifiziert sind und den „Telediensten" (Teleservices), für die zusätzlich auch die Endgerätefunktionen der Schichten 4 bis 7 vollständig standardisiert sind. Beispiele für Teledienste sind z.B. der Telefon- oder Telefax-Dienst.

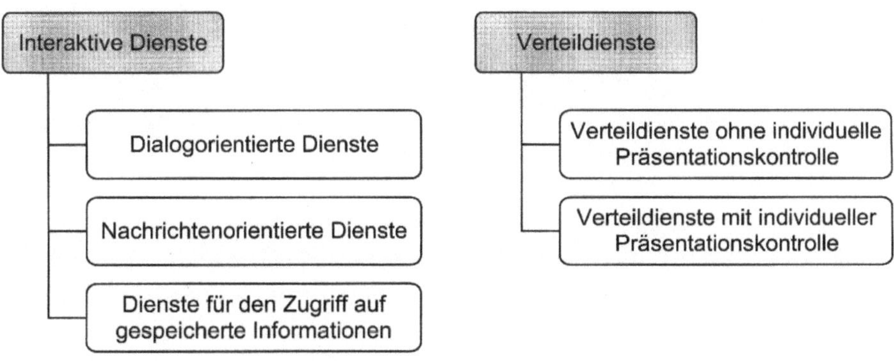

Abb. 8.1. Klassifizierung der Breitbanddienste gemäß ITU-T I.211

Um die breite Palette von Anwendungen optimal unterstützen zu können, wurde bereits für das ISDN in den ITU-T-Empfehlungen der Serie I.2xx das Konzept der „Dienstattribute" (Service Attributes) definiert, durch deren Kombination bestimmte Dienste dargestellt werden können. Solche Dienstattribute beschreiben z.B.

- **Verkehrseigenschaften:** Übertragungsrate, zeitlicher Verlauf der Übertragungsrate (konstant, veränderlich, burstartig),
- **Zeitbeziehung:** Synchron, asynchron,
- **Dienstgüteanforderungen:** Toleranz gegenüber Verzögerungen, Verzögerungsschwankungen, Datenverlusten und -verfälschungen,
- **Verbindungskonfiguration:** Punkt-zu-Punkt, Punkt-zu-Mehrpunkt, Mehrpunkt-zu-Mehrpunkt, Verteilung,
- **Symmetrie:** Unidirektional, bidirektional symmetrisch, bidirektional asymmetrisch,
- **Signalstruktur:** Unstrukturiert, 8 kHz-Struktur, etc.
- **Kommunikationsprinzip:** Verbindungslos, verbindungsorientiert.

Auf der Basis dieses Konzepts wurden die zukünftigen Teledienste mit Breitbandanforderungen gemäß der IUT-T-Empfehlung I.211 grob in zwei Kategorien, nämlich interaktive Dienste (Interactive Services) und Verteildienste (Distribution Services), eingeteilt wie in Abb. 8.1 gezeigt.

Das Spektrum der interaktiven Dienste kann weiter unterteilt werden in

- *Dialogorientierte Dienste (Conversational Services):* Bidirektionale, dialogorientierte Kommunikation mit Ende-zu-Ende-Datenaustausch in Echtzeit (keine Speichervermittlung). Die Information wird von einem Benutzer erzeugt und ist für einen oder mehrere individuelle Benutzer bestimmt. Beispiele sind Videotelephonie, Videokonferenz und Hochgeschwindigkeits-Datenübertragung.

- *Nachrichtenorientierte Dienste (Messaging Services):* Kommunikation zwischen individuellen Benutzern nach dem Speichervermittlungsprinzip (Store-and-Forward), einschließlich Speicherungs- (engl. Mailbox), Editier-, Verarbeitungs- und Umwandlungsfunktionen (engl. Message Handling). Beispiele sind Message Handling- und Mail-Dienste für Bewegtbilder, hochauflösende Graphik oder Audio-Information.

- *Dienste für den Zugriff auf gespeicherte Informationen (Retrieval Services):* Zugriff auf gespeicherte, allgemein zugängliche Informationen auf individuelle Anfrage, d.h. der Benutzer bestimmt den Zeitpunkt des Beginns der Informationssequenz. Beispiele sind Datenbankdienste für Bewegtbilder und hochauflösende Graphik.

Bei den Verteildiensten gibt es eine Unterscheidung in

- *Dienste ohne individuelle Präsentationskontrolle (Broadcast Services Without User Individual Presentation Control):* Ein kontinuierlicher Informationsfluß wird von einer zentralen Quelle an eine unbegrenzte Zahl von autorisierten Benutzern verteilt. Der Benutzer kann dabei weder den Beginn der Informationseinheiten noch deren Reihenfolge beeinflussen. Beispiele für diese Dienste sind Fernseh- und Audio-Verteildienste.

- *Dienste mit individueller Präsentationskontrolle (Distribution Services With User Individual Presentation Control):* Hier wird die Information als Folge von Informationseinheiten angeboten, wobei der Benutzer den Anfang und die Reihenfolge der Einheiten bestimmen kann. Er kann deshalb die Präsentation immer von Anfang an verfolgen. Ein typisches Beispiel hier ist der rechnergestützte Fernunterricht, bei dem unterschiedliche Lernsequenzen von jedem Teilnehmer zu unterschiedlichen Zeiten und unterschiedlich oft angefordert werden können.

In der Vergangenheit war es in der Regel so, daß jeder Telekommunikationsdienst nur einen Informationstyp (Audio, Video, Text, Festbild, Graphik) benutzt hat und auch der dafür verwendete Übermittlungsdienst auf diesen optimiert war. Bei einer zukünftigen multimedialen[2] Kommunikation hingegen werden mehrere oder alle Informationstypen in eine Kommunikationsbeziehung mit einbezogen. Ein typisches Beispiel hier ist die bereits erwähnte Telekooperation (s. Abschn. 8.1.1). Da es sehr schwierig ist, einen Übermittlungsdienst zu definieren, der gleich gut für alle Informationstypen geeignet ist, werden bei der multimedialen Kommunikation in der Regel mehrere, typspezifische Verbindungen (Bearer Connection) durch das Kommunikationsnetz verwendet. Diese werden durch entsprechende Steuerungsmechanismen im Endgerät und innerhalb des Netzes koordiniert und zu einem „Multimedia-Gespräch" (Multimedia Call, Multi-Connection Call) zusammengefaßt. Dabei

---

2 Der Begriff Multimedia ist nicht eindeutig definiert und wird deshalb in unterschiedlichen Zusammenhängen unterschiedlich verwendet.

besteht die Möglichkeit, die einzelnen Komponenten flexibel zu konfigurieren
und auch nach dem Aufbau des Multimedia-Gesprächs noch zu verändern (In-
Call Modification). Zur Beschreibung solcher Dienste wurde das Konzept der
„Dienstkomponenten" (Service Components) vorgeschlagen, wobei die Dienstkomponenten den typspezifischen Verbindungen für einen bestimmten Informationstyp entsprechen. Das Konzept der Dienstkomponenten hat den Vorteil,
daß diese flexibel zu unterschiedlichen Multimedia-Diensten kombiniert werden können, ohne daß für jede Kombination jeweils ein eigener Teledienst
definiert werden muß.

In den folgenden Abschnitten soll nun zunächst auf die von einem ATM-
Netz erbrachten Übermittlungsdienste eingegangen werden. Danach soll diskutiert werden, wie die bestehenden „Anwendungen" und „Telekommunikationsdienste" von ATM-Netzen unterstützt werden können, bevor einige der
neuen Breitbanddienste und -anwendungen kurz vorgestellt werden.

8.3
Breitband-Übermittlungsdienste

Für einen reinen ATM-Zellübermittlungsdienst (Cell Relay Service) sind lediglich die Netzfunktionen der physikalischen und der ATM-Schicht spezifiziert, um Zellströme zwischen den beteiligten Benutzer/Netzschnittstellen austauschen zu können. Dabei können im einfachsten Fall, wie in der ITU-T-
Empfehlung F.813 beschrieben, ATM-Verbindungen auf der Ebene der virtuellen Pfade (Virtual Path Connection, VPC) verwendet werden, die vom Betreiber
über das Netzmanagementsystem eingerichtet werden. Diese Festverbindungen (Permanent Virtual Connection, PVC) entsprechen im Prinzip einer Mietleitung im Schmalbandnetz, da sie dem Teilnehmer nur eine „ATM-Leitung"
(ATM Pipe) mit einer bestimmten Übertragungskapazität zur Verfügung stellen. Der Vorteil besteht darin, daß die ATM-PVCs flexibel per Software konfiguriert und gegebenenfalls angepaßt werden können. Außerdem kann die ATM-
PVC mit Hilfe der Parameter des Verkehrsvertrages (s. Abschn. 5.3) optimal
an die Erfordernisse angepaßt werden. Der Teilnehmer kann diese Übertragungskapazität flexibel nutzen und innerhalb des Pfades einzelne Verbindungen (Virtual Channel Connection, VCC) ohne Beteiligung des Netzes auf- und
abbauen. Die Funktionen der höheren Protokollschichten, insbesondere der
ATM-Anpassungsschicht (AAL) werden ebenfalls nicht vom Netz unterstützt
und liegen in der Verantwortung des Teilnehmers.

Festverbindungen auf der Basis von VC-Verbindungen sind ebenfalls möglich, die VC-Verbindungen gewinnen aber erst durch die dynamische Steuerung
mittels Zeichengabe (Switched Virtual Connection, SVC) an Bedeutung. Wie
in Kap. 7 gezeigt, bieten die Zeichengabeprotokolle die Möglichkeit, alle relevanten Verbindungsparameter wie z.B. Bitrate, Dienstgüteanforderungen und
AAL-Typ mit dem Netz und dem Kommunikationspartner auszuhandeln.

In der ITU-T-Empfehlung F.811 ist sehr allgemein ein verbindungsorientierter Breitband-Übermittlungsdienst (Broadband Connection-Oriented Bearer Service, BCOBS) definiert, bei dem die Verbindungen entweder vermittelt (On-Demand), nach Vorreservierung (Reserved) oder fest (Permanent) aufgebaut werden können. Neben einer prinzipiellen Beschreibung der jeweiligen Abläufe wird auch festgelegt, welche Parameter die Verbindungsaufbau-Anforderungen enthalten müssen. In diesem Zusammenhang wurden die Klassen BCOB-A, BCOB-C und BCOB-X eingeführt. Die ersten beiden Klassen entsprechen dabei den Diensteklassen A (verbindungsorientierter Echtzeitdienst, konstante Bitrate) und C (verbindungsorientierter Datendienst, variable Bitrate), die in der ITU-T I.362 (s. Abschn. 4.4.1) definiert sind. Die Klasse X wird für Verbindungen verwendet, bei denen die entsprechenden Eigenschaften vom Teilnehmer festgelegt und durch Angabe aller entsprechenden Parameter spezifiziert werden.

Bei der Weiterentwicklung der Verkehrssteuerung wurden die ATM-Verbindungstypen (ATM Transfer Capabilities, ATC, s. Abschn. 5.1) definiert, die jeweils bestimmte Parameterkombinationen im Verkehrsvertrag erfordern. Dadurch wurden die einfachen BCOB-Klassen inadäquat und die Definition der Breitband-Übermittlungsdienste wurde auf eine Definition umgestellt, die auf die ATCs Bezug nimmt. Dies wird auch in der neuen Version der ITU-T-Empfehlung F.811 dokumentiert, die derzeit (Anfang 1997) in Arbeit ist. Die BCOB-Klassen wurden sowohl bei ITU-T als auch beim ATM-Forum in den entsprechenden Meldungselementen (Broadband Bearer Capability) der Signalisierungsnachrichten verwendet, um die Anforderungen der Verbindungen an den Übermittlungsdienst zu spezifizieren. Nach dem Umschwenken auf die Dienstspezifikation über die ATCs müssen auch die Meldungselemente angepaßt werden. Dies geschieht bei der Herausgabe neuer Signalisierungsspezifikationen, beim ATM-Forum z.B. im Zusammenhang mit der UNI-Spezifikation 4.0.

8.4
Unterstützung bestehender Dienste

Zur Unterstützung von nicht-ATM-Diensten, die andere Mechanismen und Formate für die Übermittlung von Nutz- und Zeichengabeinformation verwenden, sind dienstspezifische Anpassungs- und Umsetzungsfunktionen (Interworking Function, IWF) nötig. Dabei sind unterschiedliche Interworking-Szenarien möglich, die unterschiedlich komplexe Interworking-Funktionen benötigen. Wenn lediglich die Funktionen der unteren, transportorientierten Protokollschichten ineinander umgesetzt werden, spricht man vom Netz-Interworking (Network Interworking), da lediglich die Kommunikation gleichartiger Endgeräte über unterschiedliche Kommunikationsnetze unterstützt wird. Werden auch die höheren Protokollschichten, die in den Endgeräten angesiedelt sind, in die Umsetzung mit einbezogen, spricht man von Dienst-Interworking (Service Interworking), bei dem verschiedenartige Endgeräte ohne Zusatzfunktionen im Endgerät selbst miteinander kommunizieren können. Die gesamte Interworking-Funktionalität ist in diesem Fall in der IWF angesiedelt. In Abb. 8.2 sind die prinzipiellen Möglichkeiten für das Netz-Interworking dargestellt.

Zunächst kann das ATM-Netz verwendet werden, um gleichartige nicht-ATM-Endgeräte miteinander zu verbinden. Dabei können diese Endgeräte entweder direkt oder über dienstspezifische Netze an das ATM-Netz herangeführt werden. In der IWF werden dann die dienstabhängigen Protokolle mit Hilfe dienstabhängiger AAL-Anteile, die in der Regel der SSCS-Teilschicht des AAL zugeordnet werden, an das ATM-Netz angepaßt und auf ATM-Verbindungen abgebildet. Diese Funktion ist sowohl für die Benutzer- als auch für die Steuerungs- und Zeichengabeinformationen entsprechend durchzuführen, so daß in diesem Szenario das ATM-Netz völlig transparent für die nicht-ATM-Endgeräte ist. Verwendet ein ATM-Endgerät in den höheren Schichten Protokolle, die mit denen der nicht-ATM-Endgeräte kompatibel sind, so kann es mit diesen Endgeräten kommunizieren, wenn es über eine Implementierung der dienstabhängigen AAL-Anteile verfügt. Physikalisch kann die IWF entweder als eigenständiges Gerät realisiert sein, oft aber ist sie in Netzelementen des nicht-ATM- bzw. des ATM-Netzes integriert.

Momentan sind bereits Netz-Interworking-Funktionen für eine Reihe von Schmalband- und Datendiensten definiert, während für das Dienst-Interworking nur teilweise Festlegungen existieren. Über den Basis-Zell-übermittlungsdienst hinaus werden in der ITU-T F.811 die Grundlagen für verbindungsorientierte Breitband-Übermittlungsdienste (Broadband Connection Oriented Bearer Service) definiert, die auch die Funktionen der ATM-Anpassungsschicht in ihren unterschiedlichen Ausprägungen nutzen, in der ITU-T F.812 wird ein entsprechender verbindungsloser Übermittlungsdienst beschrieben. Teilweise wesentlich weitergehende Festlegungen für Schmalband- und Datendienste wurden vom ATM-Forum sowie von Gruppen wie dem Frame Relay Forum, der Internet Engineering Task Force (IETF) oder der SMDS Interest Group (SIG) erarbeitet. Einige typische Interworkingfälle zwischen ATM-Netzen und anderen Netzen und Diensten werden im folgenden angesprochen.

8.4.1
Schmalbanddienste

Für einen Erfolg des ATM-Konzepts ist eine der wichtigsten Voraussetzungen, daß die vor allem für die Sprachkommunikation genutzten klassischen Schmalbanddienste sinnvoll integriert werden. Aus Sicht des Teilnehmers ist es unabdingbar, daß er über seinen Breitbandanschluß diese Dienste in gewohnter Art und Weise mit gleicher oder sogar besserer Qualität nutzen kann, d.h. daß

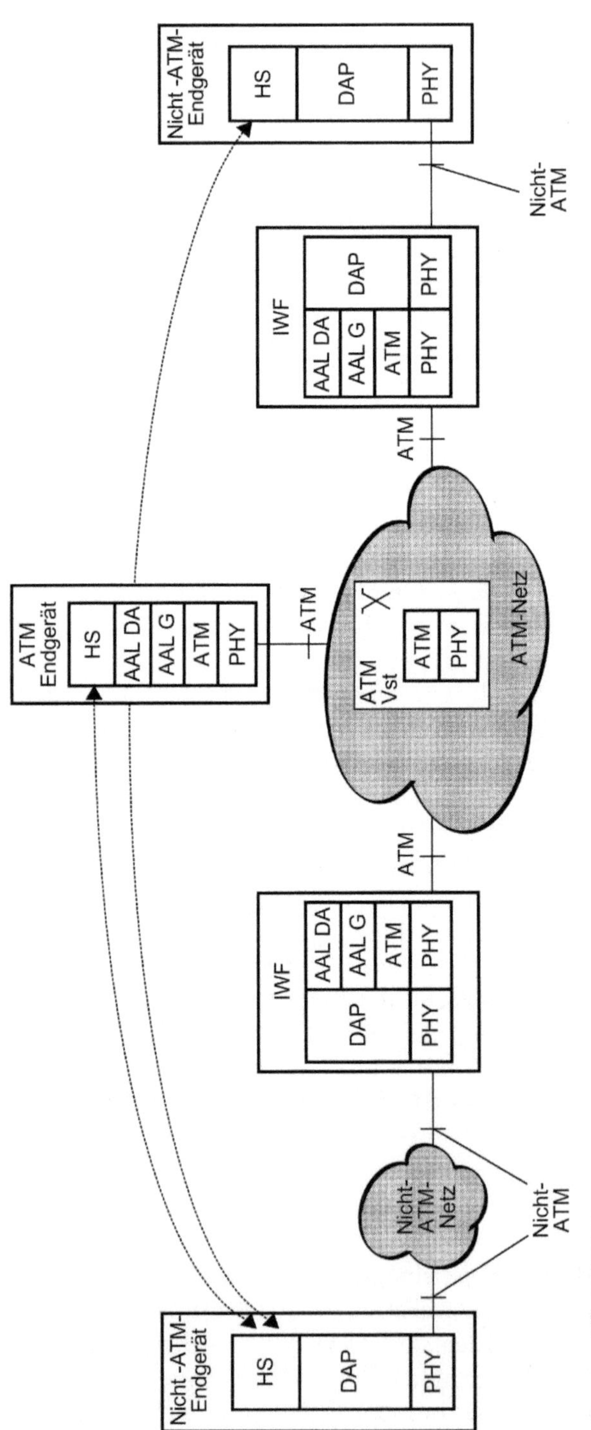

Abb. 8.2. Szenarien für das Netz-Interworking mit bestehenden Diensten und Netzen

neben der reinen Umsetzung der Nutzinformationen in ATM-Zellen auch eine reibungslose Zusammenarbeit der Zeichengabeprotokolle gewährleistet ist. Bei den Betreibern klassischer öffentlicher Weitverkehrsnetze ist deshalb ein Ziel bei der Breitbandeinführung, daß eine für den Teilnehmer unmerkliche, ökonomisch sinnvolle Migration der schmalbandigen Dienste auf die Breitband-Infrastruktur erreicht wird.

Andere Prioritäten sind bei den Betreibern von privaten Firmennetzen (Corporate Networks) und bei den neuen Netzbetreibern zu erkennen, die im Zuge der Deregulierung Kommunikationsdienste an Privatkunden anbieten wollen. Da sie in der Regel über keine eigene Übertragungsinfrastruktur im Weitverkehrsbereich verfügen, stellt die höchstmögliche Ausnutzung der gemieteten Übertragungsbandbreite einen entscheidenden Faktor für den wirtschaftlichen Erfolg dar. Die oft vertretene These „Bandbreite kostet im Breitbandnetz nichts" mag zwar für die Kosten moderner Übertragungssysteme weitgehend und für diejenigen moderner Vermittlungssysteme noch in gewissem Umfang gelten, sie schlägt sich jedoch (noch) nicht in entsprechendem Umfang auf die Preise nieder. Im Bezug auf die Schmalbanddienste stehen deshalb Kompressionsmethoden für die Sprachübertragung bei den Nutzdaten und intelligente Wegesuchverfahren (Least Cost Routing) im Zentrum des Interesses. Von ebensolcher Bedeutung ist die flexible und bedarfsgerechte Mischung von Sprach- und Datenverkehr um gegenüber den Lösungen über TDM-Mietleitungen Kosten einzusparen.

In den vergangenen Jahren mußten in der Standardisierung zunächst mit hoher Priorität die Grundlagen für eine herstellerunabhängige Konnektivität auf der Basis sehr einfacher Übermittlungsdienste geschaffen werden. Nun verschiebt sich der Schwerpunkt der Definitionsarbeit zunehmend auf die Festlegung der höherwertigen Dienstfunktionen, die aber momentan noch bei weitem nicht abgeschlossen ist.

Die Nutzdatenübertragung (User Plane) für klassische verbindungsorientierte Schmalbanddienste ist durch die Orientierung an der 64 kbit/s-basierten Kanalstruktur mit einer zeitlich unveränderlichen Übertragungsrate und die Notwendigkeit einer festen Zeitbeziehung zwischen Sender und Empfänger charakterisiert. Damit entspricht sie den für die AAL-Klasse A (s. Abschn. 4.4) definierten Eigenschaften und kann durch die Funktionen des AAL Typ 1 in geeigneter Weise unterstützt werden. Für die Unterstützung bandbreitesparender Übertragungsverfahren für die Sprachübertragung werden geeignete Kompressionsverfahren benötigt, die derzeit festgelegt werden. Ansätze hierzu bieten die u.a. aus der Mobilfunktechnik bekannten Kompressionsverfahren mit konstanter Bitrate (8, 16 oder 32 kbit/s), Verfahren zur Erkennung und Unterdrückung von Sprachpausen, sowie die Möglichkeit, die Bitrate des kodierten Sprachsignals dynamisch anzupassen (Dynamic Speech Coding, Variable Bit Rate Speech Coding). Derzeit existiert für den effektiven Transport solcher Signale noch kein geeigneter AAL-Typ, es sind jedoch intensive Standardisierungsbemühungen im Gange. Mit der Zunahme unterschiedlicher Kodierverfahren ergibt sich natürlich auch zunehmend die Notwendigkeit, die unterschiedlich kodierten Nutzsignale ineinander umzuwandeln, insbesondere bei der Anbindung von Mobilfunknetzen an das Breitbandnetz.

Die Steuerung der Verbindungen erfordert entweder lediglich entsprechende Funktionen in der Mangagement-Ebene, wenn Mietleitungen (Leased Lines) unterstützt werden sollen, oder aber ein Interworking zwischen den Zeichengabeprotokollen des Schmalbandnetzes und denen des Breitbandnetzes (Control Plane), wenn vermittelte Verbindungen unterstützt werden sollen. Die Breitband-Signalisiersysteme gemäß ITU-T sind konsequente Weiterentwicklungen der entsprechenden Schmalband-Protokolle (DSS1, CCS7) und es wurde bei ihrer Definition auf eine möglichst weitgehende Kompatibilität geachtet. Insbesondere der B-ISUP wurde mit Blick auf ein Interworking-Szenario N-ISUP/B-ISUP/N-ISUP optimiert, wie es bei der Verwendung eines ATM-Netzes zum Transport von Schmalband-Transitverkehr in der Fernebene auftritt. Da die neuen Breitband-Zeichengabesysteme in Stufen (Capability Set) eingeführt werden, und in der ersten Phase nur wenig mehr als die einfache Verbindungssteuerung (Aufbau, Abbau) bieten, müssen insbesondere Methoden gefunden werden, wie dabei die im Schmalbandnetz eingeführten zusätzlichen Dienstmerkmale (Supplementary Service) ohne Einschränkungen unterstützt werden können. Dies kann grundsätzlich dadurch geschehen, daß im Breitbandknoten eine volle Unterstützung der Schmalband-Teilnehmersignalisierung (DSS1) realisiert wird oder daß die Zeichengabeinformation transparent durch das ATM-Netz zu einer Schmalband-Vermittlungsstelle transportiert und erst dort verarbeitet wird.

Um eine effektive Ausnutzung der (gemieteten) Übertragungskapazität zu ermöglichen, müssen auch Mechanismen geschaffen werden, wie die Bandbreiten der ATM-Pipes zwischen den Nebenstellenanlagen möglichst flexibel verwaltet und dynamisch an die aktuellen Erfordernisse angepaßt werden können. Dabei gewinnt die flexible Einbindung der in der Nebenstellentechnik verwendeten Zeichengabeprotokolle[3] zunehmend an Bedeutung. Im einfachsten Fall muß im öffentlichen Netz lediglich dafür gesorgt werden, daß Signalisierungsmeldungen und Meldungselemente, die spezifisch für die Nebenstellensignalisierung sind, transparent durch das öffentliche Signalisierungsnetz (CCS7) vermittelt werden können und nicht etwa zu Fehlerzuständen führen oder verworfen werden (Feature Transparency). Letztendlich wünschenswert ist aber eine direkte Zusammenarbeit der Nebenstellen mit den öffentlichen Vermittlungsstellen, weil dadurch im Netz nur die jeweils momentan für aktive Verbindungen benötigte Bandbreite belegt wird. Dies macht ein volles Interworking

---

3 Neben dem von ECMA und ISO standardisierten QSIG-Protokoll (Signalling at the Q Reference Point) kommen meist herstellerspezifische Protokolle zum Einsatz, ein B-QSIG-Protokoll wird ebenfalls definiert.

der Signalisierungsprotokolle für das öffentliche Netz mit denen für die Nebenstellenanlagen erforderlich.

Auch die Anbindung der Breitbandknoten an die im Schmalbandnetz verfügbaren höherwertigen Funktionen des Intelligenten Netzes (Intelligent Network, IN [6]), wie etwa:

- Eine flexible Vergebührung (für den Anrufer kostenlose Gespräche „0130", Telefonieren von anderen Anschlüssen mit Verrechnung auf das eigene Fernmeldekonto),
- netzweit einheitliche Rufnummern mit flexibler Zuordnung für alle Filialen eines Unternehmens („0180X"),
- Zugang zu Informationsdiensten privater Anbieter („0190"),
- Abstimmungen per Telefon (Televoting, „0137") oder
- Teilnahme an Diskussionen, z.B. in Fernseh- oder Radiosendungen, per Telefon (Teledialog, „0138").

muß beim Interworking gewährleistet sein. Die dafür benötigten, eigenständigen IN-Server (Service Control Point, SCP) können dazu im Prinzip entweder direkt an das Breitbandnetz angeschlossen werden, oder über die Netzübergänge werden die an den Schmalband-Vermittlungsstellen angebundenen IN-Server mitverwendet. Längerfristig ist sicherlich die erste Lösung vorteilhafter, da zunehmend auch breitbandspezifische IN-Funktionen, z.B. zur Unterstützung von interaktiven Videodiensten (Navigation zwischen unterschiedlichen Video-on-Demand-Anbietern, usw.) verfügbar werden und eine entsprechende IN-Anbindung im Breitbandnetz deshalb unumgänglich wird.

Neue und derzeit noch schwer abzuschätzende Einflüsse auf die benötigten Interworking-Funktionen resultieren aus der Tatsache, daß – insbesondere in Verbindung mit der enormen Entwicklung des Internet (Netphone) – in gewissem Umfang Sprachverkehr auch über lokale Netze (LAN) und über Frame Relay übermittelt wird. Da sowohl die Formate und Prozeduren für die Nutzdaten als auch die Steuerungsinformation in diesen Fällen sehr spezifisch sind, müssen entsprechende Interworking-Funktionen bereitgestellt werden, falls eine Unterstützung solcher Dienste über den transparenten Transport hinaus angeboten werden sollen. Diskutiert wird in diesem Zusammenhang auch die Verwendung des AAL Typ 5 für die Sprachübermittlung.

Im folgenden sollen aus dieser Palette von Themen nur die direkt ATM-spezifischen Aspekte weiter ausgeführt werden.

8.4.1.1
Paketierte Übermittlung isochroner Signale mit dem AAL Typ 1

Der AAL Typ 1 bietet mehrere unterschiedliche Möglichkeiten zur Behandlung isochroner Kanäle, die in unterschiedlichen Netzszenarien zur Anwendung kommen. Bezüglich der Benennung der verschiedenen Dienste gibt es derzeit keine einheitlichen Festlegungen, da die Standardisierung noch nicht abgeschlossen ist. In der entsprechenden Spezifikation des ATM-Forums werden z.B. alle unten beschriebenen Varianten unter dem Oberbegriff „Circuit Emulation Service" zusammengefaßt. Es wird dann zwischen „Unstructured" (Unchannelized) für die Übermittlung kompletter Signale und „Structured" (Channelized, Fractional) für solche Dienste unterschieden, bei denen das ankommende Signal auf mehrere ATM-Verbindungen aufgeteilt wird.

Unstrukturierte Übermittlung   Wenn das ATM-Netz nur als reine Transportinfrastruktur ohne Vermittlungsfunktion für Schmalbandverkehr eingesetzt werden soll, können mit dem sog. „Circuit Emulation Service" (CES) komplette 1,544 Mbit/s (DS1, amerikanische Norm) oder 2,048 Mbit/s (E1, europäische Norm) Signale mit einer physikalischen Schicht gemäß ITU-T Empfehlung G.703 transparent über ein ATM-Netz hinweg transportiert werden. Dabei werden am Eingang des ATM-Netzes die aufeinanderfolgenden Bits in die Zellen einer einzigen ATM-Verbindung paketiert, ohne auf eine eventuell vorhandene Rahmenstruktur Rücksicht zu nehmen (unstrukturierter Datentransfer). Am Ausgang des ATM-Netzes werden die variablen Verzögerungen ausgeglichen und die Bits werden wieder an ein entsprechendes Übertragungssystem übergeben. Da die Rahmenstruktur nicht analysiert wird, gibt es keinerlei Möglichkeit, die evtl. in dem Signal enthaltenen Zeichengabekanäle zu identifizieren und zu bearbeiten. In der CES-Spezifikation des ATM-Forums ist auch ein entsprechender Dienst auf der Basis der plesiochronen 45 Mbit/s- bzw. 34 Mbit/s-Signale (DS3, E3) definiert.

Anwendung finden diese Dienste z.B. zur Vermaschung von Firmenstandorten oder Schmalband-Vermittlungsstellen sowie zur Verbindung von TDM-Multiplexern. Das ATM-Netz wird hierbei als rein übertragungstechnische Anordnung eingesetzt und ersetzt getrennte Übertragungssysteme oder Mietleitungen für unterschiedliche Dienste. Aufgrund der weiten Verbreitung von Mietleitungen, vor allem im Bereich von 2 Mbit/s, und der relativ einfachen Emulationsfunktionen im ATM-Netz ist dies einer der attraktivsten Bereiche für eine Netzkonsolidierung. Dies gilt insbesondere, da die Mietleitungsnetze oft relativ alte Geräte beinhalten, so daß allein durch das verbesserte Netzmanagement die Investitionen gerechtfertigt werden können. Ein anderer Einsatzfall sind kombinierte Zugangsnetze (Access Networks), bei denen die Schmalband- und Breitband-Teilnehmer an getrennten Einrichtungen angeschlossen sind und lediglich die (ATM-basierte) Übertragungsleitung zwischen den teilnehmernahen Einrichtungen und den Zugangs-Vermittlungsstellen gemeinsam genutzt wird.

8.4.1.2
Strukturierte Übermittlung isochroner Signale

Bei den strukturierten Varianten wird die Struktur des ankommenden isochronen (Multiplex-) Signals analysiert und einzelne Kanäle werden getrennt behandelt, d.h. in unterschiedliche ATM-Verbindungen verpackt und an unterschiedliche Ziele geschickt. Zur genaueren Angabe der Funktionsweise wird in der Regel bei der Bezeichnung die Granularität mit angegeben. In einem 45 Mbit/s-Signal (DS3) können entsprechend lediglich die 1,5 Mbit/s-Signale (DS1) oder auch die 64 kbit/s-Kanäle (DS0) getrennt behandelt werden. Eine Schnittstelle, die sowohl eine unstrukturierte Übermittlung des 45 Mbit/s-Signals als auch eine strukturierte mit beiden Granularitätsstufen unterstützt, wird deshalb oft als „T3 (3-1-0)"-Schnittstelle bezeichnet. Diese Funktionalität entspricht derjenigen von TDM-Multiplexern oder TDM-Crossconnects und ist bei der Übernahme von Mietleitungsdiensten aus dem Schmalbandbereich von großer Bedeutung.

Im ISDN wurden Übermittlungsdienste definiert, für die mehrere 64 kbit/s-Kanäle zu einem höherratigen Übertragungskanal zusammengefaßt werden können, um z.B. Video- oder Audiosignale höherer Qualität übertragen zu können. Diese Übermittlungsdienste können durch einen $N \times 64$ kbit/s-Dienst auf ATM-Basis emuliert werden. Dabei werden wie in Abb. 8.3 gezeigt N

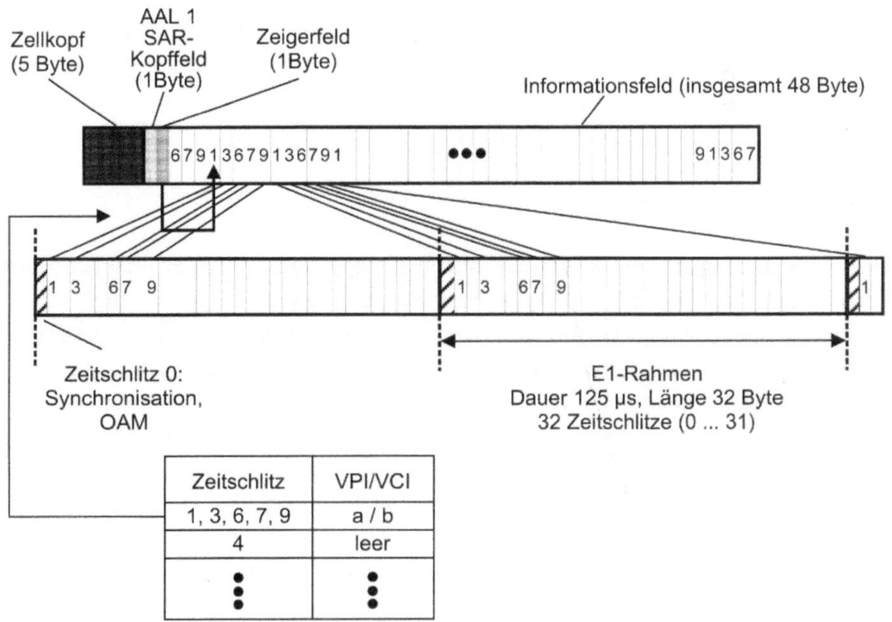

Zeitschlitz	VPI/VCI
1, 3, 6, 7, 9	a / b
4	leer
⋮	⋮

Abb. 8.3. Strukturierter Datentransfer beim $N \times 64$ kbit/s-Dienst

beliebige Zeitschlitze ($N \leq 31$ für PCM 30/32) aus dem PCM-Rahmen zusammengefaßt und in die ATM-Zellen einer Verbindung paketiert. Aus den Zeitschlitzen eines PCM-Rahmens können dabei völlig flexibel M Gruppen aus disjunkten Zeitschlitzen gebildet werden, die in entsprechend viele ATM-Verbindungen abgebildet und damit zu unterschiedlichen Zielen weitervermittelt werden können. Durch die Verwendung des für den AAL Typ 1 definierten strukturierten Datentransfers (s. Abschn. 4.4.4) wird nicht nur ein transparenter digitaler Kanal mit einer Kapazität von $N \times 64$ kbit/s zur Verfügung gestellt, sondern der Empfänger kann bei Bedarf die empfangenen Daten wieder den Ursprungszeitschlitzen zuordnen und damit wieder in einzelne 64 kbit/s-Kanäle zerlegen.

Eine Einsatzmöglichkeit dieser $N \times 64$ kbit/s-Dienste ist z.B. die Sprachübermittlung zwischen zwei Standorten, wobei die Abtastproben mehrerer Sprachkanäle in eine gemeinsame ATM-Verbindung paketiert und beim Empfänger wieder getrennt werden (Composite Cells). Damit kann erreicht werden, daß die bei der Sprachpaketierung auftretende Verzögerung (s. Abschn. 8.4.1.3) reduziert wird. Bei solchen Anwendungen wird die Zeichengabeinformation nicht notwendigerweise über einen zentralen, meldungsorientierten Zeichengabekanal übermittelt, sondern es können auch bestimmte Bits fest einzelnen Kanälen zur Übermittlung ihrer Zeichengabeinformation zugeordnet werden (Channel Associated Signalling, CAS, s. Abschn. 11.4.1). In diesem Fall müssen die entsprechenden Bits getrennt und so in die ATM-Zellen der unterschiedlichen Verbindungen eingefügt werden, daß der Empfänger die Zeichengabebits wieder richtig den Kanälen zuordnen kann. Entsprechende Erweiterungen der Dienste werden in der CES-Spezifikation des ATM-Forums ebenfalls definiert.

8.4.1.3
64 kbit/s-Sprache über ATM

Um ATM-Breitbandanschlüsse attraktiv zu machen, muß es insbesondere auch möglich sein, die normale Sprachkommunikation über diese abzuwickeln. Dabei ergibt sich zunächst das prinzipielle Problem der Paketierungs-/ Depaketierungsverzögerung. Diese entsteht wie in Abb. 8.4 dargestellt dadurch, daß die im Abstand von 125 µs eintreffenden 8 Bit-Abtastproben einer 64 kbit/s-Sprachverbindung aufgesammelt werden müssen, bis die bei Verwendung des AAL Typ 1 verfügbaren 47 Byte des Informationsfeldes einer Zelle gefüllt sind. Auf der Empfangsseite müssen die in einer Zelle enthaltenen Abtastproben gespeichert und wieder im 125 µs-Raster an den Dekoder ausgegeben werden. Insgesamt ergibt sich für jede Abtastprobe bei der Paketierung/Depaketierung deshalb eine Verzögerung von $47 \times 125 = 5,875$ ms, die sich je nach Position der Abtastprobe innerhalb der ATM-Zelle anteilig auf die Paketierung und die Depaketierung aufteilt. Im Falle einer gemeinsamen Paketierung mehrerer

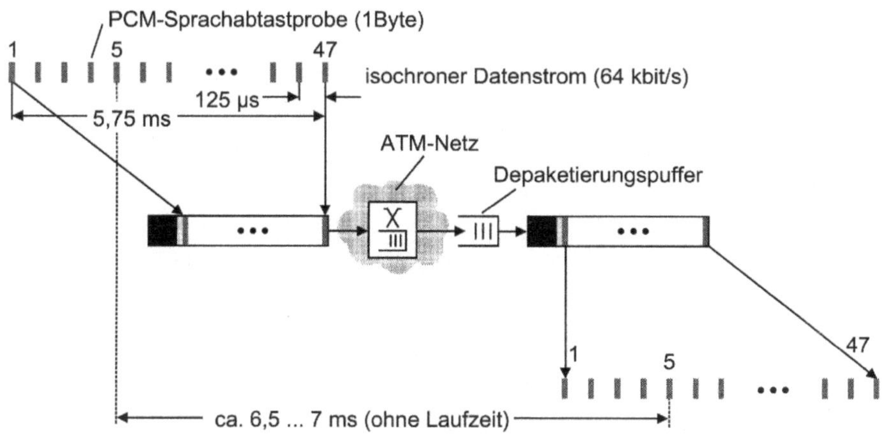

Abb. 8.4. Paketierungs-/Depaketierungsverzögerung bei der Sprachübertragung

Sprachverbindungen auf 2 Mbit/s- oder $N \times 64$ kbit/s-Basis tritt dieser Effekt nur abgemildert auf, da die ATM-Zellen dann entsprechend schneller gefüllt werden können.

Neben der Netzlaufzeit und der – für echtzeitkritischen Verkehr nahezu vernachläßigbaren – Verzögerung durch die Zwischenspeicherung in den ATM-Knoten tritt zusätzlich noch eine Verzögerung in der Größenordnung von 1 ms dadurch auf, daß beim Empfänger in einem elastischen Puffer die im ATM-Netz auftretenden Verzögerungsschwankungen (Cell Delay Variation, CDV) ausgeglichen werden müssen, um einen kontinuierlichen Strom von äquidistanten Abtastproben an den Dekoder ausspielen zu können.

Im Vergleich zu einer reinen STM-Übermittlung werden die Netzdurchlaufverzögerungen bei einer 64 kbit/s-Paketierung dementsprechend um etwa 7 ms erhöht. Da diese zusätzliche Verzögerung bei jedem ATM/STM/ATM-Übergang einmal auftritt, ist offensichtlich, daß die Anzahl dieser Übergänge für eine Verbindung möglichst gering gehalten werden muß. Dies hat einen signifikanten Einfluß auf mögliche Netzstrukturen. So ist es insbesondere nicht sinnvoll, im Rahmen einer Netzevolution einzelne Vermittlungsstellen im Schmalbandnetz durch ATM-basierte Vermittlungsknoten zu ersetzen oder ATM-Inseln zu bilden, sondern der Sprachverkehr sollte wie in Abschn. 9.8.5 beschrieben nahe der Quelle ins ATM-Netz geführt und dort bis in Zielnähe transportiert werden.

Problematisch bei der zusätzlichen Verzögerung ist zunächst nicht die absolute Verzögerung selbst, sondern die Tatsache, daß innerhalb der Verbindung Echos auftreten. Die Echos entstehen insbesondere in analogen Systemen am Übergang von der 4-drähtigen Anschaltung im Netz zur 2-drähtigen Anschaltung beim Teilnehmer, da diese Kopplungseinheiten keine ideale Dämpfung

Tabelle 8.1. Einfluß der einfachen Signallaufzeit auf die Verständlichkeit der Sprache

Laufzeit (ms)	Einfluß
> 400	Für Sprache nicht akzeptabel
150 … 400	Für Sprache akzeptabel, die Übertragungszeit beeinflusst die Sprachqualität spürbar (z.B. bei Satellitenstrecken)
0 … 150	Für Sprache akzeptabel
0 … 25	Kein Einsatz von Echosperren notwendig

aufweisen. Auch akustische Rückkopplungen zwischen Hör- und Sprechkreis tragen zum Echo bei. Die Störwirkung des Echos auf die Verständlichkeit der Sprache ist durch das Produkt aus der Echoverzögerung (Laufzeit des Echosignals) und der Lautstärke des Echos im Vergleich zum Originalsignal bestimmt. Bedingt durch die Physiologie der menschlichen Hörwahrnehmung läßt sich der Störeffekt nur subjektiv quantifizieren. Auf der Basis solcher Untersuchungen wurden die in Tabelle 8.1 zusammengestellten Grenzwerte festgelegt (ITU-T G.114, ITU-T G.131).

Das ohne Echosperren tolerierbare Laufzeitbudget wurde z.B. in Deutschland wie in Abb. 8.5.a dargestellt auf die einzelnen Hierarchieebenen des Netzes aufgeteilt.

Wird nun in der Ebene der Weitverkehrs-Vermittlungsstellen der Transport der Sprachinformation durch einen ATM-basierten Transport ersetzt, ergibt sich die in Abb. 8.5.b dargestellte Situation. Da auch der Einsatz von Zugangsnetzen (Access Network) im Schmalbandnetz berücksichtigt werden muß, ergibt sich trotz der wesentlich geringeren Durchlaufzeit der ATM-Knoten an sich – wegen der zusätzlichen Paketierverzögerung – bei entsprechenden Entfernungen bereits im nationalen Netz eine Überschreitung der ohne Echokompensation erlaubten Grenzwerte.

Echosperren werden symmetrisch auf beiden Seiten einer Verbindung benötigt, wobei der zu kompensierende Echopfad sich auf jeder Seite zwischen der Echosperre und dem Punkt der Echoerzeugung (Endgerät) erstreckt, so daß die Laufzeit innerhalb des Netzes selbst für die Dimensionierung der Echosperren nicht relevant ist. Das Prinzip der Echosperren beruht darauf, daß auf jeder Seite aus den empfangenen Signalen mit Hilfe adaptiver Filter ein nachgebildetes Echo erzeugt wird. Dieses wird dann entsprechend verzögert und vom Sendesignal subtrahiert wird.

Da eine Echokompensation nur bei Sprachverbindungen, nicht aber bei Fax- oder Modemverbindungen durchgeführt werden darf, können die Echosperren nicht fest zugeschaltet werden, sondern müssen für jede Verbindung individuell gesteuert werden. Ob es sich um eine Sprachverbindung handelt wird im ISDN durch die Dienstekennung in den Zeichengabemeldungen erkannt. Bei analo-

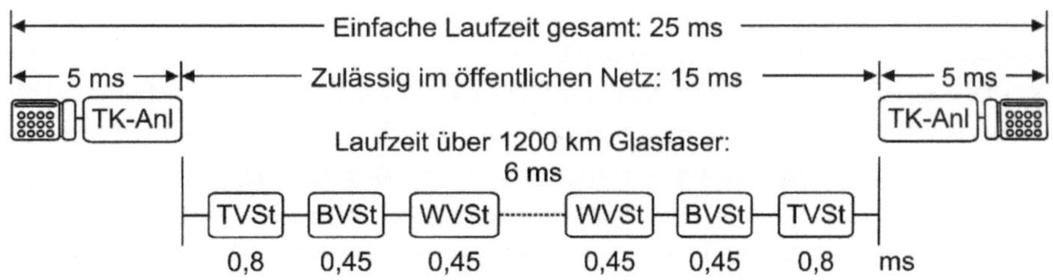

a) Laufzeitbudget im deutschen Schmalbandnetz

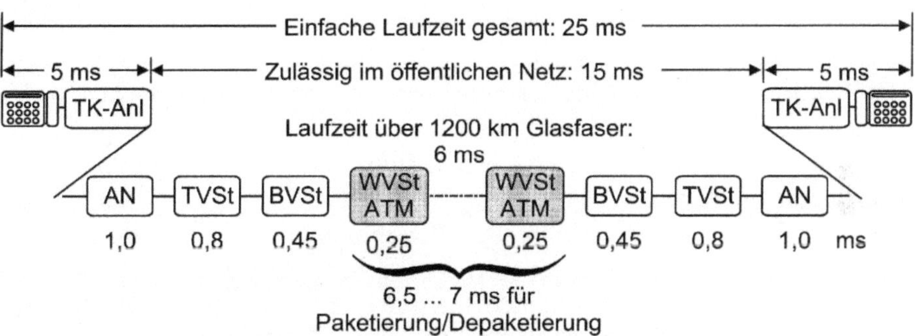

b) Laufzeitbudget bei Transport über das ATM-Netz

AN: Anschlußnetz   TVSt: Teilnehmer-Vermittlungsstelle
BVst: Bereichs-Vermittlungsstelle   WVst: Weitverkehrs-Vermittlungsstellle
TK-Anl: Nebenstellenanlage

Abb. 8.5. Aufteilung der Laufzeiten im deutschen Telefonnetz

gen Anschlüssen erkennen die Vermittlungsstellen an speziellen Signalen[4] im Datenkanal, daß ein Faxgerät oder Modem angeschlossen ist.

Die Notwendigkeit der Echokompensation hängt von der Anzahl durchlaufener Vermittlungsstellen sowie von der überbrückten räumlichen Distanz ab, so daß im deutschen Netz etwa 20% der Weitverkehrsverbindungen in dem oben beschriebenen Szenario über dem Grenzwert liegen würden. Um die tatsächliche Signallaufzeit einer Verbindung als Kriterium für die Anschaltung von Echosperren verwenden zu können, ist in der CCS7-Signalisierung ein Zähler (Propagation Delay Counter) definiert, den jede durchlaufene Vermittlungsstelle um die Durchlaufzeit durch das eigene System und die Signallaufzeit zur nächsten Vermittlungsstelle erhöht[5]. Falls der Wert dieses Zählers einen

---

4 Faxton mit 2,1 kHz mit/ohne Phasenumtastung.
5 Diese Werte werden nicht pro Verbindung gemessen, sondern sind in der Vermittlungsstelle gespeichert

kritischen Wert überschreitet, werden über entsprechende Signalisierungsmechanismen die Echosperren zugeschaltet.

Die einzige Möglichkeit um die Echokompensation zu vermeiden ist, die Paketierungs/Depaketierungs-Zeit der Sprachverbindungen zu reduzieren. Bei einzelnen Sprachverbindungen wurde deshalb das Konzept der teilgefüllten Zellen (Partially Filled Cells) vorgeschlagen, bei dem die Informationsfelder der Zellen nur zu einem Teil mit Sprachabtastproben gefüllt werden. Dies führt jedoch zu einer schlechten Ausnutzung der Übertragungsbandbreite, da dann auf der ATM-Schicht die Zellrate für die Verbindung um einen entsprechenden Faktor erhöht werden muß. Einfache Abschätzungen zeigen, daß im Weitverkehrsnetz die Kosten der dadurch vergeudeten Bandbreite so hoch sind, daß sich die Kosten der als Alternative benötigten Echosperren sehr schnell (Größenordnung 1 bis 2 Jahre) amortisieren. In Anwendungsbereichen, wo die Kosten der Übertragungsbandbreite keinen solch entscheidenden Einfluß haben, z.B. in lokalen oder Firmennetzen, kann der Einsatz teilgefüllter Zellen jedoch sinnvoll sein.

Wenn in der Regel mehrere Sprachverbindungen gleichzeitig zum selben Ziel bestehen, wie bei der Vernetzung von Nebenstellenanlagen, kann versucht werden, die Abtastproben mehrerer Sprachverbindungen mit Hilfe eines $N \times 64$ kbit/s-Dienstes mit strukturierter Übertragung in einer ATM-Verbindung zu kombinieren (Composite Cells). Da die Sprachverbindungen jedoch mit einer relativ hohen Dynamik auf- und abgebaut werden, müßte die Zusammensetzung der einzelnen ATM-Zellen jeweils angepaßt werden, um auf Dauer einen vernünftigen Füllgrad der Zellen zu gewährleisten. Dazu sind relativ komplizierte Steuerungsverfahren notwendig.

Ein ähnliches Konzept liegt einem Vorschlag zugrunde, „Minizellen" für die Sprachübertragung zu verwenden. Dabei werden nicht nur Abtastproben paketiert, sondern diese erhalten noch einen zusätzlichen Anteil an Steuerinformation, bevor sie mittels eines geeigneten, noch zu definierenden AAL-Typs in die ATM-Zellen verpackt werden.

Eine noch weitergehende Funktionalität erfordert das Konzept der „virtuellen Leitungsbündel" (Virtual Trunk Group), bei dem sogar Sprachverbindungen von mehreren Eingangsleitungen flexibel auf gemeinsame ATM-Verbindungen abgebildet und auf der Empfangsseite wieder auf unterschiedliche Leitungen verteilt werden können. Dies erfordert eine Umsetzungseinheit (Interworking Unit) mit einer Funktionalität, die derjenigen eines STM-Koppelnetzes entspricht, sowie entsprechende Steuerungsmechanismen.

Welche dieser vorgeschlagenen Methoden sich letztendlich in der Praxis durchsetzen werden, ist derzeit nicht absehbar, da auch die Standardisierung noch keinen stabilen Stand erreicht hat.

8.4.2
Datendienste

Anders als in den klassischen Telekommunikationsnetzen in der Vergangenheit, deren Weiterentwicklung vorwiegend durch den steigenden Bedarf an Sprachkommunikation bestimmt war, kommen die Triebkräfte für die Weiterentwicklung hin zu Breitbandnetzen großteils aus der Datenkommunikation. Für die Kommunikation im kommerziellen Bereich, für die sehr leistungsfähige lokale Netze die Maßstäbe setzen, stellen die beschränkten Möglichkeiten der klassischen öffentlichen Datennetze auf der Basis von X.25 zunehmend eine Schwachstelle dar, die auch vom Schmalband-ISDN nur unzureichend abgemildert wird. Dies führte in den letzten Jahren zu einer Verbreitung des „Switched Multi-Megabit Data Service" (SMDS) auf der Basis der Metropolitan Area Networks (MAN). Außerdem verzeichnen Netze auf der Basis von Frame Relay in den USA und zunehmend auch in Europa und anderen Regionen enorme Zuwächse. Diese Netze stellen Bandbreiten zur Verfügung, die für die (momentanen) Anwendungen ausreichen und bieten im Vergleich zu den ebenfalls intensiv eingesetzten Mietleitungen (Leased Lines) eine erheblich höhere Flexibilität. Da X.25-Netze auch für Privatkunden nicht attraktiv sind, wird ihre Bedeutung weiter abnehmen. Die Datenkommunikation über ISDN und Frame Relay wird dagegen im Zusammenhang mit den Online-Diensten – insbesondere dem World Wide Web (WWW) im Internet – auch im Privatbereich zunehmend an Bedeutung gewinnen.

Mittel- bis langfristig ist damit zu rechnen, daß eine Migration all dieser Dienste in Richtung ATM-basierter Lösungen erfolgen wird. Der Zeithorizont dafür wird maßgeblich von der Preisentwicklung der ATM-Technik im Vergleich zu den anderen Verfahren sowie vom Grad der Unterstützung der jeweiligen Dienste durch die ATM-Systeme bestimmt. Dabei werden – insbesondere im Privatkundenbereich – die Zugangsschnittstellen dieser Dienste zunächst erhalten bleiben, da die von diesen angebotenen Datenraten für viele Anwendungen ausreichend sind und die entsprechenden Endgeräte und vor allem die Adapterkarten für PCs und andere Rechner deutlich billiger sind als für vollwertige ATM-Schnittstellen. Die Anpassung muß in diesem Fall am Rand des ATM-Netzes erfolgen. ATM bis zum Endgerät hin (ATM to the Desktop) wird beim Privatteilnehmer – wie auch im geschäftlichen Bereich – in den nächsten Jahren eher die Ausnahme bleiben.

8.4.2.1
Frame Relay

Frame Relay bietet Netzzugänge im Bereich von 64 kbit/s bis zu 45 Mbit/s, die aufgrund des einfachen Prinzips und des Einsatzes ausgereifter Technologien momentan deutlich kostengünstiger sind als die relativ unflexiblen Mietleitungen oder als ATM-Zugänge oder SMDS-Zugänge auf der Basis von IEEE 802.6. Aus diesem Grund nimmt in den USA, aber auch in anderen Ländern die Anzahl der Frame Relay-Zugänge sehr stark zu. Obwohl Frame Relay zunächst als Zugangsprotokoll zu öffentlichen Datendiensten definiert wurde, werden auch ganze Frame Relay-Netze aufgebaut. Ein typisches Beispiel hier sind die Backbone-Netze für das Internet, die seit dessen Kommerzialisierung von verschiedenen Betreibern weltweit aufgebaut werden. Als Netzknoten werden dort oft Paketvermittlungsknoten auf der Basis von Frame Relay eingesetzt. Um die Entwicklung von Frame Relay voranzutreiben wurde das „Frame Relay Forum" gegründet, dessen Zielsetzung analog zu der des ATM Forums ist.

Dadurch, daß die Frame Relay-Protokolle ohne abschnittsweise Fehlersicherungs- und Flußsteuerungsmechanismen arbeiten, können Durchsätze bis zu 45 Mbit/s erreicht werden. Sollen noch höhere Durchsätze erreicht werden, ergeben sich durch die variable Länge der Rahmen und die von der klassischen Paketvermittlung abgeleiteten Architekturen der Vermittlungsknoten zunehmend Probleme. Außerdem können Echtzeit-Dienste nur unzureichend unterstützt werden. Aus diesen Gründen wird längerfristig eine Migration hin zu ATM erfolgen. In der Zwischenzeit ist aufgrund der weiten Verbreitung von Frame Relay ein Interworking zwischen ATM und Frame Relay von enormer Bedeutung für die Entwicklung der Kommunikationsinfrastruktur. Deshalb wurde von ITU dieses Interworking in der ITU-T I.555 festgelegt, das Frame Relay Forum hat ebenfalls entsprechende Dokumente erarbeitet.

Wie in Abb. 8.6 dargestellt werden in der Interworking-Funktion zwischen ATM und Frame Relay (FR-IWF) die in der ITU Q.922 für Frame Relay definierten Core-Funktionen (s. Abschn. 11.2.4.2) auf einen Protokollstack umgesetzt, der aus dem Common Part des AAL Typ 5 (SAR und CPCS, s. Abschn. 4.4.6) und aus einem für Frame Relay spezifischen Anteil der Convergence-Subschicht (FR-SSCS) besteht, der in der Empfehlung I.365.1 spezifiziert ist. Dadurch wird ein einfacher ungesicherter Übermittlungsdienst angeboten, bei dem Übertragungsfehler zwar erkannt und korrumpierte Dateneinheiten verworfen werden, Funktionen wie Reihenfolgesicherung und Wiederholung im Fehlerfall sind jedoch nicht enthalten und müssen bei Bedarf in den höheren Protokollschichten erbracht werden.

Der FR-Rahmen wird ohne die Begrenzungsflags und ohne das FCS-Feld als FR-SSCS-PDU in das Informationsfeld der AAL Typ 5 CPCS-PDU eingekapselt. Die eventuell von der Transparenzfunktion[6] eingefügten NULLen werden vor der Einkapselung ebenfalls entfernt. Die CRC-Funktion des AAL Typ 5 übernimmt die Schutzfunktion des nicht übertragenen FCS-Feldes. Die CPCS-

---

6 Einfügen einer NULL nach 5 aufeinanderfolgenden EINSen, um ein Imitieren der Begrenzungsflags (6 EINSen) innerhalb des Rahmens zu verhindern, entfernen der NULL beim Empfänger.

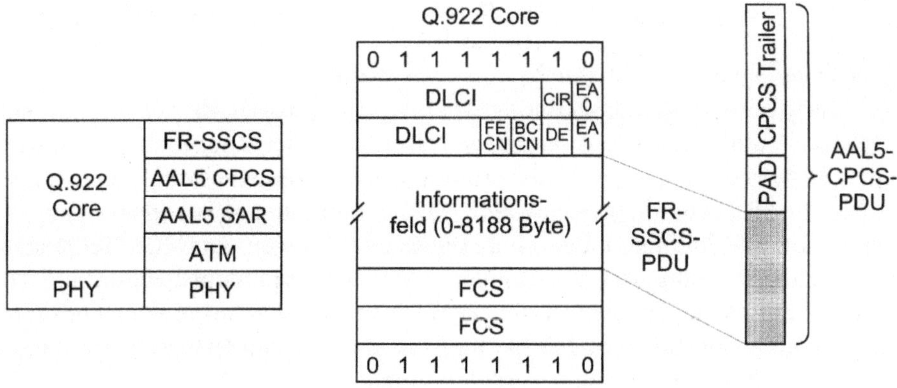

Abb. 8.6. Interworking zwischen Frame Relay und ATM

Subschicht des AAL Typ 5 wird im Message-Modus ohne die Option der Weitergabe verfälschter Dateneinheiten verwendet (s. Abschn. 4.4.6.2).

Die Steuerfelder für die Verkehrssteuerung (FECN, BECN, DE, s. Abschn. 11.2.4.2) werden in der FR-SSCS-Subschicht mit eingekapselt, so daß sie transparent über das ATM-Netz übermittelt werden. Zusätzlich wird aber das DE-Bit auf das CLP-Bit im ATM-Zellkopf abgebildet, um auch dem ATM-Netz die Möglichkeit zum gezielten Verwerfen der niederprioren Information zu geben. Beim Übergang zwischen ATM und Frame Relay kann eine logische ODER-Verknüpfung des eingekapselten DE-Bits mit dem aus der ATM-Schicht durchgereichten CLP-Wert vorgenommen werden. Falls der CLP-Mechanismus im ATM-Netz nicht unterstützt wird, kann in Senderichtung auch ein fester CLP-Wert (0 oder 1) an die ATM-Schicht weitergegeben werden, auf der Empfangsseite kann der empfangene CLP-Wert ignoriert werden.

Das FECN-Bit von Frame Relay wird nicht auf die EFCI-Kodierung im PT-Feld der ATM-Zelle abgebildet, um getrennte Anzeigemöglichkeiten in beiden Netzen zu haben. Wenn das BECN-Bit in einem umzusetzenden FR-Rahmen nicht gesetzt war, wird es vor der Einkapselung trotzdem gesetzt, falls in der letzten Zelle der Verbindung, die aus dem ATM-Netz empfangen wurde, die EFCI-Kodierung gesetzt war. Bei den aus dem ATM-Netz empfangenden FR-Rahmen wird das FECN-Bit nur in dem Fall verändert, wo im ATM-Netz eine Überlast aufgetreten ist (EFCI=1) und das eingekapselte FECN-Bit nicht gesetzt war. Das BECN-Bit wird in dieser Richtung im FR-SSCS nicht geändert.

Die Parameter, die die Verkehrscharakteristik der Verbindung angeben[7], müssen ebenfalls auf die relevanten Parameter der ATM-Schicht wie Verbindungstyp, Spitzenzellrate, andauernd erlaubte Zellrate und Burst-Toleranz

---

7 Committed Information Rate CIR, Committed Burst Size Bc, Excess Burst Size Be, Committed Rate Measurement Interval Tc (s. Abschn. 11.2.4.2).

(s. Abschn. 5.3) abgebildet werden. Dazu sind in der B-ICI-Spezifikation des ATM-Forums Festlegungen getroffen, bei ITU-T sind noch keine stabilen Standards dafür vorhanden.

Auch die Verbindungskennung der FR-Verbindungen, der DLCI, wird eingekapselt und transparent übertragen. Bezüglich der Zuordnung der einzelnen FR-Verbindungen zu ATM-Verbindungen besteht eine Möglichkeit darin, mehrere FR-Verbindungen auf eine ATM-Verbindung abzubilden (Many-to-One). Da alle Rahmen einen eindeutigen DLCI tragen, kann der Empfänger die erhaltenen Rahmen wieder eindeutig den FR-Verbindungen zuordnen. Die andere Möglichkeit besteht darin, jede FR-Verbindung auf eine eigene ATM-Verbindung abzubilden (One-to-One), so daß sie unabhängig voneinander durch das ATM-Netz geführt werden können.

Zunächst werden FR-Festverbindungen (Permanent Virtual Connection, FR-PVC) über ATM angeboten, die auf entsprechende ATM-PVCs abgebildet werden. Dazu sind noch weitere Festlegungen bezüglich der Umsetzung der in der ITU-T Q.933 für FR-PVCs definierten Status-Signalisierung notwendig. Diese wird verwendet, um Informationen über den Zustand einzelner Verbindungen oder der ganzen Schnittstelle auszutauschen. Für die vollständige Unterstützung dieser Funktionen, insbesondere derjenigen, die sich auf die gesamte Schnittstelle beziehen, gibt es derzeit weder beim ATM-Forum noch bei ITU-T stabile Festlegungen.

Die FR-Signalisierung wurde aus der ISDN-Teilnehmerzeichengabe für durchschaltevermittelte Verbindungen (DSS1, s. Abschn. 11.2.1.2) abgeleitet. Deshalb kann sie in entsprechender Weise auf die B-ISDN-Zeichengabeprotokolle abgebildet werden, um vermittelte FR-Verbindungen über ATM anbieten zu können. Es sind lediglich Erweiterungen für die FR-spezifischen Funktionen vorzusehen, z.B. für das Aushandeln des Verbindungsdurchsatzes und der maximalen Rahmenlänge.

Mit den bisher beschriebenen Interworking-Funktionen können Punkt-zu-Punkt FR-Verbindungen über ein ATM-Netz hinweg aufgebaut werden. Insbesondere wenn nur Festverbindungen verfügbar sind, kann es sinnvoll sein, im ATM-Netz oder angeschlossen an das ATM-Netz sog. „Frame Relay Service Functions" (FRSF) anzubieten. Diese schließen die entsprechenden ATM-Verbindungen ab, führen eine Vermittlungsfunktion auf der FR-Ebene anhand der DLCI-Werte durch und fügen die so vermittelten FR-Verbindungen wieder in weiterführende ATM-Verbindungen ein. Realisiert werden können solche FRSF-Funktionen durch FR-Vermittlungsknoten, die durch ATM-Schnittstellen und entsprechende Interworking-Funktionen erweitert wurden.

8.4.2.2
Verbindungslose Dienste

Ein ATM-Netz arbeitet auf der ATM-Schicht prinzipiell verbindungsorientiert, so daß eine Unterstützung der verbindungslosen Kommunikation auf den höheren Protokollschichten erfolgen muß. Im einfachsten Fall, der sog. „indirekten" Unterstützung (Abb. 8.7.a) sind dazu keinerlei Zusatzfunktionen im ATM-Netz erforderlich, da die Vermittlungs- und Umsetzungsfunktionen auf der Teilnehmerseite des UNI angesiedelt sind und das ATM-Netz lediglich eine transparente Übermittlung der Daten erbringt. Diese Art der verbindungslosen Kommunikation ist nur für die Kommunikation zwischen wenigen Teilnehmern sinnvoll, da eine Vollvermaschung über ATM-Verbindungen erforderlich ist, die mit steigender Zahl der Teilnehmer – insbesondere wenn sie auf der Basis von Festverbindungen realisiert wird – sehr aufwendig wird. Im Falle von Festverbindungen wird dabei auch zunehmend der Durchsatz der einzelnen Verbindungen begrenzt, da an der Teilnehmerschnittstelle die Bandbreite für alle eingerichteten Verbindungen vorgehalten werden muß, auch wenn diese nicht alle gleichzeitig aktiv sind.

Deshalb wurde in den ITU-T-Empfehlungen I.211, I.327 und I.364 eine „direkte" Unterstützung verbindungsloser Breitbanddienste durch ein B-ISDN definiert. Dabei haben die „Teilnehmer", unter denen eher LAN- und MAN-Strukturen als Einzelteilnehmer zu verstehen sind, über ATM-UNIs Zugang zu einer „Connectionless Service Function" (CLSF) im B-ISDN. Die CLSF vermittelt die Datagramme der verbindungslosen Kommunikation anhand der enthaltenen Adressen und übermittelt sie – gegebenenfalls über mehrere zwischengeschaltete CLSFs – an den Zielteilnehmer. Die CLSF kann dabei in den ATM-Knoten integriert sein. Da sie aber im Prinzip ein durch ATM-Schnittstellen und Interworking-Funktionen aufgerüsteter verbindungsloser Paketvermittlungsknoten ist, wird sie oft als eigenständiger „Connectionless Server" rea-

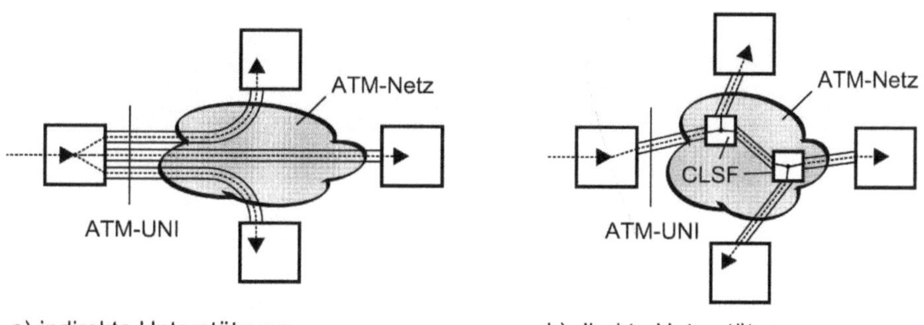

a) indirekte Unterstützung   b) direkte Unterstützung

Abb. 8.7. Unterstützung verbindungsloser Dienste

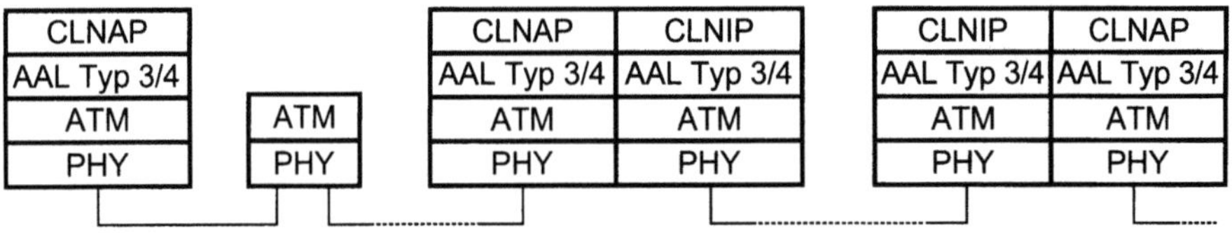

CLNAP		ATM		CLNAP	CLNIP		CLNIP	CLNAP
AAL Typ 3/4		PHY		AAL Typ 3/4	AAL Typ 3/4		AAL Typ 3/4	AAL Typ 3/4
ATM				ATM	ATM		ATM	ATM
PHY				PHY	PHY		PHY	PHY

Abb. 8.8. Die Protokolle der verbindungslosen Netzschicht

lisiert. Der Vorteil dieser direkten Unterstützung liegt darin, daß jeder Teilnehmer lediglich eine einzige ATM-Verbindung zu der jeweils zugeordneten CLSF unterhalten muß, so daß eine Kommunikation vieler Teilnehmer untereinander erleichtert wird. Die Datagramm-Vermittlungsfunktion, bei der für jedes einzelne Datagramm die Zieladresse ausgewertet und Wegesuchentscheidungen getroffen werden müssen, ist relativ aufwendig. Deshalb muß die CLSF sehr leistungsfähig implementiert sein, um nicht selbst zum Engpaß bezüglich der Anzahl möglicher Verbindungen und bezüglich des Durchsatzes zu werden.

Für die durch die CLSF definierte – oberhalb des ATM-Transportnetzes angesiedelte – „verbindungslose Dienstschicht" (Connectionless Service Layer) wurden bei ITU-T in der Empfehlung I.364 die in Abb. 8.8 dargestellten Protokolle definiert. Das „Connectionless Network Access Protocol" (CLNAP) wird dabei für den Zugang vom Teilnehmer zur CLSF verwendet, während für die Kommunikation zwischen den CLSF-Einheiten ein „Connectionless Network Interface Protocol" (CLNIP) verwendet wird. Die beiden Protokolle haben sehr ähnliche Funktionen, wobei die CLNAP-PDUs lediglich nochmals vollständig in CLNIP-PDUs mit einem zusätzlichen Kopffeld eingekapselt werden.

Der Dienst, der durch das CLNAP-Protokoll angeboten wird, ist ein einfacher verbindungsloser Dienst mit einer ungesicherten Übertragung, d.h. verlorene oder gefälschte Dateneinheiten werden nicht automatisch wiederholt. Auf der verbindungslosen Dienstschicht besteht die Möglichkeit, Gruppenadressen als Zieladressen anzugeben, so daß die entsprechenden PDUs in der CLSF kopiert und an mehrere Benutzer weitergeleitet werden können. Es ist neben dem Message-Modus, bei dem die PDUs vor der Vermittlung und Weiterleitung jeweils wieder komplett zusammengesetzt werden, auch ein Streaming-Modus definiert. Dabei werden Teilstücke bereits weitergeleitet, bevor die gesamte Dateneinheit vorliegt. Dies ist möglich, da die gesamte Zieladresse bereits im ersten Teilstück enthalten ist.

Das Format der CLNAP-PDU mit seiner auf 32-Bit-Worte ausgerichteten Struktur ist in Abb. 8.9 dargestellt. Ursprungs- und Zieladresse sind gemäß dem Numerierungsplan in ITU-T E.164 strukturiert. Neben der eigentlichen 60 Bit E.164-Adresse ist jeweils ein 4 Bit langes Feld für die Angabe des Adreßtyps vorhanden. Mit diesem kann bei der Zieladresse angezeigt werden, ob es sich um eine Einzeladresse oder um eine vom öffentlichen Netz verwaltete Grup-

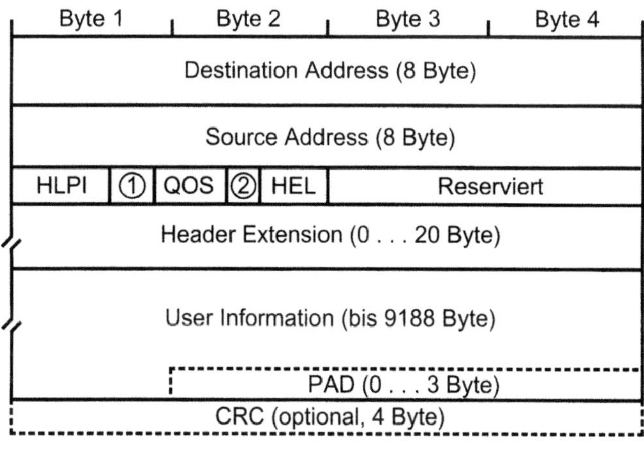

Abb. 8.9. Das Format der CLNAP-PDU

penadresse handelt. Bei der Ursprungsadresse ist lediglich die Kodierung für eine Einzeladresse definiert. Das „Higher Layer Protocol Indicator"-Feld mit 6 Bit Länge identifiziert die Instanz oberhalb der CLNAP-Schicht auf der Empfangsseite, für die die Dateneinheit bestimmt ist. Ein 2 Bit-Feld (PAD Length) zeigt an, ob 0, 1, 2 oder 3 Füllbytes verwendet worden sind, um das maximal 9188 Byte lange Informationsfeld auf ein ganzzahliges Vielfaches von 4 Byte aufzufüllen. In einem 4 Bit QOS-Feld kann die Dienstgüte spezifiziert werden, die für die jeweilige Dateneinheit angefordert wird. Da das 32 Bit CRC-Feld für eine Sicherung gegen Übertragungsfehler optional ist, gibt ein „CRC Indication Bit" (CIB) an, ob das CRC-32-Feld vorhanden ist (CIB=1) oder nicht. Nach dem eigentlichen Kopffeld kann eine Kopffeld-Erweiterung mit bis zu fünf 32 Bit-Worten folgen, deren Länge durch das „Header Extension Length"-Feld (HEL) angezeigt wird. Die restlichen 2 Byte des fünften 32 Bit-Wortes sind für zukünftige Anwendungen reserviert.

Damit stimmt die Struktur der CLNAP-PDU mit derjenigen der SIP L3_PDU von SMDS (s. Abschn. 11.2.4.3) überein, wenn bei dieser die ersten 4 Byte des Kopffeldes und die letzten 4 Byte des Anhangs (Trailer) weggelassen werden. Die weggelassenen Felder entsprechen in Format und Funktion dem Kopffeld und dem Anhang der CPCS-PDU des zum Transport verwendeten AAL Typ 3/4 (s. Abschn. 4.4.5.3), so daß bei der Abwicklung des SMDS-Dienstes (und des CBDS-Dienstes) über ATM keine dienstspezifischen Zusatzfunktionen in der SSCS-Subschicht des AAL benötigt werden.

8.4.2.3
IP über ATM

Die Protokollsuite TCP/IP (s. Abschn. 11.2.4.4) hat sich weltweit als Industriestandard für die Rechnerkommunikation durchgesetzt und bildet auch die Basis des Internet (s. Abschn. 11.2.3). Für die Akzeptanz des ATM-Prinzips als einheitliche Basis für künftige Kommunikationsnetze ist es deshalb von entscheidender Bedeutung, daß IP-Verkehr effektiv über ATM transportiert werden kann.

Das Internet, das gerade den Übergang vom öffentlich geförderten zum kommerziellen Netz durchgemacht hat, ist durch den drastischen Anstieg der Teilnehmerzahlen und den damit verbundenen explosionsartigen Zuwachs beim Verkehr deutlich überlastet, was zu einer nicht akzeptablen Verschlechterung der Dienstgüte führt. Deshalb werden derzeit weltweit Internet-Backbones auf der Basis von Frame Relay oder ATM aufgebaut, mit denen die Begrenzungen durch die unzureichende Transportinfrastruktur behoben werden können. Ein weiterer Schwachpunkt des IP-Konzepts liegt für große Netze in der logischen Netzstruktur und der damit verbundenen Wegesuche auf der Ebene des verbindungslosen IP-Protokolls: Die Struktur besteht aus logischen Teilnetzen, die untereinander über IP-Router verbunden sind, wie in Abb. 8.10.a dargestellt (gestrichelte Linie). Da die Wegesuche nicht weitspannend sondern abschnittsweise (Hop-by-Hop) erfolgt, müssen die Datagramme nacheinander mehrere IP-Router durchlaufen (gestrichelte Linie). Da die IP-Router jedes einzelne Datagramm auswerten und einen Weg bestimmen müssen, werden sie immer mehr selbst zum Engpaß, wenn die dazwischenliegende Infrastruktur leistungsfähiger wird.

Deshalb basieren die Vorschläge für den Transport von IP über ATM meist auf dem in Abb. 8.10.b dargestellten Ansatz: Die IP-Router werden durch Server ersetzt, die anhand der IP-Adresse eines Datagramms die ATM-Adresse des Zielhosts[8] ermitteln und diese dem sendenden Host bekanntgeben. Dieser kann dann eine direkte ATM-Wählverbindung zum Zielhost aufbauen, auf der alle nachfolgenden Datagramme ohne Umweg geschickt werden können. Jeder neue Host im Bereich eines Routers meldet sich über ein entsprechendes Protokoll bei diesem an, so daß seine IP-Adresse und die zugehörige ATM-Netzadresse in den Umwertetabellen gespeichert werden können.

Derzeit sind in den unterschiedlichen Gremien mehrere unterschiedliche Realisierungen dieses Konzepts in der Entwicklung [199]. Allen gemeinsam ist, daß keine Änderungen des ATM-Netzes erforderlich sind und die Funktionen zur Unterstützung des verbindungslosen IP-Dienstes in den nicht im Netz behandelten höheren Protokollschichten angesiedelt sind (Überlagerungsmodell). Da IP eigene, an der Teilnetzstruktur orientierte Adressen (IP-Adressen)

---

8   Die einzelnen Stationen werden im IP-Sprachgebrauch als „Hosts" bezeichnet.

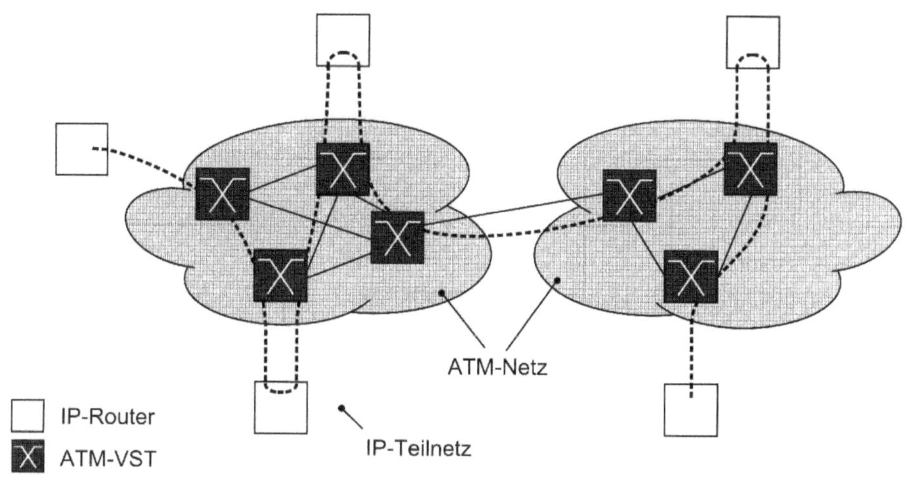

a) Klassisches IP-Routing unter Verwendung der ATM-Infrastruktur

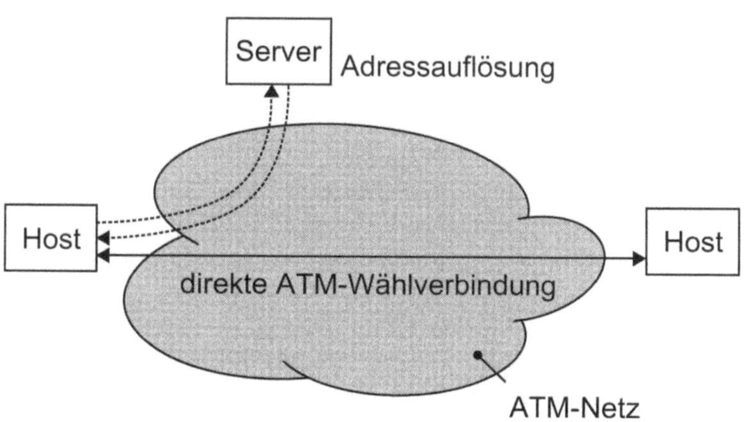

Abb. 8.10. IP-Kommunikation über ATM

verwendet, während die Adressierung in öffentlichen ATM-Netzen auf dem ISDN-Numerierungsplan gemäß ITU-T E.164 beruht, ergibt sich die Notwendigkeit einer Adreßumsetzung. Weil es aufgrund der unterschiedlichen Numerierungskonzepte keine algorithmische Beziehung zwischen IP- und E.164-Adressen gibt, muß diese Umsetzung über Tabellen erfolgen, die dynamisch verwaltet werden müssen, und ist entsprechend aufwendig.

Classical IP über ATM Bei dem in der IETF entwickelten „Classical IP over ATM" wird das IP-Protokoll ohne Änderung beibehalten, d.h. das ATM-Netz

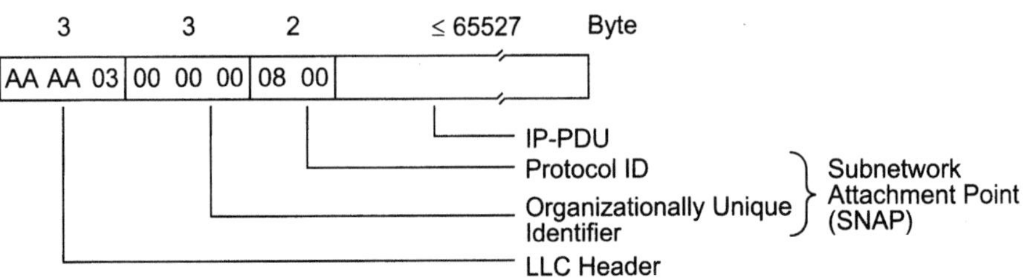

Abb. 8.11. LLC/SNAP-Einkapselung von IP-Paketen

wird lediglich als Übertragungsinfrastruktur verwendet und die unterschiedlichen Teilnetze werden über IP-Router verbunden.

Im RFC 1438 [122] ist die in Abb. 8.11 dargestellte LLC/SNAP-Einkapselung (Encapsulation) der IP-Pakete und die anschließende Umwandlung in ATM-Zellen unter Verwendung des AAL Typ 5 als Standardverfahren festgelegt. Andere Protokolle können durch Verwendung anderer Protocol ID Werte (PID) auf die gleiche Art und Weise eingekapselt und über die gleiche ATM-Verbindung zum nächsten IP-Router transportiert werden. Dieses Verfahren ist besonders dann sinnvoll, wenn im ATM-Netz nur Festverbindungen zur Verfügung stehen, da dann die Bandbreite der Festverbindung durch die gemeinsame Übertragung des gesamten Verkehrs unabhängig vom verwendeten Schicht-3-Protokoll effektiv genutzt werden kann.

Wenn eine flexible Steuerung der ATM-Verbindungen, z.B. über die Zeichengabe zur Verfügung steht, kann es sinnvoll sein, für jedes Protokoll eine eigene ATM-Verbindung zu verwenden (VC-based Multiplexing). In diesem Fall können die LLC/SNAP-Bytes bei der Übermittlung eingespart werden, da der Protokolltyp beim Verbindungsaufbau übermittelt und so anhand der ATM-Verbindungskennung vom Empfänger erkannt werden kann.

In der einfachsten Form des „Classical IP over ATM" werden lediglich ATM-Festverbindungen zwischen Endgeräten und Routern verwendet. Eine Erweiterung durch ATM-Wählverbindungen verwendet einen „Address Resolution Server", der vor dem Aufbau der ATM-Verbindung die IP-Adresse in die entsprechende ATM-Netzadresse umsetzt. Für diese Kommunikation sowie für den eigentlichen Aufbau der direkten ATM-Wählverbindung wird wie in [123] beschrieben eine entsprechende Unterstützung durch die ATM-Zeichengabeprotokolle benötigt.

Aufgrund der beschränkten Kapazität des einzelnen Address Resolution Servers müssen in der Regel in einem ATM-Netz mehrere solche Server eingesetzt sein, die jeweils für ein bestimmtes Teilnetz und die darin enthaltenen Hosts zuständig sind. Bei Verwendung des einfachen ARP-Protokolls (Address Resolution Protocol) können nur solche Hosts eine direkte ATM-Verbindung miteinander aufbauen, die vom gleichen Server bedient werden.

Um diese Einschränkung zu umgehen, hat die Arbeitsgruppe „Routing over Large Clouds" (ROLC) des IETF ein „Next Hop Resolution Protocol" (NHRP) definiert, das eine Adreßauflösung auch über die Grenzen eines Teilnetzes hinweg erlaubt.

Der Nutzdurchsatz einer TCP/IP-Verbindung hängt von einer richtigen Einstellung der Fenstergröße im TCP-Flußsteuermechanismus und der verwendeten Länge der IP-Pakete ab. Deshalb wurden in [124] Festlegungen für die Default-Länge der IP-Pakete bei einer Übermittlung über ATM und in [121] Erweiterungen bei der TCP-Fenstergröße vorgeschlagen.

LAN-Emulation Das ATM-Forum hat im Januar 1995 die erste Version einer Spezifikation für die Emulation von LANs über ATM (LANE) verabschiedet. Das Konzept ersetzt die Medienzugriffs-Schicht (MAC, s. Abschn. 11.2.2) durch eine ATM-basierte Übertragung, die für die Protokolle der höheren Schichten – insbesondere für IP – vollkommen transparent ist. Auf diese Weise können die über der MAC-Schicht liegenden Protokolle weiterverwendet werden, als ob die entsprechenden Stationen an einem klassischen LAN angeschlossen wären. Dadurch, daß die Protokolle der höheren Schichten keinerlei Kenntnis von der ATM-basierten Übertragung besitzen, können sie deren Vorteile aber andererseits auch nicht nutzen.

Bei LANE existieren neben den Hosts, die den Dienst nutzen (LAN Emulation Client, LEC), mehrere Typen von Serverfunktionen:

- LAN Emulation Server (LES): Der LEC schickt diejenigen Datenpakete, bei denen er die zugehörige ATM-Netzadresse nicht kennt, an den LES. Dieser bildet die MAC-Adresse auf die ATM-Netzadresse ab und schickt diese Information an den LEC zurück. Der LEC trägt sie in seine lokalen Tabellen ein und baut die direkte ATM-Verbindung auf.
- Broadcast and Unknown Server (BUS): Alle zu Mehrpunktverbindungen gehörigen Dateneinheiten werden über eine spezielle ATM-Verbindung an den BUS geschickt, der die weitere Verteilung übernimmt. Der BUS hat auch die Aufgabe, Dateneinheiten mit unbekannter Zieladresse weiterzuleiten.
- LAN Emulation Configuration Server (LECS): Der LECS ist für die Verwaltung der virtuellen LANs verantwortlich. Neue Hosts melden sich beim LECS an, und dieser übermittelt ihnen alle für die Anmeldung bei einem bestimmten virtuellen LAN benötigten Informationen. Diese beinhalten neben der ATM-Netzadresse des zuständigen LES/BUS auch den LAN-Typ der emuliert wird sowie spezifische Parameter.

LANE basiert auf dem VC-basierten Multiplexen, bei dem pro ATM-Verbindung nur Dateneinheiten eines bestimmten Protokolltyps übertragen werden, so daß eine LLC/SNAP-Kennung überflüssig ist. Wie bei den anderen Verfahren wird der AAL Typ 5 verwendet. Da die normalen ATM-Zeichengabeprozeduren verwendet werden, werden für LANE in der ATM-

Vermittlungsstelle keinerlei Zusatzfunktionen benötigt. Bei LANE besteht die Möglichkeit, daß die während der Ausführung des Adreßauflösungsprotokolls geschickten Dateneinheiten sofort über den BUS weitergeleitet werden. Dadurch wird die Verzögerung durch die Adreßauflösung und den Aufbau der direkten ATM-Verbindung reduziert.

Das Konzept der LECS erlaubt den Aufbau und ein flexibles Management unterschiedlicher virtueller LANs. Dabei können die virtuellen LANs sehr schnell an Änderungen in der Organisationsstruktur angepaßt werden, indem die entsprechenden Hosts – unabhängig von ihrem physischen Standort und Anschluß – per Software-Konfiguration einem anderen virtuellen LAN zugeordnet werden.

Auch bei LANE können nur die Hosts direkte ATM-Verbindungen untereinander aufbauen, die am gleichen LES/BUS angeschlossen sind. Dabei stellt insbesondere die Leistungsfähigkeit der Server für Rundsendeverbindungen einen begrenzenden Faktor für die Zahl der anschließbaren Hosts dar. Da einzelne LANE-Teilnetze nur über MAC-Bridges bzw. Router miteinander verbunden werden können, ist LANE zwar für die Emulation von LANs mit einer begrenzten Anzahl von Hosts geeignet, für große Netze gelten jedoch die gleichen Einschränkungen wie für das klassische IP-Konzept.

MPOA Ebenfalls im ATM-Forum wird derzeit eine Spezifikation unter dem Titel „Multiprotocol over ATM" (MPOA) erarbeitet. Das MPOA-Konzept soll zum einen die unterschiedlichen Ansätze vereinheitlichen und zum anderen die Begrenzungen der Teilnetzstruktur durch die Möglichkeit zum Aufbau netzweiter Ende-zu-Ende-Direktverbindungen überwinden. MPOA unterstützt sowohl die Kopplung auf der MAC-Schicht analog zu LANE als auch die Kopplung auf der Netzwerkschicht, wobei unterschiedliche Schicht-3-Protokolle unterstützt werden.

MPOA definiert unterschiedliche Funktionsgruppen, die in den „MPOA Clients" und entsprechenden „MPOA Servern" angesiedelt sind. Bei den MPOA Clients wird unterschieden zwischen Endgeräten, die direkt an das ATM-Netz angeschlossen sind, und „Edge Devices", die verwendet werden, um klassische LANs an das ATM-Netz und an MPOA anzuschließen. Die Funktionsgruppen umfassen z.B.

- die direkte Adreßauflösung im Bereich eines Servers,
- eine Route-Server-Funktion zur Adreßauflösung über den lokalen Bereich hinaus,
- eine Default-Routing-Funktion für Pakete, deren Adresse nicht aufgelöst werden kann,
- die Behandlung von Rundsende- und Mehrpunktpaketen,
- die Registrierung neuer Stationen und

- Konfigurations- und Managementfunktionen ähnlich denen des LECS bei LANE.

Zur Übermittlung der Daten wird standardmäßig die LLC/SNAP-Einkapselung gemäß RFC 1483 (s. Abb. 8.11) verwendet, wobei ein eigener Organizationally Unique Identifier (OUI) für das ATM-Forum und eigene Kodepunkte für die Unterscheidung der Schicht-2- und der Schicht-3-Kopplung verwendet werden.

Das Netz wird bei MPOA in disjunkte Internet-Adreßuntergruppen (Internet Address Sub Group, IASG) strukturiert, die eine eigene Kennung erhalten. Innerhalb der IASG sind alle Stationen mit ihrer MAC-, Schicht-3- und ATM-Adresse bekannt, so daß die Adreßauflösung entsprechend analog zu den in den vorigen Abschnitten beschriebenen Verfahren erfolgen kann. Eine IASG verwendet ein einheitliches Schicht-3-Protokoll, so daß ein Client logisch zu mehreren IASGs gehören kann, wenn er mehrere unterschiedliche Netzwerkprotokolle verwendet.

Der entscheidende Vorteil von MPOA ist, daß die „Route Server"-Funktion eine netzweite Adreßauflösung durchführt und damit für direkte ATM-Verbindungen über die Grenzen der IASGs hinaus erlaubt. Dazu verwendet sie z.B. das von der IETF vorgeschlagene NHRP-Protokoll und unterstützt auch die anderen im Internet gebräuchlichen Routingprotokolle. Die Protokolle für die weitspannende Adreßauflösung sind so angelegt, daß auch bei Hosts, die nicht am ATM-Netz angeschlossen sind, diejenige Routeradresse gefunden wird, die innerhalb des ATM-Netzes dem Host am nächsten liegt. Dadurch kann zumindest zu diesem eine Direktverbindung aufgebaut werden. Aufgrund der Tatsache, daß der Aufbau einer ATM-Verbindung einen nicht vernachläßigbaren Aufwand bedeutet, kann bei Verwendung des MPOA-Ansatzes eine sehr hohe Last auf die zentralen Steuerrechner der ATM-Vermittlungsstellen zukommen, wenn für wenige IP-Pakete jeweils eine Verbindung aufgebaut wird. Deshalb müssen Methoden entwickelt werden, die es erlauben herauszufinden, ob sich ein Verbindungsaufbau lohnt oder ob es sinnvoller ist, die einzelnen IP-Pakete verbindungslos zu routen.

Neben diesen Ansätzen, die alle auf den standardisierten ATM-Protokollen aufsetzen, werden auch proprietäre Lösungen diskutiert, bei denen z.B. lediglich die sehr effektiven Vermittlungsfunktionen der ATM-Hardware verwendet werden, während alle weiteren Funktionen direkt auf der Basis von IP-Protokollen ausgeführt werden. Dadurch entstehen Hochleistungs-IP-Router, die jedoch nicht direkt in ATM-Netze eingebunden werden können.

Die oben beschriebenen Konzepte bieten den Netzbetreibern die Möglichkeit, durch entsprechende Server das ATM-Netz als leistungsfähiges Backbone für IP-Netze zu verwenden und den Teilnehmern außerdem höherwertige Dienste, wie z.B. virtuelle, vom Netzbetreiber verwaltete LAN-Strukturen, anzubieten.

Beginnend mit IP-Routern, die über ATM-Festverbindungen vermascht sind, können mit der zunehmenden Verfügbarkeit von ATM-Wählverbindungen die Adreßauflösungs-Mechanismen der bereits spezifizierten Verfahren „Classical IP over ATM" und LANE eingeführt werden. Damit werden direkte ATM-Verbindungen zwischen den Hosts in beschränktem Umfang möglich gemacht. Die Einführung des NHRP-Protokolls kann diese Möglichkeiten erweitern. MPOA schließlich arbeitet mit diesen Verfahren zusammen, und die MPOA-Server können zusätzlich zu den bereits installierten Servern ins Netz eingebracht werden. Durch eine Aufrüstung der anderen Server kann dann ein IP-Netz über das ATM-Netz gelegt werden, das durch den großen Anteil an netzweiten ATM-Direktverbindungen sehr leistungsfähig ist.

Da sich die Spezifikationen für IP über ATM erst in einem recht frühen Stadium befinden, sind noch viele offene Fragen zu lösen [199]. Von entscheidender Bedeutung ist hier die volle Nutzung der Möglichkeiten der ATM-Schicht, insbesondere der unterschiedlichen, auf Datenanwendungen optimierten Verkehrsklassen wie ABR und UBR, mit deren Hilfe eine kostengünstige Ausnutzung der zur Verfügung stehenden Bandbreite möglich wird. Ein weiterer Punkt ist die effektive Umsetzung zwischen den IP-Adressen, den in den ATM-Forum-Netzen verwendeten AESA-Adressen (s. Abschn. 7.2.5) und den in ITU-T-orientierten Netzen verwendeten E.164-Adressen. Hier bietet die in der Definition befindliche nächste IP-Generation (IP-Version 6) mit ihrer erweiterten Adressierung die Möglichkeit, eine leichtere, eventuell sogar algorithmische Umsetzung zu erlauben.

Zu klären ist auch das Zusammenspiel der Protokollmechanismen der IP-Netze mit der ATM-Signalisierung. Während in den Netzen auf Basis der ATM-Forum-Spezifikationen das PNNI-Protokoll (s. Abschn. 7.4) zum Einsatz kommt, werden die öffentlichen Netze vorwiegend auf der Basis von CCS7 und B-ISUP (s. Abschn. 7.3) arbeiten. Da die PNNI-Netze mit einer automatischen Erkennung der Netztopologie und dezentralen Mechanismen für den Austausch von Routinginformation zwischen den Netzknoten arbeiten, die sehr stark an die Mechanismen in IP-Netzen angelehnt sind, scheint eine Harmonisierung möglich. Derzeit wird im ATM-Forum deshalb an einer I-PNNI-Spezifikation gearbeitet. Dabei wird statt dem Ansatz, daß zusätzlich zu der Adressierung im ATM-Netz noch eine IP-Adressierung verwendet wird (Overlay Model) eine integrierte Lösung angestrebt, bei der die IP-Adressen direkt für das Routing in den ATM-Knoten und für die automatische Topologieerkennung verwendet werden. Die ITU-T-basierten Netze hingegen verwenden ein ganz anderes, zentral administriertes Konzept und ein geeignetes Interworking muß definiert werden. Außerdem ist zu klären, wie die Vergebührung, die im Internet meist auf Pauschalgebühren basiert, mit der gesprächsbezogenen Vergebührung in öffentlichen Netzen harmonisiert werden kann.

8.4.2.4
Die ATM-DXI-Schnittstelle

Die Anbindung bestehender Datennetze im Teilnehmerbereich (Customer Premises Network, CPN) an das öffentliche Netz über einen ATM-UNI-Anschluß ist derzeit – verglichen mit einem Frame Relay-Zugang – noch relativ teuer, da hierzu im Prinzip neue Geräte angeschafft werden müssen. Um diese Einstiegsbarriere zu erniedrigen hat das ATM-Forum ein „Data Exchange Interface" (DXI) für ATM definiert, das den Anschluß von Datenendgeräten, z.B. Routern und ähnlichen Geräten an eine ATM-CSU/DSU (Channel Service Unit/Data Service Unit) erlaubt, die die eigentliche Umsetzung auf das ATM-UNI vornimmt.

Die DXI-Schnittstelle verwendet in der physikalischen Schicht die bei Datenendgeräten typischen seriellen Schnittstellen wie z.B. V.35, RS449 oder das „High Speed Serial Interface" (HSSI). Die Schicht-2-Protokolle basieren auf sehr einfachen Rahmenformaten, die große Ähnlichkeit mit denen von Frame Relay und damit mit den weit verbreiteten HDLC-Formaten aufweisen. Für das DXI wurden mehrere Betriebsarten definiert, von denen die einfacheren, als Mode 1a und Mode 1b bezeichneten, einen 2 Byte langen Rahmenkopf verwenden, der mit einer 10 Bit langen Kennung (DXI Frame Address, DFA) maximal 1023 gleichzeitige Verbindung zuläßt. Die maximale Länge der übertragenen Dateneinheiten ist auf 9232 Byte eingeschränkt, da lediglich ein zyklischer Kode mit 16 Prüfbits verwendet wird (CRC-16). Die CRC-Berechnung ist der dynamisch anspruchsvollste Protokollvorgang, so daß eine Änderung hier meist auch Hardwareänderungen erforderlich macht. Da die CRC-16-Berechnung derjenigen für Frame Relay und HDLC entspricht, können bestehende Geräte durch reine Softwaremodifikationen für diese DXI-Modi aufgerüstet werden. Die beiden Modi unterscheiden sich dadurch, daß der Modus 1a nur ATM-Verbindungen über den AAL Typ 5 unterstützt, während der Modus 1b zusätzlich den AAL Typ 3/4 erlaubt. Bei der Verwendung des AAL Typ 3/4 müssen bereits vom Datenendgerät die 8 Overhead-Bytes der CPCS-PDU hinzugefügt werden, so daß für das Informationsfeld 8 Byte weniger zur Verfügung stehen.

Beim Mode 2 wird ein erweitertes Format für den Rahmenkopf mit 4 Byte Länge verwendet, das statt 10 Bit für die Zuordnung der Rahmen zu einer Verbindung 24 Bit aufweist. Ebenso wird ein CRC mit 32 Bit Prüfsumme verwendet, der dem des AAL Typ 5 entspricht und eine Informationsfeldlänge von 65535 Byte erlaubt. Da diese CRC-Berechnung in der Regel eine Änderung in der Hardware erfordert, wird dieser Modus nur bei neueren Geräten verwendet. Beim Mode 2 wird zwischen dem Datenendgerät und der CSU/DSU immer ein AAL Typ 3/4 PDU-Format mit Kopf und Anhang verwendet. Wenn die ATM-Verbindung auf der Netzseite der CSU/DSU den AAL Typ 5 verwendet, wird die PDU dort ausgepackt und auf das CPCS-Format des AAL Typ 5 umgesetzt.

Die CSU/DSU setzt die DXI-Verbindungskennung auf die niederwertigsten VPI/VCI-Bits in der ATM-Zelle um. Ebenfalls im Kopf des DXI-Rahmens vorhandene Bits zur Überlastanzeige und für eine Verlustpriorität werden ebenfalls auf die entsprechenden Funktionen im ATM-Zellkopf abgebildet.

Die Steuerung der DXI-Schnittstelle erfolgt über ein SNMP-basiertes „Local Management Interface", über das z.B. der verwendete DXI-Modus eingestellt und für jede Verbindung der verwendete AAL-Typ ausgehandelt werden kann.

Eine ATM-CSU/DSU ist zwar auch derzeit noch um ein Mehrfaches teurer als eine solche für Frame Relay, aber sie kann zumindest viele niederratige DXI-Anschlüsse bedienen und damit Kosteneinsparungen erzielen.

Eine weitere kostengünstige Möglichkeit, bestehende Geräte ohne Hardwareänderungen an ein ATM-Netz anzuschließen bietet das im Januar 1996 verabschiedete „Frame Based User-to-Network Interface" (FUNI) des ATM-Forums. Diese Schnittstelle erlaubt es den Endgeräten, HDLC-Rahmen direkt in das ATM-Netz zu schicken. Die AAL-Behandlung erfolgt auf der Netzseite der Schnittstelle. Über die FUNI-Schnittstelle können Endgeräte mit Datenraten bis zu 2,048 Mbit/s mit anderen FUNI-Endgeräten kommunizieren. Eine Kommunikation mit Endgeräten, die über ATM-Schnittstellen angeschlossen sind, ist ebenfalls möglich. Ein Interworking mit Geräten, die über Frame Relay angeschlossen sind, ist dagegen nicht vorgesehen.

9 Netzstrukturen für das Informationszeitalter

Mit der Einführung der ATM-basierten Breitbandnetze werden sich auch die Netzstrukturen im Vergleich zu den heutigen Netzen in vielen Bereichen grundlegend ändern. Durch die neuen, sehr heterogenen Anforderungen und die Entwicklung hin zu einer universellen Netzplattform werden vermehrt sehr komplexe, dienstspezifische Funktionen in die Netze integriert werden, die je nach Anwendungsfall flexibel konfigurierbar sein müssen. Auf der anderen Seite ergeben sich – durch die nahezu unbeschränkte Skalierbarkeit der Netzelemente und die sehr flexiblen und mächtigen Steuerungsmechanismen – erweiterte Möglichkeiten, um die Netzstruktur selbst zu vereinfachen und damit die Kosten für Betrieb und Wartung zu optimieren.

Wie bereits in Abschn. 1.2.1 diskutiert, ist eine der wichtigsten Triebfedern für die Einführung ATM-basierter Breitbandnetze im öffentlichen Bereich der Wunsch der Netzbetreiber nach einer Konsolidierung der dienstspezifischen Spezialnetze auf einer universellen, breitbandigen Kommunikationsinfrastruktur. Diese Konsolidierung erlaubt einen wirtschaftlichen Netzbetrieb sowie eine schnelle und flexible Einführung neuer Dienste und schafft damit die Voraussetzung für ein erfolgreiches Auftreten im zukünftigen Wettbewerbsumfeld. Wie in Abb. 9.1 dargestellt, muß diese Infrastruktur deshalb Anwendungen[1] aus den unterschiedlichsten Bereichen effizient unterstützen, wobei zunächst die bereits eingeführten Anwendungen und Dienste in gewohnter – oder verbesserter – Form geboten werden müssen. Gleichzeitig soll die Entwicklung und schnelle Einführung eines breiten Spektrums an neuen Anwendungen durch die erweiterten Möglichkeiten der Infrastruktur stimuliert werden. Von entscheidender Bedeutung ist dabei, daß die unterschiedlichen Anwendungen freizügig kombiniert werden können, um durch die so entstehenden Synergien eine deutliche Erhöhung des Kundennutzens zu erreichen.

Um diesen Ansprüchen gerecht zu werden, ist eine Grundstruktur sinnvoll, wie sie in Abb. 9.2 angedeutet ist. Basis des universellen Breitbandnetzes ist eine dienst- und anwendungsneutrale, ATM-basierte Transport-Infrastruktur,

---

1 Eine ausführliche Beschreibung der Anwendungen ist in Kap. 8 enthalten.

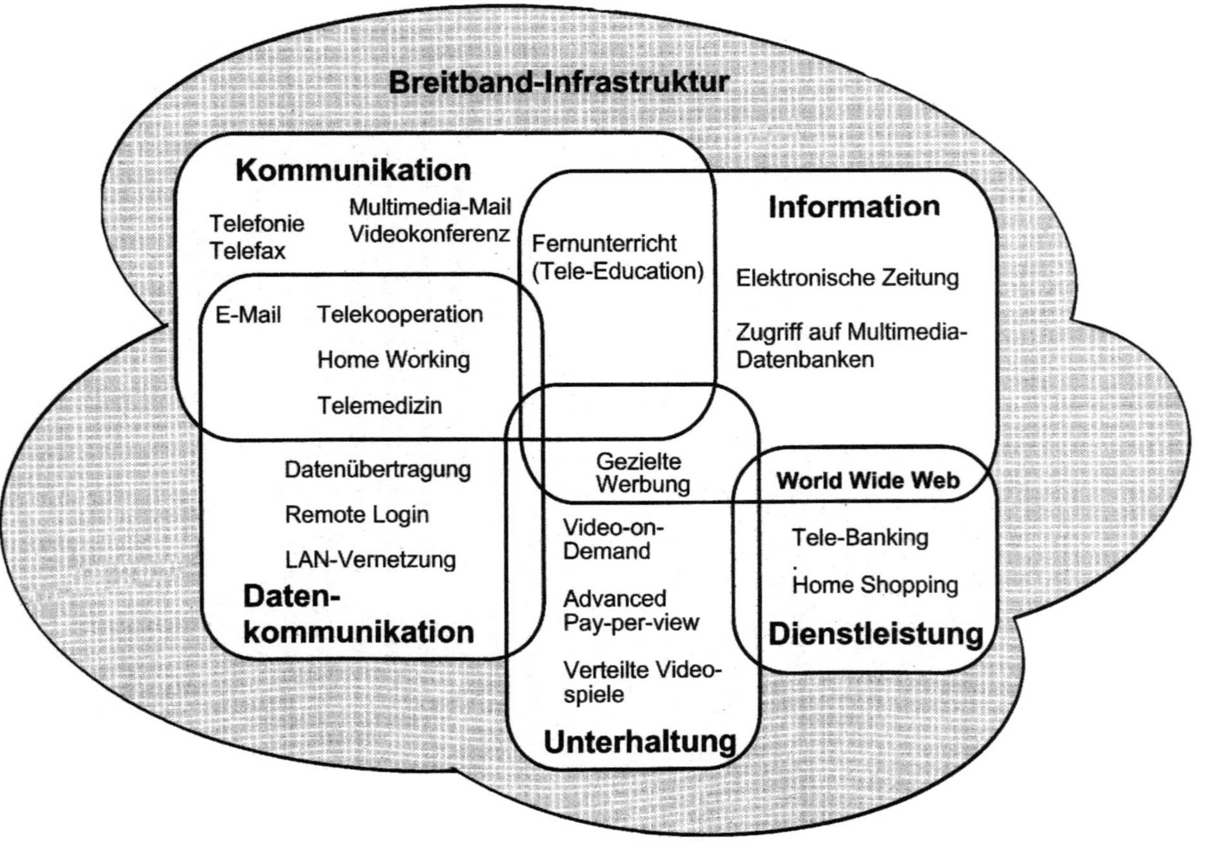

Abb. 9.1. Anwendungen für eine universelle Breitband-Infrastruktur

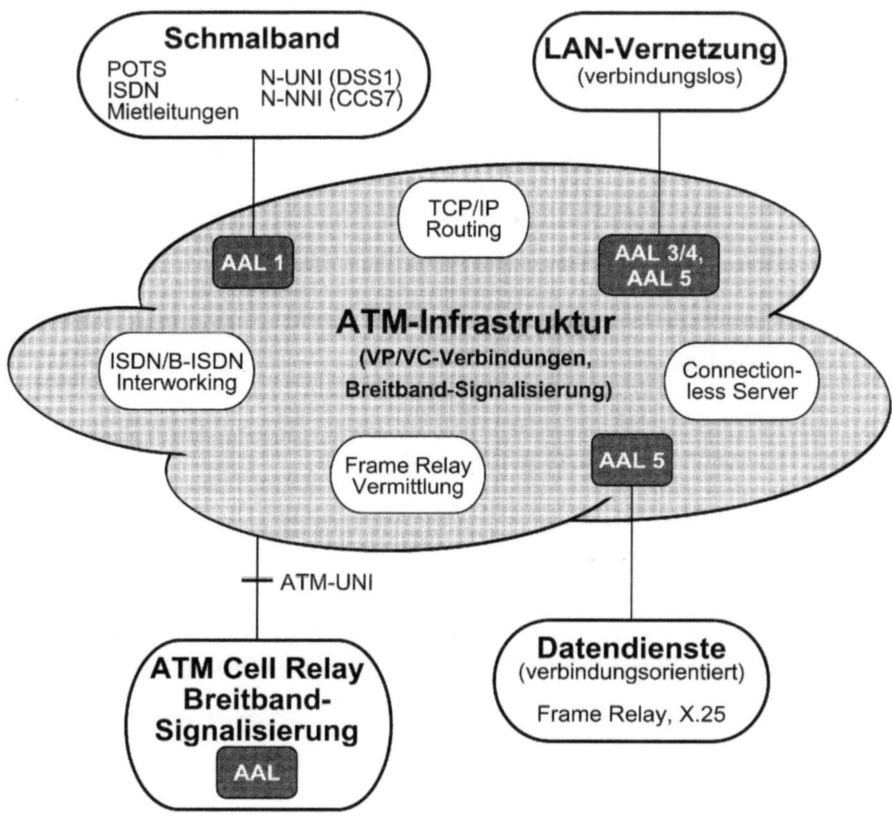

Abb. 9.2. Grundstruktur ATM-basierter Breitbandnetze

die eine weitreichende Konnektivität sowie bei Bedarf die jeweils erforderliche Bandbreite ohne Einschränkungen zur Verfügung stellt. Diese Infrastruktur kann durch die Betonung der VP-Ebene mehr übertragungstechnisch oder durch die Betonung der VC-Ebene mehr vermittlungstechnisch ausgerichtet und damit an die jeweiligen Betreiberstrategien adaptiert werden.

Die Anpassung der bestehenden Anwendungen und Dienste an den ATM-basierten Transport, sowohl bezüglich der Nutzdaten unter Verwendung entsprechender AAL-Protokolle als auch – falls notwendig – bezüglich der Zeichengabe, erfolgt am Netzrand und kann vom ATM-Netz unterstützt werden, so daß die bereits vorhandenen Zugangs-Schnittstellen und Endgeräte der Teilnehmer weiterhin verwendet werden können. Alternativ dazu können diese Funktionen bereits auf der Teilnehmerseite der Benutzer/Netzschnittstelle realisiert sein, so daß an der Schnittstelle zum Netz die Information bereits in Form von ATM-Zellen vorliegt (ATM Cell Relay Dienst) und auch die Zeichengabe mit der im Netz verwendeten Breitband-Signalisierung kompatibel ist.

Dies erfordert zwar neue Endgeräte oder entsprechende Anpassungseinheiten (Terminal Adaptor) beim Teilnehmer, erlaubt aber eine optimierte Ausnutzung der Schnittstelle durch eine bedarfsgerechte Integration der Dienste und Anwendungen bereits beim Teilnehmer.

Auch innerhalb des Netzes selbst werden die unterschiedlichen Dienste und Anwendungen durch spezifische Funktionen unterstützt, so daß das ATM-Netz nicht nur die reine Transportfunktion erfüllt, sondern auch die höherwertigen Vermittlungs- und Steuerungsfunktionen übernimmt. Dies reduziert den Aufwand auf der Teilnehmerseite, optimiert die Ausnutzung der Ressourcen im Netz und erhöht die Wertschöpfungs- und Differenzierungsmöglichkeiten der Netzbetreiber. Die weitestgehende Wahlfreiheit bezüglich Art, Umfang und Ansiedlungsort der spezifischen Anpassungs- und sonstigen höherwertigen Dienstfunktionen tragen dazu bei, daß für jeden Anwendungsfall optimierte Netzkonfigurationen realisiert werden können.

In diesem Kapitel sollen zunächst einige generelle Überlegungen angestellt werden, die die Struktur der Breitbandnetze beeinflussen werden. Darauf aufbauend werden dann für die unterschiedlichen Netzbereiche die typischen Strukturen und Netzelemente dargestellt. Einige typische Anwendungsszenarien sowie Beispiele bereits bestehender ATM-Breitbandnetze sollen zum Abschluß die Flexibilität des ATM-basierten Ansatzes nochmals verdeutlichen.

9.1
Die übertragungstechnische Infrastruktur für ATM-Netze

Die Protokolle der ATM-Schicht und der TC-Teilschicht der physikalischen Schicht wurden, wie in Kap. 4 beschrieben, explizit so definiert, daß für das ATM-Transportnetz die bestehende übertragungstechnische Infrastruktur (PDH/SDH/SONET) ohne Modifikationen (mit-) verwendet werden kann. Dadurch können die in vielen Netzen vorhandenen Überkapazitäten im Bereich der Übertragungstechnik für die Einführung ATM-basierter Breitbandnetze genutzt werden.

Durch das Konzept der virtuellen Pfade (s. Abschn. 2.3), die in den vom Netzmanagement-System gesteuerten VP-Crossconnects verschaltet werden, ergibt sich zudem die Möglichkeit für den Netzbetreiber, eine von der Topologie des physikalischen Übertragungsnetzes relativ unabhängige, logische Netztopologie zu definieren. Durch die eher der Übertragungstechnik zuzuordnenden Funktionen des ATM-Crossconnects verwischen sich beim Einsatz der ATM-Technik die Grenzen zwischen den beiden klassisch streng gegeneinander abgegrenzten Gebieten der Übertragungstechnik und der Vermittlungstechnik. Dies äußert sich z.B. in den für die ATM-Schicht standardisierten Betriebs- und Wartungsfunktionen (Operation, Administration and Maintenance, OAM, s. Abschn. 6.1.3), die in enger Anlehnung an die entsprechenden Funktionen aus der SDH-Übertragungstechnik definiert wurden.

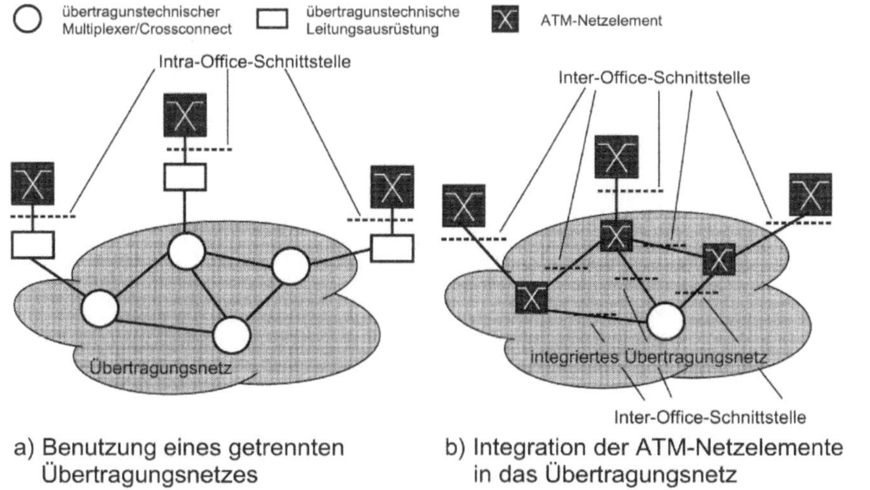

Abb. 9.3. Übertragungs-Infrastruktur für ATM-Netze

Daraus ergibt sich für den Netzbetreiber neben der oben bereits erwähnten Möglichkeit, das – evtl. bereits bestehende – Übertragungsnetz (mit) zu nutzen, auch noch die Alternative, ein rein ATM-basiertes Übertragungsnetz aufzubauen. Im ersteren „klassischen" Fall, der in Abb. 9.3.a dargestellt ist, werden die ATM-Netzelemente als „Benutzer" an die übertragungstechnische Infrastruktur, bestehend aus Leitungsausrüstungen, Multiplexern und Crossconnects der plesiochronen und/oder synchronen digitalen Hierarchie (PDH/SDH, s. Abschn. 11.4), angeschlossen. Dies geschieht über die meist elektrisch ausgeführten Schnittstellen der Leitungsausrüstungen (Intra-Office Interface), die es wegen der begrenzten Reichweite erfordern, daß die übertragungstechnische Ausrüstung zusammen mit dem ATM-Netzelement in einem Gebäude aufgestellt wird. Dabei werden die für die jeweilige Übertragungstechnik definierten OAM-Funktionen zum großen Teil in den übertragungstechnischen Geräten abgehandelt.

Bei der zweiten Alternative werden die ATM-Netzelemente direkt in die Übertragungs-Infrastruktur integriert (Abb. 9.3.b). Dabei erhalten die ATM-Netzelemente physikalische Schnittstellen, die eine Übertragung über die in der Übertragungstechnik üblichen Distanzen erlauben (Inter-Office Interface) und müssen konsequenterweise auch die benötigten Betriebs- und Wartungsfunktionen (OAM) der physikalischen Schicht abschließen[2]. Durch diesen erhöhten Aufwand innerhalb der ATM-Netzelemente erspart sich der Netzbetreiber aber die sonst nötigen übertragungstechnischen Geräte am Ort der

---

2 Dazu gehören neben der Fehlerüberwachung (Fault Management) und der Überwachung der Übertragungsqualität (Performance Management) auch die Behandlung der OAM-Sonderkanäle, z.B. des Inband-TMN-Kanals.

ATM-Netzelemente und kann dadurch auch den Netzbetrieb entsprechend vereinfachen. Interessant ist dieses Vorgehen insbesondere, wenn eine geeignete Übertragungs-Infrastruktur noch nicht vorhanden ist, da ATM-Netzelemente auch über Punkt-zu-Punkt-Strecken direkt miteinander gekoppelt werden können ohne ein zusätzliches Übertragungsnetz aufzubauen. Da auch beliebige Mischformen aus den beschriebenen Alternativen jederzeit möglich sind, bietet die ATM-Technik dem Netzbetreiber auch in dieser Hinsicht die Möglichkeit zu einer an seine Bedürfnisse angepaßten Netzevolution.

9.2
Einführungsstrategien für öffentliche ATM-Breitbandnetze

Je nachdem, ob ein Betreiber schon über eine Netzinfrastruktur verfügt, oder ob er ein neues Netz aufbaut (Green Field) und je nachdem ob er sich in seiner Strategie uneingeschränkt für den Einsatz von ATM entscheidet oder ob er ATM zunächst nur für spezielle Anwendungen einsetzen will, ergeben sich unterschiedliche Szenarien für die Einführung von ATM. Da die Zeichengabeprotokolle für ATM-Breitbandnetze erst mit einer gewissen Verzögerung gegenüber den mit einer sehr einfachen Steuerung ausgestatteten ATM-Crossconnects verfügbar wurden, gehen die meisten bisher vorgeschlagenen und in Pilotprojekten realisierten Strategien von einer ATM-Einführung aus, bei der zunächst lediglich flexible Festverbindungen (in der Regel auf VP-Ebene) angeboten werden und Wählverbindungen erst in einem weiteren Schritt nachgezogen werden.

Ein Beispiel für eine sehr aggressive, infrastruktur-orientierte Einführungsstrategie ist der von der japanischen Betreibergesellschaft NTT (Nippon Telephone & Telegraph) vorgeschlagene Ansatz, sehr schnell und flächendeckend eine ATM-basierte Universalinfrastruktur im Netz und auch im Teilnehmer-Anschlußbereich einzusetzen [214]. Dabei wird wie in Abb. 9.4 dargestellt ein flächendeckendes Kernnetz mit sehr hochratigen Übertragungsleitungen (bis 2,4 Gbit/s) und ATM-Crossconnects aufgebaut.

Im Anschlußbereich sind Ringstrukturen (ebenfalls 2,4 Gbit/s) mit ATM-basierten Add/Drop-Multiplexern vorgesehen, an die die Teilnehmer mit 155 Mbit/s-Leitungen angeschlossen werden. Bei den Ringstrukturen wird durch redundante Auslegung und aufwendige, unterbrechungsfreie Umschaltmechanismen sehr großer Wert auf eine hohe Verfügbarkeit gelegt. Damit steht eine übertragungstechnisch orientierte und doch sehr flexible Infrastruktur zur Verfügung, die ein hierarchiefreies Multiplexen von Pfaden mit unterschiedlicher Bitrate auf die hochratigen Übertragungsleitungen erlaubt. Auf dieser Basis können den (Geschäfts-)Teilnehmern einerseits Festverbindungen mit beliebigen Bitraten zur Verfügung gestellt werden, so daß diese ihre LANs und Nebenstellenanlagen effektiv miteinander vernetzen können. Andererseits können in das Netz ATM-Vermittlungsstellen eingebracht werden, die auf der

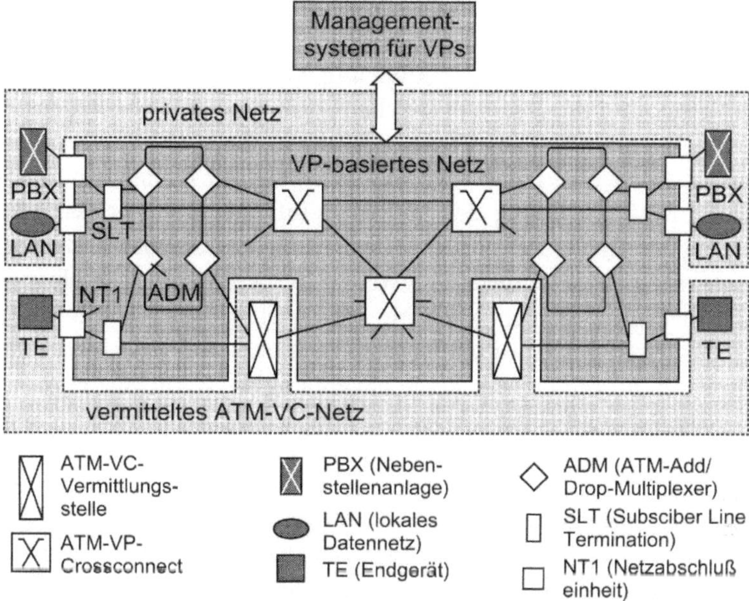

Abb. 9.4. ATM-Einführung auf der Basis einer VP-Infrastruktur

Basis des VP-Netzes das Netz bei Bedarf zu einem vollwertigen vermittelnden Breitbandnetz erweitern. Da einerseits am Anfang diese Vermittlungsfähigkeit nur an einigen zentralen Stellen eingebracht werden muß und andererseits die ATM-Crossconnects über eine reine Software-Erweiterung zu Vermittlungsstellen aufgerüstet werden können, kann dieser Übergang bedarfsorientiert und in sehr fein abgestimmten Stufen erfolgen. Diese Strategie erfordert sehr hohe Anfangsinvestitionen, erlaubt dafür aber von Anfang an eine volle Nutzung des Integrationspotentials von ATM.

Das andere Extrem ist eine gezielte, bedarfsorientierte Einführung von ATM nur für neue, breitbandige Anwendungen auf der Basis der bestehenden (PDH-) Infrastruktur (ATM Overlay Network), wobei in den ATM-Knoten sowohl Festverbindungen als auch vermittelte Verbindungen geboten werden, um die ATM-Kapazitäten optimal zu nutzen [56]. In einigen Ländern, z.B. in Deutschland [246] oder in der Schweiz, wurde die Einführung von ATM durch größere, landesweite Pilotprojekte vorbereitet, die dann nach einer Testphase und einem entsprechenden Ausbau der Netzinfrastruktur in einen Regeldienst überführt wurden. Auch im deutschen Pilotversuch wurde mit einem reinen Festverbindungs-Netz (Mitte 1994) begonnen, da die für Wählverbindungen benötigten Realisierungen der neuen Breitband-Signalisierprotokolle (s. Kap. 7) noch nicht verfügbar waren. In einem zweiten Schritt wurden dann Mitte 1996 die eingesetzten ATM-Crossconnects durch

Software-Erweiterungen zu vollwertigen ATM-Breitbandvermittlungsstellen aufgerüstet.

Eine weitere Fragestellung bei der Einführung von ATM ist für bereits etablierte Netzbetreiber die, wann und in welcher Form die Schmalbanddienste, insbesondere die Telefonie, auf die Breitband-Infrastruktur übergeführt werden. Zum einen erlaubt eine frühzeitige Einbeziehung der Schmalbanddienste eine teilweise Mitfinanzierung der Breitband-Infrastruktur mit den Mitteln, die für eine Modernisierung oder Erweiterung des Schmalbandnetzes erforderlich gewesen wären, andererseits sollen die bereits im Schmalbandnetz getätigten Investitionen nicht vorzeitig entwertet werden. Da bei dieser Entscheidung die jeweilige Netzsituation des Betreibers von entscheidender Bedeutung ist, kann auf diese Frage keine allgemeingültige Antwort gegeben werden. Auf jeden Fall muß beim Transport von Schmalbandverkehr – und ganz besonders im Fall von Sprachverkehr – darauf geachtet werden, daß nicht mehrere „ATM-Inseln" geschaffen werden. Bei der Durchquerung dieser Inseln wären eventuell mehrfache STM/ATM/STM-Konvertierungen notwendig, bei denen jedesmal zusätzliche Paketierungs/Depaketierungs-Verzögerungen auftreten würden, die in Summe die Dienstgüte verschlechtern könnten. In der Standardisierung, insbesondere bei ITU-T wurden auf jeden Fall die Voraussetzungen geschaffen, damit insbesondere das Schmalband-ISDN und das B-ISDN reibungslos zusammenarbeiten können.

9.3
Grundlegende Strukturprinzipien für ATM-Breitbandnetze

Ein erklärtes Ziel der meisten öffentlichen Netzbetreiber bei der Einführung der Breitbandnetze ist die Reduktion der im Netz vorhandenen Hierarchiestufen bezüglich der Vermittlungsstellen. Die klassischen öffentlichen Telefonnetze weisen eine hierarchisch sehr tief gestaffelte Maschen-Stern-Topologie (s. Abschn. 11.1.2.1) auf. Diese Struktur, die im deutschen Telefonnetz z.B. fünf Hierarchieebenen aufweist, ist vor allem durch die beschränkten technischen Möglichkeiten in der Vergangenheit[3] entstanden und ist durch eine große Anzahl relativ kleiner Vermittlungsstellen und eine, u.a. durch die bedarfsgetriebene Einrichtung von direkten Querwegen zwischen den Vermittlungsstellen, sehr komplizierte Struktur gekennzeichnet. Diese Struktur erfordert einen hohen Betriebs- und Wartungsaufwand, da z.B. alle diese Vermittlungsstellen als eigenständige Netzelemente im Netzmanagement-System getrennt verwaltet werden müssen. Im Zuge der Modernisierung der Netze durch den Einsatz digitaler Vermittlungsstellen wird deshalb versucht, z.B. die kleinen

---

3 Beispiele sind der Einsatz einfacher elektromechanischer Wähler, deren direkte Steuerung über die Wählziffern ohne Vorverarbeitung der Wählinformation und die beschränkte Anzahl der pro Vermittlungsstelle realisierbaren Anschlüsse.

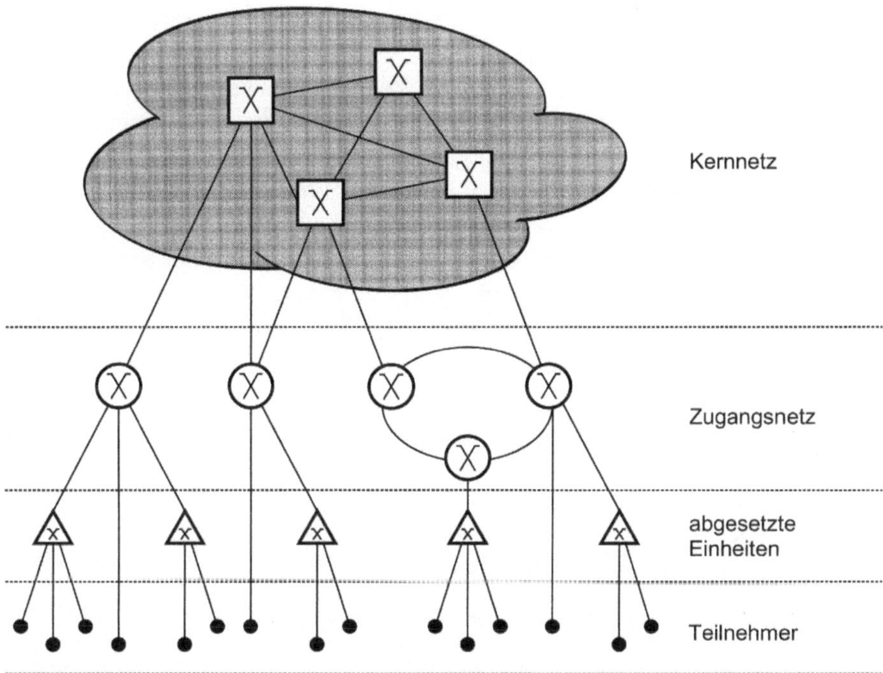

Abb. 9.5. Zweistufige Hierarchie der Vermittlungsstellen in Breitbandnetzen

Teilnehmer-Vermittlungsstellen durch abgesetzte, von größeren Vermittlungsstellen gesteuerte Zugangseinrichtungen zu ersetzen und damit die Gesamtzahl der Vermittlungsstellen und die Anzahl der Hierarchieebenen im Netz zu
verringern. Bei der Konzeption der Breitbandnetze wird dieser Ansatz konsequent weiterverfolgt, wobei das Ziel ist, im Netz lediglich zwei Hierarchiestufen von Vermittlungsstellen zu haben. Wie in Abb. 9.5 dargestellt besteht
ein solches Breitbandnetz dann aus einen Kernnetz (Core Network) und einem Zugangsnetz[4]. Im Kernnetz transportieren sehr leistungsfähige, durch-
satzstarke Vermittlungsstellen (Core Node, Transit-Vermittlungsstelle), die untereinander voll vermascht sind, den konzentrierten Verkehr zwischen den
einzelnen Regionen.

Der Anschluß der Teilnehmer erfolgt über die Teilnehmer- oder Zugangs-
Vermittlungsstellen, die für den Anschluß einer großen Anzahl von Teilnehmern optimiert sind. Um den Einzugsbereich der Teilnehmer-Vermittlungsstellen erhöhen zu können, sind abgesetzte Einheiten für den Anschluß
von Teilnehmern und die Vorkonzentration des Verkehrs vorgesehen, die

---

4 Nicht zu verwechseln mit dem „Access Network", mit dem die Teilnehmer an die
zugeordneten Teilnehmer-Vermittlungsstellen angeschlossen sind.

jedoch von der jeweiligen „Muttervermittlungsstelle" gesteuert werden und deshalb keine eigenständigen Netzelemente darstellen. Zur Erhöhung der Netzverfügbarkeit können die Teilnehmer-Vermittlungsstellen in ringförmigen Strukturen untereinander verschaltet sein oder eventuell sogar einen direkten Zugang zu zwei Transit-Vermittlungsstellen aufweisen.

ATM-Netze sind für die Einführung solcher zweistufigen Netzhierarchien besonders gut geeignet, da durch den Einsatz der virtuellen Pfade und entsprechender ATM-Crossconnects eine sehr flexible Verknüpfung der Vermittlungsstellen untereinander realisiert werden kann (s. Abschn. 9.1), die bei Änderungen der Verkehrsmuster im Netz schnell und bedarfsgerecht umkonfiguriert werden kann. Außerdem erleichtert auch das durch den Einsatz des ATM-Konzepts mögliche hierarchiefreie Multiplexen[5] den Aufbau solcher Strukturen.

Im Gegensatz zu diesen aus der klassischen Telekommunikation stammenden Konzepten sind die Strukturen in der Datenwelt sehr viel dezentraler orientiert und zielen deshalb eher auf Netze mit kleinen, aber sehr hochfunktionalen Vermittlungsknoten. Diese Netze, deren Topologie sich relativ häufig ändert, sollen sich durch den Einsatz dynamischer Verfahren automatisch selbst konfigurieren (Autoconfiguration, selbstorganisierende Netze) und damit den Aufwand für die Netzverwaltung in erträglichen Grenzen halten. Diese Netzphilosophie wird auch im ATM-Forum verfolgt (s. Abschn. 7.4), so daß sich auch dieser Ansatz – vor allem in großen Privatnetzen – durchsetzen wird.

Eine für die Flexibilität der ATM-Netze entscheidende Frage ist die, wo und in welcher Form die höherwertigen Dienstfunktionen unterstützt werden, die aus dem ATM-Transportnetz erst ein für die Netzkonsolidierung geeignetes Universalnetz machen. Um eine weitestgehende Wahlfreiheit unter Beibehaltung der für die Netzkonsolidierung notwendigen einheitlichen Transportinfrastruktur (Übertragung und Vermittlung) zu erhalten, wird in den meisten Netzen das in Abb. 9.6 dargestellte Konzept realisiert. Dabei wird den Teilnehmern – die aufgrund ihrer unterschiedlichen Anforderungen die unterschiedlichsten Dienste verwenden – der Zugang zum ATM-Transportnetz über dienstspezifische Zugangseinrichtungen (Service Access Multiplexer, Service Access Switch) ermöglicht, die sowohl den Nutzdatenverkehr als auch bei Bedarf den zusätzlichen Steuerungsverkehr in eine für das ATM-Transportnetz geeignete Form umsetzen. Dabei können innerhalb einer solchen Zugangseinrichtung mehrere unterschiedliche Dienste und Schnittstellen behandelt werden. Konzeptionell sind die Zugangseinrichtungen an dem von ITU-T

---

5 Aus einer ATM-Übertragungsstrecke mit beliebiger (hoher) Kapazität können anhand der Verbindungskennung (VPI/VCI) einzelne Verbindungen ohne Beschränkungen bei der Granularität entnommen werden.

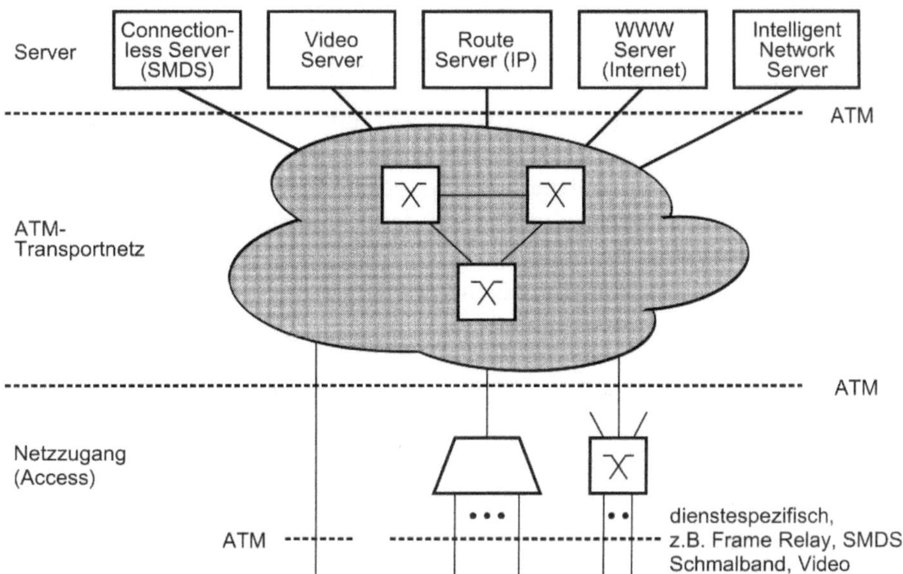

Abb. 9.6. Flexible Anbindung der höherwertigen Dienstfunktionen

spezifizierten Bezugspunkt $U_B{}^6$ angeschlossen und kombinieren die Funktionalitäten von Breitband-Netzabschlüssen (B-NT1, B-NT2) und Breitband-Terminal-Adaptoren (s. Abschn. 3.4). Der Verkehr wird dann durch das ATM-Transportnetz zu dienstspezifischen Servern geleitet, die an beliebigen Stellen innerhalb des ATM-Transportnetzes angebunden sein können.

Solche Server können je nach Dienst sehr unterschiedliche Aufgaben haben, z.B. die dienstspezifische Vermittlung (Connectionless Server für SMDS, Route Server für IP), die Steuerung des Zugriffs auf Informationen und deren Speicherung und Verteilung (Video-Server, WWW-Server) oder reine Steuerungsfunktionen für erweiterte Möglichkeiten bei der Verbindungssteuerung (Intelligent Network Server).

Dadurch, daß sowohl die Server als auch die dienstspezifischen Zugangseinrichtungen über standardisierte ATM-Schnittstellen (meist UNI) verfügen, können sie sehr einfach und bedarfsorientiert in die Netze eingebracht werden. Die Server können dabei entweder vom Netzbetreiber selbst oder von einem unabhängigen Dienstanbieter (s. Abschn. 1.2.1) zur Verfügung gestellt werden, wobei es sehr im Interesse der Netzbetreiber sein wird, diese Funktionalität mit anzubieten, da die höherwertigen Dienste zum einen finanziell lukrativ sind und zum anderen eine Differenzierungsmöglichkeit gegenüber Mitbewerbern

---

6 Eine andere Sichtweise ist die, daß die B-NT1-Funktion nicht explizit vorhanden ist und damit U_B identisch mit T_B ist.

darstellen. Im Bezug auf die dienstspezifischen Zugangseinheiten kann ähnlich argumentiert werden, da sie sowohl netzseitige Funktionen (B-NT1) als auch teilnehmerseitige (B-NT2, B-TA) umfassen. Falls sie vom Netzbetreiber zur Verfügung gestellt werden, kann dieser nicht nur ein ATM-UNI sondern auch andere, dienstspezifische Schnittstellen und Dienste anbieten und berechnen. Außerdem kann der öffentliche Betreiber solche Einrichtungen auch an seine (Geschäfts-) Kunden vermieten und auf deren Gelände (Customer Premises) aufstellen, wobei er insbesondere durch die Übernahme der damit verbundenen Betriebs- und Wartungsaufgaben seine Wertschöpfung erhöhen kann.

9.4
Prinzipielle Klassifizierung von ATM-Netzelementen

Obwohl sich aufgrund der durchgängigen Verwendbarkeit des ATM-Prinzips die Grenzen zwischen privaten und öffentlichen Netzen zunehmend verwischen – insbesondere da in Zukunft auch an große Firmennetze ähnliche Anforderungen wie an öffentliche Netze gestellt werden – ergeben sich z.B. bezüglich der Aufbauweise, der verwendeten Management- und Signalisierungskonzepte, der verfügbaren Schnittstellentypen und der in den Netzelementen anzutreffenden Kombinationen von Funktionen merkliche Unterschiede. Auch für den breitbandigen, ATM-orientierten Zugang für Privatteilnehmer und kleine Firmen (Small Office, Home Office, SOHO) sind spezielle, kostenoptimierte Lösungen erforderlich, die sich vom Konzept her deutlich von den in den beiden anderen Bereichen verwendeten unterscheiden. Durch diese Vielfalt, durch die rasante Weiterentwicklung der ATM-Technologie und dadurch, daß sich auch innerhalb der Segmente selbst Überschneidungen zwischen den verschiedenen Typen von Netzelementen und deren unterschiedlichen Ausprägungen und Ausbaustufen ergeben, erscheint eine allgemeingültige Klassifizierung unmöglich. Im folgenden sollen deshalb zunächst einige generische Typen von ATM-Netzelementen definiert werden und es soll ein Überblick über die insgesamt benötigten Funktionen gegeben werden.

Eine grundlegende Funktion der ATM-Netzelemente liegt in der Konzentration, Vermittlung und Verteilung der auf den Eingangsleitungen angebotenen Verkehrsströme. Eine Konfiguration, die den Verkehr von mehreren Eingangsleitungen auf eine Ausgangsleitung bündeln kann, wird im folgenden als Multiplexer bezeichnet. Eine Konfiguration, die Verkehrsströme von mehreren Eingangsleitungen wahlfrei auf mehrere Ausgangsleitungen vermitteln kann, wird im folgenden als Vermittlungseinrichtung bezeichnet. Eine Vermittlungseinrichtung kann ähnlich wie ein Multiplexer Verkehrsströme bündeln, zusätzlich bietet sie jedoch die Möglichkeit, eine Richtungstrennung der abgehenden Verkehrsströme vorzunehmen sowie interne Verbindungen zwischen den angeschlossenen Leitungen zu schalten. In der ITU-T I.311 werden verschiedene Typen von ATM-Vermittlungseinrichtungen wie folgt definiert:

– Wenn die Verbindungssteuerung mit Hilfe von Zeichengabe-Protokollen erfolgt, spricht man von einer *Vermittlungsstelle* (Switch).
– Wenn die Verbindungssteuerung über Management-Funktionen erfolgt, spricht man von einem *Crossconnect* (CC).
– Die Ebene auf der die Vermittlung erfolgt (VP/VC) wird in der Bezeichnung spezifiziert, z.B. VC-Vermittlungsstelle oder VP-VC-Crossconnect.

Vermittlungsstellen benötigen eine Steuerung mit hoher Leistungsfähigkeit, da die vermittelten Verbindungen, die als „On-Demand Connection" oder als „Switched Virtual Connection" (SVC) bezeichnet werden, eine relativ kurze Dauer haben können. Außerdem sind für die Verbindungssteuerung sehr komplexe Software-Implementierungen erforderlich. Bei der Verbindungssteuerung müssen die Signalisierungskanäle abgeschlossen und die entsprechenden Protokolle behandelt werden, wobei in den Knoten, an denen Teilnehmer angeschlossen sind, sowohl die Benutzer/Netz-Signalisierung als auch die Zwischenamts-Signalisierung bearbeitet werden muß, während in reinen Transit-Vermittlungsstellen eine Behandlung der Zwischenamts-Signalisierung ausreicht. Beim Verbindungsaufbau müssen für jeden einzelnen Übertragungsabschnitt in dem Vermittlungsknoten, der den jeweiligen Abschnitt verwaltet, die Verbindungsannahme-Algorithmen[7] (CAC) ausgeführt werden. Außerdem muß die Wegelenkung (Routing) für die Verbindungen durchgeführt werden. Zu diesem Zweck müssen auch Informationen über die Netztopologie gespeichert und bei Bedarf aktualisiert werden. Die Erfassung, Speicherung und Weiterleitung der für die Vergebührung notwendigen Verbindungsdaten muß ebenfalls durchgeführt werden. Vermittlungsstellen, denen direkt Teilnehmer zugeordnet sind (Teilnehmer-Vermittlungsstelle) müssen teilnehmerbezogene Daten, wie z.B. Zugangsberechtigungen für bestimmte Dienste und Dienstmerkmale oder Protokollprofile speichern, verwalten und beispielsweise im Zusammenhang mit der Verbindungssteuerung auswerten und Gebühreninformationen sammeln und weitergeben.

Crossconnects hingegen, die über das Netzmanagement-System gesteuert werden, werden für Festverbindungen (Permanent Virtual Connection, PVC[8]) oder reservierte Verbindungen (Semi-Permanent Virtual Connection) verwendet und kommen mit einer sehr viel einfacheren Steuerung aus. In der Praxis sind die Crossconnects meist so ausgelegt, daß sie sowohl VPs als auch VCs schalten können. Vermittlungsstellen unterscheiden sich in der Regel lediglich durch die Leistungsfähigkeit der Steuerrechner und die Funktionalität der Software von den Crossconnects und können deshalb im Mischbetrieb auch Crossconnect-Funktionen erfüllen.

Die ATM-Technik bietet bezüglich der Verkehrskonsolidierung und -konzentration die in Abb. 9.7 anhand einer Multiplexer-Konfiguration angedeu-

---

7 Bei Festverbindungen übernimmt dies das Netzmanagement-System.
8 Nicht zu verwechseln mit der Pfadverbindung VPC, es gibt auch VC-PVC!

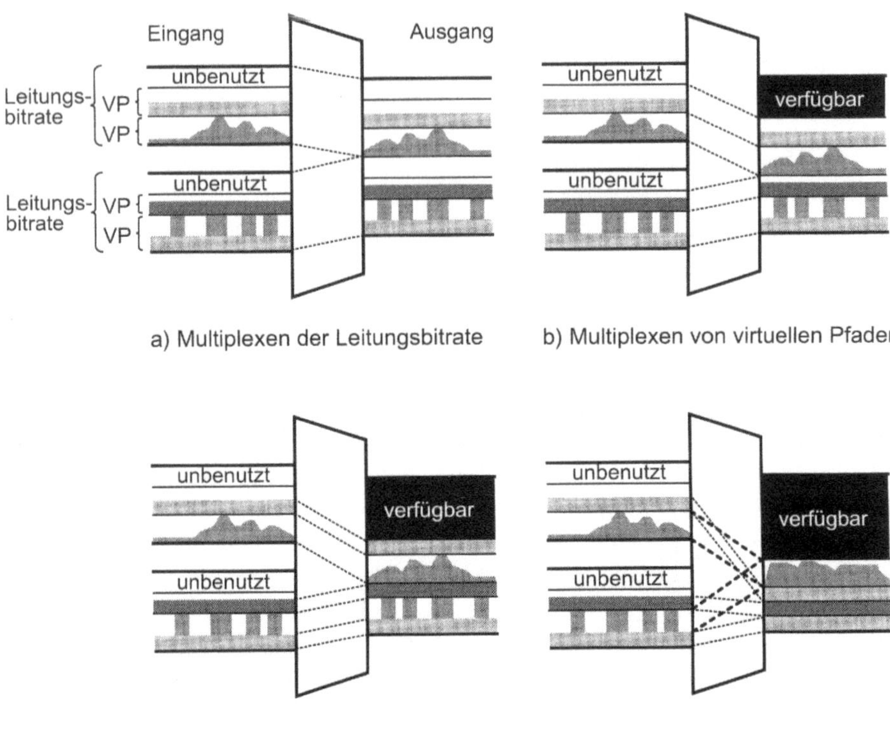

a) Multiplexen der Leitungsbitrate   b) Multiplexen von virtuellen Pfader

c) Multiplexen von VC-Verbindungen   d) Statistisches Multiplexen

Abb. 9.7. Möglichkeiten der Verkehrskonzentration in ATM-Netzelementen

teten grundsätzlichen Möglichkeiten, die sich in ihrer Effizienz und in dem
Aufwand für ihre Implementierung unterscheiden.

Die einfachste Möglichkeit, das starre Multiplexen der Leitungsbitraten auf
eine höherbitratige Ausgangsleitung (Abb. 9.7.a), führt lediglich zu einer Konsolidierung des Verkehrs auf eine geringere Anzahl von physikalischen Leitungen. Eine Verkehrskonzentration, bei der die auf einer bestimmten Eingangsleitung nicht genutzte Bandbreite auf der Ausgangsseite für Verbindungen von
anderen Leitungen verfügbar wird, so daß die Kapazität der Ausgangsleitung
kleiner sein kann als die Summe der Eingangskapazitäten, wird dadurch nicht
erreicht. Dieses Multiplexen erfordert auf der ATM-Schicht wie in Abschn. 3.2
beschrieben eine Umwertung der Verbindungskennung auf Pfadebene (VPI).
Außerdem ist die für jede Überlagerung von Zellströmen im asynchronen
Zeitmultiplex-Verfahren nötige Zwischenpufferung (s. Abschn. 2.4) sowie eine
Behandlung der OAM-Funktionen für Verbindungspunkte auf der VP-Ebene
erforderlich.

Soll auch eine Verkehrskonzentration erreicht werden, besteht die einfachste Möglichkeit darin, auf der Ebene der fest eingerichteten virtuellen Pfade zu

multiplexen. Dabei muß die auf den Eingangsleitungen nicht für bestehende VPs zugeordnete Bandbreite auf der Ausgangsseite nicht mehr übertragen werden und wird damit für andere Leitungen verfügbar (Abb. 9.7.b). Dadurch können entweder bei gegebener Bitrate der Ausgangsleitung die Anzahl und/oder Bitrate der Eingangsleitungen erhöht werden oder es kann bei gegebener Anzahl und Bitrate der Eingangsleitungen eine niederratigere Ausgangsleitung verwendet werden. Zusätzlich zu den für das starre Multiplexen notwendigen ATM-Funktionen muß dabei lediglich durch einen Verbindungsannahme-Algorithmus (CAC) beim Einrichten neuer VPs sichergestellt werden, daß die insgesamt am Ausgang verfügbare Bandbreite nicht überschritten wird. Falls der Multiplexer das erste ATM-Netzelement auf der Netzseite des UNI ist, muß zusätzlich durch eine UPC-Funktion auf VP-Ebene sichergestellt werden, daß die vereinbarte Bitrate der VPs nicht überschritten wird, da sonst der Verkehr von anderen VPs gestört werden kann. Da die Implementierung der benötigten Zusatzfunktionen nicht sehr aufwendig ist, hat diese Art des Multiplexens eine sehr viel größere Bedeutung als das starre Multiplexen.

In einem VP-Crossconnect wird diese Art der Verkehrskonzentration auch genutzt, wobei normalerweise die Vermittlungsfunktion mehr im Vordergrund steht als die Konzentrationsfunktion.

Soll auch die Kapazität verfügbar gemacht werden, die innerhalb der einzelnen VPs momentan nicht für bestehende Verbindungen reserviert ist (Abb. 9.7.c), müssen die Pfade vor dem Multiplexen aufgelöst werden, so daß im Multiplexer ein Verbindungs-Endpunkt der VP-Ebene mit entsprechend aufwendigeren OAM-Funktionen (s. Abschn. 6.1.3) zu realisieren ist. Außerdem sind wesentlich größere Tabellen mit verbindungsspezifischen Informationen notwendig, z.B. da für die Umwertung der Verbindungskennung die einzelnen VC-Verbindungen und nicht nur die VP-Verbindungen unterschieden werden müssen. Wenn der Multiplexer das erste Element auf der Netzseite des UNI ist, in dem die VC-Verbindungen individuell behandelt werden, ist eine UPC-Funktion auf VC-Ebene erforderlich. Die verbindungsspezifischen Informationen, z.B. Umwertetabellen und UPC-Parameter, müssen im Zuge des Verbindungsauf- und -abbaus jeweils aktualisiert werden. Da die Steuerung der VC-Verbindungen dynamisch über die Signalisierung erfolgt, müssen auch die entsprechenden Einstellungen von der Verbindungssteuerung (Call Processing) aus erfolgen, eine Steuerung über das Netzmanagement ist nicht mehr ausreichend. Aufgrund des wesentlich größeren Implementierungsaufwandes wird diese Art der Konzentration meist nur in VC-Vermittlungsstellen eingesetzt.

In einem Sonderfall kann diese Art der Konzentration auch in Multiplexer-Konfigurationen eingesetzt werden, nämlich dann, wenn der Multiplexer von der Steuerung her Teil der Vermittlungsstelle ist, aber räumlich von ihr abgesetzt steht (abgesetzte Einheit, Konzentrator), um im Anschlußbereich eine teilnehmernahe Verkehrskonzentration zu erlauben. Die Signalisierungsinfor-

mation wird dabei transparent durch die abgesetzte Einheit hindurch an die
steuernde Vermittlungsstelle durchgereicht, die über proprietäre Steuerkanäle
oder unter Verwendung der im Rahmen der V_{B5}-Schnittstelle (s. Abschn. 3.4)
standardisierten Steuerungsprotokolle die verbindungsspezifischen Einstellungen in der abgesetzten Einheit vornimmt.

Eine noch weitergehende Verkehrskonzentration bietet das statistische
Multiplexen[9] (s. Abschn. 5.7.1), bei dem auch noch die über der Zeit variable Bitrate vieler (Daten-)Verbindungen ausgenutzt wird, um mehr Verkehr
auf eine Ausgangsleitung zu konzentrieren als bei einer dauerhaften Reservierung der Spitzenbitrate erlaubt wäre (Abb. 9.7.d). Unter gewissen Bedingungen
(Bitrate der Verbindung klein im Vergleich zur Leitungsbitrate) kann ein Gewinn bereits durch verbesserte CAC-Algorithmen erreicht werden, wobei lediglich etwas erweiterte UPC-Konfigurationen zur Unterstützung benötigt werden,
so daß keine konzeptionellen Änderungen an den Netzelementen erforderlich
sind. Für eine umfassende Unterstützung des statistischen Multiplexens sind
jedoch große Pufferspeicher mit komplexen Prioritätsmechanismen sowie bei
manchen Verbindungstypen (ABR, ABT) zusätzlich die Unterstützung spezieller Flußsteuerungs-Protokolle erforderlich, die die Realisierungskonzepte der
Netzelemente erheblich beeinflussen.

In jedem Netzelement sind neben den grundsätzlichen Multiplex-, Kon-
zentrations- und Vermittlungsfunktionen für die Verkehrsströme noch weitere
Funktionen auszuführen, z.B. die

- **Unterstützung der Betriebs- und Wartungsfunktionen des ATM-Transportnetzes**: Die ATM-Netzelemente müssen an den in Abschn. 6.1 beschriebenen Protokollen für die Überwachung der Übertragungsstrecken teilnehmen und Meßdaten über die ATM-Schicht erfassen und vorverarbeiten.
- **Zusammenarbeit mit dem Netzmanagement-System**: Alle eigenständigen
  ATM-Netzelemente müssen Fehler, Zustandsinformationen und Meßdaten
  an das Netzmanagement-System übermitteln und aufgrund der von
  dort kommenden Befehle entsprechende lokale Einstellungen vornehmen.
  Außerdem muß auch ein lokaler Zugang für Betriebs- und Wartungsarbei-
  ten vor Ort verfügbar sein.

Um die Netzelemente miteinander verbinden zu können, müssen diese den
Anschluß von Übertragungsleitungen erlauben und die für den Abschluß der
Übertragungsabschnitte benötigten Funktionen zur Verfügung stellen. Dabei
ist neben der Unterstützung der von ITU-T standardisierten SDH-Schnittstellen
(in den USA SONET) auch die Unterstützung zusätzlicher Übertragungs-
schnittstellen, insbesondere der hochratigen PDH-Schnittstellen notwendig,

---

9 Oft wird schon das asynchrone Multiplexen gemäß Abb. 9.7.b bzw. c als statistisches
  Multiplexen bezeichnet, was jedoch irreführend ist, da die statistischen Eigenschaften
  der Verkehrsströme dabei nicht ausgenutzt werden.

um eine effektive Ausnutzung der bereits bestehenden Übertragungs-Infrastruktur zu erlauben.

An bestimmten Stellen im Netz müssen von den Netzelementen Übergänge zu anderen öffentlichen Netzen, insbesondere zum Schmalband-ISDN, aber auch z.B. zu Frame Relay-Netzen oder zu Breitbandnetzen auf der Basis der MAN-Technologie zur Verfügung gestellt werden. Diese Funktionen sind standardisiert und umfassen sowohl die Umwandlung der Nutzdaten für einen ATM-basierten Transport als auch – soweit zutreffend – eine Zusammenarbeit zwischen den verwendeten Signalisierungsprotokollen.

Außerdem sind Netzelemente erforderlich, die eine verbindungslose Kommunikation auf der Basis der SMDS/CBDS-Dienste (s. Abschn. 11.2.4.3) zur Verfügung stellen.

In der Realität ist ein reines B-ISDN, bei dem alle Teilnehmer über die bei ITU-T standardisierten ATM-Schnittstellen angeschlossen sind, zumindest kurz- bis mittelfristig nicht realisierbar. Deshalb müssen nicht nur in privaten ATM-Netzen sondern auch in einem auf das B-ISDN hin ausgerichteten öffentlichen Netz zusätzliche Funktionen zur Verfügung gestellt werden, um dieses Netz für die Kunden attraktiv zu machen. Dazu gehören unter anderem

- die Unterstützung einer Vielzahl von Übertragungsmedien und Schnittstellen zum Teilnehmer hin und
- die flexible und effiziente Unterstützung von Diensten, Protokollen und Anwendungen, die aus dem Bereich der privaten Netze und der Datennetze stammen, durch entsprechende Anpassungsfunktionen sowie durch höherwertige Dienstfunktionen.

Für die Kombination dieser vielfältigen Funktionen in bestimmten Netzelementen gibt es viele (sinnvolle) Möglichkeiten, die vom konkreten Anwendungsfall abhängen. In den nachfolgenden Abschnitten sollen typische Ausprägungen von Netzelementen für die unterschiedlichen Marktsegmente im Zusammenhang mit den dort auftretenden Strukturen und Anforderungen beschrieben werden. Bei der Beschreibung werden die derzeit gängigen Begriffe und Bezeichnungen benutzt, die aber – wie die Funktionen der einzelnen Netzelement-Typen selbst – nicht einheitlich festgelegt sind und sich deshalb von den in anderen Veröffentlichungen verwendeten unterscheiden können. Eine ausführliche Beschreibung der Dienste und Anwendungen sowie der dienstspezifischen Anpassungs- und Umsetzungsfunktionen, die im folgenden nur erwähnt werden, ist in Kap. 8 zu finden.

9.5
Netzstrukturen in privaten Firmennetzen

Durch die erhöhten Durchsatzanforderungen der einzelnen Teilnehmer, durch die Weiterentwicklung der Gerätetechnologie und durch den Übergang von

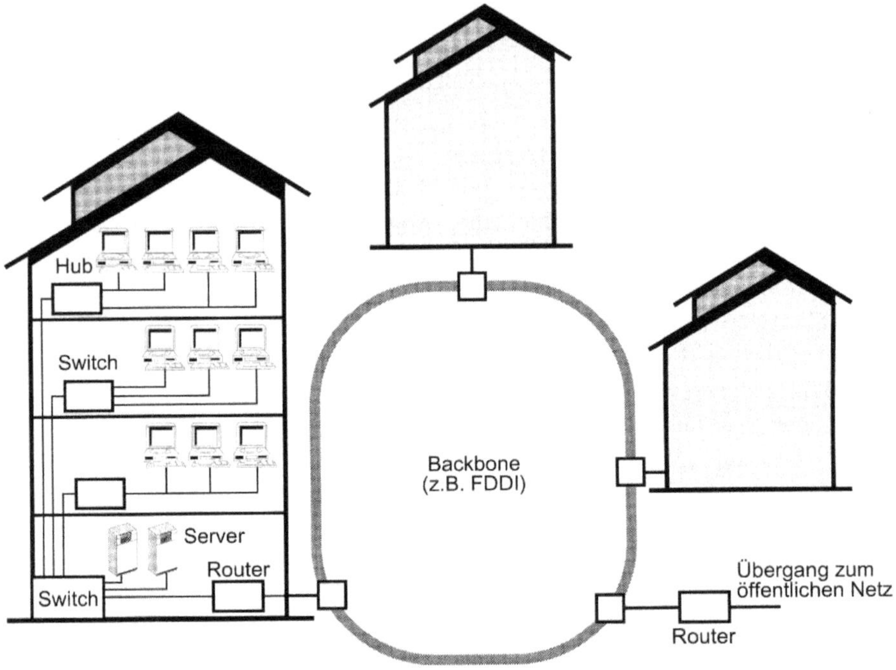

Abb. 9.8. Struktur heutiger lokaler Datennetze

relativ schwierig zu verlegenden, dicken Koaxkabeln (Yellow Cable bei Ethernet) zu leichter zu handhabenden Übertragungsmedien (Thin Wire Ethernet,
10BaseT Ethernet über Kupfer-Doppeladern) hat sich im Firmenbereich aus
den klassischen Bus- oder Ringstrukturen (Token Ring) der lokalen Datennetze (s. Abschnitte 11.1.2.2 und 11.2.2) eine prinzipielle Struktur entwickelt,
wie sie in Abb. 9.8 dargestellt ist.

Innerhalb der einzelnen Stockwerke erfolgt der Anschluß der PCs und
Workstations sowie lokaler Server (Drucker, Scanner, etc.) über LAN-Hubs, die
mehrere LAN-Segmente abschließen und miteinander verbinden. Zunehmend
erfolgt der Anschluß auch über LAN-Switches, an denen einzelne Stationen
sternförmig angeschlossen sind, die dadurch die volle Bandbreite des jeweiligen
LAN-Typs[10] individuell zur Verfügung haben. Die lokalen Hubs und Switches
sind an einer zentralen Stelle im Gebäude z.B. über einen leistungsfähigen LAN-
Switch verbunden, an den auch zentrale Server hochbitratig angeschlossen und
damit von allen Stationen aus zugänglich sind. Von dort erfolgt auch – meist
über Router – der Zugang zu einem standortweiten Hochgeschwindigkeits-
Backbone, der z.B. durch einen FDDI-Ring oder durch eine Vernetzung der

---

10 10 Mbit/s bei Ethernet, 4 oder 16 Mbit/s bei Token Ring, 100 Mbit/s bei Fast Ethernet.

Router mit Hilfe der TDM-Technik (synchrones Zeitmultiplex-Verfahren über PDH-Strecken) erfolgt. Von diesem Standortnetz aus erfolgt auch der Übergang zu öffentlichen Netzen, wobei entweder öffentliche Paketnetze auf der Basis von X.25 (Datex-P in Deutschland) und – wegen der höheren Datenraten – zunehmend Frame Relay-Netze einerseits oder zur hochratigen Vernetzung mehrerer Firmenstandorte untereinander PDH-Mietleitungen verwendet werden.

Da die lokalen Datennetze nicht für die Sprachkommunikation ausgelegt sind, existiert parallel eine Telefon-Infrastruktur, bei der die Teilnehmer sternförmig an Nebenstellenanlagen (Private Branch Exchange, PBX) angeschlossen sind, die in zunehmendem Umfang ISDN-fähig sind. Für die externe Kommunikation besteht ein Zugang zum öffentlichen Telefon- oder ISDN-Netz, für die Vernetzung der Nebenstellenanlagen an unterschiedlichen Firmenstandorten werden Mietleitungen verwendet.

Mittels moderner TDM-Multiplexer und -Crossconnects, die eine Mischung von Sprach- und Datenkanälen erlauben, erfolgt bei der Vernetzung der Standorte bereits heute eine Integration des PBX- und LAN-Verkehrs bei der Übertragung durch das öffentliche Mietleitungsnetz. Obwohl dabei die Möglichkeiten einer dynamischen, bedarfsorientierten Bandbreitenaufteilung begrenzt sind, ergibt sich dadurch bereits eine deutliche Reduktion der Übertragungskosten für die Teilnehmer.

Im Bereich der privaten Firmennetze wird ATM zunächst im Backbone-Bereich als standortweite Hochgeschwindigkeits-Infrastruktur eingesetzt werden, wobei die Eignung von ATM für die Übertragung von Daten, Sprache, Video und multimedialer Kommunikation und deren flexible, bedarfsorientierte Integration sowie die unbegrenzte Erweiterbarkeit der Netze einen erheblichen Vorteil gegenüber den bisher verwendeten Strukturen bieten.

Wie in Abb. 9.9 dargestellt, werden die in diesem Bereich eingesetzten ATM-Knoten als „ATM Corporate Switch" oder auch als „ATM Campus Switch" bezeichnet. Derzeit bewegt sich der Maximaldurchsatz dieser ATM-Knoten im Bereich von 2 Gbit/s, bis zu etwa 10 Gbit/s, und sie sind oft – beginnend bei Konfigurationen mit einem Baugruppenträger (Single Shelf) – bis zur Maximalgröße in mehreren Stufen ausbaubar. ATM Corporate Switches verfügen neben der ATM-Crossconnect-Funktion (Festverbindungen, PVC) in der Regel auch über VC-Vermittlungsfunktionen auf der Basis der vom ATM-Forum spezifizierten Zeichengabeprotokolle, so daß sie zu vollwertigen Netzen mit der Möglichkeit für Wählverbindungen (SVC) verschaltet werden können. Sie verfügen über die dienstspezifischen Schnittstellen, die zum Anschluß der in den einzelnen Gebäuden bestehenden LAN-Infrastruktur (Hubs/Switches, Router) benötigt werden, wobei eine Bridge- und Router-Funktionalität bereits integriert sein kann. Für den Anschluß von kleineren ATM-Knoten oder von ATM-fähigen Endgeräten und Servern verfügen sie über eine Auswahl der vom ATM-Forum standardisierten „Private UNI"-Schnittstellen (s. Abschn. 3.4). Zur Vernetzung untereinander und für den Zugang zum öffentlichen Netz stellen

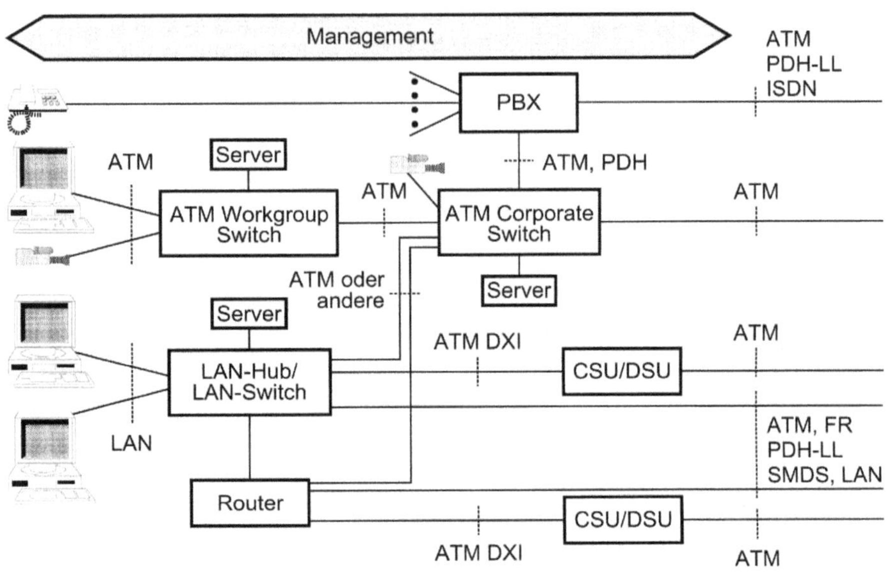

Abb. 9.9. ATM-Netzelemente in privaten Firmennetzen

sie unterschiedliche PDH- und SDH/SONET-Schnittstellen mit Bitraten zwischen 1,5 Mbit/s und 155 bzw. 622 Mbit/s zur Verfügung. Am Übergang zum öffentlichen Netz wird in der Regel ein „Public UNI" gemäß der ATM-Forum-Spezifikationen bzw. ein Standard-UNI gemäß ITU-T verwendet. Außerdem sind meist direkte Anschlußmöglichkeiten für analoge Videosignale vorhanden, die im ATM-Knoten nach den weltweit verwendeten JPEG- [247] und MPEG-Standards [42, 66, 162, 215] von ISO kodiert und in ATM-Zellen umgewandelt werden können. Entsprechende Anschlüsse für Tonsignale in Stereoqualität und deren Kodierung und Umsetzung sind in diesem Zusammenhang ebenfalls vorhanden. Für Sprache und andere isochrone Digitalsignale werden PDH-Schnittstellen angeboten, die auf der Basis eines CES-Dienstes (s. Abschn. 8.4.1.1) einen ATM-basierten Transport und teilweise auch eine Vermittlung einzelner Kanäle im ATM-Netz erlauben.

Da für größere Firmennetze ähnliche hohe Verfügbarkeitsanforderungen wie in öffentlichen Netzen gelten, besteht bei einem ATM Corporate Switch oft optional die Möglichkeit, die zentralen Komponenten (Koppelnetz, zentrale Steuerung) redundant auszulegen. In diesem Fall kann auch die Erweiterung der bestehenden Konfiguration oder eine Aufrüstung der Software ohne Betriebsunterbrechung vorgenommen werden.

Um die Vorteile der ATM-basierten Lösung gegenüber den bisher gebräuchlichen voll nutzen zu können, unterstützen die ATM Corporate Switches die unterschiedlichen ATM-Verbindungstypen (s. Abschn. 5.1) und erlauben durch

Prioritätsmechanismen die Realisierung unterschiedlicher Dienstgüteklassen. Darauf aufbauend werden teilweise herstellerspezifische Gesamtkonzepte für ein effektives Bandbreiten-Management in Firmennetzen angeboten, die einen bedienerfreundlichen, optimierten Netzbetrieb erlauben. Zum öffentlichen Netz hin erlauben diese Verfahren eine Konsolidierung des Gesamtverkehrs für die Vernetzung unterschiedlicher Standorte einschließlich des Sprachverkehrs.

Um einen optimierten Anschluß an die ATM Corporate Switches zu ermöglichen, werden für die LAN-Hubs, LAN-Switches und Router zunehmend auch ATM-Schnittstellenmodule zur Verfügung gestellt, in denen die erforderlichen Anpassungsfunktionen für das meist verwendete IP-Protokoll (s. Abschn. 8.4.2.3) und andere Protokolle auf den ATM-orientierten Transport realisiert werden. Neue Generationen solcher Geräte arbeiten teilweise auch intern ATM-basiert.

Die breite Einführung eines ATM-basierten Anschlusses der Endgeräte selbst wird durch die Weiterentwicklung der LAN-Technologien, die mit ATM-Anschlüssen vergleichbare Datenraten bei derzeit noch deutlich günstigeren Port-Preisen bieten, noch einige Zeit in Anspruch nehmen. Dadurch, daß die ATM-Technik einen mit der LAN-Technologie vergleichbaren Reifegrad erreicht und damit die Port-Preise in vergleichbare Bereiche fallen, werden sich mittelfristig aufgrund der universelleren Anwendungsmöglichkeiten auch vollständig ATM-basierte ATM-LAN-Konfigurationen durchsetzen, bei denen der ATM-Zugang bis zum Endgerät hin ausgedehnt wird. Als Endgeräte werden großteils mit ATM-Schnittstellenkarten ausgerüstete PCs bzw. Workstations dienen, die lokal benötigten Server (Datenspeicher, Drucker, etc.) werden ebenfalls über ATM-Schnittstellen verfügen. In diesem Fall werden an die Stelle der LAN-Hubs und LAN-Switches sog. „ATM Workgroup Switches" treten, die relativ lokal, z.B. innerhalb eines Stockwerkes eine begrenzte Anzahl von Teilnehmern und Servern miteinander verbinden.

Diese ATM Workgroup Switches sind meist für einen Durchsatz von maximal 2,4 Gbit/s (eventuell bis 5 Gbit/s) und für den Anschluß von maximal 16 Teilnehmern ausgelegt. Sie verfügen über eine sehr kompakte Aufbauweise und sind nicht erweiterbar, um eine kostenoptimierte Implementierung zu erlauben. Deshalb werden sie in der Regel auch nicht in redundanten Konfigurationen angeboten. An Schnittstellen werden lediglich die vom ATM-Forum definierten privaten Schnittstellen angeboten, die durch ihre breite Palette an Bitraten und physikalischen Übertragungsmedien von der ungeschirmten Kupfer-Doppelader bis hin zur Glasfaser einen optimierten Anschluß und vor allem eine Weiternutzung der bestehenden Verkabelung erlaubt. Schnittstellen mit Anpassungsfunktionen für nicht-ATM-Dienste werden zwar teilweise auch angeboten, sind aber in diesem Produktsegment nur von untergeordneter Bedeutung. Teilweise wird eine VC-Vermittlungsfunktion auf der Basis der ATM-Forum-Spezifikationen angeboten.

Im Vergleich zu den ATM-Knoten für öffentliche Netze sind im Bereich der
ATM Workgroup Switches – und teilweise auch im Bereich der ATM Corporate Switches – kostenoptimierte Implementierungen möglich. Diese werden
ermöglicht

- durch die teilweise bereits in den Spezifikationen des ATM-Forums enthaltenen funktionalen Einschränkungen, z.B. bezüglich der OAM-Funktionen
  der ATM-Schicht,
- durch weitere Einschränkungen innerhalb einzelner Leistungsmerkmale,
  wie z.B. bei der Anzahl der gleichzeitig pro Anschlußbaugruppe und insgesamt pro System unterstützten Verbindungen oder bezüglich der benutz-
  baren VPI/VCI-Bits,
- durch die Verwendung einfacherer, weniger leistungsfähiger Redundanzmechanismen für die zentralen Komponenten (falls überhaupt eine Redundanz
  angeboten wird),
- durch die Verwendung weniger komplexer Software, insbesondere für
  Hardware- und Softwaremaintenance,
- durch die Verwendung – wenn überhaupt – nur begrenzt skalierbarer und
  damit einfacher zu implementierender Architekturen bei der Hardware und
  insbesondere bei den zentralen Steuerplattformen,
- durch die weniger komplexe Implementierung der Unterstützungsfunktionen für das statistische Multiplexen von SBR-, ABR- und UBR-
  Verbindungen[11],
- durch die Verwendung weniger aufwendiger elektrischer bzw. optischer
  Komponenten und
- durch eine weniger aufwendige Aufbautechnik, z.B. in bezug auf die Ab-
  schirmung der Geräte.

Deshalb können sowohl in der Hardware als auch in der Software Stan-
dardkomponenten eingesetzt werden, z.B. können bei den Speichern weniger
schnelle und damit deutlich billigere Ausführungen verwendet werden. Auch
die Entwicklungsaufwände für die Geräte sind aus den angeführten Gründen
deutlich geringer. Bei den ATM-Knoten für öffentliche Netze müssen dagegen meist technologisch sehr anspruchsvolle und damit teure Lösungen eingesetzt werden, um die strengen Anforderungen bezüglich Leistungsfähigkeit,
Erweiterbarkeit und Ausfallsicherheit erfüllen zu können. Deshalb ergeben sich
bei Geräten – mit einem auf den ersten Blick durchaus vergleichbaren Leistungsumfang – im öffentlichen Bereich Preise, die um ein Mehrfaches über
denen für die Geräte im Privatnetzbereich liegen können.

Durch den Einsatz von ATM und der in diesem Zusammenhang entwickelten Konzepte wie LAN-Emulation oder MPOA (s. Abschn. 8.4.2.3) wird auch die

---

11 Im lokalen Bereich werden z.B. aufgrund des geringeren Netzdurchlaufzeit/Bandbreite-
   Produkts nur viel kleinere Speicher benötigt als im Weitverkehrsbereich.

Realisierung von sog. „virtuellen LANs" (Virtual LAN) möglich, bei denen die Endgeräte unabhängig von ihrem physikalischen Standort zu logischen Gruppen mit dem Zugriff auf gemeinsame Ressourcen (Server, Daten, Software) konfiguriert werden. Dadurch können für die verschiedenen Organisationseinheiten in der Firma jeweils optimierte Arbeitsumgebungen geschaffen werden, ohne daß wie bisher ein physikalischer Anschluß an ein bestimmtes Teilnetz erforderlich ist. Da diese virtuellen LAN-Strukturen per Software konfiguriert werden, lassen sie sich auch sehr flexibel den sich ändernden Gegebenheiten anpassen. Realisiert werden diese Konzepte meist unter Verwendung entsprechender Server (Address Resolution Server, Route Server).

Falls innerhalb des privaten Firmennetzes keine Umrüstung auf ATM erfolgt, aber trotzdem für die erforderliche Kommunikation im Weitverkehrsbereich die Flexibilität und Leistungsfähigkeit der öffentlichen ATM-Netze genutzt werden soll, kann der Anschluß über spezielle Anpassungseinheiten erfolgen, die in der Bezugskonfiguration nach ITU-T einem Breitband-Terminal-Adaptor (B-TA) entsprechen. Diese als „Channel Service Unit/Data Service Unit" (CSU/DSU) bezeichneten Geräte nehmen eine Umsetzung zwischen den an Routern und LAN-Hubs verfügbaren Schnittstellen (V.35, RS449, HSSI) und dem ATM-UNI vor. Durch die Verwendung eines speziellen ATM-DXI-Schnittstellenformats (s. Abschn. 8.4.2.4) sind dabei an den bestehenden Geräten lediglich Software-Erweiterungen notwendig, so daß die Investitionskosten gering gehalten werden können.

Da sowohl die bestehenden LAN-Netzelemente als auch die neuen ATM-Gerät von einer gemeinsamen Netzbetreuung verwaltet werden müssen, ist es sinnvoll, auch für die ATM-Geräte ein an den eingeführten Prinzipien orientiertes, d.h. SNMP-basiertes Managementkonzept (s. Abschn. 11.3.2) zu verwenden, wie es im ATM-Forum definiert wird. Für die Konfiguration der Geräte und die Einrichtung von Festverbindungen über das UNI hinweg wurde vom ATM-Forum eine einfache Management-Schnittstelle (ILMI, s. Abschn. 6.2) definiert.

Obwohl die Lebenszyklen der Vernetzungsprodukte im Privatnetzbereich im Bereich weniger Jahre liegen, werden kurz- und mittelfristig noch viele LAN-Installationen und Nebenstellenanlagen weiterhin mit den bereits eingeführten Technologien wie PDH-Mietleitungen (PDH Leased Line, PDH-LL), Frame Relay- (FR), SMDS-, LAN- oder ISDN-Schnittstellen an das öffentliche Netz herangeführt werden.

9.6
Netzelemente in öffentlichen ATM-Netzen und ihre Funktionen

Die Netzelemente für den Einsatz in öffentlichen ATM-Netzen kann man anhand ihrer Funktion, ihrer typischen Schnittstellen und ihrer Größe unterschiedlichen Netzsegmenten zuordnen, nämlich dem Zugangsbereich (Access), dem ATM-Transportnetz und dem Server-Segment (vgl. auch Abb. 9.6). Innerhalb des ATM-Transportnetzes ergibt sich nochmals eine Unterscheidung zwischen den Netzelementen, die bevorzugt für den Einsatz am Rand des ATM-Transportnetzes (Edge) vorgesehen sind und denen, die für die Anforderungen des eigentlichen Kernnetzes (Core) ausgelegt sind. Diese Netzsegmente sind lediglich ein Hilfsmittel zur Klassifizierung der Netzelemente-Typen und definieren keine Hierarchiestruktur innerhalb der Netze.

Die Diskussion im vorherigen Abschnitt zeigt, daß für private Firmennetze sehr heterogene Anschlußkonfigurationen existieren, von denen jede in bestimmten Anwendungsfällen ihre Berechtigung hat. Um ein öffentliches ATM-Breitbandnetz für diese Kunden attraktiv zu machen, muß die Einstiegsbarriere möglichst niedrig sein, so daß eine Nutzung ohne den Zwang zu größeren Investitionen möglich ist. Deshalb muß das öffentliche Netz alle diese Konfigurationen in sinnvoller Art und Weise unterstützen – obwohl es ein erklärtes Ziel des B-ISDN-Konzeptes ist, einen einheitlichen Netzzugang über möglichst wenige unterschiedliche Schnittstellen zur Verfügung zu stellen.

Deshalb werden auch im Zugangsbereich des öffentlichen ATM-Netzes (Access) wie in Abb. 9.10 angedeutet sehr vielfältige Typen von Netzelementen vorkommen. Neben reinen Netzabschluß-Einheiten (Network Termina-

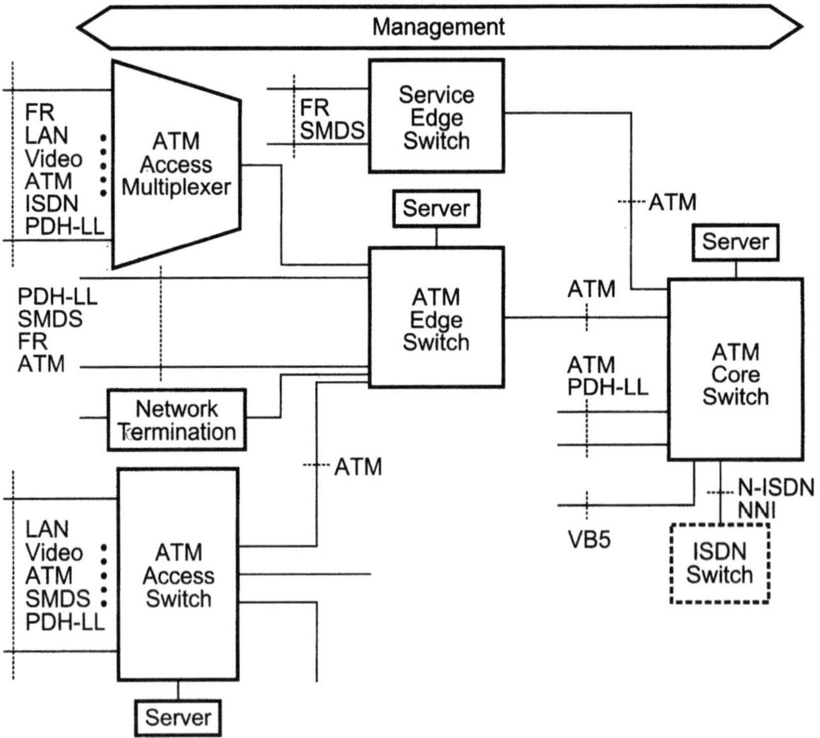

Abb. 9.10. Netzelemente in öffentlichen ATM-Netzen

tion, B-NT1), die dem physikalischen Abschluß des Netzes dienen, sind dabei mehrdienstefähige Zugangsmultiplexer (ATM Service Access Multiplexer) typisch, die eine Reihe von Schnittstellenumsetzungen durchführen und den Verkehr von mehreren niederratigen Schnittstellen auf eine hochratige ATM-Schnittstelle (meist 155 Mbit/s) zum Netz hin konzentrieren. Diese Geräte bieten zum Teilnehmer hin die innerhalb von Privatnetzen gebräuchlichen LAN-Schnittstellen (Ethernet, Token Ring, FDDI), sowie Frame Relay- und SMDS-Schnittstellen[12]. Außerdem werden Video-Schnittstellen (JPEG, MPEG) sowie PDH-Schnittstellen mit CES-Funktionen für die Anpassung von isochronen Diensten geboten. Im Bereich der ATM-Schnittstellen werden die vom ATM-Forum definierten „Private UNI"-Schnittstellen unterstützt. Vielfalt und Anzahl der unterstützten Teilnehmerschnittstellen kann dabei je nach Ausprägung und Anwendungsfall sehr unterschiedlich sein. Dabei sind kompakte, kostenoptimierte Geräte, wie z.B. sog. LAN Service Units (LSU), die lediglich den Anschluß mehrerer gleichartiger LAN-Segmente erlauben, ebenso vertreten wie Geräte, die durch eine Vielfalt flexibel kombinierbarer Schnittstellentypen eine Optimierung auf die jeweiligen Gegebenheiten erlauben. Wie bereits in Abschn. 9.3 diskutiert, können diese Geräte nicht eindeutig dem Teilnehmer oder dem Netzbetreiber zugeordnet werden und es hängt von regulatorischen Gegebenheiten bzw. von der Strategie des Netzbetreibers ab, wem sie gehören. Sie können – bei exklusiver Nutzung – durchaus auch auf dem Gelände des Teilnehmers stehen und trotzdem von Netzbetreiber (gegen Entgelt) zur Verfügung gestellt und betrieben werden.

Ebenfalls weit verbreitet sind kleine Zugangs-Vermittlungsknoten (ATM Service Access Switch, Access Switch), die ebenfalls auf eine Vielfalt von Umsetzungsmöglichkeiten hin optimiert sind, die aber mit einem Maximaldurchsatz im Bereich von 2,5 bis 5 Gbit/s neben der Verkehrskonzentration auch lokale Verbindungen – oft nur auf der Basis von Festverbindungen – zwischen den angeschlossenen Teilnehmern herstellen können. Zum Netz hin bieten sie eine Auswahl von PDH- und SDH/SONET-Schnittstellen. Aufgrund der Verfügbarkeitsanforderungen in den öffentlichen Netzen werden die Service Access Switches auch mit redundant ausgelegten zentralen Komponenten (Stromversorgung, Koppelfeld, Steuerung) angeboten. Von der Aufbauweise her sind diese kleinen Zugangsknoten meist sehr kompakt (Gehäuse mit einem Baugruppenträger) und lassen sich deshalb auch bezüglich der Anzahl der steckbaren Schnittstellen nicht beliebig erweitern.

Während die Service Access Switches auf die Anpassung der in privaten Netzen gebräuchlichen Schnittstellen an das öffentliche Netz optimiert sind, sind die mehr in den äußeren Bereichen des ATM-Transportnetzes (Edge) angesiedelten „ATM Edge Switches" mehr auf die in öffentlichen Net-

---

12 Bevorzugt in Form der 1,5/2 Mbit/s-SMDS-Schnittstellen und der SMDS-DXI-Schnittstelle (s. Abschn. 11.2.4.3).

zen gebräuchlichen Schnittstellen und Dienste, wie Frame Relay, SMDS und die unter Verwendung der TDM-Technik realisierten PDH-Mietleitungen und deren Umsetzung auf ATM zugeschnitten. Natürlich bieten sie auch ATM-Schnittstellen, die den Anschluß von ATM-Teilnehmern und ATM-Zugangsknoten ermöglichen. Zum Kernnetz hin bieten die Edge Switches meist eine Auswahl von PDH- und SDH-basierten ATM-Schnittstellen mit unterschiedlichen Bitraten von 2 Mbit/s bis 622 Mbit/s. Sie weisen einen Datendurchsatz von maximal 10 bis 20 Mbit/s auf und verfügen über eine vollwertige VC-Vermittlungsfunktion mit Teilnehmer- und Zwischenamts-Signalisierung, so daß eine Vernetzung solcher Vermittlungsknoten und die Bereitstellung von Wählverbindungen über diese Netze möglich sind. Neben der reinen Diensteanpassung übernehmen diese Edge Switches schon in größerem Umfang die Aufgaben der Verkehrssammlung und -verteilung in ihrem lokalen Bereich. Neben der Schnittstellenauswahl und dem Durchsatz unterscheiden sich die Edge Switches auch in der Skalierbarkeit von den Service Access Switches. Sie sind in einer Aufbautechnik ausgeführt, die den Aufstellungsbedingungen in speziellen Amtsgebäuden entspricht (Central Office Environment) und sind in der Regel von einer kleinen Konfiguration mit einem Baugruppenträger bis zu Maximalkonfigurationen mit mehreren Gestellschränken ausbaubar. Optional sind Konfigurationen mit redundanter Auslegung der zentralen Komponenten möglich, Erweiterungen von Hardwarekonfiguration und Software sind im laufenden Betrieb möglich. Aufgrund der potentiell sehr hohen Anforderungen durch die Wählverbindungen werden in vielen Fällen skalierbare Steuerrechner-Plattformen eingesetzt, deren Leistungsfähigkeit bei Bedarf durch Zustecken zusätzlicher Rechnerbaugruppen erhöht werden kann.

Daneben gibt es in diesem Bereich Vermittlungsknoten, die auf die Zuführung und Anpassung von Frame Relay-Verkehr optimiert sind. Dabei handelt es sich um vollwertige Vermittlungsknoten für Frame Relay, die intern nicht (notwendigerweise) auf ATM basieren, aber durch entsprechende Anpassungs- und Umsetzungseinheiten mit hoher Leistungsfähigkeit den Übergang zum ATM-Netz ermöglichen. Sie bieten zu den Teilnehmern hin die ganze Vielfalt von Frame Relay-Schnittstellen mit Bitraten von wenigen kbit/s bis hin zu 45 Mbit/s (s. Abschn. 11.2.4.2) und zum ATM-Netz hin hochratige PDH- oder SDH/SONET-Schnittstellen. Genau wie die ATM Edge Switches sammeln diese Knoten den Verkehr und erlauben auch den Aufbau lokaler Verbindungen in ihrem Einzugsbereich und werden deshalb auch als „Service Edge Switches" bezeichnet. Solche Service Edge Switches gibt es auch für SMDS/CBDS-Verkehr, wobei diese durch MAN-Knoten (MAN Switching System, MSS) mit entsprechenden ATM-Anpassungs- und Umsetzungsfunktionen (s. Abschn. 8.4.2.2) realisiert sind und so den Anschluß ganzer MAN-Strukturen erlauben, die somit als Zugangsnetze für das ATM-Kernnetz eingesetzt werden können.

Im eigentlichen Kernnetz (Core) selbst werden sehr skalierbare ATM-Vermittlungsknoten (ATM Core Switch) benötigt, die von relativ kleinen Konfigurationen bis in einen Bereich von mehreren hundert Gbit/s beim Nutzdurchsatz und mehr als einer Million BHCA[13] bei der Vermittlungsleistung erweiterbar sein müssen, um eine durchgängige und bedarfsgerechte Netzevolution zu erlauben. Dies erfordert sehr ausgereifte Konzepte im Bereich der ATM-Koppelfelder sowie skalierbare Multiprozessor-Steuerplattformen, deren Leistungsfähigkeit durch Zustecken zusätzlicher Steuerrechner-Baugruppen an die jeweiligen Anforderungen angepaßt werden kann.

Ein weiteres Charakteristikum dieser Kernnetzknoten sind die hohen Verfügbarkeitsanforderungen, denen sie genügen müssen, da sie einen hoch konzentrierten Verkehr vermitteln und Ausfälle sehr weitreichende Konsequenzen haben. Deshalb sind die zentralen Komponenten, insbesondere das Koppelnetz und die zentrale Steuerung, aber auch Strom- und Taktversorgung prinzipiell redundant ausgelegt, wobei durch entsprechende Mechanismen sehr kurze Umschaltzeiten im Fehlerfall erreicht werden, damit auch bestehende Wählverbindungen nicht unterbrochen werden. Zusätzlich ist es notwendig, eine Möglichkeit der redundanten Auslegung der einzelnen Schnittstellenkarten vorzusehen. Alle Wartungs-, Erweiterungs- und Aufrüstmaßnahmen müssen während des laufenden Betriebs ohne irgendwelche Störungen der bestehenden Verbindungen möglich sein.

Diese Kernnetzknoten sind bezüglich der Signalisierung weitgehend in Richtung der ITU-T-Spezifikationen für das B-ISDN orientiert und verfügen über eine NNI-Signalisierung auf der Basis von CCS7 (s. Abschn. 7.3). Da sie entweder als Teilnehmer- oder als Transit-Vermittlungsstellen eingesetzt werden können, sind für diese Knoten auch Implementierungen der Protokolle für die Teilnehmersignalisierung gemäß der ITU-T- und ATM-Forums-Spezifikationen sowie alle anderen für Teilnehmer-Vermittlungsstellen erforderlichen Funktionen verfügbar. Eine Unterstützung der PNNI-Signalisierung des ATM-Forums ist ebenfalls von Vorteil, um PNNI-Teilnetze effektiver anbinden zu können als über ein einfaches B-ISDN-UNI.

Bezüglich der physikalischen Schnittstellen verfügen die Kernnetzknoten in der Regel über die gesamte Palette der im öffentlichen Netz üblichen PDH- und SDH/SONET-Schnittstellen von 1,5/2 Mbit/s bis 622 Mbit/s. Zunehmend werden für eine hochratige Vermaschung solcher Kernnetzknoten auch 2,4 Gbit/s SDH/SONET-Schnittstellen zur Verfügung gestellt. Für die Verbindungsleitungen zwischen den Netzknoten müssen bei Bedarf auch Verfahren für die Leitungsredundanz zur Erhöhung der Netzverfügbarkeit unterstützt werden.

---

13 Die Maßeinheit BHCA (Busy Hour Call Attempt) beschreibt die Anzahl der auf einen Vermittlungsknoten in einer bei ITU-T definierten Hauptverkehrsstunde (Busy Hour) zukommenden Verbindungsaufbau-Anforderungen.

Eine weitere sehr wichtige Anforderung an die ATM-Kernnetzknoten ist eine umfassende Unterstützung der Mechanismen für das statistische Multiplexen von SBR-, ABR- und UBR-Verbindungen[14]. Da in die Dimensionierung der für die Unterstützung des statistischen Multiplexens erforderlichen Pufferspeicher über das Produkt aus Bandbreite und Netzdurchlaufzeit (Delay-Bandwidth Product) direkt die räumliche Ausdehnung der Netze eingeht [254], müssen in den öffentlichen Netzen mit ihrer weltweiten Konnektivität und ihren sehr hochratigen Übertragungsstrecken diese Pufferspeicher erheblich größer sein als in den für den lokalen Bereich optimierten Netzknoten. Aufgrund dieser Tatsache und durch die sehr große Anzahl von gleichzeitig zu behandelnden Verbindungen in den großen Kernnetzknoten stellt diese Funktionalität eine besondere Herausforderung bei der Implementierung dar.

Bezüglich der Anpassungsfunktionen sind insbesondere die für Netzübergänge zum Schmalband-ISDN und zum TDM-Mietleitungsnetz erforderlichen PDH-Schnittstellen mit den auf AAL Typ 1 basierenden Anpassungsfunktionen von Bedeutung, wobei auch eine individuelle Behandlung und Vermittlung einzelner 64 kbit/s-Verbindungen sowie von $N \times 64$kbit/s-Verbindungen möglich sein muß[15]. Für die Unterstützung von Wählverbindungen ist am Übergang zum Schmalband-ISDN, der ebenfalls in den Kernnetzknoten realisiert wird, eine Unterstützung der standardisierten Interworking-Funktionen mit den Signalisierungsprotokollen des Schmalband-ISDN – insbesondere des B-ISUP/N-ISUP-Interworking am NNI – notwendig. Dadurch können die Zeichengabekanäle aus dem Schmalband-ISDN abgeschlossen und die Zeichengabemeldungen ausgewertet und bei Bedarf über ATM-basierte Zeichengabekanäle im ATM-Netz weitergeleitet werden (s. Abschn. 7.3). In der Zukunft wird mit der Weiterentwicklung der Zeichengabeprotokolle eine vollständige Transparenz auch bezüglich der zusätzlichen Leistungsmerkmale bei Verbindungen zwischen Schmalband-ISDN und B-ISDN-Teilnehmern im Zuge dieser Interworking-Funktionen erreicht werden. Die anderen dienstspezifischen Anpassungsfunktionen sind für Kernnetzknoten weniger von Bedeutung, da diese bereits in den äußeren Netzbereichen ausgeführt werden. Ein typisches Beispiel für einen modernen ATM-Kernnetzknoten ist der MainStreetXpress 36190 Vermittlungsknoten, dessen Architektur in Abschn. 10.7 im Detail beschrieben ist.

Im Prinzip können die ATM-Kernnetzknoten – meist in kleineren Ausbaustufen – auch als abgesetzte Einheiten eingesetzt werden, die selbst keine Signalisierungsbearbeitung ausführen und von einer größeren Vermittlungsstelle aus über spezielle Steuerkanäle eingestellt werden. Auch aus der Sicht

---

14 Bei den neu in die ITU-T-Empfehlungen aufgenommenen ABT-Verbindungen, die vom ATM-Forum nicht unterstützt werden, bleibt abzuwarten, ob sich diese auf dem Weltmarkt durchsetzen.
15 Der ganze Umfang dieser Unterstützungsfunktionen für Schmalbanddienste ist in Abschn. 8.4.1 ausführlich beschrieben.

des Netzmanagements sind diese abgesetzten Einheiten keine eigenständigen Netzelemente und werden über den Managementzugang der Muttervermittlungsstelle mit betrieben. Solche abgesetzten Einheiten sind insbesondere in der Einführungsphase der Netze sinnvoll, da durch die geringe Anzahl der Vermittlungsstellen im Netz relativ lange Teilnehmer-Anschlußleitungen auftreten und aufgrund der in der Anfangsphase eher geringen Auslastung der breitbandigen Zugangsschnittstellen eine teilnehmernahe Verkehrskonzentration signifikante Einsparungen bringt. Auch in voll ausgebauten Netzen werden abgesetzte Einheiten eingesetzt, um den Einzugsbereich von Teilnehmer-Vermittlungsstellen zu erhöhen und damit zu einer einfachen Netzstruktur mit wenigen Hierarchiestufen beizutragen.

Auch die für den Aufbau einer ATM-orientierten Transport-Infrastruktur eingesetzten ATM-Crossconnects werden in der Regel auf der Basis von Kernnetzknoten mit einer reduzierten Steuerleistung realisiert, da sie aufgrund ihrer hohen Verfügbarkeit und ihrer meist blockierungsfreien Koppelfelder die in diesem Bereich gestellten Anforderungen erfüllen. Außerdem wird dadurch dem Netzbetreiber die Möglichkeit eröffnet, bei Bedarf bereits installierte ATM-Crossconnects durch eine Erhöhung der Steuerleistung, z.B. durch Hinzufügen zusätzlicher Steuerrechner bei skalierbaren Multiprozessor-Plattformen, und durch eine Erweiterung der Software-Funktionen zu vollwertigen ATM-Vermittlungsstellen aufzurüsten. Außerdem kann jede ATM-Vermittlungsstelle dann auch ATM-Crossconnect-Funktionen mit übernehmen.

Für den flächendeckenden Anschluß von Privatteilnehmern erfolgt die teilnehmernahe Verkehrskonzentration in den im nächsten Abschnitt ausführlicher beschriebenen Breitband-Anschlußnetzen, die ebenfalls keine Verbindungssteuerungs-Funktionen ausführen und deshalb von den Kernnetzknoten aus über proprietäre Steuerkanäle oder über standardisierte V_{B5}-Schnittstellen gesteuert werden müssen. Im Gegensatz zu den abgesetzten Einheiten haben die Breitband-Anschlußnetze aber in der Regel einen eigenen Zugang zum Netzmanagement-System.

Die dienstspezifischen Server können je nach Anwendungsfall und Bedarf an die verschiedenen ATM-Knotentypen angebunden werden, wobei eine lokale Anbindung den Zusatzaufwand für den Transport des Verkehrs zum Server reduziert, aber eine relativ große Anzahl von Servern erfordert, während eine zentrale Anbindung eine flächendeckende Versorgung mit wenigen Servern ermöglicht, solange der dabei entstehende Zusatzverkehr nicht kritisch ist und der Durchsatz der Server ausreicht. Sehr weit verbreitete Serverfunktionen können auch in die Netzknoten integriert werden, um die Anzahl der Netzelemente zu minimieren.

Typische Server im öffentlichen Bereich sind:

- **Server für verbindungslose Datendienste (Connectionless Server):** Diese Server realisieren die „Connectionless Service Function" (CLSF, s. Abschn. 8.4.2.2), die bei ITU-T für die Unterstützung der verbindungslosen Kommunikation über das B-ISDN hinweg definiert wurde. Da die dabei verwendeten Protokolle auf den Definitionen für den SMDS/CBDS-Dienst basieren, werden solche Server oft auf der Basis der für die MAN-Strukturen entwickelten Vermittlungsknoten realisiert.

- **Vermittlungs-Server für Datennetz-Protokolle:** Da in den lokalen Datennetzen überwiegend die Protokolle der TCP/IP-Familie verwendet werden, müssen die für die effiziente Unterstützung dieser Protokolle durch ATM-Netze erforderlichen Funktionen ebenfalls zur Verfügung gestellt werden. Abhängig vom jeweils verwendeten Konzept (s. Abschn. 8.4.2.3) kommen dabei ATM-basierte Router zum Einsatz, die eine vollwertige IP-Vermittlungsfunktion ausführen, oder spezielle „Address Resolution Server" bzw. „Route Server", die lediglich eine Adreßumsetzung zwischen den verwendeten MAC- oder IP-Adressen und den zugehörigen ATM-Netzadressen unterstützen.

- **Server für Speicherung, Weitergabe und Zugriff auf Informationen:** Für die Unterstützung der unterschiedlichsten Anwendungen, von denen die elektronische Post (E-Mail), Informationsdienste aller Art, Home Shopping und das World Wide Web (WWW) im Internet nur einige Beispiele sind, werden in zukünftigen Netzen große Mengen an Informationen – von einfachen geschriebenen Texten bis hin zu multimedialen Informationspaketen von beträchtlichem Umfang – gespeichert, verwaltet und mit entsprechend hoher Bandbreite den Teilnehmern zugänglich gemacht werden müssen. Für die kommerzielle Nutzung solcher Anwendungen müssen auch alle Funktionen zur Einschränkung der Zugangsberechtigung, zur Teilnehmerverwaltung und zur anwendungsbezogenen Vergebührung bzw. zur sicheren Abwicklung elektronischer Finanztransaktionen angeboten werden, die z.B. in Form einer „Electronic Commerce Platform" zusammengefaßt werden können. Je nach Anwendung wird hierfür eine Vielzahl optimierter Serverlösungen angeboten werden.

- **Video-Server für interaktive Videodienste:** Um Anwendungen wie Video-on-Demand zu konkurrenzfähigen Preisen anbieten zu können, werden sehr leistungsfähige Server für die Speicherung und Ausgabe der digitalen Videoinformation benötigt. Diese müssen sowohl ein sehr hohes Speichervolumen aufweisen als auch einen extrem leistungsfähigen Datenzugriff erlauben, so daß eine größere Anzahl von Teilnehmern gleichzeitig bedient werden kann. Im Prinzip ergeben sich daraus ähnliche Strukturen wie bei Hochleistungsrechnern, wobei lediglich der Optimierungsschwerpunkt auf der Speicherungs- und Ausgabekapazität und nicht so sehr auf der Rechenleistung liegt. Deshalb werden diese Server, wie auch die vorher beschriebenen Server für Speicherung und Zugriff auf Daten, großteils von Firmen aus der Informationstechnik auf der Basis ihrer Rechnerarchitekturen angeboten.

– **Server für Funktionen des Intelligenten Netzes (IN):** Neben den im Schmalbandnetz bereits eingesetzten IN-Funktionen (s. Abschn. 8.4.1), die großteils direkt auf die Breitbandnetze übertragbar sind, werden sich auch spezifische IN-Funktionen für die neuen Breitbandanwendungen entwickeln. Beispiele sind hierbei die Unterstützung bei der netzweiten Suche nach einem bestimmten Film bei Video-on-Demand (Navigation), bei der eventuell die unterschiedlichsten Anbieter abgefragt werden müssen und andere dienstbezogene Funktionen wie in [64] beschrieben. Auch durch den erhöhten Bedarf an Mobilität bei den Teilnehmern werden sich weitere Anforderungen ergeben, die durch IN-basierte Ansätze erfüllt werden können. Deshalb werden sich mittelfristig auch direkt im Breitbandnetz angesiedelte IN-Server durchsetzen, insbesondere da dieses Konzept bereits im Schmalbandnetz von vielen öffentlichen Betreibern eingesetzt wird.

Für das Management der Einrichtungen im öffentlichen Netz wird von den Betreibern in der Regel ein auf dem TMN-Konzept von ITU-T basierender Ansatz mit einer standardisierten Q_3-Schnittstelle an den Netzelementen gefordert. Dieser soll eine einheitliche Behandlung der ATM-Netzelemente und eine Koordination mit den Betriebs- und Wartungsfunktionen der eingesetzten übertragungstechnischen Infrastruktur sowie mit den im Schmalbandbereich eingesetzten TDM-Geräten und Schmalband-Vermittlungsstellen erlauben. Da die TMN-Standards noch relativ neu und in vielen Teilen noch unvollständig sind, haben sich teilweise bereits hersteller- und betreiberspezifische Netzmanagement-Systeme etabliert, die zumindest kurzfristig vom Funktionsumfang noch mächtiger sind als die auf den reinen TMN-Standards basierenden Lösungen. Als Minimalfunktion erlauben die Netzmanagement-Systeme in der Realität meist eine einheitliche Darstellung der unterschiedlichen ATM-Netzelemente auf einer topologischen Netzkarte der graphischen Benutzeroberfläche (Screen Level Integration), eine einheitliche, zentrale Darstellung der in den Netzelementen auftretenden Alarme (Alarm Consolidation) sowie einen Zugang zu der netzelement-spezifischen Bedienoberfläche von der zentralen Bedienstation aus. Eine einfache Einrichtung von Festverbindungen über unterschiedliche Netzelemente verschiedener Hersteller hinweg ohne die Ausführung netzelement-spezifischer Bedienoperationen (End-to-End Provisioning) ist dagegen derzeit noch nicht selbstverständlich. Weitergehende Bedien- und Wartungsoperationen können in der Regel zwar von zentralen Bedienstationen aus, aber nur unter Verwendung der netzelement-spezifischen Bedienoberflächen durchgeführt werden.

9.7
Breitband-Anschlußnetze für Privatteilnehmer

Die bisher dargestellten Strukturen erlauben einen sinnvollen Netzzugang für mittlere und größere Firmen sowie für Gewerbegebiete mit einem erheblichen Aufkommen an breitbandiger Kommunikation. Sie sind kurz- bis mittelfristig für die flächendeckende Versorgung von Privatteilnehmern und von in den Wohnbereichen verstreuten kleinen Firmen, wie z.B. Rechtsanwalts- und Arztpraxen oder Reise- und Architekturbüros, nur bedingt geeignet, da sie auf einen relativ hochratigen Kommunikationsbedarf mit einer hohen Auslastung der einzelnen Anschlußleitungen durch den Teilnehmer ausgelegt sind und eine spezielle, hochratige Anschlußtechnik voraussetzen.

Zum optimierten Anschluß von Privatteilnehmern wurden schon im Schmalbandnetz spezielle Zugangsnetze (Access Networks) entwickelt, mit deren Hilfe bereits sehr teilnehmernah – in den Kabelverzweigern am Straßenrand – eine Konsolidierung und Konzentration der vielen individuellen Teilnehmer-Anschlußleitungen auf eine hochratige, im synchronen Zeitmultiplex-Verfahren betriebene Glasfaserstrecke erfolgt und die deshalb unter der Bezeichnung „Fiber to the Curb" (FTTC) oder „Fiber in the (Local) Loop" (FITL) bekannt geworden sind. Durch den Einsatz von optischen Baumstrukturen, an deren Verzweigungspunkten passive optische Splitter die von der Vermittlungsstelle kommenden Signale an alle angeschlossenen Zweige verteilen (Passive Optical Network, PON) [76], kann die Auslastung der Glasfaser weiter optimiert werden. Über die Glasfaser können zusätzlich noch Fernseh- und Audio-Verteildienste übertragen werden. Für den letzten Abschnitt vom Kabelverzweiger bis zum Teilnehmer wird die bestehende Verkabelung mit Kupfer-Doppeladern (Copper Twisted Pair) weiterverwendet.

Deshalb stellen breitbandige Zugangsnetze (Access Networks), bei denen durch den Aufbau von passiven, ATM-fähigen optischen Baumstrukturen (ATM PON, APON oder Broadband PON, BPON) eine Glasfaser-Anschlußleitung von vielen Teilnehmern gemeinsam genutzt werden kann, eine konsequente Weiterentwicklung für den flächendeckenden Anschluß von Privatteilnehmern dar. Von Vorteil ist dabei, daß bei der Verlegung der Schmalband-Zugangsnetze Faserkabel verlegt wurden, von denen einige Fasern oft noch unbenutzt sind (Dark Fiber). Außerdem ist die Verkabelung bis zu den Kabelverzweigern oft in Rohren verlegt, die eine Nachrüstung von Glasfasern ohne Bauarbeiten erlauben. Von entscheidender Bedeutung für eine schnelle und kostensparende Einführung ist jedoch, daß auf dem letzten Stück der Anschlußleitung (Last Mile) die bestehende Kupfer-Infrastruktur weiterverwendet werden kann, um die bei einer Neuverkabelung auftretenden sehr umfangreichen und teueren Bauarbeiten zu sparen. In Neubaugebieten, insbesondere bei größeren Mehrfamilienhäusern und Gewerbeimmobilien, ist es sinnvoll, die Glasfaser-Infrastruktur bis in die Gebäude zu erweitern (Fiber to the Building, FTTB) und erst dort mit einer konventionellen Verkabelung der Wohneinheiten und Büros zu beginnen. Eine durchgehende Glasfaser-Verkabelung bis hin zum einzelnen Privatteilnehmer (Fiber to the Home) wird derzeit außer in einigen Pilotinstallationen nicht in größerem Umfang durchgeführt.

9.7.1
PON-basierte Breitband-Zugangsnetze

Die auf Breitband-PONs basierenden Zugangsnetze [134, 143, 244] sind voll digital und arbeiten in der Übertragungsrichtung zum Teilnehmer hin mit einem synchronen Zeitmultiplex-Verfahren (TDM), bei dem in den einzelnen Zeitschlitzen ATM-Zellen transportiert werden. In der Richtung zum Netz hin teilen sich die angeschlossenen Endgeräte die vom BPON zur Verfügung gestellte Bandbreite, wobei zu jedem Zeitpunkt nur eine einzige Zelle auf dem BPON übertragen werden kann. Deshalb müssen die Zugriffe durch eine feste Zuteilung bestimmter Zeitschlitze oder durch entsprechende Mehrfachzugriffs-Protokolle (Time Division Multiple Access, TDMA [90]) flexibel koordiniert werden. Die unterschiedlichen Leitungslängen innerhalb des BPONs führen dazu, daß die Laufzeiten der Signale unterschiedlich sind. Um einen kontinuierlichen, ungestörten Zellstrom beim Empfänger auf der Netzseite zu garantieren müssen diese Laufzeitunterschiede beim Sender durch einstellbare Verzögerungsleitungen kompensiert werden (Ranging). Da im privaten Bereich hauptsächlich die Nutzung von interaktiven Videodiensten erwartet wird, bei denen die vom Netz zum Teilnehmer übermittelte Datenmenge sehr viel größer ist als die in Gegenrichtung gesendete, sind die BPON-Systeme meist unsymmetrisch bezüglich der Bitraten. Die bisher vorgeschlagenen Systeme arbeiten meist mit 622 Mbit/s in Richtung zu den Teilnehmern und mit 155 Mbit/s in Richtung zum Netz hin.

Ein BPON-System realisiert in Richtung zum Netz hin einen verteilten ATM-Multiplexer, der in der Regel auf der Ebene der virtuellen Pfade die Verkehrsströme der Teilnehmer multiplext (s. Abb. 9.7.b in Abschn. 9.4). Um die auf dem BPON verfügbare Bandbreite optimal zu nutzen, ist meist die Kapazität der einzelnen gemultiplexten VPs dynamisch an die Bandbreite der momentan existierenden Verbindungen anpaßbar und wird von der zentralen Einheit des BPONs aus beim Auf- und Abbau von Verbindungen eingestellt. Diese flexiblen VPs existieren nur innerhalb des BPONs und erlauben eine Verkehrskonzentration. Da die VPs auf der Teilnehmerseite und im Netz eine fest konfigurierte Bandbreite haben, kann es durch die Konzentration auf dem BPON zu Blockierungen beim Aufbau von Verbindungen innerhalb der VPs kommen, die im Rahmen der Verbindungssteuerung behandelt werden müssen.

Die generische Struktur eines BPON-basierten Zugangsnetzes ist in Abb. 9.11 dargestellt. Da kurz- bis mittelfristig lediglich ein Teil der Teilnehmer die neuen Breitbanddienste nutzen wird, während die Mehrheit weiterhin

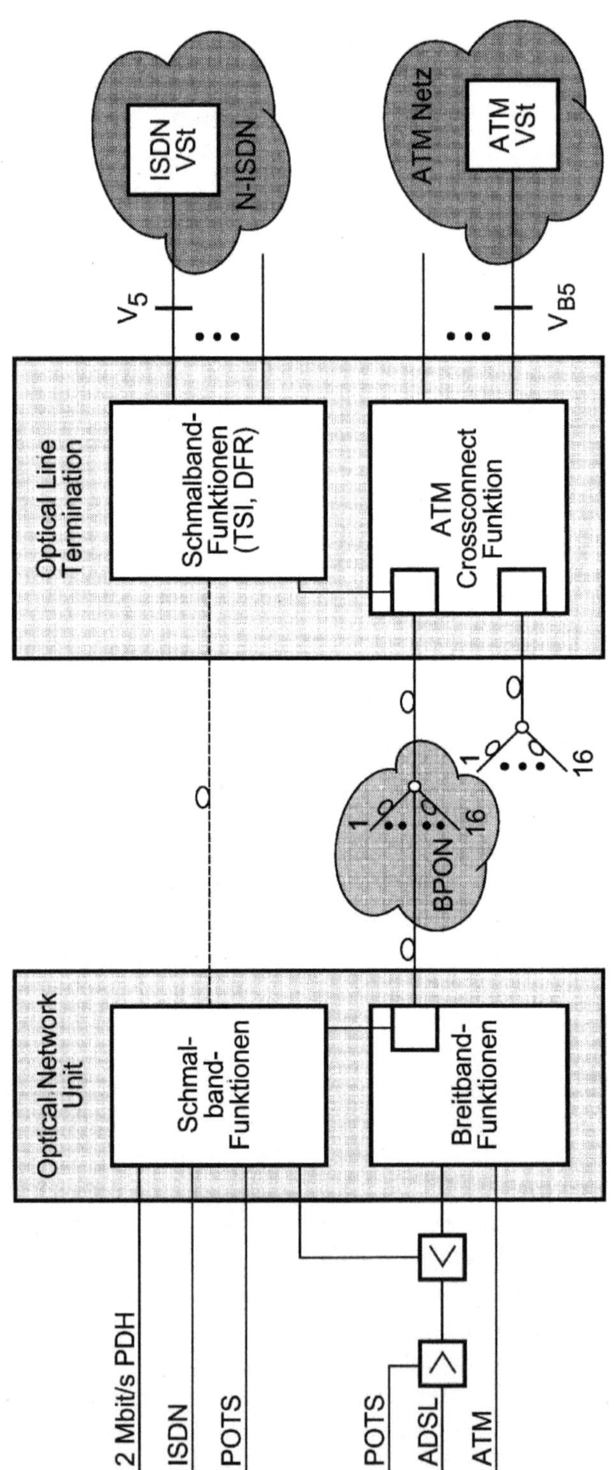

Abb. 9.11. Struktur eines BPON-basierten Breitband-Zugangsnetzes

lediglich das analoge Telefon oder einen ISDN-Anschluß verwenden wird, ist es sinnvoll, die Funktionen eines Schmalband-Zugangsnetzes mit zu realisieren. Dabei besteht die Möglichkeit einer völlig entkoppelten Lösung, bei der die Breitband- und die Schmalband-Zugangsnetze völlig unabhängig voneinander sind und auch die Übertragung der Daten über getrennte Glasfasern erfolgt (gestrichelte Linie). Außerdem kann eine voll integrierte Lösung geboten werden. Daneben bietet sich eine kombinierte Lösung an, bei der bereits bestehende Schmalband-Einrichtungen weiterverwendet werden können. Dabei werden die Schmalband- und die Breitbandkomponenten über geeignete Schnittstellen miteinander gekoppelt und es erfolgt eine integrierte Übertragung der Daten über das BPON. Um möglichst effektive Strukturen zu erhalten, ist es sinnvoll, den Schmalbandverkehr bereits im Anschlußnetz vom Breitbandverkehr zu trennen und ihn direkt einer Schmalband-Vermittlungsstelle zuzuführen.

Den zentralen Teil des Zugangsnetzes bildet die sog. „Optical Line Termination" (OLT), die über proprietäre Schnittstellen oder über die für diesen Zweck definierten V_{B5}-Schnittstellen (s. Abschn. 3.4) an der steuernden ATM-Vermittlungsstelle angeschlossen ist. Für die Anbindung solcher Breitband-Anschlußnetze wird oft eine Leitungsredundanz gefordert, da der Ausfall einer Übertragungsleitung sonst eine große Zahl von Teilnehmern vom Netz abtrennen würde. Ähnlich wie bei den abgesetzten Einheiten erfolgt aus Aufwandsgründen die Signalisierungs-Behandlung dabei nicht innerhalb des Zugangsnetzes selbst, sondern die Signalisierungsinformation wird transparent durch das Zugangsnetz zu der steuernden ATM-Vermittlungsstelle weitergeleitet. Diese nimmt die Auswertung vor und übermittelt dann der OLT die notwendigen Einstellbefehle. In gleicher Weise ist der Schmalbandteil der OLT über die im Schmalbandbereich definierten $V_{5.1}$- bzw. $V_{5.2}$-Schnittstellen (2 Mbit/s) oder über herstellerspezifische Schnittstellen an eine steuernde Schmalband-Vermittlungsstelle angeschlossen. Zur Netzseite hin kann die OLT auch noch über Schnittstellen zu dem in TDM- oder ATM-Technik realisierten Mietleitungsnetz verfügen. Dies ist notwendig, da auf der Teilnehmerseite auch Anschlüsse für Mietleitungen (z.B. 2 Mbit/s PDH) vorgesehen sind, um kleinere Geschäftskunden oder lokale Büros von größeren Firmen anbinden zu können.

Der Schmalbandteil der OLT stellt die Funktionen zur Verfügung, die zu einer gezielten Aufteilung der Nutzdatenströme auf die einzelnen Schnittstellen zum Netz hin (Traffic Grooming) erforderlich sind, wobei eine eingeschränkte Schmalband-Vermittlungsfunktion (Time Slot Interchange, TSI) verwendet wird. Außerdem wird eine entsprechende Konsolidierung und Konzentration der Zeichengabekanäle unter Verwendung einer paketorientierten Multiplex- und Vermittlungsfunktion (Data Frame Relay, DFR) vorgenommen. Der Breitbandteil der OLT schließt mehrere BPONs ab und stellt neben der Steuerung der BPONs auch eine ATM-Crossconnect-Funktion zur Verfügung, um den Verkehr der einzelnen BPONs auf die netzseitigen Schnittstellen, auf die Schnittstellen zum Mietleitungsnetz und auf die Schnittstellen zum Schmalbandteil vermitteln zu können. Da hierfür im Prinzip die gleichen Komponenten (Schnittstellen-Baugruppen, Koppelfeld, Steuerung) wie für die ATM-Vermittlungsstelle verwendet werden, kann die OLT aus einer kleinen Konfiguration einer ATM-Vermittlungsstelle abgeleitet sein. Andererseits kann die Breitband-OLT-Funktion auch vollständig in die ATM-Vermittlungsstelle integriert sein.

Der Aufspaltungsfaktor innerhalb des BPONs ist durch die dabei auftretende Signaldämpfung begrenzt, wobei ein Faktor von 16 ein gebräuchlicher Wert ist. Je nach Güte der optischen Komponenten kann dabei eine Strecke von 10 bis 60 km überbrückt werden. Wenn durch den vermehrten Anschluß hochbitratiger Teilnehmerschnittstellen die Bandbreite des BPONs nicht mehr ausreicht, kann das BPON geteilt werden bis im Extremfall nur noch eine Punkt-zu-Punkt-Verbindung zu den teilnehmernahen „Optical Network Units" (ONU) besteht.

Die ONUs sind für den Einbau in Kabelverzweiger am Straßenrand ausgelegt, sie können aber in größeren Gebäuden auch im Gebäude selbst untergebracht werden. Die ONUs schließen das BPON zum Teilnehmer hin ab und führen die opto-elektrische Umwandlung der Signale durch. Ihre Hauptfunktion besteht darin, Anschlußmöglichkeiten für die unterschiedlichen Typen von Teilnehmerschnittstellen zur Verfügung zu stellen und den Zugriff der Teilnehmer auf das BPON zu koordinieren. Dazu sind in der ONU die in einem VP-Multiplexer (s. Abb. 9.7.b in Abschn. 9.4) erforderlichen ATM-Schicht-Funktionen realisiert, z.B. UPC-Funktionen auf VP-Basis und die für das asynchrone Multiplexen notwendigen Zwischenpuffer. Außerdem müssen die für die TDMA-Zugriffsverfahren auf das BPON erforderlichen Funktionen realisiert werden. Für die Realisierung der Schmalband-Funktionen existieren die gleichen Möglichkeiten wie für die OLT bereits beschrieben. Typische ONU-Größen erlauben den Anschluß von mehreren hundert Schmalband-Teilnehmern und etwa 32 Breitband-Teilnehmern. Die ONU-Größe wird vor allem durch die Gegebenheiten des Einzugsbereiches (Serving Area) bestimmt und kann auch erheblich größer sein, wobei dann eine direkte Punkt-zu-Punkt-Anbindung an die OLT sinnvoll ist.

Für die Teilnehmerschnittstellen wird die vorhandene Infrastruktur aus dem Schmalbandbereich (Kupfer-Doppeladern) weiterverwendet. Für die Schmalband-Teilnehmer stehen dabei analoge Telefonanschlüsse (Plain Old Telephone Service, POTS), ISDN-Basisanschlüsse sowie meist 2 Mbit/s-Anschlüsse für Mietleitungen zur Verfügung. In manchen Fällen können auch Systeme für den drahtlosen Teilnehmeranschluß, z.B. auf der Basis des DECT-Standards mit in das Anschlußnetz integriert sein. Für Breitband-Teilnehmer, die lediglich die stark unsymmetrischen interaktiven Videodienste zusätzlich zum Telefondienst nutzen wollen, werden Anschlüsse in der neu entwickelten ADSL-Technik (Asynchronous Digital Subscriber Line) zur Verfügung gestellt. Die einfachen ADSL-Varianten erlauben dabei eine Übertragungsrate von 1,5 Mbit/s zum Teilnehmer und eine Übertragungsrate von 64 kbit/s in der Gegenrichtung über eine Kupfer-Doppelader, wobei zusätzlich ein analoges Telefonsignal eingekoppelt, mit übertragen und beim Teilnehmer wieder ausgekoppelt werden kann. Die Reichweite beträgt je nach Qualität der Kupferkabel bis zu 6 km. Da die modernen MPEG-Standards von ISO für die Kodierung von Videosignalen in der Regel 3 bis 4 Mbit/s benötigen, wurden aufwendigere Varianten entwickelt, die Datenraten bis 6 Mbit/s zum Teilnehmer und 640 kbit/s in der Gegenrichtung zusätzlich erlauben, wobei die Reichweite etwas geringer ist [47, 158].

Als Endgeräte für die unterhaltungsorientierten Videodienste werden meist Fernsehgeräte mit entsprechenden „Set Top Boxen" für die Dekodierung und Aufbereitung der Nutzsignale und die dienstspezifischen Steuerungsfunktionen verwendet. Diese Set Top Boxen können ATM-basiert sein, d.h. die in ATM-Zellen verpackten Videosignale (MPEG-2) werden bis zur Set Top Box transportiert und erst dort umgewandelt. Zur Steuerung der Verbindungen kann dann die normale ATM-Signalisierung verwendet werden, die ebenfalls in der Set Top Box abgeschlossen wird. Die Alternative dazu sind Set Top Boxen, die nur MPEG-Datenströme verarbeiten können, so daß die Umsetzung z.B. bereits in der ONU oder in einer Netzabschluß-Einheit (NT) erfolgen muß. Für die Steuerung der Verbindungen in solchen Fällen wurde im Zusammenhang mit der MPEG-Standardisierung bei ISO ein spezielles Protokoll, das DSM-CC-Protokoll (Digital Stored Media - Command and Control, ISO/IEC 13818-6) definiert, über das die Set Top Box mit den dienstspezifischen Steuereinheiten im Netz kommuniziert. Eine Übersicht über die Konzepte für Set Top Boxen ist in [171] zu finden.

Für Teilnehmer, die einen hochbitratigen, symmetrischen Zugang zum Breitbandnetz benötigen, werden in der ONU ATM-Schnittstellen mit Bitraten von 2 bis 51 Mbit/s über Kupfer-Doppeladern unterstützt, wie sie vom ATM-Forum definiert worden sind.

Die hohe Bitrate des BPONs in Richtung zum Teilnehmer erlaubt auch die Verteilung digitaler Fernsehkanäle. Da jedoch die Anzahl der gleichzeitig auf dem BPON übermittelbaren – und insbesondere die Anzahl der gleichzeitig über eine Teilnehmer-Schnittstelle übertragbaren – Fernsehkanäle beschränkt ist, werden einzelne Fernsehkanäle gezielt bei Bedarf von der steuernden ATM-Vermittlungsstelle eingespeist. Dabei werden die ATM-Vermittlungsfunktionen zur Steuerung verwendet (Switched Digital Broadcast). Auf dem BPON muß jeder momentan benötigte Kanal aufgrund der Punkt-zu-Mehrpunkt-Konfiguration nur einmal übertragen werden. Auch in der ONU kann bei Bedarf die Multicast-Funktion der ATM-Schicht verwendet werden, um mehreren Teilnehmern gleichzeitig den Zugang zum gleichen Kanal zu ermöglichen.

9.7.2
HFC-Anschlußnetze

Eine andere Möglichkeit zum breitbandigen Anschluß der Privatteilnehmer bietet die in vielen Ländern bereits flächendeckend eingeführte Kabelfernseh-Infrastruktur auf der Basis von Baumstrukturen aus Koaxialkabeln. Diese Infrastruktur wird in sog. „Hybrid Fiber/Coax"-Anschlußnetzen (HFC) genutzt. Im Unterschied zu den BPON-Strukturen, bei denen die Übertragung im Basisband erfolgt, arbeiten die HFC-Systeme im Frequenzmultiplex-Betrieb. Dabei können die unterhalb bzw. oberhalb des für die analoge Fernsehverteilung verwendeten Frequenzbandes liegenden Frequenzbänder für digitale Fernsehverteilung und für Daten-Kanäle in Hin- und Rückrichtung verwendet werden. Insgesamt kann dabei ein Frequenzbereich von 5 MHz bis in den Bereich von ungefähr 850 MHz nutzbar gemacht werden. In einem 8 MHz (bzw. 6 MHz in den USA) breiten Kanal kann mit dem gebräuchlichen 64 QAM-Modulationsverfahren [27] ein digitaler Fernsehkanal übertragen werden. Dabei wird ein TDM-Rahmen verwendet, der in einer DVB-Spezifikation (Digital Video Broadcast) für die digitale Modulation in Kabelnetzen standardisiert wurde. Dieses Kanalraster und der TDM-Rahmen können auch verwendet werden, um einen 34 Mbit/s ATM-Kanal zu übertragen [245]. Es können aber auch andere Aufteilungen vorgenommen werden, z.B. kann in einem 30 MHz breiten Kanal mit dem 64 QAM-Verfahren ein kompletter 155 Mbit/s ATM-Kanal übertragen werden [236]. Um Rückkanäle und damit eine bidirektionale Kommunikation zu erlauben, müssen die im Koaxbaum vorhandenen Verstärker durch bidirektional arbeitende ersetzt werden. Wie in einer BPON-Struktur teilen sich mehrere Teilnehmer einen ATM-Rückkanal, so daß wiederum spezielle Mehrfachzugriffsverfahren (TDMA [90]) für die Koordination eingesetzt werden müssen. Im Vergleich zum BPON-Ansatz ist die für die Rückkanäle zur Verfügung stehende Kapazität geringer und durch die störanfälligere analoge Übertragungstechnik ist die Dienstgüte im Vergleich schlechter, während die Einbeziehung der Verteilkommunikation bei HFC-Systemen sehr viel einfacher ist. Die prinzipielle Struktur eines HFC-Anschlußnetzes ist beispielhaft in Abb. 9.12 dargestellt.

Anstelle des zentralen Einspeisepunktes für das Kabelfernsehnetz tritt eine HFC-Kopfstation (HFC Headend), die den Zugang für die Einspeisung der digitalen und analogen Fernsehkanäle sowie die Verbindung zum ATM- und zum Schmalbandnetz realisiert. Die Verbindung zum Schmalbandnetz ist notwendig, da über das HFC-Anschlußnetz auch Telefonanschlüsse (Cable Phone) angeboten werden können. Der Anschluß zum Schmalbandnetz erfolgt meist über $V_{5.1}$- bzw. $V_{5.2}$-Schnittstellen. Interaktive Videodienste können über Server zur Verfügung gestellt werden, die über einen Zugang zum ATM-Netz erreichbar sind. In der HFC-Kopfstation werden die ATM-basiert übertragenen MPEG-Videoströme mittels 64 QAM-Modulation für eine Übertragung umgewandelt.

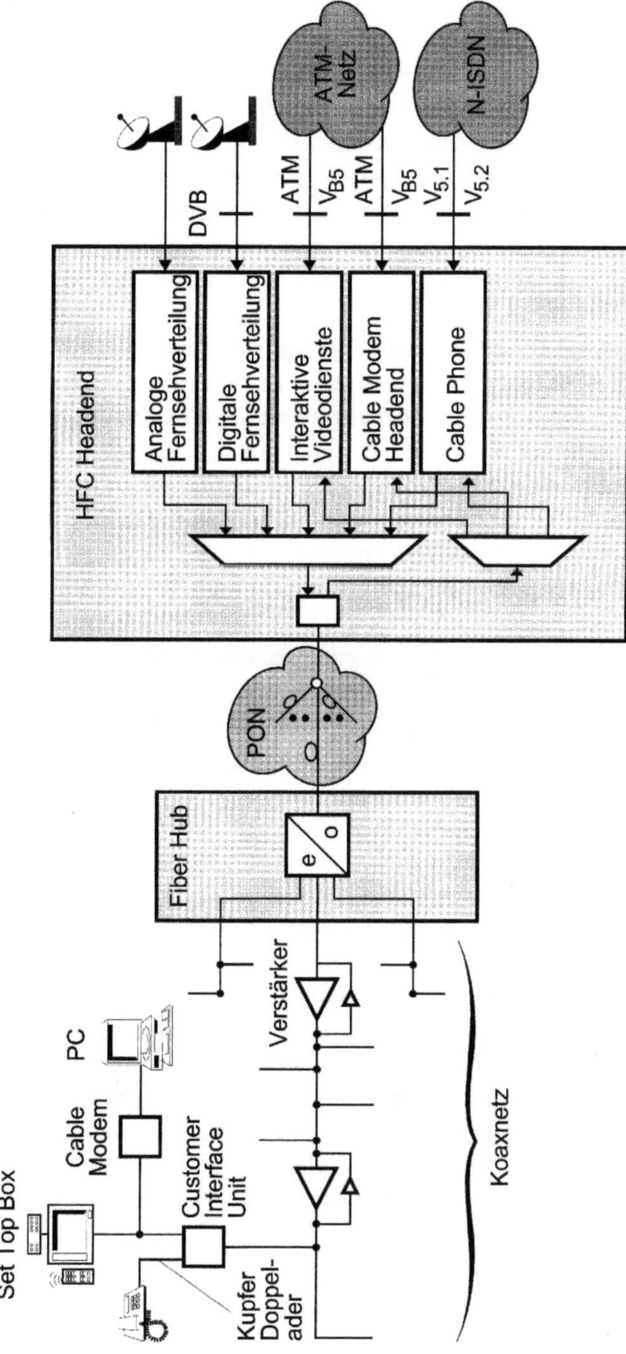

Abb. 9.12. Die prinzipielle Struktur eines HFC-Anschlußnetzes

Der bidirektionale, ATM-basierte Teilnehmerzugang wird durch sog. „Cable Modems" realisiert, die die Modulation der digitalen Signale vornehmen und die Zugriffe auf die Rückkanäle koordinieren. In der HFC-Kopfstation befindet sich eine Abschlußeinheit für die Cable Modem-Strecken, die auch den Zugang zum ATM-Netz realisiert. Die unterschiedlichen Signale werden nach der Modulation in die entsprechenden Frequenzbereiche über eine Glasfaserstrecke zu den sog. „Fiber Hubs" übertragen. Die Glasfaserstrecke ersetzt die in den klassischen Kabelfernsehnetzen verwendete Koax-Übertragungsstrecke und kann entweder durch eine Punkt-zu-Punkt-Verbindung oder durch ein PON realisiert sein.

Ein Fiber Hub versorgt bis zu ungefähr 500 Teilnehmer und ist z.B. in den Kabelverzweigern am Straßenrand untergebracht. Er führt die elektro-optische Wandlung der Signale durch und treibt mehrere angeschlossene Koaxbäume. Für die Rückkanäle kann er auch eine Frequenzumsetzung vornehmen, so daß für jeden Koaxbaum ein eigener Rückkanal verfügbar wird. Über die mit bidirektional arbeitenden Verstärkern versehenen Koaxbäume gelangen die Signale zum Teilnehmer. In einer aktiven Abschlußeinheit (Customer Interface Unit) werden die Schmalbandsignale abgetrennt, demoduliert und über normale Kupferkabel zu den Endgeräten weitergeleitet. Die Verteildienste und die interaktiven Videodienste werden direkt in entsprechenden Set Top Boxen abgeschlossen. Zu den ATM-basierten Diensten erhalten die als Endgeräte eingesetzten PCs Zugang über Cable Modems, die eine Umsetzung der modulierten Signale vornehmen und den Anschluß an das Koaxnetz realisieren.

Für die Realisierung der interaktiven Videodienste und der Set Top Boxen besteht wiederum die bereits im Zusammenhang mit den BPON-Strukturen diskutierte Möglichkeit einer ATM-basierten Lösung oder einer rein MPEG-basierten Lösung mit einer Steuerung über das DSM-CC-Protokoll, wie sie in DAVIC (Digital Audio Visual Council) spezifiziert wird [58].

Wenn eine ATM-Vermittlungsstelle am Ort einer Schmalband-Vermittlungsstelle aufgestellt wird, können Teilnehmer unter Verwendung der ADSL-Übertragungstechnik direkt mit Hilfe der bereits vorhandenen Kupfer-Infrastruktur breitbandig angeschlossen werden, solange die Länge der Anschlußleitung einige Kilometer nicht überschreitet. Da jedoch die ADSL-Komponenten noch relativ teuer sind und in der Anfangsphase der Netze nur wenige teilnehmernahe ATM-Vermittlungsstellen existieren werden, ist dieses Verfahren für einen breiten Einsatz nur bedingt geeignet. Eine weitere Möglichkeit zum Anschluß von Privatteilnehmern werden in Zukunft funkbasierte ATM-Zugangstechniken darstellen. Diese breitbandigen Funkzugangstechniken befinden sich augenblicklich jedoch erst in einer relativ frühen Entwicklungsphase.

Nach dem Wegfall regulatorischer Beschränkungen und aufgrund der neuen technischen Möglichkeiten werden die Kabelfernsehbetreiber verstärkt versuchen, auch Sprachkommunikation, interaktive Videodienste sowie andere ATM-basierte Dienste anzubieten. Die klassischen Betreiber von Telekommunikationsnetzen werden andererseits versuchen, durch das Anbieten von digitalen, vermittelten Fernsehverteildiensten und interaktiven Videodiensten in die Domäne der Kabelnetzbetreiber einzudringen[16], wie die Erfahrungen in den USA gezeigt haben. In beiden Fällen ist die Wahl des geeigneten Anschlußnetz-Konzeptes sehr einfach, so daß sowohl das HFC-Konzept als auch das BPON-Konzept ihre Berechtigung haben. Für den Neuaufbau einer Zugangs-Infrastruktur sind bei der Abwägung zwischen HFC- und BPON-basierten Systemen mehrere Gesichtspunkte zu berücksichtigen, die in [100] angesprochen sind.

In [245] und [236] sind Beschreibungen einiger bereits in Pilotversuchen im Einsatz befindlicher Systeme enthalten, eine umfassende Diskussion der in bezug auf ATM-basierte Zugangsnetze für Privatteilnehmer relevanten Aspekte findet sich in [157].

9.8
Anwendungsszenarien für ATM-basierte Breitbandnetze

In diesem Abschnitt sollen nochmals einige der typischen Anwendungsszenarien für öffentliche ATM-Netze zusammengestellt werden, um die Eignung von ATM als Basis für eine universelle Breitband-Infrastruktur zu verdeutlichen. Die Anwendungen im Privatnetzbereich sind bereits in Abschn. 9.5 angesprochen worden. Die Beschreibung der einzelnen Netzelemente ist in den vorhergehenden Abschnitten zu finden.

9.8.1
Vernetzung von MANs

Eine der ersten und wichtigsten Anwendungen für öffentliche Breitbandnetze stellt die hochbitratige Vernetzung der in den privaten Firmennetzen zur Datenkommunikation verwendeten lokalen Netze (LAN) dar. Um den bereits früh bestehenden Bedarf abdecken zu können, wurden die MAN-Strukturen auf der Basis von DQDB (s. Abschn. 11.2.2) und der verbindungslose SMDS/CBDS-Dienst (s. Abschn. 11.2.4.3) entwickelt, der auf die MAN-Strukturen abgestimmt und durch die Verwendung der ISDN-Adressierung auf der Basis der ITU-T-Empfehlung E.164 für die Anwendung in öffentlichen Netzen optimiert ist. Die DQDB-basierten Netze wurden insbesondere in den USA, in Großbritannien und auch in Deutschland von öffentlichen Netzbetreibern

---

16 Die Situation in Deutschland, wo ein Betreiber beide Infrastrukturen besitzt ist eher untypisch, in der Regel gehören die Kabelfernseh- und die Kommunikationsnetze unterschiedlichen Betreibern.

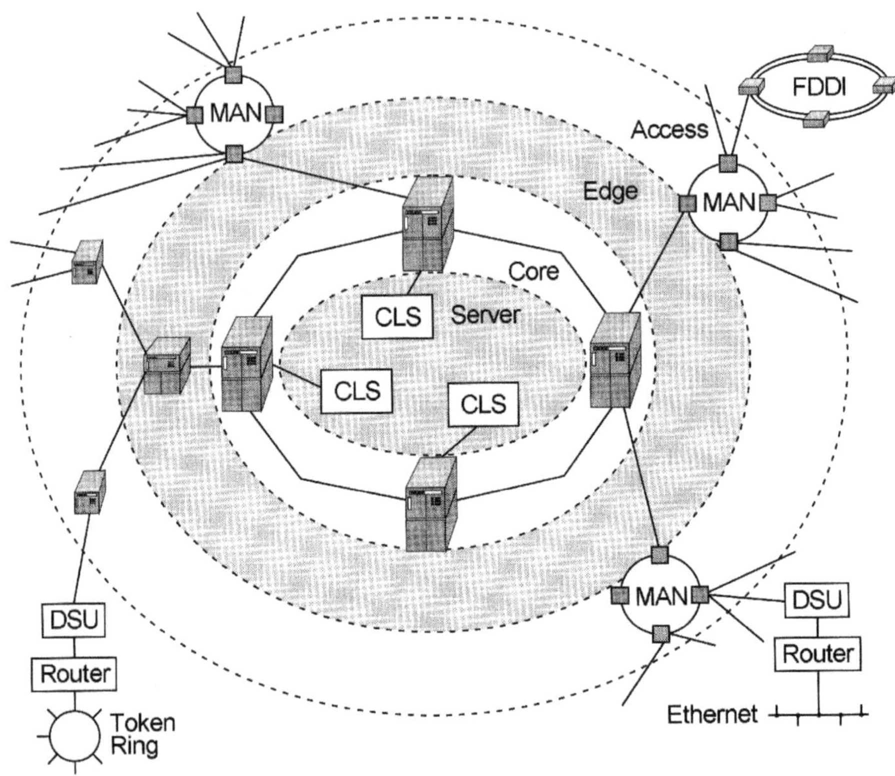

Abb. 9.13. Kopplung von öffentlichen MAN-Breitbandnetzen über ATM

eingeführt. Deshalb ist die in Abb. 9.13 dargestellte Vernetzung von MAN-basierten Breitbandnetzen über ATM einer der ersten Einsatzfälle für öffentliche ATM-Netze.

Dabei werden die in den Firmen existierenden LANs (Ethernet, Token Ring, FDDI) unverändert über Router und MAN-DSUs (Data Service Unit), die eine Umsetzung auf die DQDB-Schnittstellen und die SMDS/CBDS-Protokolle vornehmen, an die öffentlichen MANs angeschlossen. Der Anschluß kann über die ursprünglich definierten 1,5/2 Mbit/s- bzw. 34/45 Mbit/s-PDH-Anschlüsse oder über das „SMDS Data Exchange Interface" (SMDS DXI) mit Bitraten zwischen 56 kbit/s und 45 Mbit/s erfolgen. Dieses bietet einen kostengünstigen Zugang über physikalische Schnittstellen, wie sie auch für klassische Router verwendet werden. Die im Zugangsbereich der öffentlichen Netze angesiedelten MAN-Strukturen werden über MAN-Vermittlungsknoten mit ATM-Interworking-Funktion (MAN Service Edge Switch) an das ATM-Kernnetz angeschaltet. Alternativ können sie auch über SMDS/CBDS-Schnittstellen an einen ATM Edge Switch mit den entsprechenden, relativ simplen Interworking-Funktionen

(s. Abschn. 8.4.2.2) angebunden werden. Für die europäische CBDS-Variante wurde außerdem ein direkter Zugang über ATM-UNIs definiert.

Innerhalb des Netzes können die Datenströme zunächst auf der Basis von fest eingerichteten VP-Verbindungen direkt zum Ziel transportiert werden, wobei im ATM-Netz keine dienstspezifische Unterstützung erfolgt. Dies ist aber nur für eine beschränkte Anzahl von zu vernetzenden MANs sinnvoll. Deshalb werden im Netz „Connectionless Server"-Funktionen (CLS) zur Verfügung gestellt, die die ATM-Zellen wieder zu SMDS/CBDS-Dateneinheiten zusammensetzen und aufgrund der dort enthaltenen Zieladresse eine Vermittlung durchführen. Beim Einsatz eines CLS können auch Gruppenadressen verwendet werden, die vom CLS ausgewertet werden, der dann die Dateneinheiten an alle Adressaten weiterleitet. In den MAN-Knoten und den CLS des öffentlichen Netzes werden zusätzlich Adressfilterungs-Funktionen realisiert, die den Zugang zu bestimmten Teilnehmerschnittstellen beschränken und es damit erlauben, sog. „virtuelle Privatnetze" innerhalb der öffentlichen Netze zu realisieren, zu denen nur eine bestimmte Gruppe berechtigter Teilnehmer Zugang hat.

9.8.2
Vernetzung von Firmenstandorten

Eine andere Anwendung öffentlicher ATM-Netze ist die direkte Vernetzung von privaten Firmennetzen, wie sie in Abb. 9.14 dargestellt ist. Der Zugang zum Netz kann je nach der im Privatnetz verwendeten Konfiguration über ATM-, Frame Relay- oder TDM-Mietleitungs-Schnittstellen erfolgen. Der Schwerpunkt liegt bei dieser Anwendung in einer effektiven, integrierten Übermittlung des Sprach- und Datenverkehrs zwischen den unterschiedlichen Firmenstandorten. Diese Integration kann bereits in einem ATM Corporate Switch im Privatnetz oder in einem ATM Service Access Multiplexer oder Service Access Switch am Zugang zum öffentlichen Netz erfolgen. Wichtig ist hierbei eine möglichst flexible, bedarfsorientierte Bandbreitenaufteilung, die eine optimale Nutzung der gemieteten Übertragungskapazität im Netz erlaubt. Dabei können für eine Effizienzsteigerung bei der Sprachkommunikation in den ATM-Knoten Verfahren zur Sprachkompression und Sprachpausen-Unterdrückung bei einer Vernetzung der Nebenstellenanlagen (PBX) durch ATM-Festverbindungen (PVC) eingesetzt werden. Alternativ können für die PBX-Vernetzung Konzepte auf der Basis vermittelter ATM-Verbindungen (SVC) eingesetzt werden, die eine optimale Nutzung der Bandbreite ermöglichen, aber in den ATM-Knoten ein Interworking mit den in den Nebenstellenanlagen verwendeten Signalisierprotokollen, z.B. QSIG, erfordern.

Mit der im Zuge der Deregulierung geschaffenen Möglichkeit, zwischen mehreren Fernnetzbetreibern auszuwählen, ergibt sich für Betreiber von Firmennetzen die Chance, durch eine geeignete, verbindungsspezifische Auswahl

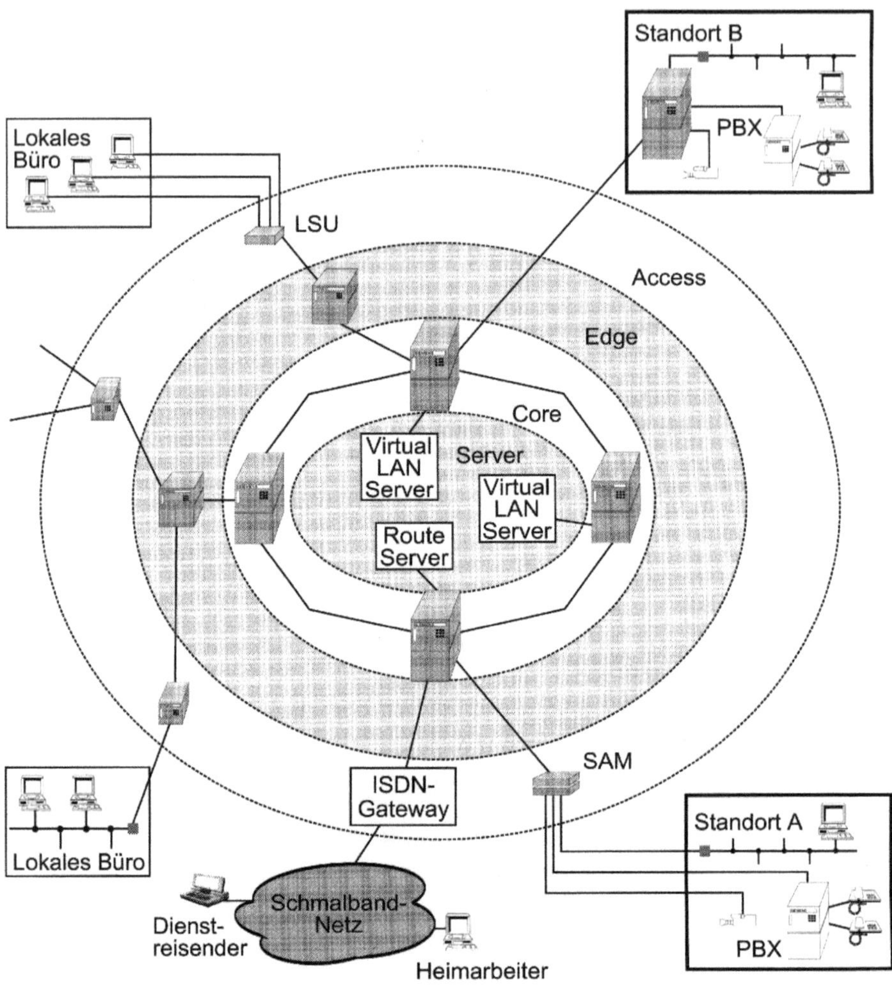

Abb. 9.14. Vernetzung von Firmenstandorten über das öffentliche Netz

die je nach Ziel und Zeit unterschiedlichen Tarife der Fernnetzbetreiber optimal zu nutzen (Least Cost Routing). Andererseits liegt es im Interesse eines
jeden Betreibers, den Verkehr so zu lenken, daß er möglichst lange im eigenen
Netz verbleibt, um die eigenen Betriebsmittel gut auszulasten und den Anteil
an den Gesamtgebühren zu maximieren. Solche Funktionen erfordern eine entsprechende Bewertung der Wählinformation, die in den ATM-Zugangsknoten –
oder zentralisiert in speziellen Routing-Servern – realisiert werden muß.

Für die LAN-Vernetzung eignen sich in diesem Fall die IP-basierten Verfahren wie LANE und MPOA (s. Abschn. 8.4.2.3) besonders, da sie den Aufbau

von flexibel per Software konfigurierbaren „virtuellen" LAN-Strukturen über das öffentliche Netz hinweg erlauben. Auf diese Weise können nicht nur die großen Firmenstandorte effektiv untereinander vernetzt werden, es können auch kleine Außenstellen und lokale Büros vollwertig mit eingebunden werden. Diese können direkt mit ihren LAN-Schnittstellen an die ATM Service Access Multiplerxer/Switches bzw. an spezielle LAN Service Units (LSU) angeschlossen werden. Alternativ können sie über ATM-Schnittstellen direkt an das ATM-Netz angebunden werden. Wenn die entsprechenden Server im Netz vorhanden sind, kann der öffentliche Netzbetreiber einen virtuellen LAN-Dienst anbieten, so daß beim Kunden selbst keine Netzbetreuung unterhalten werden muß. Ein weiterer Vorteil ist, daß Heimarbeiter oder Mitarbeiter, die sich auf einer Dienstreise befinden, über das ISDN oder über analoge Telefonleitungen und Modems und spezielle ISDN-Gateways Zugang zum ATM-Netz erhalten können und damit in die virtuellen LAN-Strukturen mit einbezogen werden. Über die IP-Server im Netz besteht außerdem Zugang zum weltweiten Internet für die Datenkommunikation mit externen Partnern.

Sehr ähnliche Anforderungen wie die Privatnetzbetreiber – zumindest in bezug auf die optimierte Sprachkommunikation und die integrierte Sprach- und Datenübermittlung über das öffentliche Netz – haben auch die neuen Betreiber von öffentlichen Regionalnetzen (Competitive Access Providers), damit sie die im öffentlichen Netz gemietete Bandbreite optimal nutzen und damit ihren eigenen Kunden kostengünstige Tarife anbieten können. Für sie eignen sich sehr ähnliche Anwendungsszenarien, wobei zusätzlich noch die speziellen Funktionen für eine effektive Teilnehmerverwaltung und eine flexible Vergebührung von Bedeutung sind.

9.8.3
ATM-Netze als Internet-Backbones

Durch die dramatische Zunahme der Teilnehmerzahlen und der zu übertragenden Datenmenge stellt auch die Verwendung der ATM-Infrastruktur als Hochleistungs-Backbone für das Internet ein wichtiges Anwendungsszenario für ATM-Netze dar. Wie in Abb. 9.15 dargestellt, wird der Großteil der privaten Internet-Nutzer in den nächsten Jahren einen Zugang über das analoge Telefonnetz mittels Modem oder einen ISDN-Anschluß verwenden. Um diese Teilnehmer an den ATM-Backbone anbinden zu können, sind leistungsfähige ISDN-Gateways notwendig, die eine Verbindung und Umsetzung zwischen den Schmalband-Vermittlungsstellen und dem ATM-Netz erlauben. Auch kleinere Firmen werden über das ISDN, eventuell unter Verwendung sog. „inverser Multiplexer", die ein höherratiges Digitalsignal zur Übertragung in einzelne 64 kbit/s-Kanäle aufspalten, und über Schmalband-Vermittlungsstellen an das ATM-Internet-Backbone herangeführt. Größere Firmen werden über direkte ATM-Schnittstellen oder über Frame Relay-Zugänge mit unterschiedlichen Bit-

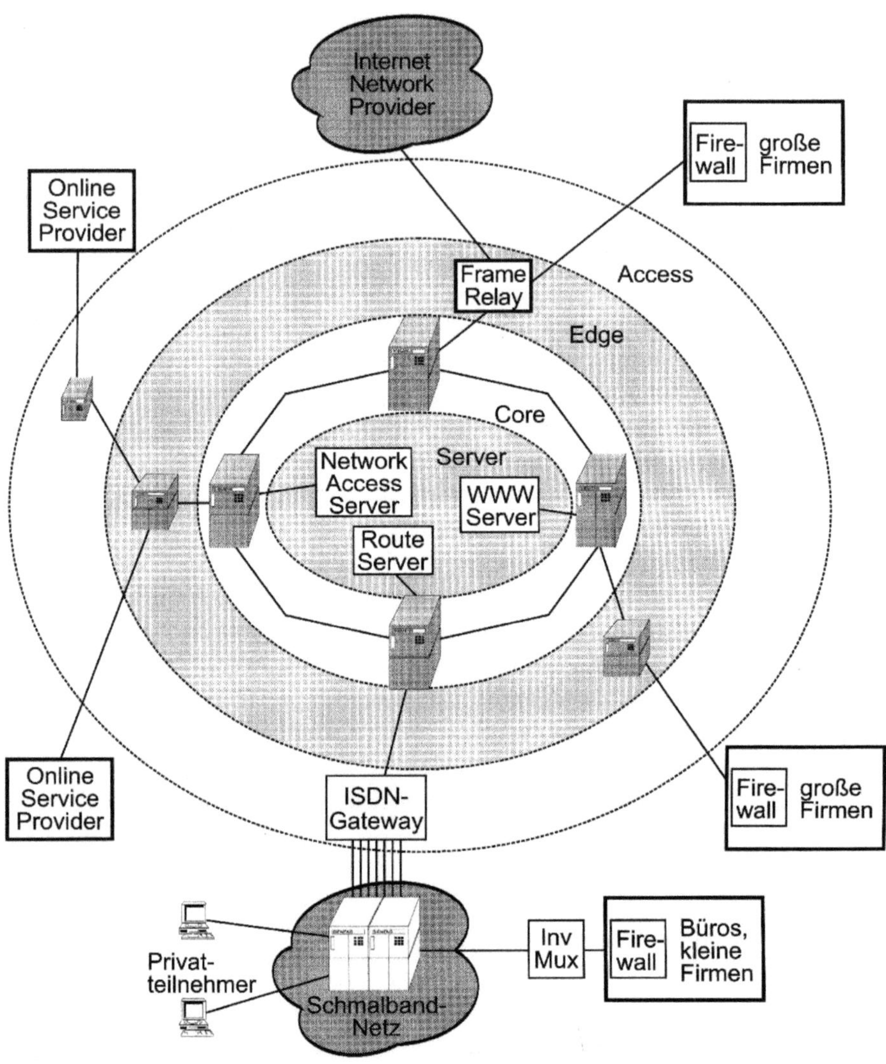

Abb. 9.15. Anwendung der ATM-Infrastruktur als Internet-Backbone

raten verfügen. Da derzeit viele Internet-Backbones ebenfalls auf der Basis von Frame Relay realisiert werden, kann der Einsatz von optimierten Frame Relay Service Access Switches für die Anbindung der Netze anderer Internet-Betreiber (Internet Network Provider, INP) und für die Anbindung der Frame Relay-Teilnehmer sinnvoll sein. Die Online Service Provider bzw. Internet Service Provider mit ihren lokalen Servern können über entsprechend hochratige ATM-Schnittstellen direkt an die ATM-Infrastruktur angebunden werden, so daß beim Zugriff Engpässe vermieden werden.

Route Server und eventuell Router im ATM-Netz erlauben eine effektive Vermittlung der Internet-Datenströme innerhalb des ATM-Netzes. Zusätzlich können Informations-Datenbanken, z.B. für das World Wide Web (WWW) oder Server für Electronic Mail-Dienste innerhalb des ATM-Netzes zur Verfügung gestellt werden. Außerdem kommen noch Server zum Einsatz, die den Zugang der einzelnen Teilnehmer zum Netz steuern (Network Access Server).

Eine solche ATM-basierte Internet-Backbone-Struktur ist bei Bedarf beliebig skalierbar und vermeidet so die Engpässe, die derzeit die Dienstgüte beim Internet-Zugriff spürbar beeinträchtigen. Die Beseitigung dieser Engpässe und der zunehmende Anteil an multimedialer Information im Internet wird einen erhöhten Bedarf an breitbandigeren Netzzugängen auch im privaten Bereich nach sich ziehen.

9.8.4
Breitbandige Versorgung der Privatteilnehmer

Die bisher beschriebenen Anwendungsszenarien sind in den bestehenden ATM-Netzen bereits realisiert – eventuell in etwas vereinfachter Form, da sich die entsprechenden Verfahren und Produkte erst in der Entwicklung befinden – und werden in den nächsten Jahren die hauptsächlichen Triebfedern für die schnelle Einführung öffentlicher ATM-Breitbandnetze darstellen.

Das nächste Anwendungsszenario, das auf die Bereitstellung dienstleistungs- und unterhaltungsorientierter Breitbandanwendungen für Privatteilnehmer (Home Shopping, Video-on-Demand, etc., s. Abschn. 8.1.2) zugeschnitten ist, wird zwar bereits weltweit in Feldversuchen erprobt, seine flächendeckende Einführung wird jedoch noch einige Jahre dauern, da für seine Realisierung hohe Investitionen – vor allem im Anschlußbereich – notwendig sind. Diesen Investitionen stehen Einnahmen gegenüber, die sich an denen der bisher in diesen Marktsegmenten üblichen Verfahren (Pay-TV, Videothek, Versandhandel) orientieren müssen, damit eine breite Akzeptanz erzielt werden kann. Zudem wird ein Teil des anfänglichen Marktes durch die Internet-basierten Lösungen abgedeckt werden.

In diesem Szenario wird die ATM-Infrastruktur zur Versorgung der Privatteilnehmer mit interaktiven Multimedia- und Videodiensten verwendet. Während die bisher beschriebenen Szenarien mit relativ kleinen Vermittlungsknoten im Kernnetz auskommen, werden nun sehr leistungsfähige Kernnetzknoten benötigt. Um bei Video-on-Demand eine vernünftige Anzahl von Teilnehmern pro Vermittlungsstelle versorgen zu können, sind Nutzdurchsätze im Bereich von 100 Gbit/s durchaus erforderlich, da die einzelnen Verbindungen sehr hochratig (2 bis 6 Mbit/s) sind und lang andauern. Wie in Abb. 9.16 dargestellt wird ein Großteil der Teilnehmer über die in Abschn. 9.7 dargestellten HFC- bzw. BPON-basierten Zugangsnetze angebunden sein, einige Teilnehmer

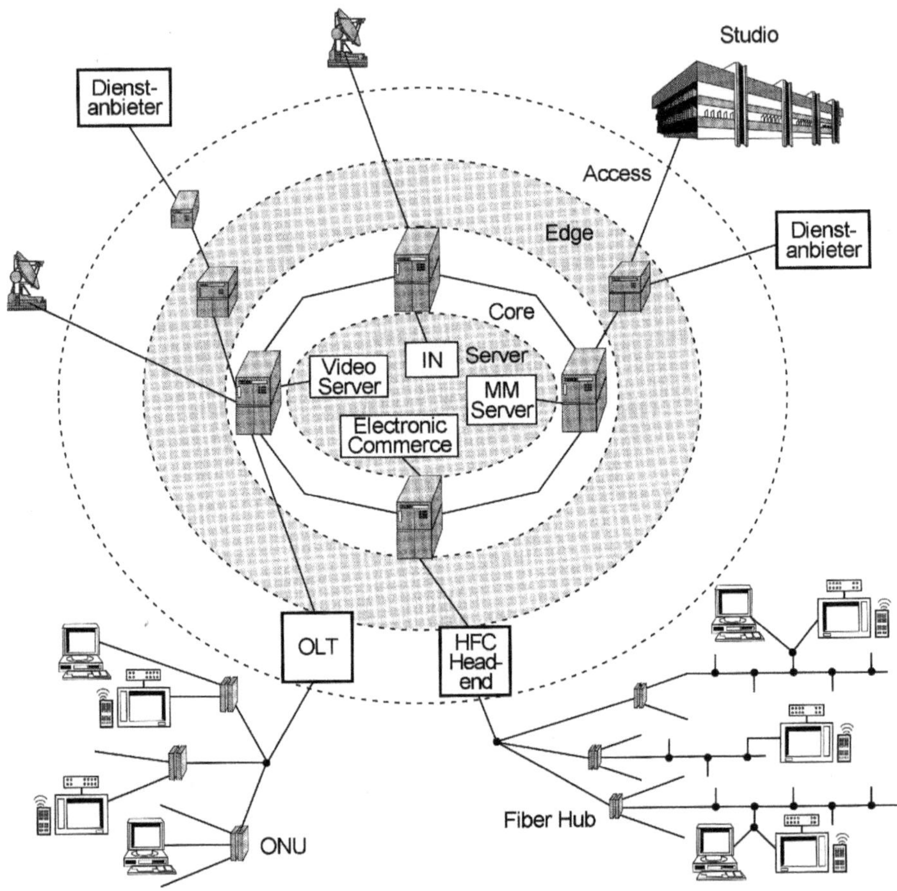

Abb. 9.16. Versorgung von Privatteilnehmern mit interaktiven Video- und Multimedia-Diensten

werden auch direkt von den ATM-Knoten aus über ADSL-Anschlußleitungen oder über hochratige ATM-UNI-Schnittstellen Zugang erhalten.

Video- und Multimedia-Server, die je nach Bedarf in den unterschiedlichen Netzebenen angebunden sein können, sorgen für die Speicherung und Ausgabe der Informationen. Electronic Commerce-Plattformen dienen zur Steuerung der Dienste und des Teilnehmerzugriffs, für die dienstspezifische Teilnehmerverwaltung sowie zur Vergebührung. IN-Server, die die Navigation in dem umfangreichen Angebot der unterschiedlichen Dienstanbieter unterstützen, erlauben eine komfortable Nutzung der angebotenen Dienste.

Der Inhalt der Server kann von den Studios der Videohersteller, die über ATM-Schnittstellen an das Netz angebunden sind, direkt über das ATM-Netz aktualisiert werden. Genauso erhalten die Dienstanbieter und Home

Shopping-Anbieter Zugang zu den Electronic Commerce-Plattformen und den Multimedia-Servern, so daß die im Netz gespeicherten Informationen immer auf dem aktuellsten Stand gehalten werden können. Die Programme für die digitale Fernsehverteilung können an geeigneten Stellen in das ATM-Netz eingespeist und bei Bedarf ebenfalls gespeichert werden (z.B. Nachrichtensendungen), so daß sie jederzeit abrufbar sind.

9.8.5
Übernahme des Fernverkehrs aus dem Schmalbandnetz

Von besonderem Interesse für die etablierten Betreiber öffentlicher Telekommunikationsnetze sind Szenarien, die einen evolutionären Übergang von den existierenden Schmalbandnetzen zu einer ATM-basierten Breitband-Infrastruktur erlauben, ohne die im Schmalbandbereich bereits getätigten Investitionen vorzeitig zu entwerten. Einen möglichen Ansatz dazu stellt das in Abb. 9.17 dargestellte „Narrowband Trunking"-Szenario dar [203], bei dem ein Teil des Schmalband-Fernverkehrs in der regionalen Fernnetzebene in das ATM-Netz eingespeist und dort bis zu einer zielnahen Schmalband-Fernvermittlungsstelle weitervermittelt wird.

Dieser Ansatz erlaubt es dem Netzbetreiber, einen Teil der für den Ausbau des Schmalbandnetzes vorgesehenen Investitionen für den Aufbau der ATM-Infrastruktur zu verwenden und diese dadurch mitzufinanzieren.

Im einfachsten Fall werden im ATM-Netz lediglich komplette Übertragungsleitungen mit Schmalband-Verkehr (z.B. 2 Mbit/s) verschaltet. Da bei dieser Anwendung lediglich die Transportfunktionen des ATM-Netzes genutzt werden, müssen in den ATM-Kernnetzknoten, die als Interworking-Punkte dienen, nur relativ einfache CES-Funktionen (Circuit Emulation Service, s. Abschn. 8.4.1.1) realisiert sein.

Wesentlich flexiblere Möglichkeiten bietet eine Interworking-Funktion, mit der einzelne Schmalband-Kanäle ($64\,$kbit/s oder $N \times 64\,$kbit/s) getrennt im ATM-Netz vermittelt werden können. Dies erfordert neben einer kanalorientierten Paketierung der Nutzdaten (s. Abschn. 8.4.1.2) auch ein Interworking der Zeichengabeprotokolle für die Zwischenamts-Signalisierung (N-ISUP/B-ISUP Interworking, ITU-T Q.2660) im ATM-Kernnetzknoten. Dieses Interworking muß im Netz aber ohnedies zur Verfügung gestellt werden, damit eine Kommunikation von Schmalband-Teilnehmern mit Breitband-Teilnehmern ermöglicht wird. Für die Vermittlung einzelner Sprachkanäle im ATM-Netz sind aufgrund der durch die Paketierung/Depaketierung zusätzlich auftretenden Verzögerungen (s. Abschn. 8.4.1.3) im manchen Fällen zusätzliche Maßnahmen, wie z.B. Echosperren, notwendig.

Durch solche Ansätze, die in ähnlicher Weise auch für andere bereits bestehende Netze (X.25, Frame Relay, Mietleitungen, usw.) definiert werden können, kann der Netzbetreiber eine an seine Bedürfnisse angepaßte Migrationstrategie

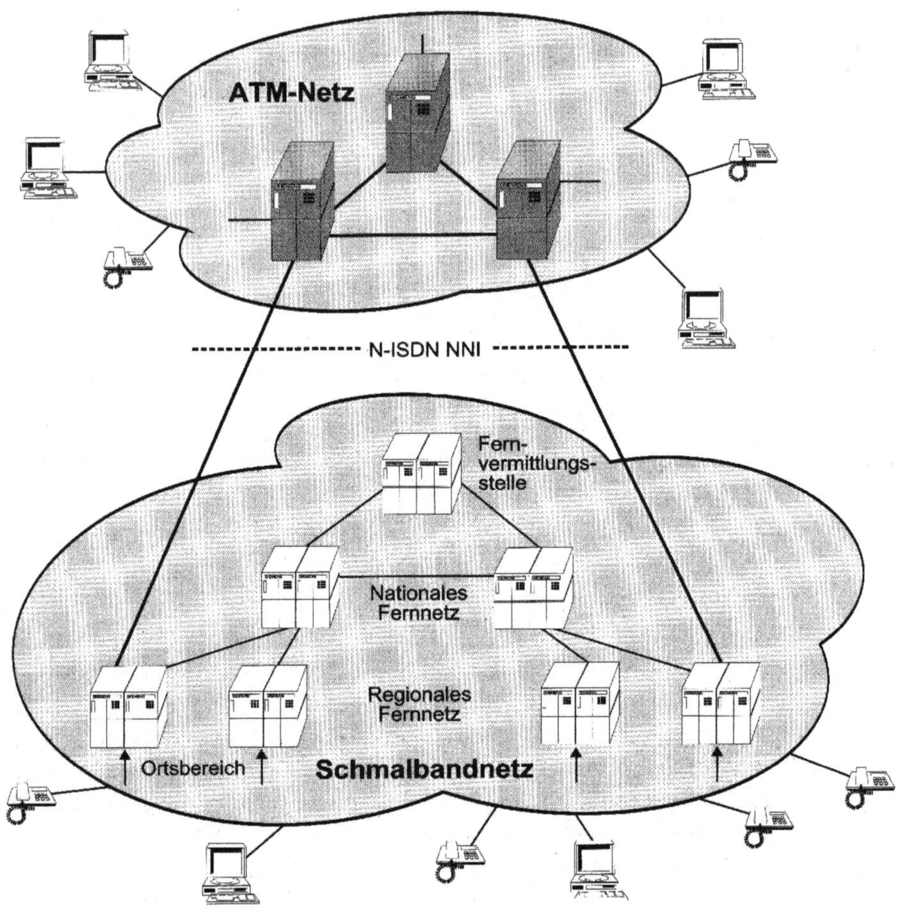

Abb. 9.17. Übernahme von Fernverkehr aus dem Schmalbandnetz

für die Konsolidierung seiner Netze entwickeln und dabei eine zukunftssichere, leistungsfähige ATM-Infrastruktur aufbauen.

9.8.6
ATM-basierte Stadtnetze

Ein weiteres interessantes Anwendungsgebiet für die ATM-Technik sind die sog. Stadtnetze[17] (City Networks), bei denen unabhängige Betreiber, wie in

---

17 Solche Stadtnetze werden auch in Deutschland derzeit (1996) schon aufgebaut und betrieben, da der kommerzielle Betrieb privater Kommunikationsnetze vom Netzmonopol ausgenommen ist, solange die angeschlossenen Grundstücke nicht weiter als 25 km voneinander entfernt liegen.

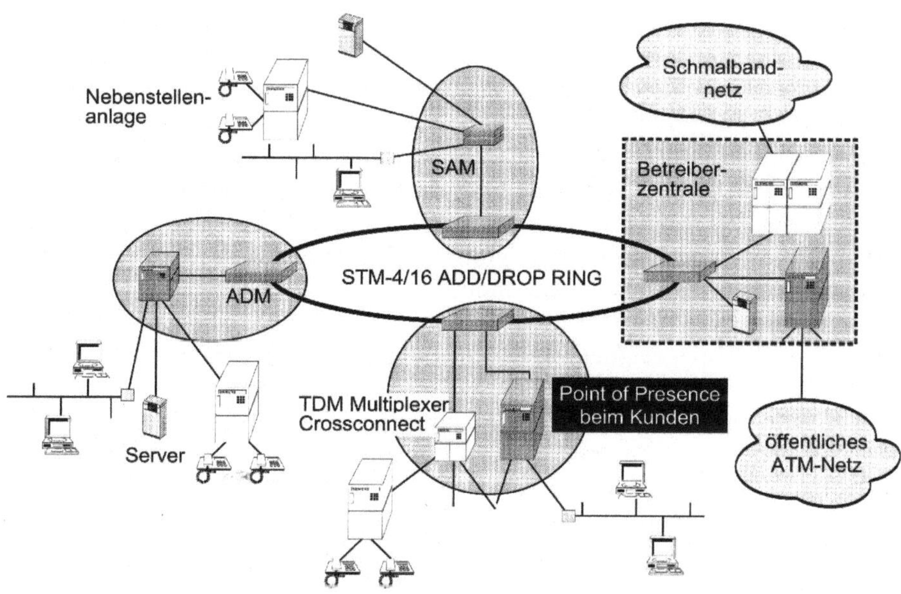

Abb. 9.18. ATM-orientierte Stadtnetz-Architektur

Abb. 9.18 angedeutet, in den Geschäftsvierteln großer Städte einen hochratigen
SDH/SONET-Glasfaserring (155 Mbit/s bis 2,4 Gbit/s in Zukunft) verlegen, an
den dann Großkunden (z.B. Bankzentralen) angeschlossen werden, die über
diese Infrastruktur untereinander und mit ihren im Einzugsbereich liegenden
Filialen kommunizieren können.

Auf dem Gelände des Kunden oder in dessen näherer Umgebung wird
vom Netzbetreiber ein „Point of Presence" eingerichtet, an dem über einen
Add/Drop-Multiplexer (ADM) ein Zugang zum SDH-Ring geschaffen wird. Die
Teilnehmer werden je nach Bedarf über TDM-Multiplexer oder Crossconnects
oder über ATM-Knoten bzw. über eine Kombination aus beidem angeschlossen.
Diese Installationen können beim Ausbau des Netzes entsprechend erweitert
und mit geeigneten Anschlußnetzen versehen werden.

Über ein Vermittlungs- und Kontrollzentrum, in dem ATM- und Schmal-
band-Vermittlungen vorhanden sind, wird der Zugang zu den öffentlichen
Breitband- und Schmalbandnetzen bereitgestellt. Ebenso werden von dort Verbindungen zu eventuell vorhandenen Stadtnetzen des gleichen Betreibers in
anderen Orten realisiert. Der Einsatz der ATM-Technik erlaubt eine flexiblere
Mischung von Sprach- und Datenkommunikation als die TDM-Technik. Durch
den Einsatz entsprechender Server (virtuelle LANs) können überdies, wie bereits bei der Vernetzung von Firmenstandorten über ATM beschrieben, die
Möglichkeiten der Datenkommunikation deutlich verbessert werden.

Bedingt durch die Verwendung der einheitlichen ATM-Infrastruktur für alle geschilderten Anwendungsfälle ist eine Netzkonsolidierung möglich, wie sie mit keinem anderen Konzept erreicht werden kann. Durch bedarfsorientierte Teilnehmer-Schnittstellen, die hohe Leistungsfähigkeit der Vermittlungs- und Transportfunktionen sowie durch die neuen Ansätze für die Datenkommunikation (MPOA, etc.) wird eine breitbandige Ende-zu-Ende-Kommunikation ohne Stoßstellen und Engpässe in der Übertragungsrate ermöglicht. Wichtig ist auch die Tatsache, daß die individuellen Dienstgüte-Anforderungen der unterschiedlichen Dienste und Anwendungen flexibel unterstützt werden können. Deshalb bietet die ATM-Infrastruktur mit ihrer nahezu unbegrenzten Skalierbarkeit auch eine geeignete Basis für die zukünftig neu entstehenden, breitbandigen Anwendungen. Durch die flexible server-basierte Architektur zur Unterstützung der höherwertigen Dienstfunktionen werden für die Netzbetreiber und für neue Dienstanbieter vielfältige Möglichkeiten zur Erschließung neuer Marktpotentiale geschaffen. Außer den im Zusammenhang mit dem Internet bereits in den Anfängen erkennbaren Möglichkeiten können auch – um nur ein Beispiel zu nennen – kommerzielle Angebote zur Auslagerung und sicheren Speicherung der zunehmenden Datenmengen (Data Warehouse) realisiert werden.

9.9
Beispiele für bestehende ATM-Netze

Aufgrund der kürzeren Innovations- und Abschreibungszyklen im Privatnetzbereich gibt es in diesem Bereich bereits eine Vielzahl von ATM-Installationen. Weltweit wurde aber auch im öffentlichen Bereich bereits vor einigen Jahren in umfangreichen Feldversuchen mit der praktischen Erprobung der ATM-Technik begonnen. Insbesondere in den USA, aber auch in den meisten westeuropäischen Ländern und in Japan haben die etablierten Netzbetreiber dabei ATM- und Multimedia-Versuchsnetze installiert, um ihre technologische Führungsposition zu beweisen. Bereits im November 1994 wurde offiziell der Netzbetrieb in einem europaweiten ATM-Pilotversuch aufgenommen, bei dem 17 Netzbetreiber aus 15 europäischen Staaten den Einsatz der ATM-Technik im internationalen Umfeld erprobt haben. Darüber hinaus werden auch innerhalb der strategischen Allianzen zwischen den großen Netzbetreibern (z.B. Global One, Concert, usw. s. Abschn. 1.2.1) gemeinsame Erprobungen und abgestimmte Planungen durchgeführt, um frühzeitig internationale Breitbanddienste auf ATM-Basis anbieten zu können. In einem nach den Anfangsbuchstaben der beteiligten Betreiber[18] als ADFK-Projekt bezeichneten Versuch, der bereits 1994 vereinbart wurde, werden z.B. unter Verwendung von bestehenden Transatlantik-Kabeln ATM-Verbindungen zwischen Deutschland, Frankreich, den USA und Japan ermöglicht. In einigen Ländern werden inzwischen

---

18 AT&T in den USA, Deutsche Telekom, France Télécom und KDD in Japan.

ATM-basierte Breitbanddienste bereits als kommerzielle Regeldienste angeboten.

Auch die neuen Netzbetreiber, z.B. in Deutschland, evaluieren die ATM-Technik in Testinstallationen, um beim Wegfall der Netzmonopole mit leistungsfähigen Netzen auf der Basis modernster Technologie in den Wettbewerb starten zu können. Zunehmend finden auch in weniger hoch entwickelten Ländern ATM-Erprobungen statt – oft unterstützt durch staatliche Initiativen – da in einer leistungsfähigen, breitbandigen Kommunikations-Infrastruktur eine Grundvoraussetzung für eine schnelle wirtschaftliche Entwicklung gesehen wird.

Das ATM-Pilotnetz der Deutschen Telekom, dessen Ausbaustand Mitte 1996 in Abb. 9.19 dargestellt ist, ist ein typisches Beispiel für ein derzeit existierendes, schon relativ großes ATM-Breitbandnetz. Die Anfangskonfiguration dieses Netzes bestand aus drei ATM-Knoten, die in Berlin, Hamburg und Köln angesiedelt waren. Der erste Standort in Berlin konnte mit einem MainStreet-Xpress 36190 V1[19] Crossconnect [79] Mitte 1994 in Betrieb genommen werden.

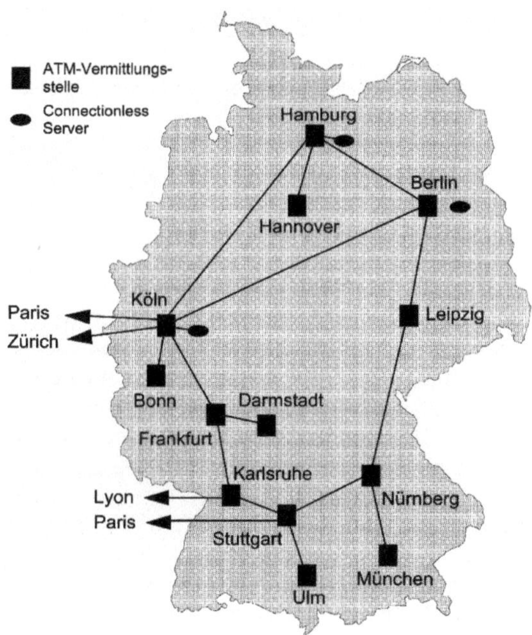

Abb. 9.19. Das ATM-Netz der Deutschen Telekom (Ausbaustand Mitte 1996)

---

19 Frühere Bezeichnung: EWSXpress V1.

Da die Standardisierung der Zeichengabe-Protokolle für das B-ISDN zu diesem
Zeitpunkt noch im Gange war und entsprechende Implementierungen deshalb
noch nicht verfügbar waren, wurden zunächst nur Dienste auf der Basis von
VP-Festverbindungen angeboten.

Für den Anschluß der Teilnehmer wurden neben den 155 Mbit/s-ATM-
Schnittstellen auf SDH-Basis auch 34 Mbit/s- und 2 Mbit/s-ATM-Schnittstellen
auf PDH-Basis angeboten. Außerdem wurde der Einsatz von ATM Service Access Switches und Multiplexern vorgesehen, um den Anschluß der Teilnehmer
über nicht ATM-basierte Schnittstellen zu ermöglichen.

Eine der Hauptanwendungen des ATM-Netzes war die Verknüpfung von lokalen Netzen. Diese wurden über Router und als „TA-LAN" (Terminal Adaptor
für LANs) bezeichnete DSUs oder ATM Service Access Switches angeschlossen. Neben der direkten Kopplung der LANs über VP-Festverbindungen wurde
auch ein verbindungsloser Dienst auf der Basis von SMDS angeboten, der durch
Connectionless Server in den drei Hauptstandorten unterstützt wurde.

Ein Ziel des Pilotnetzes war es auch, die in mehreren deutschen Städten
installierten MAN-Netze zu verknüpfen. Damit sollte eine verbesserte Nutzung des auf MAN-Basis angebotenen DATEX-M-Dienstes erreicht werden.
Außerdem wurden Verbindungen zwischen den über MANs angeschlossenen
LANs und den direkt am ATM-Netz angeschlossenen möglich. Die MANs wurden dabei über Anpassungseinheiten an die ATM-Knoten angebunden, die als
„Interworking-Unit MAN" bezeichnet werden.

In Köln wurde ein zentraler Knoten für die Teilnahme am bereits erwähnten
europäischen ATM-Pilotprojekt eingerichtet, der direkt mit entsprechenden
ATM-Knoten in Paris, Zürich, Mailand, Wien, Göteborg, Kopenhagen, Amster-
dam, London und Brüssel verbunden war. Neben dem direkten Verkehr wurde
über diesen Knoten auch reiner Transitverkehr anderer Betreiber abgewickelt.
Die Vernetzung der Standorte wurde über 155 Mbit/s SDH-Strecken realisiert.

Im Laufe der Zeit wurde das Netz um zusätzliche Standorte auf der Basis von
MainStreetXpress 36190 V1 Crossconnects erweitert, so daß die ATM-Knoten
inzwischen über ganz Deutschland verteilt sind. Die Knoten in Karlsruhe und
Stuttgart wurden im Rahmen eines bilateralen Projekts zwischen der France
Télécom und der Deutschen Telekom mit Knoten in Lyon und Paris verbunden.
Zusätzlich zu den eigenständigen Netzknoten wurden abgesetzte Einheiten[20]
eingesetzt, die einem Netzknoten zugeordnet waren und über diesen betrieben
wurden, um eine möglichst weitgehende Flächendeckung zu erreichen.

Im Juni 1996 wurden die eingesetzten Crossconnects über reine Software-
Upgrades, d.h. ohne Austausch der Hardware oder Installation neuer Knoten,
erfolgreich auf eine als MainStreetXpress 36190 V2.1 bezeichnete Version aufgerüstet, die neben den Festverbindungen auch ATM-Wählverbindungen auf
der Basis der bei ITU-T standardisierten Zeichengabe-Protokolle (DSS2, CCS7
mit B-ISUP, s. Kap. 7) unterstützt.

---

20 Diese bestehen aus kleineren Konfigurationen der ATM-Crossconnects.

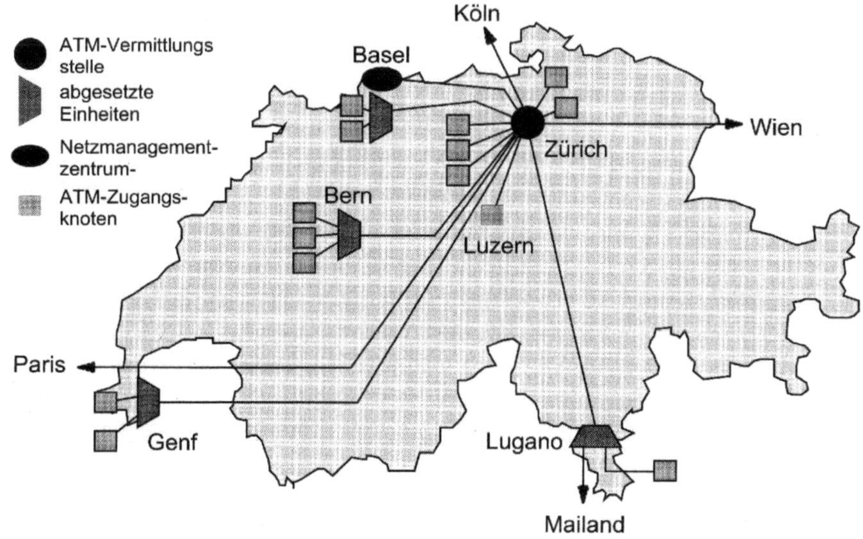

Abb. 9.20. Das ATM-Netz der Schweizer PTT (Ausbaustand Mitte 96)

Teilnehmer im Pilotnetz waren zunächst interessierte Stellen der Deutschen Telekom und ihrer Tochtergesellschaften. Daneben wurde dann das bereits bestehende Deutsche Wissenschaftsnetz, das über 400 Teilnehmer aus dem Universitäts- und Forschungsbereich, aber auch aus der Industrie umfaßt, mit über 40 Kundenanschlüssen an das Netz angebunden. Seit Januar 1996 wird die Benutzung des ATM-Netzes als regulärer Dienst angeboten, der allen interessierten Firmen und Organisationen offensteht.

Ein weiteres Beispiel ist das in Abb. 9.20 dargestellte Netz der Schweizer PTT, das aus einem zentralen MainStreetXpress 36190 V1 Crossconnect in Zürich und mehreren abgesetzten Einheiten in Basel, Bern, Luzern, Genf und Lugano besteht. Vom zentralen Knoten in Zürich aus wurden für den europäischen Pilotversuch direkte Verbindungen nach Köln, Paris und Wien realisiert. Das Netz wird von einem Management-Center in Basel aus betrieben. Die Teilnehmer sind zum großen Teil über ATM Service Access Switches angeschlossen, teilweise werden auch LANs über Router und DSUs angebunden.

Einige typische Anwendungen, die über dieses Netz realisiert werden, sind:

- Vernetzung von LANs und Interworking zwischen dem ATM-Netz und MAN-Netzen,
- Videokonferenzen auf der Basis von PCs bzw. Workstations (Desktop Video Conferencing),
- Erteilung von Fernunterricht durch zwei Universitäten,
- Telekooperation und verteilte Rechenanwendungen,

- Zugang zu einem CRAY-Supercomputer für wissenschaftliche Berechnungen,
- Übermittlung von isochronem Verkehr (Schmalbandverkehr) und
- Unterstützung von IP-basierten Anwendungen.

Diese Beispiele zeigen, daß das Interesse der Betreiber im öffentlichen Bereich an ATM sehr groß ist, da eine strategische Ausrichtung auf ATM den Aufbau einer universellen und zukunftssicheren Breitband-Infrastruktur erlaubt. Diese deckt nicht nur den derzeit bestehenden Bedarf ab, sondern ist auch offen für neue Dienste und Anwendungen. Außerdem beweisen die bisher durchgeführten Netzerprobungen, daß die ATM-Standards und die auf ihrer Basis implementierten ATM-Produkte einen technischen Reifegrad erreicht haben, der den Aufbau und den stabilen Betrieb großer nationaler und internationaler Netze erlaubt und der auch für die kommerzielle Einführung ATM-basierter Dienste ausreichend ist.

10 Architekturen für ATM-Vermittlungsknoten

10.1
Generische Knotenarchitektur

Die in einem ATM-Vermittlungsknoten zu erfüllenden Aufgaben umfassen neben der eigentlichen Vermittlungsfunktion für die Zellströme in der Benutzerebene auch die Behandlung der im ATM-Transportnetz relevanten Protokollschichten (physikalische Schicht, ATM-Schicht, s. Kap. 4) und der Protokolle in der Managementebene (s. Kap. 6) sowie die Bearbeitung der Funktionen für die Verbindungssteuerung inklusive der Behandlung der Zeichengabeprotokolle (s. Kap. 7). Falls auch Schnittstellen angeboten werden, die keinen ATM-Verkehr tragen, sind auch die entsprechenden Funktionen der ATM-Anpassungsschicht (AAL) zu erbringen. All diese Funktionen stellen bezüglich Bearbeitungsgeschwindigkeit, Komplexität und Vielfältigkeit sehr unterschiedliche Anforderungen an das System, was zu der generischen Architektur für einen ATM-Vermittlungsknoten führt, die in Abb. 10.1 dargestellt ist.

Die Leitungsmodule sind verantwortlich für den Abschluß der externen Schnittstellen für Anschlußleitungen (Subscriber Lines) und Verbindungsleitungen (Trunks). Dabei sind die Protokolle der physikalischen Schicht und der größte Teil der Protokolle der ATM-Schicht abzuschließen sowie Betriebs- und Wartungsaufgaben wahrzunehmen. In der Regel erfolgt hier auch die Abbildung des externen Zellformats auf ein innerhalb des Knotens verwendetes,

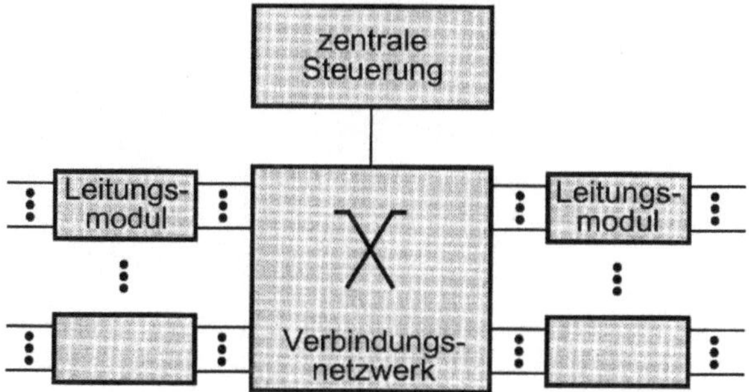

Abb. 10.1. Generische Architektur eines ATM-Vermittlungsknotens

erweitertes Zellformat. Dieses ist in der Lage, auch knotenspezifische Zusatz-funktionen, z.B. für interne Adressierung, Fehlersicherung und Redundanz, zu unterstützen. Für externe Übertragungsleitungen, die keinen ATM-Verkehr tragen, z.B. PCM-Stecken (s. Abschn. 11.4.1) mit STM-Verkehr, sind auf dem Leitungsmodul auch die Funktionen der ATM-Anpassungsschicht (AAL) implementiert, da im Verbindungsnetzwerk in der Regel nur eine ATM-orientierte Übertragung unterstützt wird.

Die Leitungsmodule arbeiten auf der Zeitebene der ATM-Zellen, wobei die Zelldauer auf einer 150 Mbit/s-Leitung z.B. 2,8 μs beträgt. Da alle für die Bearbeitung einer Zelle nötigen Funktionen innerhalb dieser Zeitspanne abgeschlossen werden müssen, kommen hier vorzugsweise schnelle Spezialbausteine (anwendungsspezifische integrierte Bausteine, Application Specific Integrated Circuits, ASICs) zur Anwendung.

Das Verbindungsnetzwerk (Switch Fabric) erbringt die eigentliche Vermittlungsfunktion für die Zellströme zwischen den Leitungsmodulen. Je nach Anwendungsbereich des ATM-Knotens ist hierbei ein Durchsatz im Bereich von 1 Gbit/s bis zu mehreren hundert Gbit/s bei einer – wegen der Echtzeitdienste – sehr geringen Durchlaufverzögerung erforderlich. Im Gegensatz zu STM-Koppelnetzen, bei denen die Koppelpunkte nach einem beim Verbindungsaufbau eingestellten, starren Zyklus gesteuert werden, muß bei ATM-Verbindungsnetzwerken zellindividuell die jeweilige Adreßinformation ausgewertet werden, um die Zelle auf dem richtigen Weg durch das System leiten zu können. Um diese Funktion innerhalb einer Zelldauer abschließen zu können, werden die Verbindungsnetzwerke ebenfalls in schneller Spezialhardware realisiert.

Das Steuerungsmodul arbeitet auf der Zeitebene der Verbindungsdauer und stellt eine komplexe und vielfältige Funktionalität zur Verfügung, die überwiegend in Software implementiert ist. Vom Steuerungsmodul werden die zentralen Betriebs- und Wartungsaufgaben gesteuert, z.B. Hochlauf, Konfiguration des Systems, Verwaltung von Benutzer- und Verbindungsdaten oder Archivierung der Daten für die Vergebührung. Um diese Aufgaben zu erfüllen, verfügen die Steuerungsmodule über Festspeicher zur Ablage der Systemprogramme und semipermanenten Daten sowie über externe Schnittstellen zu Bedienkonsolen und zentralen Netzmanagement-Systemen. Im Steuerungsmodul werden die Zeichengabeprotokolle terminiert und alle Funktionen im Zusammenhang mit der Verbindungssteuerung (Call Processing) abgehandelt. Je nach Größe des Systems und Anforderungen an die Leistungsfähigkeit der Verbindungssteuerung können entweder Einzelrechner oder skalierbare Mehrprozessor-Systeme im Steuerungsmodul eingesetzt werden.

Vom Steuerungsmodul aus werden die verbindungsspezifischen Einstellungen im Verbindungsnetzwerk und auf den Leitungsmodulen vorgenommen, wie etwa das Laden der Parameter für die UPC/NPC-Funktionen oder der Daten für die Umwertung der Verbindungskennungen. Zu diesem Zweck muß das Steuerungsmodul in der Lage sein, mit den Prozessoren auf den Leitungsmodulen und im Verbindungsnetzwerk zu kommunizieren. Diese Kommunikation kann entweder über spezielle Kommunikationspfade erfolgen, oder sie wird auf der Basis von ATM-Zellen abgewickelt. Im letzteren Fall kann das Verbindungsnetzwerk für die interne Steuerkommunikation mitverwendet werden.

Insbesondere für den Einsatz der Systeme in öffentlichen Weitverkehrsnetzen wird eine hohe Verfügbarkeit der Netzelemente gefordert. Diese kann in der Regel nur erreicht werden, wenn die zentralen Einheiten, d.h. das Verbindungsnetzwerk und das Steuerungsmodul, und bei Bedarf auch die Leitungsmodule redundant ausgeführt werden.

10.2
Leitungsmodule

Die Funktionen der Leitungsmodule umfassen:

- *Die Bearbeitung der Protokolle der physikalischen Schicht.* Diese Funktionen sind spezifisch für die Übertragungssysteme, die an den externen Schnittstellen angeschlossen sind.
- *Die Bearbeitung der Protokolle der ATM-Anpassungsschicht (AAL).* Diese Funktionen sind dienstspezifisch und werden nicht benötigt, wenn die externen Schnittstellen bereits ATM-Verkehr tragen.
- *Die Bearbeitung der standardisierten Protokolle der ATM-Schicht.* Diese Funktionen werden unabhängig von den verwendeten Übertragungs- und Dienstschnittstellen benötigt und können deshalb so weit möglich zentralisiert werden.
- *Die Anpassung an die systeminternen Schnittstellen zum Verbindungsnetzwerk.* Diese Funktionen hängen stark von der gewählten Architektur ab und sind weitgehend herstellerspezifisch.
- *Lokale Unterstützung von Betriebs- und Wartungsfunktionen.* Da diese Funktionen nicht vollständig im Zeitraster der ATM-Zellen erbracht werden müssen und relativ vielfältig sind, können dafür periphere Prozessoren eingesetzt werden, um die zentrale Steuerung soweit wie möglich zu entlasten.

Aus diesem Funktionsumfang ergibt sich das in Abb. 10.2 dargestellte funktionale Blockdiagramm eines Leitungsmoduls.

Die standardisierten Funktionen der physikalischen Schicht (s. Abschn. 4.2) sind den einzelnen Übertragungsleitungen zugeordnet. Für Schnittstellen mit ATM-Verkehr sind neben den Funktionen der PMD-Subschicht und den Funktionen für die Anpassung an den Übertragungsrahmen auch die ATM-spezifischen Funktionen der TC-Subschicht, also die Zellsynchronisation, die Fehlerüberwachung des Zellkopfes, die Verwürfelung bzw. Entwürfelung des Informationsfeldes und die Zellraten-Entkopplung zu erbringen. Diese Funktionen werden in der Regel durch leitungsindividuelle Spezialbausteine (PHY-

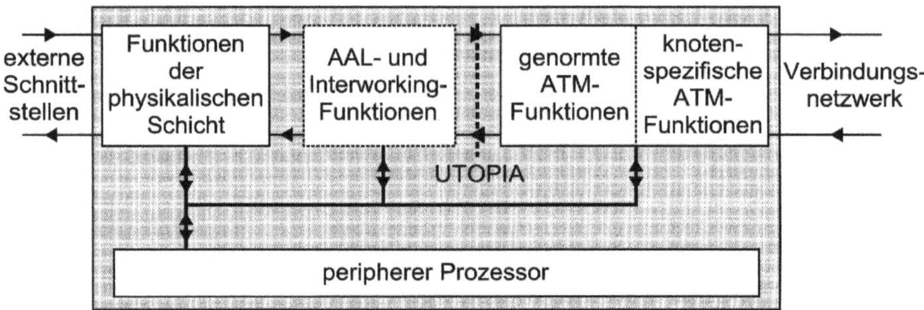

Abb. 10.2. Funktionales Blockdiagramm eines Leitungsmoduls

Bausteine) realisiert, die an die unterschiedlichen Übertragungssysteme angepaßt sind.

Falls eine vollständige Einbettung der ATM-Netzelemente in das Übertragungsnetz vorgesehen ist, müssen von den Systemen vollwertige Übertragungs-Schnittstellen (Inter-Office Interfaces) angeboten werden. Dazu müssen entsprechende optische Komponenten verwendet werden, die eine Signalübertragung über längere Strecken hinweg erlauben. Auf der logischen Ebene ist dafür neben der Behandlung der Nutzlast auch die Behandlung der Overhead-Bytes des jeweiligen Übertragungssystems erforderlich. Deshalb stellen die gebräuchlichen PHY-Bausteine Zugriffsmöglichkeiten auf diese Zusatzbytes zur Verfügung, die dann innerhalb des ATM-Knotens entsprechend bearbeitet werden müssen.

Die Funktion der PHY-Bausteine ist durch internationale Normen vollständig abgedeckt und im Prinzip unabhängig von der Architektur des ATM-Systems. Durch die Vielfalt der verwendeten Übertragungssysteme wird außerdem eine ganze Palette unterschiedlicher PHY-Bausteine benötigt. Deshalb hat das ATM-Forum für die Systemseite dieser Bausteine eine herstellerunabhängige, zellbasierte Schnittstelle unter der Bezeichnung „UTOPIA" (Universal Test & Operations PHY Interface for ATM) spezifiziert, die sich bei den Herstellerfirmen solcher Bausteine weitestgehend als Industriestandard durchgesetzt hat. Die UTOPIA-Schnittstelle kann auch zum zellbasierten Informationstransport zwischen Bausteinen verwendet werden, die jeweils nur Teilfunktionen der ATM-Schicht implementieren. Außerdem kann sie auch zur Kopplung von ATM-Schicht- und AAL-Bausteinen verwendet werden.

Falls die externen Übertragungsleitungen keinen ATM-Verkehr transportieren, sondern z.B. kanalorientierten STM-Verkehr, wird zwischen die Funktionen der physikalischen Schicht und die der ATM-Schicht eine Behandlung der entsprechenden ATM-Anpassungsschicht (AAL) eingefügt. Dort werden die Daten paketiert bzw. depaketiert und die dienstspezifischen Zusatzfunktionen, z.B. Ausgleich von Verzögerungsschwankungen und Behandlung von

Zellverlusten, werden ausgeführt. Für reine ATM-Leitungsmodule wird keine AAL-Behandlung benötigt. Für universelle Leitungsmodule, die sowohl nicht-ATM- als auch ATM-Verkehr unterstützen, muß eine Umgehung der ATM-spezifischen Funktionen der TC-Subschicht für den nicht-ATM-Verkehr sowie eine Umgehung der AAL-Funktionen für den ATM-Verkehr vorgesehen werden.

Die AAL-Funktionen können ebenfalls weitestgehend unabhängig von der sonstigen Systemarchitektur in Form von speziellen AAL-Bausteinen implementiert werden. Die ATM-spezifischen Funktionen der TC-Subschicht können dabei je nach Anwendungsfall (gemischter Betrieb oder nicht) und Verfügbarkeit geeigneter Bausteine in den PHY- oder in den AAL-Bausteinen realisiert sein. Die verfügbaren AAL-Bausteine bieten in der Regel in Richtung zur ATM-Schicht UTOPIA-Schnittstellen, so daß der ATM-spezifische und der systemspezifische Teil der Leitungsmodule unabhängig vom Verkehrstyp auf den externen Leitungen einheitlich gehalten werden kann.

Ein Großteil der Funktionen der ATM-Schicht wird ebenfalls im Leitungsmodul realisiert. Dazu sind in speziellen ATM-Schicht-Bausteinen z.B. die Leaky-Bucket-Mechanismen für die UPC/NPC-Funktion (s. Abschn. 5.4) und die Zähler für die ATM-Schicht-Verkehrsmessungen (s. Abschn. 6.1.4) implementiert. Da einige der OAM-Funktionen (s. Abschn. 6.1.3) sehr hohe Echtzeitanforderungen stellen, ist zumindest der zeitkritische Teil der Mechanismen ebenfalls in den ATM-Schicht-Bausteinen enthalten.

Die entsprechenden OAM-Flags, die Parametersätze und Zustandsvariablen für die UPC/NPC-Funktion und die Zählerstände der verschiedenen Verkehrsmessungen werden zusammen mit den für die Umwertung der Verbindungskennungen (VPI/VCI) notwendigen Daten[1] in verbindungsspezifischen Bereichen eines Steuerspeichers abgelegt, um mit einem Speicherzugriff alle für die Bearbeitung der Zelle relevanten Daten verfügbar zu haben.

Bei einem VPI/VCI-Bereich von maximal 28 Bit sind pro externem Anschluß theoretisch $268,4 \times 10^6$ gleichzeitige Verbindungen möglich, was allein schon von der verbleibenden Bitrate pro Verbindung – im Mittel etwa 0,6 Bit/s bei einer 150 Mbit/s-Leitung – unsinnig ist. In der Realität wird die Anzahl gleichzeitiger Verbindungen auf wesentlich geringere Werte eingeschränkt, um die Dynamikanforderungen und Steuerspeichergrößen auf den Leitungsmodulen in einem vernünftigen Rahmen zu halten. Die entsprechenden Werte sind zwar nicht standardisiert, liegen aber in der Regel in der Größenordnung der aus der Bellcore-Spezifikation GR-1110 [28] entnommenen Zahlenwerte in Tabelle 10.1.

Um die Steuerspeicher gemäß der reduzierten Werte dimensionieren zu können sehen die Standards vor, daß der auf der externen Leitung nutzbare VPI/VCI-Bereich eingeschränkt werden kann, indem nur ein Teil der VPI- und VCI-Bits tatsächlich verwendet wird (s. ITU-T-Empfehlungen I.150 und I.361).

---

1 Die Umwertinformation und die UPC/NPC-Parameter werden beim Verbindungsaufbau geladen.

Tabelle 10.1. Maximale Anzahl gleichzeitig akti-
ver Verbindungen pro Anschluß (UNI/NNI)
gemäß Bellcore

Anschlußtyp	Bitrate (in Mbit/s)	NC
E1/DS1	1,544/2,048	≤ 256
E3/DS3	34,368/44,736	≤ 2048
E4	139,264	≤ 4096
STM-1/STS-3c	155,52	≤ 4096
STM-4/STS-12c	622,08	≤ 4096

NC: Gesamtanzahl von VP- und/oder VC-Verbindungen pro Anschluß (UNI/NNI)

Um eine solche Einschränkung für die externen Übertragungsleitungen zu vermeiden, kann auch eine Adreßreduktions-Funktion eingeführt werden, mit deren Hilfe der volle VPI/VCI-Bereich auf den reduzierten Bereich abgebildet wird
bevor der Zugriff auf den Steuerspeicher erfolgt.

Für Punkt-zu-Punkt-Verbindungen kann die Umwertung der Verbindungskennung bereits auf dem eingangsseitigen Leitungsmodul erfolgen, während
bei Punkt-zu-Mehrpunkt-Verbindungen (s. Abschn. 4.3.7) in der Regel eine
Umwertung auf der Ausgangsseite notwendig ist, da im Verbindungsnetzwerk
bei Bedarf identische Zellkopien für die verschiedenen Anschlüsse erzeugt werden, die erst auf der Ausgangsseite ihre individuellen Verbindungskennungen
erhalten können. Auf der Ausgangsseite sind, z.B. wegen der OAM-Funktionen,
auch verbindungsspezifische Zugriffe auf den Steuerspeicher notwendig und es
ist deshalb sinnvoll, die externe Verbindungskennung (VPI/VCI) auf der Eingangsseite bei beiden Verbindungsarten durch eine kürzere interne Kennung
zu ersetzen und die endgültige Umwertung erst auf der Ausgangsseite durchzuführen. Dies hat auch den Vorteil, daß durch die Verwendung der bereits
reduzierten internen Kennung auf der Ausgangsseite keine Adreßreduktion
mehr erforderlich ist.

Neben den bereits erwähnten, weitgehend architekturunabhängigen Funktionen übernehmen die Leitungsmodule auch die Anpassung an die systeminternen Schnittstellen zum Verbindungsnetzwerk. Hierunter fallen z.B.:

- Unterstützung der internen Adressierung, mit deren Hilfe die Zellen auf
  dem richtigen Weg durch das Verbindungsnetzwerk geschickt werden
  können,
- Unterstützung knoteninterner Fehlersicherungsmechanismen,
- Hinzufügen von Steuerinformation für die Unterscheidung verschiedener
  Zelltypen (z.B. Punkt-zu-Punkt, Punkt-zu-Mehrpunkt, interne Steuerzellen)
  und Dienstgüteklassen, sowie
- Unterstützung der Redundanzmechanismen für das Verbindungsnetzwerk.

Diese Funktionen müssen durch entsprechende Felder in den Zellen unterstützt werden. Das hat zur Folge, daß innerhalb des ATM-Knotens ein entsprechend erweitertes internes Zellformat verwendet werden muß, welches auf dem eingangsseitigen Leitungsmodul generiert und auf dem ausgangsseitigen wieder auf das externe Zellformat abgebildet wird.

Diese Anpassungsfunktionen an die systeminternen Schnittstellen hängen sehr stark von der Architektur des ATM-Systems und insbesondere von dem gewählten Verbindungsnetzwerk ab und sind deshalb weitgehend herstellerspezifisch. Andererseits werden für die systeminternen Funktionen meist ebenfalls verbindungsspezifische Zugriffe auf Parameter im Steuerspeicher benötigt, so daß sich die Zahl der Zugriffe auf den Steuerspeicher optimieren läßt, wenn die systeminternen Funktionen und die ATM-Schicht-Funktionen in einem gemeinsamen Baustein realisiert sind. Außerdem unterscheiden sich die auf der Eingangs- und auf der Ausgangsseite auszuführenden Funktionen erheblich voneinander. Aus diesen Gründen gibt es bei der Implementierung der ATM-Schicht und der systeminternen Funktionen eine sehr unterschiedliche Aufteilung auf einzelne Bausteine. Die käuflichen ATM-Schicht-Bausteine sind in der Regel so konzipiert, daß sie die eingangs- und ausgangsseitigen Standardfunktionen in einem Baustein vereinigen. Sie bieten außerdem die Möglichkeit, bei Bedarf Zusatzbytes an jeden Zellkopf anzuhängen, deren Inhalt aus dem Steuerspeicher ladbar ist. Mit diesen Zusatzbytes können in gewissem Umfang die systemspezifischen Funktionen – z.B. das interne Routing im ATM-Koppelnetz – unterstützt werden.

Auf dem Markt befindliche Bausteine verfügen in der Regel auf beiden Seiten über die vom ATM-Forum spezifizierte, zellbasierte UTOPIA-Schnittstelle. Reichen bei diesen ATM-Bausteinen die Möglichkeiten zur Unterstützung der gewünschten systemspezifischen Funktionen nicht aus – oder hat das ATM-Koppelnetz andere Schnittstellen – werden zusätzliche Bausteine benötigt, welche die Anpassung an die internen Schnittstellen zum Verbindungsnetzwerk realisieren.

Der Durchsatz der ATM-Schicht-Bausteine ist in der Regel so dimensioniert, daß eine externe STM-1-Leitung unterstützt werden kann. Damit für den Anschluß niederratigerer Übertragungsleitungen nicht jeweils eigene ATM-Schicht-Bausteine benötigt werden, erlaubt die UTOPIA-Schnittstelle auch Buskonfigurationen, mit denen mehrere PHY- bzw. AAL-Bausteine an einen ATM-Baustein angeschlossen werden können. Damit lassen sich Leitungsmodule mit mehreren Übertragungsleitungen (Multi-Port-Baugruppen) sehr effizient realisieren. Obwohl die UTOPIA-Schnittstelle als Schnittstelle zwischen Bausteinen auf einer Baugruppe konzipiert ist, werden auch Varianten diskutiert, die eine Übertragung der Signale zwischen Bausteinen auf unterschiedlichen Baugruppen erlauben.

Auf den ausgangsseitigen Leitungsmodulen erfolgt eine Geschwindigkeitsreduktion, z.B. wenn das Verbindungsnetzwerk mit einer Geschwindigkeits-

überhöhung arbeitet oder wenn niederratige externe Übertragungsleitungen
angeschlossen sind. Aus diesem Grund sind auf den Leitungsmodulen Zellspeicher nötig, um unzulässige Zellverluste zu vermeiden (s. Abschn. 2.4.1).
Im einfachsten Fall handelt es sich hierbei um FIFO-Speicher mit relativ geringer Kapazität. Falls an dem Leitungsmodul jedoch mehrere externe Schnittstellen angeschlossen sind, oder wenn Funktionen wie z.B. Verkehrsformung
(Traffic Shaping, s. Abschn. 5.5) vorgesehen sind, ist die Verwaltung mehrerer,
evtl. verbindungsspezifischer Warteschlangen notwendig. Wenn die Speicher
auf den Leitungsmodulen auch die Mechanismen für statistisches Multiplexen unterstützen sollen (s. Abschn. 5.7.1), kann eine Kapazität von mehreren
tausend ATM-Zellen erforderlich sein.

Um die zentrale Steuerung von den auf das Leitungsmodul bezogenen
Betriebs- und Wartungsfunktionen zu entlasten, können auf den Leitungsmodulen eigene periphere Prozessoren mit Programm- und Datenspeichern
vorhanden sein. Bei den Prozessoren handelt es sich meist um handelsübliche
Universalprozessoren bzw. um Controller-Bausteine, bei denen neben dem eigentlichen Prozessor auch umfangreiche Peripheriefunktionen (DMA-Kanäle,
Interrupt-Steuerung, serielle Schnittstellen, Timer, etc.) auf dem Chip integriert sind. Als Programmspeicher werden zunehmend sog. „Flash-PROMs"
eingesetzt. Diese Bausteine sind in der Lage, gespeicherte Daten auch bei Ausfall der Versorgungsspannung zu halten, können aber per Software geladen
und überschrieben werden. Deshalb können neue Software-Versionen einfach
von der zentralen Steuerung geladen werden und der kostspielige Austausch
der Speicherbausteine, wie er bei Verwendung normaler EPROMs nötig war,
entfällt daher.

Die Aufgaben der peripheren Prozessoren auf den Leitungsmodulen umfassen z.B. folgende Bereiche:

- Kommunikation mit der zentralen Steuerung.
- Unterstützung der zentralen Steuerung beim Hochlauf und beim Rückset-
  zen des Leitungsmoduls.
- Laden der verbindungsspezifischen Parameter und Daten in den Steuerspeicher und die Register der Bausteine im Rahmen der Verbindungssteuerung.
- Fehlerüberwachung der Hardware des Leitungsmoduls.
- Sammlung und Vorverarbeitung von Statistikdaten aus den Verkehrsmessungen (s. Abschn. 6.1.4).
- Unterstützung von Umschaltvorgängen bei Baugruppen- und Leitungsredundanz (s. Abschn. 10.5).
- Unterstützung der Betriebs- und Wartungsaufgaben für die externen Übertragungsleitungen (Trunk-Line-Maintenance), d.h. Generierung, Bearbeitung und Terminierung von OAM-Zellen.

Insbesondere die umfangreichen, echtzeitkritischen – und damit meist über
Interrupts gesteuerten – Aufgaben im Zusammenhang mit der Behandlung

der OAM-Flüsse und mit der Behandlung der Protokolle für die interne Steuerkommunikation mit dem Steuerungsmodul bedeuten eine erhebliche Last für die peripheren Prozessoren. Deshalb ist es sinnvoll, zusätzliche Bausteine einzusetzen, die diese Funktionen ganz oder zumindest teilweise übernehmen.

10.3
ATM-Verbindungsnetzwerke

Verbindungsnetzwerke für ATM-Systeme können sehr unterschiedlich aufgebaut sein, je nachdem, welche Anforderungen an die Systeme gestellt werden. Verbindungsnetzwerke für kleine Systeme können z.B. Strukturen mit gemeinsamem Übertragungsmedium (Bus, Ring) aufweisen, während Verbindungsnetzwerke für Systeme mit größerem Durchsatz in der Regel durch mehrstufige Koppelfelder aus einzelnen, miteinander verschalteten Basiselementen (Koppelelement, Switching Element) realisiert werden.

Aus Benutzersicht ist der wichtigste Kennwert für ATM-Verbindungsnetzwerke der Gesamtdurchsatz. Bei Koppelfeldern wird dieser Kennwert oft einfach als Produkt aus der Anzahl der Koppelfeldports und der Übertragungskapazität eines Anschlusses (Port) berechnet, d.h. ein Koppelfeld mit 16 Anschlüssen zu je 155 Mbit/s wird als „2,5 Gbit" Koppelfeld bezeichnet. Bei Strukturen mit gemeinsamem Übertragungsmedium wird in der Regel die Kapazität dieses Mediums als Durchsatzkennwert angegeben. Um die Leistungsfähigkeit eines ATM-Verbindungsnetzwerks genauer beurteilen zu können, sind zusätzlich Angaben zur unterstützten Maximallast auf den externen Leitungen unter Einhaltung einer vorgegebenen Zellverlustwahrscheinlichkeit, zum Blockierungsverhalten auf Verbindungsebene und zu eventuellen Begrenzungen bei der maximalen Bitrate einzelner Verbindungen notwendig.

Weitere benutzerrelevante Eigenschaften von ATM-Verbindungsnetzwerken sind z.B.:

- *Unterstützung von Multicast-Funktionen:* Für Verbindungen, die die Multicast-Funktionen der ATM-Schicht benutzen, muß innerhalb des ATM-Verbindungsnetzwerkes die Möglichkeit bestehen, Kopien einer Zelle anzufertigen und an verschiedene Ausgänge zu schicken (s. Abschn. 10.3.4).
- *Redundanz:* An das ATM-Verbindungsnetzwerk als zentrale Komponente eines ATM-Knotens werden hohe Verfügbarkeitsanforderungen gestellt, die in der Regel nur durch redundante Auslegung erreicht werden können.
- *Skalierbarkeit:* Um dem Netzbetreiber eine optimierte Netzdimensionierung zu erlauben, müssen ATM-Verbindungsnetzwerke so modular aufgebaut sein, daß sie – möglichst im laufenden Betrieb – von sehr kleinen bis zu einer maximalen Konfiguration erweitert werden können.
- *Maximale Bitrate einer Verbindung:* Manche Strukturen unterstützen die Zusammenfassung mehrerer Ein- und Ausgänge zu Bündeln, die auch Ver-

bindungen mit Spitzenbitraten erlauben, die die Übertragungsrate eines einzelnen Anschlusses übersteigen.

In den folgenden Abschnitten sollen die prinzipiellen Realisierungsmöglichkeiten für ATM-Verbindungsnetzwerke und weitere für das Verhalten der Verbindungsnetzwerke relevante Aspekte vorgestellt werden.

10.3.1
Prinzipielle Überlegungen zur Zwischenspeicherung in ATM-Verbindungsnetzwerken

In ATM-Verbindungsnetzwerken werden Zellströme asynchron gemultiplext. Dabei ist wie in Abschn. 2.4 erläutert eine Zwischenspeicherung einzelner Zellen notwendig, um Zellverluste zu vermeiden. Bezüglich der Plazierung der dafür notwendigen Pufferspeicher können einige grundsätzliche Überlegungen angestellt werden, deren Ergebnisse sowohl bei der Konzipierung von kompletten Verbindungsnetzwerken und beim Entwurf von Koppelelementen (Switching Elements) als auch bei der Verteilung der großen Speicher für die Unterstützung des statistischen Multiplexens innerhalb des ATM-Knotens anwendbar sind. Diese Überlegungen sollen anhand der in Abb. 10.3 dargestellten generischen Koppeleinheit angestellt werden.

Die Koppeleinheit sei quadratisch[2], d.h. sie besitze N Eingänge und N Ausgänge. Die Übertragungskapazität aller Ein- und Ausgänge sei gleich, d.h. die Übertragungsdauer einer Zelle (Zellzyklus) sei überall gleich. Die Koppeleinheit erlaubt es, einzelne Zellen wahlfrei von jedem Eingang auf jeden beliebigen Ausgang zu vermitteln. Falls in einem Zellzyklus zwei oder mehr Zellen von verschiedenen Eingängen auf einen Ausgang vermittelt werden, ergibt sich ein Zugriffskonflikt auf die Ausgangsleitung (Abnehmerblockierung).

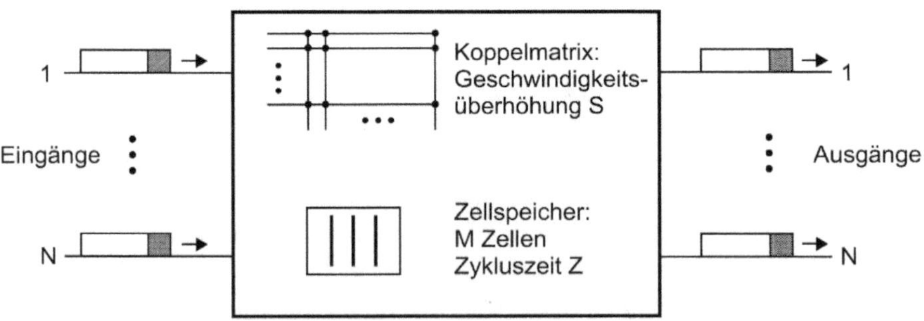

Abb. 10.3. Generische ATM-Koppeleinheit

---

2 Diese Einschränkung wird lediglich zur Vereinfachung der Erklärung gemacht, analoge Überlegungen können auch für nicht-quadratische Anordnungen angestellt werden.

Um unzulässig hohe Zellverluste zu vermeiden, müssen die zweite und alle weiteren Zellen zwischengespeichert und in einem späteren Zellzyklus auf der Ausgangsleitung übertragen werden. Deshalb enthält die Koppeleinheit intern eine Koppelmatrix (Crossbar) für die eigentliche Vermittlungsfunktion sowie Pufferspeicher, die im folgenden an verschiedenen Stellen plaziert werden sollen. Damit sich die verschiedenen Varianten nach außen hin nicht voneinander unterscheiden sei die Gesamtkapazität der Speicher M (in Zellen) jeweils so gewählt, daß bei gleichem Verkehrsangebot an den Eingängen für alle Varianten die gleiche Zellverlustwahrscheinlichkeit zu beobachten ist. Unter diesen Randbedingungen unterscheiden sich die betrachteten Varianten im Hinblick auf die Realisierung vor allem bezüglich

- der benötigten Gesamtspeicherkapazität M,
- des Faktors der Geschwindigkeitsüberhöhung der Koppelmatrix S (bezogen auf die Geschwindigkeit der Ein- und Ausgänge),
- der Zykluszeit der Speicherzugriffe Z (bezogen auf den Zellzyklus der Ein- und Ausgänge),
  der Notwendigkeit zusätzlicher Mechanismen (z.B. Flußsteuerung, Arbitrierung) und
- der Organisation der Speicher: Abfertigung in Ankunftsreihenfolge (First In First Out, FIFO) oder wahlfreier Zugriff (Random Access Memory, RAM).

Außerdem ergeben sich Unterschiede bezüglich der Durchlaufverzögerungen und der Verzögerungsschwankungen, die jedoch in der Praxis nur eine untergeordnete Rolle spielen, da sie durch geeignete Maßnahmen ausgeglichen werden können.

Ausgangspufferung Bei der in Abb. 10.5.a dargestellten Variante wird der Gesamtspeicher aufgeteilt und den einzelnen Ausgängen zugeordnet, d.h. in jedem Teilspeicher befinden sich nur Zellen für einen bestimmtem Ausgang, die keinerlei Beeinflussung durch Zellen für andere Ausgänge erfahren. Die einzelnen Ausgangsspeicher sind völlig unabhängig voneinander, d.h. es wird keinerlei Arbitrierung zwischen ihnen benötigt, und arbeiten wie eigenständige asynchrone Multiplexer (s. Abschn. 2.4.1). Der einzige Blockierungseffekt, der deshalb bei der Ausgangspufferung beobachtet werden kann, ist die Abnehmerblockierung die auftritt, wenn in einem Zellzyklus mehrere Zellen für einen Ausgang ankommen.

Für die Leistungsfähigkeit von Koppelelementen sind die Hauptkriterien die Zellverlustwahrscheinlichkeit, die sich durch die Größe der Pufferspeicher beeinflussen läßt, sowie der hauptsächlich von der Architektur bestimmte maximal erreichbare Durchsatz. Der maximal erreichbare Durchsatz ist ein theoretischer Wert, der aus Kurven wie derjenigen in Abb. 10.4 entnommen werden kann. Für ein hypothetisches ausgangsgepuffertes Koppelelement mit unbegrenzter Speicherkapazität ist dort aufgetragen, wie der Mittelwert der

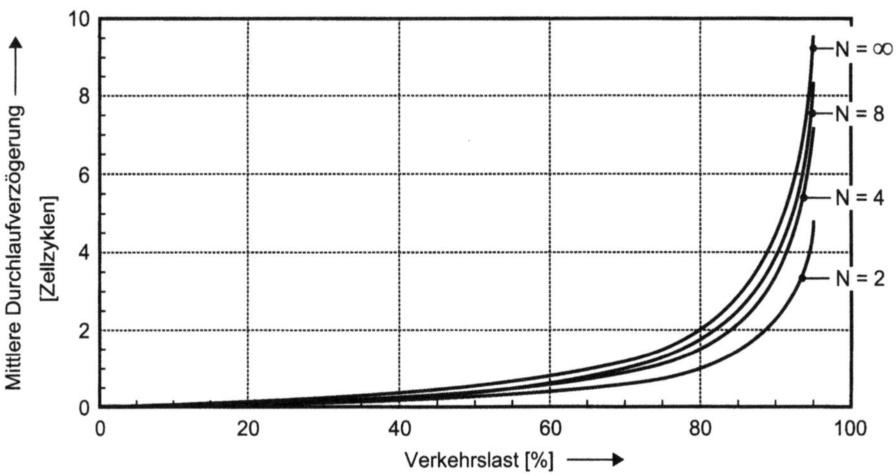

Abb. 10.4. Mittlere Durchlaufverzögerung von ausgangsgepufferten Koppelelementen mit unbegrenztem Speicher

Durchlaufverzögerung von der auf den Eingängen angebotenen Verkehrslast abhängt[3]. Man sieht, daß die Durchlaufverzögerung (gemessen in Zellzyklen) für ein geringes Verkehrsangebot nur wenige Zellzyklen beträgt. Ab einer bestimmten Grenze nimmt die Verzögerungszeit jedoch drastisch zu. Da aufgrund der Echtzeitanforderungen nur relativ kleine Durchlaufverzögerungen akzeptabel sind, ergibt sich der erreichbare Maximaldurchsatz durch den Schnittpunkt der jeweiligen Verzögerungskurve mit diesem Wert.

Abbildung 10.4 zeigt auch, daß der so definierte Maximaldurchsatz von der Größe (Anzahl N der Ein- und Ausgänge) des Koppelelementes abhängt, wobei er mit wachsendem N generell (bei allen Architekturen) abnimmt, da pro Zellzyklus dann immer mehr Zellen gleichzeitig ankommen können und deshalb die Blockiereffekte zunehmen. Da sich die Kurven mit wachsendem N relativ schnell (aber abhängig von der Architektur) dem Grenzwert für $N \to \infty$ nähern und die Koppelelemente in der Praxis so groß wie technologisch möglich (z.B. 16×16) gebaut werden, reicht meist die Angabe dieses Grenzwerts aus.

Für reale Koppelelemente mit begrenztem Speicher ergibt sich daraus, daß sie in einem Arbeitspunkt betrieben werden sollten, der unterhalb des Bereiches liegt, in dem die Kurve stark nach oben abknickt – sonst wären die für die Begrenzung der Zellverlustwahrscheinlichkeit auf sehr geringe Werte benötigten Speicher überproportional groß und es würden erhebliche Durchlaufverzögerungen und Verzögerungsschwankungen auftreten. Bei ausgangsge-

---

3 Dabei wird meist angenommen, daß die Eingänge Bernoulli-Verkehr (s. Abschn. 5.4.2) tragen und sich der Verkehr absolut symmetrisch und zufällig auf alle Ein- und Ausgänge verteilt.

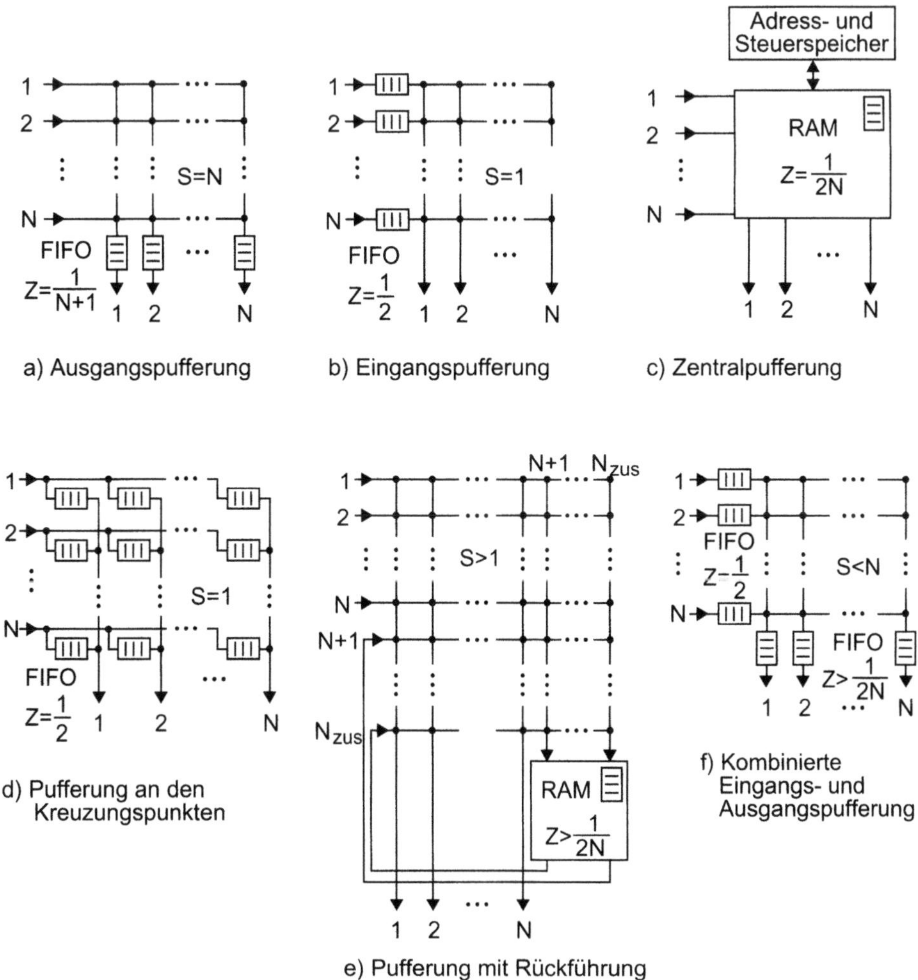

Abb. 10.5. Prinzipielle Möglichkeiten zur Plazierung der Pufferspeicher

pufferten Strukturen liegt der durch die erlaubte Verzögerung definierte Maximaldurchsatz nahe 100% Verkehrsangebot, der normale Betriebspunkt, für den die Pufferspeicher dimensioniert sind, jedoch meist im Bereich von maximal 80% bis 85%.

Da bei der Ausgangspufferung die Zellen nur eine einzige Speicherstufe mit einer strengen Abarbeitung in Ankunftsreihenfolge (FIFO-Speicher, First In First Out) durchlaufen, ergibt sich ein bezüglich Durchlaufverzögerung und Verzögerungsschwankungen optimales Verhalten. Das einstufige, ausgangsgepufferte System wird deshalb bei der Leistungsbewertung verschiedener Verbindungsnetz-Architekturen als ideales System zum Vergleich herangezogen.

Da weder an den Eingängen noch in der pufferlosen Koppelmatrix eine Speichermöglichkeit besteht, muß der Überhöhungsfaktor für die Geschwindigkeit der Koppelmatrix N betragen, damit im Extremfall Zellen von allen N Eingängen innerhalb eines externen Zellzyklusses an einen Ausgangsspeicher herangeführt werden können. Die Ausgangsspeicher müssen in der Lage sein, pro externem Zellzyklus maximal N Zellen aufzunehmen. Dadurch ist die erlaubte Zykluszeit für den Speicherzugriff um den Faktor $Z = 1/(N + 1)$ kürzer als der externe Zellzyklus, da pro externem Zyklus auch noch eine Zelle ausgelesen werden muß. Diese Struktur stellt deshalb hohe dynamische Anforderungen an die Realisierung, die mit der Anzahl der Ein- und Ausgänge ansteigen.

Die grundlegenden Eigenschaften der Ausgangspufferung werden z.B. in [111, 136] untersucht, Beispiele für ausgangsgepufferte Systeme sind u.a. in [4, 25, 60, 61, 83, 129, 228] zu finden.

Eingangspufferung Wie in Abb. 10.5.b dargestellt kann der Gesamtspeicher aufgeteilt und den einzelnen Eingängen zugeordnet werden. Diese Anordnung hat den Vorteil, daß für den Zugriff auf die Speicher unabhängig von der Anzahl der Ein- und Ausgänge eine Zykluszeit von $Z = 1/2$ externen Zellzyklen zur Verfügung steht, da in jeden der Eingangsspeicher maximal eine Zelle eingeschrieben und eine weitere ausgelesen werden muß. Eine Geschwindigkeitüberhöhung der Koppelmatrix ist ebenfalls nicht erforderlich, so daß das eingangsgepufferte System die geringsten Dynamikanforderungen an die Implementierung stellt.

Wenn in einem Zyklus von mehreren Eingangsspeichern Zellen für den gleichen Ausgang verfügbar sind, muß eine Entscheidung getroffen werden, welche Zelle tatsächlich ausgelesen und übertragen wird, d.h. die einzelnen Speicher müssen untereinander koordiniert werden und sind nicht mehr unabhängig voneinander wie bei der Ausgangspufferung. Die bei dieser Entscheidung angewandte Arbitrierungsstrategie hat einen Einfluß auf die zu beobachtenden Verzögerungsschwankungen und (bei gleicher Speichergröße) auf die Zellverlust-Wahrscheinlichkeiten, da über alle Eingänge betrachtet die Abarbeitung in Ankunftsreihenfolge (Global FIFO) nicht mehr gewährleistet werden kann. Der Einfluß einiger Arbitrierungsstrategien auf die Verteilung der Durchlaufzeiten ist z.B. in [200] dargestellt, eine ausführliche Darstellung und Leistungsbewertung ist in [235] zu finden. Weitere Vorschläge und Untersuchungen zu Arbitrierungsstrategien bei eingangsgepufferten Koppelelementen wurden z.B. in [17, 81, 128, 136, 159] veröffentlicht.

Ein weiterer Nachteil der einfachen Eingangspufferung ergibt sich daraus, daß Zellen für unterschiedliche Ausgänge gemeinsam in einem FIFO-Speicher warten. Falls dabei die vorderste Zelle wegen eines Konflikts mit Zellen aus einem anderen Eingangsspeicher warten muß, werden alle nachfolgenden Zellen ebenfalls blockiert, obwohl deren Zielausgänge vielleicht frei wären (Head of Line Blocking, s. auch Abschn. 2.4.1). Durch diesen vermeidbaren, architekturbedingten Blockierungseffekt ergeben sich deutliche Nachteile in der Leistungsfähigkeit gegenüber dem ausgangsgepufferten Fall. So liegt der Maximaldurchsatz zwischen 75% für $N = 2$ und 58,58% für $N \to \infty$ [136].

Durch eine komplexere Speicherverwaltung, bei der im Fall der Blockierung der vordersten Zelle andere vorgezogen werden können (wahlfreier oder begrenzt wahlfreier Speicherzugriff), und eine aufwendigere Speicherorganisation (Unterteilung der Speicher in ausgangsspezifische Bereiche) in Kombination mit entsprechend erweiterten Arbitrierungsverfahren kann der „Head of Line"-Blockierungseffekt teilweise vermieden und die Leistungsfähigkeit an diejenige ausgangsgepufferter Koppelelemente angenähert werden. Beispiele hierfür sind in [5, 10, 12, 39, 111, 137, 160, 167, 189, 224, 231, 239, 240] zu finden.

Eine weitere Möglichkeit, eine Leistungssteigerung bei eingangsgepufferten Koppelelementen zu erreichen, besteht darin, daß die Zellen zwar physikalisch weiterhin an den Eingängen gespeichert werden, daß aber die Steuerung dieser Speicher über logische, den Ausgängen zugeordnete Steuerspeicher (FIFO) erfolgt. Dadurch können die Zellen auf der Basis der (optimalen) globalen FIFO-Strategie abgearbeitet werden. Wird gleichzeitig die Zykluszeit Z der Speicherzugriffe so verringert, daß innerhalb eines Zellzyklusses auf den externen Leitungen mehrere Zugriffe auf einen Eingangsspeicher erfolgen können, kann die Leistungsfähigkeit der ausgangsgepufferten Anordnungen weitgehend erreicht werden. Dabei geht allerdings auch der Vorteil der geringeren Anforderungen bezüglich Dynamik und Komplexität gegenüber den ausgangsgepufferten Anordnungen zunehmend verloren. Beispiele für solche Koppelelement-Strukturen sind in [159, 173, 174, 211] zu finden.

Eine ausführliche Diskussion und Leistungsbewertung von Koppelelementen mit Eingangspuffern ist in [235] enthalten, ein Überblick über verschiedene Varianten der Eingangspufferung ist auch in [191] zu finden.

Zentralpufferung Die technologisch anspruchsvollste Anordnung ist die in Abb. 10.5.c dargestellte Zentralpufferung (Shared Buffer Switching Element). Dabei wird die Gesamtspeicherkapazität nicht aufgeteilt, d.h. alle Zellen werden in einen gemeinsamen Zellspeicher eingeschrieben, der einen wahlfreien Zugriff erlauben muß (Random Access Memory, RAM). Ein Adress- und Steuerspeicher, dem die Adressinformation der Zellen zugeführt wird, verwaltet diesen Zellspeicher und sorgt für das Auslesen der Zellen auf die Ausgänge zum richtigen Zeitpunkt. Damit wird im Prinzip die Koppelmatrix durch den Zellspeicher mit der entsprechenden Steuerung vollkommen ersetzt. Bei einer solchen Anordnung müssen pro externem Zellzyklus N Zellen in den Zentralspeicher eingeschrieben und N aus diesem ausgelesen werden ($Z = 1/2N$). An die Dynamik des Steuerspeichers werden noch höhere Anforderungen gestellt, da pro Zelle mehrere Zugriffe notwendig sind.

Um interne Blockierungseffekte zu vermeiden, werden im Steuerspeicher für jeden Ausgang eigene FIFO-Warteschlangen verwaltet, so daß sich die Zentralspeicher-Koppelelemente wie ausgangsgepufferte Koppelanordnungen verhalten und damit von der Leistungsfähigkeit her ideal sind.

Der entscheidende Vorteil dieser Architektur liegt in der gemeinsamen Nutzung des Zellspeichers durch alle Ein- und Ausgänge. Bei jeder anderen Pufferungsarchitektur treten durch die Ungleichmäßigkeit der Zellströme Situationen auf, bei denen einer der Teilspeicher durch momentane Überlast überläuft und Zellen verworfen werden, obwohl in einem anderen Teilspeicher – der für die verworfenen Zellen nicht zugänglich ist – noch freie Plätze vorhanden sind. Bei der Zentralspeicher-Architektur dagegen werden Zellen erst verworfen, wenn kein einziger Speicherplatz in der gesamten Anordnung mehr frei ist. Zur Begrenzung der Zellverlustwahrscheinlichkeit auf denselben Wert reicht deswegen bei der Zentralspeicherung eine wesentlich geringere Gesamtspeicherkapazität M als bei den anderen Anordnungen aus: Bei einer Koppelanordnung mit 16 Ausgängen, die bei einer Last von 95% (Zufallsverkehr) für eine maximal erlaubte Zellverlustwahrscheinlichkeit von 10^{-11} dimensioniert ist, sind im ausgangsgepufferten Fall insgesamt etwa $M = 4000$ Speicherplätze (250 pro Ausgang) notwendig, während bei einer Zentralspeicherung $M = 560$ Speicherplätze ausreichen.

Ein Nachteil der gemeinsamen Speichernutzung ist, daß ein hoch belasteter Ausgang im Prinzip den gesamten zur Verfügung stehenden Speicherplatz belegen kann und die anderen Ausgänge übermäßige Zellverluste erleiden. Um dies zu verhindern, können die einzelnen Ausgangswarteschlangen so begrenzt werden, daß sie nur einen bestimmten Anteil des Gesamtspeichers belegen können, oder es wird jeder Ausgangswarteschlange exklusiv ein Teil des Gesamtspeichers zur Nutzung reserviert und lediglich der Rest zur gemeinsamen Nutzung freigegeben [49, 135]. Solche Methoden bei der Verwaltung des zentralen Speichers werden oft als „Fairness Management" bezeichnet, da sie eine faire Aufteilung des Speichers auf die einzelnen Ausgangswarteschlangen erzwingen. Es ist jedoch zu beachten, daß durch die damit verbundene Einschränkung der gemeinsamen Nutzung der insgesamt benötigte Speicherplatz ansteigt. Wenn im Grenzfall der zentrale Speicher in N Teile aufgeteilt wird, die den einzelnen Ausgangswarteschlangen exklusiv zugeordnet werden, ergibt sich der gleiche Speicherbedarf wie bei einer ausgangsgepufferten Struktur.

Das erste aus der Literatur bekannte Koppelelement mit Zentralspeicher ist das z.B. in [237, 65] beschriebene Coprin-Element, das für das „Prelude"-Experiment entwickelt und gebaut wurde. Da die Zentralspeicher-Koppelelemente inzwischen eine große praktische Bedeutung erlangt haben, gibt es mehrere unterschiedliche Ansätze, solche Strukturen zu realisieren. Weitere Beispiele für zentralgepufferte Koppelelemente sind in [23, 78, 80, 84, 107, 139, 150, 163, 225, 256] zu finden, ein Überblick und Vergleich einiger Realisierungsmöglichkeiten ist in [132] enthalten. In Abschn. 10.7.2 ist als Beispiel der sog. Sigma-Koppler näher beschreiben, der ebenfalls auf der Zentralspeicher-Architektur basiert.

Pufferung an den Kreuzungspunkten Eine weitere Möglichkeit, die Speicher zu verteilen, ist, sie jeweils einem einzelnen Eingangs-/Ausgangspaar zuzuordnen (s. Abb. 10.5.d) und sie deshalb in die Kreuzungspunkte der Koppelmatrix zu verlegen. Die auf einem Eingang ankommenden Zellen werden parallel allen N den jeweiligen Ausgängen zugeordneten Speichern angeboten, aber nur in denjenigen für den Zielausgang eingeschrieben. Die Ausgänge der einer Ausgangsleitung zugeordneten Speicher werden parallelgeschaltet, wobei eine Arbitrierung nötig ist, die festlegt, aus welchem Speicher eine Zelle ausgelesen wird.

Durch diese Struktur ergeben sich Dynamikanforderungen wie bei der Eingangspufferung ($S = 1, Z = 1/2$), ohne daß sich ein „Head of Line"-Blockierungseffekt ergibt. Wie bei allen Architekturen, bei denen eine explizite Arbitrierung notwendig ist, ergibt sich durch die Abweichung von der globalen FIFO-Strategie ein negativer Einfluß auf die Verzögerungsschwankungen, der allerdings durch entsprechende Arbitrierungsstrategien minimiert werden kann. Der Hauptnachteil dieser Anordnung ist, daß der Gesamtspeicher in relativ kleine Teile segmentiert ist, die fest einem einzelnen Eingangs-/Ausgangspaar zugeordnet sind. Damit ergibt sich ein Gesamtspeicherbedarf M, der größer ist als bei den anderen Anordnungen. Koppelelemente mit Pufferung an den Kreuzungspunkten sind in der Literatur z.B. in [142, 156, 185, 229] vorgestellt worden.

Pufferung mit Rückführung Wie in Abb. 10.5.e dargestellt, können die Speicher auch über N_{zus} zusätzliche Ein- und Ausgänge an die Koppelmatrix angeschaltet werden. Die Zellen, die nicht sofort auf die Ausgänge durchgeschaltet werden können, werden durch die zusätzlichen Ausgänge in den Puffer geleitet.

Für eine solche Anordnung wird eine um die zusätzlichen Ein- und Ausgänge erweiterte Koppelmatrix benötigt, wodurch im Vergleich zur Eingangspufferung insgesamt eine Geschwindigkeitserhöhung innerhalb der Koppelmatrix notwendig wird. Die Pufferspeicher wirken in dieser Anordnung wie Zentralspeicher, so daß der Gesamtspeicherbedarf entsprechend gering ist.

Ein Vorteil dieser Anordnung ist, daß die Dynamikanforderungen an den Speicher gegenüber der Zentralspeicherung reduziert sind, da nicht alle Zellen durch den Speicher geleitet werden und dadurch die Anzahl der Ein- und Ausgänge des Speichers geringer ist ($N_{zus} < N$). Demgegenüber sind die Anforderungen an den Durchsatz der Koppelmatrix größer als bei der Zentralspeicherung, da die gespeicherten Zellen zweimal über die Koppelmatrix geführt werden müssen.

Falls nicht alle Zellen einer bestimmten Verbindung über den Speicher geleitet werden, muß durch entsprechende Mechanismen sichergestellt werden, daß die gespeicherten Zellen nicht von nachfolgenden überholt werden können, die ohne Speicherung direkt zum Zielausgang kommen. Zur Unterstützung dieser Mechanismen können die Zellen z.B. Zeitmarken tragen, so daß der Arbitrierungsmechanismus anhand des „Alters" einer Zelle die Einhaltung der Zellreihenfolge garantieren kann.

Solche Anordnungen werden in der Regel nicht für integrierte Koppelelemente verwendet, sie wurden aber z.B. im Zusammenhang mit ungepufferten Batcher-Banyan-Koppelfeldern (s. Abschn. 10.3.3.10) vorgeschlagen.

Kombinierte Eingangs- und Ausgangspufferung   In Fällen, wo die reine Ausgangspufferung wegen der hohen Dynamikanforderungen nicht realisierbar ist, kann der Speicher aufgeteilt und teilweise den Eingängen und teilweise den Ausgängen zugeordnet werden (Abb. 10.5.f). Bei einer solchen Anordnung können die Anforderungen an die Geschwindigkeitsüberhöhung der Koppelmatrix und den Zellzyklus der Speicher entsprechend den technologischen Möglichkeiten gewählt werden. Da schon ein Faktor S, der wesentlich kleiner als N ist, ein Systemverhalten ergibt, das dem der reinen Ausgangspufferung sehr nahe kommt [45, 164, 190], läßt die kombinierte Eingangs-/Ausgangspufferung einen optimierten Kompromiß zwischen Leistungsfähigkeit und Realisierbarkeit zu.

Die Zellen, die aufgrund von gegenseitigen Blockierungen in einem Zellzyklus nicht in den entsprechenden Ausgangsspeicher übertragen werden können, werden in den Eingangsspeichern gepuffert. Dadurch ergibt sich wieder eine „Head of Line"-Blockierung ähnlich wie bei der reinen Eingangspufferung, wobei der Effekt dadurch abgemildert ist, daß ein Großteil der Pufferung erst in den Ausgangsspeichern erfolgt. Ebenfalls wie bei der reinen Eingangspufferung ist eine Arbitrierung zwischen den Eingangspuffern notwendig. Zusätzlich wird eine interne Flußsteuerung benötigt, die dafür sorgt, daß die Zellen in den Eingangsspeichern zurückgehalten werden, bevor ein Ausgangsspeicher überläuft (Back Pressure).

Neben der ausführlichen Darstellung und Untersuchung in [235] werden kombinierte eingangs- und ausgangsgepufferte Strukturen[4] z.B. auch in [87, 126, 128, 195, 197] diskutiert.

Kombinationen von Eingangspuffern mit Zentralpuffern [127] bzw. mit Puffern an den Kreuzungspunkten [99] oder Kombinationen von Puffern an den Kreuzungspunkten mit Ausgangspuffern [63, 146] wurden ebenfalls vorgeschla-

---

4 Diese Art der Pufferung wird nicht so sehr bei integrierten Koppelelementen sondern mehr im Zusammenhang mit ungepufferten Koppelfeldern (s. Abschn. 10.3.3.2) angewendet.

gen, haben aber im Gegensatz zu den kombinierten Eingangs-/Ausgangspuffern bisher keine praktische Bedeutung erlangt.

Zusammenfassend läßt sich sagen, daß vom Konzept her ausgangsgepufferte Systeme zum einen eine optimale Leistungsfähigkeit und zum anderen den geringsten Steuerungsaufwand (keine Arbitrierung, keine Flußsteuerung) und die einfachste Speicherorganisation (FIFO) aufweisen, dafür aber hohe Dynamikanforderungen an die Speicher stellen ($Z = 1/(N + 1)$). Im Vergleich dazu liegt bei zentralgepufferten Systemen der Gesamtspeicherbedarf M bei gleicher Leistungsfähigkeit wesentlich niedriger. Dieser Vorteil wird aber durch eine komplexere Speicherorganisation (RAM) und Speicherverwaltung (logische Ausgangswarteschlangen) sowie durch noch höhere Dynamikanforderungen an die Speicher ($Z = 1/2N$) erkauft. Eingangsgepufferte Systeme mit FIFO-Speichern zeigen wegen der „Head of Line"-Blockierung eine deutlich schlechtere Leistungsfähigkeit und benötigen zusätzliche Arbitrierungsverfahren, stellen aber für große Koppelelemente wesentlich geringere Anforderungen an die Speicherdynamik ($Z = 1/2$). Sie können durch Erhöhung der Speicherdynamik (mehrfaches Auslesen) und durch eine komplexere Speichersteuerung (z.B. logische Ausgangswarteschlangen) und Speicherorganisation (RAM) in der Leistungsfähigkeit an die anderen Strukturen angeglichen werden. Anordnungen mit Puffern an den Kreuzungspunkten weisen generell den größten Gesamtspeicherbedarf auf und erfordern komplizierte Arbitrierungsmechanismen, stellen aber an die Speicherdynamik die geringsten Anforderungen. Daraus ist offensichtlich, daß die Architektur von Koppelelementen einen Kompromiß zwischen Speicherbandbreite, Speichergröße und Steuerungskomplexität darstellt, der je nach der Art der technologischen Randbedingungen zu unterschiedlichen Strukturen führt, die aber von ihrer Leistungsfähigkeit durchaus vergleichbar sind. Kombinierte Pufferarchitekturen, z.B. Eingangs-/Ausgangspuffer, erlauben noch etwas mehr Freiheitsgrade bei der Optimierung auf die technologischen Randbedingungen.

Bezüglich der optimalen Koppelelementgröße (Anzahl der Ein- und Ausgänge) kann gesagt werden, daß Koppelelemente in der Regel so groß gebaut werden wie technologisch möglich. Nur mit großen Koppelelementen, die auch einen entsprechend hohen Durchsatz aufweisen, lassen sich mehrstufige Koppelfelder effektiv aufbauen. Der begrenzende Faktor hat sich dabei in den letzten Jahren immer mehr von der eigentlichen Chiptechnologie hin zur Gehäusetechnologie (Pin-Limitierung) verschoben. Dadurch können die Strukturen auf Leistungsfähigkeit und Speicherbedarf hin optimiert werden, ohne bzgl. der Anforderungen an die Dynamik der auf dem Chip integrierten Speicher und bzgl. der Komplexität und Dynamik der Steuerungslogik an die Grenzen zu stoßen. So sind mit der heutigen Technologie 16×16-Koppelelemente mit 150 Mbit/s Ein- und Ausgängen durchaus mit Zentralspeichern produktreif realisierbar und viele der in kommerziellen Produkten eingesetzten Koppelelemente basieren auf der Zentralspeicherstruktur [23, 78, 107].

Grundlegende Untersuchungen zur Pufferung in ATM-Verbindungsnetzen sind z.B. in [111, 136, 174] veröffentlicht worden. Auch in zahlreichen Übersichtsartikeln, die sich mit ATM-Koppelnetzen beschäftigen, z.B. [3, 48, 177, 200, 230, 238, 255], wird auf die unterschiedlichen Möglichkeiten und Realisierungen der Pufferung eingegangen. Eine umfassende Darstellung dieser Thematik ist in [235] enthalten.

10.3.2
Strukturen mit gemeinsamem Übertragungsmedium

Falls ein ATM-Knoten nur für eine kleine Anzahl von externen Schnittstellen ausgelegt ist, können die Leitungsmodule über einen Bus direkt miteinander verbunden werden wie in Abb. 10.6 dargestellt. Dies hat den Vorteil, daß keine speziellen Koppelelemente und keine zusätzlichen Koppelfeld-Baugruppen benötigt werden. Ein weiterer Vorteil der busbasierten Verbindungsnetzwerke ist, daß Punkt-zu-Mehrpunkt-Verbindungen (Multicast, Broadcast) fast ohne Zusatzaufwand unterstützt werden können.

Der zentrale Bus muß nicht unbedingt zellorientiert arbeiten, sondern kann im Prinzip ein beliebiges Zeitmultiplexverfahren verwenden. In diesem Fall brauchen die ATM-spezifischen Funktionen nicht auf jedem Leitungsmodul vorhanden zu sein. Dadurch ist es möglich, auf dem Markt befindliche LAN-Hubs und LAN-Switches (s. Abschn. 11.2.2) durch Nachrüsten von ATM-Leitungsmodulen „ATM-fähig" zu machen. Aus diesen Gründen weisen viele Produkte im ATM-LAN-Bereich eine solche Struktur auf und können aufgrund der eingebauten Protokollumsetzungs-Funktionen auch den Übergang von der LAN-Technologie im Anschlußbereich privater Netze auf einen ATM-basierten Backbone durchführen (s. Abschn. 9.5).

Im Idealfall besitzt der Bus genügend Übertragungskapazität, daß alle gleichzeitig an den externen Schnittstellen ankommenden Zellen – nach der in Abschn. 10.2 beschriebenen Bearbeitung – ohne Zwischenspeicherung direkt in die Zellspeicher der jeweiligen Leitungsmodule auf der Ausgangsseite übertragen werden können. Wie für jede ausgangsgepufferte Struktur (s. Ab-

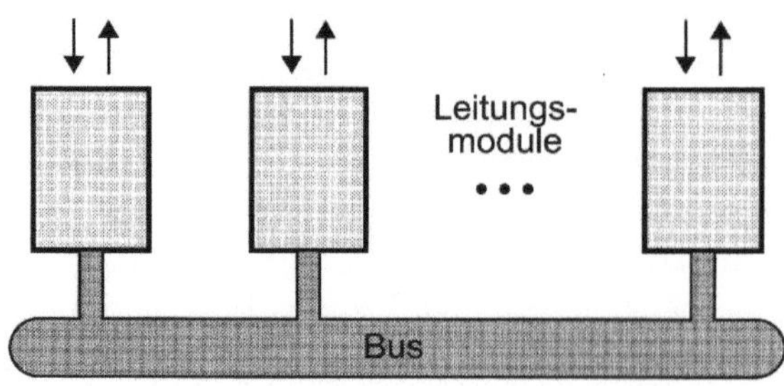

Abb. 10.6. Verbindungsnetzwerk mit Busstruktur

schn. 10.3.1) sind dann die Dynamikanforderungen an den als Koppelmatrix dienenden Bus und an die Zellspeicher sehr hoch. Da die Preise für Speicherbausteine mit zunehmenden Dynamikanforderungen überproportional steigen, wird die Busgeschwindigkeit oft geringer gewählt und es werden zusätzlich (kleinere) Puffer auf der Eingangsseite vorgesehen. Die dann notwendig werdende Arbitrierung zwischen den Eingängen sowie die Flußsteuerung zwischen Aus- und Eingängen kann durch eine dynamische, evtl. auf Zellbasis arbeitende Bussteuerung übernommen werden, wobei in der Regel über zusätzliche Steuerleitungen die Auswahl der nächsten Zelle bereits während der Übertragung der vorhergehenden erfolgt.

Der Durchsatz solcher Systeme ist durch die Übertragungskapazität des Busses begrenzt, die trotz eines hohen Parallelisierungsgrades (z.B. 64 Bit Busbreite) nicht beliebig gesteigert werden kann. Eine weitere Begrenzung ist durch die räumliche Ausdehnung des Busses gegeben. Schnelle, hochparallele Busse erfordern eine gemeinsame Rückwand und sind nur begrenzt auf mehrere Baugruppenträger erweiterbar. Deshalb ist bei busbasierten Systemen die Anzahl der anschließbaren Leitungsmodule auf relativ wenige (in der Größenordnung von 16) begrenzt.

Es wurden auch Strukturen vorgeschlagen, bei denen das gemeinsame Übertragungsmedium eine Ringstruktur hatte, z.B. der ORWELL-Ring [2]. Diese Strukturen haben im Vergleich zu den busbasierten Systemen jedoch bisher keine praktische Bedeutung erlangt.

10.3.3
Strukturen mit mehrstufigen Koppelfeldern

Falls die ATM-Systeme für den Anschluß von wesentlich mehr als 16 Leitungsmodule ausgelegt sind, müssen für das Verbindungsnetzwerk Koppelfelder eingesetzt werden. Diese sind aus einzelnen Koppelelementen (Switching Element) aufgebaut, die in ein- oder mehrstufigen Anordnungen miteinander verschaltet sind und die eigentliche Vermittlungsfunktion für die Zellströme übernehmen. Um Koppelfeldstrukturen mit hohem Durchsatz effektiv und platzsparend bauen zu können, müssen die einzelnen Koppelelemente selbst einen möglichst hohen Durchsatz aufweisen und werden deshalb in schneller Spezialhardware implementiert, wobei der technologische Spielraum weitestgehend ausgenutzt wird.

Die Spielarten von ATM-Koppelfeldern sind sehr vielfältig, so daß eine generelle, einheitliche Klassifizierung kaum möglich ist. Die Einordnung der Koppelfeldstrukturen wird deshalb anhand unterschiedlicher Kriterien vorgenommen. Zu den allgemein gebräuchlichen gehören:

- Das interne Blockierungsverhalten (blockierungsfrei/nicht blockierungsfrei).

- Das Vorhandensein von Pufferspeichern (gepuffert/ungepuffert).
- Die Topologie, insbesondere die Anzahl der Koppelfeldstufen (einstu-
  fig/mehrstufig) und die Anzahl der möglichen Wege zwischen einem
  Eingangs-/Ausgangspaar (einfache/mehrfache Wegemöglichkeit).
- Das Steuerungsprinzip für die Zellvermittlungsfunktion (selbststeuernd/
  tabellengesteuert).
- Das intern verwendete Verbindungskonzept (verbindungsorientiert/verbin-
  dungslos).

Durch die Kombination der entsprechenden Merkmale ergeben sich die charakteristischen Eigenschaften der jeweiligen Koppelnetzstrukturen. Für die Art
und Weise der Anordnung und Verschaltung von mehreren Koppelelementen
zu ATM-Koppelfeldern gibt es sehr viele Konzepte und Möglichkeiten. Auf diesem Gebiet[5] haben in den letzten Jahren umfangreiche Forschungsaktivitäten
stattgefunden, so daß hier nicht der Versuch unternommen werden soll, einen
vollständigen Überblick zu vermitteln. Einen guten Überblick über einige der
wichtigsten Vorschläge vermitteln z.B. [3, 176, 62, 198, 235]. Ein guter Überblick über ATM-Koppelfeldstrukturen und ihre Leistungsfähigkeit ist auch in
[205] zu finden, wo viele grundlegende Veröffentlichungen zu diesem Thema
zusammengefaßt wurden.

Viele der ATM-Koppelfeldstrukturen wurden zwar in Form von Laborproto-
typen implementiert, aber nur wenige haben bisher eine kommerzielle Bedeutung erlangt, da Koppelfelder nur in großen ATM-Knoten Verwendung finden
(kleine Knoten verwenden eine Busstruktur) und diese nur von einigen wenigen Firmen hergestellt werden.

Einstufige Koppelstrukturen, wie sie in der Rechnertechnik verwendet werden [46], sind für ATM-Koppelfelder nicht geeignet. Sie benötigen zwar nur
eine minimale Anzahl von Koppelelementen, diese müßten aber im Vergleich
zu anderen Strukturen einen enormen Durchsatz aufweisen, da viele Zellen die
Koppelelemente mehrfach durchlaufen.

10.3.3.1
Blockierungsverhalten von ATM-Koppelfeldern

Koppelfelder für die Durchschaltevermittlung werden dann als „intern blockierungsfrei" bezeichnet, wenn zwischen einem beliebigen Eingang und jedem beliebigen Ausgang immer mindestens ein freier Weg durch das Koppelfeld zur

---

5　Solche Strukturen werden nicht nur für ATM-Netze sondern auch als Verbindungs-
　netzwerke für Parallelrechner-Architekturen benötigt.

Verfügung steht, solange auf den beteiligten Eingangs- und Ausgangsleitungen noch freie Zeitschlitze vorhanden sind[6].

Durch die Entkopplung von Übertragungskapazität und Wegeführung beim asynchronen Zeitmultiplexprinzip (vgl. Abschn. 2.1) macht diese Definition keinen Sinn mehr und muß entsprechend modifiziert werden. Wie in Abschn. 2.4 beschrieben, werden die Pufferspeicher in ATM-Multiplexern und Koppeleinheiten so definiert, daß bei einer Nennlast auf den Übertragungsleitungen eine vorgegebene Zellverlustwahrscheinlichkeit nicht überschritten wird. Als „intern blockierungsfrei" kann deshalb ein ATM-Koppelfeld dann bezeichnet werden, wenn eine Verbindung von einem beliebigen Eingang zu jedem beliebigen Ausgang geschaltet werden kann, ohne daß die vorgegebene Zellverlustwahrscheinlichkeit überschritten wird, *solange durch die Verbindung weder die Nennlast auf der Eingangsleitung noch die auf der Ausgangsleitung überschritten wird.* Bei intern blockierungsfreien ATM-Koppelfeldern kann also insbesondere die Bitrate einer bestehenden Verbindung beliebig modifiziert werden (solange die Nennlast an den Ein- und Ausgängen nicht überschritten wird) ohne auf die gleichzeitig bestehenden anderen Verbindungen achten zu müssen, d.h. ohne jedesmal für die Verbindungsleitungen innerhalb des Koppelfeldes eine eventuelle Überschreitung der zulässigen Last überprüfen zu müssen. Diese Eigenschaft wird z.B. bei dem in Abschn. 10.7.4 beschriebenen Flußsteuerungsalgorithmus zur Unterstützung des statistischen Multiplexens ausgenutzt.

Bei intern blockierungsfreien ATM-Koppelfeldern wächst der Aufwand für große Strukturen etwa quadratisch mit der Anzahl der Anschlüsse. Deshalb werden oft „quasi-blockierungsfreie" Anordnungen vorgeschlagen, bei denen zwar von der Struktur her Blockierungen auftreten können, diese aber nur mit so geringer Wahrscheinlichkeit tatsächlich auftreten, daß sie gegenüber den durch die begrenzte Kapazität der Abnehmerleitungen auftretenden Blockierungen vernachlässigt werden können. Dadurch lassen sich bei Verwendung der gleichen Technologie größere Koppelfelder realisieren.

10.3.3.2
Pufferung in ATM-Koppelfeldern

Wegen der bereits in Abschn. 10.3.1 angesprochenen Abnehmerblockierung durch das asynchrone Multiplexprinzip sind für ATM-Koppelfelder auf jeden Fall Pufferspeicher nötig, auch wenn die Koppelfelder selbst intern blockierungsfrei sind. Für die Anordnung dieser Speicher gibt es zwei prinzipielle Realisierungsmöglichkeiten:

---

6 Bei „bedingt blockierungsfreien" Koppelfeldern kann ein solcher Weg ebenfalls immer gefunden werden, wenn die bestehenden Verbindungen bei Bedarf umgeordnet werden (Rearrangeably Non-Blocking).

- *Ungepufferte Koppelfelder:* Die Pufferspeicher werden außerhalb des Koppelfeldes – z.B. auf den Leitungsmodulen – angeordnet während innerhalb des Koppelfeldes und insbesondere in den Koppelelementen keinerlei Zellpuffer vorhanden sind. Da es bei größeren Anordnungen nicht möglich ist, das gesamte Koppelfeld als ausgangsgepufferte Anordnung zu betreiben, wird meistens eine kombinierte Pufferung mit Puffern sowohl vor als auch nach dem Koppelfeld verwendet. Wie in Abschn. 10.3.1 dargestellt sind in diesem Fall Arbitrierungsmechanismen zwischen den einzelnen Koppelfeldeingängen und meist auch Flußsteuerungsmechanismen über das gesamte Koppelfeld hinweg notwendig.
- *Gepufferte Koppelfelder:* Die Pufferspeicher werden in die Koppelelemente integriert und somit ist das Koppelfeld selbst in der Lage, die auftretenden Kollisionen aufzulösen. Dadurch können globale Arbitrierungs- und Flußsteuerungsmechanismen vermieden werden, ohne daß der erreichbare Koppelfelddurchsatz zu weit absinkt.

Koppelelemente für ungepufferte Koppelfelder sind generell weniger komplex als entsprechende gepufferte Koppelelemente. Da sich jedoch durch die Fortschritte der Chiptechnologie die begrenzenden Faktoren für die Machbarkeit von der Komplexität der Logik und dem Umfang des auf dem Chip integrierbaren Speichers immer mehr hin zur Verbindungs- und Gehäusetechnik verschieben, stellt dies kein zwingendes Argument für ungepufferte Koppelfelder mehr dar. Wegen der begrenzten Anzahl von verfügbaren Gehäuseanschlüssen (Pin) können auch ungepufferte Koppelelemente nicht entscheidend größer gebaut werden. Dadurch, daß auf koppelfeldüberspannende Arbitrierungs- und Flußsteuerungsverfahren verzichtet werden kann und durch die weniger strikten Anforderungen an die vollständige interne Blockierungsfreiheit bieten gepufferte Koppelfelder mehr Freiheitsgrade bezüglich der Topologie und bezüglich der Skalierbarkeit, so daß der überwiegende Anteil der kommerziellen ATM-Koppelfelder mit gepufferten Koppelelementen aufgebaut ist.

Bezüglich der Durchlaufverzögerung ergibt sich zwischen den beiden Alternativen kein prinzipieller Unterschied, da die Zwischenspeicherung lediglich an unterschiedlichen Stellen stattfindet. In beiden Fällen kann durch eine weitgehende Vermeidung interner Blockierungseffekte, z.B. durch eine entsprechende Topologie und/oder eine interne Geschwindigkeitsüberhöhung, eine Leistungsfähigkeit erreicht werden, die der eines idealen ausgangsgepufferten Systems nahekommt.

10.3.3.3
Prinzip der Zellvermittlung

Um die Zelle von einem Koppelfeldeingang zu einem bestimmten Ausgang lenken zu können, gibt es zwei prinzipielle Möglichkeiten [177, 255]:

- *Selbststeuernder Betrieb (Self Routing, Digit Controlled Routing):* Vor dem Eintritt in das Koppelfeld wird der Zelle die gesamte für die interne Wegelenkung benötigte Information zugefügt. Jedes der an der Wegelenkung beteiligten Koppelelemente wertet dann den für ihn relevanten Teil dieser Information aus und entscheidet so, auf welchen seiner Ausgänge er die Zelle durchschalten muß [60, 84, 107, 115, 213, 216].
- *Tabellengesteuerter Betrieb (Table Controlled Routing):* Die externe Verbindungskennung (VPI/VCI) – oder eine verkürzte interne Verbindungskennung – wird verwendet, um Umwertetabellen in den Koppelelementen zu adressieren, in denen neben einer neuen Kennung auch der zu verwendende Kopplerausgang abgelegt ist [216].

Das selbststeuernde Prinzip hat den Vorteil, daß beim Verbindungsauf- und -abbau jeweils nur die verbindungsspezifischen Steuerspeicher auf den beteiligten Leitungsmodulen modifiziert werden müssen, während beim tabellengesteuerten Betrieb die Tabellen in allen beteiligten Koppelelementen aktualisiert werden müssen. Dies bedeutet insbesondere bei großen Koppelfeldstrukturen einen erheblichen Aufwand und stellt auch für die Steuerung eine signifikante dynamische Last dar. Ein weiterer Nachteil des tabellengesteuerten Betriebs ist, daß die Tabellen auf den Kopplerbausteinen integriert sein müssen und durch ihre Größe eine Einschränkung der Anzahl gleichzeitig unterstützbarer Verbindungen ergeben können oder zumindest die Kopplerbausteine verteuern. Beim selbststeuernden Betrieb dagegen kann der erhöhte Overhead durch die zusätzliche Adressinformation im internen Zellkopf mit Hilfe einer entsprechenden internen Geschwindigkeitserhöhung ohne signifikanten Aufwand abgefangen werden. Auch die Größe der Steuerspeicher auf den Leitungsmodulen ist unkritisch, da dort käufliche Speicherbausteine mit hoher Speicherkapazität eingesetzt werden können, die extern an die Bausteine für die Behandlung der ATM-Schicht angeschlossen werden. Aus diesen Gründen arbeiten die ATM-Koppelfelder in der Regel nach dem selbststeuernden Prinzip.

10.3.3.4
Internes Verbindungskonzept

Bei Koppelfeldern mit mehrfacher Wegemöglichkeit stehen für den Betrieb bezüglich des innerhalb des Koppelfeldes verwendeten Verbindungskonzepts zwei Alternativen zur Auswahl:

- *Verbindungsorientierter Betrieb:* Für jede Verbindung wird beim Verbindungsaufbau ein bestimmter der zur Auswahl stehenden Wege festgelegt, so daß alle Zellen einer Verbindung den gleichen Weg durch das Koppelfeld nehmen.
- *Verbindungsloser Betrieb:* Die Zellen werden ohne Rücksicht auf ihre Zugehörigkeit zu Verbindungen auf alle zur Verfügung stehenden Wege verteilt. Dabei kann die Verteilung z.B. zyklisch, zufallsgesteuert oder lastabhängig erfolgen, wobei das Ziel ist, alle Wege im Koppelfeld möglichst gleichmäßig auszulasten.

Ein Vorteil des verbindungslosen Betriebs besteht darin, daß keine explizite Wegesuche beim Verbindungsaufbau benötigt wird und lediglich – wie bei den Koppelfeldern mit einfacher Wegemöglichkeit – die Einhaltung der Nennlast auf der Eingangs- und Ausgangsseite überprüft werden muß. Im verbindungsorientierten Betrieb hat der interne Wegesuchalgorithmus bei nicht streng blockierungsfreien Koppelfeldern einen signifikanten Einfluß auf das Blockierungsverhalten. Die Wegesuchalgorithmen sind bei ATM-Koppelfeldern wesentlich komplexer als bei Koppelfeldern für die Durchschaltevermittlung, da nicht einfach freie Leitungen (oder Zeitschlitze) abgeprüft werden können. Statt dessen muß für jede interne Verbindungsleitung eine Berechnung ausgeführt werden, wie sie in Abschn. 5.7 für die Verbindungsannahme-Algorithmen beschrieben ist. Weiter verkompliziert wird die Wegesuche durch die sehr unterschiedlichen Bitraten der einzelnen Verbindungen, da sich bei einfachen Algorithmen durch den auftretenden „Verschnitt" auf den internen Verbindungsleitungen (insbesondere für hochbitratige Verbindungen) vermehrte Blockierungen ergeben können. Andererseits können die Algorithmen nicht beliebig komplex gemacht werden, da für den Verbindungsaufbau harte Echtzeitanforderungen gestellt werden. Unterschiedliche Algorithmen wurden z.B. in [234, 235] untersucht und quantitativ verglichen.

Dadurch, daß im verbindungslosen Betrieb, die auf den einzelnen Eingangsleitungen ankommenden Zellenbursts möglichst gleichmäßig auf alle Wege (und damit Koppelelemente) verteilt werden, kann zumindest in den ersten Stufen des Koppelfeldes eine bezüglich der Pufferauslastung günstige Verkehrscharakteristik erreicht werden. Da jedoch durch die in der Regel relativ kleinen Pufferspeicher im Koppelfeld die Zellabstände innerhalb der Verbindung nur unwesentlich verändert werden (Jitter) und alle Zellen einer Verbindung letztendlich zum gleichen Koppelfeldausgang gelangen, wird in den letzten Koppelfeldstufen die ursprüngliche Charakteristik wiederhergestellt, so daß dieser Vorteil nur bedingt ausgenutzt werden kann.

Der Hauptnachteil des verbindungslosen Betriebs ergibt sich daraus, daß die einzelnen Zellen einer Verbindung unterschiedliche Puffer (mit unterschiedlichen Füllständen) durchlaufen und sich durch die daraus resultierenden unterschiedlichen Durchlaufzeiten in ungünstigen Fällen gegenseitig überholen können. Da auf der ATM-Schicht die Einhaltung der Zellreihenfolge innerhalb einer Verbindung (Cell Sequence Integrity) garantiert wird, muß in den ausgangsseitigen Leitungsmodulen die korrekte Zellreihenfolge wiederhergestellt werden (Resequencing), wodurch sich zusätzliche Verzögerungen der Zellen ergeben (Resequencing Delay).

Das Resequencing kann z.B. unter Verwendung von Zeitmarken geschehen, die auf der Eingangsseite dem internen Zellkopf zugefügt und auf der Ausgangsseite ausgewertet werden. Die Zellen werden dort in einen Ausgangsspeicher eingeschrieben, in dem sie verbleiben bis eine festgesetzte, für alle Zellen gleiche Gesamtdurchlaufzeit (Koppelfeld plus Ausgangsspeicher) erreicht ist und werden erst dann weitergeleitet. Um sicherzustellen, daß wirklich alle vorher losgeschickten Zellen bereits angekommen sind, muß die voreingestellte Gesamtdurchlaufzeit der maximalen Laufzeitdifferenz zwischen einer Zelle, die lauter leere Puffer vorfindet und einer Zelle, die lauter maximal gefüllte Puffer vorfindet, entsprechen, d.h. sie entspricht praktisch der maximalen Durchlaufzeit durch das Koppelfeld. Eventuell kann die zusätzliche Verzögerung durch eine statistische Dimensionierung unter Verwendung des 10^{-x}-Quantils der Gesamtverzögerung (mit x im Bereich von 10) geringer gehalten werden. Das Resequencing-Verfahren mit Zeitmarken wird z.B. in dem in [107, 226] beschriebenen „Multi-Path Self-Routing" Koppelfeld angewendet.

Eine andere Möglichkeit zur Wiederherstellung der Zellreihenfolge ist die Verwendung interner Reihenfolgenummern. Durch die hohen Dynamikanforderungen an diesen Mechanismus bei Koppelfeldern mit hohem Durchsatz ist die Realisierung einer Resequencing-Funktion auf der Basis von Reihenfolgenummern – wie im übrigen auch die Realisierung des Resequencing-Speichers beim Zeitmarkenverfahren – technologisch sehr anspruchsvoll.

Bei Teilausfällen des Koppelfeldes hat der verbindungslose Betrieb den Vorteil, daß die betroffenen Wege durch lokale Überwachungsfunktionen außer Betrieb genommen werden können, ohne vorher über den Steuerrechner explizit die Routing-Information der einzelnen Verbindungen in den Steuerspeichern auf den Leitungsmodulen ändern zu müssen. Dadurch werden die Unterbrechungszeiten bei Fehlern verringert.

10.3.3.5
Topologie mehrstufiger Koppelfelder

Bei mehrstufigen Koppelfeldern liegen zwischen den Ein- und Ausgängen des Koppelfeldes mehrere hintereinander angeordnete, durch interne Zwischenleitungen verbundene Stufen in denen jeweils parallel zueinander Koppelelemente angeordnet sind. Je nach der Struktur der Zwischenleitungen kann ein bestimmter Ausgang von einem Eingang entweder nur über einen einzigen Weg durch das Koppelfeld (einfache Wegemöglichkeit, Single Path Networks) oder über mehrere alternative Wege (mehrfache Wegemöglichkeit, Multiple Path Networks) erreichbar sein.

Ein Vorteil der Strukturen mit einfacher Wegemöglichkeit ist, daß durch die Festlegung des Zielausganges auch bereits der Weg durch das Koppelfeld eindeutig festgelegt ist und dementsprechend keine interne Wegesuche (Path Hunting) erforderlich ist. Außerdem können sich die Zellen innerhalb einer Verbindung nicht gegenseitig überholen, da sie alle den gleichen Weg durch das Koppelfeld nehmen müssen. Bei Koppelfeldern mit mehrfacher Wegemöglichkeit wird die Steuerung dagegen entweder durch Algorithmen zur Wegesuche beim verbindungsorientierten Betrieb oder durch Mechanismen zur Wiederherstellung der korrekten Zellreihenfolge (s. Abschn. 10.3.3.4) komplexer.

Ein oft angeführter Nachteil von Strukturen mit einfacher Wegemöglichkeit besteht darin, daß bei Teilausfällen (z.B. einzelner Koppelelemente) der vom Ausfall betroffene Verkehr nicht über die bei der mehrfachen Wegemöglichkeit sowieso vorhandenen Alternativwege umgeleitet werden kann. Statt dessen müssen mit Zusatzaufwand, z.B. durch Doppelung der Struktur, zusätzliche Wegemöglichkeiten für den Fehlerfall vorgesehen werden. Dabei darf jedoch nicht vergessen werden, daß auch bei den Strukturen mit mehrfacher Wegemöglichkeit bei Teilausfällen die Belastung der noch intakten Alternativwege zunimmt, so daß auch diese Strukturen zu einem gewissen Grad überdimensioniert sein müssen, um auch im Fehlerfall eine entsprechende Übertragungsgüte zu garantieren.

Bezüglich der Leistungsfähigkeit lassen sich keine generellen Unterschiede zwischen den beiden Klassen feststellen, da das Blockierungsverhalten weniger durch die Topologie als solche, als vielmehr durch den Aufweitungsfaktor der koppelfeld-internen Übertragungskapazität bestimmt wird. Prinzipiell kann die interne Aufweitung entweder durch mehrfache Wege (räumliche Aufweitung) oder durch Erhöhung der Übertragungsgeschwindigkeit auf den Zwischenleitungen und entsprechende Erhöhung des Koppelelement-Durchsatzes (Geschwindigkeitsüberhöhung) – bzw. durch eine Kombination beider Verfahren – erreicht werden.

10.3.3.6
Banyan-Netzwerke

Eine Unterklasse der Koppelfelder mit einfacher Wegemöglichkeit sind die sog. „Banyan" Netzwerke [48, 91]. Bei den Banyan-Netzwerken ist jeder Eingang über eine Baumstruktur von Koppelelementen mit allen Ausgängen verbunden wie in Abb. 10.7 dargestellt.[7]

---

7 Prinzipiell können entsprechende Baumstrukturen auch aus Koppelelementen mit
   mehr als zwei Ein- und Ausgängen aufgebaut werden.

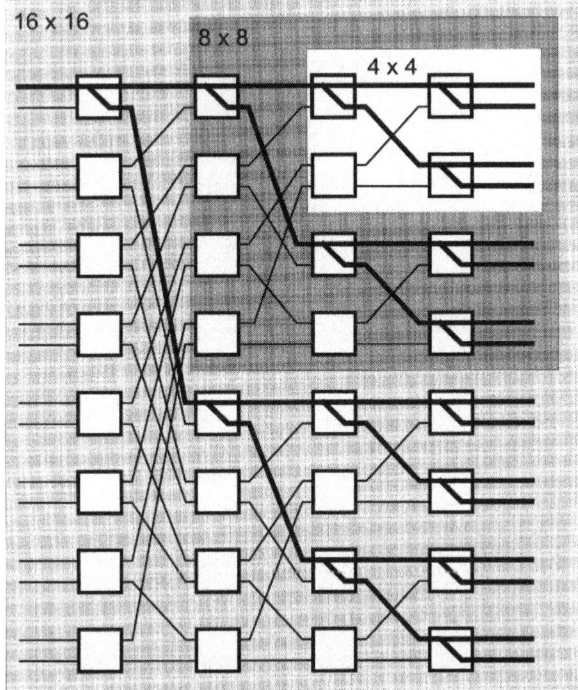

Abb. 10.7. Prinzipielle Struktur eines Banyan-Netzwerkes

Die Baumstruktur ermöglicht in ganz natürlicher Weise einen selbststeuernden Betrieb (s. Abschn. 10.3.3.3). Dazu muß die Zelle in diesem Beispiel im internen Zellkopf lediglich die binär kodierte Ausgangsnummer tragen. In jeder Stufe kann dann das Koppelelement durch Auswertung eines Bits den richtigen seiner beiden Ausgänge auswählen.

Durch ihre rekursive Struktur lassen sich Banyans durch Parallelschaltung und Vorschalten einer zusätzlichen Stufe modular erweitern. Dadurch können für die Realisierung ganze Subnetze auf einem Chip integriert werden. Diese für Anwendungen in Parallelrechnern [91] bereits lange bekannten Strukturen wurden insbesondere in den USA für die Implementierung von ersten Prototypen für ATM-Knoten eingesetzt wie die Übersichten in [89, 196] zeigen.

10.3.3.7
Trichter-Koppelfelder

Eine andere Möglichkeit für mehrstufige Koppelfelder mit einfacher Wegemöglichkeit ist die in Abb. 10.8 dargestellte Struktur, bei der mehrere Koppelmodule über Verteilbusse parallel an alle Koppelfeldeingänge angeschlossen

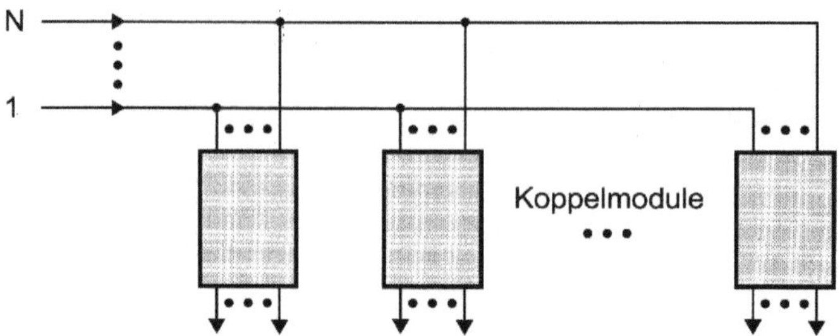

Abb. 10.8. Koppelfeldstruktur mit Eingangsbus

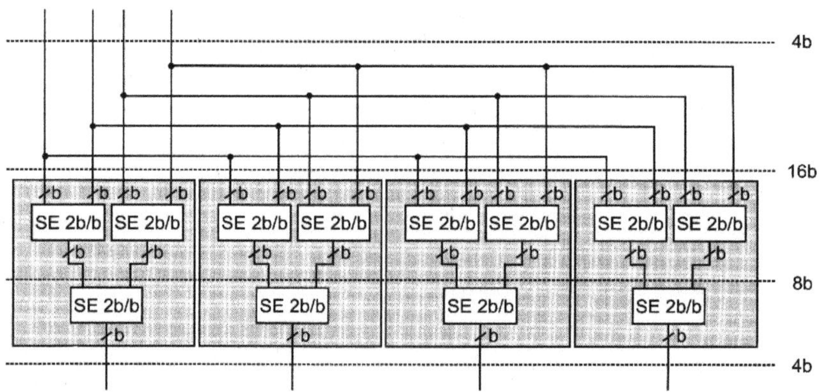

Abb. 10.9. Prinzip eines Trichter-Koppelfeldes

sind. Wie bei einer Busstruktur bekommen die Koppelfeldmodule alle Zellen
von sämtlichen Eingängen angeboten und filtern diejenigen heraus, die für
einen über das eigene Modul erreichbaren Ausgang bestimmt sind. Da es sich
hierbei im Prinzip um eine ausgangsgepufferte Struktur handelt, können so
intern blockierungsfreie Koppelfelder aufgebaut werden.

Eine mögliche Realisierung dieser Struktur sind die Trichter-Koppelfelder,
die in [78, 79] beschrieben wurden und inzwischen auch in anderen Veröffentlichungen zu finden sind [257]. Basis von Trichter-Koppelfeldern sind
asymmetrische (oder unterbeschaltete symmetrische) Koppelelemente mit $2b$
Eingängen und b Ausgängen[8]. Aus diesen werden mehrstufige Trichter-Module
(Funnel) gebildet wie in Abb. 10.9 dargestellt, wobei in der ersten Koppelfeld-
stufe $\frac{N}{2b}$ Koppelelemente vorhanden sein müssen, um alle N Koppelfeldeingänge
an das Trichter-Modul anschließen zu können. Da ein einzelnes Trichtermodul
nur b Koppelfeldausgänge bedienen kann, müssen $\frac{N}{b}$ Trichtermodule parallel-

---

8 Andere Verhältnisse sind ebenfalls möglich.

geschaltet werden, um ein quadratisches Koppelfeld zu erhalten. Die Stufenzahl der Struktur ergibt sich demnach aus der Anzahl der Ein- und Ausgänge des Koppelelementes und der gewünschten Anzahl von Koppelfeldports.

Die Koppelelemente der ersten Stufe übernehmen die Filterfunktion. In den Zwischenstufen werden die Zellströme lediglich gemultiplext, während in der letzten Stufe die Zellen auf die Zielausgänge vermittelt werden.

Dadurch, daß immer alle Ausgänge der Koppelelemente auf genau ein Koppelelement in der nächsten Stufe geführt werden, ergibt sich die Möglichkeit, die Ausgänge nicht als einzelne Leitungen, sondern als gemeinsames Bündel zu betreiben und damit einen Verschnitt der Übertragungskapazität auf den Zwischenleitungen zu vermeiden. In dieser Betriebsart bieten Trichter-Koppelfelder ebenfalls nur eine Wegemöglichkeit und erlauben einen sehr einfachen, selbststeuernden Betrieb ohne interne Wegesuche. Ein weiterer Vorteil des internen Bündelbetriebs ist, daß Verbindungen mit Spitzenbitraten durchgeschaltet werden können, die im Prinzip bis zur Gesamtkapazität des Bündels reichen. Dabei muß jedoch sichergestellt sein, daß innerhalb des Bündels die Zellreihenfolge erhalten bleibt (siehe auch Abschn. 10.7.2).

Durch den Bündelbetrieb und die interne Aufweitung sind so aufgebaute Trichterstrukturen intern blockierungsfrei. Durch Erhöhung der Stufenzahl und Parallelschaltung zusätzlicher Trichter sind diese Strukturen modular und mit relativ wenig Verdrahtungsaufwand erweiterbar. Für große Anordnungen wächst die Anzahl der benötigten Koppelelemente etwa quadratisch, wodurch die maximale technisch realisierbare Größe der Trichter-Koppelfelder stärker begrenzt ist als die von anderen (nur quasi-blockierungsfreien) Strukturen.

10.3.3.8
Knockout-Koppelfelder

Eine weitere Möglichkeit zur Realisierung von Strukturen mit Eingangsbus und einfacher Wegemöglichkeit ist die in [258] beschriebene „Knockout"-Koppelfeldstruktur, deren Prinzip in Abb. 10.10 dargestellt ist.

Dabei sind sog. „Bus Interfaces", die jeweils für einen Ausgang zuständig sind, über Busse an alle Eingänge angeschlossen. Sie enthalten zunächst für jeden Eingang einen „Packet Filter", der die Filterung der Zellen für den lokalen Ausgang durchführt. Die von den verschiedenen Eingängen gleichzeitig ankommenden Zellen für den jeweiligen Ausgang durchlaufen dann einen Konzentrator. In dem Konzentrator werden die gleichzeitig ankommenden Zellen für den Ausgang einem durch entsprechende Hardware-Elemente realisierten „Knockout-Turnier" mit N Runden unterworfen, bei dem die L erstplazierten Zellen die Ausgänge erreichen, während die zusätzlichen, schlechter plazierten verloren gehen. Da an den Konzentratorausgängen die Anzahl gleichzeitig ankommender Zellen von maximal N auf maximal L reduziert ist ($L \ll N$),

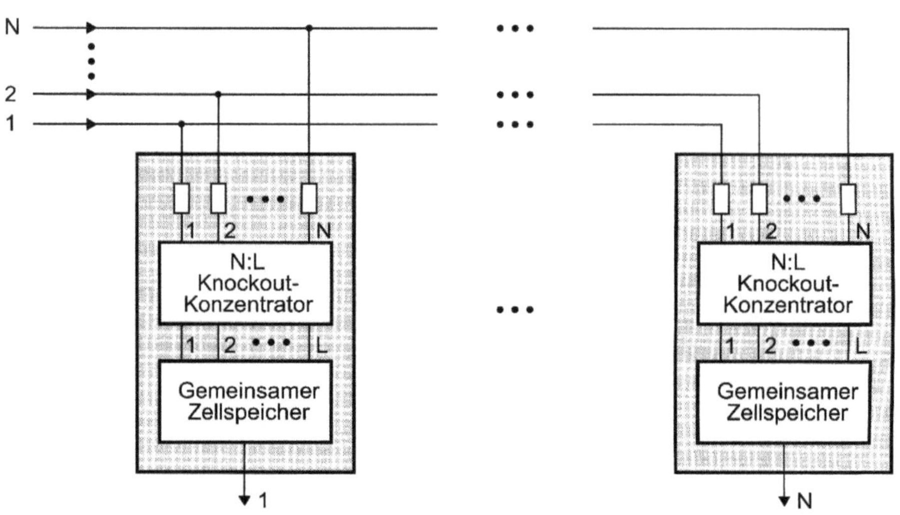

Abb. 10.10. Prinzip der Knockout-Koppelfeldstruktur

werden die Dynamikanforderungen an die folgende Speicherstufe auf Kosten gewisser Zellverluste im Konzentrator[9] drastisch reduziert.

Eine Verallgemeinerung des Knockout-Prinzips ist in [75] beschrieben, wo durch Vorschalten eines zweistufigen, speicherlosen Verbindungsnetzwerks größere Strukturen erzeugt werden.

10.3.3.9
Koppelfelder mit seriellem Eingangsbus

Eine dritte Möglichkeit zur Realisierung von mehrstufigen Koppelfeldern mit Eingangsbus und einfacher Wegemöglichkeit wird in [161] beschrieben. Dort werden 32 Eingangsleitungen mit je 155 Mbit/s in einem als „ATM Input Circuit" (AIC) bezeichneten ASIC zu einem hochratigen, seriellen Zellstrom gemultiplext, der wie in Abb. 10.11 gezeigt transparent mehrere „ATM Output Circuits" (AOC) nacheinander durchläuft. Die AOCs führen die Filterfunktion aus, erledigen die Zwischenpufferung und vermitteln die Zellen auf einen der angeschlossenen Ausgänge.

---

9 Die Dimensionierung von L auf der Basis der akzeptablen Zellverlustwahrscheinlichkeit ist in [258] beschrieben.

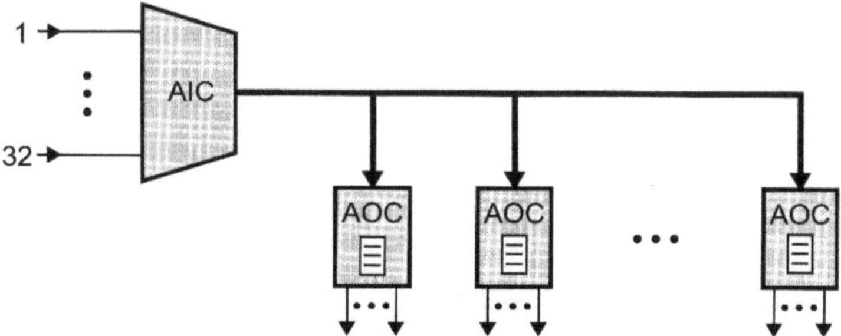

Abb. 10.11. Koppelfeldstruktur mit seriellem Eingangsbus

10.3.3.10
Erweiterung von Koppelfeldern mit einfacher Wegemöglichkeit

Um die technologischen Begrenzungen bezüglich der Übertragungsgeschwindigkeit der Zwischenleitungen und des Durchsatzes der Koppelelemente zu umgehen, kann die räumliche Aufweitung der Koppelfelder angewendet werden, bei der sich mehrfache Wegemöglichkeiten ergeben.

Eine offensichtliche Möglichkeit, um zu Strukturen mit mehrfacher Wegemöglichkeit zu erhalten, ist eine Erweiterung von Strukturen mit einfacher Wegemöglichkeit. Wie in Abb. 10.12.a gezeigt, kann die Erweiterung durch Parallelschalten von Koppelfeldern mit einfacher Wegemöglichkeit erfolgen. Die Anzahl der möglichen Wege und damit die Steigerung des Durchsatzes entspricht dabei der Zahl der parallelgeschalteten Koppelfeldebenen. Zu berücksichtigen ist allerdings, daß die Dynamikanforderungen an die vorgeschalteten Verteilelemente und an die nachgeschalteten Multiplexer – sowie an eventuell benötigte Resequencing-Einheiten (s. Abschn. 10.3.3.4) – sich ebenfalls entsprechend vervielfachen und damit einen begrenzenden Faktor darstellen können.

Eine weitere Erweiterungsmöglichkeit besteht im Hinzufügen von zusätzlichen Koppelfeldstufen. Die in Abb. 10.12.b als Beispiel dargestellte Struktur wird als Beneš-Netzwerk [29] bezeichnet. Durch seinen symmetrischen Aufbau kann es durch Parallelschalten zweier identischer Strukturen bei gleichzeitigem Vor- und Nachschalten von zusätzlichen Stufen rekursiv erweitert werden. Da eine optimale Wegesuche in dieser Struktur sehr aufwendig wäre, eignet sich das Beneš-Netzwerk besonders für den verbindungslosen Betrieb (s. Abschn. 10.3.3.4).

Eine spezifische Eigenschaft der Banyan-Netzwerke wird bei den sog. „Batcher-Banyan" Netzwerken (Abb. 10.12.c) ausgenutzt: Wenn die gleichzeitig an den Eingängen anliegenden Zellen anhand ihrer Zieladresse in einer streng monoton fallenden (oder steigenden) Folge sortiert sind, können alle Zellen das Banyan-Netzwerk blockierungsfrei durchlaufen. Diese Sortierfunk-

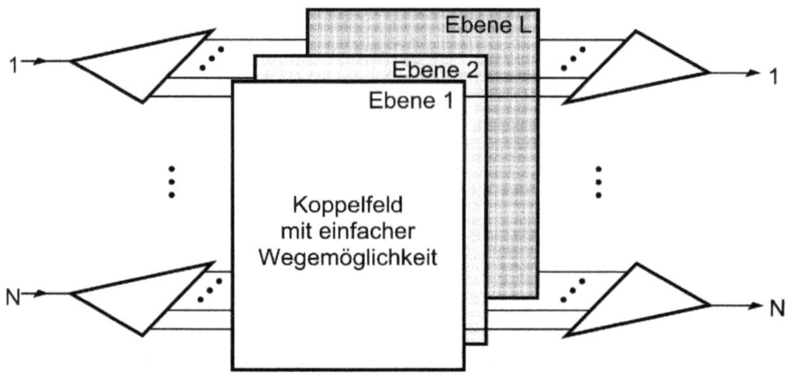

a) Parallele Einpfadnetze

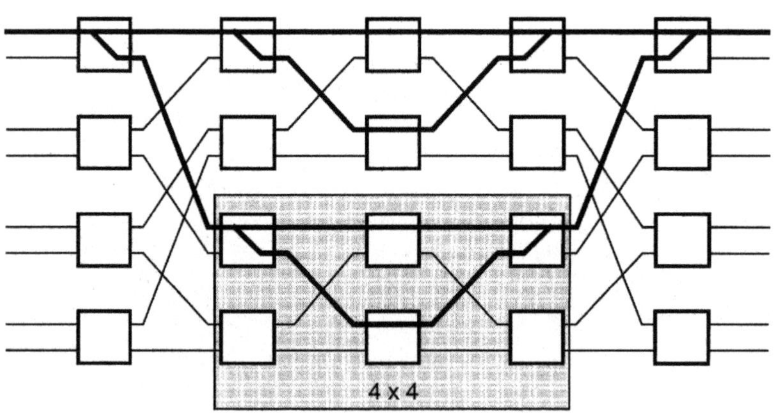

b) Benes - Netzwerk

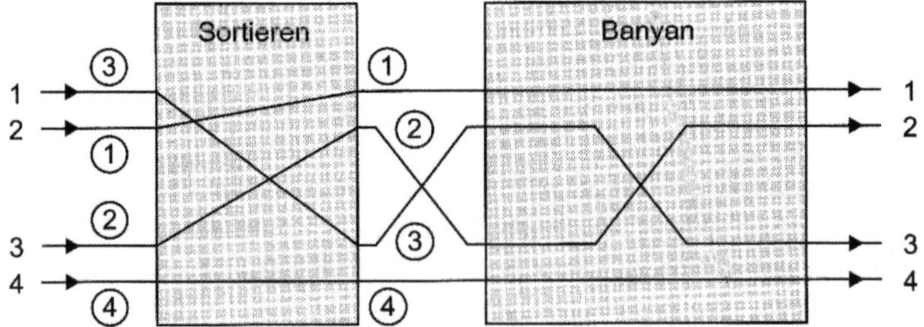

c) Kombiniertes Sortier/Banyan-Netz

Abb. 10.12. Erweiterung von Koppelfeldern mit einfacher Wegemöglichkeit

tion kann mit Hilfe eines „Bitonischen Sortierers" implementiert werden, wie ihn Batcher in [26] beschreibt. Da die Zellen das Batcher-Sortiernetzwerk zwar der Zieladresse nach sortiert, aber (falls keine Zellen für bestimmte Ausgänge vorhanden sind) nicht notwendigerweise am richtigen Zielausgang verlassen, wird noch ein ungepuffertes Banyan-Netzwerk benötigt, das die Zellen zum richtigen Ausgang vermittelt.

Die Batcher-Banyan-Kombination ist nicht blockierungsfrei, wenn gleichzeitig mehrere Zellen für einen Ausgang ankommen (Abnehmerblockierung). Um diesen Fall auszuschließen, können die überzähligen Zellen nach dem Sortieren markiert und über ein weiteres, als Filter wirkendes Sortiernetzwerk (Trap Network), speziellen Ausgängen zugeführt werden. Diese Ausgänge führen die Zellen über einen Speicher zurück zu den Eingängen, so daß eine Struktur entsteht wie in Abschn. 10.3.1 beschrieben [87, 114].

Eine weitere Möglichkeit zur Vermeidung der Abnehmerblockierung besteht darin, daß die Anordnung eingangsgepuffert (s. Abschn. 10.3.1) betrieben wird und ein über das gesamte Koppelfeld wirkender Arbitrierungsmechanismus die überzähligen Zellen im Eingangspuffer zurückhält [10, 115, 194].

Insbesondere in den USA sind die Batcher-Banyan-Strukturen, die innerhalb der Koppelfeldes nur ungepufferte Elemente verwenden, für zahlreiche Prototypentwicklungen [10, 31, 59, 87, 114, 192, 194, 197] verwendet und weiterentwickelt worden.

Eine weitere Möglichkeit zur Erweiterung von Banyan-Netzwerken besteht im Vorschalten eines Verteilnetzwerkes. Dies dient dazu, den ankommenden Verkehr so gleichmäßig wie möglich auf die Eingänge des Banyan-Netzwerkes zu verteilen. Damit soll eine unsymmetrischen Verteilung der Last über die Eingänge vermieden werden, die aufgrund der Struktur der Banyan-Netzwerke zu starken Blockierungen führt [243].

10.3.3.11
Verwendung klassischer mehrstufiger Gruppierungen

Aus der Durchschaltevermittlung bestehen umfangreiche Erfahrungen mit den Eigenschaften und der Implementierung von mehrstufigen Koppelstrukturen. Auch wenn sich durch das asynchrone Multiplexkonzept und die Unterstützung beliebiger Bitraten andere Eigenschaften dieser Strukturen ergeben, gibt es zahlreiche Beispiele für ihre Anwendung in ATM-Knoten [83, 140, 169, 213, 222, 228]. Basis für solche Netzwerke ist meist eine 3- oder 5-stufige Struktur nach Clos [50]. Als Beispiel ist in Abb. 10.13 die 3-stufige Struktur dargestellt, wobei die i_x und k_x die Anzahl der Ein- bzw. Ausgänge der Koppelelemente[10] und die g_x die Anzahl der Koppelelemente der jeweiligen

---

10 Als „Koppelelement" können auch beliebige, mehrstufige Koppelmodule verwendet werden sofern sie intern blockierungsfrei sind.

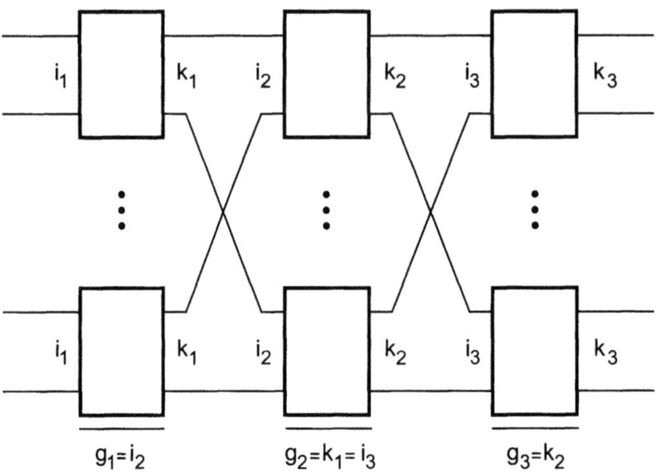

Abb. 10.13. Dreistufige Koppelanordnung nach Clos

Stufe angeben. Für den Fall der Durchschaltevermittlung ist diese Anordnung streng blockierungsfrei, wenn die Bedingung $k_1 \geq i_1 + k_3 - 1$ erfüllt ist. In [235] sind auch Bedingungen und Einschränkungen, z.B. bezüglich der maximalen Bitrate einer Verbindung, hergeleitet, unter denen eine Clos-Struktur auch für ATM-Anwendungen blockierungsfrei gemacht werden kann.

Eine für die Realisierung sehr gut geeignete und deshalb auch für die Durchschaltevermittlung oft angewendete Struktur sind die sog. Umkehr- oder Faltgruppierungen, bei denen sowohl die Eingänge als auch die Ausgänge an der gleichen Seite des Koppelfeldes angeschlossen sind. Dabei wird bei den Koppelelementen aller Stufen (außer der letzten) ein Teil der Ein- und Ausgänge für die Vorwärtsrichtung und der andere Teil für die Rückwärtsrichtung verwendet. Somit kann die in Abb. 10.14.a dargestellte Faltgruppierung mit $N \times N$-Koppelelementen realisiert werden, wenn $i_1 + k_1 = N$ ist. Die Koppelelemente der ersten Stufe werden dann wie in Abb. 10.14.b dargestellt beschaltet.

Umkehrgruppierungen bieten den Vorteil, daß sie Kurzwege ermöglichen. So können Zellen in dem einfachen Beispiel schon in der ersten Stufe in Rückwärtsrichtung geschickt werden, wenn der Eingang und der Zielausgang am selben Koppelelement angeschlossen sind. Außerdem können Umkehrgruppierungen modular und ohne Änderung der bereits vorhandenen Verkabelung durch Hinzufügen neuer Stufen erweitert werden.

Da von jedem Koppelelement in der letzten Stufe noch alle Ausgänge erreicht werden können, können die Zellen in Vorwärtsrichtung bis zu dieser Stufe jeden beliebigen Weg nehmen. Beim verbindungslosen Betrieb empfiehlt es sich dabei, die Zellen möglichst zufällig und gleichmäßig auf die Wege zu verteilen, um unabhängig von der Verkehrslast und vom Belegungsmuster auf den Eingängen einen möglichst symmetrischen Verkehr zu haben. In

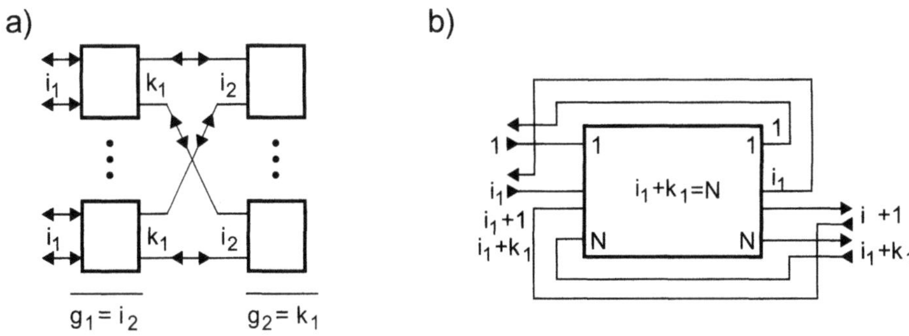

Abb. 10.14. Beispiel für eine Umkehrgruppierung

Rückrichtung findet dann das eigentliche Routing zum Zielausgang hin statt, wobei in größeren Strukturen wiederum mehrere Wege zur Verfügung stehen. Eine Konsequenz aus dieser Betriebsart ist, daß die Koppelelemente beide Routing-Modi beherrschen müssen.

Ein typisches Beispiel für eine solche Koppelfeldstuktur ist das z.B. in [107, 108, 109] beschriebene „Multiple Path Self-Routing"-Koppelfeld. Im Gegensatz zu dem einfachen Beispiel in Abb. 10.14 besteht dieses aus drei Stufen[11] und zusätzlich mehreren parallelen Ebenen zur Verringerung der internen Leitungsbelastung und weist eine mehrfache Zwischenleitungsführung auf.

10.3.4
Multicast-Unterstützung in ATM-Verbindungsnetzwerken

Eine weitere Funktion, die in zunehmendem Maße von ATM-Koppelfeldern gefordert wird, ist die Multicastfähigkeit, mit der Punkt-zu-Mehrpunkt-Verbindungen auf der ATM-Schicht unterstützt werden. Die in Abschn. 4.3.7 eingeführte logische Multicastfunktion, bei der mehrere Zellkopien auf den gleichen physikalischen Ausgang eines ATM-Vermittlungsknotens geschickt werden, wird am effektivsten im Zusammenhang mit der Umwertung der Verbindungskennung auf dem ausgangsseitigen Leitungsmodul realisiert (s. Abschn. 10.7.3). Deshalb wird innerhalb des ATM-Koppelfeldes meist lediglich die räumliche Multicastfunktion ausgeführt. Zu deren Unterstützung sind zwei grundlegende Operationen auszuführen, nämlich:

- Es muß eine pro Mehrpunktverbindung unterschiedliche Anzahl von Zellkopien erzeugt werden, wobei die maximale Anzahl von Kopien nur durch die Anzahl der Koppelfeldausgänge begrenzt ist und

---

11 Die einzelnen Stufen bestehen wiederum aus mehreren miteinander verschalteten Koppelelementen.

– die Kopien müssen zu einer bestimmten – ebenfalls pro Verbindung unterschiedlichen – Teilmenge von Koppelfeldausgängen weitergeleitet werden.

Besonders einfach zu realisieren ist die Multicastfunktion bei Verbindungsnetzwerken mit gemeinsamem Übertragungsmedium (s. Abschn. 10.3.2) und bei denjenigen Koppelfeldstrukturen mit Verteilbus am Eingang, bei denen jeder Koppelfeldausgang getrennt am Eingangsbus angeschlossen ist. Bei diesen Strukturen werden die ankommenden Zellen sowieso direkt allen Ausgängen angeboten, und es muß lediglich die Filterfunktion so erweitert werden, daß die zu Multicast-Verbindungen gehörenden Zellen nicht nur für einen Ausgang sondern für mehrere akzeptiert werden.

Für alle anderen Koppelfeldstrukturen erfordert die Multicast-Funktion wesentlich mehr Zusatzaufwand. Zur Realisierung der Multicast-Funktionen wurden zwei grundsätzlich verschiedene Ansätze vorgeschlagen, die im folgenden diskutiert werden sollen.

Insbesondere zur Erweiterung von Banyan- und Batcher-Banyan-Strukturen wurde vorgeschlagen, zusätzliche Kopiernetzwerke zu verwenden, um die erforderlichen Zellkopien zu erzeugen. Beispiele dafür sind in [114, 243, 30, 165, 166, 182, 233] zu finden. Die Kopiernetzwerke bestehen – wie die Banyan-Koppelfelder selbst – aus sehr einfachen Elementen und sind für die Verwendung mit solchen, meist ungepufferten, Koppelfeldstrukturen geeignet. Wie diese Koppelfeldstrukturen selbst hat auch diese Form der Multicastunterstützung in kommerziellen Systemen kaum eine Bedeutung.

Für die in kommerziellen ATM-Knoten meist eingesetzten Koppelfeldstukturen, die auf größeren, gepufferten Koppelelementen basieren, kann die Multicast-Unterstützung vollständig von diesen mit übernommen werden. Das Prinzip ist in Abb. 10.15 dargestellt. Das innerhalb des Vermittlungsknotens verwendete interne Zellformat enthält eine Kennung, anhand derer das Koppelelement feststellen kann, ob die Zelle zu einer Punkt-zu-Punkt- oder zu einer Multicast-Verbindung gehört. Für die Punkt-zu-Punkt-Zellen führt das Koppelelement eine direkte Auswertung der ebenfalls enthaltenen Routing-Information aus, um den richtigen Zielausgang zu bestimmen.

Für die Multicast-Zellen enthält das Routing-Feld eine knotenweit eindeutige, verbindungsspezifische[12] Kennung. Diese Kennung verwendet das Koppelelement, um eine zusätzliche Tabelle (Multicast Lookup Table, MLT) zu adressieren, bei der jeder Eintrag so viele Bits enthält, wie das Koppelelement Ausgänge hat. Der Eintrag wird beim Verbindungsaufbau geladen und wird so interpretiert, daß jede „1" bedeutet, daß eine Kopie zu dem der jeweiligen Bitposition entsprechenden Ausgang geschickt werden muß. Die Ausgänge, deren Bitposition eine „0" aufweist, erhalten keine Zellkopie. Aufgrund dieser

---

12 Im Prinzip könnten Verbindungen, die den gleichen Multicast-Baum im Koppelfeld benötigen, eine gemeinsame Kennung benutzen. Da dadurch aber das Umkonfigurieren einzelner Verbindungen erschwert wird, wird dies in der Regel nicht ausgenutzt.

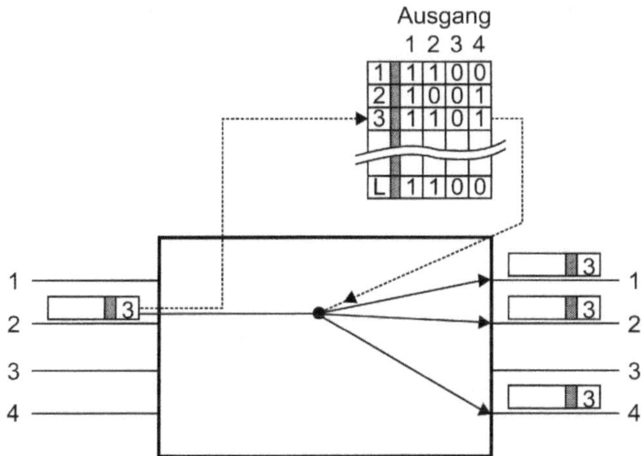

Abb. 10.15. Multicast in gepufferten Koppelelementen

Information können die Zellen kopiert und in die entsprechenden Warteschlangen eingetragen werden. Besonders vorteilhaft ist dabei die Zentralspeicher-Architektur, da bei dieser die Zelle physikalisch nur einmal im Speicher vorhanden ist und lediglich entsprechende Zeiger in mehrere der logischen Ausgangswarteschlangen eingetragen werden müssen.

Durch dieses Verfahren wird keine zusätzliche Hardware für die Multicast-Funktion benötigt, lediglich die Koppelelemente werden etwas komplexer. Da die Zellkopien erst an der letzten möglichen Verzweigung erzeugt werden, wird keine Kapazität im Koppelnetz vergeudet.

Ein Problem bei dieser Multicast-Implementierung besteht darin, daß die Anzahl der gleichzeitig pro Vermittlungsknoten unterstützbaren Multicast-Verbindungen durch die Anzahl der Einträge in den MLTs begrenzt wird, da die Einträge knotenweit eindeutig sein müssen. Falls die auf dem Chip mit integrierbare MLT-Größe nicht ausreicht, besteht jedoch durch die Fortschritte in der Speichertechnologie auch die Möglichkeit, sehr schnelle externe Speicher für die MLTs zu verwenden.

Es ist auch erwähnenswert, daß für die Multicast-Verbindungen das selbststeuernde Prinzip durchbrochen wird, bei dem keine verbindungsspezifische Einstellung der Koppelelemente erforderlich ist, da die MLTs beim Auf- und Abbau bzw. bei der Umkonfigurierung von Multicast-Verbindungen modifiziert werden müssen. Gleiches gilt auch für die Adressumsetzer der oben beschriebenen Kopiernetzwerke.

Ein Beispiel für die Anwendung einer derartigen Multicast-Implementierung ist das in Abschn. 10.7.2 beschriebene MainStreetXpress 36190-Koppelfeld, ein anderes das bereits erwähnte „Multiple Path Self-Routing"-Koppelfeld [219].

10.4
Zentrale Steuerung

10.4.1
Funktionen der zentralen Steuerung

Die typischen Aufgaben der zentralen Steuereinheit eines ATM-Knotens unterscheiden sich kaum von denen einer Schmalband-Vermittlungsstelle und umfassen:

Steuerung des Hochlaufs. Die zentrale Steuereinheit initiiert und koordiniert den Hochlauf des Gesamtsystems, wobei die in der Regel auf angeschlossenen Festspeichern abgelegten Systemprogramme sowie die semipermanenten Konfigurationsdaten geladen werden müssen. Da meist auch auf den Leitungsmodulen und im Koppelfeld untergeordnete Prozessoren oder zumindest per Software konfigurierbare Bausteine vorhanden sind, müssen auch diese geladen werden.

Zentrale Betriebs- und Wartungsfunktionen für das Gesamtsystem. Bei Änderungen der Knotenkonfiguration oder im Falle von Fehlfunktionen und Ausfällen veranlaßt die zentrale Steuereinheit die Aktivierung bzw. Deaktivierung einzelner Komponenten und leitet automatische Maßnahmen zur Detektion, Isolation, Lokalisierung und Behebung von Fehlern ein. Bei der Behebung von Softwarefehlern (Recovery) wird versucht, die Auswirkungen auf den laufenden Betrieb und die aktiven Verbindungen durch fein abgestufte Reaktionsmöglichkeiten zu minimieren. Insbesondere bei großen Vermittlungsknoten in öffentlichen Netzen muß durch entsprechende Verfahren gewährleistet werden, daß auch beim Einspielen neuer Software der Betrieb nicht unterbrochen werden muß.

Kommunikation mit lokalen Bedienplätzen und zentralisierten Managementsystemen. Über diese Kommunikationskanäle werden die Konfigurationsbefehle und Statusanfragen des Bedienpersonals an die zentrale Steuereinheit weitergeleitet. In der Gegenrichtung werden periodische oder explizit angeforderte Meldungen über den Systemstatus sowie Alarmmeldungen bezüglich des Knotens und der angeschlossenen Übertragungsleitungen an das Bedienpersonal übermittelt.

Verwaltung der für den Betrieb notwendigen Daten. Zu den für den Betrieb notwendigen Daten gehören zunächst die Daten über die aktuelle Konfiguration des Knotens wie z.B. Anzahl, Typ und Portnummer der angeschlossenen Leitungsmodule. Darüberhinaus werden – falls Teilnehmer direkt angeschlossen sind – benutzerspezifische Informationen z.B. über die beantragten Dienste und Dienstmerkmale benötigt. Zu dieser Art Daten, die nur vom Bedienpersonal geändert werden können und auch nach Ausfällen wieder verfügbar sein müssen, gehören auch die Parameter aller am Knoten eingerichteten Festverbindungen, da diese nach dem Hochlauf automatisch wiederhergestellt werden müssen.

Neben diesen semipermanenten Daten fallen bei der Verbindungssteuerung aktuelle Daten über die bestehenden Verbindungen an, die bei Fehlern in der zentralen Steuerung möglichst nicht verloren gehen sollten, da es dann möglich ist, diejenigen Verbindungen zu retten, die sich zur Zeit des Fehlers in einem stabilen Zustand, d.h. in der Nachrichtenaustausch-Phase (s. Abschn. 11.1.1) befunden haben. Außerdem werden im Verlauf einer Verbindung alle Informationen gesammelt, die für die Vergebührung benötigt werden.

All diese Daten werden auf (redundanten) Festspeichern abgelegt, die an die zentrale Steuerung angeschlossen sind, um sie vor einem Verlust bei Fehlern und Ausfällen zu schützen. Die zentrale Steuerung stellt die Programme zur Verfügung, mit denen diese Daten erfaßt, gespeichert, modifiziert, verarbeitet und bei Bedarf weitergeleitet werden, wie etwa die Vergebührungsdaten, die zur Weiterverarbeitung an zentrale Vergebührungszentren weitergegeben werden.

Terminierung der Zeichengabeprotokolle. Der Transport der Zeichengabenachrichten erfolgt, wie in Kap. 7 beschrieben, ebenfalls mittels ATM-Verbindungen, wobei sowohl für die Teilnehmersignalisierung als auch für die Zeichengabe zwischen den Netzknoten der auf dem AAL 5 aufbauende SAAL (Signalling ATM Adaptation Layer) verwendet wird. Die Endpunkte dieser Zeichengabeverbindungen, an denen die Funktionen des SAAL sowie die Funktionen der höheren Schichten der Zeichengabeprotokolle ausgeführt werden, werden meist ebenfalls in der zentralen Knotensteuerung realisiert.

Insbesondere die im öffentlichen Weitverkehrsnetz verwendete Zwischenamtssignalisierung auf der Basis des Signalisiersystems CCS7 (s. Abschn. 7.3) stellt hohe Anforderungen an die Leistungsfähigkeit der zentralen Steuerung. Dies rührt daher, daß neben den rein verbindungsbezogenen Funktionen auch das logisch vom Nutzkanalnetz getrennte Signalisiernetz verwaltet werden muß. Da dieses Signalisiernetz das „Nervensystem" des Weitverkehrsnetzes darstellt, über das neben den verbindungsbezogenen Meldungen auch Informationen für die netzweite Wegesuche sowie über den Betriebszustand von Netzknoten und Übertragungsstrecken übermittelt werden, treten hier extreme Echtzeit- und Verfügbarkeitsanforderungen auf.

Verbindungssteuerung. Eine offensichtliche Hauptaufgabe der zentralen Knotensteuerung besteht in der Steuerung der Nutzkanalverbindungen. Dabei müssen die in den Zeichengabenachrichten enthaltenen Informationen bearbeitet und die notwendigen knoteninternen Einstellungen vorgenommen werden. Beim Verbindungsaufbau muß z.B.

– im Rahmen der netzweiten Wegesuche der Zielausgang ermittelt werden, über den die Zellen am günstigsten zum Zielteilnehmer weitergeleitet werden,

- aufgrund der aktuellen Belegung der vom Knoten verwalteten Ressourcen (z.B. Übertragungsleitungen) die Entscheidung über Annahme oder Ablehnung der Verbindung getroffen werden (CAC, s. Abschn. 5.7.2),
- bei verbindungsorientiert-betriebenen Koppelfeldern mit mehrfacher Wegemöglichkeit ein Weg durch das Koppelfeld bestimmt werden und
- die Einstellung der verbindungsspezifischen Parameter (UPC-Parameter, interne Routinginformation, Umwerteinformation für die Verbindungskennung, etc.) der Steuerspeicher auf den beteiligten Leitungsmodulen veranlaßt werden.

10.4.2
Implementierungskonzepte

Im Vergleich zu den klassischen Vermittlungsknoten für das (analoge) Telefonnetz, bei denen die Anforderungen an die Steuerung aufgrund der Beschränkung auf wenige, wohlbekannte Dienste sehr klar definiert waren, hat sich die Situation in den vergangenen Jahren drastisch gewandelt. Dies liegt zunächst daran, daß der Aufwand für die Steuerung einer einzelnen Verbindung zunehmend größer geworden ist, weil den Teilnehmern auch im Weitverkehrsbereich immer mehr Bedienungskomfort angeboten wurde. Ein Beispiel dafür ist die Einführung der bisher nur im Nebenstellenbereich angebotenen zusätzlichen Dienstmerkmale (automatischer Rückruf, Gebührenübernahme durch den angerufenen Teilnehmer, Anrufumleitung etc.) im ISDN [35]. Ein anderes Beispiel sind die neuen Dienste, die im Rahmen des „Intelligenten Netzes" (s. Abschn. 8.4.1) eingeführt werden. Zum anderen zeigt sich ein Trend der Netzbetreiber hin zu größeren Vermittlungsknoten, wodurch die Struktur und damit der Aufwand für den Betrieb der Netze vereinfacht werden soll. Weitere Faktoren, die die Anforderungen an die Steuerung moderner Vermittlungsstellen steigen lassen, sind die immer komplexer werdenden Zeichengabeprotokolle (s. Abschn. 11.2.1 und Kap. 7) und die zunehmende Mobilität der Teilnehmer.

Zusätzlich zu dieser für alle modernen Vermittlungsknoten geltenden Entwicklung hin zu immer höheren Anforderungen an die Steuerung gelten für die ATM-basierten Breitbandsysteme noch weitere Randbedingungen, welche die Anforderungen nochmals erhöhen. ATM als gemeinsame Basis führt zu einem Verschwimmen der Grenzen zwischen den bisher streng getrennten Welten der privaten und öffentlichen Netze, der Übertragungs- und Vermittlungstechnik sowie der Daten-, Sprach- und Verteilkommunikation. Jede dieser Welten hat ihre gewachsenen Steuerungskonzepte, die sich in unterschiedlichen Protokollen für die Verbindungssteuerung sowie für Betriebs- und Wartungsaufgaben niederschlagen. Zwischen diesen Protokollen muß in den zukünftigen Netzen eine vernünftige Zusammenarbeit gewährleistet werden (Seamless Networking), wenn ein universelles, diensteintegrierendes Breitbandnetz Wirklichkeit werden soll.

Ein ebenfalls neu hinzukommender Aspekt ist die weitgehende Entkopplung des Nutzdatendurchsatzes von der erforderlichen Steuerleistung. Im Gegensatz zu den durchschaltevermittelten Netzen, wo die Anzahl der verfügbaren Nutzkanäle eine relativ genaue Abschätzung der Steuerleistung erlaubt, läßt bei ATM-Systemen die Leistungsfähigkeit des Koppelfeldes keine Rückschlüsse auf die erforderliche Kapazität der zentralen Steuerung zu. Dadurch, daß an einen kleinen ATM-Knoten mit „nur" 5 Gbit/s Durchsatz[13] (64×64-Koppelfeld mit 155 Mbit/s Anschlüssen) vom Koppelfelddurchsatz her – ohne Konzentration – bereits ungefähr 5000 Übertragungsleitungen mit 2 Mbit/s angeschlossen werden könnten, von denen jede bis zu 30 Sprachverbindungen tragen kann, kommen überproportional große Belastungen auf die Steuerung zu. Ein entgegengesetztes Beispiel stellt ein Knoten dar, der auf „Video-on-Demand"-Verbindungen optimiert ist. Dabei haben die einzelnen Verbindungen typischerweise Bitraten zwischen 2 und 6 Mbit/s und bestehen meist für die gesamte Dauer eines Spielfilms oder Sportereignisses, so daß die mittlere Last für die Steuerung relativ gering ist, selbst wenn der Koppelfelddurchsatz in der Größenordnung von 80 Gbit/s liegt, um eine vernünftige Anzahl von Teilnehmern anbinden zu können. Noch extremer sind die Verhältnisse bei einem ATM-Crossconnect, der nur vom Netzmanagement eingestellte Festverbindungen trägt und mit einer sehr einfachen Steuerung auskommt, aber vom Koppelfeld und den Leitungsmodulen her identisch mit einem vollwertigen Vermittlungsknoten ist. Aus diesen Überlegungen ergibt sich die Forderung, daß die Kapazität unabhängig von der übrigen Systemkapazität flexibel skalierbar sein muß und an die jeweiligen Erfordernisse angepaßt werden kann.

10.4.2.1
Hardware für die zentrale Steuerung

Für kleinere ATM-Knoten, z.B. im Privatnetzbereich, können leistungsfähige Standardprozessoren (oder sogar Universal-Rechnerbaugruppen) zusammen mit auf dem Markt verfügbaren Echtzeit-Betriebssystemen – meist auf UNIX-Basis – eingesetzt werden, um die zentralen Steuerungsaufgaben zu übernehmen [210]. Das hat den Vorteil, daß die Entwicklungsaufwendungen für die Hardware und die Basis-Software der Steuerplattform erheblich reduziert werden können. Weiterhin ergibt sich durch den Einsatz von marktüblichen Betriebssystemen eine weitgehende Unabhängigkeit von der verwendeten Hardware-Plattform, so daß die technologiebedingte Leistungssteigerung der

---

13 Ein modernes Schmalband-Koppelnetz hat einen Maximaldurchsatz im Bereich von 5 bis 8 Gbit/s, wobei die in den Netzen installierten Knoten viel kleine Ausbaustufen aufweisen.

Prozessoren ohne großen Aufwand genutzt werden kann. Bei solchen Systemen ist es auch möglich, Softwarekomponenten, wie z.B. Protokoll-Stacks für die Management-Schnittstellen (SNMP, Q3), zuzukaufen, um die Entwicklungsaufwendungen zu reduzieren und damit die Entwicklungszyklen zu verkürzen.

Für die größeren, universell einsetzbaren Knoten im Weitverkehrsnetz liegen die Anforderungen an die zentrale Steuerung in Bereichen, welche die Leistungsfähigkeit von einzelnen Prozessoren bei weitem überschreiten. So wird für große Breitbandvermittlungsstellen etwa gefordert, daß die Steuerung in der Lage ist, über eine Million Verbindungswünsche pro Stunde (Busy Hour Call Attempts, BHCA) zu bearbeiten, während optimistische Abschätzungen für einen modernen Einzelprozessor von einer maximalen Kapazität von weniger als 50 000 BHCA ausgehen. Daraus ergibt sich, daß am oberen Ende der Leistungsskala – besonders für den Einsatz in öffentlichen Weitverkehrsnetzen – sehr leistungsstarke Multiprozessor-Architekturen eingesetzt werden müssen [221].

10.4.2.2
Infrastruktur für die interne Steuerkommunikation

In der Regel sind in den Vermittlungsknoten neben den Prozessoren für die zentrale Steuerung auch weitere, periphere Prozessoren, z.B. auf den Leitungsmodulen (s. Abschn. 10.2) und im Koppelfeld vorhanden, die dort lokale Steuerungsfunktionen übernehmen und damit die zentrale Steuerung entlasten. Zwischen der Zentralsteuerung und den peripheren Prozessoren sowie zwischen den einzelnen Prozessoren innerhalb einer Multiprozessor-Zentralsteuerung bestehen intensive Kommunikationsbeziehungen. Insbesondere beim Hochlauf des Systems oder beim Laden neuer Softwareversionen in die häufig als Programmspeicher auf den peripheren Prozessorplattformen verwendeten „Flash-PROMs" sind oft mehrere Megabyte an Daten und Programmen zu übertragen. Um die Ladezeiten in erträglichen Grenzen zu halten, muß deshalb eine sehr leistungsfähige Infrastruktur für die interne Steuerungskommunikation vorhanden sein.

Es bestehen zwei grundsätzliche Möglichkeiten für die Realisierung dieser Infrastruktur, nämlich die in Abb. 10.16.a dargestellte Verwendung einer dedizierten Infrastruktur für die interne Steuerungskommunikation und die in Abb. 10.16.b angedeutete Mitverwendung der Kommunikationsinfrastruktur für die Nutzzellen.

In kleinen Systemen kann die Kommunikationsinfrastruktur für die Prozessoren als einfacher Prozessorbus realisiert werden, der über die gemeinsame Rückwand geführt wird. Da meist pro Leitungsmodul ein peripherer Prozessor vorhanden ist, nimmt die Anzahl der Prozessoren in mittleren und großen Systemen jedoch schnell zu. Da dann die Prozessoren auch räumlich auf mehrere Baugruppenträger und eventuell auch auf mehrere Gestellrah-

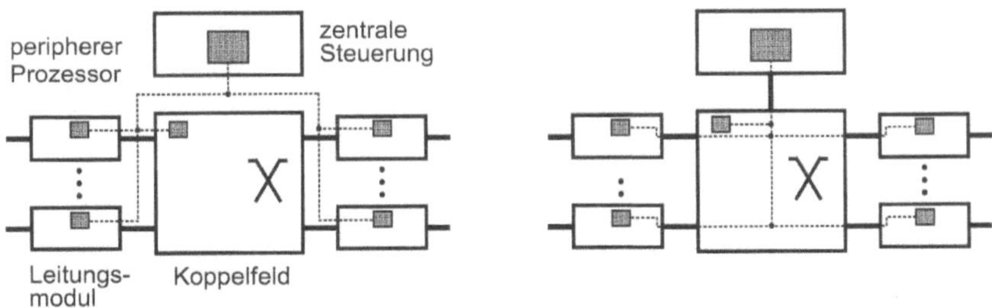

Abb. 10.16. Infrastruktur für die interne Steuerungskommunikation

men verteilt sind, stößt dieser Ansatz sehr schnell an Grenzen. Die erforderliche dedizierte Hochleistungs-Infrastruktur kann dann effektiver auf der Basis LAN-ähnlicher Strukturen aufgebaut werden, indem z.B. jeder Prozessor mit einer Ethernet-Schnittstelle ausgerüstet wird. Solche Strukturen sind sehr leistungsfähig und können flexibel erweitert werden. Ein weiterer Vorteil ist, daß die Hardwareunterstützung für die interne Kommunikation in Form von entsprechenden Controllern kostengünstig auf dem Markt verfügbar ist und daß auch marktgängige Protokoll-Software eingesetzt werden kann.

Da die ATM-Knoten mit dem Koppelfeld für die Nutzzellen bereits über eine sehr leistungsfähige und flexible Kommunikationsinfrastruktur auf ATM-Basis verfügen, bietet sich andererseits die Mitverwendung dieser Infrastruktur für die interne Kommunikation an (s. Abschn. 10.7.5 und [221]). Die Steuerkommunikation kann dann über ATM-Festverbindungen erfolgen, die beim Hochlauf des Systems automatisch eingerichtet werden. Dazu unterstützen die Prozessoren die Funktionen des AAL (typischerweise AAL 5), um die internen Steuermeldungen in ATM-Zellen umzusetzen. Außerdem müssen alle Prozessoren in der Lage sein, ATM-Zellen in den Nutzzellstrom einzufügen bzw. aus diesem zu extrahieren. Dies kann dadurch gewährleistet werden, daß die sowieso vorhandenen Schnittstellen zwischen den Prozessoren und den Bausteinen für Behandlung der ATM-Schicht auf den Leitungsmodulen und im Koppelfeld so ausgelegt werden, daß ein Austausch der Zellen möglich ist. Die ATM-Bausteine können dann, z.B. aufgrund spezieller Bits im knotenintern verwendeten Zellkopf, die Steuerzellen ausfiltern und an die Prozessoren weitergeben. Da ein solcher Mechanismus für die Unterstützung der OAM-Zellflüsse meist sowieso vorhanden und leicht erweiterbar ist, bedeutet dies keinen großen Zusatzaufwand.

Prinzipiell können die Funktionen für die Behandlung des AAL und der darauf aufsetzenden internen Kommunikationsprotokolle vollständig in Software implementiert werden, wobei sich aber insbesondere für die zentralen Prozessoren in großen Systemen wegen der Anzahl gleichzeitig zu behandelnder Steuerverbindungen Leistungsengpässe ergeben können. Es ist deshalb sinnvoll, die zentralen Prozessoren von diesen funktionell einfachen aber echtzeitkritischen Aufgaben zu entlasten und zusätzliche Spezialbausteine einzusetzen.

Die Bitraten der Steuerverbindungen sind durch die Verarbeitungskapazität der Prozessoren begrenzt und damit im Vergleich zu den breitbandigen Nutzverbindungen relativ gering. Da auch die Anzahl der Steuerverbindungen vergleichsweise gering ist und der Hauptverkehr auf diesen Verbindungen während des Ladevorgangs beim Hochlauf auftritt, wenn sowieso keine Nutzverbindungen aktiv sind, stellt die Steuerkommunikation keine signifikante Mehrbelastung für die Koppelnetze dar und kann ohne gravierenden Einfluß auf den erforderlichen Koppelfelddurchsatz mit übertragen werden. Die zentrale Steuerung belegt in diesem Fall zwar einen oder evtl. sogar mehrere Koppelfeldports, aber der Gesamtaufwand für die Steuerungsinfrastruktur ist dennoch geringer als bei der Realisierung eigener physikalischer Kommunikationskanäle.

10.4.2.3
Software für die zentrale Steuerung

Aus den obigen Diskussionen ergeben sich einige grundsätzliche Anforderungen an die Konzepte für die Steuerungssoftware:

- *Modulare Erweiterbarkeit*: Um der Forderung nach schneller Einführbarkeit neuer Dienste und Dienstmerkmale gerecht zu werden, muß die Software modular aufgebaut sein und wohldefinierte Schnittstellen zwischen den einzelnen Modulen aufweisen.
- *Trennung von anwendungs- und hardwareorientierter Software*: Da ein großer Teil der anwendungsorientierten Software prinzipiell unabhängig von der eigentlichen Knotenhardware und – wie z.B. die Zeichengabe-Software oder die Software zur Verwaltung und Speicherung der Daten – sogar weitgehend unabhängig vom verwendeten Vermittlungsprinzip ist, sollten die von der physikalischen Struktur des Knotens abhängigen Softwareanteile abgetrennt und durch flexible Schnittstellen-Definitionen leicht austauschbar sein.
- *Unabhängigkeit von Software und Steuerungshardware*: Um einfach an der Weiterentwicklung der Rechnertechnologie partizipieren und um die Steuerungskapazität je nach den Anforderungen beliebig skalieren zu können, muß ein möglichst großer Teil der Software unabhängig von der verwendeten Prozessorplattform sein. Besonders wichtig ist dieser Aspekt bei großen Systemen mit Multiprozessor-Architekturen, bei denen Anzahl und Konfiguration der Prozessoren für die Software so weit wie möglich transparent sein muß.

– *Wiederverwendbarkeit*: Da der Aufwand für die Software inzwischen den eindeutig überwiegenden Teil der Entwicklungsaufwendungen (typischerweise mehr als 2/3) ausmacht, ist es entscheidend, daß bei der Konzeption und Implementierung der Software besonderes Augenmerk auf eine möglichst gute Wiederverwendbarkeit gelegt wird.

– *Hohe Verfügbarkeit*: Durch Fehlfunktionen in der zentralen Steuerung werden in der Regel sehr viele Teilnehmer gleichzeitig betroffen. Deshalb muß neben der Hardware auch die Software fehlertolerant und robust konzipiert sein. Neben einer kontinuierlichen Fehlerüberwachung zählt dazu z.B. die Isolation von Softwaremodulen gegeneinander, so daß ein fehlerhaft arbeitendes Modul z.B. nicht die Datenbereiche anderer Module korrumpieren kann. Einen entscheidenden Beitrag leisten auch sehr fein abgestufte Recovery-Ebenen, die mit dem Rücksetzen einzelner Prozesse beginnen und bis hin zum Urstart des gesamten Systems nach dem Laden einer früheren, funktionsfähigen Softwareversion in mehreren Stufen eskalieren, wenn die Fehlfunktion nicht behoben werden kann. Dadurch wird erreicht, daß nie mehr aktive Verbindungen und Teilnehmer betroffen werden als unbedingt nötig und daß die Ausfallzeiten auf ein Minimum beschränkt werden. Ebenso wichtig ist es, daß neue Softwareversionen oder kleinere Verbesserungen bzw. Ergänzungen im laufenden Betrieb eingespielt, verifiziert und aktiviert werden können, ohne bestehende Verbindungen zu beeinträchtigen.

– *Echtzeitfähigkeit*: Die meisten der in Kommunikationsnetzen verwendeten Protokolle enthalten – oft eskalierend über mehrere Protokollschichten – eigene Fehlererkennungs- und -behebungsmechanismen, die über Timer gesteuert werden. Um die Ausfallzeiten so gering wie möglich zu halten, werden die Timerintervalle so knapp wie irgend möglich bemessen. Dies und die Tatsache, daß immer kürzere Antwortzeiten von den Systemen erwartet werden, erfordert extreme Echtzeiteigenschaften. Dafür sind zunächst hohe Rechenleistungen erforderlich, die neben einer leistungsfähigen Rechner-Hardware auch eine laufzeitoptimierte Software in den echtzeitkritischen Bereichen (z.B. Betriebssystem, Ein-/Ausgabe, Datenbankzugriff, Verbindungssteuerung) erfordert. Die kurzen Antwortzeiten können nur durch eine optimierte Verteilung der verschiedenen Unterbrechungsanforderungen (Interrupts) auf mehrere Interruptebenen und ausgefeilte Scheduling-Mechanismen zur Aufteilung der verfügbaren Rechenzeit auf die unterschiedlichen Prozesse erreicht werden.

– *Effiziente Unterstützung der Nebenläufigkeit*: Vermittlungs-Software, insbesondere Software für Zeichengabe und Verbindungssteuerung, ist dadurch gekennzeichnet, daß sehr viele (den einzelnen Verbindungen zugeordnete) Einzelprozesse parallel zueinander ablaufen und dabei versuchen, physikalische Ressourcen (z.B. Verbindungskennungen, Übertragungskapazität, Wege durch das Koppelfeld, etc.) aus einem gemeinsamen Pool zu belegen. Entscheidend für die Leistungsfähigkeit ist deswegen, daß die Nebenläufigkeit dieser Prozesse sehr effizient unterstützt und der Zugriff auf die gemeinsamen Ressourcen gut koordiniert wird. Dies kann bereits beim Design der Prozesse beginnen, indem Prozesse, die eventuell auf blockierte Ressourcen warten müssen, nicht als Multitasking-Prozesse implementiert werden. Dadurch wird verhindert, das eine Ressourcenblockierung auch andere, von der Ressource unabhängige, Aufgaben verzögert. Außerdem muß der Ressourcenzugriff selbst optimal organisiert sein und die Verteilung der Rechenzeit muß so durchgeführt werden, daß kein unnötiger Leerlauf entsteht und daß auch niederpriore Prozesse einen vernünftigen Anteil der Rechenzeit erhalten.

Aus diesen Anforderungen ergeben sich Softwarekonzepte, die in ähnlicher Weise in Funktionsbereiche gegliedert sind wie Kommunikationsprotokolle, wobei die einzelnen Funktionsbereiche die „Dienste" der anderen benutzen. Ähnlich wie bei den Protokollen sind dabei die Schnittstellen zwischen den Funktionsbereichen so gestaltet, daß einzelne Bereiche möglichst leicht austauschbar sind.

Eine generische Aufteilung der Steuerungssoftware ist in Abb. 10.17 beispielhaft dargestellt. Die Basis bildet der Betriebssystemkern mit seinen stark

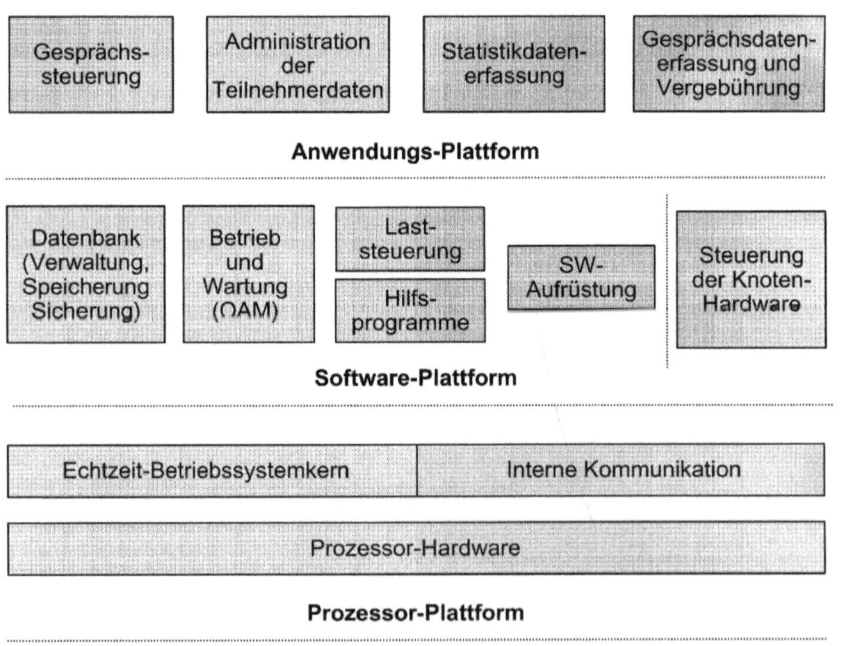

Abb. 10.17. Funktionsbereiche der zentralen Steuerungssoftware

von der Rechnerhardware sowie der Rechnerperipherie abhängigen Routinen. Dieser Betriebssystemkern bietet insbesondere die Funktionen, die benötigt werden, damit die parallelen (nebenläufigen) Anwendungsprozesse über einheitliche, meldungsbasierte Schnittstellen miteinander kommunizieren können. Außerdem koordiniert er die Einzelprozesse so, daß deren unterschiedliche Echtzeitanforderungen erfüllt werden. Der Betriebssystemkern übernimmt auch die Aufgabe, die Meldungen an die Zielprozesse zu verteilen, wobei diese bei Multiprozessor-Systemen auf unterschiedlichen Prozessoren ablaufen können. Der Kommunikationsmechanismus ist dann so gestaltet, daß die Zuordnung der Prozesse zu den Einzelprozessoren für die Anwendungsprogramme vollkommen transparent ist, d.h. daß diese auf die gleiche Art und Weise kommunizieren, egal ob der Partnerprozess auf demselben oder auf einem anderen Prozessor abläuft. Damit wird erreicht, daß die Struktur der Rechnerhardware für die Anwendungsprogramme weitgehend transparent ist. Neben dem Betriebssystemkern wird eine effiziente Unterstützung für die interne Kommunikation der im System vorhandenen zentralen und peripheren Prozessoren untereinander benötigt. Da diese Funktionen keinen direkten Bezug zu den Eigenschaften der Knotenhardware haben, können sie prinzipiell als generische Prozessor-Plattform in unterschiedlichen Produkten verwendet werden.

Ein weiterer spezieller Funktionsbereich von zentraler Bedeutung umfaßt die Programme zur Verwaltung und sicheren Speicherung aller für den Betrieb notwendigen Daten. Dabei kommt dem Datenbankprogramm, das den Zugriff auf sämtliche Daten koordiniert und deren Konsistenz sichert eine besondere Bedeutung zu, da der Zugriff auf die gemeinsamen Daten einen wichtigen potentiellen Engpaß für die Leistungsfähigkeit der zentralen Steuerung insgesamt darstellt. Wichtig ist in diesem Zusammenhang auch, daß die Daten so auf die unterschiedlichen Speicher verteilt sind, daß jeder Rechner die oft benötigten Daten lokal verfügbar hat (Data Distribution).

Im nächsten Funktionsbereich sind die Basisdienste zusammengefaßt, die nicht direkt zur vermittlungstechnischen Software zählen, die aber für den Betrieb des Vermittlungsknotens notwendig sind. Dazu zählen z.B. die Programme für Betriebs- und Wartungsaufgaben, also für die Realisierung der Bedienerschnittstelle, für den Systemstart und das Laden der zentralen Software sowie für eine zentrale Alarm- und Fehlerbehandlung und für das Konfigurationsmanagement. Ein weiterer wichtiger Teil dieses Basisbereiches sind die Funktionen zur Unterstützung der zahlreichen Kommunikationsaufgaben. Dazu gehören insbesondere die Implementierungen der Q3- oder SNMP-Protokollstacks für die Kommunikation mit dem entsprechenden Managementsystem.

Einen weiteren Funktionsbereich stellt die Software für die Laststeuerung und Überlastabwehr dar. Diese sorgt dafür, daß die zur Verfügung stehenden Prozessoren gleichmäßig ausgelastet werden und daß in Überlastsituationen neue Anforderungen selektiv blockiert werden, um die zentrale Steuerung in einem funktionsfähigen Zustand zu erhalten. Weitere Funktionsbereiche umfassen spezielle Hilfsprogramme für unterschiedliche Anwendungsfälle, z.B. spezielle Diagnoseprogramme, sowie Programme, die eine Aufrüstung der Software (ohne Betriebsunterbrechung) ermöglichen.

Die bisher beschriebenen Basisfunktionen sind weitgehend unabhängig von der spezifischen Knotenhardware und sind damit z.B. für Breitband- und Schmalbandknoten sehr ähnlich, so daß sich diese Anteile prinzipiell für eine Wiederverwendung über mehrere Produktlinien hinweg eignen.

Der Bereich der eigentlichen vermittlungstechnischen Anwendungssoftware läßt sich in mehrere Teilbereiche untergliedern, wobei diese Untergliederung einen entscheidenden Einfluß auf die Flexibilität und damit auch auf die Wiederverwendbarkeit der entsprechenden Software hat.

Unter diesem Aspekt ist es sinnvoll, in einem Funktionsbereich all diejenigen Anteile zu konzentrieren, die die spezifischen Eigenschaften der Knotenhardware, also insbesondere der externen Schnittstellen, der Leitungsmodule und des Koppelfelds repräsentieren. Diesem Bereich sollten auch alle Funktionen zugeordnet werden, mit denen die entsprechenden Ressourcen verwaltet werden. Durch die Konzentration der für ein Vermittlungsprinzip spezifischen Aspekte, z.B. Verwaltung von Zeitschlitzen oder Verbindungskennungen (VPI/VCI) oder Prozeduren für die Zuteilung der Übertragungskapazität, ist dieser Funktionsbereich sehr produktspezifisch. Da diese Funktionen jedoch unabhängig vom jeweiligen Netztyp dazu dienen, Verbindungen zwischen den externen Schnittstellen der Vermittlungsknoten zu verwalten, lassen sich auf dieser Basis weitgehend generische Schnittstellen zu den übergeordneten Funktionsbereichen definieren, so daß diese wiederum weitgehend unabhängig von der Knotenhardware gemacht werden können.

Ein weiterer Funktionsbereich kann so definiert werden, daß er die Funktionen umfaßt, die ganz allgemein für die Steuerung eines „Gespräches" (Call Processing) benötigt werden. Dazu gehören zunächst diejenigen Funktionen, die es erlauben, ein Gespräch als logische Verknüpfung zwischen zwei oder mehr Teilnehmern über eine oder mehrere Verbindungen herzustellen. Insbesondere müssen dabei die Zeichengabemechanismen aller Beteiligten miteinander koordiniert und – falls sie unterschiedlich sind – ineinander umgesetzt werden. Weiterhin findet hier die Verknüpfung zwischen der logischen Ebene des „Gesprächs" und der physikalischen Realisierung der benötigten Verbindungen statt.

In weiteren Funktionsbereichen der „Anwendungssoftware" werden unter Verwendung der vorgenannten Funktionen die eigentlichen Anwendungen realisiert, z.B. ein Dienst für vermittelte ATM-Verbindungen (Switched Virtual Connection, SVC) oder einer für ATM-Festverbindungen (Permanent Virtual Connection, PVC). Hier sind alle über die reine Gesprächssteuerung hinausgehenden Funktionen der vermittlungstechnischen Software angesiedelt, u.a.

- die Funktionen für die Verwaltung der Teilnehmerdaten,
- für die Erfassung von Statistikdaten und
- die spezifischen Mechanismen für die Erfassung von Gesprächsdaten und für die Vergebührung.

Beispiele für Softwarearchitekturen für moderne (Breitband-) Vermittlungsknoten sind z.B. in [11, 113, 149, 181, 252] zu finden. Beeinflußt werden die modernen Softwarekonzepte für Kommunikationsnetze u.a. durch die von Bellcore vorangetriebene TINA-Initiative (Telecommunications Information Networking Architecture) [24, 21], bei der versucht wird, eine für alle Telekommunikationsanwendungen einheitliche Softwarearchitektur zu definieren. Hauptziel dieser Architektur ist es, die schnelle und flexible Einführung neuer Dienste und Dienstmerkmale zu ermöglichen sowie eine netzweit einheitliche Basis für die integrierte Steuerung der Dienste auf der einen Seite und der Netzinfrastruktur auf der anderen Seite zu schaffen. Auch diese Architektur ist gekennzeichnet durch den Einsatz verteilter Prozessorplattformen sowie durch eine Trennung zwischen der Steuerung der physikalischen Ressourcen, der logischen Verwaltung der Ressourcen und den dienstspezifischen Anwendungsprogrammen.

Durch die starke Betonung von Modularität und Wiederverwendbarkeit basieren alle neueren Softwarearchitekturen auf objektorientierten Modellen [55, 36]. Im Gegensatz zu den funktionalen Programmiermodellen, bei denen die Datenstrukturen und getrennt davon die Funktionen und Prozeduren für deren Manipulation definiert werden, werden bei den objektorientierten Ansätzen „Objektklassen" definiert, für die sowohl die benötigten Datenstrukturen als auch die auf diesen Datenstrukturen möglichen Operationen (Methoden) festgelegt und implementiert sind (abstrakte Datentypen). Während der Laufzeit können dynamisch die Inkarnationen einer solchen Objektklasse – die eigentlichen Objekte – in beliebiger Zahl kreiert werden, wobei die einzelnen Inkarnationen durch individuelle Namen voneinander unterscheidbar sind[14]. Die Objekte kommunizieren mit der Außenwelt nur über fest definierte, den anderen Objekten bekannt gemachte Schnittstellen, während die interne Repräsentation der Daten und die Implementierung der Operationen von außen nicht sichtbar ist (Information Hiding). Dadurch wird der Zugriff auf die Daten eindeutig festgelegt und durch saubere Schnittstellen wird eine modulare Strukturierung der Software unterstützt. Ein weiteres Konzept der objektorientierten Modellierung, der „Vererbungs"-Mechanismus (Inheritance), soll die Wiederverwendbarkeit von Programmteilen unterstützen und den insgesamt benötigten Programmieraufwand minimieren. Mit Hilfe dieses Mechanismus können neu zu definierende Objektklassen die Datenstrukturen und

---

14 Das dynamische Instanziieren ist sehr laufzeitintensiv. Aufgrund nicht ausreichender Ressourcen kann es außerdem zu einem unvorhersehbaren Systemverhalten führen und muß deshalb bei Echtzeitsystemen mit entsprechender Vorsicht angewendet werden.

Operationen (einschließlich deren Implementierung) von bereits bestehenden Objektklassen „erben", so daß lediglich die notwendigen Erweiterungen neu definiert und implementiert werden müssen. Dadurch kann bei sinnvoller Definition der Objektklassen und Vererbungshierarchien der insgesamt benötigte Umfang des Programmcodes sowie der Testaufwand minimiert werden. Diese Effekte können auch durch einheitliche Programmiervorgaben (Templates) und ähnliche Verfahren unterstützt werden.

Neben der Programmiersprache C [145] und ihrer als C++ bezeichneten objektorientierten Erweiterung [73, 170] kommt im Bereich der vermittlungstechnischen Software auch die Programmiersprache CHILL (CCITT High Level Language) zur Anwendung, die von ITU-T (früher CCITT) speziell für diese Anwendung entwickelt und in der ITU-T-Empfehlung Z.200 standardisiert wurde. Auch für CHILL existieren Erweiterungen, die eine objektorientierte Programmierung unterstützen (OCHILL, [85, 86, 95]). CHILL konnte sich allerdings bisher nicht gegenüber C durchsetzen und wird nur von wenigen Herstellern im Bereich der großen Vermittlungsknoten für den öffentlichen Weitverkehrsbereich eingesetzt. Da diese Hersteller teilweise ihre CHILL-Compiler und CHILL-Entwicklungsumgebungen selbst entwickeln und pflegen, sind auf dem Markt nur wenige CHILL-Entwicklungstools verfügbar. Dadurch und durch den geringen Bedarf gibt es auf dem Markt so gut wie keine zukaufbaren CHILL-Softwarekomponenten, während Softwarekomponenten (z.B. Q3- und andere Protokollstacks) auf C-Basis in zunehmendem Maße zur Verfügung stehen.

Ein – allerdings von der Sprache CHILL an sich unabhängiger – Vorteil der mit den Jahren entwickelten CHILL-Entwicklungsumgebungen liegt in der Tatsache begründet, daß diese speziell für sehr große Softwareprojekte entwickelt wurden, wie sie die Steuerungssoftware einer Vermittlungsstelle[15] darstellt. Kommerziell erhältliche C-Entwicklungsumgebungen sind mit Softwareprojekten dieser Größenordnung meist überfordert.

Neu entwickelte multiprozessorfähige Echtzeit-Betriebssysteme werden in Zukunft die Möglichkeit bieten, C- und CHILL-Prozesse auf einer gemeinsamen Plattform koexistieren zu lassen und so die Vorteile beider Ansätze zu nutzen.

10.5
Verfügbarkeit

Kommunikationsnetze waren zu jeder Zeit, insbesondere in Krisen- und Katastrophenzeiten, von so enormer Bedeutung, daß in vielen Ländern die Aufrechterhaltung des Netzbetriebs eine hoheitliche Aufgabe war und ist. Auch

---

15 Der Umfang der zentralen Steuerungs-Software einer modernen digitalen Vermittlungsstelle liegt im Bereich von 20 Millionen Programmzeilen (Brutto Lines of Code, d.h. einschließlich der Kommentare und Definitionsteile).

der Einzelne verläßt sich darauf, jederzeit über die öffentlichen Kommunikationsnetze Gefahrenmeldungen, z.B. an Polizei, Feuerwehr oder Notärzte weitergeben zu können, womit verständlich wird, daß die Anforderungen an die Verfügbarkeit der Netze und Netzelemente – insbesondere im öffentlichen Bereich – extrem hoch sind. Durch die zunehmende Verwaltung zeit- und geldkritischer Informationen in miteinander vernetzten Rechnern innerhalb sowie zwischen Firmen, Verwaltungen und anderen Institutionen, haben sich diese Anforderungen für die zukünftigen Netze nochmals verschärft und gelten zunehmend auch im Privatnetzbereich.

Die Zuverlässigkeit der einzelnen (mechanischen, elektronischen, optischen und logischen) Komponenten eines Netzes oder Netzelementes an sich sowie die Wahrscheinlichkeit, daß solche Komponenten durch äußere Einflüsse betriebsunfähig gemacht werden, läßt sich nur in sehr beschränktem Umfang beeinflussen.

Da oft schon das Fehlverhalten einer einzelnen Komponente den Ausfall einer ganzen Funktionseinheit (z.B. Übertragungsleitung, Leitungsmodul, Zentralrechner, Datenspeicher) hervorruft, wodurch eine große Anzahl von Teilnehmern und netzweit eine Vielzahl von Verbindungen betroffen werden kann, können die gestellten Verfügbarkeitsanforderungen oft nur durch Doppelung (Redundanz) der Funktionseinheiten erfüllt werden. Diese Doppelung kann sowohl lokal in einem Netzelement erfolgen, um dessen Verfügbarkeit zu erhöhen, oder sie kann übergreifend über mehrere Netzelemente oder das ganze Netz hinweg erfolgen, um die Netzverfügbarkeit zu erhöhen.

Von entscheidender Bedeutung für die Wirksamkeit der Doppelungsmechanismen ist in jedem Fall, daß auftretende Fehlfunktionen so schnell wie möglich erkannt und lokalisiert werden, um z.B. Umschaltevorgänge einzuleiten. Dabei kommen unterschiedliche Verfahren zum Einsatz, je nachdem, ob die Doppelungsmechanismen lokal in einem Netzelement oder netzübergreifend implementiert sind, bzw. ob Hardware- oder Software-Fehler erkannt werden sollen.

Für die netzweiten Mechanismen, bei denen mehr als ein Netzelement einbezogen ist, müssen die entsprechenden Erkennungsverfahren sowie die Reaktionen auf ein Fehlverhalten standardisiert werden, damit ihre Wirksamkeit auch in heterogenen Netzen gewährleistet werden kann. Beispiele sind die auf den verschiedenen Protokollschichten im Rahmen der OAM-Funktionen definierten Fehlererkennungs-, Alarmierungs- und Umschaltemechansimen (s. z.B. Abschn. 6.1.3) sowie die zusätzlichen Überwachungsmechanismen in den Protokollen für die Zwischenamtssignalisierung.

Ebenfalls von entscheidender Bedeutung für die Wirksamkeit der Redundanzmechanismen ist die Reaktionszeit, die nach dem Erkennen des Fehlverhaltens vergeht, bis der Fehler isoliert und der Betrieb über die gedoppelte Funktionseinheit wiederhergestellt ist. Bei der Festlegung der erlaubten Reaktionszeiten ist jedoch (neben der Minimierung der Störungsdauer) zu beachten, daß zum einen in verschiedenen Protokollschichten und zum anderen sowohl im Rahmen der Managementfunktionen als auch im Rahmen der Zeichengabe Schutzmechanismen definiert sind, die aufeinander abgestimmt werden müssen. Dabei soll zunächst derjenigen Schicht eine Möglichkeit zur Reaktion gegeben werden, in der das Fehlverhalten aufgetreten ist. Erst wenn dies erfolglos bleibt, dürfen auf einer höheren Schicht entsprechende Maßnahmen eingeleitet werden. Besonderen Einfluß auf die Reaktionszeiten der ATM-Schicht haben hierbei die für die Zeichengabeprotokolle festgelegten Zeitbedingungen, da ein Überschreiten der entsprechenden Umschaltzeiten[16] ein Auslösen der Wählverbindungen durch die Zeichengabeprotokolle zur Folge hat und damit die Redundanz weitgehend wirkungslos bleibt. Deshalb ist es oft notwendig, die für den Betrieb notwendigen (Verbindungs-)Daten sowohl auf den aktiven Funktionseinheiten als auch auf den inaktiven Reserveeinheiten zu halten und laufend zu aktualisieren (Hot Standby), damit die Umschaltzeiten eingehalten werden können.

Ein wichtiges Kriterium im Zusammenhang mit der Redundanz ist auch, ob während notwendiger Umschaltvorgänge[17] Information verlorengeht oder nicht (Hitless Switching). Von besonderer Bedeutung ist dies, wenn nach Beheben eines Fehlers auf Anforderung wieder auf den ursprünglich aktiven Pfad umgeschaltet werden soll, oder wenn ein Umschalten routinemäßig erfolgen soll, um die Funktionsfähigkeit des redundanten Pfades zu testen. Ein Umschalten ohne Informationsverlust setzt eine Synchronisation der Umschaltvorgänge an beiden Enden des redundanten Abschnitts sowie eine Möglichkeit zum Laufzeitausgleich zwischen den beiden redundanten Pfaden voraus.

In der Praxis kommen unterschiedliche Redundanzmechanismen zum Einsatz. Wichtige Begriffe in diesem Zusammenhang sind:

- **Protection Switching**: Zwischen einer geschützten Einheit (Übertragungsleitung, Baugruppe, Verbindung) und einer vordefinierten schützenden Einheit wird nach Erkennen einer Fehlfunktion sofort umgeschaltet. Die Mechanismen für das Erkennen der Fehlfunktion und für das Durchführen des Umschaltvorgangs sind lokal an den Endpunkten der geschützten Strecke – meist in der Hardware – implementiert und laufen deshalb sehr schnell ab. Für diese Mechanismen werden zusätzliche Einheiten benötigt, die im normalen, nichtredundanten Betrieb nicht vorhanden sind.
- **Self Healing**: Dieser Begriff wird im Zusammenhang mit Anordnungen verwendet, die schon im Normalfall gedoppelte Strukturen aufweisen. Beispiele sind hier die Doppelbus-Struktur der DQDB-MANs, die Doppelring-Struktur der FDDI-LANs (s. Abschn. 11.2.2) oder SDH-Ringstrukturen. Im Fehlerfall können diese automatisch so umkonfiguriert werden, daß der fehlerhafte Punkt isoliert und der Betrieb weitergeführt werden kann. Dabei

---

16 Typische Anforderungen liegen unter 50 ms.
17 Im Fehlerfall gehen natürlich Informationen verloren, bevor der Fehler erkannt wird.

können Kapazitätseinschränkungen gegenüber dem Normalbetrieb auftreten, wenn z.B. ein Doppelring zu einem einfachen Ring umkonfiguriert wird.

- **Rerouting:** Dieser Begriff wird im Zusammenhang mit der netzweiten Umlenkung von Festverbindungen verwendet. Das Rerouting wird nicht lokal durch die an der Verbindung beteiligten Netzelementen durchgeführt, sondern von einer zentralen Instanz, z.B. dem Netzmanagement-System. Solche Mechanismen haben bedeutend längere Reaktionszeiten als die beiden erstgenannten.

In den folgenden Abschnitten sollen zunächst einige prinzipielle Doppelungsstrategien und ihre Eigenschaften beschrieben werden. Danach wird deren Einsatz an Beispielen aus dem Bereich der ATM-Breitbandnetze erläutert.

10.5.1
Doppelungsstrategien

Eine prinzipieller Unterschied zwischen den verschiedenen Strategien besteht darin, welcher Endpunkt des redundanten Abschnitts die Redundanz kontrolliert. Bei der in Abb. 10.18 dargestellten „1+1"-Redundanz wird die Information am Anfangspunkt des redundanten Abschnitts (Bridge) dupliziert und auf beiden redundanten Strecken gesendet. Der Endpunkt des redundanten Abschnitts (Selector) wählt dann aus, von welcher der redundanten Strecken er die Information empfängt und weiterleitet.

Die Auswahl kann dabei auf der Basis einzelner Informationseinheiten (z.B. ATM-Zellen) erfolgen, wie in Abschn. 10.7.2 am Beispiel der Koppelfeldredundanz des MainStreetXpress 36190-Knotens dargestellt, wobei Informationseinheiten von beiden Strecken verwendet werden und keine inaktive Strecke existiert. Da dies sowohl eine Kennzeichnung (Numerierung) der Informationseinheiten als auch eine hohe Dynamik beim Auswahlalgorithmus erfordert, wird die Auswahl jedoch in den meisten Anwendungsfällen durch einfaches Umschalten zwischen den beiden Strecken realisiert. In diesem Fall

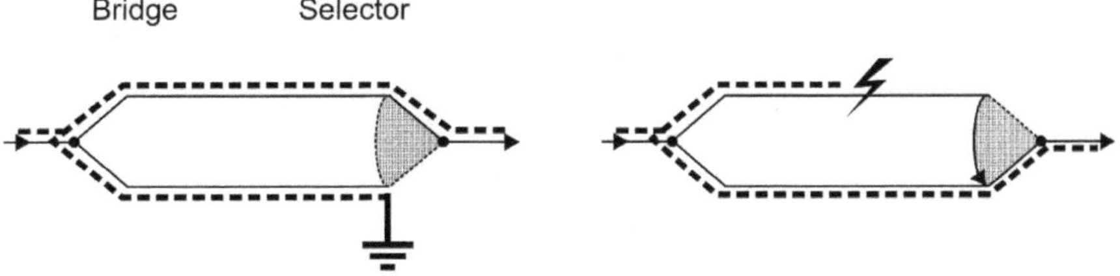

Abb. 10.18. Prinzip der 1+1 Redundanz

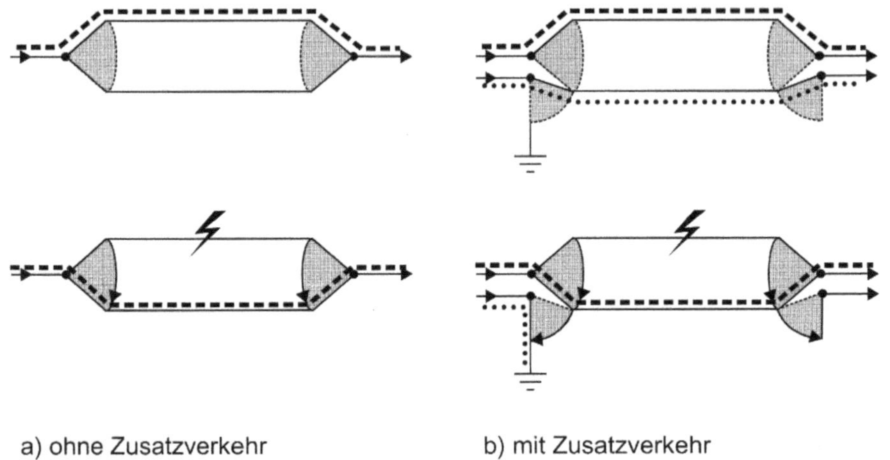

a) ohne Zusatzverkehr   b) mit Zusatzverkehr

Abb. 10.19. Prinzip der 1:1 Redundanz

existiert eine „inaktive" Strecke, deren übertragene Informationen nur nach einem expliziten Umschaltvorgang, z.B. im Fehlerfall, verwendet werden.

Ein Vorteil der 1+1 Redundanz ist, daß die Auswahl- und Umschaltvorgänge nur lokal an einem Endpunkt des redundanten Abschnitts ausgeführt werden müssen, wodurch vom Prinzip her kurze Umschaltzeiten erreichbar sind. Außerdem ist eine Überwachung der Funktionsfähigkeit der (logisch) inaktiven Strecke einfach möglich, da sie ja physikalisch aktiv ist. Nachteilig ist, daß in jedem Fall beide redundanten Strecken belegt sind und auch im Normalbetrieb kein Zusatzverkehr über diese geleitet werden kann.

Da die beiden redundanten Strecken bei der 1+1-Redundanz meist vom Prinzip her identisch sind, ist diese völlig symmetrisch und nach Instandsetzung der fehlerhaften Strecke muß nicht unbedingt auf die zuerst aktive Strecke zurückgeschaltet werden (Non-Revertive Redundancy). Dadurch werden eventuell beim Zurückschalten auftretende Störungen der Verbindungen vermieden.

Bei der in Abb. 10.19.a dargestellten „1:1" Redundanz existiert immer eine aktive (geschützte) Strecke, über die im Normalbetrieb die Information übertragen wird. Im Fehlerfall wird der Umschaltvorgang auf die andere Strecke vom Anfangspunkt des redundanten Abschnitts initiiert und der Endpunkt folgt dem Umschaltvorgang, um weiterhin die Information empfangen zu können.

Ein Vorteil der 1:1 Redundanz ist, daß, wie in Abb. 10.19.b dargestellt, die Möglichkeit besteht, im Normalbetrieb die im Prinzip inaktive Strecke zur Übertragung von zusätzlichen Nutzinformationen zu nutzen. Diese haben allerdings eine niedrigere Priorität und werden im Fehlerfall beim Umschalten verdrängt, was aber bei vernachläßigbaren Ausfallwahrscheinlichkeiten durch-

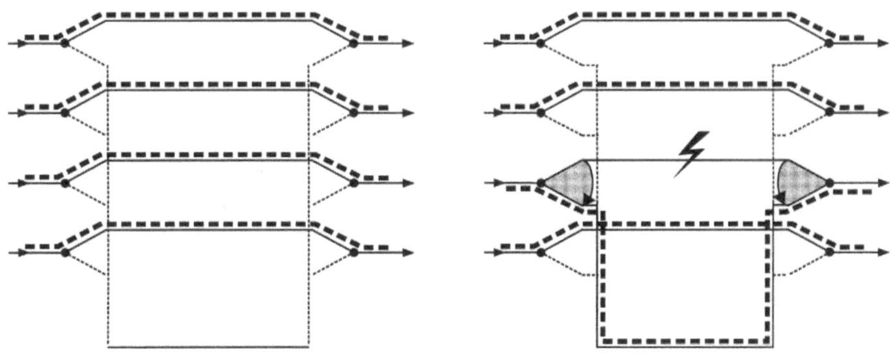

Abb. 10.20. Prinzip der 1:n Redundanz

aus akzeptabel sein kann, da es die Ausnutzung der eingesetzten Ressourcen signifikant steigert.

Nachteilig sind bei diesem Verfahren die prinzipbedingt – im Vergleich zur 1+1-Redundanz – längeren Umschaltzeiten im Fehlerfall, da der Fehler am Endpunkt erkannt wird und zunächst der Anfangspunkt alarmiert werden muß. Da auf der inaktiven Strecke nicht notwendigerweise Informationen gesendet werden, muß außerdem deren Funktionsfähigkeit durch Zusatzmechanismen oder durch routinemäßiges Umschalten überprüft werden.

Falls, z.B. aufgrund der Mechanismen zur Übertragung des zusätzlichen Verkehrs, eine Asymmetrie zwischen den beiden redundanten Strecken auftritt, muß nach der Wiederherstellung der geschützten Strecke der zu schützende Verkehr wieder auf diese zurückgeschaltet werden (Revertive Redundancy).

Eine weitere Möglichkeit, den sowohl bei der 1+1 als auch bei der 1:1 Redundanz sehr hohen Aufwand zu reduzieren, ist die in Abb. 10.20 dargestellte „1:n" Redundanz, bei der jeweils für eine Gruppe von n aktiven Funktionseinheiten nur eine Reserveeinheit zur Verfügung steht und deren Funktionsprinzip dem der 1:1 Redundanz entspricht.

Dem Vorteil beim Aufwand steht der Nachteil gegenüber, daß bei mehreren gleichzeitigen Ausfällen in der Redundanzgruppe keine vollständige Absicherung erfolgen kann. Außerdem müssen bei der Realisierung der 1:n Redundanz für physikalische Funktionseinheiten (z.B. Leitungsmodule) die Datenströme von jeder beliebigen aktiven Einheit auf die Reserveeinheit umschaltbar sein, was bei zunehmender Gruppengröße immer aufwendiger wird. Um diesen Aufwand zu minimieren, erfolgt die Implementierung oft so, daß nicht jede beliebige der Funktionseinheiten die Reservefunktion übernehmen kann, sondern nur eine ausgezeichnete. In diesem Fall muß nach Instandsetzung der ausgefallenen Funktionseinheit der Verkehr wieder auf diese zurückgeschaltet werden (Revertive Redundancy), wobei eventuell nochmals Informationsverluste auftreten. Ebenfalls problematisch ist bei der 1:n Redundanz der „Hot

Standby"-Modus, bei dem die notwendigen Daten aller n aktiven Einheiten in der Reserveeinheit gehalten und aktualisiert werden müßten, da nicht vorhersehbar ist, welche tatsächlich ausfällt.

Neben diesen oft verwendeten Redundanzklassen gibt es weitere, bei denen z.B. den n geschützten Einheiten m Reserveeinheiten gegenüberstehen, von denen entweder alle oder nur bestimmte auch Extraverkehr tragen können.

Bei den normalerweise bidirektionalen Verbindungen kann das Umschalten im Fehlerfall entweder für beide Richtungen (Bidirectional Switching) oder nur für die betroffene Richtung (Unidirectional Switching) erfolgen, wenn dies unabhängig möglich ist.

10.5.2
Netzweite Redundanzmechanismen

Mit netzweiten Redundanzmechanismen hat der Netzbetreiber die Möglichkeit – unabhängig von der Verfügbarkeit der einzelnen Netzelemente – die Verfügbarkeit des Netzes bei Bedarf gezielt zu verbessern. Besonders in der Übertragungstechnik sind solche Redundanzmechanismen wichtig, da die übertragungstechnischen „Verbindungen" über lange Zeiträume fest eingestellt sind und in der Regel sehr viele einzelne Teilnehmerverbindungen beinhalten. Für die netzelement-übergreifenden Redundanzmechanismen, bei denen Netzelemente unterschiedlicher Hersteller zusammenarbeiten müssen, sind einheitliche Standards erforderlich. Deshalb wurden insbesondere bei der Definition der SDH/SONET-Übertragungssysteme (s. Abschn. 11.4.2) viele Mechanismen zur Erkennung, Alarmierung und Umgehung von fehlerhaften Netzelementen definiert.

Eine wichtige Anwendung netzelement-übergreifender Redundanzmechanismen in der Übertragungstechnik ist die Leitungsredundanz, die in Abb. 10.21 dargestellt ist.

Dabei werden zwischen zwei SDH/SONET-Multiplexern oder Crossconnects zwei getrennte Übertragungsleitungen eingerichtet, die auch über getrennte Leitungsmodule geführt werden. Diese Anordnung ist relativ aufwendig, da doppelt so viele Leitungsmodule wie ohne Redundanz benötigt werden und auch die Übertragungsleitungen sinnvollerweise über unterschiedliche Wege geführt werden müssen, damit von einer Leitungsunterbrechung nicht beide Strecken betroffen sind. Für den redundanten Betrieb besteht die Möglichkeit der 1+1 Redundanz sowie der 1:1 Redundanz, wobei jeweils eine der Übertragungsstrecken die aktive (geschützte) ist, während die andere für den Schutz bei Ausfall dieser Übertragungsstrecke (Leitung einschließlich der Leitungsmodule) vorgesehen ist. Im Fall der 1:1 Redundanz besteht dabei die Möglichkeit, im Normalbetrieb niederprioren Zusatzverkehr über die Ersatzstrecke zu übertragen. Die für das Umschalten der beiden Endpunkte benötigte Kommunikation erfolgt auf der Basis des in der ITU-T-Empfehlung G.783 definier-

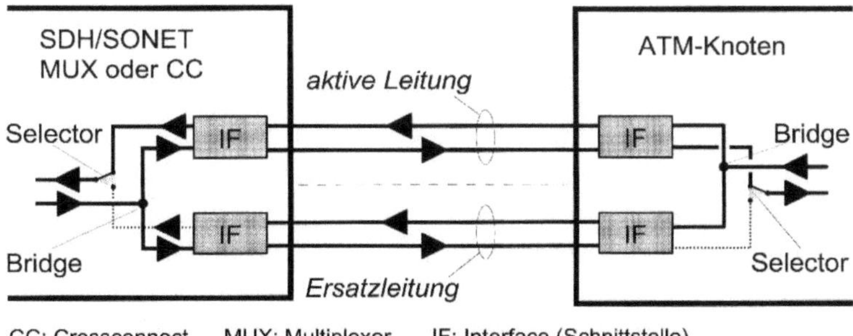

Abb. 10.21. Leitungsredundanz bei SDH/SONET-Übertragungssystemen

ten „Multiplex Section Protection" (MSP) Protokolls, das über Overhead-Bytes (K1/K2) im Overhead für den Multiplex-Abschnitt (Multiplex Section) der Ersatzstrecke unterstützt wird.

Wenn ATM-Netzelemente, insbesondere solche mit mehr übertragungstechnischen Funktionen wie ATM-Crossconnects, in ein Übertragungsnetz integriert werden sollen (s. Abschn. 2.3), müssen auch diese solche redundanten Übertragungsstrecken abschließen können. Dabei kann es sinnvoll sein, einen Teil der benötigten Funktionen, z.B. das Umlenken der Zellströme auf andere Leitungsmodule im Fehlerfall, in der ATM-Schicht nachzubilden, da in der Regel keine Umschaltmöglichkeit zwischen Leitungsmodulen auf der physikalischen Schicht besteht. Da das Umschalten in weniger als 50 ms erfolgen muß, müssen die verbindungsspezifischen Daten (auch für die ATM-Schicht) bereits auf den Leitungsmodulen der Ersatzstrecke geladen sein (Hot Standby).

Ähnliche Ersatzschaltemechanismen sind auch innerhalb der ATM-Schicht sinnvoll, wobei nicht die gesamte Übertragungsstrecke, sondern nur bestimmte virtuelle Pfade (VP) über automatische Ersatzschaltemechanismen gegen Ausfälle geschützt werden. Dies erlaubt eine weiter optimierte, von der physikalischen Übertragungsinfrastruktur weitgehend unabhängige Anwendung der Redundanz. Die Trennung der Wege der beiden redundanten Pfade kann hier zwischen den beiden Pfadendpunkten über das gesamte Netz hinweg dadurch erfolgen, daß die Pfade über unterschiedliche Netzknoten geführt werden. Um auf dieser Basis Ersatzschaltemechanismen zu erhalten, die ähnlich schnell reagieren wie diejenigen in der Übertragungstechnik (Umschaltdauer im Bereich 50 ms), müssen die Ersatzwege bereits voreingestellt und die entsprechenden Netzressourcen vorreserviert sein. Durch die unterschiedlichen und damit in der Regel auch unterschiedlich langen Wege durch das Netz ergeben sich deutlich unterschiedliche Laufzeiten auf den beiden redundanten Strecken, so daß zur Vermeidung eines Informationsverlusts während des Umschaltens (Hitless Switching) neben einem standardisierten Protokoll auch eine signifikante Zwischenpufferung der Zellen notwendig sein kann. Konzepte für eine Ersatzschaltung auf der VP-Ebene sind z.B. in [72] beschrieben.

Die zur Unterstützung solcher Mechanismen auf der VP-Ebene notwendigen Fehlererkennungs- und Alarmierungsmethoden sind im Rahmen der OAM-Funktionen der ATM-Schicht (s. Abschn. 6.1.3) zwar standardisiert, die eigentlichen Ersatzschaltemechanismen selbst liegen jedoch bisher noch nicht fest. Eine Darstellung möglicher Ansätze ist z.B. in [72] zu finden.

Solange solche Ersatzschaltemechanismen noch nicht zur Verfügung stehen, können automatische Ersatzschaltungen auch im Rahmen des Netzmanagements realisiert werden. Dabei wird nach dem Empfang der Alarmmeldung in Netzmanagement-Zentrum automatisch und unter Umgehung der Störungsstelle ein neuer Weg für den gestörten Pfad aufgebaut (Rerouting). Auch wenn dieser im Prinzip schon vorher festgelegt ist, sind die Umschaltzeiten durch die Reaktionszeiten der Managementsysteme bei solchen Mechanismen wesentlich größer. Dies ist schon dadurch bedingt, daß das Netzmanagement-System erst unterrichtet wird, nachdem der Fehlerzustand bereits eine bestimmte Zeit, z.B. 10 s, andauert (Failure, s. Abschn. 6.1.2.1). Sinn dieser Verzögerung ist es, das Netzmanagement-System – und damit eventuell das Bedienpersonal – erst einzuschalten, wenn ganz sicher ist, daß der Fehler nicht sporadisch ist und auch nicht mit lokalen Ersatzschaltemechanismen umgangen werden kann.

Im Gegensatz zu diesen übertragungstechnisch geprägten Ansätzen für „Festverbindungen" werden im Bereich der Vermittlungstechnik bei Störungen die Wählverbindungen normalerweise ohne weitere Maßnahmen abgebaut, da angenommen wird, daß die Teilnehmer bei Störungen die Verbindungen selbst sehr schnell abbrechen und selbsttätig versuchen, diese durch erneutes Wählen wieder aufzubauen. Es werden deshalb lediglich über Mechanismen in den Protokollen für die Zwischenamts-Signalisierung die gestörten Netzressourcen (Übertragungsstrecken, Netzknoten) sehr schnell isoliert und außer Betrieb genommen, damit die erneuten Verbindungsaufbau-Versuche über funktionsfähige Netzelemente erfolgreich abgeschlossen werden können.

Für Endsysteme, die besonders hohe Verfügbarkeitsanforderungen an das Netz stellen, wie z.B. große Nebenstellenanlagen, kann auch eine redundante Netzanbindung zur Verfügung gestellt werden, bei der das Endsystem über getrennte Anschlußleitungen an mehr als einen Netzknoten angebunden ist (Dual Homing), so daß auch bei einem Totalausfall eines dieser Knoten die Kommunikation aufrechterhalten werden kann.

10.5.3
Knoteninterne Redundanzmechanismen

Lokale, knoteninterne Redundanzmechanismen erlauben es dem Hersteller von Netzelementen, die Verfügbarkeit seiner Systeme an die Anforderungen der Netzbetreiber anzupassen. Eine Doppelung von Systemkomponenten ist sehr kostenintensiv, da nicht nur die Hardwaremodule gedoppelt werden müssen, sondern auch die Software für Betrieb und Wartung solcher Systeme sehr viel komplexer ist als für nichtredundante Systeme. Je nach Anwendungsfall und -bereich führt deshalb die Abwägung zwischen einer extrem hohen Verfügbarkeit und den durch eine Doppelung verursachten Zusatzkosten zu unterschiedlichen Ergebnissen. Für die Betreiber von öffentlichen Weitverkehrsnetzen steht die Netzgüte und damit die Verfügbarkeit im Vordergrund und die Anforderungen sind deshalb sehr streng[18], während im mehr datenorientierten privaten Bereich (ATM-LAN) traditionell eher Abstriche bei der Verfügbarkeit akzeptiert werden, um die Kosten niedrig zu halten. Im Bereich der großen Firmennetze (Corporate Networks), an denen viele Teilnehmer angeschlossen sind und über die viele zeit- und geldkritische Informationen übertragen werden, gelten Anforderungen, die denen in den öffentlichen Weitverkehrsnetzen vergleichbar sind. Um diesen unterschiedlichen Anforderungen genügen zu können, ist es vorteilhaft, wenn die Systeme so konzipiert sind, daß die einzelnen Systemkomponenten wahlweise (optional) redundant oder nichtredundant betrieben werden können.

Falls eine knoteninterne Redundanz vorgesehen wird, werden typischerweise alle zentralen Systemteile, d.h. insbesondere das Verbindungsnetzwerk, die zentrale Steuerung, die Stromversorgung und die Taktversorgung gedoppelt. Bei den Koppelfeldern sind die eingesetzten Redundanzkonzepte genauso vielfältig wie die Koppelfeldstrukturen selbst (s. Abschn. 10.3). Grundsätzlich bietet sich dabei in Strukturen mit mehrfacher Wegemöglichkeit eine 1:n Redundanz an, wobei das Koppelfeld so überdimensioniert wird, daß bei Ausfällen einzelner Koppelfeldmodule der Verkehr über die noch funktionsfähigen Wege geleitet werden kann, ohne daß deren Nennlast überschritten wird. Bei Strukturen mit einfacher Wegemöglichkeit muß dagegen in der Regel eine 1+1 bzw. 1:1 Redundanz eingesetzt werden, bei der zwei komplette Verbindungsnetzwerke parallel geschaltet werden.

Bei der Hardware für die zentrale Steuerung kommen die aus der Rechnertechnik bekannten Redundanzkonzepte zum Einsatz, bei denen sowohl die Datenspeicher als auch die Prozessor-Hardware gedoppelt vorhanden sind (1:1/1+1 Redundanz). Bei sehr hohen Verfügbarkeitsanforderungen müssen die redundanten Prozessoren im „Hot Standby" Modus betrieben und streng

---

18 Die schärfste Anforderung für die Ausfallzeit einer externen Schnittstelle liegt bei 0,1 Minuten pro Jahr.

miteinander synchronisiert (mikrosynchroner Betrieb) werden, damit die Redundanz für die Anwendungssoftware absolut transparent ist. Falls das Systemkonzept so ausgelegt ist, daß bei Ausfällen der zentralen Steuerung die in einem stabilen Zustand befindlichen Verbindungen nicht gestört werden, d.h. daß während der Umschaltphase lediglich die im Aufbau befindlichen Verbindungen verloren gehen und das System nicht auf Betriebs- und Wartungskommandos reagiert, können in manchen Anwendungsbereichen (typischerweise außerhalb der öffentlichen Weitverkehrsnetzes) auch etwas längere Umschaltzeiten akzeptabel sein, so daß eine Redundanz ohne die sehr aufwendige Mikrosynchronität ausreicht.

Da beim Ausfall von Leitungsmodulen nur eine begrenzte Anzahl von Teilnehmern bzw. Verbindungen betroffen sind, werden diese in der Regel nicht redundant ausgeführt. Falls jedoch aus Gründen der Kostenreduktion mehrere externe Schnittstellen auf einer Baugruppe zusammengefaßt sind – und damit eine Ausfalleinheit bilden – oder bei netzinternen Schnittstellen (NNI, VB5), die hochkonzentrierten Verkehr von vielen Teilnehmern tragen, besteht oftmals die Forderung, die entsprechenden Leitungsmodule optional in einer redundanten Konfiguration betreiben zu können. Für eine solche Baugruppenredundanz können je nach Anwendungsfall eine 1:n-, eine 1:1- oder eine 1+1-Redundanz eingesetzt werden. Damit die geforderten, sehr kurzen Umschaltzeiten erreicht werden, die notwendig sind, um bestehende Wählverbindungen beim Umschalten halten zu können, müssen die Verbindungsdaten entweder bereits im Normalbetrieb auf die redundanten Leitungsmodule geladen werden (Hot Standby) oder es müssen sehr schnelle Steuerkanäle zum Laden im Umschaltfall vorhanden sein.

Zum Erkennen von Funktionsstörungen in der Hardware werden spezielle Überwachungsmechanismen implementiert. So haben moderne Prozessoren und andere integrierte Bausteine interne Fehlerüberwachungen (Built In Self Test) eingebaut, die Fehlfunktionen erkennen und melden können [131]. Zusätzlich werden sog. „Watchdogs“ eingesetzt, die regelmäßige Anreize erhalten und bei deren Ausbleiben eine Fehlfunktion melden. Auf Baugruppen- und Systemebene werden im Hintergrund von den entsprechenden Prozessoren Prüfroutinen abgearbeitet, mit denen alle wichtigen Funktionseinheiten laufend auf Fehler überprüft und auftretende Fehler möglichst genau lokalisiert werden können. Probleme in der Software können durch ständig aktive Diagnoseroutinen erkannt, fehlerhafte Datenbestände können durch regelmäßige Konsistenzprüfungen (Audits) entdeckt werden.

Eine hohe Verfügbarkeit der Vermittlungsknoten erfordert auch, daß Erweiterungen und Umkonfigurierungen der Hardware sowie das Laden neuer Softwareversionen ohne Betriebsunterbrechungen vorgenommen werden können.

10.6
Technologieaspekte

ATM-Vermittlungsknoten sind erst durch die enormen Fortschritte der Halbleitertechnologie in den letzten Jahren überhaupt möglich geworden. Ohne den intensiven Einsatz höchstintegrierter kundenspezifischer Schaltkreise (Application Specific Integrated Circuits, ASIC) wären Leitungsmodule mit einem Durchsatz von 2,4 Gbit/s oder ATM-Koppelfelder mit einem Durchsatz von nahezu einem Tbit/s absolut undenkbar. Bedingt vor allem durch

- die immer weiter verbesserten lithographischen Prozesse, die immer kleinere Strukturen (z.B. Transistoren) und damit eine immer höhere Packungsdichte und eine immer höhere Schaltgeschwindigkeit erlauben,
- die immer weiter verbesserten technologischen Fertigungsprozesse, die eine Massenfertigung immer größerer Chips mit einer akzeptablen Ausbeute erlauben,
- die Weiterentwicklung der rechnerunterstützten Verfahren (Computer Aided Design, CAD) für Entwurf, Simulation und Layout der ASICs

ist es heute möglich, VLSI-Bausteine (Very Large Scale Integrated Circuits) mit einer Million Gatter zu entwickeln und herzustellen. Damit wird es in wenigen Jahren möglich sein, ATM-Koppelelemente mit einem Durchsatz von etwa 50 Gbit/s zu verwirklichen [172, 220]. Seit ihrer Erfindung vor mehr als 30 Jahren haben die auf der MOS-Technologie (Metal Oxide Semiconductor) basierenden integrierten Schaltkreise eine annähernd exponentielle Zunahme der Packungsdichte (s. Abb. 10.22) erfahren, wobei in ähnlicher Art und Weise die erreichbaren Schaltgeschwindigkeiten gestiegen sind und die Leistungsaufnahme gesunken ist. Ein Ende dieser Entwicklung ist derzeit noch nicht absehbar, und es kann damit gerechnet werden, daß sich die Packungsdichte weiterhin alle drei Jahre um einen Faktor vier erhöht.

Verglichen mit den Prozessoren, Signalprozessoren und Speicherbausteinen aus der Rechnertechnik weisen die ASICs für Telekommunikationssysteme inzwischen eine nahezu vergleichbare Komplexität auf, wobei der Unterschied sich immer weiter verringert.

Ein Beispiel für die rasante Entwicklung der ASICs in den letzten Jahren ist der „Σ-Koppler", dessen erste Realisierung in [112] beschrieben ist. Der Σ-Koppler ist eine Implementierung eines ATM-Koppelelements mit Zentralspeicher und logischen Ausgangswarteschlangen (s. Abschn. 10.3.1). Die erste Generation dieser Kopplerarchitektur, die als SE 16/8 bezeichnet wurde, verwendete eine „1,0 μm[19] CMOS"-Technologie und wies 16 serielle Eingänge und 8 serielle Ausgänge mit einer Datenrate von jeweils 175 Mbit/s auf.

---

19 Dieser Wert gibt die mit dem verwendeten Prozeß realisierbare minimale Kanallänge bei den Transistoren an, Werte von 0,075 μm scheinen in der Zukunft erreichbar zu sein.

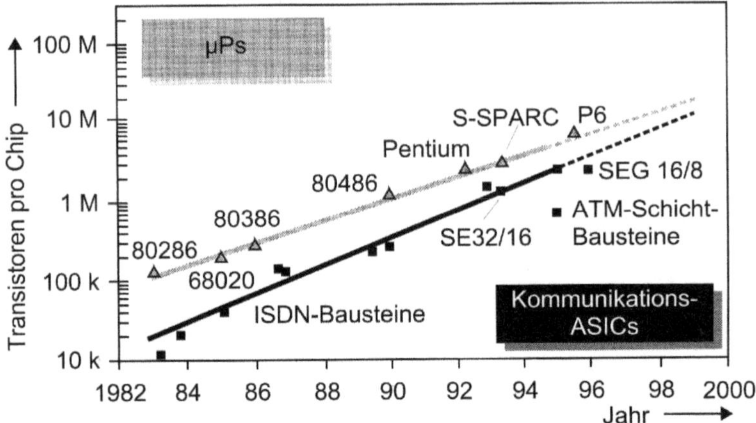

Abb. 10.22. Zunahme der Packungsdichte bei ASICs

Tabelle 10.2. Kennwerte der Σ-Koppler-Generationen

Kenngröße	SE 16/8	SE 32/16A	SE 32/16B	SEG 16/8
Jahr	1989	1992	1995	1996
Anschlußdatenrate (Mbit/s)	175	200	207	4×828
Durchsatz (Gbit/s)*⁾	1,4	3,2	3,3	26,5
Technologie (μm)	1,0	0,8	0,5	0,35
Gatteranzahl (10^6)	1,3	1,3	1,8	2,0
Chipfläche (mm²)	214	206	190	ca. 200
Leistungsaufnahme (Watt)	3	6	6	18
Pinanzahl	256	304	352	512
Versorgungsspannung (V)	5	5	3,3	3,3
Multicast	nein	eingeschr.	ja	ja
Bündel**⁾	nein	eingeschr.	ja	–

*) Anschlußdatenrate × Anzahl der Ausgänge
**) Erklärung s. Abschn. 10.7.2

Die Verfügbarkeit der 0,5 μm-Technologie erlaubte eine Verdoppelung
des Datendurchsatzes bei der nächsten Kopplergeneration (SE 32/16A, s. Tabelle 10.2) sowie die Berücksichtigung zusätzlicher, komplexer Funktionen, wie
z.B. der Multicast-Funktion mit auf dem Chip integrierten Multicast-Tabellen
(s. Abschn. 10.3.4). In der nächsten Generation (SE 32/16B) wurden u.a. die
internen Zellspeicher erweitert und die Multicast-Tabellen wurden in extern

angeschlossene RAMs verlegt, um die Anzahl der gleichzeitig unterstützbaren Multicast-Verbindungen drastisch erhöhen zu können.

Für die nächste Kopplergeneration wurde eine 0,35 μm-Technologie eingesetzt, mit der man in der Lage ist, die bei einer Erhöhung des Koppelelement-Durchsatzes auf 26,5 Gbit/s auftretenden Dynamikanforderungen zu beherrschen. Die weitere Steigerung des Datendurchsatzes konnte aber nicht allein durch die Weiterentwicklung der CMOS-Technologie erreicht werden, da der SE 32/16B ein Gehäuse mit 352 Pins benötigte und dafür bereits die neuste „Ball Grid Array"-Gehäusetechnologie[20] (BGA) eingesetzt wurde. Deshalb mußten für diese Generation die Anschlußdatenraten auf 3,3 Gbit/s erhöht werden, wobei ein Anschluß durch vier parallele, mit jeweils 828 Mbit/s betriebene physikalische Leitungen realisiert wird.

Bei diesen Übertragungsraten werden die typischen Hochfrequenzprobleme wie Jitter und Nebensprechen bei der Übertragung zwischen den Baugruppen über die Rückwandverdrahtung (Backplane) eines Baugruppenträgers und insbesondere über Kabel zwischen Baugruppenträgern zunehmend kritisch. Abbildung 10.23 zeigt die bei einer typischen[21] Koppelfeldbaugruppe mit sechs Kopplern an den Steckern insgesamt erforderlichen Datenraten (mit „ASICS" bezeichnete Kurve) im Vergleich mit den mit konventionellen, elektrischen Rückwandsteckern (etwa 500 Pins) bzw. mit elektrischen Kabeln von 5 m Länge erreichbaren Werten, die sich ebenfalls durch die Weiterentwicklung der Halbleitertechnologie über der Zeit erhöhen.

Aus dem Vergleich wird deutlich, daß die elektrische Verbindungstechnik nicht mit der Entwicklung der Chiptechnologie mithalten kann und dadurch potentiell ein begrenzender Faktor beim Systemdesign ist. Da die Entfernung der wesentliche Begrenzungsfaktor bei der elektrischen Übertragung ist, gilt dies insbesondere für große Systeme, bei denen Kabellängen über 15 m benötigt werden.

Speziell für die Übertragung zwischen Baugruppenträgern sind optische Übertragungsleitungen eine interessante, wenn auch heute noch teure Alternative, da sie gegenüber elektromagnetischen Störstrahlungen unempfindlich sind, hohe Übertragungsbandbreiten erlauben, einen geringen Platzbedarf im Stecker aufweisen und ohne Probleme Kabellängen von bis zu 250 m erlauben. Mit seriellen optischen Links, bei denen mehrere Kanäle im Zeitmultiplex übertragen werden, sind derzeit ca. 4 Gbit/s pro Link erreichbar, die Weiterentwicklung dieser Technologie kann aber, wie in Abb. 10.24 dargestellt, wohl ebenfalls kaum mit den Fortschritten der Chiptechnologie mithalten.

---

20 Bei BGA-Gehäusen sind die Anschlüsse über die gesamte Gehäuseunterseite verteilt, Gehäuse mit bis zu 1000 Pins werden damit in naher Zukunft realisierbar sein.

21 Die Anzahl der Koppler wird außer von der Baugruppenfläche auch z.B. durch die Verlustleistung begrenzt.

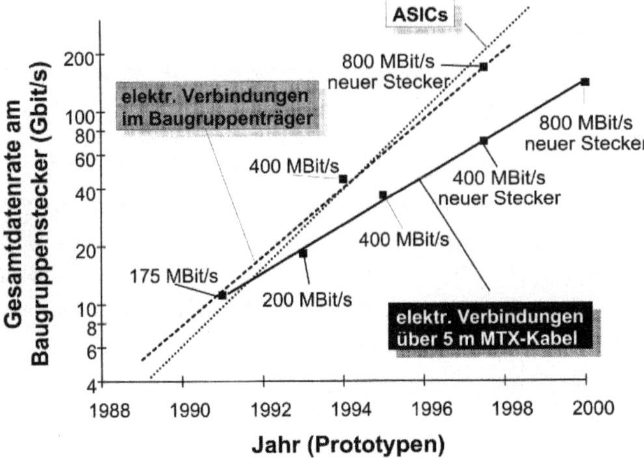

Abb. 10.23. Grenzen der elektrischen Verbindungstechnik

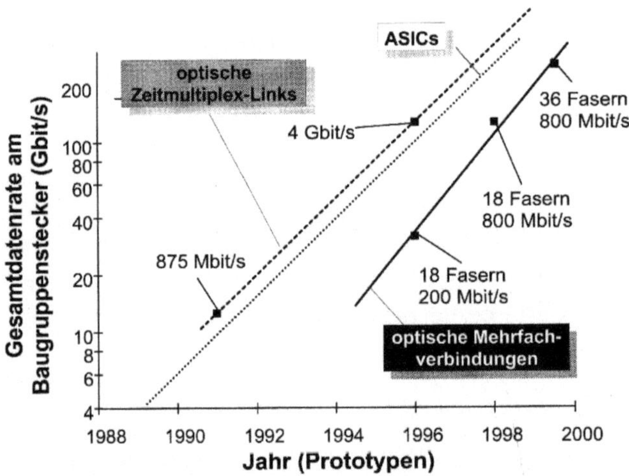

Abb. 10.24. Grenzen der optischen Verbindungstechnik

Eine sehr vielversprechende neue Möglichkeit sind optische Mehrfaserlinks, bei denen mehrere Glasfasern zu einem Kabel zusammengefaßt und über einen gemeinsamen Stecker mit einem Feld von optischen Sendern auf der einen und mit einem Feld von optischen Empfängern auf der anderen Seite verbunden werden. Über jede der Fasern wird nur ein einzelner Kanal übertragen, wobei mit heutiger Technologie Links mit 12 Fasern und 200 Mbit/s pro Faser realisierbar sind. Innerhalb der nächsten fünf Jahre wird erwartet, daß 32 Fasern mit jeweils 800 Mbit/s möglich sind, so daß mit dieser Technologie bzw. einer Kombination zwischen der Zeitmultiplex- und der Mehrfasertechnik die Anforderungen der zukünftigen Systeme wirtschaftlich sinnvoll erfüllt werden können. Eine ausführlichere Diskussion dieser Themen ist z.B. in [172, 186] enthalten, weitere Details über optische Mehrfaserlinks sind in [141, 187, 9, 138] zu finden.

10.7
Beispiel für einen ATM-Knoten

Als Beispiel für einen universellen ATM-Vermittlungsknoten soll in den folgenden Abschnitten das Systemkonzept des neuen MainStreetXpress 36190-Knotens[22] von Siemens dargestellt werden. Dieses System stellt eine Weiterentwicklung der weltweit erfolgreich in Pilotversuchen und ersten ATM-Breitbandnetzen (s. Abschn. 9.9) eingesetzten MainStreetXpress 36190 V1 und V2-Systeme [78, 79] dar. Der MainStreetXpress 36190-Knoten kann durch seinen hohen Datendurchsatz und seine skalierbare Zentralsteuerung als Breitbandvermittlungsstelle im Kernbereich zukünftiger ATM-Breitbandnetze eingesetzt werden, er kann aber durch seine modulare Struktur z.B. auch als ATM-Crossconnect, als Transitknoten für Schmalbandverkehr oder als teilnehmernaher, integrierter Zugangsknoten für Schmalband-, Daten-, Video- und Multimedia-Anwendungen konfiguriert werden.

10.7.1
Die Gesamtarchitektur des MainStreetXpress 36190 Kernnetzknotens

Der MainStreetXpress 36190-Knoten besteht aus den in Abb. 10.25 dargestellten Komponenten, die je nach Anwendungsfall kombiniert und skaliert werden können. Das Kernkoppelnetz (ATM Switching Network Core, ASN Core) dient zur Verbindung der übrigen Komponenten untereinander und zwar sowohl für den Nutzverkehr als auch für den Steuerungsverkehr.

Die Anschlußgruppen (Access Unit, AU) dienen zur Aufnahme der Leitungsmodule (Line Interface Circuit, LIC), an denen die externen Teilnehmer- oder Verbindungsleitungen angeschlossen werden. Die LICs und die AUs sind so ausgelegt, daß alle Leitungsmodultypen, die sich

- in der Bitrate der externen Schnittstellen (1,5 Mbit/s bis 2,4 Gbit/s),
- dem verwendeten Übertragungssystem (PDH oder SDH/SONET),
- den unterstützten Diensten (ATM Cell Relay, $n \times 64$ kbit/s DBR, Circuit Emulation, Frame Relay etc.) sowie
- dem Schnittstellentyp (UNI, NNI, VB5)

---

22 Frühere Bezeichnung: EWSXpress.

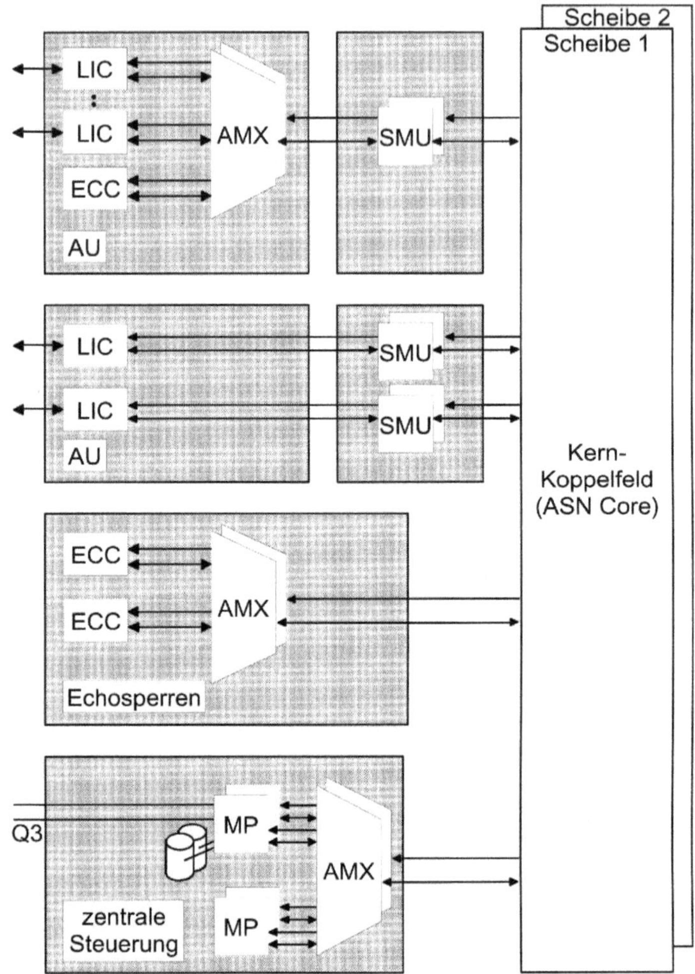

Abb. 10.25. Gesamtarchitektur des MainStreetXpress 36190-Knotens

unterscheiden, in einheitliche Steckplätze eingesteckt und damit beliebig gemischt werden können.

Ebenfalls in den AUs enthalten sind ATM Multiplexer (AMX), die bei Bedarf den Verkehr konzentrieren können, um die Anschlüsse des Kernkoppelnetzes optimal ausnutzen zu können. Die Kombination aus ATM-Multiplexern und Kernkoppelfeld bildet das Koppelfeld, das vollständig redundant ausgelegt ist.

Die Leitungsmodule für 2,4 Gbit/s-Schnittstellen werden – anders als alle anderen LICs – direkt, d.h. ohne ATM-Multiplexer, an das Kernkoppelfeld angeschlossen, da bei diesen Schnittstellen eine Konzentration keinen Sinn ergibt. Deswegen sind diese LICs in eigenen AUs untergebracht.

Das zentrale Steuerungsmodul besteht aus einem oder mehreren gedoppelten Steuerrechnern (Main Processor, MP). Eine skalierbare Multiprozessor-Softwareplattform erlaubt es, die Anzahl der Steuerrechner je nach den Anforderungen – angefangen von einer (gedoppelten) Einheit und hin zu sehr leistungsfähigen Multiprozessor-Konfigurationen – beliebig zu dimensionieren. Einer der Steuerrechner verfügt über externe Festplattenspeicher, auf denen die Systemprogramme und die relevanten Daten abgelegt werden können. Außerdem verfügt er über Schnittstellen, über die der Knoten an das Netzmanagement-System angebunden werden kann.

Die Kommunikation der Steuerrechner untereinander sowie die Kommunikation der Steuerrechner mit den peripheren Prozessoren, z.B. auf den Leitungsmodulen, erfolgt mittels eines eigens für diesen Zweck entwickelten Protokolls. Die Meldungen dieses Protokolls werden unter Verwendung des AAL Typ 5 in ATM-Zellen umgewandelt und – wie die Zellen der externen Nutz- und Zeichengabeverbindungen – über das Koppelfeld zum jeweiligen Zielprozessor übermittelt.

Die Steuerrechner haben prinzipiell zum Koppelfeld hin die gleichen Schnittstellen wie die Leitungsmodule und können deshalb in die gleichen AUs eingebaut werden, die auch für die Leitungsmodule verwendet werden. Da die Steuerrechner sogar gemischt mit Leitungsmodulen in derselben AU untergebracht werden können, und ein ATM-Multiplexer außerdem durch direktes Verbinden seiner koppelfeldseitigen Ein- und Ausgänge als eigenständiges, kleines Koppelfeld betrieben werden kann, können sehr effektiv auch kleine Vermittlungsknoten realisiert werden.

Die SMUs (Statistical Multiplexing Unit), die bei Bedarf zwischen die ATM-Multiplexer und das Kernkoppelfeld geschaltet werden können, bieten mit ihren großen Zellspeichern und den sehr mächtigen Flußsteuerungs- und Prioritätsmechanismen eine effektive Unterstützung des statistischen Multiplexens für alle Verbindungstypen mit variabler Bitrate (einschließlich ABR).

Zur Unterstützung von Sprachverbindungen sind spezielle Module mit Echosperren (Echo Cancellation Circuit, ECC; s. Abschn. 8.4.1.3) vorgesehen, die als zentrale Server an das Kernkoppelfeld angeschlossen sind und von allen entsprechenden Verbindungen verwendet werden können. Sie sind von der Struktur her den Leitungsmodulen sehr ähnlich, wobei lediglich die Bausteine für die Bearbeitung der physikalischen Schicht durch Echosperren-Bausteine ersetzt wurden, deren Ausgänge auf der Baugruppe wieder zurückgeschleift werden. Dadurch, daß die Echosperren-Baugruppen zum AMX hin die gleiche Schnittstelle wie die Leitungsmodule besitzen, können sie bei Bedarf auch zusammen mit diesen in einer AU untergebracht werden.

10.7.2
Das Koppelfeld

Das Koppelfeld (ASN) setzt sich aus den in den AUs untergebrachten ATM-Multiplexern (AMX) und dem eigentlichen Kernkoppelfeld (ASN Core) zusammen. Aufgabe des Koppelfeldes ist es, die ATM-Zellen zwischen eingangs- und ausgangsseitigen Leitungsmodulen, zentralen Einheiten wie Echosperren oder der zentralen Steuerung zu vermitteln, wobei die von der Zelle mitgeführte Wegelenkungs-Information ausgewertet wird. Die ATM-Multiplexer haben dabei die Aufgabe, den Verkehr der jeweiligen AU zu multiplexen und gegebenenfalls zu konzentrieren, um die Anschlüsse des Kernkoppelfeldes effektiv nutzen zu können. Sie verfügen über 32 (64) bidirektionale, STM-1-äquivalente[23] Anschlüsse für Leitungsmodule, Echosperren oder zentrale Steuerrechner sowie 16 (32) bidirektionale Anschlüsse, mit denen die ATM-Multiplexer an das Kernkoppelfeld angebunden werden können. Die Anbindung erfolgt über unidirektionale Kabel (elektrisch oder optisch) mit einer Granularität von 4 STM-1-Äquivalenten, so daß durch die Bestückung der Kabel eine Anpassung des Konzentrationsfaktors an die Belegung der AU vorgenommen werden kann. Durch die Unidirektionalität der Kabel besteht außerdem die Möglichkeit, den AMX unsymmetrisch an das Kernkoppelnetz anzubinden. Dies bringt dann Vorteile, wenn vorwiegend Dienste mit sehr unsymmetrischer Bitrate, wie etwa Video-on-Demand oder Advanced Pay-Per-View (s. Abschn. 8.1.2), über die angeschlossenen Leitungsmodule abgewickelt werden. Jeder AMX verfügt neben den Koppelelementen über einen eigenen peripheren Prozessor für lokale Steuerungs-, Einstell- und Überwachungsfunktionen, eine eigene Taktversorgungseinheit sowie über eine auf der Baugruppe untergebrachte Stromversorgung.

Das Kernkoppelfeld selbst ist ein Trichterkoppelfeld (s. Abschn. 10.3.3.7), das je nach Einsatzfall und verwendeter Kopplertechnologie über einen Durchsatz von 5 Gbit/s bis hin zu 640 Gbit/s und mehr verfügt. Wie die ATM-Multiplexer verfügt das Kernkoppelfeld ebenfalls über eigene periphere Prozessoren, Taktversorgung und Stromversorgungen. Abbildung 10.26 zeigt als Beispiel ein dreistufiges Trichterkoppelfeld wie es für die 20 Gbit/s-Konfiguration eingesetzt wird.

Durch die Trichterstruktur und die Tatsache, daß alle koppelfeldinternen Leitungen als Bündel mit maximaler Dicke betrieben werden, ist das Kernkoppelfeld streng blockierungsfrei, so daß bei Bedarf die Bitraten bestehender Verbindungen beliebig erhöht werden können, ohne daß andere Verbindungen

---

23 Durch die Erweiterung des internen Zellformats sowie eine knoteninterne Geschwindigkeitsüberhöhung zur Lastreduktion ergibt sich eine physikalische Bitrate der internen Links von 207 Mbit/s, um den Verkehr einer externen STM-1-Leitung abführen zu können.

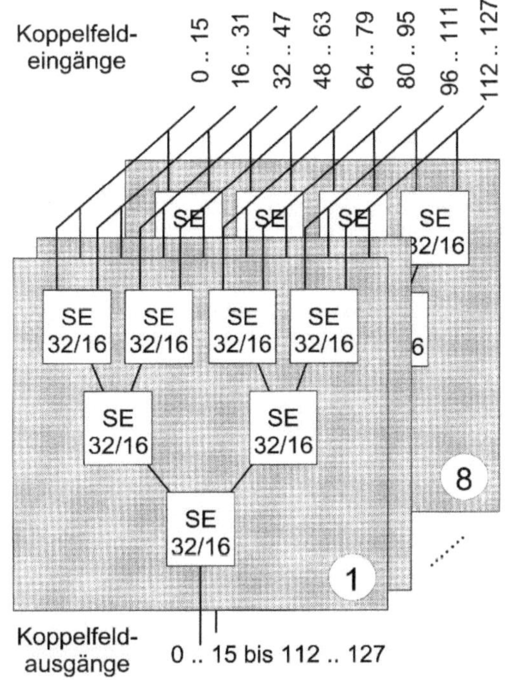

Abb. 10.26. Beispiel für ein 20 Gbit/s Trichterkoppelnetz

beeinträchtigt werden, solange an den beteiligten Ein- und Ausgängen die notwendigen Kapazitäten verfügbar sind. Da außerdem nur eine Wegemöglichkeit besteht, ist eine Wegesuche im Koppelfeld nicht erforderlich und es wird auch kein Mechanismus zur Wiederherstellung der Zellreihenfolge (Resequencing) benötigt. Die Leistungsfähigkeit des Kernkoppelfeldes entspricht – nahezu unabhängig von der Anzahl der Trichterstufen – praktisch der einer idealen, rein ausgangsgepufferten einstufigen Anordnung.

Zur Unterstützung des Bündelbetriebs sind die Koppler-Bausteine in der Lage, mehrere ihrer Ausgänge (z.B. 2, 4, 8 oder 16) über eine gemeinsame Ausgangswarteschlange zu bedienen, wobei die Zellen zyklisch auf die einzelnen Ausgänge verteilt werden. Außerdem werden dabei die Zellanfänge auf den einzelnen zum Bündel gehörenden Leitungen etwas gegeneinander versetzt gesendet, so daß sichergestellt werden kann, daß der empfangende Koppler die Zellen eines Bündels wieder in der richtigen Reihenfolge einliest. Dadurch ist garantiert, daß die Zellreihenfolge innerhalb des Bündels in jedem Fall erhalten bleibt. Ein Bündel verhält sich also genauso, wie eine entsprechend höherratige ATM-Leitung. Dadurch können ohne Probleme Leitungsmodule mit externen Schnittstellen (z.B. STM-4 oder STM-16) angeschlossen werden, deren Bitrate die einer einzelnen internen Leitung überschreitet, ohne daß

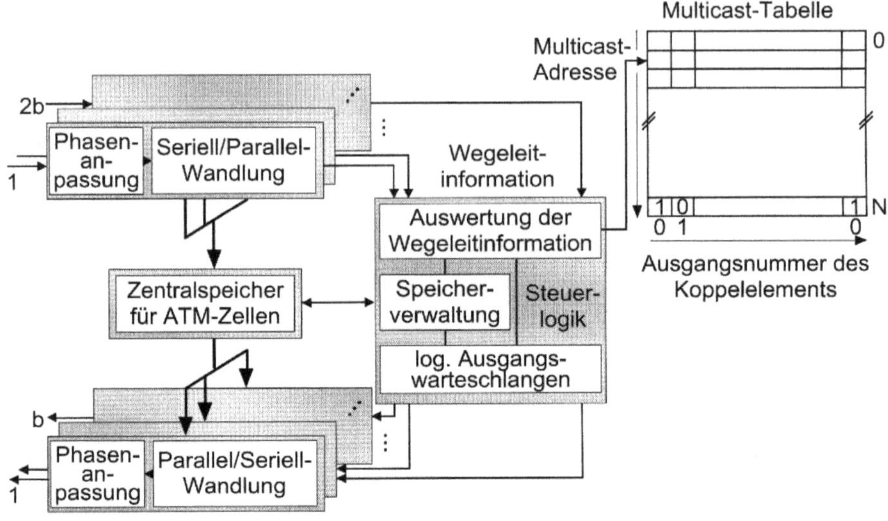

Abb. 10.27. Prinzipielle Struktur des Σ-Kopplers

irgendwelche zusätzlichen Einschränkungen bezüglich der Spitzenbitrate der
einzelnen Verbindungen gemacht werden müssen.

Die eigentliche Zell-Vermittlungsfunktion in den ATM-Multiplexern sowie
im Kernkoppelfeld wird von Zentralspeicher-Koppelelemen ten mit logischen
Ausgangswarteschlangen auf der Basis der sog. Σ-Architektur übernommen.
Die prinzipielle Struktur ist in Abb. 10.27 am Beispiel eines solchen Kopplers
mit 32 Eingängen und 16 Ausgängen (SE 32/16) dargestellt.

Die auf den Leitungen seriell ankommenden Zellen durchlaufen zunächst
eine Bitphasenanpassung und werden dann parallelisiert, um die Taktrate der
internen Logik so gering wie möglich zu halten. Die interne Wegeleitinformation am Zellanfang wird der Steuerlogik zugeführt, welche die für den
jeweiligen Koppler relevanten Teile auswertet und den Zielausgang bzw. das
Zielbündel festlegt. Gleichzeitig wird ein freier Speicherplatz im zentralen Zellspeicher ermittelt und die Zelle dort abgelegt. Die Information, wo im Zellspeicher die Zelle zu finden ist, wird daraufhin an diejenige logische FIFO-
Ausgangswarteschlange angehängt, die dem Zielausgang, bzw. dem Zielbündel
bei Bündelbetrieb, zugeordnet ist. Vom Anfang der logischen Ausgangswarteschlangen werden die Zeiger auf die im nächsten Zellzyklus zu sendenden
Zellen ausgelesen, und die Zellen werden mit Hilfe dieser Information vom
Zellspeicher in die Register des Parallel/Serienwandlers transferiert, von wo
sie dann auf die Ausgangsleitungen getaktet werden. Während des bei einer
Bitrate der internen Leitungen von 207 Mbit/s etwa 2,5 µs dauernden Zellzyklusses müssen diese Aufgaben für insgesamt 33 ankommende und 17 abge-

hende Zellen abgeschlossen werden können, da auch eine zusätzliche Prozessorschnittstelle bedient werden muß, über die der Koppler initialisiert und Fehlerzustände gemeldet werden.

Für Punkt-zu-Punkt-Verbindungen wird der Zielausgang von der Steuerlogik direkt aus der Wegeleitinformation bestimmt (selbststeuernder Betrieb, s. Abschn. 10.3.3.3), wodurch die Koppler beim Verbindungsauf- und -abbau nicht neu eingestellt werden müssen. Für Multicast-Verbindungen hingegen wird die Information im internen Zellkopf als verbindungsspezifische Adresse interpretiert, mit der eine Multicast-Tabelle adressiert wird, die in Form eines Bitmusters (Bitmap) die anzusprechenden Zielausgänge angibt (s. Abschn. 10.3.4). Die Zelle selbst wird auch bei Multicast-Verbindungen nur einmal zwischengespeichert, die Adressinformation wird aber in mehreren logischen Ausgangswarteschlangen eingetragen. Beim Auslesen einer Multicast-Zelle wird diese erst aus dem zentralen Speicher entfernt, wenn sie auf alle Zielausgänge weitergeleitet wurde. Im Gegensatz zu den Punkt-zu-Punkt-Verbindungen ist für die Multicast-Zellen beim Verbindungsauf- und -abbau jedesmal eine Modifikation der Tabellen im Koppler notwendig.

10.7.3
Die Leitungsmodule

Da die Leitungsmodule des MainStreetXpress 36190-Vermittlungsknotens im Prinzip die bereits in Abschn. 10.2 diskutierte Struktur und die dort angesprochenen architekturunabhängigen Funktionen aufweisen, sollen hier nur einige der architekturspezifischen Aspekte dargestellt und die prinzipiellen Abläufe bei der Zellbearbeitung angesprochen werden.

Eine typische architekturspezifische Aufgabe ist die Unterstützung der Koppelfeldredundanz. Das MainStreetXpress 36190-Koppelfeld bietet nur eine einfache Wegemöglichkeit zwischen einem Eingangs-/Ausgangspaar (s. Abschn. 10.7.2). Deshalb wird es komplett gedoppelt, wobei die beiden redundanten Ebenen in einer 1+1-Redundanzkonfiguration betrieben werden, die auf den Leitungsmodulen abgeschlossen wird. Zur Unterstützung der Koppelfeldredundanz werden auf dem eingangsseitigen Leitungsmodul die empfangenen Zellen einer Verbindung zyklisch durchnumeriert und mit einem Fehlersicherungscode (Frame Check Sequence) versehen. Nach der vollständigen Bearbeitung der Zellen auf dem eingangsseitigen Leitungsmodul werden diese dupliziert, und es wird eine der Kopien auf jede der beiden redundanten Koppelfeldscheiben geschickt. Da die beiden Koppelfeldscheiben nicht miteinander synchronisiert sind, treffen die Zellkopien in der Regel in beiden Scheiben unterschiedliche Pufferfüllstände in den Koppelelementen an, wodurch sich ihre Durchlaufzeiten voneinander unterscheiden.

Auf dem ausgangsseitigen Leitungsmodul, das die Zellströme von beiden Koppelfeldscheiben empfängt, wird anhand der Folgenummer festgestellt, ob es sich um die schnellere oder um die langsamere Zellkopie handelt. Wird bei der Überprüfung des Fehlersicherungscodes der schnelleren Zellkopie kein Übertragungsfehler festgestellt, wird diese Zellkopie weiterverarbeitet und auf die abgehende Leitung weitergeschickt, die langsamere Zellkopie wird verworfen. Wird bei der schnelleren Zellkopie ein Übertragungsfehler erkannt, so wird diese verworfen und die langsamere Kopie wird weitergeschickt, sofern sie keine erkennbaren Bitfehler im Zellkopf aufweist.

Dieses als „Redundant Path Combination"-Algorithmus (RPC) bezeichnete Verfahren hat u.a. folgende Vorteile:

- Es wird eine Redundanz auf Verbindungsebene (VPC, VCC) realisiert, bei der im Fehlerfall keine aufwendigen Umschaltmechanismen notwendig sind und keine Zellen verloren gehen. Bei einzelnen Ausfällen im Koppelfeld werden die Verbindungen überhaupt nicht gestört. Bei mehrfachen Ausfällen werden nur diejenigen Verbindungen betroffen, für die in keiner der beiden Koppelfeldscheiben mehr ein funktionierender Weg verfügbar ist.
- Da der RPC-Algorithmus auf der Basis der Folgenummern arbeitet und unterschiedliche Durchlaufverzögerungen toleriert, ist keine Synchronisation der Koppelfeldscheiben, z.B. durch Querkanäle, notwendig.
- Eine komplette Koppelfeldscheibe kann ohne Störung der bestehenden Verbindungen außer Betrieb genommen werden. Dadurch sind Wartungs- und Erweiterungsarbeiten im laufenden Betrieb jederzeit möglich.
- Die Kombination des RPC-Algorithmus mit der internen Bitfehlersicherung verhindert, daß interne Übertragungsfehler die von außen meßbare Zellverlustrate erhöhen.

Abbildung 10.28 zeigt einen Überblick über die Funktionen, die auf dem eingangsseitigen Leitungsmodul ablaufen, wobei evtl. notwendige dienstspezifische Funktionen (AAL-Behandlung für nicht-ATM-Verkehr) nicht dargestellt sind. Da bei einem Leitungsmodul mit mehreren externen Leitungsschnittstellen der VPI/VCI-Wert der ankommenden Zellen nicht ausreicht, um eine Verbindung eindeutig zu kennzeichnen[24], muß zusätzlich die Anschlußnummer der entsprechenden Schnittstelle herangezogen werden. Da der resultierende Wertebereich für die Verbindungskennungen extrem groß ist, wird dieser in einer Adressreduktionsfunktion auf eine kürzere, eingangsseitig gültige interne Kennung abgebildet. Diese Kennung hat einen Wertebereich, der genau der Anzahl der gleichzeitig pro Leitungsmodul unterstützten Verbindungen entspricht. Bei den Leitungsmodulen des MainStreetXpress 36190 wird diese Funktion über einen Assoziativspeicher (Content Addressable Memory) realisiert, der es erlaubt, beliebige Kombinationen von Anschlußnummer und VPI/VCI ohne Einschränkung auf den reduzierten Bereich abzubilden. Für Verbindun-

---

24 Die VPI/VCI-Werte sind nur auf einer Übertragungsleitung eindeutig.

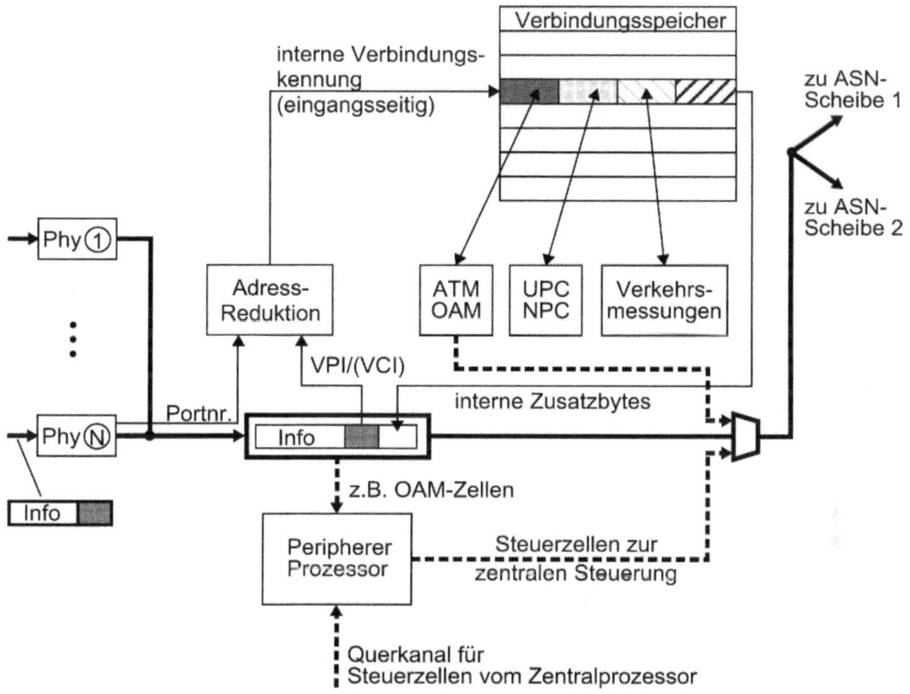

Abb. 10.28. Funktionen des eingangsseitigen Leitungsmoduls

gen auf der Pfadebene (VPC) wird lediglich die Anschlußnummer und der VPI ausgewertet, der VCI wird ignoriert.

Mit Hilfe der internen Kennung werden aus dem Verbindungsspeicher die für ATM-OAM, UPC/NPC und ATM-Verkehrsmessungen relevanten verbindungsspezifischen Daten ausgelesen, die entsprechenden Funktionen werden ausgeführt und die Resultate gegebenenfalls wieder abgespeichert.

Die Daten für die zusätzlichen Felder des internen Zellformats werden ebenfalls aus dem Verbindungsspeicher ausgelesen und an die externe Zelle angefügt. Abbildung 10.29 zeigt den prinzipiellen Aufbau des internen Zellformats, wobei die grau hinterlegten Felder aus der zu übertragenden Zelle stammen. Die externe Verbindungskennung (VPI/VCI) wird durch eine auf dem ausgangsseitigen Leitungsmodul gültige interne Kennung ersetzt, wobei zu beachten ist, daß bei Verbindungen auf der Pfadebene (VPC) nur der VPI ersetzt werden darf, da der VCI transparent übertragen werden muß.

Neben dem FCS-Feld und der Folgenummer für den RPC-Algorithmus sind noch weitere interne Steuerfelder vorhanden, die ebenfalls auf dem ausgangsseitigen Leitungsmodul ausgewertet werden. Der verbleibende Teil des internen Zellkopfes enthält die interne Wegeleitinformation und weitere Steuerfelder, die von den Kopplern innerhalb des Koppelfeldes ausgewertet werden.

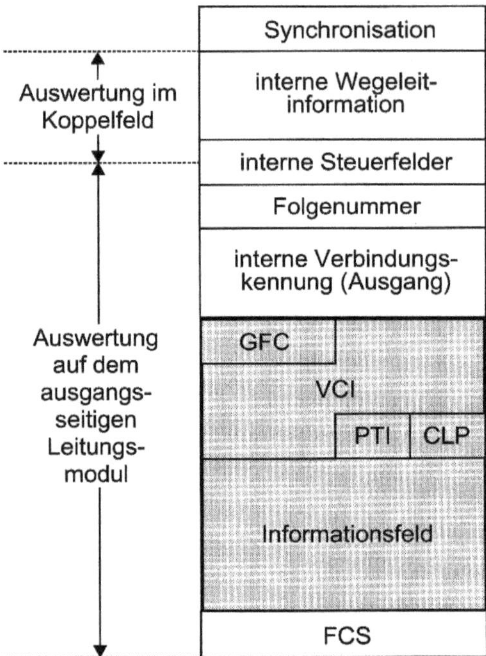

Abb. 10.29. Aufbau des knoteninternen Zellformats

Die vollständig bearbeitete und in das interne Format umgewandelte Zelle
wird dann dupliziert und auf beide Koppelfeldebenen gesendet, wobei alle eine
Zelle betreffenden Funktionen innerhalb eines Zellzyklusses[25] abgeschlossen
werden müssen.

Bestimmte Zellen, z.B. einige Arten von OAM-Zellen, werden ausgefiltert
und an den peripheren Prozessor des Leitungsmoduls zur weiteren Bearbeitung
übergeben. Der Prozessor hat die Möglichkeit, Zellen für die knoteninterne
Steuerung zu erzeugen und diese zur Übermittlung an die zentrale Steuerung
in den Zellstrom einzufügen. Durch einen Querkanal vom ausgangsseitigen Teil
des Leitungsmoduls kann der periphere Prozessor Steuerzellen von der zentralen Steuerung empfangen. Ebenso hat der periphere Prozessor über einen
Prozessorbus direkten Zugriff auf den Verbindungsspeicher und auf die Register der einzelnen Bausteine, so daß er entsprechende Einstellungen vornehmen
bzw. gesammelte Daten auslesen kann. Die Generierung von OAM-Zellen, z.B.
für die Alarmierung von Ausfällen (AIS) wird wegen der erforderlichen hohen
Dynamik direkt in der Hardware vorgenommen, die auch die Möglichkeit hat,
diese Zellen in den Zellstrom einzufügen.

---

25 0,7 μs bei einem Durchsatz von 600 Mbit/s pro Leitungsmodul.

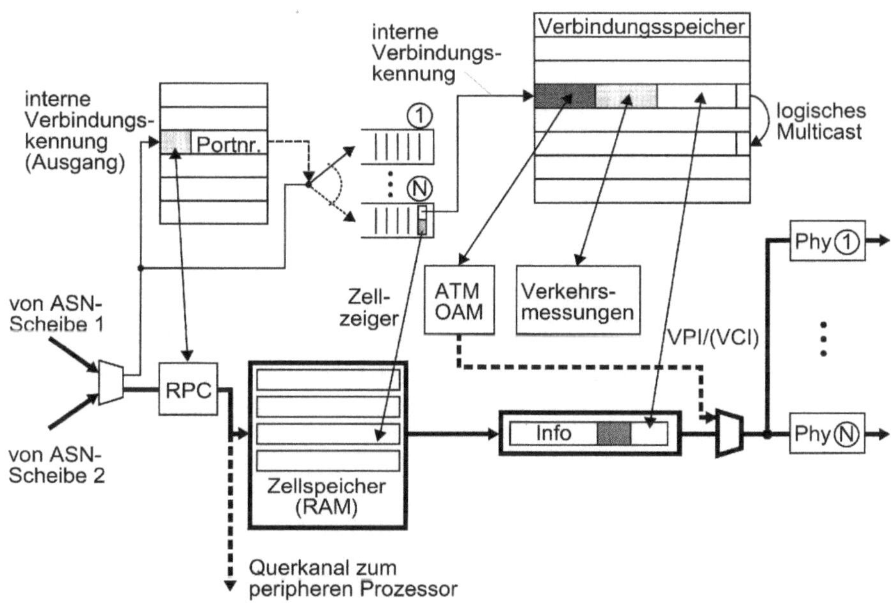

Abb. 10.30. Funktionen des ausgangsseitigen Leitungsmoduls

Abbildung 10.30 zeigt, daß sich die Funktionen des ausgangsseitigen Teils des Leitungsmoduls deutlich von denen des eingangsseitigen unterscheiden. Da dort die Zellkopien von beiden ASN-Scheiben wieder zusammenkommen, wird zunächst über die von der Zelle mitgeführte interne Verbindungskennung ein Speicher adressiert, in dem die letzte für die Verbindung empfangene Folgenummer gespeichert ist, und der RPC-Algorithmus ausgeführt. Dabei wird auch eine Anschlußnummer ausgelesen, mit deren Hilfe die interne Verbindungskennung in eine logische, einem physikalischen Ausgang des Leitungsmoduls zugeordnete FIFO-Warteschlange eingetragen wird, um – ähnlich wie beim Koppelelement – ein „Head of Line Blocking" (s. Abschn. 10.3.1) zu verhindern.

Die Zelle selbst wird in einen zentralen Zellspeicher eingetragen, der wegen der Geschwindigkeitsreduktion zwischen dem ASN und der externen Leitung nötig ist (s. Abschn. 2.4.1), ein Zeiger auf den entsprechenden Speicherplatz im RAM-Speicher wird zusammen mit der internen Verbindungskennung in den logischen Ausgangs-FIFOs abgespeichert.

Die Verbindungskennung und der zugehörige Zellzeiger können bei Multicast-Verbindungen in eine beliebige Auswahl von Ausgangs-FIFOs kopiert werden. Dadurch wird ein räumliches Multicast auf die unterschiedlichen Ausgänge eines Leitungsmoduls realisiert.

Ist eine Verbindungskennung am Kopf der Warteschlange angelangt, werden über diese die für ATM-OAM-Funktionen und Verkehrsmessungen benötigten Daten aus dem Verbindungsspeicher ausgelesen, die Operationen ausgeführt und die Ergebnisse zurückgeschrieben. Die Zelle selbst wird aus dem Zellspeicher ausgelesen, die internen Zusatzbytes werden entfernt und die ebenfalls im Verbindungsspeicher enthaltenen neuen VPI/VCI-Werte werden angefügt. Damit ist die Zellbearbeitung beendet, und die Zelle kann an die entsprechende Ausgangsschnittstelle weitergegeben werden.

Die Leitungsmodule unterstützen auch die sog. „logische" Multicast-Funktion, bei der mehrere Kopien der gleichen Zelle mit unterschiedlichen VPI/VCI-Werten auf eine physikalische Leitung gesendet werden. Dazu können Einträge im Verbindungsspeicher verkettet und so die Zellkopien mit unterschiedlichen Verbindungskennungen versehen werden. Diese Funktion ist in den Fällen nötig, in denen ein nachgeschaltetes ATM-Netzelement die Multicast-Funktion nicht unterstützt, so daß die Vervielfältigung bereits vorher erfolgen muß.

Für die Unterstützung der Baugruppen-Redundanz und der Redundanz für externe Leitungen müssen auf den Leitungsmodulen ebenfalls einige Vorleistungen erbracht werden. Für die Baugruppen-Redundanz der Leitungsmodule muß es möglich sein, die Datenströme einer externen Schnittstelle wahlweise auf zwei unterschiedliche Leitungsmodule zu schalten wie in Abb. 10.31 dargestellt. Dies kann je nach Leitungsmodultyp über Diodenschalter, Relais oder optische Splitter geschehen. Weiterhin sind spezielle Querkanäle vorgesehen, über die sich redundante Leitungsmodule gegenseitig auf Funktionsfähigkeit überwachen und über die z.B. im Umschaltfall bei Einsatz einer Leitungsredundanz eine Synchronisation und ein schneller Datenaustausch möglich ist.

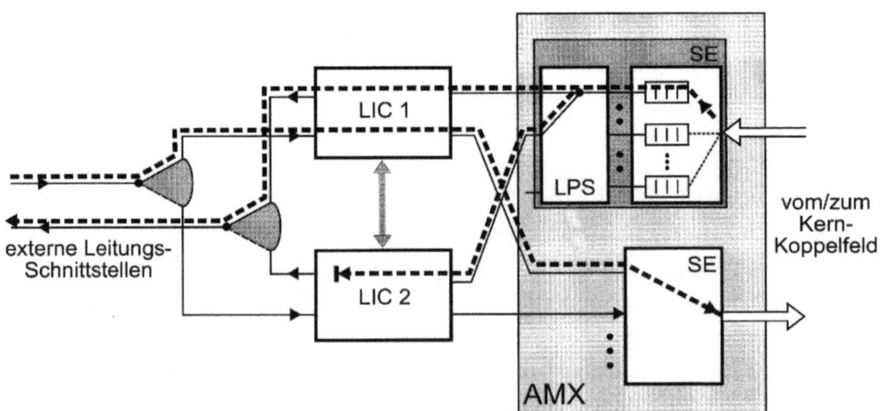

Abb. 10.31. Vorkehrungen für den redundanten Betrieb von Leitungsmodulen

Genau wie zwischen der externen Schnittstelle und dem Leitungsmodul muß es für den redundanten Betrieb auch zwischen dem AMX und dem Leitungsmodul eine Schaltmöglichkeit geben, damit die vom Koppelfeld kommenden Zellströme auf das jeweils aktive Leitungsmodul geleitet werden können. Zu diesem Zweck wird ein sogenannnter „LIC Protection Switch" (LPS) verwendet, der im Koppelelement integriert ist. Die Funktion des LPS im Fall einer 1+1-Redundanz ist in Abb. 10.31 dargestellt. Der LPS ist so einstellbar, daß er alle gemäß der internen Wegeleitinformation für ein bestimmtes Leitungsmodul (LIC 1) bestimmten Zellen

- für eine 1:n-Redundanz zu einem beliebigen anderen Leitungsmodul (z.B. LIC 2) umgeleitet kann oder
- kopieren und für eine 1+1-Redundanz zu zwei Leitungsmodulen weiterschicken kann.

Durch die Verwendung des LPS können alle Verbindungen einer LIC mit einer einzigen Steuerzelle, die den LPS einstellt, umgeleitet werden. Eine Änderung der Routinginformation in den Verbindungsspeichern ist nicht notwendig.

10.7.4
Die SMU

Wie in Abschn. 5.7.1 erläutert, sind für die effektive Unterstützung von hochbitratigen Datenverkehren mit variabler Bitrate in einem Weitverkehrsnetz große Zellspeicher (mehrere Tausend Zellen pro Ausgang) mit aufwendigen Pufferverwaltungs- und Prioritätsmechanismen sowie – für ABR-Verkehr – netzweite Flußsteuerungsmechanismen erforderlich. Da diese Funktionen sehr aufwendig zu realisieren sind und nur dort gebraucht werden, wo wirklich Datenverkehre behandelt werden, wurden sie in einem eigenen, zusteckbaren Modul, der „Statistical Multiplexing Unit" konzentriert.

Für die Plazierung der großen Speicher im System gelten die in Abschn. 10.3.1 dargestellten Überlegungen genauso wie für die Plazierung der kleinen Speicher in den Koppelelementen. Das System muß modular um die SMUs erweiterbar sein, da nicht in allen Anwendungsfällen SMUs benötigt werden, deshalb sollen die großen Speicher nicht ins Koppelfeld integriert werden. Eine rein ausgangsgepufferte Struktur mit großen Speichern nach einem blockierungsfreien Koppelfeld (ideales System) ist für große ATM-Vermittlungsknoten wegen der enormen Geschwindigkeitsanforderungen an Koppelfeld und Speicher nicht realisierbar. Deshalb wurde für die MainStreetXpress 36190-SMU eine Kombination von Eingangs- und Ausgangspuffern gewählt. Das System wurde so dimensioniert, daß der Hauptanteil der Pufferung auf der Ausgangsseite stattfindet, während die Puffer auf der Eingangsseite nur diejenigen Datenbursts zwischenspeichern, die das Kernkoppelfeld mit seinen relativ kleinen Speichern überlasten würden. Um die kleinen

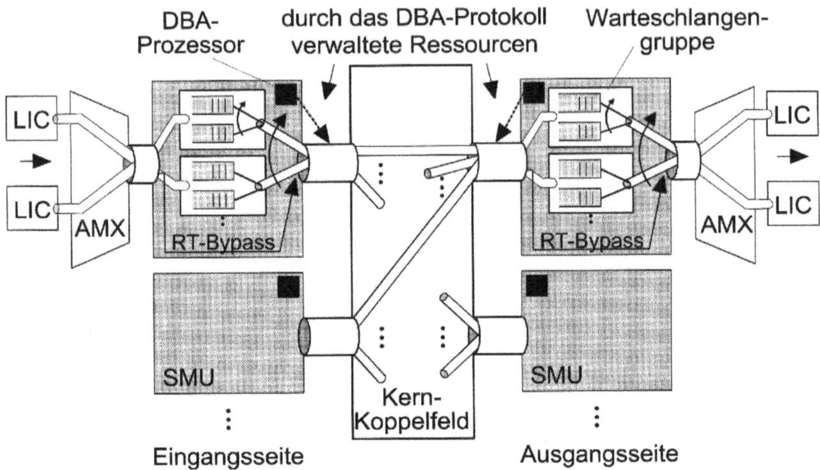

Abb. 10.32. Struktur und Systemeinbindung der SMU

Speicher im Kernkoppelfeld vor Überlastung und damit vor Zellverlusten zu schützen, wird zwischen den Eingangs- und den Ausgangspuffern über das Kernkoppelfeld hinweg eine Flußsteuerung benötigt.

Die SMU wird einer AU zugeordnet und zwischen AMX und Kernkoppelfeld eingeschleift. Sie verfügt über einen Netto-Durchsatz von 2,4 Gbit/s, d.h. sie wird mit jeweils 16 STM-1-äquivalenten Leitungen pro Richtung an den AMX und an das Kernkoppelfeld angebunden. Das Prinzip der SMU ist in Abb. 10.32 dargestellt, wobei die eingangs- und ausgangsseitigen Funktionen getrennt dargestellt sind.

Die ankommenden Zellen werden in der SMU zunächst in einen gemeinsamen Zellspeicher (RAM) eingetragen. Ähnlich wie beim Koppelelement wird dieser Zellspeicher so verwaltet, daß pro möglichem Ziel der Zellen eine eigene logische „Warteschlangengruppe" verwaltet wird, um ein „Head of Line Blocking" zu verhindern. „Ziele" der Zellen sind dabei in der eingangsseitigen SMU die unterschiedlichen ausgangsseitigen SMUs, in den ausgangsseitigen SMUs z.B. einzelne Leitungsmodule oder bestimmte virtuelle Pfade.

Eine Warteschlangengruppe umfaßt viele einzelne logische Warteschlangen, denen die Zellen der einzelnen Verbindungen flexibel zugeordnet werden können. Für ABR-Verbindungen (s. Abschn. 5.1.3) ist es z.B. notwendig, daß für jede Verbindung eine eigene Warteschlange verwaltet wird, während sich bei anderen Diensteklassen unter Umständen mehrere Verbindungen eine gemeinsame Warteschlange teilen können.

Die Entscheidung, in welcher Reihenfolge die Zellen aus den verschiedenen logischen (FIFO-) Warteschlangen ausgelesen und zu den ausgangsseitigen SMUs übertragen werden, hängt sehr stark von den im Verkehrsvertrag

(s. Abschn. 5.3) vereinbarten Dienstgüte- und Verkehrsparametern der einzelnen Verbindungen ab, so daß für die Warteschlangenblöcke sehr komplexe Abarbeitungsstrategien benötigt werden. In den SMUs wird deshalb das in Abschn. 5.6.3 beschriebene „Weighted Fair Queueing"-Verfahren (WFQ) eingesetzt.

Für jede einzelne Warteschlange können die Messungen und Berechnungen vorgenommen werden, die für die Unterstützung des ABR-Flußsteuerungsprotokolls notwendig sind. Außerdem können die entsprechenden „Ressource Management"-Zellen (RM-Zellen) in Echtzeit erkannt, bearbeitet, modifiziert und bei Bedarf auch selbst erzeugt und in den Zellstrom eingefügt werden (s. Abschn. 5.8.3).

Bedingt durch die Plazierung der großen Speicher existieren zwei potentielle Engpässe im System:

– Wenn mehrere eingangsseitige SMUs gleichzeitig Daten an eine ausgangsseitige SMU senden, kann der Verkehr in Summe prinzipiell die Kapazität von 2,4 Gbit/s zwischen dem Kernkoppelfeld und der ausgangsseitigen SMU überschreiten. Um dies zu verhindern, muß der überschüssige Verkehr mittels der Flußsteuerung in die eingangsseitigen Puffer zurückgestaut werden.
– Wenn durch die Flußsteuerung Zellen in den verschiedenen eingangsseitigen Warteschlangengruppen aufgestaut wurden, stehen insgesamt in einer SMU mehr Zellen zur Übertragung bereit, als über die Schnittstelle zum Kernkoppelfeld gesendet werden können und diese Schnittstelle kann überlastet werden. Um dies zu verhindern, muß dafür gesorgt werden, daß die Warteschlangengruppen einer eingangsseitigen SMU in Summe nicht mit mehr als 2,4 Gbit/s senden.

Um diese Flußsteuerungsmaßnahmen durchzuführen, wurde ein knoteninternes Protokoll, das sogenannte „Dynamic Bandwidth Allocation"-Protokoll (DBA) zwischen den eingangs- und ausgangsseitigen SMUs definiert [254], das vom Prinzip her auf der „Burst"-Ebene (s. Abschn. 5.7.1) arbeitet. Dadurch wird einerseits eine genügend hohe Dynamik der Flußsteuerung erreicht, um eine effektive Ressourcenauslastung zu erreichen, andererseits wird der Overhead durch Flußsteuermeldungen in erträglichen Grenzen gehalten (unter 5% der Nutzdatenrate).

Im Prinzip funktioniert das DBA-Protokoll wie folgt: Sobald die Anzahl der in einer Warteschlangengruppe gespeicherten Zellen einen bestimmten Wert erreicht, wird eine Anfrage für eine bestimmte Übertragungsbandbreite angestoßen. Der auf der SMU befindliche eingangsseitige DBA-Controller überprüft zunächst, ob die gewünschte Kapazität am Ausgang der eigenen SMU in Richtung Kernkoppelnetz noch zur Verfügung steht. Falls ja, wird eine spezielle DBA-Steuerzelle generiert und über das Kernkoppelfeld zur Ziel-SMU geschickt. Diese überprüft, ob an ihrem Eingang genügend Kapazität zur Verfügung steht und bestätigt die Anfrage in einer in Gegenrichtung geschickten DBA-Steuerzelle ganz oder teilweise bzw. lehnt sie ab. Abgelehnte Anforderungen werden gespeichert und erfüllt, sobald wieder Kapazität zur Verfügung steht. Der eingangsseitige DBA-Controller stellt nach Erhalt der DBA-Quittungszelle die Senderate (Spitzenzellrate) der entsprechenden Warteschlangengruppe auf den neuen Wert ein. Ist eine Warteschlangengruppe geleert, so wird mit einer weiteren DBA-Steuerzelle die Kapazität wieder freigegeben.

Jede Warteschlangengruppe verfügt über mehrere Schwellwerte und jeweils zugeordnete Senderaten, die so dimensioniert sind, daß die Warteschlangengruppen unabhängig vom erreichten Schwellwert immer in der gleichen Zeit geleert werden, um eine möglichst gleichmäßige Durchlaufverzögerung zu erreichen.

10.7.5
Die zentrale Steuerung

In der zentralen Steuerung existiert ein ausgezeichnetes Steuerrechnerpaar, das über die Schnittstellen zu den peripheren Speichermedien und zum Netzmanagement-System verfügt. Dieses Steuerrechnerpaar muß immer vorhanden sein, da es für den Urstart des Systems und für die Speicherung der Konfigurations- und sonstigen semipermanenten Daten benötigt wird.

Abhängig von der erforderlichen Rechnerleistung können weitere Steuerrechner zugesteckt werden, die keine externen Schnittstellen besitzen, ansonsten aber eine identische Hardware aufweisen.

Die verwendete Multiprozessor-Softwareplattform auf CHILL-Basis baut auf den in [113] dargestellten Prinzipien auf. Dabei ist die Plattform hierarchisch in Strukturelemente gegliedert wie in Abb. 10.33 dargestellt. Sie umfaßt mehrere „Kapseln" (Capsule), die wiederum eine oder mehrere „Service Provision Units" (SPU) enthalten. Die SPUs wiederum enthalten eine Mischung von CHILL Elementen (Prozesse, Daten, Prozeduren, etc.), welche die Softwarefunktionen implementieren. Darüberhinaus sind noch sog. „Recovery Suites" (RS) definiert, die beliebige Untermengen der Prozesse innerhalb einer SPU zu Einheiten zusammenfassen. Diese können, z.B. im Fehlerfall, getrennt neu initialisiert werden, ohne die restlichen Softwareabläufe zu stören.

Die SPUs sind die grundlegenden Struktureinheiten, in denen funktional zusammenhängende Softwarefunktionen zusammengefaßt werden. Innerhalb einer SPU ist eine (optimierte) Kommunikation der Prozesse über den Zugriff auf gemeinsame Speicherbereiche möglich, während die Kommunikation mit der Außenwelt nur über festgelegte Schnittstellen (Public Interface) erfolgt, so daß die innere Struktur der SPU verborgen bleibt. SPUs werden in der Implementierungsphase der Software definiert und bilden wiederverwendbare Einheiten, die beliebig oft instanziiert werden können.

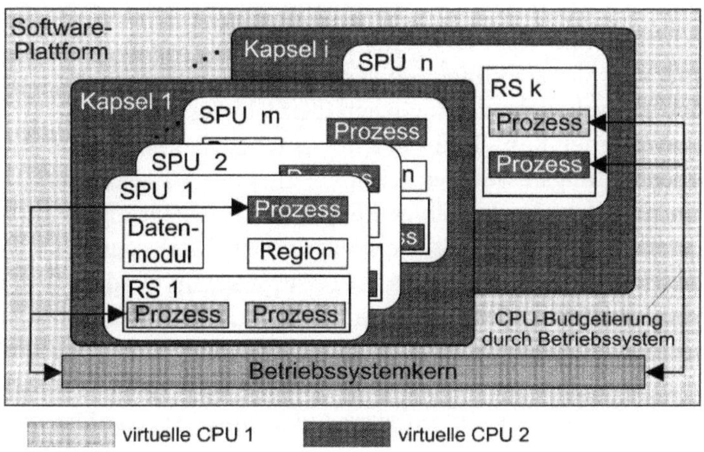

Abb. 10.33. Strukturelemente der Softwareplattform

Anwendungsprogramme bestehen aus einer Anzahl von SPUs, die untereinander bestimmte Verarbeitungsleistungen anfordern bzw. erbringen (Client/Server Model) und damit die geforderte Funktionalität erbringen.

Die Kommunikation der SPUs untereinander erfolgt immer mit Unterstützung des Betriebssystems unter Verwendung eines als „Service Addressing" bezeichneten Mechanismus. Dabei erzeugt die anfordernde SPU einen Betriebssystem-Aufruf, in dem die Art der angeforderten Verarbeitungsleistung durch einen entsprechenden Namen gekennzeichnet ist, anhand dessen das Betriebssystem eine geeignete Ziel-SPU ermitteln und einen Kommunikationsweg aufbauen kann. Falls die Ziel-SPU auf einem anderen Prozessor angesiedelt ist, werden die auszutauschenden Daten durch entsprechende, hardwareunterstützte Betriebssystem-Routinen in ATM-Zellen verpackt und über das Koppelfeld zum Zielprozessor übertragen.

Da innerhalb des Systems mehrere Instanzen einer SPU existieren können, kann der Betriebssystem-Aufruf weitere Auswahlkriterien enthalten, z.B.

– daß eine SPU auf dem gleichen physikalischen Prozessor angesprochen werden soll, um die Ausführungszeit zu optimieren,
– daß eine möglichst gleichmäßige Auslastung aller vorhandenen Prozessoren erreicht werden soll oder
– daß ein ganz bestimmter Zielprozessor angesprochen werden soll.

Ist die Ziel-SPU bestimmt und der Kommunikationsweg aufgebaut, so kann die Interprozeß-Kommunikation entweder asynchron über den Austausch von Meldungen oder synchron über „Remote Procedure Calls" erfolgen. In beiden Fällen ist es für die beteiligten Prozesse unerheblich, ob der Partnerprozeß auf dem gleichen Prozessor oder auf einem anderen Prozessor im System angesiedelt ist.

Die Kapseln sind die grundlegenden Struktureinheiten bezüglich der Zuteilung von Ressourcen und der Verteilung bestimmter Aufgaben auf die
im System vorhandenen Steuerrechner. Sie verfügen über einen geschützten,
von außerhalb der Kapsel nicht zugänglichen Bereich des virtuellen Speichers, außerdem wird jeder Kapsel ein Teil der auf dem jeweiligen Prozessor verfügbaren Verarbeitungsressourcen (Heaps, Timer usw.) zugeordnet. Die
SPUs werden beim Erstellen der lauffähigen Software (Anlagenprogrammsy-
stem, APS) zu Kapseln zusammengefaßt, die wiederum zu „Ladetypen" kombiniert und einem bestimmten physikalischen Prozessor zugeteilt werden. Durch
die Ladetypen können die von der Hardware her identischen Steuerrechner
speziell für bestimmte Aufgaben, z.B. Verbindungssteuerung oder Abschluß
von Zeichengabekanälen, konfiguriert werden. Kapseln sind gleichzeitig die
kleinsten Einheiten, die während einer Software-Aufrüstung ausgetauscht werden können.

Ein Aufrüsten der Software im laufenden Betrieb wird so durchgeführt, daß
kurzfristig die redundanten Prozessorpaare unabhängig voneinander betrieben
werden, wobei der eine den Betrieb mit der alten Software aufrecht erhält
während der andere mit der neuen geladen wird. Sobald diese einsatzfähig ist,
wird der Betrieb auf die neu geladene Einheit umgeschaltet und der andere
Prozessor geladen. Zum Schluß werden die Prozessoren wieder synchronisiert
und der redundante Betrieb wird wieder aufgenommen.

Um garantierte Bearbeitungszeiten für bestimmte Aufgaben zu erhalten, wird das Konzept der „virtuellen CPU" angewendet. Dabei wird einem
größeren Aufgabenkomplex, z.B. Verbindungssteuerung oder Betrieb und Wartung, ein fester Anteil der Rechenzeit auf einem Prozessor zugeordnet. Um dies
zu ermöglichen, werden bei der Implementierung der Software die einzelnen
Prozesse entsprechenden Klassen zugeordnet. Beim Erstellen des Anlagenpro-
grammsystems werden für jeden Prozessor die klassengleichen Prozesse zu den
virtuellen CPUs zusammengefaßt und die Rechenkapazität wird entsprechend
aufgeteilt.

Durch die Kombination dieser Konzepte wird erreicht, daß die in Abschn. 10.4.2.3 aufgestellten Anforderungen and die Software für die zentrale
Steuerung in hohem Maße erfüllt werden. Insbesondere können die Software-
funktionen sehr flexibel auf die vorhandenen Steuerrechner verteilt werden,
was eine Voraussetzung dafür ist, daß eine Erhöhung der Prozessorzahl auch
zu einer entsprechenden Erhöhung der Gesamtleistung führt. So können z.B.
ohne Änderungen der eigentlichen Software sowohl kleine Systeme konfiguriert
werden, bei denen alle Aufgabenbereiche der Software auf einem Prozessor ablaufen oder aber sehr große, bei denen die Prozessoren nur dedizierte Aufgaben
übernehmen, z.B. die Verbindungssteuerung für eine bestimmte Gruppe von
Leitungsmodulen oder den Abschluß bestimmter Zeichengabekanäle.

11 Grundlagen: Prinzipien, Netze und Protokolle

11.1
Prinzipien

11.1.1
Verbindungskonzepte und Vermittlungsverfahren

Zwei oder mehrere Instanzen (z.B. Menschen, Endgeräte, Rechnerprogramme), die miteinander kommunizieren wollen, benötigen dazu einen physikalischen Kanal, über den sie miteinander in Kontakt treten können. Dieser Kanal kann dauerhaft oder nur zeitweise zur Verfügung stehen und z.B. akustische, elektrische und optische Abschnitte umfassen, die von einem Kommunikationsnetz zur Verfügung gestellt werden.

Neben den Nutzinformationen, die zwischen den Instanzen ausgetauscht werden sollen, müssen noch Informationen zur Steuerung des Kommunikationskanals sowie zur Koordinierung der kommunizierenden Instanzen übermittelt werden. Abbildung 11.1 zeigt das Modell einer Kommunikation mit technischen Hilfsmitteln. Dabei werden Endgeräte (Terminal Equipment, TE) verwendet, um die zu übermittelnden Informationen an die Eigenschaften des Kommunikationsnetzes anzupassen, das den physikalischen Kanal für die Kommunikation zur Verfügung stellt. Nutz- und Steuerdaten werden an den Verbindungsendpunkten übergeben.

Verbindungsorientierte und verbindungslose Kommunikation Bei der verbindungsorientierten Kommunikation ist die Kommunikation in drei Phasen unterteilt. In der Verbindungsaufbau-Phase werden Steuerinformationen ausgetauscht, um den Kommunikationskanal aufzubauen und die kommunizierenden Instanzen zu koordinieren (siehe Abb. 11.2). Danach erfolgt in der Nachrichtenaustausch-Phase die Übermittlung der eigentlichen Nutzinformation. Nach Abschluß des Nutzdatenaustausches wird die Verbindung explizit wieder abgebaut.

Die verbindungsorientierte Kommunikation erlaubt es dem Kommunikationsnetz, die vorhandenen Ressourcen (z.B. Übertragungskapazität) systematisch zu verwalten und einzelnen Verbindungen gezielt zuzuordnen. Da auch

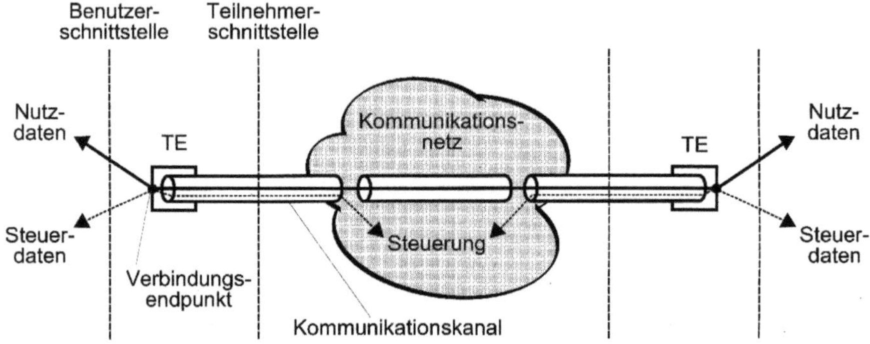

Abb. 11.1. Technische Kommunikation

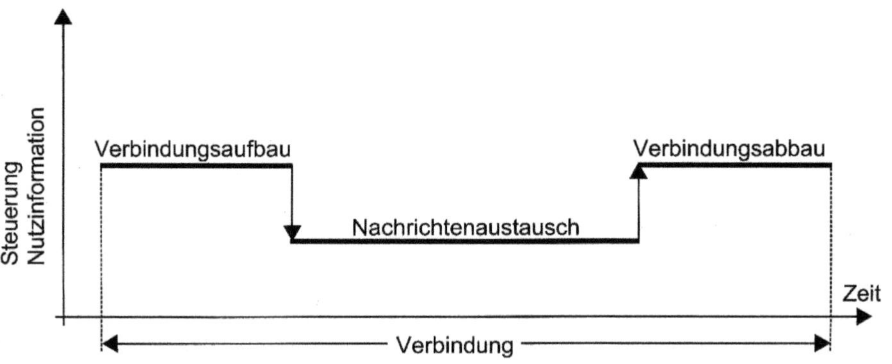

Abb. 11.2. Verbindungsorientierte Kommunikation

die Möglichkeit der Ablehnung eines Verbindungswunsches durch das Netz
besteht, kann das Netz Garantien für die Güte der akzeptierten Verbindungen
übernehmen.

Bei der verbindungslosen Kommunikation entfällt ein expliziter Verbin-
dungsauf- und -abbau. Statt dessen wird den Nutzinformationen, die in
Form von Datenpaketen übermittelt werden, Steuerinformation mit einer
vollständigen Quell- und Zieladresse mitgegeben. Anhand dieser Information
kann das Netz die Information zum richtigen Empfänger übertragen. Da das
Netz vor der Nutzdatenübertragung nicht informiert wird, können auch keine
Ressourcen reserviert werden.

Vermittlungsprinzipien   Die Durchschaltevermittlung (Circuit Switching) ist
besonders für Anwendungen geeignet, die während der Verbindungsdauer
kontinuierlich Daten mit konstanter Rate senden, wie etwa digital kodierte

Sprachübertragung. Bei der Durchschaltevermittlung wird einer Verbindung für die gesamte Verbindungsdauer ein physikalischer Kanal fest und exklusiv zugeordnet, wodurch sich bestehende Verbindungen gegenseitig nicht beeinflussen. Durch diese feste Zuordnung wird keine zusätzliche Information mehr benötigt, um die Nutzinformation einer bestimmten Verbindung zuzuordnen. Außerdem ist durch die feste, deterministische Zuordnung die Verzögerung der Daten innerhalb einer Verbindung weitgehend konstant. Der Kanal kann entsprechend der benutzten Übertragungssysteme sehr unterschiedlich realisiert sein, z.B. als Zeitschlitz in einem Zeitmultiplexsystem, und besteht in der Regel aus verschiedenen Abschnitten, die jeweils auch unterschiedliche Übertragungssysteme benutzen können. Typische durchschaltevermittelte Netze sind das Telefonnetz sowie das diensteintegrierende Digitalnetz (Integrated Services Digital Network, ISDN).

Falls die von der Verbindung benötigte Übertragungskapazität die eines Basiskanals (z.B. 64 kbit/s bei PCM-Systemen) des Übertragungssystems überschreitet, können einer Verbindung auch mehrere Basiskanäle zugeordnet werden (Mehrkanal-Durchschaltevermittlung, Multi Rate Circuit Switching). Dabei muß darauf geachtet werden, daß die zu einer Verbindung gehörenden Kanäle möglichst den gleichen Weg durch das Netz nehmen, um die Laufzeitunterschiede gering zu halten. Außerdem sind Maßnahmen notwendig, damit die Reihenfolge der gesendeten Daten auch über mehrere Kanäle hinweg erhalten bleibt (Time Slot Sequence Integrity).

Die Paketvermittlung (Packet Switching) ist besonders gut für Anwendungen geeignet, die während der Verbindungsdauer nur sporadisch oder mit stark schwankender Rate Daten senden, was typisch für Datenanwendungen ist. Bei der Paketvermittlung wird während des Verbindungsaufbaus nur der Weg der Daten durch das Netz festgelegt. Die Übertragungskapazität wird nur bei Bedarf in Anspruch genommen, wobei mehrere Verbindungen asynchron auf einen gemeinsamen physikalischen Kanal zugreifen, um trotz der sporadischen Charakteristik der einzelnen Verbindung eine gute Auslastung der Netzressourcen zu erreichen. Dazu werden die Daten in Datenpakete mit variabler Länge verpackt und mit einer auf dem jeweiligen Abschnitt des physikalischen Kanals eindeutigen Kennung versehen, welche die Zuordnung der Daten zu einer bestimmten Verbindung erlauben. Um die beim asynchronen Zugriff auftretenden Konflikte auflösen zu können, sind in den Netzelementen eines paketvermittelnden Netzes Zwischenspeicher vorhanden. Durch die gegenseitige Beeinflussung der Verbindungen und die Zwischenspeicherung variiert die Verzögerung der einzelnen Datenpakete innerhalb einer Verbindung. Durch die im Vergleich zur Durchschaltevermittlung großen und wegen des asynchronen Multiplexens mit Zwischenspeicherung schwankenden Verzögerungen sind paketvermittelte Netze nur bedingt für Echtzeitdienste geeignet. Ein typisches Beispiel für paketvermittelte Netze sind die auf den X.25-Protokollen basierenden öffentlichen Datennetze (in Deutschland: Datex-P).

Die Datagramm-Vermittlung ist für eine sporadische Kommunikation mit wechselnden Kommunikationspartnern geeignet, bei der ein Verbindungsauf- und -abbau einen im Vergleich zur Nutzdatenübertragung signifikanten Aufwand bedeuten würde. Sie ist ein paketorientiertes Verfahren, das auf der verbindungslosen Kommunikation beruht. Dabei erhalten die Datenpakete statt einer abschnittsweise gültigen Verbindungskennung die komplette Adressinformation mit auf den Weg und werden als eigenständige Einheiten durch das Netz transportiert. Im Gegensatz zur Paketvermittlung können die Datagramme zwischen zwei Kommunikationspartnern unterschiedliche Wege durch das Netz nehmen und sich dadurch überholen. Der Empfänger muß deshalb bei Bedarf für die Wiederherstellung der korrekten Reihenfolge sorgen. Die Datagramm-Vermittlung wird üblicherweise in lokalen Netzen (Local Area Networks, LAN) angewendet, wo die Anzahl der Teilnehmer insgesamt so gering ist, daß der Umfang der kompletten Adresse im akzeptablen Rahmen bleibt.

11.1.2
Netztopologien

Kommunikationsnetze weisen je nach Anwendungsfall sehr unterschiedliche Topologien auf, wobei z.B. die Teilnehmerzahl, die räumliche Ausdehnung, die erforderliche Datenrate und die Art der Vermittlung einen entscheidenden Einfluß haben.

11.1.2.1
Topologien mit zentralen Vermittlungsknoten

Bei der Sternstruktur sind die Endsysteme sternförmig an einen zentralen Vermittlungsknoten angeschlossen wie in Abb. 11.3.a dargestellt. Jedem Endgerät steht dabei die Bandbreite der Teilnehmeranschlußleitung exklusiv zur Verfügung. Die Vermittlungsfunktion ist im zentralen Knoten vereinigt, der deshalb auch die gesamten Ressourcen verwaltet. Dadurch sind Endgeräte ausreichend, die mit sehr wenig Funktionalität ausgestattet sind.

Wenn die Teilnehmerzahl die Kapazität des zentralen Knotens überschreitet, kann das Sternnetz zu einem Stern-/Maschennetz erweitert werden (siehe Abb. 11.3.b). Dabei werden mehrere Vermittlungsknoten untereinander vermascht und die Endgeräte weiterhin sternförmig angeschlossen. Da die Vermittlungsfunktion in dem Stern-/Maschennetz über mehrere Vermittlungsknoten verteilt ist, müssen diese untereinander kommunizieren, um die im Netz vorhandenen Ressourcen zu verwalten und Verbindungen zu steuern.

Bei Netzen mit sehr vielen Teilnehmern, bei denen eine Vollvermaschung der Vermittlungsknoten nicht mehr sinnvoll ist, werden hierarchische Stern-/ Maschennetze gebildet. Bei diesen sind die Vermittlungsknoten in mehreren hierarchischen Ebenen angeordnet (Abb. 11.3.c). An den Vermittlungsknoten

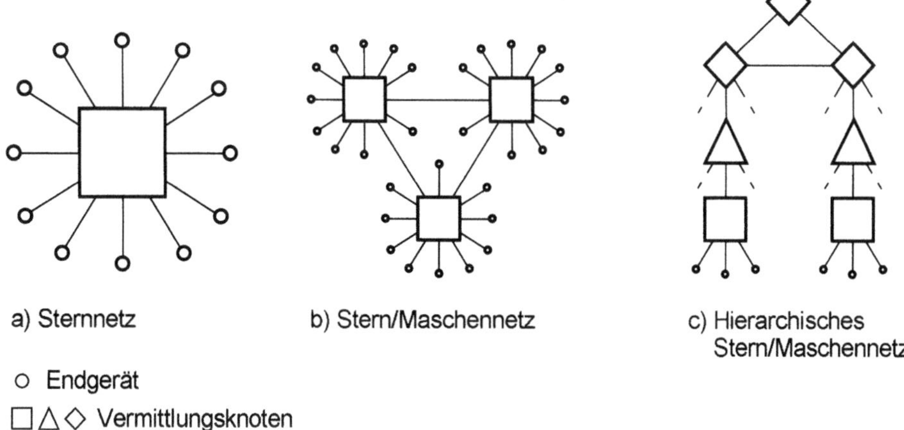

Abb. 11.3. Netztopologien mit zentralen Vermittlungsknoten

der untersten Hierarchieebene sind weiterhin sternförmig die Endgeräte angeschlossen. Die Vermittlungsknoten der verschiedenen Ebenen sind innerhalb einer Ebene teilweise vermascht und sternförmig an die Knoten der nächst höheren Ebene angeschlossen, die Knoten der obersten Ebene sind voll vermascht. Das deutsche Telefonnetz ist ein Beispiel für eine solche Struktur, die mit Orts-, Knoten-, Haupt-, Zentral- und Kopfämtern eine fünfstufige Hierarchie besitzt. Diese Grundstruktur wurde jedoch bei Bedarf durch viele direkte Querwege zwischen bestimmten Vermittlungsknoten in verschiedenen Ebenen erweitert, wenn zwischen diesen intensive Verkehrsbeziehungen bestanden.

11.1.2.2
Topologien mit gemeinsamem Übertragungsmedium

Vor allem im Bereich der lokalen Rechnernetze (Local Area Networks, LAN), bei denen vergleichsweise wenige, räumlich nahe und mit einer hohen Funktionalität ausgestattete Stationen (Endsysteme) zu verknüpfen sind, werden bevorzugt Netztopologien mit einem gemeinsamen, hochratigen Übertragungsmedium (Shared Medium) verwendet. Dabei sind die im Prinzip gleichberechtigten Stationen direkt an dem bus- oder ringförmigen Medium angeschlossen (siehe Abb. 11.4.a und 11.4.b) und jede Station kann zeitweise die gesamte Übertragungskapazität für sich in Anspruch nehmen. Da die Stationen sporadisch und asynchron auf das gemeinsame Medium zugreifen wollen und keine zentrale Ressourcenverwaltung erfolgt, sind entsprechende Medien-Zugriffsprotokolle notwendig (s. Abschn. 11.2.2). Auf dem gemeinsamen Medium erreichen alle gesendeten Daten im Prinzip alle angeschlossenen Stationen, wobei nur die anhand einer mitgegebenen Zieladresse identifizierbare

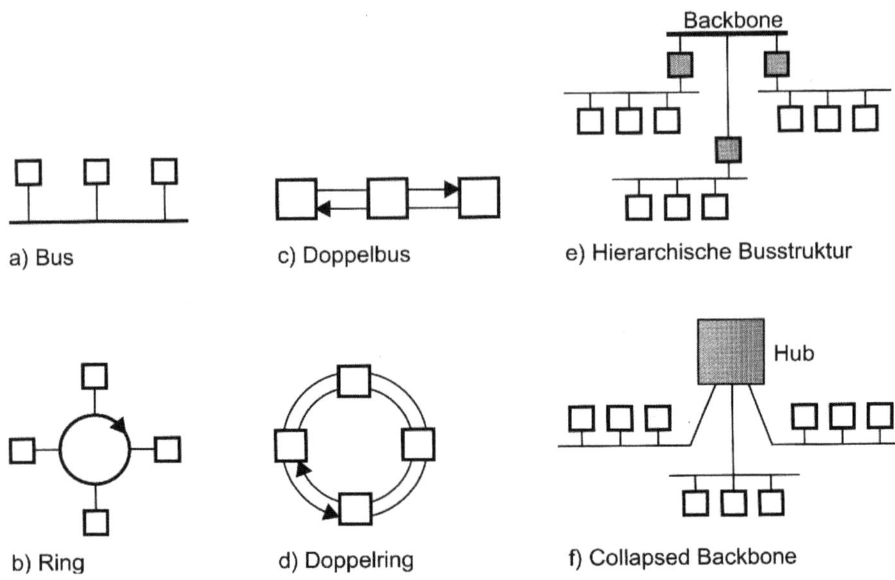

Abb. 11.4. Netztopologien mit gemeinsamem Übertragungsmedium

Zielstation auf die eigentlichen Daten zugreift (verbindungslose Kommunikation).

Um die Ausfallsicherheit des Netzes zu erhöhen, verwenden die neueren Hochgeschwindigkeitsnetze Doppelbus- bzw. Doppelringstrukturen (siehe Abb. 11.4.c und 11.4.d), die bei einem Defekt zu einem einfachen Bus oder Ring umkonfiguriert werden können.

Falls durch Anschluß zusätzlicher Stationen das gemeinsame Medium zum Engpaß wird, können die Bus- und Ringstrukturen in Segmente aufgespalten werden. Diese Segmente werden dann mittels eines weiteren Busses oder Ringes (Backbone) – eventuell mit höherer Übertragungsrate – untereinander verbunden, wobei nur der Verkehr zwischen den Segmenten über den Backbone geführt wird (Abb. 11.4.e). An jedem Segment sind ausgezeichnete Stationen vorhanden, welche die Verbindung zum Backbone herstellen und je nach Funktionalität als Bridge, Router oder Gateway bezeichnet werden (s. Abschn. 11.2.2). Der Backbone kann physikalisch auch innerhalb eines Gerätes realisiert werden (Collapsed Backbone), das dann eine Art Vermittlungsknoten darstellt und als „Hub" bezeichnet wird (Abb. 11.4.f). Im Extremfall wird pro Segment nur noch eine Station angeschlossen, so daß sich ein individueller sternförmiger Anschluß an einen zentralen Konten ergibt, der dann als „LAN-Switch" bezeichnet wird.

11.1.3
OSI

Als Ende der 70er Jahre der Bedarf an herstellerunabhängiger Datenkommunikation stieg, begann ISO (International Organization for Standardization) ein Modell für die offene Kommunikation zwischen Systemen unterschiedlicher Hersteller zu spezifizieren. Daraus hat sich das in der ISO 7498 definierte Basisreferenzmodell (Basic Reference Model for Open Systems Interconnection) entwickelt, das allgemein als „OSI-Modell" bezeichnet wird. Dieses Modell wurde auch von ITU übernommen und in der Empfehlung X.200 standardisiert.

Um die Komplexität des Konzepts der offenen Kommunikation handhabbar zu machen, wurden die im einzelnen auszuführenden Funktionen in „Schichten" (Layer) untergliedert, die bestimmte Aufgabenbereiche abdecken. Das Grundkonzept der Funktionsschichtung ist in Abb. 11.5 dargestellt.

Die einzelnen Schichten sind so konzipiert, daß sie die ihnen zugeordneten Funktionen weitestgehend unabhängig von anderen Schichten ausführen können. Die Ausführung der Funktionen einer Schicht (N) erfolgt konzeptionell durch eine „Instanz" der Schicht (N) (Entity) in jedem beteiligten System.

Um eine Kommunikationsbeziehung zu unterstützen, müssen zunächst die verschiedenen Funktionsschichten innerhalb eines Systems zusammenarbeiten. Dafür existieren zwischen benachbarten Schichten standardisierte Schnittstellen, die als Dienst-Zugangspunkte (Service Access Point, SAP) bezeichnet werden. An diesen SAPs kann eine Schicht (N) den „Dienst" (Service), d.h. den durch die Gesamtheit der Funktionen erbrachten Leistungsumfang, der darunterliegenden Schicht (N-1) nutzen. Für die Nutzung unterschiedlicher Teilfunktionen kann eine Schicht mehrere verschiedene Dienst-Zugangspunkte haben,

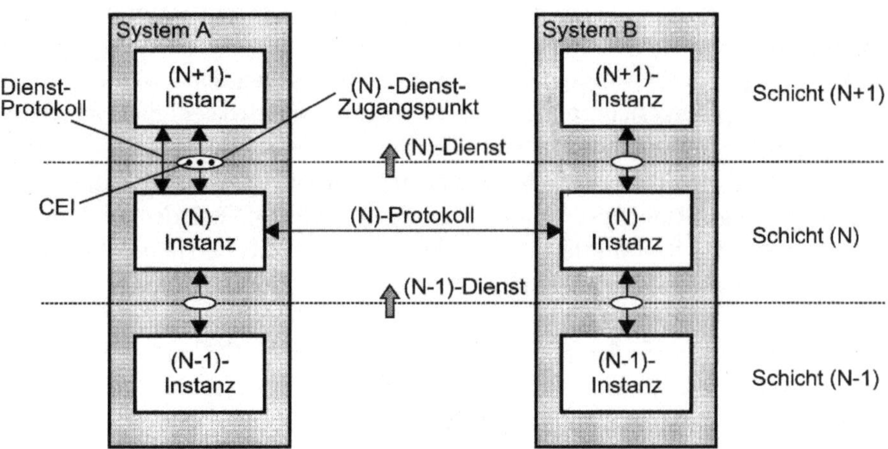

Abb. 11.5. Prinzip der Funktionsschichtung

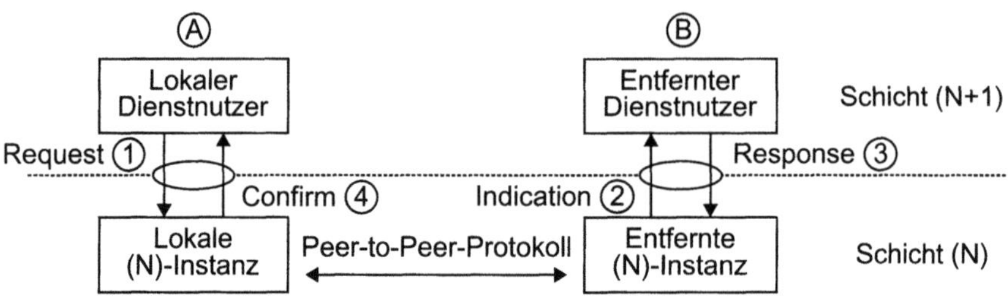

Abb. 11.6. Generische Bezeichnung der Dienst-Primitive

die über eindeutige Kennungen (Service Access Point Identifier, SAPI) unterschieden werden können. Da gleichzeitig mehrere Kommunikationsbeziehungen in einem System die Dienste einer bestimmten Schicht nutzen können, müssen diese an den entsprechenden Dienst-Zugangspunkten durch individuelle Kennungen (Connection Endpoint Identifier, CEI) unterschieden werden. Die Kommunikation an der Dienstschnittstelle erfolgt mittels Dienst-Primitiven (Service Primitives), die gemäß einem Dienst-Protokoll (Service Protocol) zwischen den benachbarten Schichten ausgetauscht werden.

Die Kommunikation über das Dienst-Protokoll kann bestätigt (Confirmed) oder unbestätigt (Unconfirmed) erfolgen. Um die prinzipielle Funktion eines Dienst-Primitivs einheitlich erkennbar zu machen, wurde die in Abb. 11.6 dargestellte Bezeichnungskonvention festgelegt.

Wenn der lokale Dienstnutzer (A) einen bestimmten (bestätigten) Dienst in Anspruch nehmen will, fordert er diesen über ein entsprechendes REQUEST-Primitiv an. Die diensterbringende Schicht erfüllt die Anforderung und benachrichtigt gegebenenfalls die entfernte Nutzerinstanz (B) über eine INDICATION, falls an diese z.B. Daten übergeben werden müssen oder wenn eine Reaktion erwartet wird. Der entfernte Dienstnutzer (B) quittiert mit einer RESPONSE, die letztendlich zu einem CONFIRM beim initiierenden Dienstnutzer führt. Bei einer unbestätigten Kommunikation zwischen den Instanzen A und B, z.B. bei der ungesicherten Datenübertragung, werden lediglich REQUEST und INDICATION verwendet. Bei Diensten, die lokal oder zumindest ohne Einbeziehung der entfernten Nutzerinstanz abgewickelt werden können, erfolgt nach dem REQUEST unmittelbar das CONFIRM. Bei der Bezeichnung der Primitive für bestimmte Dienste wird dem spezifischen Namen immer die generische Bezeichnung angefügt, z.B. „CONNECT.REQUEST".

Um einen bestimmten Dienst erbringen zu können, müssen die Instanzen einer bestimmten Schicht in den beteiligten Systemen miteinander kommunizieren. Diese Kommunikation erfolgt nach einem einheitlich festgelegten Schicht (N)-„Kommunikations-Protokoll" (Peer-to-Peer Protocol)[1].

---

1 Bei der Verwendung des Begriffs „Protokoll" allein ist i.a. das Peer-to-Peer-Protokoll gemeint, nicht das Dienst-Protokoll.

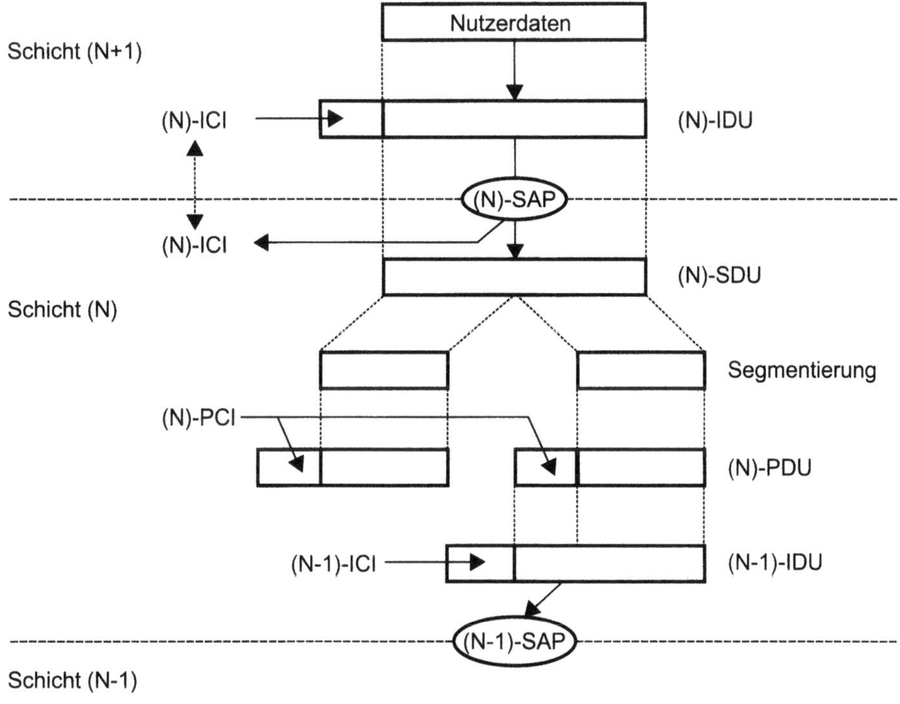

Abb. 11.7. Dateneinheiten für die Kommunikation gemäß OSI

Für die Kommunikation der Instanzen wurden mehrere Typen von Daten-einheiten definiert, deren Funktion in Abb. 11.7 dargestellt ist. Zur Erfüllung ihrer Funktionen müssen die gleichrangigen Instanzen, z.B. der Schicht (N), in unterschiedlichen Systemen Protokoll-Steuerinformationen (Protocol Control Information, PCI) austauschen. Weiterhin müssen sie auch die von der höheren Schicht empfangenen Nutzerdaten[2] (User Data) transparent weiter-geben. Der Datenaustausch zwischen gleichrangigen Schichten erfolgt über Protokoll-Dateneinheiten (Protocol Data Unit, PDU), die aus PCI- und even-tuell Nutzerdatenanteilen bestehen. Die PCI-Anteile werden als Steuerfelder am Anfang (Kopffeld, Header) und/oder am Ende (Anhang, Trailer) der PDU angefügt.

Am Dienst-Zugangspunkt der Schicht (N) werden die Daten der Schicht (N+1) als Dienst-Dateneinheiten (Service Data Unit, SDU) übergeben. An die-ser Stelle wird auch Information zur Steuerung der Dienst-Schnittstelle (Inter-face Control Information, ICI) übergeben, die in der Schicht (N) ausgewertet

---

2 Da jede Schicht den Dienst der darunterliegenden benutzt, werden diese Daten aus Sicht der diensterbringenden, unteren Schicht als Nutzerdaten bezeichnet.

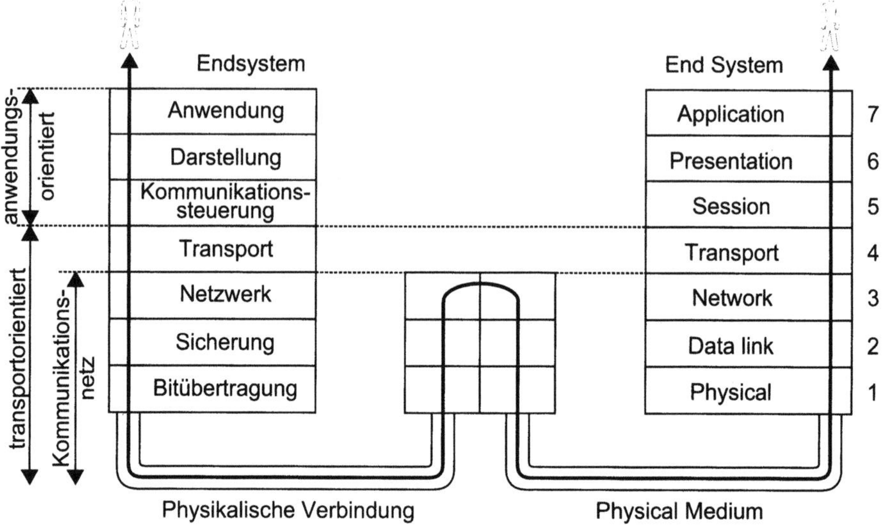

Abb. 11.8. Die sieben Schichten des OSI-Modells

und nicht weiter übertragen wird. Die Kombination von SDU und ICI wird als Schnittstellen-Dateneinheit (Interface Data Unit, IDU) bezeichnet.

Da die Längen der Dateneinheiten in den verschiedenen Schichten meist unterschiedlich sind, können die (N)-SDUs in der Schicht (N) z.B. in Teile zerlegt (Segmentation) oder verkettet (Concatenation) werden, damit sie in das Nutzdatenfeld der (N)-PDU passen. In der empfangenden (N)-Schicht-Instanz werden die Nutzdatenfelder der PDUs dann wieder zusammengefügt (Reassembly) bzw. getrennt (Separation), um das ursprüngliche SDU-Format wieder herzustellen.

Durch diesen Mechanismus werden den Daten in Senderichtung in jeder Schicht zusätzliche Felder (PCI) hinzugefügt, die mit übertragen und erst in den entsprechenden Instanzen des empfangenden Systems wieder entfernt und ausgewertet werden. Diese Felder können bei Protokollhierarchien mit mehreren Schichten insgesamt einen signifikanten Overhead darstellen.

Unter Anwendung dieser Prinzipien wurde für das OSI-Modell ein Protokoll-„Turm" (Protocol Stack) aus sieben Schichten erarbeitet (Abb. 11.8), wobei die einzelnen Schichten z.B. in den ITU-Empfehlungen der Serie X.2xx näher spezifiziert sind. Ein menschlicher Benutzer – oder ein Rechnerprogramm – kann den Dienst der Anwendungsschicht nutzen, die in Zusammenarbeit mit den darunterliegenden Schichten die (technische) Kommunikation ermöglicht.

Die Schichten 1 bis 3 sind abhängig vom jeweils verwendeten Netztyp. Die Schicht 1 ermöglicht dabei die ungesicherte Übertragung eines Bitstroms über ein physikalisches Medium hinweg. Die Festlegungen der Schicht 1 umfassen vor allem die mechanischen und elektrischen bzw. optischen Eigenschaften des Übertragungssystems.

Die Hauptaufgabe der Schicht 2 besteht darin, die Daten gegen Übertragungsfehler zu sichern, indem diese erkannt und behoben werden. Typischerweise werden die Daten in der Schicht 2 zu Blöcken zusammengefaßt, die Blöcke werden durch Folgenummern eindeutig identifiziert und durch Prüfsummen geschützt. Gefälschte oder verlorengegangene Blöcke können durch Quittungs- und Wiederholungsmechanismen erneut angefordert werden. Schicht 2-PDUs werden oft als „Rahmen" (Frame) bezeichnet.

Während sich die Schichten 1 und 2 mit einzelnen Übertragungsabschnitten (Link) beschäftigen, ist die Aufgabe der Schicht 3 der Transport der Daten über das gesamte Kommunikationsnetz hinweg zwischen den beteiligten Netzanschlüssen einschließlich der Wegesuche (Routing). Da ein Kommunikationsnetz aus mehreren Teilnetzen bestehen kann, die auf unterschiedlichen Technologien basieren, sind in der Schicht 3 auch die entsprechenden Umsetzungs- und Anpassungsfunktionen zu leisten. Schicht 3-PDUs werden oft als „Pakete" (Packet) bezeichnet.

Die Schicht 4 wird in der Regel nur in den an der Kommunikation beteiligten Endsystemen bearbeitet. Sie bildet den Abschluß der transportorientierten Schichten und bietet den anwendungsorientierten Schichten 4 bis 7 eine einheitliche Plattform die es erlaubt, unabhängig von den Eigenschaften des Kommunikationsnetzes Kommunikationsbeziehungen mit einer definierten Dienstgüte aufzubauen und zu unterhalten. Dazu wurden fünf Dienstklassen definiert, die von einem einfachen Dienst auf Basis der von der Schicht 3 zur Verfügung gestellten Möglichkeiten (Klasse 0) bis zu einem sehr hochfunktionalen Dienst mit Multiplex-, Fehlersicherungs- und Fehlerbehebungsmechanismen (Klasse 4) reicht. Dabei erbringt die Schicht 4 die in der jeweiligen Schicht 3 fehlenden Funktionen.

Die Schicht 5 übernimmt Aufbau, Verwaltung und Steuerung von Kommunikationssitzungen und kann dabei Transportverbindungen aufbauen, abbauen und verschiedenen Kommunikationssitzungen zur Verfügung stellen. Eine wichtige Aufgabe ist die Erzeugung von Wiederaufsetzpunkten (Checkpoint), an denen die Kommunikationssitzung, z.B. nach dem Ausfall einer Transportverbindung, wieder synchronisiert werden kann.

Die Schicht 6 überführt die systemabhängige Darstellung der Daten (z.B. ASCII oder EBCDIC) in eine systemunabhängige Form. Hierfür wurde in der ITU X.208 die auf der Methode der abstrakten Datentypen basierende „Abstract Syntax Notation 1" (ASN.1) definiert. Außerdem sind der Schicht 6 auch andere Aufgaben, z.B. Datenkompression und Verschlüsselung zugeordnet.

Die Schicht 7 stellt Anwendungen zur Verfügung, zu denen u.a. die Dateiübertragung (File Transfer), Terminalemulationen (Virtual Terminal), die Ausführung von Programmen auf entfernten Rechnern (Job Transfer) oder

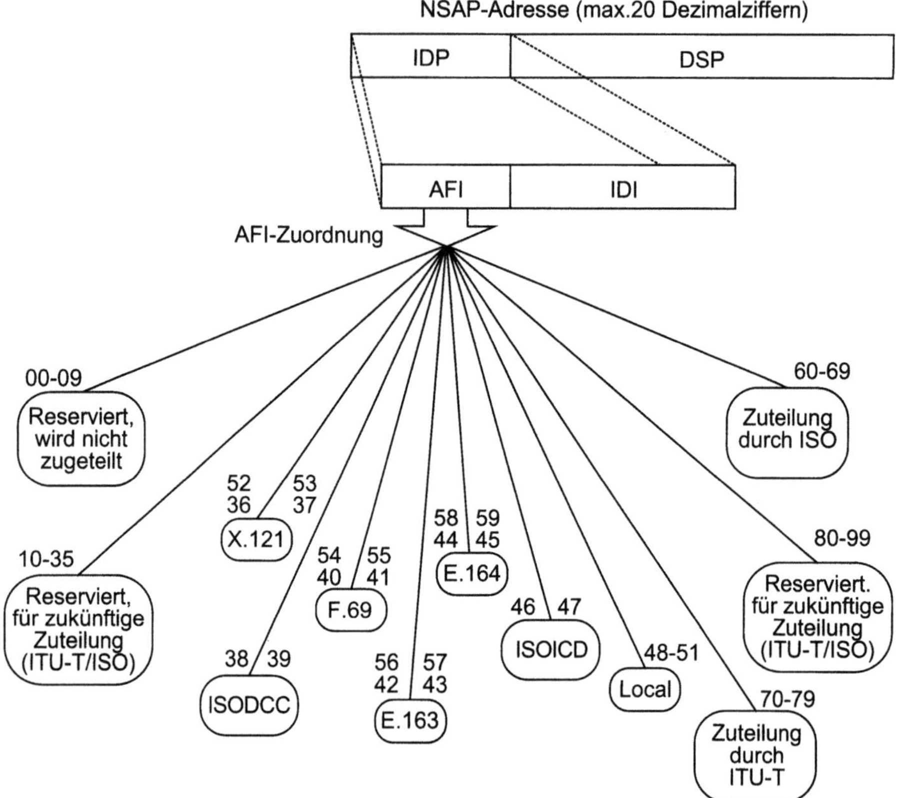

Abb. 11.9. Format einer OSI NSAP-Adresse

auch elektronische Postdienste (Electronic Mail) und Adreßbuchdienste (Directory Service) gehören.

Ein Vorteil der geschichteten Protokollarchitekturen liegt darin begründet, daß Anwendungen unabhängig von den verwendeten Kommunikationsnetzen definiert werden können und auch die Möglichkeit besteht, existierende Protokolle relativ einfach über neue Netztechnologien weiter zu verwenden.

Ein in bezug auf die Kommunikationsnetze besonders wichtiger Dienst-Zugangspunkt ist derjenige der Schicht 3, der „Network Service Access Point" (NSAP), da über diesen ein bestimmtes Endgerät angesprochen werden kann. In der ISO-Norm 8348 und der daraus abgeleiteten ITU-T-Empfehlung X.213 ist für den NSAP ein weltweit eindeutiges Adressformat definiert worden. Eine solche OSI NSAP-Adresse besteht aus folgenden Teilen (siehe Abb. 11.9):

– **Authority and Format Identifier (AFI):** Eine aus 2 Dezimal-Ziffern bestehende Kennung die angibt, welche Organisation für die Vergabe der nachfolgenden Adresse verantwortlich ist und welches Format die

Adreßinformation hat. Die Codepunkte für diese Kennung sind in der ITU-T-Empfehlung X.213 und in der entsprechenden ISO-Norm ISO 8348 AD2 festgelegt. Abbildung 11.9 gibt auch eine Übersicht über die Zuordnung der Kodepunkte. Die unterschiedlichen AFI-Werte für einen Rufnummernplan, z.B. 44, 45, 58 und 59 für ISDN-Nummern, geben an, ob der DSP-Teil dezimal oder binär codiert ist, und ob führende Nullen beim IDI signifikant sind oder nicht.

- **Initial Domain Identifier (IDI):** Identifiziert einen bestimmten Anschluß an einem Subnetz[3]. Der IDI kann z.B. eine ISDN-Teilnehmernummer enthalten.
- **Initial Domain Part (IDP):** Der IDP, der sich aus AFI und IDI zusammensetzt, enthält alle international standardisierten Teile einer NSAP-Adresse. Dieser Teil der Adresse wird vollständig von ISO bzw. ITU-T kontrolliert.
- **Domain Specific Part (DSP):** Bezieht sich auf den Teil des Netzes, der hinter dem durch den IDI spezifizierten Anschlußpunkt liegt. Im Falle einer ISDN-Nummer im IDI wird hiermit z.B. ein Anschluß an einer Nebenstellenanlage oder eine Station an einem LAN ausgewählt.

11.2
Netze und Protokolle

11.2.1
ISDN

11.2.1.1
Grundprinzipien des ISDN

Die in aller Welt gerade im Aufbau befindlichen diensteintegrierenden Digitalnetze (Integrated Services Digital Network, ISDN) sind volldigitale Netze, welche die analogen Telefonnetze ablösen sollen. Für die Nutzdatenübermittlung im ISDN stehen in der Hauptsache durchschaltevermittelte 64 kbit/s-Kanäle zur Verfügung. Zusätzlich sind aber auch permanente und semi-permanente Verbindungen sowie Paketvermittlungsfunktionen vorgesehen, auf die aber im folgenden nicht eingegangen wird. Ziel des ISDN ist es, möglichst viele verschiedene Kommunikationsdienste (Sprache, Daten, Text, Standbild, Bewegtbild usw.) in ein Netz zu integrieren und dem Benutzer über einheitliche Schnittstellen – unter Verwendung einer einzigen Rufnummer – zugänglich zu machen. Die Prinzipien und Protokolle dieser Schnittstellen sind in der I.4xx-Serie von ITU-T-Empfehlungen standardisiert.

Ein wichtiges Charakteristikum des ISDN ist die konsequente Trennung von Zeichengabe und Nutzdatenübertragung. Bei dieser „Ausserband-

---

3 Netze wie z.B. das ISDN oder ein X.25-Netz werden in der OSI-Terminologie als „Subnetze" bezeichnet.

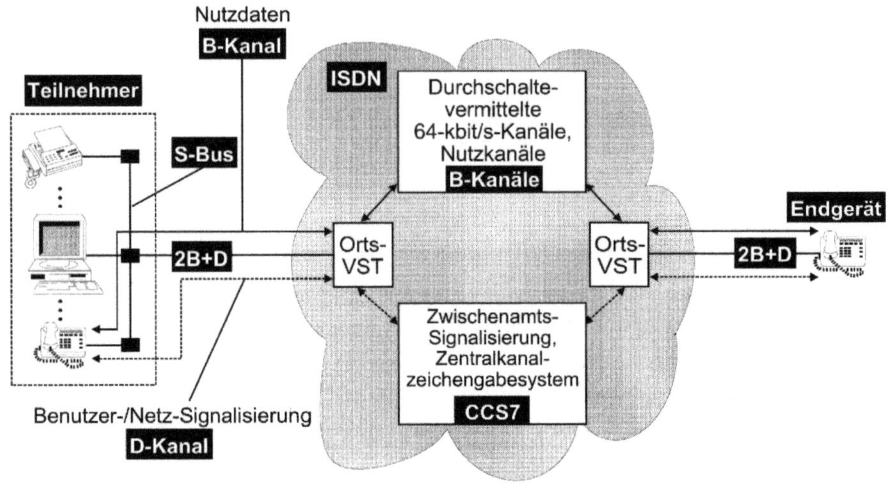

Abb. 11.10. Grundsätzliche Architektur des ISDN

Zeichengabe" erfolgt die Zeichengabe über eigene, getrennte Zeichengabewege
und nicht wie beim analogen Telefonnetz über die Sprechwege (Innerband-
Zeichengabe). Dadurch ist auch während einer bestehenden Verbindung jederzeit eine Zeichengabe möglich, wodurch die Flexibilität der Verbindungssteuerung erheblich erhöht wird.

Abbildung 11.10 zeigt die grundsätzliche Architektur des ISDN, wobei Funktionalitäten, die im folgenden nicht behandelt werden, hier bewußt nicht dargestellt sind.

Der normale ISDN-Basisanschluß[4] (Basic Access, „S_0-Schnittstelle") stellt
dem Teilnehmer zwei durchschaltevermittelte 64 kbit/s-Kanäle (B-Kanäle) zur
Nutzdatenübertragung sowie einen paketorientierten 16 kbit/s-Kanal zur Übermittlung von Zeichengabeinformation (D-Kanal) zur Verfügung. Die Endeinrichtungen (Endgeräte) werden über einen passiven Bus (S-Bus) angeschlossen,
wobei pro Basisanschluß bis zu 8 Endgeräte gleichzeitig angeschlossen werden
können. Die Teilnehmeranschlußleitung zur Ortsvermittlungsstelle besteht aus
herkömmlichen Kupfer-Doppeladern, über die im Zeitmultiplex die 2 B-Kanäle
und der D-Kanal übertragen werden.

Die Zeichengabe zwischen dem Benutzer und der Vermittlungsstelle erfolgt
durch den Austausch von Zeichengabemeldungen über den paketorientierten
D-Kanal gemäß des „D-Kanal-Protokolls"(Digital Subscriber Signalling System
No. 1, DSS1). Innerhalb des ISDN, d.h. zwischen den Vermittlungsstellen, wer-

---

4 Neben dem Basisanschluß sind auch andere Schnittstellen, z.B. ein Primärmultiplex-
   Anschluß (Primary Rate Access) mit 30 B- und einem D-Kanal standardisiert, auf die
   im folgenden nicht näher eingegangen wird.

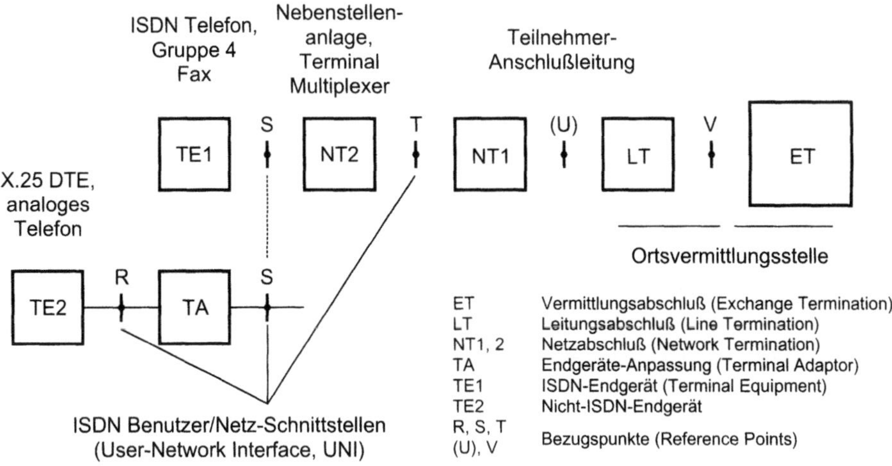

Abb. 11.11. Bezugskonfiguration für den ISDN-Teilnehmeranschluß

den die Zeichengabemeldungen über ein eigenes, paketorientiertes Zeichengabenetz geführt, welches auf der Basis des Zentralkanal-Zeichengabesystems
CCS7 (Common Channel Signalling System No. 7) von ITU-T arbeitet. Die
Nutzdaten werden im Netz über ein durchschaltevermitteltes Sprechwegenetz
übermittelt.

Um eine einheitliche, abstrakte (d.h. von der physikalischen Realisierung
unabhängige) Darstellung für die Netzelemente und Schnittstellen zu erhalten, wurden sog. Bezugs-Konfigurationen (Reference Configuration) entwickelt
und international genormt. Die Bezugs-Konfigurationen für die Benutzer/Netz-
Schnittstellen (User-Network Interface, UNI) sind in der ITU-T-Empfehlung
I.411 „ISDN User-Network Interfaces – Reference Configurations" zu finden.

Die Bezugs-Konfigurationen bestehen aus funktionalen Blöcken (Functional Groups), in denen die Funktionen zusammengefaßt sind, die den verschiedenen Netzelementen, z.B. Endeinrichtungen, Nebenstellenanlagen oder Vermittlungsstellen zugeordnet werden können. Zwischen diesen Blöcken wurden
Bezugspunkte (Reference Points) definiert, an denen sich physikalische Schnittstellen befinden können. Es ist anzumerken, daß nicht notwendigerweise für
jeden Bezugspunkt physikalische Schnittstellen definiert sein müssen. Die für
das weitere Verständnis wichtigen Funktionsblöcke und Bezugspunkte sind in
Abb. 11.11 dargestellt.

Die Funktionsblöcke lassen sich wie folgt grob charakterisieren und physikalischen Netzelementen („Geräten") zuordnen:

- **TE1 (Terminal Equipment Type 1):** Endeinrichtung mit ISDN-Schnittstelle
  gemäß der entsprechenden ITU-T-Empfehlungen. Im TE1 sind die Funktionen aller sieben OSI-Schichten implementiert, soweit sie benötigt werden.

Beispiele sind ISDN-Telefone oder Telefaxgeräte und Rechner mit ISDN-Schnittstellen.

- **TE2 (Terminal Equipment Type 2):** Endeinrichtung mit einer Schnittstelle, die nicht den ISDN-Empfehlungen von ITU-T entspricht. Beispiele sind analoge Telefone, Datenendgeräte nach ITU-T-Empfehlung X.25 oder Teletext-Endgeräte.
- **TA (Terminal Adaptor):** Anpassungseinheit, die den Anschluß von TE2s an das ISDN ermöglicht. Im TA müssen – falls erforderlich – sowohl die eigentlichen Nutzdaten als auch die Zeichengabemechanismen angepaßt werden. Bei einem TA für analoge Fernsprechendgeräte ist eine A/D-Wandlung des Sprachsignals erforderlich und die Impuls- oder Tastwahl muß in eine ISDN-Zeichengabe gemäß dem D-Kanal-Protokoll umgesetzt werden.
- **NT2 (Network Termination 2):** Netzabschluß-Einheit, die den Anschluß mehrerer Endeinrichtungen an eine Teilnehmeranschlußleitung erlaubt. Hier sind typischerweise Funktionen der OSI-Schichten 1 bis 3 implementiert (Multiplexen, Konzentration, Vermittlung). Beispiele sind Nebenstellenanlagen, lokale Netze oder Endgeräte-Multiplexer. Falls solche Einrichtungen nicht vorhanden sind, schrumpft die NT2 zu einer „Null-NT2".
- **NT1 (Network Termination 1):** Netzabschlußeinheit zur Ankopplung an die Anschlußleitung. In der NT1 sind die Funktionen der OSI-Schicht 1 implementiert, die für den physikalischen und elektrischen Leitungsabschluß sowie für die Wartung und Überwachung der Anschlußleitung (Schleifenschaltung) benötigt werden. Hier erfolgt außerdem die Umsetzung zwischen dem Übertragungsverfahren an der Teilnehmerschnittstelle und demjenigen auf der Anschlußleitung.
- **LT (Line Termination):** Der Leitungsabschluß ist das Gegenstück zur NT1 und bildet den übertragungstechnischen Abschluß der Teilnehmeranschlußleitung an der Vermittlungsstelle.
- **ET (Exchange Termination):** Der Vermittlungsabschluß implementiert die Funktionen der OSI-Schichten 2 bis 7, die den Benutzeranschluß logisch, d.h. vor allem bezüglich der Zeichengabe, abschließen. Dieser Funktionsblock ist in der Orts-Vermittlungsstelle realisiert.

Am Bezugspunkt R sind die verschiedenen herkömmlichen Schnittstellen (X.25, V.24, a/b, usw.) gültig, während am Bezugspunkt S die verschiedenen Standard-ISDN-Schnittstellen definiert sind. Damit die NT2 zur „Null-NT2" schrumpfen kann, d.h. physikalisch nicht vorhanden sein muß, gelten für den Bezugspunkt T die gleichen Festlegungen wie am Bezugspunkt S. Wegen der sehr unterschiedlichen Gegebenheiten im Teilnehmer-Anschlußbereich wurden bisher keine einheitlichen Standards für eine Schnittstelle am Bezugspunkt U (der selbst nicht international einheitlich standardisiert ist) erarbeitet, so daß die entsprechenden Festlegungen dem Netzbetreiber überlassen bleiben. Am Bezugspunkt V sind Schnittstellen international standardisiert, die es dem

Netzbetreiber erlauben, das Anschlußnetz (Access Network) unabhängig von den Eigenschaften der Ortsvermittlungsstellen aufzubauen.

In eine Kommunikationsbeziehung über das ISDN hinweg sind folgende Protokolle einbezogen:

- Das Zeichengabeprotokoll zwischen Benutzer und Netz (D-Kanal-Protokoll) auf der rufenden bzw. gerufenen Seite,
- das Protokoll für die Zwischenamts-Zeichengabe im Netz (CCS7) und
- Protokolle für die Datenübertragung in den Nutzkanälen.

Diese verschiedenen Protokollarchitekturen sind jeweils geschichtet strukturiert und gemäß den Konzepten des OSI-Modells – oder zumindest in Anlehnung an diese – gestaltet.

Versucht man nun, diese Kommunikationsbeziehung mit Hilfe des OSI-Modells zu beschreiben, ergeben sich einige Probleme:

- Das OSI-Modell wurde für die reine Datenkommunikation entwickelt, bei der Nutz- und Zeichengabeinformation über den gleichen Kanal fließen (Innerband-Zeichengabe). Es bietet deshalb keine Möglichkeit, die oben angeführten Protokolle getrennt zu modellieren und ihre Beziehungen untereinander zu beschreiben.
- Das OSI-Modell ist generisch, d.h. unabhängig vom zu modellierenden Netz. Um das ISDN jedoch hinreichend genau zu beschreiben, müssen auch netzspezifische Eigenschaften einbezogen werden. Neben der Trennung von Nutz-und Zeichengabeinformation sind dies z.B.
    - Informationsflüsse für die Aushandlung von Dienstmerkmalen (z.B. Gebührenübernahme, Anrufweiterschaltung, Dienstwechsel),
    - Informationsflüsse für die Unterbrechung und Wiederaufnahme von Verbindungen,
    - Modellierung der Sprach- und Videokommunikation,
    - Modellierung von Multi-Media und Mehrpunkt-Verbindungen.

Diese Aspekte sind mit den Mitteln des OSI-Referenzmodells nicht darstellbar und es wurde deshalb für das ISDN ein eigenes ISDN-Protokoll-Referenzmodell (PRM) entwickelt, das in der ITU-T-Empfehlung I.320 „ISDN Protocol Reference Model" festgelegt ist. Dabei wurden einige Konzepte und Bezeichnungen direkt von OSI übernommen, u.a. das Prinzip der Schichtung, das OSI-Dienstkonzept für die Kommunikation zwischen den Schichten mittels Dienst-Primitiven, sowie das Konzept der Kommunikation zwischen Peer-Entities mittels eines Peer-Protokolls. Zur Identifikation der einzelnen Schichten werden nur die Nummern (1 bis 7) verwendet, da die im OSI-Modell verwendeten Bezeichnungen (z.B. Netzwerkschicht für die Schicht 3) im Zusammenhang mit ISDN teilweise irreführend sind. Darüberhinaus waren aber auch einige spezifische Erweiterungen nötig, die im folgenden näher beschrieben werden.

Um das Konzept der Außerband-Zeichengabe – und somit die konsequente Trennung von Zeichengabe und Nutzdatenübertragung – auch im PRM modellieren zu können, wurde das Konzept der „Ebenen" (Planes) eingeführt. Im einzelnen wurden folgende Ebenen definiert:

- **C: Steuerungs-Ebene (Control Plane),** in dieser Ebene sind die Zeichengabefunktionen angesiedelt. Die C-Ebene ist weiter unterteilt, je nachdem, ob die entsprechenden Funktionen nur lokal (an einer Schnittstelle) oder global (für die gesamte Verbindung) relevant sind. Auf diese Unterteilung wird hier nicht weiter eingegangen.
- **U: Benutzer-Ebene (User Plane),** in dieser Ebene sind die Funktionen für den Nutzdatenaustausch angesiedelt.
- **M: Management-Ebene (Management Plane),** diese Ebene erlaubt eine Koordination der Aktivitäten, die in der U-Ebene und der C-Ebene ablaufen. Hier erfolgt z.B. die Synchronisation zwischen Zeichengabe und Nutzdatenübertragung[5].

Die C- und die U-Ebene für sich enthalten jeweils geschichtete Protokollarchitekturen, die im Prinzip alle sieben OSI-Schichten umfassen können. Die Kommunikation zwischen benachbarten Schichten (innerhalb einer Ebene) erfolgt über Dienstprotokolle im OSI-Sinne. Die Schichten und evtl. auch die Ebenen, die für eine bestimmte Anwendung oder für ein bestimmtes Netzelement nicht benötigt werden, können leer sein.

Die M-Ebene dagegen wird in die Funktionen des Schichten-Management (Layer Management) und in die Funktionen des Ebenen-Management (Plane Management) gegliedert. Das Schichten-Management ist den einzelnen Protokollschichten zugeordnet und hat die Aufgabe, die Betriebsmittel (z.B. Verbindungskennungen) und andere Parameter der jeweiligen Schicht zu verwalten. Außerdem sind ihm die schichtspezifischen Betriebs- und Wartungsfunktionen (Operation, Administration, Management, OAM) zugeordnet. Das Ebenen-Management, das selbst nicht in Schichten und Ebenen gegliedert ist, übernimmt diejenigen Funktionen, die das ganze System insgesamt betreffen sowie ebenenübergreifende Koordinationsaufgaben.

Aus den so definierten Ebenen setzt sich der in Abb. 11.12 dargestellte generische „Protokoll-Block" (Protocol Block) zusammen, mit dessen Hilfe sich die im ISDN auftretenden Elemente, wie z.B. TE (Endgerät, Terminal Equipment), NT (Netzabschluß, Network Termination) oder ET (Vermittlungsabschluß, Exchange Termination) modellieren lassen.

---

5 Die Funktionen des Ebenen-Management in der M-Ebene dürfen nicht mit den System-Management-Funktionen verwechselt werden, die für das OSI-Management definiert sind.

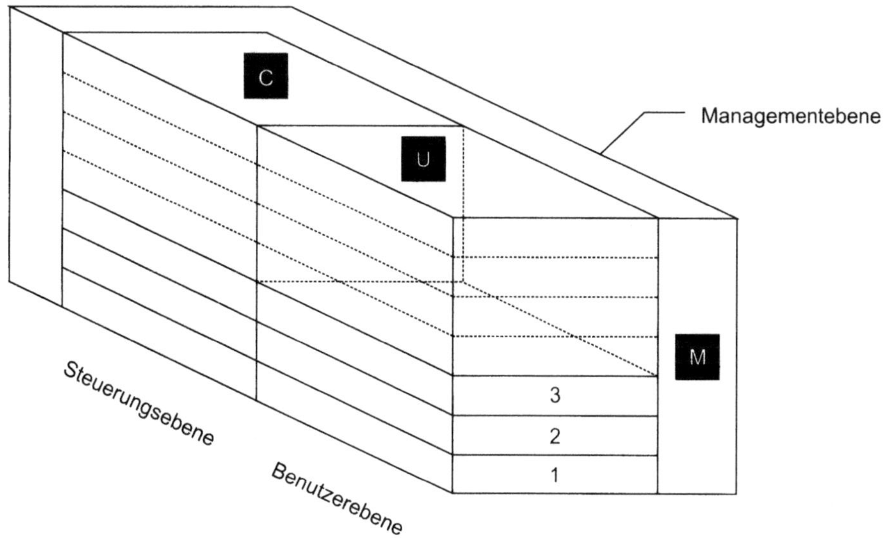

Abb. 11.12. Generischer Protokoll-Block des ISDN-Protokoll-Referenzmodells

11.2.1.2
Die Benutzer-/Netzzeichengabe im ISDN

Die Schicht 1 des ISDN-Basisanschlusses ist in der ITU-T I.430 definiert, wobei
sich die Festlegungen auf die Referenzpunkte S bzw. T beziehen.

Für die Verkabelung des ISDN-Basisanschlusses wird typischerweise
eine Punkt-zu-Mehrpunkt-Konfiguration mit einem kurzen passiven Bus
verwendet[6], bei der maximal 8 Endgeräte an beliebigen Stellen entlang des
Kabels angeschlossen sein können. Die Länge des Busses ist – je nach Impe-
danz des verwendeten Kabels – auf 100 bis 200 m begrenzt. Diese Begrenzungen
sind nicht auf die Kabeldämpfung zurückzuführen, sondern auf die Tatsache,
daß die Signale der verschiedenen TEs unterschiedliche Laufzeiten haben. Damit die zu verschiedenen Zeiten an der NT eintreffenden Signale der TEs von
der NT richtig interpretiert werden können, muß die Schleifenlaufzeit begrenzt
werden.

Die Busleitung besteht im Normalfall aus zwei ungeschirmten, symmetrischen, verdrillten Adernpaaren (eines für jede Übertragungsrichtung), wie sie
auch für die analogen Telefonanschlüsse verwendet werden. Dadurch können
die vorhandenen Hausverkabelungen beim Umstieg auf einen ISDN-Anschluß
weiterverwendet werden.

---

6 In der ITU-T I.430 sind auch andere Konfigurationen, z.B. Punkt-zu-Punkt oder Stern,
   beschrieben.

Der Basisanschluß umfaßt für jede Übertragungsrichtung zwei voneinander unabhängige 64 kbit/s-Kanäle (B-Kanäle) und einen 16 kbit/s-Kanal (D-Kanal). Zur Übertragung dieser Kanäle wird ein Übertragungsrahmen von 48 Bit Länge definiert, der sich alle 250 μs wiederholt, woraus sich eine Gesamtübertragungsrate von 192 kbit/s auf dem Medium ergibt. Die Bit-, Oktett- und Rahmentakte leiten die TEs aus den von der NT empfangenen Signalen ab. Als Leitungscode wurde ein pseudo-ternärer AMI-Code (Alternate Mark Inversion) gewählt, durch zusätzliche Ausgleichsbits im Rahmen ermöglicht dieser Code eine gleichstromfreie Übertragung. Die Synchronisation der TEs erfolgt durch gezielte Verletzungen der Codierungsvorschrift des AMI-Leitungscodes. Diese Codeverletzung ist leicht zu erkennen und erlaubt eine schnelle Synchronisation ohne viel zusätzlichen Overhead im Rahmen.

Die beiden B-Kanäle werden von der Vermittlungsstelle verwaltet und beim Verbindungsaufbau mit Hilfe der Signalisierungsprozeduren bestimmten Verbindungen exklusiv zugeteilt (Durchschaltevermittlung). Der D-Kanal dagegen wird paketorientiert betrieben und von den (maximal 8) TEs eines Basisanschlusses gemeinsam benutzt. Da die TEs unabhängig voneinander (asynchron) arbeiten und deshalb gleichzeitig versuchen können, Daten über den D-Kanal an die NT zu schicken, muß für die Auflösung solcher Konflikte ein Zugriffsprotokoll definiert werden. Dazu enthält der in Richtung TE geschickte Rahmen einen „D-Echo-Kanal", in dem die auf dem D-Kanal empfangenen Bits zu den TEs zurückgespiegelt werden, bevor diese das nächste D-Kanal-Bit senden. Da sich aufgrund der AMI-Kodierung logische NULLen bei gleichzeitigem Senden auf dem Bus gegenüber logischen EINSen durchsetzen, können die TEs durch Vergleich der von ihnen gesendeten D-Kanal-Bits mit den D-Echo-Bits Zugriffskonflikte erkennen und es wird sich immer ein TE durchsetzen, während sich die anderen zurückziehen. Innerhalb dieses Protokolls sind mehrere Prioritätsklassen und auch Fairness-Mechanismen definiert.

Für die Schicht 2 des D-Kanal-Protokolls sind die ITU-T-Empfehlungen I.440 und I.441 maßgebend. Diese Empfehlungen sind identisch mit den gleichnamigen Empfehlungen Q.920 und Q.921, die die Schicht 2 des „Digital Subscriber Signalling System No. 1 (DSS1)" beschreiben[7].

Die ITU-T-Empfehlungen Q.920 und Q.921 legen die „Link Access Procedure on the D-Channel", kurz auch LAPD, fest. Dieses Schicht-2-Protokoll hat sich in mehreren Stufen aus dem „Synchronous Data Link Control" (SDLC) Protokoll entwickelt, welches für die herstellerspezifische SNA-Protokollarchitektur (Systems Network Architecture) von IBM entwickelt wurde (s. [232]). SDLC wurde sowohl als Basis für das im ANSI-Standard X3.66 festgelegte „Advanced Data Communication Control Procedure" (ADCCP) Protokoll, als auch als Basis für das in den ISO-Standards 3309 und 4335 definierte „High-Level Data Link Con-

---

7 Der Text der Empfehlungen ist nur bei den Empfehlungen der Q-Serie abgedruckt, in der I-Serie findet sich lediglich ein entsprechender Verweis.

trol" (HDLC) Protokoll verwendet. HDLC wiederum wurde von ITU-T übernommen und in modifizierter Form als „Link Access Procedure" (LAP) für die ITU-T-Empfehlung X.25 verwendet, in der die Schnittstelle zum öffentlichen Paketnetz standardisiert ist (s. Abschn. 11.2.4.1). In der ITU-T-Empfehlung X.25 ist auch eine Erweiterung von LAP, das sog. „Link Access Procedure – Balanced" (LAPB) Protokoll beschrieben, welches später aufgenommen wurde, um mehr Kompatibilität mit einer neueren Version von HDLC zu erreichen. Aus LAPB ist nach einigen Anpassungen und spezifischen Erweiterungen das LAPD-Protokoll entwickelt worden. Für die Unterstützung der neuen, paketorientierten Übermittlungsdienste im ISDN (Frame Mode Bearer Services, FMBS) wurde das stark an LAPD angelehnte LAPF-Protokoll (s. Abschn. 11.2.4.2) entwickelt. All diese Protokolle basieren auf den gleichen Grundprinzipien, unterscheiden sich aber in Details und im Umfang der zur Verfügung gestellten Funktionalität. Das LAPD-Protokoll ist ein typischer Vertreter dieser bitorientierten Sicherungsprotokolle.

LAPD muß aufgrund der Konfiguration des Teilnehmeranschlusses Installationen mit mehreren TEs unterstützen, wobei die Art und Anzahl der angeschlossenen TEs dem Netz nicht bekannt ist. Für die Weitergabe von ankommenden Rufen z.B. muß deshalb die Möglichkeit einer Rundruf-Verbindung (Broadcast) bestehen, während die Signalisierung sonst in der Regel über Punkt-zu-Punkt-Verbindungen abgewickelt wird. Weiterhin soll es möglich sein, über eine Schicht-2-Verbindung mehrere, unabhängige Schicht-3-Verbindungen zu unterhalten. Deshalb umfaßt LAPD folgende Funktionen:

- Bereitstellung einer oder mehrerer Schicht-2-Verbindungen (Data Link Connections) über einen D-Kanal, wobei die verschiedenen Verbindungen durch „Data Link Connection Identifiers" (DLCI) unterschieden werden, die in jedem übertragenen Rahmen[8] enthalten sind.
- Funktionen zur Rahmenbegrenzung, Synchronisation und die Transparenzfunktion[9], die es erlauben aus einem Bitstrom auf dem D-Kanal die Rahmenstruktur der Schicht 2 zu erkennen.
- Folgenummernsteuerung zur Erhaltung der richtigen Reihenfolge der Rahmen innerhalb einer Schicht-2-Verbindung.
- Erkennung von Übertragungs-, Format- und Betriebsfehlern in einer Schicht-2-Verbindung. Rahmenverluste werden anhand der Folgenummern erkannt, Bitfehler bei der Übertragung werden anhand einer redundanten Kodierung mit Prüfbits (Frame Check Sequence, FCS) erkannt.

---

8 Schicht-2-PDUs werden allgemein als „Rahmen" bezeichnet.
9 Einfügen einer NULL nach 5 aufeinanderfolgenden EINSen, um ein Imitieren der Begrenzungsflags (6 EINSen) innerhalb des Rahmens zu verhindern, entfernen der NULL beim Empfänger.

– Behebung von erkannten Übertragungs-, Format- und Betriebsfehlern. Für
   verlorene oder verfälschte Rahmen wird eine wiederholte Übertragung angefordert.
– Benachrichtigung der Management-Instanz über das Auftreten nicht korri-
   gierbarer Fehler.
– Flußsteuerung durch den Sender mit Hilfe eines Fenstermechanismus (Sliding Window Protocol), der das Senden weiterer Rahmen verhindert,
   wenn zu viele gesendete Rahmen noch nicht quittiert wurden. Auch der
   Empfänger kann mit „Receive Not Ready"-Steuerrahmen den Sender drosseln.

LAPD bietet der Schicht 3 sowohl eine quittierte Übertragung auf der
Schicht 2 als auch eine unquittierte Übertragung an. Beide Dienstarten bieten
der Schicht 3 die Möglichkeit, Schicht-3-Meldungen zwischen adressierbaren
Schicht-2-Verbindungs-Endpunkten auszutauschen. Auf der Schicht 2 werden
einzelne Verbindungen durch den „Data Link Connection Identifier" (DLCI)
identifiziert, der sich aus der Kennung für den Dienst-Zugangspunkt (Service
Access Point Identifier, SAPI) und der Kennung für die Endeinrichtung (Terminal Endpoint Identifier, TEI) zusammensetzt. Der TEI wird auf Anforderung
über eine spezielle Management-Prozedur vergeben.

Beim unquittierten Übertragungsdienst (Unacknowledged Information
Transfer Service), der sowohl über Punkt-zu-Punkt- als auch über Broadcast-
Verbindungen abgewickelt werden kann, werden einzelne Schicht-3-Nachrich-
ten übertragen. Es erfolgt innerhalb der Schicht 2 keine Überprüfung, ob
die gesendete Information bei der empfangenden Schicht-2-Instanz (fehlerfrei) angekommen ist. Der quittierte Übertragungsdienst (Acknowledged Information Transfer Service) arbeitet im sog. „Multiple Frame" Modus, bei
dem mehrere Schicht-2-Rahmen als logisch zusammengehörig angesehen werden. Für eine solche Folge von Rahmen werden auf der Schicht 2 Fehler- und
Reihenfolgesicherungs-Mechanismen sowie Mechanismen zur Flußsteuerung
zur Verfügung gestellt.

Der Rahmenaufbau ist im Prinzip für alle bitorientierten Sicherungsprotokolle gleich und wird deshalb hier im Detail dargestellt. Die Rahmen der
verschiedenen Protokolle unterscheiden sich nur in der Länge und Codierung
des Adreßfelds und des Kontrollfelds, nicht aber in der prinzipiellen Funktion
der einzelnen Felder.

Wie in Abb. 11.13 dargestellt, wird der Rahmen auf beiden Seiten von Be-
grenzern (Flags) eingerahmt, die durch das Bitmuster „01111110" charakterisiert sind. Das abschließende Flag kann bei manchen Anwendungen gleichzeitig als Anfangs-Flag für den nächsten Rahmen verwendet werden.

Auf das Anfangs-Flag folgt ein Adreßfeld von ein oder zwei Oktett Länge.
Dieses identifiziert bei einem Rahmen, der einen Befehl enthält (Command

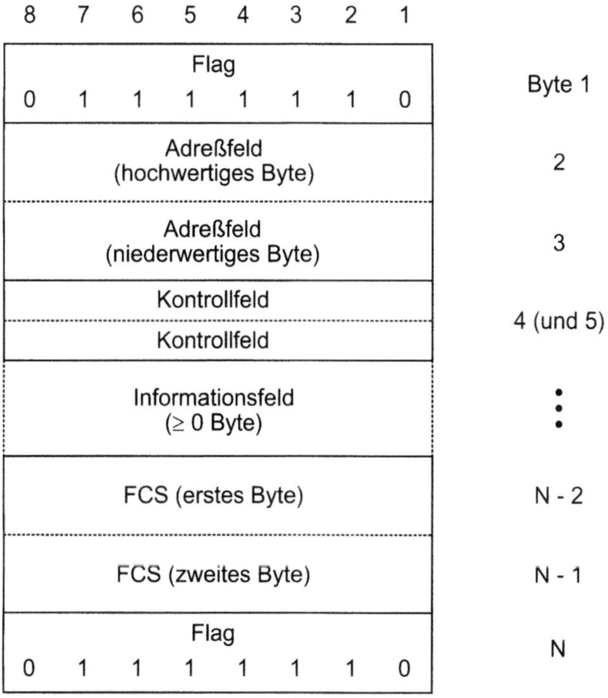

8	7	6	5	4	3	2	1		
Flag								Byte 1	
0	1	1	1	1	1	1	0		
Adreßfeld (hochwertiges Byte)								2	
Adreßfeld (niederwertiges Byte)								3	
Kontrollfeld								4 (und 5)	
Kontrollfeld									
Informationsfeld ($\geq$ 0 Byte)								⋮	
FCS (erstes Byte)								N - 2	
FCS (zweites Byte)								N - 1	
Flag								N	
0	1	1	1	1	1	1	0		

Abb. 11.13. Der Aufbau des Schicht-2-Rahmens

Frame), den Empfänger des Rahmens und bei einem Meldungs-Rahmen (Response Frame) den Sender des Rahmens.

Das Kontrollfeld hat bei LAPD je nach Anwendung ebenfalls eine Länge von ein oder zwei Oktett. Das Kontrollfeld wird zur Reihenfolgesicherung, für Quittungen und zur Unterscheidung verschiedener Rahmentypen verwendet.

Dem Kontrollfeld folgt das Informationsfeld, soweit dieses vorhanden ist. Seine Länge muß ein ganzzahliges Vielfaches eines Oktetts sein. Die maximale Länge ist ein Systemparameter, der je nach Protokoll unterschiedlich festgelegt wird. Der Default für diesen Wert wurde für LAPD auf 260 Oktett festgelegt, er kann aber mit Hilfe von Management-Prozeduren verändert werden. Es muß bei der Festlegung dieses Parameters jedoch berücksichtigt werden, daß die Zuverlässigkeit des Blocksicherungsverfahrens (FCS) mit zunehmender Länge des Rahmens immer mehr abnimmt und damit die Wahrscheinlichkeit für das Auftreten unerkannter Übertragungsfehler steigt.

Das Adreßfeld, das Kontrollfeld und das Informationsfeld werden mit Hilfe einer redundanten Codierung auf der Basis eines zyklischen Codes (Cyclic Redundancy Check, CRC) gegen Übertragungsfehler gesichert. Dazu werden beim Sender aus den in diesen Feldern enthaltenen Nutzbits (ohne Berücksichtigung der Stopfbits für die Transparenzfunktion) 16 Prüfbits berechnet und in das

Block-Prüffeld (Frame Check Sequence Field, FCS Field) eingetragen. Auf der Empfängerseite werden aus den empfangenen Nutzbits nach der gleichen Vorschrift erneut die Prüfbits berechnet und mit den tatsächlich empfangenen verglichen. Ergeben sich bei diesem Vergleich Abweichungen, dann wird angenommen, daß bei der Übertragung eines oder mehrere Nutzbits verfälscht worden sind und der ganze Rahmen wird verworfen.

Für das Peer-to-Peer-Protokoll der Schicht 2 sind drei verschiedene Typen von Rahmenformaten definiert, die durch die Codierung des Kontrollfeldes unterschieden werden können:

- **Informations-Rahmen (Information Frame, I-Rahmen):** Für die Übertragung durchlaufend numerierter Rahmen mit Nutzinformation bei der quittierten Übertragung (Multiple Frame Operation). Das Kontrollfeld enthält eine Sende-Folgenummer (Send Sequence Number, $N(S)$) und eine Empfangs-Folgenummer (Receive Sequence Number, $N(R)$) von jeweils 7 Bit Länge für die Reihenfolgesicherungs-Protokolle. Damit können jeweils 128 Rahmen eindeutig numeriert werden (Modulo 128 Operation). Außerdem ist noch ein weiteres Bit (Poll-Bit, P-Bit) vorhanden, das für die Quittierung verwendet wird. I-Rahmen treten nur als Befehle auf.
- **Steuer-Rahmen (Supervisory Frame, S-Rahmen):** Für die Steuerung der Schicht-2-Verbindung im Zusammenhang mit der Übertragung von I-Rahmen, z.B. Quittierung und Wiederholungsanforderung für I-Rahmen, Flußsteuerung. Das Kontrollfeld enthält eine Empfangs-Folgenummer (7 Bit) und ein Poll/Final-Bit (P/F-Bit[10]). Die Bits 3 und 4 im ersten Oktett werden zur Kennzeichnung des PDU-Typs verwendet, die Bits 5 bis 8 des ersten Oktetts haben keine Funktion und werden zu NULL gesetzt. S-Rahmen treten sowohl als Befehle als auch als Meldungen auf und enthalten kein Informationsfeld.
- **Steuer-Rahmen ohne Folgenummern (Unnumbered Frame, U-Rahmen):** Für zusätzliche Steuerungsfunktionen und für die unquittierte Übertragung von Nutzdaten. Da die einzelnen U-Rahmen unabhängig voneinander sind, werden keine Folgenummern benötigt und das Kontrollfeld hat nur eine Länge von einem Oktett. Die Bits 3 und 4 sowie 6 bis 8 dienen zur Kennzeichnung des PDU-Typs. Bit 5 wird je nach PDU-Typ als P- oder als F-Bit verwendet.

In den ITU-T-Empfehlungen für die Schicht 3 des D-Kanal-Protokolls sind neben den allgemeinen Aspekten (Q.930) die Meldungen und Meldungsformate sowie die Prozeduren für die Steuerung von Durchschalte-, Paket- und Benutzer-zu-Benutzer-Verbindungen (Q.931) spezifiziert. Die Prozeduren für die Steuerung der zusätzlichen Dienstmerkmale sind in der Empfehlung

---

10 In Befehls-Rahmen wird das Bit als P-Bit bezeichnet, in Meldungs-Rahmen als F-Bit.

Q.932[11] beschrieben, die zusätzlichen Dienstmerkmale selbst sind in der I.25x-Serie von ITU-T-Empfehlungen standardisiert.

Da die Aufgaben der Schicht 3 wesentlich vielfältiger sind als die der beiden darunterliegenden Schichten, ist das Peer-to-Peer-Protokoll der Schicht 3 wesentlich komplexer als das der Schichten 1 und 2. Aus diesem Grund – und auch weil die Schicht 3 sehr viele Optionen für den Teilnehmer und den Netzbetreiber aufweist – haben auch die Schicht-3-Nachrichten (Layer 3 Messages) keine feste Formatstruktur sondern sind nach dem „Baukasten-Prinzip" aus einzelnen Meldungs-Elementen (Message Elements) aufgebaut. Die verwendeten Meldungstypen und Signalisierprozeduren wurden für das B-ISDN weitestgehend übernommen und durch zusätzliche, breitband- und ATM-spezifische Meldungselemente erweitert. Deshalb entsprechen die Meldungsformate und Abläufe prinzipiell den in Abschn. 7.2.2 dargestellten.

11.2.1.3
Das Zentralkanal-Zeichengabesystem CCS7

Während die Zeichengabe zwischen dem Benutzer und dem Netz im ISDN unter Verwendung des D-Kanal-Protokolls abgewickelt wird, erfolgt die Zeichengabe innerhalb des Netzes (Zwischenamts-Zeichengabe) über zentrale Zeichengabekanäle (Common Channel Signalling, CCS) im Rahmen des Zeichengabesystems No. 7 (CCS7).

Für die Zwischenamts-Zeichengabe existiert dabei, wie in Abb. 11.14 dargestellt, ein dem Nutzkanalnetz überlagertes, getrenntes Signalisiernetz[12] bestehend aus Signalisier-Punkten (Signalling Point, SP) und Signalisier-Transferpunkten (Signalling Transfer Point, STP), die über die zentralen Zeichengabekanäle verbunden sind. Die Interaktion zwischen dem steuernden Zeichengabenetz und dem gesteuerten Nutzkanalnetz findet ausschließlich in den Signalisier-Punkten statt, die einer Vermittlungsstelle zugeordnet sind. Signalisier-Punkte können auch anderen Einrichtungen, wie z.B. einer Netzwerk-Datenbank oder einem Betriebs- und Wartungszentrum (O & M-Center) zugeordnet sein und benötigen dann keine direkte Verbindung zum Nutzkanalnetz. Im Gegensatz zu den Signalisier-Punkten, in denen Zeichengabebeziehungen terminiert werden, d.h. in denen die Zeichengabemeldungen erzeugt und verarbeitet werden, dienen Signalisier-Transferpunkte nur der Weiterleitung von Signalisiermeldungen. In den STPs sind deshalb nur die transport-orientierten Funktionen des Zeichengabesystems implementiert. Da

---

11 Diese Empfehlungen im Rahmen des DSS1 sind identisch zu den Empfehlungen I.450, I.451 und I.452 für die Benutzer/Netzschnittstelle des ISDN.

12 Für die physikalische Übertragung werden die Übertragungswege des Nutzkanalnetzes mitbenutzt, z.B. kann der zentrale Zeichengabekanal im Zeitschlitz 16 eines PCM 30/32-Systems transportiert werden. Auf den höheren Schichten sind die Netze jedoch völlig getrennt.

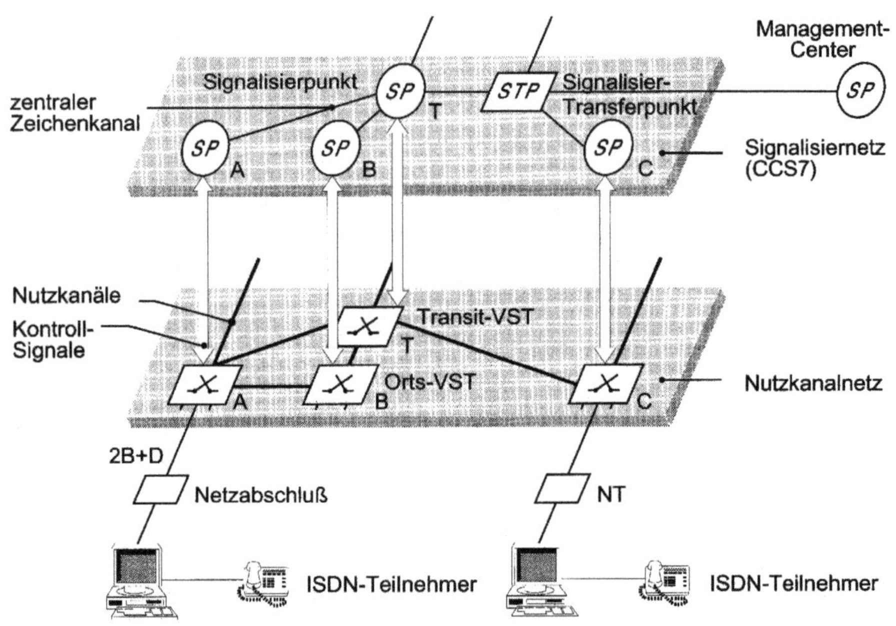

Abb. 11.14. Prinzipielle Struktur des ISDN

die STPs keinerlei anwendungs-orientierte Funktionen haben, benötigen sie
auch keine direkte Verbindung mit dem Nutzkanalnetz.

Das Zeichengabesystem CCS7 ist in den Empfehlungen der Serie Q.7xx beschrieben, wobei die Empfehlung Q.700 einen generellen Überblick beinhaltet.

Da es sich bei diesem Zeichengabesystem im Prinzip um ein paketorientiertes Datennetz handelt, findet man hier einige Grundkonzepte von OSI wieder,
z.B. die geschichtete Protokollarchitektur. Weil es jedoch das ursprüngliche
Ziel beim Entwurf dieses Zeichengabesystems war, flexibel, sicher und in Echtzeit die Steuerung von durchschaltevermittelten Nutzkanalverbindungen zu unterstützen, stand der reine Datenaustausch zwischen Anwendungen nicht im
Vordergrund. Deshalb wurde nicht das 7-Schichten-Modell zugrundegelegt,
sondern eine Unterteilung in transport- und anwendungs-orientierte Funktionen vorgenommen. Dabei erfolgt zwar auch eine vertikale Schichtung, es
werden aber nur vier Schichten unterschieden, die zur Unterscheidung von
den OSI-Schichten als CCS7-Funktionsebenen (CCS7 Functional Levels, kurz
Levels) bezeichnet werden.

Abbildung 11.15 zeigt die Protokoll-Architektur des Zeichengabesystems
CCS7. Die Funktionsebenen 1 bis 3 umfassen die transportorientierten Funktionen, die für alle Anwendungen einheitlich sind. Dieser Teil des Zeichengabesystems wird als „Nachrichtentransfer-Teil" (Message Transfer Part, MTP) bezeichnet. In der Funktions-Ebene 4 sind die anwendungsorientierten Funktio-

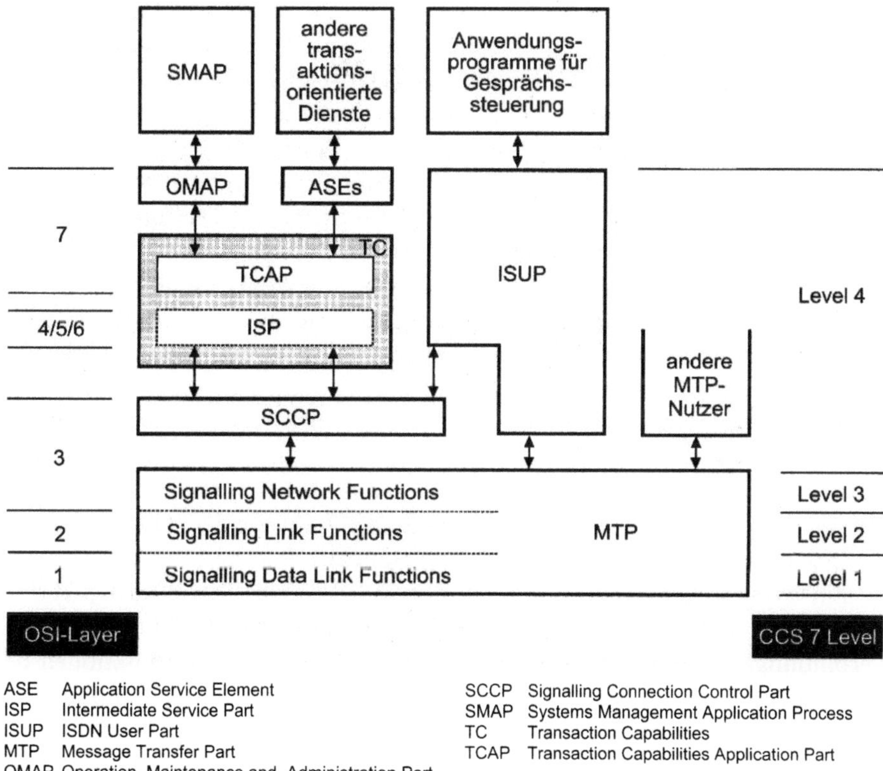

Abb. 11.15. Protokollarchitektur des Zeichengabesystems CCS7

nen zu finden. Um den unterschiedlichen Anforderungen Rechnung zu tragen, wurden dort unterschiedliche „Anwender-Teile" (User Parts) für spezifische Aufgaben definiert.

Der MTP stellt einen einfachen paketorientierten, verbindungslosen Dienst zum Transport beliebiger Informationen durch das Zeichengabenetz zur Verfügung und umfaßt dementsprechend Funktionen der OSI-Schichten 1 bis 3. Dabei entsprechen die Funktionen der Funktions-Ebenen 1 und 2 des MTP denen der entsprechenden OSI-Schichten, während die Funktions-Ebene 3 nur einen Teil der Schicht-3-Funktionalität abdeckt.

Da das Zeichengabenetz das „Nervensystem" des gesamten Netzes darstellt, werden äußerst hohe Anforderungen an seine Ausfallsicherheit gestellt. Deshalb sind im MTP neben den Funktionen für den Meldungstransport auch Mechanismen implementiert, die beim Ausfall von Netzteilen eine automatische Rekonfiguration einleiten, um die Auswirkungen möglichst gering zu halten. In der Ebene 3 des MTP sind alle Funktionen realisiert, die für die Verwaltung und Steuerung des Zeichengabenetzes benötigt werden (Signalling Network

Management). Dazu gehören Funktionen für die Verkehrslenkung der Zeichengabemeldungen (Routing), für die Verwaltung der dazu verwendeten Verkehrslenkungstabellen, zum Informationsaustausch über die Verfügbarkeit von Zeichengabestrecken sowie für die Verwaltung der Zeichengabestrecken. Die Funktionsebene 2 des MTP, die im Prinzip ein bitorientiertes Sicherungsprotokoll ähnlich HDLC darstellt, enthält ebenfalls Erweiterungen zur Erhöhung der Ausfallsicherheit und zur schnelleren Erkennung von Fehlfunktionen.

Um den vollen Funktionsumfang des Schicht-3-Dienstes gemäß OSI erbringen zu können, wurde der MTP durch den sog. „Signalling Connection Control Part" (SCCP) ergänzt, der u.a. erweiterte Adressierungsmöglichkeiten bietet und die verbindungsorientierte Kommunikation unterstützt. Die Kombination von MTP und SCCP bietet einen formalen Dienstzugangspunkt der Schicht 3 (OSI NSAP) an und wird deshalb auch als „Network Services Part" (NSP) bezeichnet. Obwohl der SCCP Funktionen der OSI-Schicht 3 beinhaltet, wird er bereits der Funktions-Ebene 4 zugeordnet, da er den Dienst des MTP benutzt. Die Funktions-Ebene 4 von CCS7 umfaßt daher neben den Funktionen der Schichten 4 bis 7 auch einen Teil der OSI-Schicht 3.

Ein typischer Anwender-Teil ist der „ISDN User Part" (ISUP, ITU-T-Empfehlungen Q.761 bis Q.766) für die Unterstützung der Steuerung von ISDN-Verbindungen, der alle nicht vom MTP abgedeckten Protokollfunktionen der OSI-Schichten 3 bis 7 umfaßt (soweit sie für diese Anwendung benötigt werden). Daneben gibt es einen „Telephone User Part" (TUP, ITU-T-Empfehlungen Q.721 bis Q.725) und einen „Data User Part" (DUP, ITU-T-Empfehlung Q.741), die längerfristig durch den ISUP abgelöst werden sollen.

Auf der Basis der verbindungslosen Dienste des SCCP unterstützen die „Transaction Capabilities" (TC) die transaktionsorientierte Kommunikation zwischen Anwendungen, z.B. in Vermittlungsstellen oder Netzdatenbanken, über das Zeichengabenetz hinweg. Der der OSI-Schicht 7 zuzuordnende „Transaction Capabilities Application Part" (TCAP, ITU-T-Empfehlungen Q.771 bis Q.775) ist eng verwandt mit dem „OSI Remote Operation Protokoll" (ROSE) und erlaubt es einer Anwendung, die Ausführung einer Prozedur in einem anderen Netzelement anzustoßen und die resultierenden Ergebnisse abzufragen.

Der ebenfalls zu den Transaction Capabilities gehörende „Intermediate Service Part" (ISP) umfaßt von der Konzeption her die zur Unterstützung des TCAP benötigten Funktionen der OSI-Schichten 4 bis 6. Da alle bisher auf der Basis des TCAP definierten Anwendungen eine direkte Benutzung des SCCP-Dienstes durch den TCAP vorsehen, sind derzeit noch keine ISP-Funktionen definiert.

Die Anwendungsprozesse nehmen die Dienste des TCAP über sog. „Application Service Elements" (ASE) wahr, die jeweils einzelne, auf die Anwendung zugeschnittene Dienste zur Verfügung stellen. Ein typisches Beispiel hierfür sind die ASEs des „Operation, Maintenance and Administration Part" (OMAP, ITU-T-Empfehlung Q.795), die es dem „Systems Management Application Process" (SMAP) erlauben, die Dienste des TCAP in Anspruch zu nehmen, um mit den entsprechenden Prozessen in anderen Netzelementen zu kommunizieren. Im SMAP sind konzeptionell alle Anwenderprozesse für die Beobachtung, Kontrolle und Koordinierung der Netzbetriebsmittel vereinigt.

Die „vertikale" Kommunikation zwischen den einzelnen Funktionsblöcken erfolgt (analog zu OSI) über Dienst-Primitive. Ausnahmen bilden hier die Kommunikation der Funktionsebenen des MTP untereinander sowie eine für den Verbindungsaufbau benötigte funktionale Schnittstelle zwischen dem SCCP und dem ISUP.

Die zwischen den Instanzen in den Funktionsebenen 3 bzw. 4 ausgetauschten Informationen werden in Form von Zeichengabemeldungen (Signalling Message) übermittelt, die anhand eines „Routing Labels" auf dem richtigen Weg durch das Zeichengabenetz geschickt werden (MTP Routing).

Eine umfassende Darstellung der ISDN-Thematik findet sich z.B. in dem Buch „ISDN – Das diensteintegrierende digitale Nachrichtennetz" von P. Bocker [35].

11.2.2
Lokale Netze

Mit der Einführung von Minirechnern, Workstations und PCs wurde der Bedarf für eine lokale Hochgeschwindigkeits-Vernetzung solcher Systeme immer wichtiger, da einerseits immer größere Mengen an Daten zwischen den einzelnen Benutzern ausgetauscht wurden und andererseits immer mehr Server-Architekturen entstanden, bei denen einzelne Geräte für spezifische Aufgaben, z.B. Speicherung großer Mengen von Daten oder Programmen oder Ausdruck von Daten, optimiert und von mehreren Rechnern gemeinsam benutzt wurden. Deshalb haben sich in den letzten 10 Jahren die lokalen Rechnernetze (Local Area Networks, LAN) stark verbreitet. Inzwischen gehören LAN-Anschlüsse – genau wie Telefonanschlüsse – zur Standardausstattung im geschäftlichen Bereich. Die meist von Rechnerherstellern vorgeschlagenen Verfahren basieren alle auf der Idee, ein gemeinsames Übertragungsmedium (Shared Medium) mit hoher Übertragungskapazität zu nutzen, um eine relativ geringe Anzahl angeschlossener Stationen innerhalb eines relativ kleinen räumlichen Bereiches (Firmenstandort, Universitätsinstitut) miteinander zu vernetzen. In der Anfangsphase wurden in der Regel Koaxialkabel als Übertragungsmedium verwendet, inzwischen reichen die Möglichkeiten von verdrillten Kupfer-Doppeladern bis zu Glasfasern. Die unterschiedlichen Verfahren wurden von IEEE in den Standards der IEEE-802-Protokollfamilie festgeschrieben. Abbildung 11.16 zeigt die Struktur und die wichtigsten Vertreter.

Insgesamt sind die Protokolle gemäß IEEE 802.x den OSI-Schichten 1 und 2 zuzuordnen. Da die einzelnen Varianten sowohl unterschiedliche Übertragungsmedien als auch unterschiedliche Mechanismen für den asynchronen

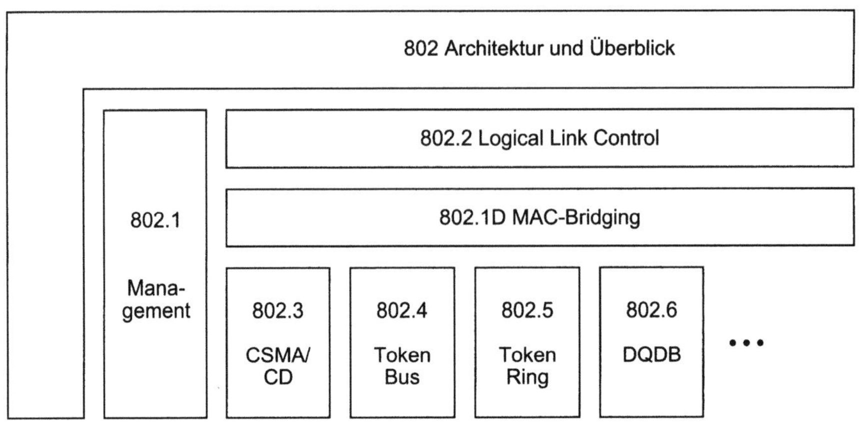

Abb. 11.16. Die IEEE-802-Protokollfamilie

Zugriff auf das gemeinsame Übertragungsmedium (Medium Access Control, MAC) haben, wurde die OSI-Schicht 2 so unterteilt, daß diese Aspekte von den eigentlichen Sicherungsfunktionen (Logical Link Control, LLC), die für alle LAN-Typen einheitlich sind, getrennt werden konnten. Die MAC-Schicht bietet einen einfachen verbindungslosen Dienst, mit dessen Hilfe die LLC-Schicht einen unquittierten, verbindungslosen Dienst (LLC Typ 1), einen verbindungsorientierten Dienst (LLC Typ 2) sowie einen quittierten, verbindungslosen Dienst (LLC Typ 3) bietet.

Die „klassischen" LAN-Typen sind das von Xerox entwickelte Ethernet, das dem Standard 802.3 zugrundeliegt, und die von IBM entwickelten Token-Verfahren, die für Ring- (Token Ring, 802.5) und Busstrukturen (Token Bus, 802.4) standardisiert wurden. Der Zugriff der Stationen auf den als Medium verwendeten Bus erfolgt beim Ethernet völlig asynchron, wobei möglicherweise auftretende Sendekollisionen von den beteiligten Stationen erkannt und dadurch aufgelöst werden, daß die Stationen aufhören zu senden und erst nach einer bestimmten, unterschiedlichen Wartezeit wieder zu Senden versuchen (Carrier Sense Multiple Access with Collision Detection, CSMA/CD). Bei den Token-Verfahren dagegen werden Sendeberechtigungen (Token) zyklisch zwischen den Stationen herumgereicht, um den Zugriff zu koordinieren.

Aufgabe der MAC-Schicht ist es, einzelne Dateneinheiten von einer Ursprungsstation zu einer oder mehreren Zielstationen zu übermitteln (verbindungsloser Betrieb). Die zu sendenden Dateneinheiten haben eine variable Länge, die sehr groß sein kann (Nutzinformation bis 1454 Byte bei Ethernet, bis 16000 Byte bei Token Ring). Dies ist dadurch bedingt, daß bei Datendiensten das Echtzeitverhalten nicht im Vordergrund steht und durch die geringen Bitfehlerraten auch große Datenblöcke sicher übertragen werden können, wobei mit zunehmender Größe der Datenblöcke der Overhead-Anteil durch

Steuerinformation immer mehr zurückgeht. Jeder Station ist fest eine weltweit eindeutige Hardware-Adresse (MAC-Adresse) zugeordnet, die vom Hersteller der Station innerhalb eines diesem von IEEE zugeordneten Bereichs vergeben wird. Anhand der in der Dateneinheit enthaltenen MAC-Adresse der Zielstation kann diese die für sie relevanten Daten erkennen und ausfiltern. Die ebenfalls enthaltene Ursprungsadresse erlaubt eine Identifikation des Senders.

Mit dem zunehmenden Kommunikationsbedarf wurde bei diesen Verfahren die allen Stationen gemeinsam zur Verfügung stehende Bandbreite (10 Mbit/s bei Ethernet, 4 oder 16 Mbit/s beim Token Ring) zunehmend ein begrenzender Faktor, so daß neben der Weiterentwicklung der bestehenden Verfahren (z.B. Fast Ethernet mit 100 Mbit/s) neue Verfahren mit höherem Durchsatz entwickelt wurden. Zu diesen gehören FDDI (Fiber Distributed Data Interface) mit einer Übertragungskapazität von 100 Mbit/s über Glasfaser und DQDB (Distributed Queue Dual Bus, DQDB, 802.6), das auf gebräuchlichen Übertragungssystemen (typischerweise DS3, 45 Mbit/s) basiert.

FDDI verwendet verbesserte Token-Protokolle in der MAC-Schicht und setzt auch sonst auf den im LAN-Bereich verwendeten Verfahren und Protokollen auf, weshalb FDDI auch als Hochgeschwindigkeits-LAN bezeichnet wird und nur für den Einsatz in Privatnetzen geeignet ist. FDDI weist eine Doppelring-Struktur auf, die bei Unterbrechungen des Mediums automatisch zu einem Einfachring konfiguriert werden kann, um die Ausfallsicherheit zu erhöhen. Zusätzlich zur Erhöhung des Durchsatzes erlaubt FDDI eine wesentlich größere räumliche Ausdehnung des Netzes, nämlich bis zu 100 km für einen FDDI-Ring im Vergleich zu einer maximalen Buslänge von kleiner 500 m bei Ethernet. In einer als FDDI-II bezeichneten Weiterentwicklung wurde ein isochroner Dienst zur Unterstützung von Echtzeitdiensten geschaffen.

DQDB verwendet eine Doppelbus-Topologie, die bei einer Unterbrechung in einen einfachen Bus umkonfiguriert werden kann. Das Übertragungsmedium wird durch einen Rahmen in Zeitschlitze unterteilt, die von den Stationen dynamisch vorreserviert werden können. Im Gegensatz zu den anderen Verfahren verwendet DQDB auf der MAC-Schicht keine Dateneinheiten mit variabler Länge, sondern kurze DQDB-„Slots" mit 48 Byte Nutzinformation[13]. DQDB-basierte Netze können noch eine wesentlich größere Ausdehnung als FDDI-Ringe haben und sind, z.B. aufgrund der verwendeten PDH-Übertragungstechnik, besonders für den Einsatz in öffentlichen Netzen geeignet. Deswegen werden diese Netze auch als Regionalnetze oder Metropolitan Area Networks (MAN) bezeichnet. Durch die feste Reservierung von DQDB-Zeitschlitzen für bestimmte Verbindungen können auch Echtzeitdienste unterstützt werden.

---

13 Die DQDB-Standards sind zeitgleich mit den ersten ATM-Standards entstanden und
  es wurde auf weitestgehende Kompatibilität geachtet.

LANs – aber auch MANs – sind bezüglich der räumlichen Ausdehnung des gemeinsamen Mediums und bezüglich der Anzahl der anschließbaren Stationen durch die Protokolle, in denen z.B. die maximale Signallaufzeit eine wichtige Rolle spielt, durch die beschränkte Bandbreite des gemeinsamen Mediums und durch andere Faktoren begrenzt. Um diese Begrenzungen zu überwinden, können Strukturen aus mehreren LAN-Segmenten aufgebaut werden, die über aktive Elemente miteinander verbunden sind. Bei diesen Elementen unterscheidet man

- **Repeater:** Kopplung auf der OSI-Schicht 1. Repeater werden eingesetzt, um die Signale zu verstärken und um gegebenenfalls einen Übergang zwischen unterschiedlichen Ausprägungen des Übertragungsmediums in den Segmenten zu erreichen. Die Daten werden bei dieser Kopplungsart ohne Filterung zwischen den Segmenten ausgetauscht.
- **Bridge:** Kopplung in der MAC-Schicht. Die MAC-Adressen werden ausgewertet und nur diejenigen Dateneinheiten werden an das andere Segment weitergegeben, deren Zielstationen nicht am eigenen Netz angeschlossen sind. Dadurch belastet der lokale Verkehr eines Segments die anderen Segmente nicht und die insgesamt verfügbare Kapazität erhöht sich entsprechend.
- **Router:** Kopplung auf der OSI-Schicht 3. Hierbei werden nicht die hardwarespezifischen MAC-Adressen ausgewertet, sondern die hierarchisch strukturierten Adressen der Schicht 3-Protokolle. Diese Kopplungsart erlaubt ebenfalls eine Verkehrstrennung zwischen den Segmenten und zusätzlich eine Anwendung netzweiter Wegesuch- und Verkehrslenkungsverfahren, mit deren Hilfe der netzweite Datenaustausch optimiert werden kann.
- **Gateway:** Kopplung auf den höheren Protokollschichten. Während mit den obigen Kopplungsarten nur LAN-Segmente gleichen Typs, z.B. Ethernet, miteinander verbunden werden können, erlauben Gateways eine Verknüpfung unterschiedlicher LAN-Typen. Dazu müssen in allen relevanten Protokollschichten die entsprechenden Funktionen ineinander umgesetzt werden.

Falls ein LAN-Segment durch zunehmenden Verkehr die Lastgrenze erreicht, kann durch eine weitergehende Segmentierung Abhilfe geschaffen werden. In der Praxis hat dies zur Entwicklung sog. „Hubs" geführt, an denen mehrere LAN-Segmente sternförmig angeschlossen sind, die innerhalb des Hubs vermittelt werden. Die Hubs wiederum sind untereinander über Netze aus Routern oder über Hochgeschwindigkeits-Backbones (z.B. FDDI) untereinander verbunden. Da inzwischen als Medium für LANs auch einfache Kupfer-Doppeladern verwendet werden können (Ethernet 10BaseT), werden zunehmend einzelne Stationen sternförmig an zentrale Knoten angeschlossen, die als „LAN-Switch" bezeichnet werden, wodurch sich die lokalen Netze immer mehr der klassischen Stern-Maschen-Struktur annähern.

Eine ausführliche Darstellung der LAN-Verfahren und Protokolle ist z.B. in [232] zu finden, detaillierte Erläuterungen zu FDDI und DQDB sind z.B. in [259] und [226] zu finden.

11.2.3
Internet

Die Entwicklung paketvermittelter Netze insgesamt und insbesondere das Internet geht auf eine 1969 gestartete Initiative des US-amerikanischen Department of Defense (DoD) zurück, das die U.S. Advanced Research Projects Agency (ARPA) beauftragte, ein Datennetz zu entwickeln, das auch nach einem Atomangriff noch funktionsfähig sein sollte, und aus der das ARPAnet hervorging. Um diese Bedingung zu erfüllen, wurde das Netz so konzipiert, daß es keinerlei zentrale Steuerung benötigte und deshalb eine völlig dezentrale, selbstorganisierende Struktur aus vielen gleichberechtigten Rechnern darstellte. Die dafür entwickelte TCP/IP-Protokollarchitektur (s. Abschn. 11.2.4.4) ist sehr robust, so daß diese Protokolle über beliebige Übertragungs-Infrastrukturen – von der analogen Leitung mit Modem über X.25, ISDN, Frame Relay, Mietleitungen und LANs bis hin zu ATM – arbeiten können.

Im Laufe der Entwicklung wurden die militärisch orientierten Anteile abgespalten und der nicht-militärische Teil des ARPAnet ging in die Betreuung der National Science Foundation (NSF) über, die das NSFNET als Backbone zur Kopplung der einzelnen Forschungsnetze aufbaute und über 120 Millionen US-Dollar in die Entwicklung des „Internet" investierte und damit den Internet-Backbone in den USA finanzierte. Weltweit entwickelten sich in unterschiedlichen Ländern ebenfalls Datennetze, die teils staatlich finanziert waren, teils aber auch von Rechnerherstellern betrieben wurden. Diese Netze wurden untereinander verknüpft, so daß schon relativ früh E-Mail, Datenübermittlung und andere Dienste fast weltweit möglich waren. Wegen dieser Struktur aus sehr vielen heterogenen, voneinander unabhängigen Subnetzen wird das Internet oft auch als „Netz der Netze" (Network of Networks) bezeichnet, was den weiterhin völlig dezentralen, auf gegenseitiger Kooperation aller Beteiligten basierenden Charakter des Internets unterstreicht.

Da die Anwender des Internet zunächst vorwiegend aus dem Forschungsbereich kamen und großes Interesse an der Weiterentwicklung der Kommunikationsmöglichkeiten hatten, wurden sehr viele Anwendungsprogramme entwickelt – auch solche, die nichts mit dem Internet selbst zu tun hatten – und kostenlos über das Netz für alle Interessenten zugänglich gemacht. Das führte dazu, daß bald alle möglichen Informationen und Programme in öffentlich zugänglichen Datenbereichen der einzelnen als „Hosts" bezeichneten Knoten abgelegt waren. Parallel dazu bildeten sich informale, rechnerbasierte Diskussionsforen zu technischen und nicht-technischen Themen, an denen sich jeder Interessierte beteiligen konnte. Da für die Benutzer in der Regel keine oder nur minimale Gebühren anfielen, wurde auch eine variable, zeitweise schlechte Dienstgüte akzeptiert. Während in der Anfangsphase Spezialkenntnisse erforderlich waren, um die über E-Mail hinausgehenden Dienste des Internet zu nutzen, wurde mit der Einführung des World Wide Web (WWW) eine sehr einfach zu bedienende, multimedia-fähige Bedienoberfläche geschaffen, deren Software ebenfalls umsonst im Netz verfügbar ist und die die Akzeptanz bei Nicht-Fachleuten deutlich verbessert hat. Aufgrund der im Internet in großer Vielfalt und Menge kostenlos verfügbaren Programme und Informationen und der moderaten Nutzungsgebühren wurde eine dramatische Zunahme der Teilnehmerzahlen und damit des Internet-Verkehrs in Gang gesetzt.

Da sich die kommerzielle Nutzung des Internets als Folge ausweitete, wurde der NSFNET-Backbone 1995 an kommerzielle Netzbetreiber übergeben und damit die Kommerzialisierung des Internet vollzogen. Neben den als „Network Service Provider" (NSP) bezeichneten großen Netzbetreibern, die über Network Access Points (NAP) ihre Teilnetze vermaschen und somit die globale Konnektivität sicherstellen, haben sich auch kleinere Netzbetreiber gebildet, die in der Regel an einen der NSPs angeschlossen sind und die regionale Versorgung sicherstellen. Daneben gibt es reine „Internet Service Provider" (ISP), die selbst über keine Netzinfrastruktur verfügen, aber unter Benutzung der Infrastruktur eines Netzbetreibers den Zugang von Teilnehmern und kommerziellen Dienstanbietern zum Internet gegen Gebühr anbieten.

Administrativ gesteuert wird das Internet durch die Internet Society, die durch Beiträge der Mitgliedsorganisationen, staatliche Förderung und Spenden finanziert wird. Die technische Weiterentwicklung des Internet wird durch die Internet Engineering Task Force (IETF) vorangetrieben, die Spezifikationen in Form von „Requests for Comment" (RFC) zur Diskussion stellt und verabschiedet. Daneben existiert eine Internet Research Task Force (IRTF) die in Zusammenarbeit mit der IETF mit neuen Techniken und Anwendungen experimentiert.

Die im Rahmen der Kommerzialisierung hauptsächlich zu lösenden Fragen betreffen insbesondere die Verminderung von Überlastsituationen, die Sicherheitsaspekte sowie die Vergebührungskonzepte. Außerdem sollen die neuen Versionen der Protokolle auch Echtzeitdienste unterstützen, wodurch eine Vorreservierung von Bandbreite nötig wird. Eine Diskussion über die weitere Entwicklung des Internet ist z.B. in [223] zu finden.

11.2.4
Protokolle für öffentliche Datennetze

11.2.4.1
X.25

Die erstmals im Orangebuch von ITU-T (1976) veröffentlichte Empfehlung X.25 beschreibt das klassische Verfahren zur paketorientierten Datenübertragung über öffentliche Datennetze. Im paketvermittelnden Datennetz der Deutschen Telekom (Datex-P) und in den Datennetzen vieler anderer Länder stellt die Datenübertragung gemäß X.25 den Basisdienst dar.

In der Empfehlung X.25 wird – ähnlich wie in den bereits besprochenen Standards für das D-Kanal-Protokoll – die Benutzer/Netz-Schnittstelle beschrieben. Die Prozeduren für die Signalisierung und Datenübermittlung im Netz selbst sind in der ITU-T-Empfehlung X.75 festgelegt, die jedoch von Struktur und Inhalt her der Empfehlung X.25 sehr ähnlich ist. Daher ergibt sich das in Abb. 11.17 dargestellte Modell für die in einem öffentlichen Datennetz verwendete Protokollarchitektur.

In der X.25-Terminologie werden die Endsysteme als „Data Terminal Equipment" (DTE) oder im deutschen Sprachgebrauch als Daten-Endeinrichtungen (DEE) bezeichnet. Die Paket-Vermittlungsstelle, an die sie angeschlossen sind, wird als „Data Circuit-Terminating Equipment" (DCE) oder Daten-Übertragungseinrichtung (DÜE) bezeichnet. Transit-Vermittlungsknoten im Netz werden oft als „Data Switching Exchange" (DSE) bezeichnet.

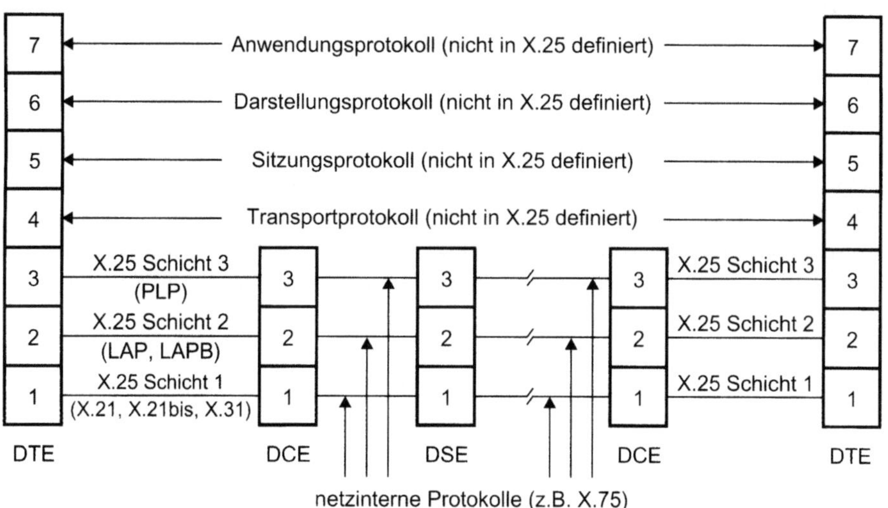

Abb. 11.17. Protokollmodell für ein öffentliches Paketdatennetz auf der Basis von X.25

Im einzelnen werden in der ITU-T-Empfehlung X.25 die Protokolle der OSI-Schichten 1 bis 3 spezifiziert, die es dem Endsystem (Rechner) erlauben, Pakete über das Netz (Kommunikations-Subnetz im OSI-Sinne) hinweg auszutauschen. Im Endsystem müssen neben den Schichten 1 bis 3 noch die Schichten 4 bis 7 implementiert sein, die aber nur Ende-zu-Ende-Beziehungen beschreiben und deshalb für das Kommunikations-Subnetz und seine Schnittstelle nicht relevant sind.

Die Schicht 1 von X.25 legt eine bit-transparente, serielle und synchrone Schnittstelle für den Vollduplex-Betrieb fest. Typische Übertragungsgeschwindigkeiten sind hierbei 2,4 kbit/s, 4,8 kbit/s, 9,6 kbit/s und 48 kbit/s. In der Empfehlung X.25 sind die elektrischen, mechanischen, prozeduralen und funktionalen Eigenschaften der Schnittstelle zwischen DTE und DCE nicht direkt beschrieben, sondern es wird auf andere ITU-T-Empfehlungen wie X.21, X.21bis und X.31 verwiesen.

Die Schicht 2 von X.25 beschreibt die beiden bitorientierten Sicherungsprotokolle LAP und LAPB. Die LAP-Prozedur beschreibt dabei die Kommunikation im sog. „Asynchronous Response Mode" (ARM), bei dem es Leitsteuerungen (in der DCE) und Folgesteuerungen (in der DTE) gibt. Die Folgesteuerungen weisen einen geringeren Funktionsumfang auf und die Kommunikation ist deshalb asymmetrisch. Wegen der beim heutigen Stand der Technik (integrierte Kontroller-Bausteine) unnötigen Einschränkungen wird LAP heutzutage kaum noch verwendet.

Die LAPB-Prozedur ist eine typische Implementierung für ein Schicht-2-Protokoll im „Asynchronous Balanced Mode" und entspricht im großen und ganzen der (aus LAPB hervorgegangenen) LAPD-Prozedur. Im Unterschied zu LAPD ist bei LAPB der Modulo-8-Betrieb (ABM) der Normalfall, während der Modulo-128-Betrieb (ABME) – genauso wie der Betrieb im ARM – optional ist und nicht in jedem Netz angeboten werden muß. Außerdem ist die Schicht-2-Adressierung bei LAPB wesentlich einfacher, da keine Punkt-zu-Mehrpunkt-Verbindungen auftreten. Zusätzlich zu der auch in LAP und LAPD verwendeten Möglichkeit, für die Schicht 2 Verbindung einen einzigen physikalischen Kanal zu verwenden (Single Link Procedures) enthält die Definition von LAPB die sog. „Multilink Procedures". Bei diesen kann eine Schicht-2-Verbindung mehrere physikalische Kanäle gleichzeitig benutzen. Dadurch kann z.B. bei Ausfall eines Kanals die Schicht-2-Verbindung über die restlichen Kanäle aufrechterhalten werden.

Das zur Unterscheidung von den beiden unteren Schichten oft als „X.25 Packet Layer Protocol" (PLP) bezeichnete Schicht-3-Protokoll umfaßt Prozeduren für festgeschaltete virtuelle Verbindungen (Permanent Virtual Circuit Service) sowie für vermittelte virtuelle Verbindungen (Virtual Call Service).

Für die Nutzdatenübermittlung werden innerhalb der Schicht-3-Verbindung Funktionen wie Reihenfolgesicherung, Flußkontrolle, quittierte Übertragung und Kennzeichnung von Meldungssegmenten zur Verfügung gestellt. Dane-

ben gibt es noch einen Interrupt-Mechanismus, mit dem einzelne Pakete ohne
Rücksicht auf die Reihenfolgesicherung und die Flußkontrolle geschickt werden
können.

Neben den Prozeduren für die eigentliche Verbindungssteuerung sind noch
zusätzliche, optionale Dienstmerkmale definiert. Diese umfassen neben dem
Modulo-128-Betrieb und der Möglichkeit zum Aushandeln von Schicht-3-
Parametern (Paketgröße, Fenstergröße, Durchsatzklasse usw.) auch Dienstmerkmale, die aus dem Telefonnetz bekannt sind, z.B. Sperrung eines Anschlusses für ankommende oder abgehende Rufe, geschlossene Benutzergruppen oder Gebührenübernahme. Um auch eine Möglichkeit zur verbindungslosen Kommunikation zu schaffen, wurde 1984 (im Rotbuch) das optionale
Dienstmerkmal „Fast Select" aufgenommen.

11.2.4.2
Frame Relay

Um eine auf das ISDN optimierte, paketorientierte Nutzdatenübertragung zu
ermöglichen, wurden in der Empfehlung I.233 die sog. „Frame Mode Bearer
Services" (FMBS) definiert, von denen insbesondere der „ISDN Frame Relaying
Bearer Service" (Frame Relay, I.233.1) inzwischen eine sehr weite Verbreitung
gefunden hat.

Für die Unterstützung dieser Dienste wurde in der Empfehlung Q.922 ein
aus dem LAPD-Protokoll abgeleitetes, bitorientiertes Sicherungsprotokoll (OSI-
Schicht 2) mit der Bezeichnung „Link Access Procedure for Frame Mode Bearer
Services" (LAPF) definiert. Allgemein ist der Nutzdurchsatz der Sicherungsprotokolle auf der Schicht 2 durch die abschnittsweise Fehlersicherung mit
Quittierung und Wiederholung im Fehlerfall und die auf Fenstermechanismen
basierende Flußsteuerung auf vergleichsweise niedrige Datenraten begrenzt.
Aufgrund der zunehmenden Anforderungen und begünstigt durch den Einsatz
optischer Übertragungssysteme mit einer sehr geringen Bitfehlerrate wurde im
Annex A der Empfehlung Q.922 eine Untermenge von LAPF ohne diese Funktionen (Q.922 Core) für die Unterstützung von Frame Relay definiert. Dadurch,
daß die oben genannten Funktionen entfallen und verfälscht empfangene Rahmen auf der Schicht 2 lediglich ohne weitere Konsequenzen verworfen werden,
lassen sich mit Frame Relay Datendurchsätze bis 50 Mbit/s und mehr ohne
Probleme erreichen. Da die entsprechenden Fehlersicherungsmechanismen auf
den höheren Schichten, z.B. X.25 PLP oder TCP/IP sowieso vorhanden sind,
können diese Protokolle trotzdem auf Frame Relay aufsetzen. Obwohl Frame
Relay zunächst als paketorientierter Teil des ISDN definiert wurde, entwickeln
sich wegen der einfachen, effektiven und damit kostengünstigen Mechanismen
des Frame Relay derzeit dedizierte öffentliche Datennetze auf der Basis von
Frame Relay, die zunehmend die X.25-Netze ablösen werden. Auch die meisten

Internet-Backbones werden momentan auf der Basis von Frame Relay aufgebaut.

Ein Vorteil von Frame Relay ist, daß inzwischen eine große Vielfalt von Schnittstellen mit unterschiedlichen Bitraten angeboten wird, die von 8 kbit/s über 56/64 kbit/s, n×64 kbit/s, 1,5/2 Mbit/s (PDH, strukturiert in mehrere Kanäle oder als ein Kanal) bis hin zu 34/45 Mbit/s (PDH) reicht und so einen kostenoptimierten Zugang erlauben. Durch die vergleichsweise einfache, ausgereifte Technik können Frame Relay-Anschlüsse sehr kostengünstig realisiert werden und bieten derzeit gegenüber einer Realisierung mit ATM- oder SMDS-Technologie signifikante Kostenvorteile.

Ein „Rahmen" (Frame) hat eine variable Länge und kann maximal 8188 Byte Nutzinformation tragen[14]. Frame Relay (FR) arbeitet verbindungsorientiert und bietet sowohl Festverbindungen (Permanent Virtual Circuit, FR-PVC) als auch vermittelte Verbindungen (Switches Virtual Circuit, FR-SVC). Die Prozeduren für die Statusüberwachung der FR-PVCs sowie die für die Steuerung der FR-SVCs sind in der Empfehlung Q.933 festgelegt. Da die FR-Protokolle aus den Protokollen für die ISDN-Teilnehmerzeichengabe (DSS1) abgeleitet wurden, sind sie diesen – insbesondere bei den Meldungsformaten – sehr ähnlich und die Steuerungsinformation der Verbindungen kann sowohl mittels der FR-Protokolle nach Q.922 als auch über die Schicht 2 des D-Kanal-Protokolls (Q.921) übermittelt werden.

Frame Relay arbeitet – ähnlich wie ATM – mit einer ratenbasierten anstatt mit einer fensterbasierten Flußsteuerung. Dabei werden beim Verbindungsaufbau bestimmte Parameter (Committed Information Rate CIR, Committed Burst Size Bc, Excess Burst Size Be) festgelegt, die von der Verbindung bezogen auf einen ebenfalls festgelegten Zeitraum (Committed Rate Measurement Interval Tc) eingehalten werden müssen. Bei Überschreitungen der maximal zulässigen Datenmenge (Bc+Be) innerhalb eines Meßintervalls werden überzählige Rahmen am Netzeingang von einer Kontrollfunktion verworfen. Wenn die gesendete Datenmenge im Bereich zwischen Bc und Bc+Be liegt, werden die nachfolgenden Rahmen durch ein „Discard Eligible" Bit (DE) im Rahmenkopf gekennzeichnet, damit diese Rahmen bei Überlastsituationen in Netzknoten bevorzugt verworfen werden können. Gerät ein Vermittlungsknoten in eine momentane Überlastsituation, so kann er dies dem Empfänger der Rahmen (Forward Explicit Congestion Notification, FECN) sowie dem Sender der Rahmen[15] (Backward Explicit Congestion Notification, BECN) mitteilen und so diejenige Instanz informieren, die die Datenrate der Verbindung steuert. Mit der Dimensionierung der einzelnen Parameter kann der Netzbetreiber den erreichbaren Multiplexgewinn (Überbuchung der Übertragungskapazität

---

14 Laut Standard müssen Implementierungen mindestens eine Maximalgröße von 1024 Byte unterstützen.
15 Über in Gegenrichtung geschickte Rahmen.

bei burstartigen Verkehren) gegenüber der garantierbaren Dienstgüte ausbalancieren und ein entsprechendes, individuelles Tarifschema aufbauen.

11.2.4.3
SMDS/CBDS

SMDS/CBDS sind verbindungslose Datendienste für öffentliche Netze, die vor allem für die Vernetzung von LANs konzipiert sind. Obwohl SMDS/CBDS keine Protokolle an sich sind, sollen sie hier kurz dargestellt werden.

Der von Bellcore definierte „Switched Multimegabit Data Service" (SMDS) war der erste verfügbare Breitband-Datendienst und war zunächst für die Verwendung im MAN-Bereich, speziell im Zusammenhang mit dem DQDB-Standard IEEE 802.6, definiert. Mit einigen kleinen Änderungen und Anpassungen wurde dieser Dienst auch von ETSI unter der Bezeichnung „Connectionless Broadband Data Service" (CBDS) in den Dokumenten der Serie ETS 300 217-x standardisiert, wobei auch explizit die Anwendung von CBDS über ATM einbezogen wurde.

Für das SMDS Interface Protocol (SIP) sind in den Schichten 2 und 3 Dateneinheiten definiert, die als „SIP L2_PDU" bzw. „SIP L3_PDU" bezeichnet werden. Die SIP L2_PDU entspricht dabei im Format genau der MAC-PDU von DQDB. Die SIP L3_PDUs bestehen aus einem Informationsfeld mit maximal 9188 Byte Länge, das zwischen einem 36 Byte Kopffeld und einem 4 Byte Anhang (Trailer) eingeschlossen ist. Durch Stopf-Bytes (Padding) wird das Informationsfeld immer auf ein Vielfaches von 4 Byte verlängert. Die ersten 4 und die letzten 4 Bytes der SIP L3 PDU entsprechen genau dem Kopffeld und dem Trailer, der im CPCS von AAL3/4 verwendet wird. Im Kopffeld befinden sich zwei 64 Bit lange Felder, die Ursprungs- und Zieladresse der Dateneinheit angeben. Die Adressierung beruht auf der ISDN-Adressierung gemäß ITU-T E.164. Neben einer Einzeladresse kann die Zieladresse auch eine Gruppenadresse sein. In diesem Fall werden die PDUs von den SMDS-Vermittlungsknoten innerhalb des Netzes kopiert und an alle Empfänger der Gruppe weitergeleitet. Einige der zusätzlich im Kopffeld enthaltenen Felder dienen nur der Kompatibilität zu IEEE 802.6 und werden von SMDS nicht verwendet.

Die SIP L3_PDUs werden in 44 Byte lange Teile aufgespalten, die zusammen mit dem Kopffeld und dem Trailer von SIP L2 die 53 Byte lange SIP L2_PDU (DQDB Slot) ergeben. Dabei wird jeweils gekennzeichnet, ob es sich um den ersten Teil einer L3_PDU (Begin of Message, BOM), einen nachfolgenden Teil (Continuation of Message, COM), das Ende (End of Message, EOM) oder um eine kurze L3_PDU handelt, die in einer einzigen L2_PDU übermittelt werden kann (Single Segment Message, SSM). Durch ein MID-Feld (Message Identifier) wird die Zugehörigkeit der L2_PDUs zu einer L3_PDU gekenzeichnet, so daß mehrere L3_PDUs gemultiplext und ineinander verschachtelt über die gleiche Verbindung Übertragen werden können.

Da die komplette für die Wegesuche notwendige Information bereits in der ersten L2_PDU enthalten ist, braucht ein SMDS-Vermittlungsknoten nur diese L2_PDU auszuwerten und kann alle eventuell nachfolgenden Teilstücke der L3_PDU gemäß der bereits getroffenen Routingentscheidung weitersenden. Deshalb braucht der SMDS-Vermittlungsknoten im Prinzip nicht die gesamte L3_PDU aufzusammeln und zusammensetzen (Message Mode), sondern kann die empfangenen L2_PDUs sofort weitersenden (Streaming Mode). Dadurch kann eine geringere Netzdurchlaufzeit erreicht werden und der Speicherbedarf im Vermittlungsknoten kann deutlich reduziert werden. Allerdings können im Streaming Mode die Fehlersicherungsmechanismen auf der Ebene der L3_PDUs im Netz nicht angewendet werden.

SMDS kann über 1,5/2 Mbit/s (E1/DS1) oder über 34/45 Mbit/s (E3/DS3) Anschlüsse genutzt werden. Darüberhinaus kann für den Zugang über Bridges oder Router auch das „SMDS Data Exchange Interface" mit Bitraten zwischen 56 kbit/s und 45 Mbit/s verwendet werden, das einen kostengünstigen Zugang über physikalische Schnittstellen erlaubt, wie sie auch für klassische Router verwendet werden. CBDS definiert zusätzlich den Zugang über ATM-UNIs. Für jeden Zugangstyp wird eine „Maximum Information Rate" (MIR) definiert, die angibt mit welcher maximalen Rate die Nutzdaten gesendet werden dürfen, damit nach Einbeziehung des SMDS-Overheads die Anschlußbitrate nicht überschritten wird.

Die Verkehrssteuerung erfolgt ratenbasiert mittels eines als „Credit Manager" bezeichneten Mechanismus. Dieser nach dem Leaky-Bucket-Prinzip arbeitende Mechanismus begrenzt die Rate, mit der über einen längeren Zeitraum hinweg auf einer Zugangsleitung Daten gesendet werden dürfen (Sustained Information Rate, SIR). Für diese Begrenzung wurden mehrere Zugangsklassen (Access Class) definiert, die bei der Einrichtung des Anschlusses ausgewählt werden. Die Zugangsklassen sind so ausgelegt, daß die Anschlußleitungen voll oder teilweise ausgelastet werden können, wobei darauf geachtet wurde, daß für die bestehenden LANs passende Anschlußklassen zur Verfügung stehen.

Neben dem eigentlichen Basis-Übermittlungsdienst ist als zusätzliches Dienstmerkmal die Adressenprüfung (Address Screening) von Ursprungs- und Zieladressen definiert. Auf der Basis von anschlußspezifischen Listen kann damit festgelegt werden, wohin Daten geschickt und woher diese empfangen werden können. Damit können z.B. geschlossene Benutzergruppen (Closed User Group) realisiert werden.

11.2.4.4
TCP/IP

Bereits 1982 wurde im ARPAnet als Ersatz für die vorher verwendeten Schicht 3 und Schicht 4-Protokolle die Kombination aus dem Transmission Control Protocol (TCP, Schicht 4) und dem Internet Protocol (IP, Schicht 3) eingeführt. Ins-

Anwendung	FTP, Telnet, SNMP, RPC, NFS, DNS, ...			
Transport	TCP		UDP	
Internet	Routing: IRP, ...	IP	ICMP	ARP, ...
Netzzugang	Ethernet, Frame Relay, ATM, Leased Line, SMDS,...			

Abb. 11.18. Übersicht über die TCP/IP-Protokolle und Anwendungen

besondere durch die Verbreitung der Unix-Systeme ist dieser Protokollstack zu
einem De-Facto-Standard geworden, der inzwischen auf nahezu allen Rechner-
plattformen vom Großrechner bis hin zum PC verfügbar ist und auch zunehmend in den Netzwerk-Betriebssystemen für PC-Netze verwendet wird. Die
TCP/IP Protokolle haben inzwischen die firmenspezifischen Protokollarchitekturen wie SNA und Decnet an Bedeutung weit übertroffen und haben auch
dazu beigetragen, daß die Akzeptanz der standardisierten OSI-Protokollstacks
bisher begrenzt blieb.

Abbildung 11.18 zeigt die Struktur der TCP/IP-Protokolle und einige der
darauf aufbauenden Anwendungen. Das IP-Protokoll selbst bietet einen einfachen verbindungslosen Dienst (Datagramm) ohne Fehlerüberwachung, ohne
Wiederholung im Fehlerfall und ohne Flußsteuerung, lediglich das Kopffeld ist
durch eine Prüfsumme gegen Bitfehler gesichert. Wenn die an IP übergebenen
Dateneinheiten eine maximale Länge von 65536 Byte überschreiten, werden sie
in Teile zerlegt (Fragmentation), die im IP-Paketkopf als zusammengehörig
identifiziert und durchnumeriert werden. Um zu verhindern, daß IP-Pakete
durch Fehlfunktionen endlos im Netz umherirren, tragen sie ein „Time to Live"
Feld (Maximalwert 255), das von jedem durchlaufenen Knoten dekrementiert
wird. Erreicht der Wert 0, wird das Paket verworfen.

Die Hauptaufgabe des IP-Protokolls besteht darin, die IP-Datagramme
durch das Netz zu einem Zielknoten zu schicken. Dazu wird jede Station– im Internet als „Host" bezeichnet – mit einer weltweit eindeutigen, 32 Bit langen IP-
Adresse gekennzeichnet, die normalerweise in der Form „XXX.XXX.XXX.XXX"
angegeben wird, wobei XXX eine Dezimalzahl im Bereich von 0 bis 255 ist.
Sowohl die Zieladresse als auch die Ursprungsadresse sind im Kopffeld der
IP-Pakete vollständig enthalten. Im Gegensatz zu den MAC-Adressen sind die
IP-Adressen so strukturiert, daß sie die Wegesuche unterstützen. Dabei sind
die Adressen nicht wie z.B. im ISDN geographisch gegliedert, sondern nach
„Subnetzen". Durch eine unterschiedliche Aufteilung der 32 Adressbits wer-
den wie in Abb. 11.19 dargestellt drei unterschiedliche Klassen von Subnetzen

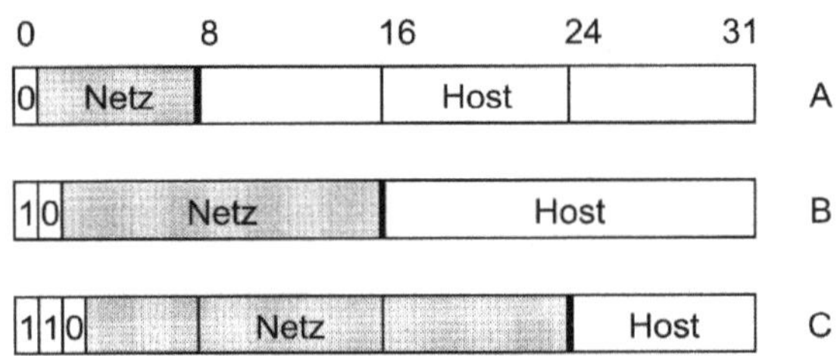

Abb. 11.19. Struktur der IP-Adresse

gebildet, wobei in einem Subnetz der Klasse A 24 Bit für die Kennzeichnung
der einzelnen Hosts verfügbar sind, während es in der Klasse B 16 und in
der Klasse C nur 8 sind. Die Adressen der Subnetze werden von der „Internet
Assigned Numbers Authority" (IANA) zentral verwaltet. Durch die starre Aufteilung kann der Adressraum nur lückenhaft genutzt werden, so daß bereits
1994 60% des verfügbaren Adreßraums belegt waren. Deshalb wird an einer
IP-Version 6 (derzeit wird Version 4 verwendet) gearbeitet, die 128 Adressbits
verwendet und eine flexiblere Aufteilung erlaubt.

Die Wegesuche für die IP-Pakete wird von IP-Routern auf der Basis von
Tabellen erledigt, in denen Informationen über die Topologie des Netzes und
die verfügbaren Übertragungsleitungen gespeichert sind. Diese Tabellen werden dezentral verwaltet und bei Änderungen der Topologie, z.B. Ausfall oder
Inbetriebnahme eines neuen Links, werden entsprechende Informationen zwischen den einzelnen Routern ausgetauscht. Neben dem bereits im ARPAnet
benutzten Routing Information Protocol (RIP) wurden dafür weitere Protokolle, wie z.B. das Open Shortest Path First (OSPF) Protokoll definiert, die in
größeren Netzen eine schnellere Stabilisierung der Routingtabellen nach einer
Änderung garantieren. Da in großen Netzen nicht jeder Router die vollständige
Topologieinformation speichern kann, sind statisch Default-Wege eingestellt,
auf denen Pakete, über deren Ziel keine Information vorliegt, weitergeschickt
werden. Für die Fehler- und Steuerungsmeldungen zwischen den Routern wird
das Internet Control Message Protocol (ICMP) verwendet, das eine gesicherte
Übermittlung erlaubt. Dieses Protokoll kann auch vom Teilnehmer verwendet
werden, um über die sog. „Ping"-Funktion zu prüfen, ob eine Verbindung zu
einem bestimmten Host besteht.

Aufbauend auf IP gibt es zwei Transportprotokolle, nämlich das „User Da-
tagram Protocol" (UDP), das lediglich einen unquittierten verbindungslosen
Dienst bietet und das „Transmission Control Protocol" (TCP), das einen gesicherten, verbindungsorientierten Dienst mit Flußsteuerung zur Verfügung
stellt. TCP wurde für eine Übermittlung über relativ unzuverlässige Netze entwickelt und ist deshalb robuster als die meisten der anderen Protokolle, die
sich auf eine gesicherte Übertragung in den unteren Schichten verlassen. Ein

TCP-Segment (Dateneinheit) enthält zwei 16 Bit lange Felder, mit denen die Anwendungen in den jeweiligen Ursprungs- und Zielhosts adressiert werden. Diese Anwendungsadressen werden als Ports bezeichnet. Eine weitere Funktion von TCP ist es, die durch den verbindungslosen Betrieb von IP möglicherweise in der falschen Reihenfolge angekommenen Datenpakete zu sortieren und eventuell fehlende oder verfälschte Datenpakete zu wiederholen.

Für die Flußsteuerung wird ein Fensterverfahren verwendet, bei dem jedoch im Gegensatz zu X.25 oder HDLC die Fenstergröße variabel ist. Der Sender beginnt dabei im Prinzip mit einer Fenstergröße, die einem TCP-Segment entspricht. Falls dieses erfolgreich übertragen wird, erhöht der Sender schrittweise die Fenstergröße und dadurch den Durchsatz der Verbindung. Falls es zu Engpässen im Netz kommt und dadurch einzelne TCP-Segmente verloren gehen, wird dies durch eine Zeitüberwachung erkannt und die Fenstergröße wird wieder auf ein Segment reduziert.

In dieser Protokollarchitektur setzen – im Gegensatz zu OSI – die Anwendungen direkt auf den Transportprotokollen auf. Diese Anwendungen umfassen z.B. Telnet, mit dessen Hilfe Remote Logins über das Netz möglich sind, FTP (File Transfer Protocol) für Dateiübertragungen, SNMP (Simple Network Management Protocol) für Betriebs- und Wartungsoperationen sowie RPC (Remote Procedure Call) und NFS (Network File System) für die direkte Interaktion zwischen Anwendungsprogrammen. Desweiteren wurde ein Domain Name System (DNS) definiert, mit dessen Hilfe sog. „Name Server" die logischen Internet-Adressen (z.B. Erwin.Rathgeb@oenzl.siemens.de) in die zugehörigen IP-Adressen umsetzen können.

Weiterführende Informationen zur TCP/IP-Protokollfamilie sind z.B. in [33] zu finden.

11.3
Management von Kommunikationsnetzen

Kommunikationsnetze sind sehr komplexe Strukturen, bei denen die einzelnen Teilfunktionen in den unterschiedlichsten Geräten erbracht werden, die oft räumlich sehr weit voneinander getrennt sind. Um solche Netze aufbauen und kommerziell betreiben zu können, sind sehr vielfältige Tätigkeiten notwendig, die unter dem Oberbegriff „Management" zusammengefaßt werden. Dazu gehören z.B.

- die routinemäßigen Einstellungs-, Überwachungs-, Betriebs- und Instandhaltungs-Aufgaben (Operation), die zur Erhaltung des ordnungsgemäßen Zustandes des Netzes dienen,
- die Verwaltungsaufgaben (Administration), die in bezug auf das Netz selbst, die Kunden oder die angebotenen Dienste anfallen und

– die Entstörmaßnahmen (Maintenance), die zur Lokalisierung und Behebung von Fehlfunktionen und Ausfällen notwendig sind.

Diese Aufgaben werden oft unter der Bezeichnung „OAM" (Operation, Administration & Maintenance) zusammengefaßt. Zum Management sind aber auch die längerfristigen Aufgaben wie die Entwicklung von Strategien für die Netzevolution, die Optimierung der Netztopologie, oder die Planung und Inbetriebnahme neuer Geräte und Dienste (Provisioning) zu zählen. Die Kosten für diese Funktionen, die aufgrund der heterogenen Netzstrukturen den massiven Einsatz eines sehr speziell geschulten Betriebspersonals erfordern, machen einen Großteil der über die gesamte Einsatzdauer eines Gerätes summierten Kosten (Life Cycle Cost) aus.

Da die Netze in der Regel aus sehr vielfältigen Geräten und Einrichtungen (Netzelementen) unterschiedlicher Hersteller bestehen, tragen in diesem Bereich einheitliche Standards enorm zu einer Kostenoptimierung bei und sind deshalb für die Netzbetreiber von großer Bedeutung. Schon sehr frühzeitig wurden bei ISO deshalb im Zusammenhang mit den OSI-Definitionen (s. Abschn. 11.1.3) für die Datenkommunikation auch Konzepte (ISO/IEC 7498-4), Schnittstellen, Funktionen und Protokolle für das Management definiert, die in der X.7xx-Serie von ITU-T-Empfehlungen für die Telekommunikationsnetze übernommen wurden. Auf dieser Basis wird seit einigen Jahren bei ITU-T ein ganzheitlicher Managementansatz unter der Bezeichnung „Telecommunication Management Network" (TMN, ITU-T M.3xxx) spezifiziert, der alle Aspekte der Managementaufgaben abdecken soll.

Im Bereich der lokalen Netze (LAN) hat sich durch die weite Verbreitung der TCP/IP-Protokollfamilie (s. Abschn. 11.2.4.4) das „Simple Network Management Protocol" (SNMP), das als eine der Anwendungen in dieser Protokollfamilie spezifiziert wurde, als Industriestandard etabliert. SNMP hat einen wesentlich begrenzteren Anspruch als das TMN, beruht auf einem einfacheren Ansatz und umfaßt weniger Funktionen.

11.3.1
Das TMN-Konzept

Bezüglich ihres Anwendungsbereiches werden die Managementfunktionen in unterschiedliche Management-Schichten (Management Layer) unterteilt, die logisch aufeinander aufbauen. Dies sind:

– **Geschäftsbezogene Funktionen (Business Management Layer):** Umfaßt die planerischen und strategischen Aufgaben bezogen auf alle Netze und Dienste eines Betreibers, wie z.B. Netzplanung, Geschäftsplanung, Markt- und Kundenanalyse, Festlegung der Gebührenstrukturen und Verträge mit anderen Betreibern.

- **Dienstbezogene Funktionen (Service Management Layer)**: Umfaßt alle auf einen spezifischen Telekommunikations-Dienst bezogenen Aufgaben unabhängig davon, über welches Netz oder über welche Netze der Dienst realisiert wird. Zu den Aufgaben gehört unter anderem die Verwaltung der Kunden einschließlich Bereitstellung/Beendigung des Dienstzugangs, die statistische Erfassung der Dienstgüte, die Bearbeitung von Beschwerden und die dienstspezifische, kundenbezogene Vergebührung.

- **Netzbezogene Funktionen (Network Management Layer)**: Umfaßt alle auf ein Gesamtnetz bezogenen Funktionen, wie Bereitstellung, Konfiguration und Überwachung des Netzes sowie Einrichten von festgeschalteten Verbindungen. Diese Funktionen sind weitgehend von der im Netz verwendeten Technologie (SDH, Schmalband- bzw. Breitband-Vermittlungstechnik) und von den in den Netzelementen verwendeten (herstellerspezifischen) Implementierungen abstrahierbar.

- **Netzelement-bezogene Funktionen (Network Element Management Layer)**: Umfaßt die Funktionen, die zur Steuerung, Konfiguration und Überwachung der einzelnen Netzelemente und zur Koordination einer Gruppe von Netzelementen notwendig sind. Dazu gehört auch die Sammlung von Statistik- und Fehlerdaten für die Netzelemente und deren Archivierung. Diese Funktionen sind für einen Netzelemente-Typ (z.B. ATM-Crossconnect) unabhängig von der spezifischen Implementierung spezifizierbar.

- **Funktionen im Netzelement (Network Element Layer)**: Umfaßt die in den Netzelementen selbst zur Umsetzung der Funktionen der höheren Management-Schichten vorhandenen Funktionen, insbesondere zur Erfassung und Weitermeldung von Meßdaten und Fehleralarmen und zur Ausführung der anderen, auf die einzelnen Protokollschichten bezogenen Funktionen.

Diese in den unterschiedlichen Management-Schichten auszuführenden Funktionen sind weitgehend unabhängig von den Funktionen der anderen Schichten, erfordern aber eine Kommunikation zwischen diesen.

In allen Management-Schichten können die Aufgaben unterschiedlichen Funktionsbereichen (Functional Area) zugeordnet werden (ITU-T X.700), wobei generell unterschieden wird zwischen:

- Erkennung, Lokalisierung und Behebung von Fehlfunktionen und Ausfällen (Fault Management),
- Inbetriebnahme, Einrichtung, Betrieb und Außerbetriebnahme (Configuration Management),
- Sammeln und Auswerten von Meßdaten über die Leistungsfähigkeit und Effizienz sowie Maßnahmen zur Verbesserung in diesen Bereichen (Performance Management),

- Kontrolle, Erfassung und Protokollierung des Zugriffs auf sicherheitsrelevante Daten und Funktionen einschließlich der Verwaltung der dazu benötigten Schlüssel und Kennungen (Security Management) und
- Erfassung, Berechnung und Abrechnung von Gebühren für erbrachte Leistungen (Accounting Management).

Je nach Managementschicht liegen die Schwerpunkte zwar in unterschiedlichen Funktionsbereichen, generell treten aber auf jeder Schicht bestimmte Funktionen aus allen Bereichen auf.

Aus der Sicht eines Benutzers des Managementsystems können unterschiedliche Managementdienste (Management Service, ITU-T M.3200) definiert werden, z.B. die Teilnehmerverwaltung (Customer Administration), die Verwaltung der Dienst- und Netzgüte, die Verwaltung des CCS7-Netzes für die Zwischenamts-Signalisierung oder die Verwaltung der Tabellen für die netzweite Wegesuche (Routing Administration). Ein Managementdienst stellt damit die Gesamtheit aller individuellen Managementfunktionen (TMN Management Function) in den unterschiedlichen Management-Schichten und Funktionsbereichen dar, die zur Erfüllung einer bestimmten Aufgabe notwendig sind. Die einzelnen Managementfunktionen können zur leichteren Handhabung hierarchisch zu Gruppen zusammengefaßt werden (ITU-T M.3020). In den Empfehlungen der Serie M.32xx sind spezifische Managementdienste definiert, die Empfehlung M.3400 enthält eine Übersicht der bis jetzt definierten Managementfunktionen.

In der ITU-T-Empfehlung I.3010 werden die allgemeinen Prinzipien des TMN beschrieben, wobei die weitgehend voneinander unabhängigen funktionalen, informationsbezogenen und physikalischen Architekturaspekte getrennt dargestellt werden. Wie durch die gestrichelte Linie in Abb. 11.20 angedeutet ist das TMN konzeptionell – ähnlich wie das Signalisiernetz – ein eigenständiges Netz, das an unterschiedlichen Stellen mit dem Kommunikationsnetz verbunden ist, um mit diesem Informationen auszutauschen und um dieses zu steuern.

Die Kernfunktion des TMN, die die eigentliche Verarbeitung der Informationen vornimmt und den Anstoß für die Steuerungsfunktionen und Meldungen zum Benutzer gibt, ist im Bediensystem (Operation System, OS) angesiedelt. Dieses kann bei kleinen Netzen vollkommen zentralisiert sein, bei größeren Netzen sind die Funktionen meist auf mehrere Einrichtungen verteilt. Die Kommunikation mit dem Bedienpersonal, also die Anzeige und Ausgabe von Informationen einerseits und die Eingabe von Steuerkommandos erfolgt über Bedienstationen (Workstation). Die gesteuerten Einheiten, d.h. alle Arten von Übertragungssystemen, Vermittlungssystemen, Servern und sonstigen Geräten im Netz, werden aus Managementsicht unter dem Begriff Netzelemente (Network Element) zusammengefaßt. Die Kommunikation zwischen dem OS, den Bedienstationen und den Managementinstanzen in den Netzelementen erfolgt über ein Datenkommunikations-Netz (Data Communication Network,

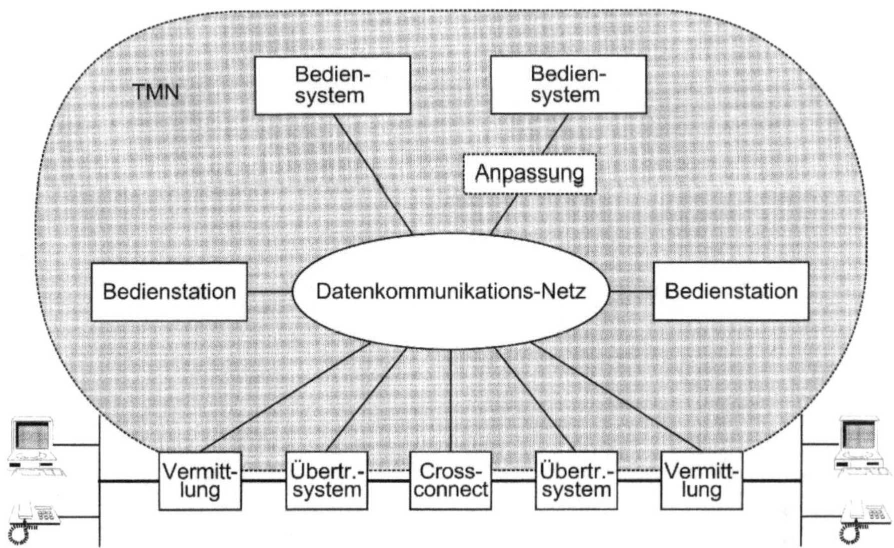

Abb. 11.20. Das Telecommunication Management Network (TMN)

DCN), das entweder über eine eigene Infrastruktur verfügt oder Teile des Kommunikationsnetzes mitnutzt.

Ähnlich wie beim ISDN werden auch beim TMN die Funktionen zu Funktionsblöcken (Function Block) zusammengefaßt, die durch Bezugspunkte (Reference Point) voneinander getrennt sind. An diesen Bezugspunkten können – müssen aber nicht – reale Schnittstellen definiert sein. Abbildung 11.21 zeigt die Funktionsblöcke und die zwischen ihnen liegenden Bezugspunkte.

Zunächst existieren Funktionsblöcke für die bereits erwähnten Funktionen, nämlich

- ein Funktionsblock für das OS (Operations System Function, OSF), in dem konzeptionell die Informationsverarbeitungs-Funktionen angesiedelt sind,
- ein Block für die Funktionen der Bedienstation (Workstation Function, WSF), der die Interpretation der TMN-Information für den (menschlichen) Benutzer des TMN und eine Unterstützung für die Mensch/Maschine-Schnittstelle bietet,
- und ein Block für die Funktionen der Netzelemente (Network Element Function, NEF), der die Kommunikationsfunktionen mit dem OS und die für die Überwachung und Steuerung durch das TMN erforderlichen Managementfunktionen umfaßt.

Da die Mensch/Maschine-Schnittstelle im WSF-Block sowie die eigentliche Realisierung der Telekommunikations-Funktionen im NEF-Block nicht als Teil des TMN angesehen werden, wird nur ein Teil dieser Blöcke innerhalb des TMN gezeichnet.

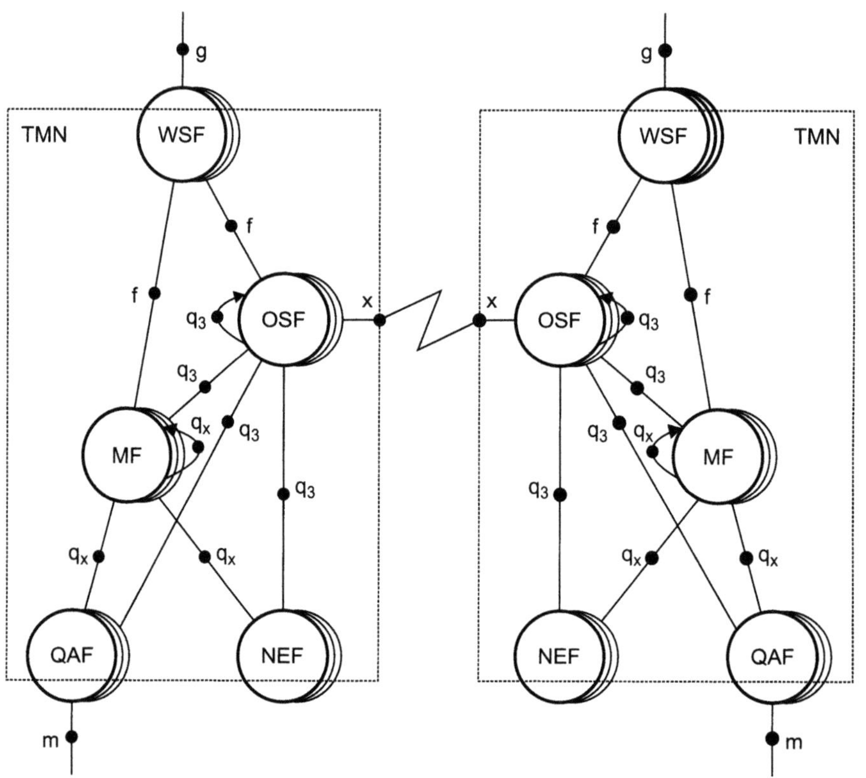

Abb. 11.21. Funktionale Architektur des TMN nach ITU-T-Empfehlung M.3010

Daneben wurde ein Funktionsblock definiert, der Anpassungsfunktionen
bezüglich der übermittelten Informationen ausführt (Mediation Function, MF),
falls in dieser Beziehung zwischen den beiden an den MF-Block angeschlossenen Funktionsblöcken unterschiedliche Anforderungen bestehen. Zu diesem
Zweck kann der MF-Block Informationen speichern, anpassen, filtern, zusammenfassen oder erst aufgrund von Schwellwert-Überschreitungen weitergeben.

Außerdem wurde ein Block für die Anpassung von Bediensystem- und
Netzelemente-Funktionen an die entsprechenden TMN-Schnittstellen definiert
(Q Adaptor Function, QAF). Über die QAF können auch Netzelemente und
Bediensysteme, die nicht den TMN-Spezifikationen entsprechen, an das TMN
angeschlossen werden.

Für die Bezugspunkte wurden mehrere Klassen definiert, die durch kleine
Buchstaben bezeichnet werden. Nicht TMN-konforme Netzelemente oder
Bediensystem-Funktionen können so über einen QAF-Block an einem Bezugspunkt der Klasse m, der außerhalb des TMN liegt, an das TMN angebunden
werden. An Bezugspunkten der Klasse g, die ebenfalls außerhalb des eigentlichen TMN liegen, erhält der menschliche Benutzer des TMN Zugang. Bezugs-

punkte der Klasse f grenzen die Funktionen der Bedienstation von denen des OSF- bzw. des MF-Blocks ab. Die Bezugspunkte der Klasse q trennen die Funktionsblöcke innerhalb des TMN voneinander ab und befinden sich z.B. zwischen den zentralen Bearbeitungsfunktionen des OSF-Blocks und den in den Netzelementen angeordneten NEF-Blocks. NEF- und QAF-Funktionsblöcke, die den vollen Informationsumfang für eine direkte Kommunikation mit dem OSF-Block realisieren, werden dabei an q_3 Bezugspunkten mit diesem verbunden. Alle Funktionsblöcke, die diese Bedingungen nicht erfüllen, werden an Bezugspunkten vom Typ q_x über einen MF-Block an den OSF-Block angeschlossen.

Die in der Abbildung angedeuteten Schleifen symbolisieren, daß die entsprechenden Blöcke weiter unterteilt sein können. Beim OSF-Block ist dies z.B. der Fall, weil die Teile räumlich getrennt sind, oder um die Funktionen der unterschiedlichen Management-Schichten gegeneinander abzugrenzen. In diesem Fall existieren zwischen den OSF-Teilen ebenfalls q_3-Bezugspunkte. Die Bezugspunkte der Klasse x befinden sich zwischen den OSF-Blöcken verschiedener TMNs, die miteinander kommunizieren. Dies ist z.B. bei einer Kopplung von Netzen unterschiedlicher Betreiber der Fall, oder wenn der Teilnehmer in seinem Privatnetz ebenfalls ein Managementsystem betreibt.

Wenn an einem Bezugspunkt eine reale Schnittstelle definiert wird, wird die Information, die über diese Schnittstelle ausgetauscht werden kann, in einem sog. „Informationsmodell" (Information Model) für die entsprechende Schnittstelle erfaßt.

Mit Hilfe der Datenkommunikations-Funktion (Data Communication Function, DCF), die in Abb. 11.21 nicht explizit dargestellt ist, werden die auszutauschenden Informationen zwischen den Funktionsblöcken transportiert. Die DCF umfaßt Funktionen der OSI-Schichten 1 bis 3, zu denen auch Routing- und Interworking-Funktionen zählen. Dabei können unterschiedliche paket- oder durchschaltevermittelte Netze oder Kombinationen mehrerer Transportnetze verwendet werden. In manchen Netzen werden spezielle TMN-Kanäle vorgesehen. Im Rahmen-Overhead bei SDH existieren z.B. Datenkommunikations-Kanäle (Embedded Communication Channel, ECC), die für eine Übertragung von TMN-Information vorgesehen sind.

Zum Austausch der Informationen und Steuerbefehle wurde im TMN ein objektorientierter und transaktionsorientierter Ansatz gewählt, wie er in den Spezifikationen für das OSI-System-Management (ITU X.701) definiert wurde. Dabei werden die zu steuernden Betriebsmittel (Resource) auf abstrakte Datentypen abgebildet, die als Managed Objects bezeichnet werden. Neben einem physikalischen Betriebsmittel, z.B. einer Übertragungsstrecke, kann ein Managed Object auch eine logische Funktion beschreiben, die für das Management benötigt wird. Beispiele hierfür sind eine Protokollierungsfunktion für Fehlfunktionen, oder auch eine Verbindung. Gemäß dem Konzept der abstrakten Datentypen umfaßt ein Managed Object neben der Datenstruktur, die eine strukturierte Menge von Attributen (Attribute) zur Beschreibung des Betriebsmittels darstellt, auch die eine festgelegte Schnittstelle zur Außenwelt, in der

- die nach außen sichtbaren Attribute,
- die auf das Managed Object anwendbaren Operationen und
- die Nachrichten, die vom Managed Object ausgesandt werden können

festgelegt sind. Außerdem ist das nach außen wahrnehmbare Verhalten, d.h.
die Reaktion des Managed Objects auf externe und interne (z.B. Schwellwert
Überschreitungen) Stimuli festgelegt. Managed Objects können hierarchisch
zu Gruppen zusammengefaßt werden, so daß ein Managed Object höherer
Ordnung eine ganze Ansammlung von unterschiedlichen Betriebsmitteln, z.B.
ein ganzes Teilnetz beschreiben kann.

Die Gesamtheit der Managed Objects ergibt das Management-Informationsmodell (Management Information Model) eines Kommunikationsnetzes. Da
es Betriebsmittel gibt, die in jeder Art von Kommunikationsnetz verfügbar
sein müssen (z.B. Übertragungsstrecken), wurde in der ITU-T-Empfehlung
M.3100 ein generisches Informationsmodell definiert. Auf dieser Basis werden für spezielle Netze die benötigten spezifischen Erweiterungen definiert,
die für das Management benötigt werden. Solche angepaßten Informationsmodelle werden im Rahmen der entsprechenden Empfehlungsserien spezifiziert, z.B. für das ISDN in den Empfehlungen M.36xx, für Übertragungsnetze
in den Empfehlungen G.7xx und für das CCS7-Netz in den Empfehlungen
Q.75x.

Der für einzelne Managementoperationen (Transaktionen) erforderliche
Informationsaustausch erfolgt nach dem ebenfalls von OSI (ITU-T X.701)
definierten Manager/Agent-Konzept. Dabei übernimmt der jeweils steuernde
Managementprozeß die Managerrolle, der gesteuerte Prozeß übernimmt die
Agentenrolle. Je nach der zu erfüllenden Aufgabe kann ein bestimmter Managementprozeß in einer Transaktion die Managerrolle, in der anderen die Agentenrolle übernehmen. Wie in Abb. 11.22 dargestellt richtet der Manager Anfragen
an den Agenten, die z.B. Einstellaufträge oder Informationsabfragen enthalten können. Der Agent interpretiert die Anfragen und greift entsprechend auf
die Managed Objects zu. Diese wiederum haben Zugriff auf die – außerhalb
des TMN angesiedelten – Betriebsmittel des Kommunikationsnetzes und können dadurch entsprechende Einstellungen anstoßen. Nach Ausführung der Einstellung oder Beschaffung der benötigten Information wird das Ergebnis vom
Agenten an den Manager übermittelt und die Transaktion ist beendet. Im Falle
unvorhergesehener Vorfälle (Fehlfunktionen) kann der Agent auch ohne Aufforderung die in den Managed Objects durch interne Stimuli erzeugten Meldungen (Alarme) an den Manager weitergeben.

Die Gesamtheit der verfügbaren Managed Objects wird als Management
Information Base (MIB) bezeichnet. Durch die Wahl des objektorientierten
Ansatzes und die dadurch mögliche Bildung von Objektklassen (Object Class)

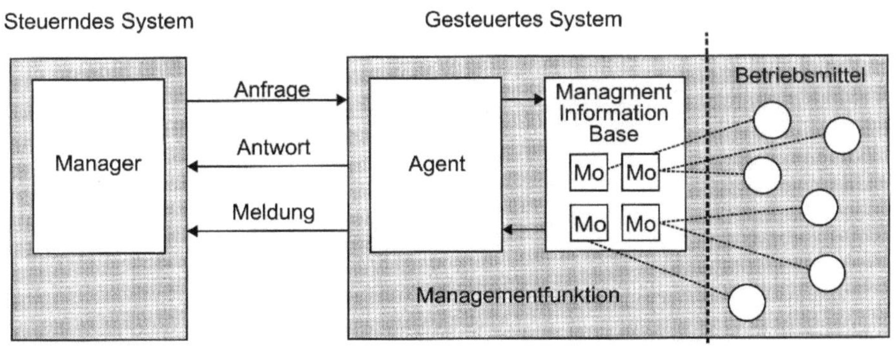

Abb. 11.22. Das Manager/Agent-Konzept für die Kommunikation im TMN

und die Möglichkeit der Vererbung (Inheritance) können diese Strukturierungsmittel beim Aufbau einer MIB und beim Zugriff auf die Managed Objects angewandt werden.

Für unterschiedliche Managementaufgaben können unterschiedlich mächtige Schnittstellen existieren, für die jeweils die Menge der vom Manager aus sichtbaren und damit zugreifbaren Managed Objects unterschiedlich definiert sein kann (Shared Management Knowledge). Dadurch können unterschiedliche Bereiche (Management Domain) definiert werden, die gezielte Einschränkungen der anwendbaren Managementfunktionen und der verfügbaren Informationen erlauben.

Die Managementprozesse, die die Management-Funktionsblöcke realisieren, benötigen zum Informationsaustausch die Unterstützung von Kommunikationsprotokollen. Für diesen Zweck wurden einheitliche Protokollprofile für die OSI-Schichten 4 bis 7 (ITU-T Q.812) definiert, wobei in der Schicht 7 insbesondere der Common Management Information Service (CMIS, ITU-T X.710) für den Zugriff der Managementprozesse und das Common Management Information Protocol (CMIP, ITU-T X.711) speziell für die Erfordernisse des Informationsaustauschs zwischen Managementprozessen definiert wurde. Für den, z.B. bei der Übermittlung von Statistikdaten, auftretenden Transfer von größeren Datenmengen wird das OSI-FTAM-Protokoll (File Transfer, Access and Management) verwendet. In den Schichten 4 bis 6 werden die Standard-Protokollstacks gemäß OSI verwendet. Für die Schichten 1 bis 3 können die unterschiedlichsten verbindungslosen oder verbindungsorientierten Protokolle verwendet werden, insbesondere die X.25-Protokolle der öffentlichen Paketdatennetze, Protokolle auf den B- und D-Kanälen des ISDN, LAN-Protokolle gemäß ISO und der CSS7-Protokollstack mit MTP und SCCP (ITU-T Q.811). IETF hat in dem RFC 1006 auch spezifiziert, wie OSI-Protokolle über TCP/IP

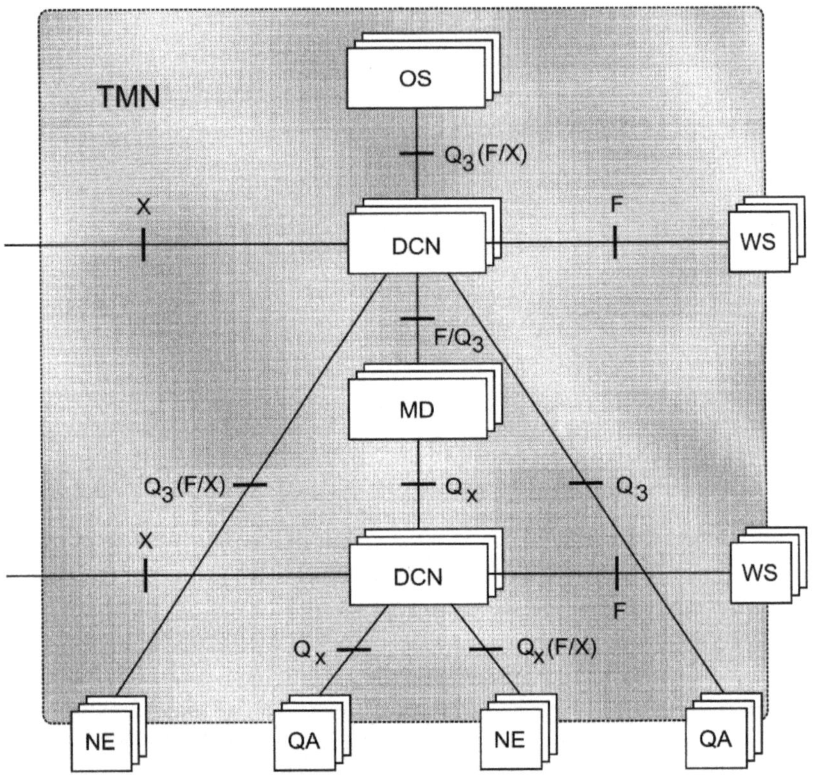

Abb. 11.23. Die physikalische Architektur des TMN und ihre Bausteine

übertragen werden können, so daß auch TCP/IP-basierte Internets als DCN
verwendet werden können.

Auf der Basis der bereits beschriebenen, abstrakten Bezugspunkte und
Funktionsblöcke werden in der ITU-T-Empfehlung M.3010 eine physikalische Architektur des TMN, die tatsächlich definierten Schnittstellen (mit
Großbuchstaben bezeichnet) und die dabei verwendeten Bausteine (TMN Building Blocks) wie in Abb. 11.23 dargestellt definiert.

Das Operation System (OS) nimmt hauptsächlich die eigentlichen Verarbei-
tungs- und Steuerungsfunktionen des OSF-Blocks wahr. In größeren Netzen
kann es wegen der Leistungsfähigkeit oder aus anderen Gründen (z.B. Ausfallsicherheit) auf mehrere physikalische Einheiten (Rechner) verteilt sein, die
dann untereinander über ein Datenkommunikations-Netz (DCN) verbunden
sind. Neben den Funktionen des OSF-Blocks kann eine OS-Implementierung

zusätzlich die Anpassungsfunktionen der MF- und/oder QAF-Blöcke[16] beinhalten, um einen direkten Anschluß nicht voll TMN-kompatibler Netzelemente zu erlauben. Außerdem können – insbesondere bei kleinen Systemen – die für den Zugang des Bedienpersonals erforderlichen Funktionen des WSF-Blocks mit integriert sein. Ein OS ist mit anderen OS-Teilen sowie mit anderen direkt anschließbaren TMN-Teilen (MD, NE) am Bezugspunkt q_3 über eine Q_3-Schnittstelle verbunden. Mit dem OS fremder TMNs kommuniziert es über eine X-Schnittstelle unter Verwendung des DCN.

Die Bedienstationen (Workstation, WS), die die Funktionen des WSF-Blocks realisieren und damit den Zugang des Bedienpersonals zum TMN erlauben, sind über F-Schnittstellen am OS angeschlossen. Der Anschluß kann dabei je nach Bedarf über ein lokales Netz erfolgen, das in einer Netzmanagement-Zentrale (Network Management Center) als lokales DCN zwischen den OS-Teilen und den (vielen) Bedienstationen eingesetzt wird, oder aber er kann von einem entfernten Standort aus über ein Weitverkehrs-DCN erfolgen. Bei kleinen Konfigurationen kann die Bedienstation ebenso direkt an dem Rechner angeschlossen sein, der die OS-Funktionen implementiert.

Die Netzelemente (Network Element, NE) enthalten Managementinstanzen, die die Funktionen des NEF-Blocks realisieren und die eigentlichen Kommunikationsfunktionen überwachen und steuern. Abhängig von den Implementierungsanforderungen kann ein Netzelement bei Bedarf auch alle anderen Management-Funktionsblöcke enthalten und deshalb eine oder mehrere Q-, F- und – falls es auch OSF-Funktionen umfaßt – X-Schnittstellen aufweisen.

Ein Netzelement oder auch ein OS, das keine TMN-Standardschnittstellen aufweist, erhält (am Bezugspunkt m) über einen Q-Adaptor (QA) Zugang zum TMN. Dieser realisiert die Funktionen des QAF-Blocks und setzt die nicht standard-konformen Schnittstellen in eine Q_3-Schnittstelle zum direkten Anschluß an das OS um.

Netzelemente und Q-Adaptoren, die über keine vollwertige Q_3-Schnittstelle für einen direkten Anschluß an das OS – sondern lediglich über eine Q_x-Schnittstelle – verfügen, werden über eine Mediation Device (MD) an das OS angeschlossen. Dort sind die Funktionen des MF-Blocks realisiert und es wird auch die Informationsumsetzung in eine für die Q_3-Schnittstelle erforderliche Form vorgenommen. Zusätzlich kann eine Mediation Device je nach Realisierung auch Funktionen der OSF-, QAF- und WSF-Blöcke enthalten oder aus einer hierarchischen Anordnung von hintereinander geschalteten Geräten bestehen.

Angepaßte TMN-Spezifikationen wurden für das Schmalband-ISDN, für Übertragungsnetze (speziell für SDH-basierte) und für das Management der CCS7-Signalisiernetze erarbeitet, wobei die Umstellung bei bereits eingeführten

---

16 Bei allen Geräten, die Funktionen mehrerer Bausteine enthalten erfolgt die Benennung nach der hauptsächlich ausgeführten Funktion.

Systemen relativ aufwendig ist, da das TMN-Konzept sehr weitreichende Einflüsse auf die Systemsoftware hat.

11.3.2
Das Simple Network Management Protocol (SNMP)

Im Bereich der LANs haben sich Managementkonzepte als Industriestandard etabliert, die auf dem „Simple Network Management Protocol" (SNMP [119]) aufbauen, das von IETF als Anwendung im Rahmen der TCP/IP-Protokollfamilie definiert wurde und dadurch eine sehr weite Verbreitung und Anwendbarkeit hat. Solche Systeme erlauben die Ausführung der grundlegenden Managementfunktionen, wie z.B. Fehlerüberwachung, Auslesen von Statistikdaten, Einstellen von Konfigurationsparametern oder Einrichten von Festverbindungen über die Netze hinweg. Da SNMP-basierte Managementsysteme zunächst für den Einsatz in privaten Netzen vorgesehen waren, fehlen die im TMN-Konzept durchgängig verankerten Sicherheitsmechanismen fast völlig. Durch die einfache Konzeption sind SNMP-basierte Managementsysteme relativ einfach zu implementieren. Sie arbeiten durch den – im Vergleich zu TMN-basierten Konzepten – deutlich geringeren Protokoll-Overhead relativ effektiv. Wegen der beschränkten Grundfunktionalität werden in vielen Implementierungen herstellerspezifische Erweiterungen realisiert.

Auch den SNMP-basierten Managementansätzen liegt ein Manager/Agent-Konzept zugrunde. Dabei sind jedoch die Manager- und Agentenrollen für bestimmte Geräte fest zugeordnet, so daß im Gegensatz zum TMN ein Gerät nicht je nach Bedarf beide Rollen annehmen kann.

Ebenfalls verwendet wird der Ansatz, die zu steuernden Betriebsmittel über Datenstrukturen zu modellieren und den Managementzugriff über diese zu realisieren. Wie beim TMN-Ansatz werden diese in einer Management Information Base (MIB) zusammengefaßt, für deren Struktur und die Beschreibung der Objekte in [118] Vorgaben gemacht werden. Statt des im TMN verwendeten objektorientierten Ansatzes, der durch abstrakte Datentypen, Objektklassen und Vererbung eine sehr komplexe Struktur erlaubt, wird ein sehr einfacher Ansatz verwendet. Bei diesem werden aus einfachen Datentypen (Integer, String, Bitmap) baumartige Datenstrukturen aufgebaut, die die einzelnen Objekte enthalten. Der Zugriff erfolgt mittels einer einfachen Index-Adressierung, bei der für jeden Verzweigungspunkt in einer dezimalen Notation die Nummer des zu verwendenden Zweiges angegeben wird. Die Angaben für die aufeinanderfolgenden Verzweigungspunkte werden durch Punkte getrennt, so daß eine Objektadresse die Form a.b.c.d... hat, wobei die Buchstaben für eine bestimmte Dezimalzahl stehen.

Jedes Objekt ist durch einen Namen (in Textform), eine Syntax und eine Kodierungsvorschrift definiert. Die Baumstruktur wird insofern zentral verwaltet, daß Teilbäume bestimmten Organisationen (z.B. dem ATM-Forum) exklusiv zur Festlegung ihrer spezifischen Datenstrukturen zugeordnet werden. Zur Definition der MIB-Datenstrukturen wird eine Untermenge der Abstract Syntax Notation 1 (ASN.1) verwendet, die ebenfalls in [118] spezifiziert ist.

Im Gegensatz zu den komplexen Operationen, die zum Zugriff auf die Managed Objects beim TMN definiert werden können, sind bei SNMP-basierten Systemen lediglich einfache Lese- und – falls erforderlich – Schreibzugriffe auf die Objekte möglich. Einstellungen können dabei nur durch Einschreiben bestimmter Werte angestoßen werden. Zur Kommunikation stehen standardmäßig nur wenige Meldungen zur Verfügung: Mit Hilfe von GET REQUEST und GET NEXT REQUEST werden Informationen angefordert, mit SET REQUEST wird die Änderung von Werten in der MIB angefordert, RESPONSE dient zur Beantwortung aller Anfragen und TRAP dient zur Benachrichtigung im Fall unerwarteter Ereignisse (Alarme). Weitere herstellerindividuelle Meldungen können hinzukommen.

Entsprechend seiner Anwendungsumgebung benutzt SNMP zum Transport der Informationen die Protokolle der TCP/IP-Familie (s. Abschn. 11.2.4.4), wobei aufgrund der transaktions-orientierten Natur der Kommunikation meist das verbindungslose UDP als Transportprotokoll verwendet wird.

Zur Umsetzung zwischen SNMP und anderen Managementprotokollen werden Umsetzungseinheiten verwendet, die als SNMP-Proxy bezeichnet werden. Dabei ist eine Umsetzung ähnlich einfacher Protokolle sinnvoll machbar, während eine komplette Umsetzung von CMIP auf SNMP aufgrund der größeren Mächtigkeit des CMIP-Protokolls und der Komplexität der Datenstrukturen und CMIP-Kommandos wenn nicht unmöglich so doch so komplex und aufwendig ist, daß sie wenig Sinn macht. Die Umsetzung von SNMP auf CMIP dagegen ist aufgrund der einfachen Strukturen und Protokolle im SNMP-Bereich vergleichsweise einfach zu bewerkstelligen, so daß SNMP-basierte Netzelemente und Managementsysteme sinnvoll an das TMN angebunden werden können.

11.4
Übertragungstechnik

Zum leitungsgebundenen Transport digitaler Informationen wird in den modernen Telekommunikationsnetzen in der Regel ein synchrones Zeitmultiplex-Verfahren verwendet, wie es in Abschn. 2.1 beschrieben wird. Dieses Verfahren wurde zunächst in Form von Multiplexsystemen der plesiochronen digitalen Hierarchie (PDH) realisiert, die als Übertragungsmedium Kupfer-Doppeladern und für höhere Bitraten Koaxialkabel verwenden. Mit der Entwicklung der optischen Übertragungstechnik wurden in den USA die wesentlich leistungsfähigeren und kostengünstigeren SONET-Systeme (Synchronous Optical Network) definiert und entwickelt, die zur Übertragung Glasfasern verwenden. In starker Anlehnung an die SONET-Standards hat ITU-T die synchrone digitale Hierarchie (SDH) definiert. Aufgrund der besseren Kostenposition und der höheren Leistungsfähigkeit werden Neuinstallationen innerhalb öffentlicher Netze bevorzugt auf SDH/SONET-Basis durchgeführt, die installierten PDH-Systeme werden aber auf absehbare Zeit noch in Betrieb bleiben. Außerdem werden PDH-Systeme weiterhin im Anschlußbereich eingesetzt, wo niedrigere Übertragungsraten ausreichen.

11.4.1
Die plesiochrone digitale Hierarchie (PDH)

Die ersten Ansätze für die plesiochrone[17] digitale Hierarchie (Plesiochronous Digital Hierarchy, PDH) wurden bereits vor 40 Jahren in den USA entwickelt. Ziel dabei war eine bessere Ausnutzung der Übertragungsleitungen bei der digitalen Sprachübertragung. Deshalb wurde die Basisrate der Multiplexhierarchie zu 64 kbit/s gewählt, da dies der Übertragungsrate für ein nach dem PCM-Verfahren (Pulse Code Modulation) digitalisierten Sprachsignal entspricht. Bei diesem Kodierungsverfahren werden die analogen Sprachsignale periodisch abgetastet und die abgetasteten Amplitudenwerte werden dann digital kodiert. Dabei ergibt sich im Abstand von jeweils $125\,\mu s$ eine 8 Bit lange Abtastprobe, was genau der Bitrate von 64 kbit/s entspricht.

Die Datenströme der einzelnen PDH-Hierarchieebenen werden zu einem Datenstrom der nächsthöheren Hierarchiestufe gemultiplext, wobei in bezug auf die Frequenzen der Signale gewisse Toleranzen erlaubt sind. Diese Toleranzen werden durch das Einfügen von „Stopfbits" ausgeglichen, so daß sich am Ausgang des Multiplexers wieder ein kontinuierlicher Bitstrom ergibt. Ein entscheidender Nachteil der PDH-Systeme ist, daß aus einem Signal der Hierarchiestufe n lediglich die Einzelsignale der Stufe $n-1$ direkt zurückgewonnen werden können, nicht aber die eventuell darin enthaltenen Signale der niedrigeren Stufen. Deshalb müssen beim Einsatz höherratiger PDH-Systeme vor jeder Vermittlungsstelle, in der einzelne 64 kbit/s-Kanäle vermittelt werden sollen, die hochratigen PDH-Signale über mehrere Stufen zerlegt und am Ausgang der Vermittlungsstelle ebenso wieder stufenweise gemultiplext werden. Dies bedeutet einen erheblichen Aufwand.

In den USA werden die Signale der einzelnen Multiplexstufen als „Digital Signal" bezeichnet und anhand einer Nummer unterschieden, wobei der 64 kbit/s-Basiskanal als DS0 bezeichnet wird. Tabelle 11.1 zeigt die höheren Multiplexstufen der nordamerikanischen PDH-Hierarchie, die Bitraten der entsprechenden Signale sowie die Anzahl der darin transportierten 64 kbit/s-Nutzkanäle. In jeder Hierarchiestufe sind neben den Nutzbits dieser Kanäle noch Overhead-Bits enthalten, die zur Definition eines periodischen Übertra-

---

17 Plesiochron bedeutet annähernd synchron, wobei gewisse Toleranzen bei den Frequenzen erlaubt sind.

Tabelle 11.1. Überblick über die unterschiedlichen PDH-Hierarchien

Multiplex-ebene	64 kbit/s-Nutzkanäle	Europa	Bitrate (Mbit/s) Nordamerika	Japan
0	1	0,064 (E0)	0,064 (DS0)	0,064
1	24		1,544 (DS1)	
	30	2,048 (E1)		
	48		3,125	3,125
2	96		6,312	6,312
	120	8,448		
3	480	34,368 (E3)		
	672		44,376 (DS3)	
	1344		91,053	
	1440			97,728
4	1920	139,264 (E4)		
	4032		274,176	
	5760			397,200
5	7680	565,148		

gungsrahmens dienen, auf den sich die Übertragungsgeräte synchronisieren können. Neben der Rahmensynchronisation dienen die Overhead-Bytes auch zum Transport von OAM-Information, die z.B. zur Alarmierung bei Ausfällen und zur Überwachung der Übertragungsgüte benötigt werden. Die Struktur der Signale und der Umfang der unterstützten OAM-Funktionen ist dabei von Multiplexstufe zu Multiplexstufe unterschiedlich.

Die Multiplexstufen sind von unterschiedlicher praktischer Bedeutung, wobei die DS1- und DS3-Signale am wichtigsten sind, da die Übertragungssysteme für diese am weitesten verbreitet sind. Diese Übertragungssysteme werden als T1- bzw. T3-Systeme bezeichnet. Das Signal der untersten Ebene (DS1) enthält 24 Zeitschlitze von 8 Bit Länge, die jeweils eine PCM-Abtastprobe aufnehmen können und sich alle 125 μs wiederholen. Deshalb werden die entsprechenden Systeme oft auch als PCM 24-Systeme bezeichnet. Zur Übermittlung von Signalisierungsinformation können die Abtastproben mit nur 7 Bit kodiert werden, so daß bei einer Nutzbitrate von 56 kbit/s das achte Bit des Zeitschlitzes für Signalisierungsinformation verwendet werden kann. Eine andere Variante ist die, daß periodisch nur bestimmte Abtastproben mit 7 Bit kodiert werden (Rob Bit Signalling). Da bei diesen Verfahren die Signalisierungsinformation nicht in einem gemeinsamen Signalisierungskanal transportiert wird, sondern zusammen mit den Nutzdaten der jeweiligen Kanäle, wird diese Art der Signalisierung als kanal-assoziierte Signalisierung (Channel Associated Signalling, CAS) bezeichnet.

In Europa und Japan wurden unter Verwendung des gleichen Grundprinzips jeweils eigene Multiplexhierarchien definiert, die ebenfalls in Tabelle 11.1 aufgelistet sind. In Europa sind dabei die Übertragungssysteme auf der Basis der mit E1, E3 und E4 bezeichneten Multiplexsignale am weitesten verbreitet. Die Multiplexsignale der ersten Ebene (E1) haben eine Zeitschlitzstruktur mit 32 Zeitschlitzen zu je 8 Bit, die sich alle 125 µs wiederholt. Der erste Zeitschlitz jedes Rahmens dient abwechselnd zur Rahmensynchronisation und zur Übertragung von OAM-Information, der sechzehnte zur Übermittlung von Signalisierungsinformation, so daß noch 30 mit jeweils 8 Bit PCM-kodierte Sprachkanäle übertragen werden können. Deshalb werden die entsprechenden Übertragungssysteme oft als PCM 30/32-Systeme bezeichnet.

Um das Zusammenspiel von PDH- und SONET/SDH-Übertragungssystemen zu erleichtern, wurden auch für die höheren PDH-Multiplexebenen neue Übertragungsrahmen definiert. Diese unterscheiden sich von den ursprünglichen Multiplexsignalen dadurch, daß sie eine Bytestruktur und eine einheitliche Rahmendauer von 125 µs haben. Diese Rahmen werden auch für die Übermittlung von ATM-Zellen in den entsprechenden Signalen verwendet.

11.4.2
Die synchrone digitale Hierarchie (SDH) und SONET

Mit der Entwicklung der optischen Übertragungstechnik mußten neue Standards für die optischen Schnittstellen entwickelt werden. Bei ANSI wurde deshalb bereits 1985 auf der Basis eines Vorschlags von Bellcore mit der Standardisierung eines „Synchronous Optical Network" (SONET [22]) begonnen, die 1988 zu einer ersten Version des SONET-Standards ANSI T1.105-1988 führte. Die für SONET entwickelten Prinzipien wurden von ITU-T übernommen und in manchen Bereichen an die außer-amerikanischen Bedürfnisse angepaßt. Daraus resultiert die ITU-T-Empfehlung G.707[18], in der die synchrone digitale Hierarchie (Synchronous Digital Hierarchy, SDH [71]) spezifiziert wurde. Die SDH/SONET-Übertragungssysteme haben gegenüber den PDH-Systemen vor allem folgende Vorteile:

- Die Anfänge der Multiplexsignale niedrigerer Ordnung sind durch Zeigerstrukturen auffindbar, so daß ein direkter Zugriff ohne mehrstufiges Multiplexen/Demultiplexen möglich ist.

---

18 In der neuen G.707 sind die früheren Empfehlungen G.707 bis G.709 zusammengefaßt.

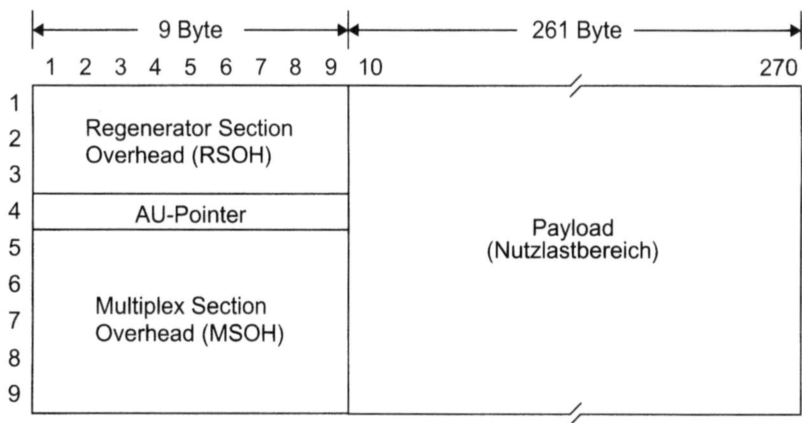

Abb. 11.24. Die Struktur des STM-1-Rahmens

- Es sind sehr umfangreiche OAM-Funktionen auf mehreren Ebenen definiert worden, die eine deutlich verbesserte Überwachung und Steuerung des Übertragungsnetzes erlauben.
- Die definierte Multiplexhierarchie reicht bis zu deutlich höheren Bitraten (10 Gbit/s) und ist durch den systematischen Aufbau der höherratigen Signale einfach erweiterbar.
- Da die Strukturen von SONET und SDH sehr ähnlich definiert sind, besteht ein weltweit (fast) einheitlicher Standard.

Das Multiplexsignal der untersten SDH-Ebene, das als „Synchronous Transport Module Level 1" (STM-1) bezeichnet wird, hat eine Übertragungsrate von 155,520 Mbit/s. Der Rahmen ist byteorientiert und wiederholt sich alle 125 μs, so daß er aus 2430 Byte besteht. Der Rahmen wird wie in Abb. 11.24 meist zweidimensional mit (9+261) Spalten und 9 Zeilen dargestellt. Die Spalten 10 bis 270 dienen der Aufnahme der Nutzlast (Payload) des STM-1-Signals, das aus verpackten und gemultiplexten Nutzsignalen besteht, die als Tributaries bezeichnet werden.

Die ersten neun Spalten enthalten in den ersten drei Zeilen die Overhead-Bytes für die Regeneratorebene (s. Abb. 6.1), die als „Regenerator Section Overhead" (RSOH) bezeichnet werden. In den Zeilen 5 bis 9 sind die Overhead-Bytes für die Multiplexebene (Multiplex Section Overhead, MSOH) enthalten. Der Section Overhead (SOH) dient zur Übertragung der F1- (RSOH) und F2-OAM-Flüsse (MSOH) wie in Abschn. 6.1.1 beschrieben. Er enthält neben Information für die Rahmensynchronisation (im RSOH), BIP-Prüfsummen (Bit Interleaved Parity) zur Überwachung der Übertragungsgüte und Möglichkeiten zur Alarmsignalisierung (AIS/RDI) noch Bytes für weitere Funktionen sowie für spezielle Kommunikationskanäle (siehe auch Abschn. 6.1.2).

Die vierte Zeile enthält sog. „Administrative Unit Pointer" (AU-Pointer), die das Auffinden der Anfänge der gemultiplexten Nutzsignale erlauben. Die Nutzlast des STM-1-Signals kann je nach Anwendung sehr unterschiedlich strukturiert sein. Einen Überblick über die bestehenden Möglichkeiten gemäß ITU-T G.707[19] (neue Version) gibt Abb. 11.25.

Die kleinste Einheit der SDH-Nutzlast ist ein „Container", (C) in den jeweils ein bestimmter Nutzsignaltyp eingefügt werden kann, der durch die angefügte Nummer identifiziert wird. Bei plesiochronen Nutzsignalen werden zum Ausgleich der Frequenzunterschiede Stopfinformationen (in der Regel byteweise) verwendet. Jedem Container wird ein „Path Overhead" (POH) zugeordnet, der bei den C-1- und C-2-Containern aus einem Byte, bei den C-3- und C-4-Containern aus 9 Byte besteht. Der POH dient dem Transport von OAM-Informationen der Übertragungsabschitts-Ebene (Transmission Path, F3) und wird transparent zwischen den Netzelementen übermittelt, die den Container zusammenstellen bzw. auflösen. Die Kombination von POH und Container wird als „Virtual Container" (VC) bezeichnet und mit der Nummer des jeweiligen Containers gekennzeichnet.

Jedem VC wird ein Zeiger (Pointer) zugeordnet, der auf das erste Byte des POH deutet. Damit kann die zeitlich unterschiedliche Lage der Nutzsignale angezeigt werden, die durch das bedarfsweise Einfügen der Stopfinformation entsteht, so daß jederzeit ein direkter Zugriff möglich ist. Die Kombination aus dem VC und dem zugeordneten Zeiger wird bei den VC-1 und VC-2 als „Tributary Unit" (TU) und bei den VC-3 und VC-4 als „Administrative Unit" (AU) bezeichnet, die wiederum anhand der entsprechenden Nummer identifiziert wird.

Die so verpackten Nutzsignale werden dann gemultiplext und dadurch zu Gruppen zusammengefaßt, die als „Tributary Unit Group" (TUG) bzw. „Administrative Unit Group" (AUG) bezeichnet werden. Bei den niederratigen Containern (C-1, C-2) ist dies ein mehrstufiger Prozeß, der auf unterschiedliche Weisen durchgeführt werden kann. In Europa wird nur die AU-4 unterstützt, so daß für alle Nutzsignale mit einer Bitrate von kleiner als 139,264 Mbit/s nur der Weg über TUG-3 zur Verfügung steht. Für diese Signale ist auch in jedem Fall eine zweifache Zeigerbearbeitung notwendig, nämlich bei der Bildung der jeweiligen TU und danach bei der Bildung der AU.

Zur Bildung der Signale der höheren Multiplexebenen (STM-N) werden einfach die einzelnen zu transportierenden AUGs byteweise verschachtelt, wobei auch für den SOH die N-fache Anzahl von Bytes zur Verfügung steht. Dadurch ist eine Erweiterung über die bis jetzt definierten Stufen STM-4 (622,080 Mbit/s) und STM-16 (2,488 320 Gbit/s) hinaus sehr einfach möglich. Die einzelnen VC-4-Elemente in einem höherratigen Multiplexsignal können auch logisch miteinander verkettet werden, so daß auch Nutzlasten mit einer Bitrate übertra-

---

19 Bei ETSI sind nicht alle Möglichkeiten zugelassen.

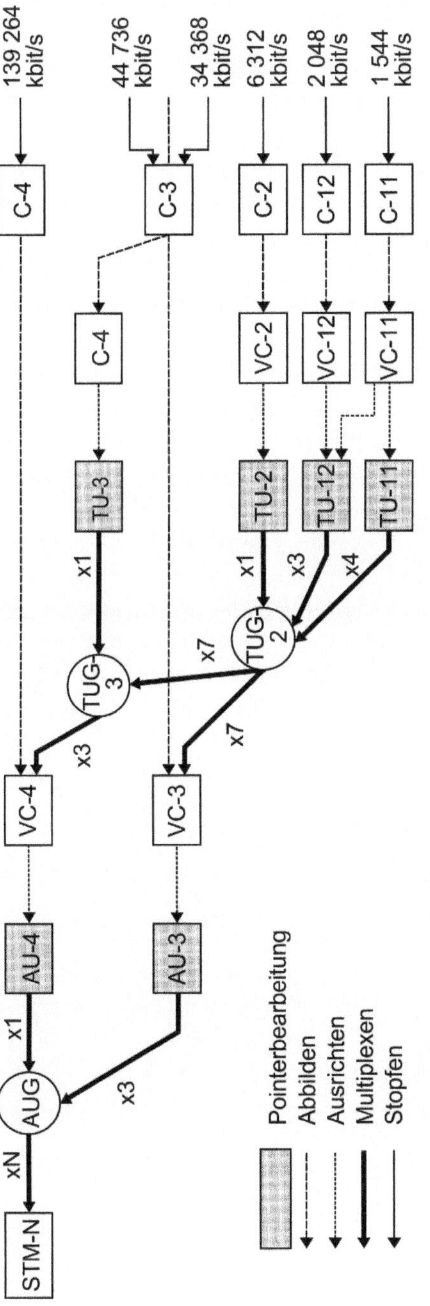

Abb. 11.25. SDH-Multiplexstruktur gemäß ITU-T G.707

gen werden können, die die Kapazität eines einzelnen VC-4 überschreitet. Die Verkettung von 4 VC-4-Elementen in einem STM-4-Signal wird als VC-4-4c bezeichnet, wobei „c" für „concatenated" steht.

Die SDH-Schnittstellen werden meist optisch ausgeführt (ITU-T G.957), lediglich für die STM-1-Schnittstelle existiert eine elektrische Variante (ITU-T G.703).

Für den Transport von ATM-Zellen bei SDH-basierten Schnittstellen werden die VC-4 bzw. VC-4-4c-Strukturen für die Nutzlast verwendet (s. Abschn. 4.2.2.1).

Die SONET-Hierarchie beginnt bereits mit einem Signal, das eine Bitrate von 51,84 Mbit/s hat, was genau einem Drittel der STM-1-Bitrate entspricht. Dieses Signal wird als „Synchronous Transport Signal Level 1" (STS-1) bezeichnet. Die Struktur des Rahmens besteht demnach aus 90 Spalten und neun Zeilen, wobei die ersten drei Spalten den Overhead tragen. Die ersten drei Zeilen der Overhead-Spalten tragen den Section Overhead (entspricht den RSOH), die Zeilen 5 bis 9 den Line Overhead (entspricht MSOH), die vierte Zeile enthält wie bei SDH die Zeiger auf die Nutzlaststrukturen. Für die Nutzlast, die als „Synchronous Payload Envelope" (SPE) bezeichnet wird, sind deshalb noch 87 Spalten verfügbar. Sie kann ähnlich wie bei SDH zum Transport niederratigerer Nutzsignale verwendet werden. Aufgrund der anderen Struktur wird bei SONET der Multiplexweg über AU-4 nicht unterstützt, sondern lediglich der Weg über AU-3t .

Die Bildung der Signale der höheren Multiplexebenen erfolgt wie bei SDH, so daß die Struktur des STM-1 und des STS-3-Signals identisch sind. Ebenso entsprechen sich STM-4 und STS-12 sowie STM-16 und STS-48. Bei der Belegung der Overhead-Bytes und bei der Definition einiger Funktionen gibt es geringfügige Abweichungen zu SDH. Für den Transport höherratiger Nutzsignale ist auch bei SONET eine Verkettung möglich, die Signale werden dann als STS-Nc bezeichnet, wobei N die Nummer der Multiplexebene angibt.

Nach Anwendung eines Verwürflers (Scrambler) auf die STS-N-Signale und der elektro-optischen Wandlung entsteht das als „Optical Carrier" (OC) bezeichnete optische Signal, das durch Anfügen der Ordnungsnummer gekennzeichnet wird.

12 Anhang: ATM Standards und Spezifikationen

Die für ATM und B-ISDN relevanten Normen und sonstigen Spezifikationen werden von den unterschiedlichen offiziellen und privaten Organisationen, die in Abschn. 1.3 beschrieben sind, erarbeitet und bei Bedarf aktualisiert. Die Angaben spiegeln den Stand Anfang 1997 wider. Da jeweils die aktuellen Dokumente gültig sind, soll hier nur eine grobe Übersicht über die im Text erwähnten Empfehlungen von ITU-T und die Spezifikationen des ATM-Forums gegeben werden. Die Empfehlungsserien und Spezifikationen werden laufend ergänzt und umfassen auch Dokumente zu sehr speziellen Themen. Deshalb erhebt diese Übersicht keinerlei Anspruch auf Vollständigkeit. Aktuelle Informationen über die Arbeit der einzelnen Gremien, Übersichten über erarbeitete oder in Arbeit befindliche Dokumente, sowie teilweise die Dokumente selbst sind im Internet unter folgenden Adressen zu finden:

- **ITU-T:** www.itu.ch
- **ATM Forum:** www.atmforum.com
- **ETSI:** www.etsi.fr
- **ANSI:** www.ansi.org
- **IETF:** www.ietf.cnri.reston.va.us
- **Bellcore:** www.bellcore.com

12.1
Übersicht über die Empfehlungen von ITU-T

E.164:   Numbering plan for the ISDN era. *Identisch mit I.331.*

F.811:   Broadband connection-oriented bearer service.

F.812:   Broadband connectionless data bearer service.

F.813:   Virtual path service for reserved and permanent communications.

G.114:   One-way transmission time.

G.131:   Control of talker echo.

G.703:   Physical/electrical characteristics of hierarchical digital interfaces.

G.707:   Network node interface for the synchronous digital hierarchy (SDH). *Ersetzt die früheren Empfehlungen G.707, G.708, G.709.*

G.804:   ATM cell mapping into plesiochronous digital hierarchy (PDH).

G.957:   Optical interfaces for equipments and systems relating to the synchronous digital hierarchy.

G.958:   Digital line systems based on the synchronous digital hierarchy for use on optical fibre cables.

I.113:   Vocabulary of terms for broadband aspects of ISDN.

I.121:   Broadband aspects of ISDN.

I.150:   B-ISDN asynchronous transfer mode functional characteristics.

I.211:   B-ISDN service aspects.

I.233:   Frame mode bearer services.

I.233.1:   ISDN frame relaying bearer service. *Im Rahmen der I.233 veröffentlicht.*

I.311:   B-ISDN general network aspects.

I.320:   ISDN protocol reference model.

I.321:   B-ISDN protocol reference model and its application.

I.327:   B-ISDN functional architecture.

I.331:   Numbering plan for the ISDN era. *Identisch mit E.164.*

I.356:   B-ISDN ATM layer cell transfer performance.

I.361:   B-ISDN ATM layer specification.

I.362:   B-ISDN ATM adaptation layer (AAL) functional description.

I.363:   B-ISDN ATM Adaptation Layer specification.

I.363.1:   Types 1 and 2 AAL.

I.363.3:   Types 3/4 AAL.

I.363.5:   Type 5 AAL.

I.364:   Support of the broadband connectionless data bearer service by the B-ISDN.

I.365:   B-ISDN ATM adaptation layer sublayers.

I.365.1:   Frame relaying service specific convergence sublayer (FR-SSCS).

I.365.2:   Service specific coordination function to provide the connection-oriented network service.

I.365.3:   Service specific coordination function to provide the connection-oriented transport service.

I.365.4:   Service specific coordination function for HDLC applications.

I.371:   Traffic control and congestion control in B-ISDN.

I.411:   ISDN user-network interfaces - Reference configurations.

I.413:   B-ISDN user-network interface.

I.432:   B-ISDN user-network interface - Physical layer specification.

I.432.1:   General characteristics.

I.432.2:   155 520 kbit/s and 622 080 kbit/s operation.

I.432.3:   1544 kbit/s and 2048 kbit/s operation.

I.432.4:   51 840 kbit/s operation.

I.440:   ISDN user-network interface data link layer - General aspects. *Identisch mit Q.920.*

I.441:   ISDN user-network interface - Data link layer specification. *Identisch mit Q.921.*

I.450:   ISDN user-network interface layer 3 - General aspects. *Identisch mit Q.930.*

I.451:   ISDN user-network interface layer 3 specification for basic call control. *Identisch mit Q.931.*

I.452:   Generic procedures for the control of ISDN supplementary services. *Identisch mit Q.932.*

I.555:   Frame relaying bearer service interworking.

I.610:   B-ISDN operation and maintenance principles and functions.

M.3000:   Overview of TMN Recommendations.

M.3010:   Principles for a telecommunications management network.

M.3020:   TMN interface specification methodology.

M.3200:   TMN management services: Overview.

M.3400:   TMN management functions.

Q.700:   Introduction to CCITT Signalling System No. 7.

Q.701:   Functional description of the message transfer part (MTP) of Signalling System No. 7.

Q.711:   Functional description of the signalling connection control part.

Q.761:   Functional description of the ISDN user part of Signalling System No. 7.

Q.771:   Functional description of transaction capabilities.

Q.811:   Lower layer protocol profiles for the Q3 interface.

Q.812:   Upper layer protocol profiles for the Q3 interface.

Q.920:   ISDN user-network interface data link layer - General aspects. *Identisch mit I.440.*

Q.921:   ISDN user-network interface - Data link layer specification. *Identisch mit I.441.*

Q.922:   ISDN data link layer specification for frame mode bearer services.

Q.930:   ISDN user-network interface layer 3 - General aspects. *Identisch mit I.450.*

Q.931:   ISDN user-network interface layer 3 specification for basic call control. *Identisch mit I.451.*

Q.932:   Generic procedures for the control of ISDN supplementary services. *Identisch mit I.452.*

Q.933:   Signalling specification for frame mode basic call control.

Q.2010:   Broadband integrated services digital network overview - Signalling capability set 1, release 1.

Q.2100:   B-ISDN signalling ATM adaptation layer (SAAL) overview description.

Q.2110:   B-ISDN signalling ATM adaptation layer - Service specific connection oriented protocol (SSCOP).

Q.2120:   B-ISDN meta-signalling protocol.

Q.2130:   B-ISDN signalling ATM adaptation layer - Service specific coordination function for support of signalling at the user-network interface (SSCF at UNI).

Q.2140:   B-ISDN signalling ATM adaptation layer - Service specific coordination function for signalling at the network node interface (SSCF at NNI).

Q.2650:   Interworking between Signalling System No. 7 - Broadband ISDN User Part (B-ISUP) and digital subscriber Signalling System No. 2 (DSS 2).

Q.2660:   Interworking between Signalling System No. 7 - Broadband ISDN User Part (B-ISUP) and Narrowband ISDN User Part (N-ISUP).

Q.2721.1:   B-ISDN user part - Overview of the B-ISDN network node interface signalling capability set 2, step 1.

Q.2730:   Signalling System No. 7 B-ISDN User Part (B-ISUP) - Supplementary services.

Q.2761:   Functional description of the B-ISDN user part (B-ISUP) of Signalling System No. 7.

Q.2762:   General Functions of messages and signals of the B-ISDN User Part (B-ISUP) of Signalling System No. 7.

Q.2763:   Signalling System No. 7 B-ISDN User Part (B-ISUP) - Formats and codes.

Q.2764:   Signalling System No. 7 B-ISDN User Part (B-ISUP) - Basic call procedures.

Q.2931:   Digital Subscriber Signalling System No. 2 - User-network interface (UNI) layer 3 specification for basic call/connection control.

Q.2951:   Stage 3 description for number identification supplementary services using B-ISDN digital subscriber Signalling System No. 2 (DSS 2) - Basic Call.

Q.2951.1:   Direct-Dialling-In (DDI).

Q.2951.2:   Multiple Subscriber Number (MSN).

Q.2951.3:   Calling Line Identification Presentation (CLIP).

Q.2951.4:   Calling Line Identification Restriction (CLIR).

Q.2951.5:   Connected Line Identification Presentation (COLP).

Q.2951.6:   Connected Line Identification Restriction (COLR).

Q.2951.8:   Sub-addressing (SUB).

Q.2957:   Stage 3 description for additional information transfer supplementary services using B-ISDN digital subscriber Signalling System No.2 (DSS 2) - Basic call.

Q.2957.1:   User-to-user signalling (UUS).

Q.2959:   Digital subscriber Signalling System No. 2 - Call priority.

Q.2961:   Digital subscriber Signalling System No. 2 - Additional traffic parameters.

Q.2962:   Digital subscriber Signalling System No. 2 - Connection characteristics negotiation during call/connection establishment phase.

Q.2963:   Digital subscriber Signalling System No. 2 - Connection modification.

Q.2963.1:   Peak cell rate modification by the connection owner.

Q.2964.1:   Digital subscriber Signalling System No. 2 - Basic look-ahead.

Q.2971:   Digital subscriber Signalling System No. 2 - User-network interface layer 3 specification for point-to-multipoint call/connection control. *Diese Empfehlung beeinflußt und verändert die Empfehlungen Q.2931, Q.2951 und Q.2957.*

X.25:   Interface between Data Terminal Equipment (DTE) and Data Circuit-terminating Equipment (DCE) for terminals operating in the packet mode and connected to public data networks by dedicated circuit.

X.200:   Information technology - Open Systems Interconnection - Basic reference model: The basic model. *Gemeinsamer Text mit ISO/IEC.*

X.208:   Specification of Abstract Syntax Notation One (ASN.1).

X.213:   Information technology - Open Systems Interconnection - Network service definition. *Gemeinsamer Text mit ISO/IEC.*

X.700:   Management framework for Open Systems Interconnection (OSI) for CCITT applications.

X.710:   Common management information service definition for CCITT applications.

X.711:   Common management information protocol specification for CCITT applications.

12.2
Übersicht über die Spezifikationen des ATM-Forums

AMS: Audio/Visual Multimedia Services: Video on Demand Specification. *Version 1.0, weitere Versionen und zusätzliche Festlegungen in Arbeit.*

B-ICI: Broadband Inter Carrier Interface. *Versionen 1.0, 1.1, 2.0, weitere Versionen in Arbeit.*

CES: Circuit Emulation Service. *Version 1.0, weitere Versionen in Arbeit.*

CNM: Customer Network Management (CNM) for ATM Public Network Service.

DXI: Data Exchange Interface. *Version 1.0.*

FUNI: Frame UNI. *Version 1.0, weitere Versionen in Arbeit.*

IAM: Inverse ATM Multiplexing. *In Arbeit.*

IISP: Interim Inter-Switch Signaling Protocol. *Auch als P-NNI Version 0 bezeichnet.*

ILMI: Integrated Local Management Interface. *Version 4.0.*

I-PNNI: Integrated P-NNI. *In Arbeit.*

LANE: LAN Emulation over ATM. *Version 1.0, weitere Versionen in Arbeit.*

M4:   M4 Interface Requirements and Logical MIB. *CMIP-Definition für die M4-Schnittstelle sowie weitere Dokumente existieren oder sind in Arbeit.*

M5:   Carrier Interface (M5) Requirements and CMIP MIB. *In Arbeit.*

MPOA: Multi-Protocol over ATM. *In Arbeit.*

PHY: Neben den in der UNI V3.1-Spezifikation definierten Varianten existieren zahlreiche weitere Spezifikationen für unterschiedliche Medien und Datenraten, zusätzliche sind in Arbeit.

P-NNI: Private Network Node Interface / Private Network to Network Interface. *Version 1.0, weitere Versionen und zusätzliche Festlegungen in Arbeit.*

RBB: Residential Broadband Specification. *In Arbeit.*

SIAN: Specification of Interworking among ATM Networks. *In Arbeit.*

UNI: ATM User-Network Interface Specification. *Versionen 2.0, 3.0, 3.1 enthalten alle Aspekte einschließlich PHY-Varianten, Traffic Management, ILMI und Signalisierung. Diese werden in weiteren Versionen in separate Dokumente aufgespalten. Dokumente zu den einzelnen Themen in Arbeit (Version 4.0).*

UTOPIA: Universal Test & Operations Physical Interface for ATM. *Level 1 Version 2.01, Level 2 Version 1.0.*

WATM: Wireless ATM Specification. *Spezifikation und weitere Festlegungen in Arbeit.*

13 Anhang: Abkürzungsliste

A

AAL	ATM Adaptation Layer
ABM	Asynchronous Balanced Mode (X.25)
ABME	Asynchronous Balanced Mode Extended (X.25)
ABR	Available Bit Rate
ABT	ATM Block Transfer
ACM	Address Complete Message (B-ISUP)
ACR	Allowed Cell Rate (ABR)
ACTS	Advanced Communication Technology and Services (Forschungsprogramm)
ADM	Add/Drop Multiplexer
ADSL	Asymmetrical Digital Subscriber Line
AESA	ATM End System Address (ATM-Forum)
AFI	Authority and Format Identifier (NSAP-Adresse)
AIC	ATM Input Controller
AINI	ATM Inter Network Interface (ATM-Forum)
AIS	Alarm Indication Signal (OAM)
AL	Alignment (AAL Typ 3/4)
AMI	Alternate Mark Inversion
AMX	ATM Multiplexer (MainStreetXpress 36190)
AN	Access Network, Anschlußnetz
ANM	Answer Message (B-ISUP)
ANSI	American National Standards Institute
AOC	ATM Output Controller
API	Application Programming Interface
APON	ATM Passive Optical Network
APPV	Advanced Pay per View
APS	Anlagenprogrammsystem (MainStreetXpress 36190)
ARM	Asynchronous Response Mode (X.25)
ARP	Address Resolution Protocol (TCP/IP)
ARPA	Advanced Research Projects Agency (USA)

ASCII	American Standard Code for Information Interchange
ASE	Application Service Element
ASIC	Application Specific Integrated Circuit
ASN	ATM Switching Network (MainStreetXpress 36190)
ASN.1	Abstract Syntax Notation 1
ATC	ATM Transfer Capability
ATD	Asynchronous Time Division (Multiplexing)
ATD	ATM Traffic Descriptor (DSS2)
ATM	Asynchronous Transfer Mode
AToM-MIB	MIB mit Definitionen für ATM Managed Objects (IETF)
AU	Access Unit (MainStreetXpress 36190)
AU	Administrative Unit (SDH)
AUD	ATM User Device (ATM-Forum)
AUG	Administrative Unit Group (SDH)
AUU	ATM Layer User to ATM Layer User (Bit)

B

B-Kanal	Nutzkanal
BA	ISDN Basic Access (Basisanschluß)
BASize	Buffer Allocation Size (AAL Typ 3/4)
BAPT	Bundesamt für Post und Telekommunikation
Bc	Committed Burst Size (FR)
BCC	Bearer Connection Control ASE (B-ISUP)
BCD	Binary Coded Decimal
BCOBS	Broadband Connection Oriented Bearer Service
Be	Excess Burst Size (FR)
BECN	Backward Explicit Congestion Notification (FR)
BERKOM	Berliner Kommunikationssystem
BGN	Begin (SSCOP)
BGA	Ball Grid Array (IC-Gehäuse)
BGAK	Begin Acknowledge (SSCOP)
BGREJ	Begin Reject (SSCOP)
BHCA	Busy Hour Call Attempt
B-ICI	Broadband Inter-Carrier Interface (ATM-Forum)
B-ISDN	Broadband ISDN
B-ISUP	Broadband ISDN User Part
B-NT	Broadband Network Termination
B-TA	Broadband Terminal Adaptor
B-TE	Broadband Terminal Equipment
B-UNI	Broadband User/Network Interface
BIP	Bit Interleaved Parity
Bit	Binary Digit

BOM	Begin of Message (AAL)
BPON	Broadband Passive Optical Network
BT	Burst Tolerance (TM)
Btag	Begin Tag (AAL typ 3/4)
BUS	Broadcast and Unknown Server (LANE)
BVst	Bereichs-Vermittlungsstelle

C

C	Programmiersprache C
C	Control Plane (ISDN-PRM)
C-x	Payload Container Level x (SDH)
CAC	Call (Connection) Acceptance Control (TM)
CATV	Cable Television
CAP	Competitive Access Provider
CBDS	Connectionless Broadband Data Service
CBR	Constant Bit Rate (TM)
CC	Call Control ASE (B-ISUP)
CC	Crossconnect
CCITT	Comité Consultatif International Télégraphique et Téléphonique
CCS7	Common Channel Signalling System No. 7
CD	Compact Disk
CD-ROM	Compact Disk Read Only Memory
CDMA	Code Division Multiple Access
CDV	Cell Delay Variation (TM)
CDVT	Cell Delay Variation Tolerance (TM)
CE(S)	Circuit Emulation (Service)
CEI	Connection Endpoint Identifier (OSI)
CHILL	CCITT High Level Language
CI	Congestion Indication (ABR)
CIB	CRC Indication Bit (CLNAP)
CIR	Committed Information Rate (FR)
CLIP	Calling Line Identification Presentation
CLIR	Calling Line Identification Restriction
CLNAP	Connectionless Network Access Protocol
CLNIP	Connectionless Network Interface Protocol
CLP	Cell Loss Priority
CLR	Cell Loss Ratio (TM)
CLS	Connectionless Server
CLSF	Connectionless Service Function
CNM	Customer Network Management
CMIP	Common Management Information Protocol (TMN)

COLP	Connected Line Identification Presentation
COLR	Connected Line Identification Restriction
COM	Continuation of Message (AAL)
CPCS	Common Part Convergence Sublayer (AAL Typ 3/4)
CPCS-UU	CPCS User to CPCS User (AAL Typ 3/4)
CPI	Common Part Identifier (AAL Typ 3/4)
CPN	Customer Premises Network
CRC	Cyclic Redundancy Check
CSMA/CD	Carrier Sense Multiple Access with Collision Detection (LAN)
CS	Convergence Sublayer (AAL)
CSI	Convergence Sublayer Indication (AAL Typ 1)
CSU	Channel Service Unit

D

DAVIC	Digital Audio Visual Council
DBA	Dynamic Bandwidth Allocation (MainStreetXpress 36190)
DBR	Deterministic Bit Rate (TM)
DCC	Data Country Code (NSAP Adresse)
DCE	Data Circuit-Terminating Equipment (X.25)
DCF	Data Communication Function (TMN)
DCN	Data Communication Network (TMN)
DDI	Direct Dialling In
DE	Discard Eligibility (FR)
DECT	Digital European Cordless Telephone
DEE	Datenendeinrichtung (X.25)
DEMUX	Demultiplexer
DFA	DXI Frame Address
DIN	Deutsches Institut für Normung
DKE	Deutsche Elektrotechnische Kommission
DLCI	Data Link Connection Identifier (FR)
DMA	Direct Memory Access
DNS	Domain Name System (TCP/IP)
DoD	Department of Defense (USA)
DQDB	Distributed Queue Dual Bus (MAN)
DSx	Digital Signal Level x (PDH)
DSID	Destination Signalling Identifier (B-ISUP)
DSM-CC	Digital Storage Media – Command and Control
DSE	Data Switching Exchange (X.25)
DSP	Domain Specific Part (AESA-Adresse)
DSS 1(2)	Digital Subscriber Signalling System 1 (2)
DSU	Data Service Unit
DTE	Data Terminal Equipment (X.25)

DTL	Designated Transit List (PNNI)
DÜE	Datenübertragungseinrichtung (X.25)
DUP	Data User Part (CCS7)
DXI	Data Exchange Interface

E

Ex	PDH-Multiplexsignal der Ebene x
EBCDIC	Extended Binary Coded Decimal Interchange Code (IBM)
ECC	Echo Cancellation Circuit (MainStreetXpress 36190)
ECMA	European Computer Manufacturers Association
EDI	Electronic Data Interchange
EFCI	Explicit Forward Congestion Indication (TM)
END	End PDU (SSCOP)
ENDAK	End Acknowledge PDU (SSCOP)
E-Mail	Electronic Mail
EMV	Elektro-Magnetische Verträglichkeit
EOM	End of Message (AAL)
EPD	Early Packet Discard (TM)
EPROM	Electrically Programmable Read Only Memory
ER	Explicit Rate (ABR)
ER	Error Recovery PDU (SSCOP)
ERAK	Error Recovery Acknowledge PDU (SSCOP)
ESI	End System Identifier (AESA-Adresse)
ET	Exchange Termination
Etag	End Tag (AAL Typ 3/4)
ETR	ETSI Technical Report
ETS	ETSI Technical Standard
ETSI	European Telecommunications Standards Institute
EWSXpress	ATM-Knoten von Siemens (neuer Markenname: MainStreetXpress 36190)

F

FA	Framework Advisory (Bellcore)
Fx	OAM-Fluß der Ebene x
FCS	Frame Check Sequence
FDDI	Fiber Distributed Data Interface (LAN)
FECN	Forward Explicit Congestion Notification (FR)
FERF	Far End Receive Failure (OAM, alt für RDI)
FIFO	First In – First Out (Memory)
FITL	Fiber in the Loop
FMBS	Frame Mode Bearer Service
FPS	Fast Packet Switching

FR	Frame Relay
FRP	Fast Reservation Protocol (TM)
FR-SSCS	Frame Relay Service Specific Convergence Sublayer
FTP	File Transfer Protocol (TCP/IP)
FTTH	Fiber to the Home
FTTC	Fiber to the Curb
FUNI	Frame Based User/Network Interface (ATM-Forum)

G

GBSVC	General Broadcast Signalling Virtual Channel
GCRA	Generic Cell Rate Algorithm (TM)
GFC	Generic Flow Control
GR	Generic Requirement (Bellcore)
GUI	Graphical User Interface

H

HDLC	High Level Data Link Control
HEC	Header Error Control
HEL	Header Extension Length (CLNAP)
HFC	Hybrid Fiber Coax (Network)
HLPI	Higher Layer Protocol Indicator (CLNAP)
HO-DSP	High Order Domain Specific Part (AESA-Adresse)
HSSI	High Speed Serial Interface
HW	Hardware

I

IAA	IAM Acknowledge (B-ISUP)
IAM	Initial Address Message (B-ISUP)
IAM	Inverse ATM Multiplexing (ATM-Forum)
IANA	Internet Assigned Numbers Authority
IAR	IAM Reject (B-ISUP)
IASG	Internet Address Sub Group
ICD	International Code Designator (NSAP-Adresse)
ICMP	Internet Control Message Protocol
ICR	Initial Cell Rate (ABR)
IDI	Initial Domain Identifier (NSAP-Adresse)
IDP	Initial Domain Part (NSAP-Adresse)
IDU	Interface Data Unit (OSI)
IE	Information Element
IEEE	Institute of Electrical and Electronic Engineers
IETF	Internet Engineering Task Force

IF	Interface (Schnittstelle)
ILMI	Interim/Integrated Local Management Interface (ATM-Forum)
IMA	Inverse Multiplexer for ATM (ATM-Forum)
IN	Intelligentes Netz
INP	Internet Network Provider
IISP	Interim Inter-Switch Signalling Protocol (ATM-Forum)
I-PNNI	Integrated PNNI (ATM-Forum)
IP	Internet Protocol (TCP/IP)
ISDN	Integrated Services Digital Network
ISO	International Standardization Organisation
ISP	Intermediate Service Part (CCS7)
ISP	Internet Service Provider
ISUP	ISDN User Part (CCS7)
ITU	International Telecommunication Union
ITU-T	International Telecommunication Union – Telecommunication Standardization Sector
IWF	Interworking Function
IWU	Interworking Unit

J

JPEG	Joint Picture Coding Expert Group

K

–

L

LAN	Local Area Network
LANE	LAN Emulation (ATM-Forum)
LAP	Link Access Procedure
LAPB	Link Access Procedure Balanced Mode
LAPD	Link Access Procedure for the D-Channel
LAPF	Link Access Procedure for Frame Mode Bearer Services
LB	Leaky Bucket (TM)
LEC	LAN Emulation Client
LECS	LAN Emulation Configuration Server
LEN	Length
LES	LAN Emulation Server
LEX	Local Exchange
LI	Length Indicator
LIC	Line Interface Circuit (MainStreetXpress 36190)
LOC	Loss of Cell Delineation

LL	Leased Line
LLC	Logical Link Control (LAN)
LPS	LIC Protection Switch (MainStreetXpress 36190)
LSB	Least Significant Bit
LSI	Large Scale Integration
LT	Line Termination

M

M	Management Plane (ISDN-PRM)
MA	Medium Adaptor
MAC	Medium Access Control (LAN)
MAN	Metropolitan Area Network
MBS	Maximum Burst Size (TM)
MC	Maintenance Control ASE (B-ISUP)
MCR	Minimum Cell Rate (ABR)
MD	Management Data PDU (SSCOP)
MD	Mediation Device (TMN)
MF	Mediation Function (TMN)
MIB	Management Information Base (TMN)
MID	Multiplex Identification (AAL Typ 3/4)
MLT	Multicast Lookup Table
MO	Managed Object (TMN)
MPEG	Motion Picture Coding Expert Group
MP	Main Processor (MainStreetXpress 36190)
MPOA	Multi Protocol over ATM (ATM-Forum)
MSB	Most Significant Bit
MSN	Multiple Subscriber Number
MSOH	Multiplex Section Overhead (SDH)
MSS	MAN Switching System
MSVC	Meta Signalling Virtual Channel
MTP	Message Transfer Part (CCS7)
MUX	Multiplexer

N

NAP	Network Access Point (Internet)
NE	Network Element (TMN)
NEF	Network Element Function (TMN)
NFS	Network File System (TCP/IP)
NHRP	Next Hop Resolution Protocol (TCP/IP)
NMS	Network Management System
NNI	Network Node Interface
NPC	Network Parameter Control (TM)

nrt-VRR	Non real time Variable Bit Rate (TM)
NSAP	Network Service Access Point (OSI)
NSP	Network Service Provider (Internet)
NT	Network Termination
NVOD	Near Video on Demand

O

OAM	Operation, Administration and Maintenance
OC	Optical Carrier (SONET)
OCHILL	Object Oriented CHILL
OH	Overhead
OLT	Optical Line Termination
OMAP	Operation, Maintenance and Administration Part (CCS7)
ONU	Optical Network Unit
OS	Operation System (TMN)
OSF	Operation System Function (TMN)
OSI	Open Systems Interconnection
OSID	Origination Signalling Identifier (B-ISUP)
OSPF	Open Shortest Path First (TCP/IP)
OUI	Organizationally Unique Identifier (LLC/SNAP)

P

P(A)BX	Private Branch Exchange, Nebenstellenanlage
PAD	Padding Field
PAD	Packet Assembly/Disassembly Function (X.25)
PC	Personal Computer
PCI	Protocol Control Information (OSI)
PCM	Pulse Code Modulation (PDH)
PCR	Peak Cell Rate (TM)
PDH	Plesiochronous Digital Hierarchy
PDU	Protocol Data Unit (OSI)
PHY	Physical Layer
PIN	Personal Identification Number
PL	Physical Layer
PLCP	Physical Layer Convergence Procedure (PHY)
PLP	Packet Layer Protocol (X.25)
PM(D)	Physical Medium Dependent Sublayer (PHY)
PNNI	Private Network Node Interface / Private Network to Network Interface (ATM-Forum)
POH	Path Overhead (SDH)
POLL	POLL-PDU (SSCOP)
PON	Passive Optical Network

PoP	Point of Presence
POTS	Plain Old Telephone Service
PRM	Protocol Reference Model
PROM	Programmable Read Only Memory
PT	Payload Type
Pt-Mpt	Point to Multipoint
Pt-Pt	Point to Point
PSVC	Point to Point Signalling Virtual Channel
PVC	Permanent Virtual Connection

Q

QA	Q-Adaptor (TMN)
QAF	Q-Adaptor Function (TMN)
QOS	Quality of Service (TM)
QSIG	Signalling at the Q Reference Point

R

RACE	Research and Development of Advanced Communication in Europe
RBOC	Regional Bell Operating Company
RAM	Random Access Memory
RCC	PNNI Routing Control Channel
RDI	Remote Defect Indication (OAM)
REL	Release Message (B-ISUP)
RFC	Request for Comments (Internet)
RIP	Routing Information Potocol (TCP/IP)
RLC	Release Complete (B-ISUP)
RM	Resource Management (Zelltyp)
ROSE	Remote Operation Service Element
RPC	Redundant Path Combination (MainStreetXpress 36190)
RS	Recovery Suite (MainStreetXpress 36190)
RS	Resynchronization PDU (SSCOP)
RSAK	Resynchronization Acknowledge (SSCOP)
RST	Residual Time Stamp (AAL Typ 1)
RSOH	Regenerator Section Overhead (SDH)
RSVP	Resource Reservation Protocol (TCP/IP)
RT	Real Time
rt-VBR	Real Time Variable Bit Rate (TM)
RTP	Real Time Transport Protocol (TCP/IP)

S

SAAL	Signalling ATM Adaptation Layer
SACF	Single Association Control Function (B-ISUP)
SAM	Service Access Multiplexer
SAM	Subsequent Address Message (B-ISUP)
SAP	Service Access Point (OSI)
SAR	Segmentation and Reassembly Sublayer (AAL)
SAPI	Service Access Point Identifier (OSI)
SBR	Statistical Bit Rate (TM)
SBSVC	Selective Broadcast Signalling Virtual Channel
SCCP	Signalling Connection Control Part (CCS7)
SCF	Service Control Function
SCR	Sustainable Cell Rate (TM)
SD	Sequenced Data PDU (SSCOP)
SDH	Synchronous Digital Hierarchy
SDU	Service Data Unit (OSI)
SDT	Structured Data Transfer (AAL Typ 1)
SE	Switching Element
SEG	Gigabit Switching Element (MainStreetXpress 36190)
SID	Signalling Identifier (B-ISUP)
SIG	SMDS Interest Group
SIP	SMDS Interface Protocol
SIR	Sustained Information Rate (SMDS)
SLT	Subscriber Line Termination
SMAP	System Management Application Process
SMF	Service Management Function
SMU	Statistical Multiplexing Unit (MainStreetXpress 36190)
SN	Sequence Number (AAL)
SNA	System Network Architecture (IBM)
SNAP	Subnetwork Attachment Point
SNMP	Simple Network Management Protocol (TCP/IP)
SNP	Sequence Number Protection (AAL)
SMDS	Switched Multi Megabit Data Service
SOH	Section Overhead (SDH)
SOHO	Small Office/Home Office
SONET	Synchronous Optical Network
SP	Signalling Point (CCS7)
SPE	Synchronous Payload Envelope (SONET)
SPU	Service Provision Unit (MainStreetXpress 36190)
SRTS	Synchronous Residual Time Stamp (AAL Typ 1)
SSB	B-ISDN Bezugspunkt
SSCF	Service Specific Convergence Function (SAAL)

SSCOP	Service Specific Connection Oriented Protocol (SAAL)
SSCS	Service Specific Convergence Sublayer (AAL)
SSM	Single Segment Message (AAL)
ST	Segment Type (AAL Typ 3/4)
STAT	Solicited Status PDU (SSCOP)
STC	ETSI Sub Technical Committee
STD	Synchronous Time Division Switching
STM	Synchronous Transfer Mode
STM-x	Synchronous Transport Module Level x (SDH)
STP	Signalling Transfer Point (CCS7)
STP	Shielded Twisted Pair
STS-x	Synchronous Transport Signal Level x (SONET)
SUB	Subaddressing
SVC	Signalling Virtual Channel (Signalisierkanal)
SVC	Switched Virtual Circuit (Wählverbindung)
SW	Software

T

T-x	Übertragunssystem der Ebene x (PDH)
TA	Technical Advisory (Bellcore)
TA	Terminal Adaptor
TAT	Theoretical Arrival Time (TM)
Tc	Committed Rate Measurement Interval (FR)
TC	ETSI Technical Committee
TC	Transaction Capabilities (CCS7)
TC	Transmission Convergence Sublayer (PHY)
TCAP	Transaction Capabilities Application Part (CCS7)
TCP/IP	Transmission Control Protocol/ Internet Protocol
TDM	Time Division Multiplexing
TDMA	Time Division Multiple Access
TE	Terminal Equipment
TEI	Terminal Endpoint Identifier
TK-Anl	Telekommunikationsanlage (Nebenstellenanlage)
Tln	Teilnehmer
TM	Traffic Management
TMN	Telecommunication Management Network
TR	Technical Reference (Bellcore)
TSSI	Time Slot Sequence Integrity
TTC	Telecommunication Technology Committee (Japan)
TU	Tributary Unit (SDH)
TUG	Tributary Unit Group (SDH)
TUP	Telephone User Part (CCS7)

TV	Television
TVst	Teilnehmer-Vermittlungsstelle

U

U	User Plane (ISDN-PRM)
UBR	Unspecified Bit Rate (TM)
UD	Unit Data PDU (SSCOP)
UDP	User Datagram Protocol (TCP/IP)
UI	Unrecognized Information ASE (B-ISUP)
UME	UNI Management Entity (ILMI)
UNI	User/Network Interface
UPC	Usage Parameter Control (TM)
USTAT	Unsolicited Status PDU (SSCOP)
UTOPIA	Universal Test & Operations Physical Interface for ATM
UTP	Unshielded Twisted Pair
UUS1	User-to-User Signalling Service 1

V

VBN	Vermitteltes Breitbandnetz, früher Vorläufer-Breitbandnetz
VBR	Variable Bit Rate (TM)
VC	Virtual Channel
VC-x	Virtual Container Level x (SDH)
VCC	Virtual Channel Connection
VCI	Virtual Channel Identifier
VCL	Virtual Channel Link
VDE	Verband Deutscher Elektrotechniker
VP	Virtual Path
VPC	Virtual Path Connection
VPCI	Virtual Path Connection Identifier (Signalisierung)
VPI	Virtual Path Identifier
VPL	Virtual Path Link
VSA	Virtual Scheduling Algorithm (TM)
VST	Vermittlungsstelle
VDT	Virtual Departure Time (WFQ)
VT	Virtual Time (WFQ)

W

WAN	Wide Area Network
WFQ	Weighted Fair Queueing (TM)
WPT	Wideband Packet Technology
WS	Work Station (TMN)

WSF   Work Station Function (TMN)
WVst   Weitverkehrs-Vermittlungsstelle
WWW   World Wide Web (Internet)

Z

ZZK   Zentraler Zeichengabekanal (CCS7)

Literaturverzeichnis

[1] Aboul-Magd, O.: Incorporating congestion feedback in B-ISDN traffic management strategy. *Proceedings of the International Switching Symposium 1992*, Yokohama, October 1992, Paper A5.3, Vol. 2, pp. 12–16.

[2] Adams, J.L.: The ORWELL Torus Communication Switch. *Proceedings of the GLSB Seminar on Broadband Switching*, Albufeira, 1987, pp. 215–224.

[3] Ahmadi, H.; Denzel, W.E.: A Survey of Modern High-Performance Switching Techniques. *IEEE Journal on Selected Areas in Communications*, Vol. 7, No. 7, September 1989, pp. 1091–1103.

[4] Ahmadi, H.; Denzel, W.E.; Murphy, C.A.; Port, E.: A High-Performance Switch Fabric for Integrated Circuit and Packet Switching. *International Journal of Digital and Analog Cabled Systems*, Vol. 2, No. 4, October 1989, pp. 277–287.

[5] Ali, M.M.; Nguyen, H.T.: A Neural Network Controller for a High-Speed Packet Switch. *IEEE International Telecommunications Symposium*, Rio de Janeiro, September 1990, pp. 493–497.

[6] Ambrosch, W.D.; Maher, A.; Sasscer, B. (Eds.): The Intelligent Network, A Joint Study by Bell Atlantic, IBM and Siemens. Springer-Verlag, Berlin, Heidelberg, New York, London, Paris, Tokyo, Hong Kong, Barcelona, 1989.

[7] Amstutz, S. R.: Burst Switching – An Introduction. *IEEE Communications Magazine*, Vol. 21, November 1983, pp. 36–42.

[8] Amstutz, S. R.: Burst Switching – An Update. *IEEE Communications Magazine*, Vol. 27, No. 9, September 1989, pp. 50–57.

[9] Arai, Y. et al.: Multigigabit Multichannel Optical Interconnection Modules for Asynchronous Transfer Mode Switching Systems. *Proceedings of the 43rd Electronic Components and Technology Conference*, Orlando, Florida, 1993, pp. 825–830.

[10] Arakawa, N.; Noiri, A.; Inoue, H.: ATM Switch for Multi-Media Switching System. *Proceedings of the International Switching Symposium 90*, Stockholm, May/June 1990, Vol. V, pp. 9–14.

[11] Arnold, E.C.; Brown, D.W.: Object Oriented Software Technologies Applied To Switching System Architectures And Software Development Processes. *Proceedings of the International Switching Symposium 90*, Stockholm, May/June 1990, Vol. II, pp. 97–106.

[12] Arthurs, E.; Goodman, M.S.; Vecchi, M.P.; Kobrinski, H.: HYPASS: An Optoelectronic Hybrid Packet Switching System. *IEEE Transactions on Communications*, Vol. 37, No. 6, June 1989, pp. 645–648.

[13] ATM Forum Technical Committee: Traffic Management Specification, Version 4.0, 1996.

[14] ATM Forum Technical Committee: Circuit Emulation Service Interoperability Specification Version 2.0. *Baseline Draft*, December, 1995.

[15] ATM Forum Technical Committee: LAN Emulation over ATM. *Version 1.0 Specification*, January, 1995.

[16] ATM Forum Technical Committee: Baseline Text for MPOA. *Source: Multiprotocol Sub-working Group*, March, 1996.

[17] Badran, H.F.; Mouftah, H.T.: Head of Line Arbitration in ATM Switches with Input-Output Buffering and Backpressure Control. *Proceedings of the IEEE GLOBECOM '91*, Phoenix, December 1991, Vol. 1, pp. 347–351.

[18] Baireuther, O.: Bildfernsprechversuchsnetz – 140-Mbit/s-Verbindungsnetz der Bigfon-Projekte. *ntz*, Band 38, Heft 4, 1985, pp. 214–218.

[19] Baireuther, O.: Management öffentlicher ATM-Netze. *in Claus, J.; Siegmund, G. (Hrsg.): ATM Handbuch -- Grundlagen, Planung, Einsatz*, Hüthig Verlag Heidelberg, 1995, Abschnitt 6.200 (Loseblattsammlung).

[20] Bakker, H.; Domann, G. H.; Herbrig, H.; Hilbig, M.; Matt, H. J.: BERKOM: The first Broadband ISDN Exchange and Transmission System in Berlin. *International Journal of Digital and Analog Cabled Systems*, Vol. 2, No. 1, 1989, pp. 13–28.

[21] Balboni, G.P.; Minerva, R.; Paglialunga, A.; Pelaggi, A.; Montesi, S.: From Early ATM Systems to Advanced Switching: Issues in Control Architecture. *Proceedings of the International Switching Symposium 95*, Berlin, 23.-28. April 1995, Vol. 1, Paper C4.3, pp. 474–478.

[22] Ballart, R.; Ching, Y.-C.: SONET: Now It's the Standard Optical Network. *IEEE Communications Magazine*, Vol. 29, No. 3, 1989, pp. 8–15.

[23] Banniza, T.R.; Eilenberger, G.; Pauwels, B.; Therasse, Y.: Design and Technology Aspects of VLSI's for ATM Switches. *IEEE Journal on Selected Areas in Communications*, Vol. 9, No. 8, October 1991, pp. 1255–1264.

[24] Barr, W.J.; Boyd, T.; Inoue, Y.: The TINA Initiative. *Communications Magazine*, Vol. 31, No. 3, March 1993, pp. 70–76.

[25] Barri, P.; Goubert, J.A.O.: Implementation of a 16 to 16 Switching Element for ATM Exchanges. *IEEE Journal on Selected Areas in Communications*, Vol. 9, No. 5, June 1991, pp. 751–757.

[26] Batcher, K.E.: Sorting Networks and their Applications. *Proceedings of AFIPS Spring Joint Computer Conference*, 1968, pp. 307–314.

[27] Bauer, B.: Drop System and Component Performance: Emerging Requirements in a High Bandwidth 64 QAM Digital World. *NCTA Technical Papers*, 1993, pp. 244–270.

[28] Bellcore: Generic Requirements GR-1110-Core: B-ISDN Switching System (BSS) Generic Requirements. Issue 1, September 1994.

[29] Beneš, V.E.: Mathematical Theory of Connecting Networks and Telephone Traffic. Academic Press, New York, 1965.

[30] Bianchini Jr., R.; Kim, H.: Design of a nonblocking shared memory copy network for ATM. *Proceedings of the IEEE INFOCOM '92*, Florence, May 1992, pp. 876–885.

[31] Bingham, B.; Bussey, H.: Reservation-Based Contention Resolution Mechanism for Batcher-Banyan Packet Switches. *Electronic Letters*, Vol. 24, No. 13, June 1988.

[32] Blaabjerg, S.; Molnár, S.: Methods for UPC Dimensioning of a CDV Pertubated Cell Stream. *Proceedings of RACE Workshop „ATM Hot Topics on Traffic and Performance: from RACE to ACTS"*, Milan, June 1995.

[33] Black, U.: TCP/IP and related Protocols. McGraw-Hill, 1992.

[34] Boceck, B.; Kirtz, F.; Koeck, K.; Mikley, F.; Schäfer, M.: Breitbandvermittlungen für das Breitbandvorläufernetz der Deutschen Bundespost. *ANT Nachrichtentechnische Berichte*, Heft 4, 1987, pp. 66–73.

[35] Bocker, P.: ISDN, Das diensteintegrierende digitale Nachrichtennetz: Konzept, Verfahren, Systeme. Springer-Verlag, Berlin, Heidelberg, New York, London, Paris, Tokyo, Hong Kong, Barcelona, 1990 (3. Auflage).

[36] Booch, G.: Object Oriented Design. Addison-Wesley Publishing Company, 1990

[37] Boyer, P.; Boyer, J.; Louvion, J.R.; Romoeuf, L.: Spacing Cells Protects and Enhances Utilization of ATM Network Links. *IEEE Network*, Vol. 6, No. 5, September 1992, pp. 38–49.

[38] Boyer, P.; Tranchier, D.: A Reservation Principle with Application to ATM Traffic Control. *Computer Networks and ISDN systems*, Vol. 24, No. 4, 1992, pp. 321–334.

[39] Bubenik, R.G.; Turner, J.S.: Performance of a Broadcast Packet Switch. *IEEE Transactions on Communications*, Vol. 37, No. 1, January 1989, pp. 60–69.

[40] Burgin, J.: Dynamic Capacity Management in the BISDN. *International Journal of Digital and Analog Communication Systems*, Vol. 3, No. 2, April–June 1990, pp. 161–165.

[41] Byrne, W.R.; Papanicolaou, A.; Ransom, N.M.: World-Wide Standardization of Broadband-ISDN. *International Journal of Digital and Analog Cabled Systems*, Vol. 1, No. 4, 1988, pp. 181–192.

[42] Carr, M.D.: New Video Coding Standard for the 1990's. *Electronics and Communication Engineering Journal*, June 1990, pp. 13–19.

[43] Chao, H.J.: A recursive modular Terabit/sec ATM switch. *IEEE Journal on Selected Areas in Communication*, Vol. 9, No. 8, October 1991, pp. 1161–1172.

[44] Chao, H.J.; Choe, B.S.: Design and analysis of a large-scale multicast output buffered ATM switch. *IEEE/ACM Transactions on Networking*, Vol. 3, No. 2, April 1995, pp. 112–138.

[45] Chen, J.S.-C.; Stern, T.E.: Optimal Buffer Allocation for Packet Switches with Input and Output Queueing. *Proceedings of the IEEE GLOBECOM '90*, San Diego, California, December 1990, pp. 1936–1941.

[46] Chen, P.Y; Lawrie, D.H.; Yew, P.C.; Padua, D.A.: Interconnection Networks Using Shuffles. *IEEE Computer*, Vol. 14, No. 12, December 1981, pp. 55–63.

[47] Chen, W.Y.; Waring, D.L.: Applicability of ADSL to Support Video Dial Tone in the Copper Loop. *IEEE Communications Magazine*, Vol. 32, No. 5, May 1994, pp. 102–109.

[48] Chen, X.: A Survey of Multistage Interconnection Networks in Fast Packet Switching. *International Journal of Digital and Analog Communication Systems*, Vol. 4, No. 1, January 1991, pp. 33–59.

[49] Chen, X.; Hayes, J.F.: A Shared Buffer Memory Switch with Maximum Queue and Minimum Allocation. *Proceedings of the Canadian Conference on Electrical and Computer Engineering*, Quebec, September 1991, pp. 7.1.1–7.1.4.

[50] Clos, C.: A Study of Non-Blocking Switching Networks. *Bell System Technical Journal*, Vol. 32, 1953, pp. 406–424.

[51] Cosmas, J.; Petit, R.; Lehnert, R.; Blondia, C.; Kontavassilis, K.; Casals, O.; Theimer, T.: A Review of Voice, Data and Video Traffic Models for ATM. *European Transactions on Telecommunications*, Vol. 5, No. 2, March–April 1994, pp. 11–26.

[52] COST 242 Final Report. Veröffentlicht als: Roberts, J.; Mocci, U.; Virtamo, J. (Eds.): Broadband Network Teletraffic – Performance Evaluation and Design of Broadband Multiservice Networks. Lecture Notes in Computer Science 1155, Springer Verlag, 1996.

[53] Coudreuse, J.-P.; Servel, M.: PRELUDE: An Asynchronous Time-Division Switched Network. *Proceedings of the IEEE ICC-87*, Juni 1987, pp. 769–773.

[54] Coudreuse, J.-P.: ATM: A Contribution to the Debate on Broadband ISDN. *International Journal of Digital and Analog Cabled Systems*, Vol. 1, No. 4, 1988, pp. 213–221.

[55] Cox, B.: Object Oriented Programming – An Evolutionary Approach. Addison-Wesley Publishing Company, 1986.

[56] Damodaram, R.; Ransom, N.; Spears, D.: Evolving Bellsouth's Network to BISDN. *Proceedings of the International Switching Symposium 92*, Yokohama, October 1992, Vol. 2, pp. 96–100.

[57] Demers, A.; Keshar, S.; Shenker, S.: Analysis and simulation of a fair queuing algorithm. *ACM SIGCOM '89*, 1989.

[58] Digital Audio Visual Council: DAVIC 1.0 Specifications, Part 8: Lower Layer Protocols and Physical Interfaces. Revision 4.0, September 1995.

[59] Day, C.; Giacopelli, J.; Hickey, J.: Applications of Self-Routing Switches to LATA Fiber Optic Networks. *Proceedings of the International Switching Symposium 87*, Phoenix, March 1987, pp. 519–523.

[60] De Prycker, M.; De Somer, M.: Performance of a Service Independent Switching Network with Distributed Control. *IEEE Journal on Selected Areas in Communications*, Vol. 5, No. 8, October 1987, pp. 1293–1301.

[61] De Prycker, M.; Bauwens, J.: A Broadband Central Office for ATM. *International Journal of Digital and Analog Cabled Systems*, Vol. 1, No. 2, 1988, pp. 87–94.

[62] De Prycker, M.: Asynchronous Transfer Mode – Die Lösung für Breitband-ISDN. Prentice Hall Verlag GmbH, München, 1994, *deutsche Übersetzung der 2. englischen Auflage*.

[63] De Vries, R.J.F.: Gauss: A Simple High Performance Switch Architecture for ATM. *Proceedings of the SIGCOMM'90 Symposium, Communications Architectures and Protocols*, Philadelphia, September 1990, pp. 126–134.

[64] Deloddere, D.; Verbiest, W.; Verhille, H.: Interactive Video On Demand. *IEEE Communications Magazine*, Vol. 32, No. 5, May 1994, pp. 82–88.

[65] Devault, M.; Cochennec, J.-Y.; Servel, M.: The „Prelude" ATD Experiment: Assessments and Future Prospects. *IEEE Journal on Selected Areas in Communications*, Vol. 6, No. 9, December 1988, pp. 1528–1537.

[66] Dixit, S.; Skelly, P.: MPEG-2 over ATM for Video Dial Tone Networks: Issues and Strategies. *IEEE Network*, Vol. 9, No. 5, September/October 1995, pp. 30–40.

[67] Domann, G.: BERKOM-Testnetz und BISDN/IBFN-Systemkonzept. *Elektrisches Nachrichtenwesen*, Band 62, Nr. 3/4, 1988, pp. 325–332.

[68] Doshi, B.; and Heffes, H.: Overloading Performance of an Adaptive, Buffer-Window Allocation Scheme for a Class of High Speed Networks. *ITC 13, June 1991, Proceedings „Teletraffic and Data Traffic in a Period of Change"*, Elsevier, pp. 441–446.

[69] Doshi, B.: Performance of in-call Buffer / Window Allocation Schemes for Short Intermittent File Transfers over Broadband Packet Networks. *International Journal of Digital and Analog Communication Systems*, Vol. 5, No. 1, January–March 1992, pp. 49–61.

[70] Doshi, B.T.: Deterministic Rule Based Traffic Descriptors for Broadband ISDN: Worst Case Behavior and Connection Acceptance Control. *ITC 14, June 1994, Proceedings „The Fundamental Role of Teletraffic in the Evolution of Telecommunication Networks"*, Elsevier, pp. 591–600.

[71] Eberspächer, K.: Die Synchrone Digitale Hierarchie. *ANT Nachrichtentechnische Berichte*, Heft 9, April 1992, pp. 7–13.

[72] Edmaier, B.; Eberspächer, J.; Fischer, W.; Klug, A.: Alignment Server for Hitless Path Switching in ATM Networks. *Proceedings of the 15th International Switching Symposium (ISS '95)*, Berlin, April 23.-28., 1995, Paper A8.2, Vol. 2, pp. 403–407.

[73] Ellis, M.A.; Stroustrup, B.: The Annotated C++ Reference Manual (ANSI Base Document). Addison-Wesley Publishing Company, 1990.

[74] Elwalid, A.; Mitra, D.; Wentworth, R.H.: A New Approach for Allocating Buffers and Bandwidth to Heterogeneous Regulated Traffic in an ATM Node. *IEEE Journal on Selected Areas in Communications*, Vol. 13, No. 6, August 1995, pp. 1115–1127.

[75] Eng, K.Y.; Karol, M.J.; Yeh, Y.S.: A growable packet (ATM) switch architecture: Design principles and applications. *Proceedings of the IEEE GLOBECOM '89*, November 1989, pp. 1159–1165.

[76] Faulkner, D.W.; Ballance, J.W.: Passive Optical Networks for Local Telephony and Cable TV Provision. *International Journal of Digital and Analog Cabled Systems*, Vol. 1, No. 3, July 1988, pp. 1299–1307.

[77] Feller, W.: *An Introduction to Probability Theory and its Applications.* Vol. I, Wiley, New York 1966.

[78] Fischer, W.; Fundneider, O.; Goeldner, E.H.; Lutz, K.A.: A Scaleable ATM Switching System Architecture. *IEEE Journal on Selected Areas in Communications*, Vol. 9, No. 8, October 1991, pp. 1299–1307.

[79] Fischer, W.; Stiefel, R.: A Flexible ATM System Architecture for World-Wide Field Trials. *Proceedings of the International Conference on Communications '93*, Geneva, 1993, pp. 86–90.

[80] Fried, J.: A VLSI Chip Set for Burst and Fast ATM Switching. *Proceedings of the ICC '89*, Boston, June 1989, pp. 128–135.

[81] Gail, H.R.; Grover, G.; Guerin, R.; Hantler, S.L.: Buffer Size Requirements under Longest Queue First. *International Conference on the Performance of Distributed Systems and Integrated Communication Networks*, Kyoto, September 1991, pp. 383–394.

[82] Gallassi, G.; Rigolio, G.; Verri, L.: Resource Management and Dimensioning in ATM Networks. *IEEE Network*, Vol. 4, No. 3, May 1990, pp. 8–17.

[83] Gard, I.; Rooth, J.: An ATM Switch Implementation – Technique and Technology. *Proceedings of the International Switching Symposium 90*, Stockholm, May 1990, Vol. 4, pp. 23–27.

[84] Garetti, E.; Melen, R.; Arnold, A.; Gallassi, G.; Scozzari, G.; Fox, A.L.; Fundneider, O.; Göldner, E.H.: An Experimental ATM Switching Architecture for the Evolving B-ISDN Scenario. *Proceedings of the International Switching Symposium 90*, Stockholm, May 1990, Vol. 4, pp. 15–22.

[85] Geyer, S.; Günther, W.; Paul, S.: Erfahrungen bei objektorientierter Software-Entwicklung für ein großes Projekt: 10 Thesen. *Tagungsband der GI-Jahrestagung '93*, Dresden, 1993.

[86] Geyer, S.; Günther, W.; Paul, S.: Object oriented design method for switching system software. *Proceedings of the ICC'93*, Genf, May 1993.

[87] Giacopelli, J.N. et al.: Sunshine: A High-Performance Self-Routing Broadband Packet Switch Architecture. *IEEE Journal on Selected Areas in Communications*, Vol. 9, No. 8, October 1991, pp. 1289–1298.

[88] Gibbens, R.J.; Kelly, F.P.; Key, P.B.: A Decision-Theoretic Approach to Call Admission Control in ATM-Networks. *IEEE Journal on Selected Areas in Communications*, Vol. 13, No. 6, August 1995, pp. 1101–1114.

[89] Giorcelli, S.; Demichelis, C.; Giandonato, G.; Melen, R.: Experimenting with Fast Packet Switching Techniques in First Generation ISDN Environment. *Proceedings of the International Switching Symposium 87*, Phoenix, March 1987, pp. 388–394.

[90] Glade, M.; Keller, H.: Novel Algorithm for Time-Division Multiple Access in Broadband ISDN Passive Optical Networks. *International Journal of Digital and Analog Communication Systems*, Vol. 6, 1993, pp. 55–62.

[91] Goke, L.R.; Lipovski, G.J.: Banyan Networks for Partitioning Multiprocessor Systems. *Proceedings of the First Annual Symposium on Computer Architecture*, 1973, pp. 21–28.

[92] Golestani, S.J.: A Self-clocked Fair Queueing Scheme for Broadband Applications. *Proceedings of INFOCOM '94*, pp. 636–646, July 1994.

[93] Gonet, P.; Adam, P.; Coudreuse, J.-P.: Asynchronous Time-Division Switching: The Way to Flexible Broadband Communication Networks. *Proceedings of the 1986 International Zurich Seminar on Digital Communications*, Zürich, März 1986, pp. 141–148.

[94] Gravey, A.; Hébuterne, G.: Mixing Time and Loss Priorities in a Single Server Queue. *Proceedings of the 13th International Teletraffic Congress*, Copenhagen, June 1991, pp. 141–152.

[95] Günther, W.; Winkler, J.F.H.: Anwendung der Objektorientierung in einem industriellen Telekommunikationsprojekt. Informatik Spektrum, Dezember 1993.

[96] Guérin, R.; Ahmadi, H.; Naghshineh, M.: Equivalent Capacity and its Applications to Bandwidth Allocation in High Speed Networks. *IEEE Journal on Selected Areas in Communications*, Vol. 9, No. 7, September 1991, pp. 968–981.

[97] Guérin, R.; Gün, L.: A Unified Approach to Bandwidth Allocation and Access Control in Fast Packet Switched Networks. *Proceedings of the IEEE INFOCOM '92*, Florence, May 1992, pp. 1–12.

[98] Guillemin, F.; Roberts, J.W.: Jitter and bandwidth enforcement. *Proceedings of IEEE Global Telecommunications Conference* , Phoenix, Session 9.3, 1991.

[99] Gupta, A.K.; Barbosa, L.O.; Georganas, N.D.: 16x16 Limited Intermediate Buffer Switch Module for ATM Networks. *Proceedings of the IEEE GLOBECOM '91*, Phoenix, December 1991, Vol. 2, pp. 939–943.

[100] Harten, P.; Auer, E.; Smolka, G.; Lechner, R.: Broadband Access Systems: A Comparison of FDM Hybrid/Fiber Coax and TDM Digital Broadband. *Proceedings of the 7th International Workshop on Optical Access Networks*, Nürnberg, September 1995, Paper 2.2.

[101] Haselton, E.F.: New Switching Concept Integrates Voice and Data Bursts. *Proceedings of the IEEE GLOBECOM '84*, Atlanta, Dezember 1984, pp. 126–129.

[102] Hébuterne, G.; Gravey, A.: A Space Priority Queueing System for Multiplexing ATM Channels. *Computer Networks and ISDN Systems*, Vol. 20, Nos. 1-5, December 1990, pp. 37–43.

[103] Heffes, H.; Lucantoni, D.M.: A Markov Modulated Characterization of Packetized Voice and Data Traffic and Related Statistical Multiplexer Performance. *IEEE Journal on Selected Areas in Communications*, Vol. 4, No. 6, September 1986, pp. 856–868.

[104] Heiss, H.: Bursty ATM User Traffic Allowed by a Jitter Tolerant Leaky Bucket and its Impact on Link Utilization. *International Journal of Communication Systems*, Vol. 7, No. 3, July-September 1994, pp. 161–175.

[105] Heiss, H.; Wallmeier, E.: Performance Comparison of Three Policing Mechanisms Based on their Maximum Throughput Functions. *ITC 14, June 1994, Proceedings „The Fundamental Role of Teletraffic in the Evolution of Telecommunication Networks", Elsevier*, pp. 1405–1414.

[106] Heiss, H.; Wallmeier, E.; Rigolio, G.; Toniatti, T.: Performance Design of an ATM Node on the Basis of the Experience from the BLNT RACE Project. *European Transactions on Telecommunications*, Vol. 5, No. 2, March–April 1994, pp. 199–206.

[107] Henrion, M.A.; Schrodi, K.J.; Boettle, D.; De Somer, M.; Dieudonne, M.: Switching Network Architecture for ATM-Based Broadband Communications. *Proceedings of the International Switching Symposium 90*, Stockholm, May 1990, Vol. 5, pp. 1–8.

[108] Henrion M.A.; Boettle, D.: Alcatel ATM Switch Fabric and its Properties. *Electrical Communications*, Vol. 64, No. 2/3, 1990, pp. 156–165.

[109] Henrion, M.A.; Eilenberger, G.J.; Petit, G.H.; Parmentier, P.: Technology, Distributed Control and Performance of a Multipath Self-Routing Switch. *Proceedings of the International Switching Symposium 92*, Yokohama, October 1992, Vol. 2, Paper A5.1.

[110] Hiramatsu, A.: Integration of ATM Call Admission Control and Link Capacity Control by Distributed Neural Networks. *IEEE Journal on Selected Areas in Communications*, Vol. 9, No. 7, September 1991, pp. 1131–1138.

[111] Hluchyj, M.G.; Karol, M.J.: Queueing in High-Performance Packet Switching. *IEEE Journal on Selected Areas in Communications*, Vol. 6, No. 9, December 1988, pp. 1587–1597.

[112] Hofmann, R.; Müller, R.: A multifunctional high-speed switch element for ATM applications. *IEEE Journal of Solid State Circuits*, Vol. 27, No. 7, 1992, pp. 1036–1040.

[113] Hoogendoorn, C.H.; Maher, A.T.: Enhanced SW Architecture For An ATM Universal Communication Node. *Proceedings of the International Switching Symposium 92*, Yokohama, October 1992, Vol. 1, Paper C4.7, pp. 440–444.

[114] Huang, A.; Knauer, S.: STARLITE: A Wideband Digital Switch. *Proceedings of the IEEE GLOBECOM '84*, Atlanta, Dezember 1984, pp. 121–125.

[115] Hui, J.Y.; Arthurs, E.: A Broadband Packet Switch for Integrated Transport. *IEEE Journal on Selected Areas in Communications*, Vol. 5, No. 8, October 1987, pp. 1264–1273.

[116] Hui, J.Y.: Resource Allocation for Broadband Networks. *IEEE Journal on Selected Areas in Communications*, Vol. 6, No. 9, December 1988, pp. 1598–1608.

[117] Hui, J.Y.: *Switching and Traffic Theory for Integrated Broadband Networks*, Kluwer, Boston, 1991.

[118] IETF: RFC 1155 (Rose, M.T.; McCloghrie, K.): Structure and Identification of Management Information for TCP/IP-based Internets. *Request for Comments*, DDN Network Information Center, May 1990.

[119] IETF: RFC 1157 (Case, J.D.; Fedor, M.S.; Schoffstall, M.L.; Davin, J.R.): Simple Network Management Protocol. *Request for Comments*, DDN Network Information Center, May 1990.

[120] IETF: RFC 1213 (McCloghrie, K.; Rose, M.T. Editors): Management Information Base for Network Management of TCP/IP-based Internets: MIB-II. *Request for Comments*, DDN Network Information Center, March 1991.

[121] IETF: RFC 1323: TCP Extensions for High Performance. *Request for Comments*, 1992.

[122] IETF: RFC 1483: Multiprotocol Encapsulation over ATM Adaptation Layer 5. *Request for Comments (Proposed Standard)*, Januar 1994.

[123] IETF: RFC 1577: Classical IP and ARP over ATM. *Request for Comments (Proposed Standard)*, Januar 1994.

[124] IETF: RFC 1626: Default IP MTU for use over ATM AAL 5. *Request for Comments (Proposed Standard)*, Mai 1994.

[125] IETF: RFC 1755: ATM Signalling Support for IP over ATM. *Request for Comments (Informational)*, Januar 1995.

[126] Iliadis, I.; Denzel, W.E.: Performance of Packet Switches with Input and Output Queueing. *Proceedings of the ICC '90*, Atlanta, April 1990, pp. 747–753.

[127] Iliadis, I.: Performance of a Packet Switch with Shared Buffer and Input Queueing. *ITC 13, Proceedings in 'North Holland Studies in Telecommunication'*, Copenhagen, June 1991, Vol. 14, pp. 911–916.

[128] Iliadis, I.: Head of the Line Arbitration of Packet Switches with Combined Input and Output Queueing. *International Journal of Digital and Analog Communication Systems*, Vol. 4, No. 3, July 1991, pp. 181–190.

[129] Itoh, A. et al.: Practical Implementation and Packaging Technologies for a Large-Scale ATM Switching System. *IEEE Journal on Selected Areas in Communications*, Vol. 9, No. 8, October 1991, pp. 1280–1288.

[130] ITU-T Recommendation I.371: Traffic Control and Congestion Control in B-ISDN.

[131] Jager, W.; Hulvershorn, H.; Adham, S.: Self-Testing to Improve Fault Detection and Isolation in Switching Systems. *Proceedings of the International Switching Symposium 95*, Berlin, April 1995, Vol. 1, Paper P.r2, pp. 299–303.

[132] Jajszczyk, A.; Roszkiewicz, M.; Garcia-Haro, J.: Comparison of ATM Shared-Memory Switches. *Proceedings of the International Switching Symposium 95*, Berlin, 23.–28. April 1995, Vol. 1, Paper C3.8, pp. 409–413.

[133] Joos, P.; Verbiest, W.: A Statistical Bandwidth Allocation and Usage Monitoring Algorithm for ATM Networks. *Proceedings of the ICC '89*, Boston, June 1990, pp. 415–422.

[134] Jugel, A.; Lechner, R.; Matin, A.: A Digital Broadband Access System. *Proceedings of the 7th International Workshop on Optical Access Networks*, Nürnberg, September 1995, Paper 10.4.

[135] Kamoun, F.; Kleinrock, L.: Analysis of Shared Finite Storage in a Computer Network Node Environment under General Traffic Conditions. *IEEE Transactions on Communications*, Vol. 28, No. 7, July 1980, pp. 992–1003.

[136] Karol, M.J.; Hluchyj, M.G.; Morgan, S.P.: Input Versus Output Queueing on a Space-Division Packet Switch. *IEEE Transactions on Communications*, Vol. 35, No. 12, December 1987, pp. 1347–1356.

[137] Karol, M.J.; Eng, K.Y.; Obara, H.: Improving the Performance of Input-Queued ATM Packet Switches. *Proceedings of the IEEE INFOCOM '92*, Florence, May 1992, Vol. 1, pp. 110–115.

[138] Karstensen, H.; Hanke, Ch.; Honsberg, M.: DC-Coupled Parallel Optical Interconnect Cable with Fiber Ribbon. *Proceedings of the 43rd Electronic Components and Technology Conference*, Orlando, Florida, 1993, pp. 729–734.

[139] Katevenis, M.; Sidiropoulos, S.; Courcoubetis, C.: Weighted Round-Robin Cell Multiplexing in a General-Purpose ATM Switch Chip. *IEEE Journal on Selected Areas in Communications*, Vol. 9, No. 8, October 1991, pp. 1265–1279.

[140] Kato, Y.; Shimoe, T.; Hajikano, K.; Murakami, K.: Experimental Broadband ATM Switching System. *Proceedings of the IEEE GLOBECOM '88*, Hollywood, Fla, December 1988, pp. 1288–1292.

[141] Kato, T. et al.: 21 Gbit/s/cm^2 throughput density twodimensional array optical interconnection construction. *Electronics Letters*, Vol. 29, No. 19, 1993, pp. 1722–1723.

[142] Kato, Y.; Hayami, H.; Kamoi, J.; Murakami, K.: A Bi-CMOS ATM Switching LSI. *Proceedings of the International Zürich Seminar*, Zürich, March 1990, pp. 195–210.

[143] Keller, H.; Glade, M.; Hartl, B.; Horbach, C.: Optical Broadband Access Using ATM on a Passive Optical Network. *International Journal of Digital and Analog Communication Systems*, Vol. 6, 1993, pp. 143–149.

[144] Kelly, F.P.: Tariffs and Effective Bandwidths in Multiservice Networks. *ITC 14, June 1994, Proceedings „The Fundamental Role of Teletraffic in the Evolution of Telecommunication Networks"*, Elsevier, pp. 401–410.

[145] Kernighan, B.W.; Ritchie, D.M.: The C Programming Language (ANSI C). Prentice Hall, Englewood Cliffs, NJ, 1988 (Second Edition).

[146] Killat, U.; Kowalk, W.; Noll, J.; Keller, H.G.; Reumermann, H.J.; Ziegler, U.: A Versatile ATM Switch Concept. *Proceedings of the International Switching Symposium 90*, Stockholm, May 1990, Vol. 4, pp. 127–134.

[147] Kleinrock, L.: Queueing Systems, Vol. I: Theory, Wiley, New York 1975

[148] Kneisel, K.-E.: Bigfon – Vergleich der verschiedenen firmenindividuellen Systemlösungen. *ntz (Nachrichtentechnische Zeitung*, Jahrgang. 36, Heft 7, 1983, pp. 428–433.

[149] Koyanagi, K.; Shimizu, T.; Tomita, S.: Hierarchically Structured Switching Software. *Proceedings of the IEEE GLOBECOM '93*, 1993, Vol. 3, pp. 1918–1933.

[150] Kozaki, T. et al.: 32x32 Shared Buffer Type ATM Switch VLSI for B-ISDN's. *IEEE Journal on Selected Areas in Communications*, Vol. 9, No. 8, October 1991, pp. 1239–1247.

[151] Kröner, H.; Hébuterne, G.; Boyer, P.; Gravey, A.: Priority Management in ATM Switching Nodes. *IEEE Journal on Selected Areas in Communications*, Vol. 9, No. 3, April 1991, pp. 418–427.

[152] Kröner, H.: Statistical Multiplexing of Sporadic Sources – Exact and Approximate Performance Analysis. *Proceedings of the 13th International Teletraffic Congress*, Copenhagen, June 1991, pp. 787–793.

[153] Kröner, H.; Renger, T.; Knobling, R.: Performance Modelling of an Adaptive CAC Strategy for ATM Networks. *ITC 14, June 1994, Proceedings „The Fundamental Role of Teletraffic in the Evolution of Telecommunication Networks"*, Elsevier, pp. 1077–1088.

[154] Kühn, P.J.: From ISDN to IBCN (Integrated Broadband Communication Network). *Proceedings of the World Computer Congress IFIP'89*, San Francisco, 1989, pp. 479–486.

[155] Kulzer, J.J.; Montgomery, W.A.: Statistical Switching Architectures for Future Services. *Proceedings of the XI International Switching Symposium (ISS)*, Florenz, 1984, Paper 43-A-1.

[156] Kumar, V.P.; Kneuer, J.G.; Pal, D.; Brunner, B.: PHOENIX: A Building Block for Fault Tolerant Broadband Packet Switches. *Proceedings of the IEEE GLOBECOM '91*, Phoenix, December 1991, Vol. 1, pp. 228–233.

[157] Kwok, T.: A Vision for Residential Broadband Services: ATM-to-the-Home. *IEEE Network*, Vol. 9, No. 5, September/October 1995, pp. 14–28.

[158] Kyees P.; McConnell R.; Sistanizadeh, K.: ADSL: A New Twisted-Pair Access to the Information Highway. *IEEE Communications Magazine*, Vol. 33, No. 4, April 1995.

[159] Lampe, D.: Transfer Delay Deviation of Packets in ATD Switching Matrices and its Effect on Dimensioning a Depacketizer Buffer. *Proceedings of the ICCC '88*, Tel Aviv, October 1988, pp. 55–60.

[160] Langer, K.-D.: Konzept eines Koppelelements für die hochratige ATM-Vermittlung *Tagungsband des ITG/GI Workshops „Verbindungsnetzwerke für Parallelrechner und Breitband-Übermittlungssysteme"*, Stuttgart, September 1991, pp. 42–47.

[161] Larsson, M.; Rooth, J.: A Modular and Flexible ATM Switch Architecture based on only two ASICs. *Proceedings of the International Switching Symposium 95*, Berlin, 23.–28. April 1995, Vol. 1, Paper C3.2, pp. 379–383.

[162] Le Gall, D.J.: The MPEG video compression algorithm. Signal Processing: *Image Communication 4*, Elsevier Science Publishers B.V., 1992, pp. 129–140.

[163] Lee, H.; Kook, K.H.; Rim, C.S.; Jun, K.P.; Lim, S.K.: A Limited Shared Output Buffer Switch for ATM. *Proceedings of the 4th International Conference on Data Communication Systems and their Performance*, Barcelona, June 1990, pp. 163–179.

[164] Lee, M.J.; Li, S.-Q.: Performance Trade-Offs in Input/Output Buffer Design for a Non-Blocking Space-Division Packet Switch. *International Journal of Digital and Analog Communication Systems*, Vol. 4, No. 1, January 1991, pp. 21–31.

[165] Lee, T.: Nonblocking copy networks for multicast packet switching. *IEEE Journal on Selected Areas in Communications*, Vol. 6, No. 9, December 1988, pp. 1455–1467.

[166] Lee, T.; Liu, S.-J.: A fair high-speed copy network for multicast packet switch. *Proceedings of the IEEE INFOCOM '92*, 1992, pp. 886–894.

[167] Lehnert, R.: On Performance Aspects of Broadband-Switches Using the Asynchronous Transfer Mode. *Tagungsband des Nachrichtentechnischen Kolloquiums, Universität Braunschweig*, Teubner Verlag, Braunschweig, 1988, pp. 69–93.

[168] Leland, W.E.; Willinger, W.; Taqqu, M.S.; Wilson, D.V.: Statistical Analysis and Stochastic Modeling of Self-Similar Data Traffic. *ITC 14, June 1994, Proceedings „The Fundamental Role of Teletraffic in the Evolution of Telecommunication Networks"*, Elsevier, pp. 319–328.

[169] Liew, S.C.; Lu, K.W.: A Three-Stage Architecture for Very Large Packet Switches. *International Journal of Digital and Analog Cabled Systems*, Vol. 2, No. 4, October 1989, pp. 303–316.

[170] Lippman, S.B.: C++ Primer. Addison-Wesley Publishing Company, 1990.

[171] Loen, V.; Miller, E.: Subscriber Terminal Units for Video Dial Tone Systems. *IEEE Network*, Vol. 9, No. 5, September/October 1995, pp. 48–57.

[172] Lücke, K.; Steinhauser, K.-A.: Technological challenges for future broadband switching systems. *1st IEEE International Workshop on Broadband Switching Systems*, Poznan, Poland, April 19.-21., 1995, pp. 45–55.

[173] Lutz, K.A.: ATM ermöglicht unterschiedliche Bitraten im einheitlichen Breitbandnetz. *Siemens Telcom Report*, Band 11, Nr. 6, 1988, pp. 210–213.

[174] Lutz, K.A.: Considerations on ATM Switching Techniques. *International Journal of Digital and Analog Cabled Systems*, Vol. 1, No. 4, 1988, pp. 237–243.

[175] Maglaris, B.; Anastassiou, D.; Sen, P.; Karlsson, G.; Robbins, J.D.: Performance Models of Statistical Multiplexing in Packet Video Communications. *IEEE Transactions on Communications*, Vol. 36, No. 7, July 1988, pp. 834–844.

[176] McMillen, R.J.: A Survey of Interconnection Networks. *Proceedings of the IEEE GLOBECOM '84*, Atlanta, 1984, pp. 105–113.

[177] Melen, R.: Current Architectures for ATM Implementation. *European Transactions on Telecommunications*, Vol. 3, No. 2, March 1992, pp. 53–63.

[178] Minzer, S.E.: Broadband ISDN and Asynchronous Transfer Mode. *IEEE Communications Magazine*, Vol. 27, No. 9, September 1989, pp. 17–24.

[179] Muise, R.W.; Schonfeld, T.J.; Zimmermann III, G.H.: Experiments in Wideband Packet Technology. *Proceedings of the 1986 Zurich Seminar on Digital Communications*, Zürich, 1986, pp. 135–139.

[180] Mitrou, N.M.; Kontovasilis, K.P.; Kröner, H.; Iversen, V.B.: Statistical Multiplexing, Bandwidth Allocation Strategies and Connection Admission Control in ATM Networks. *European Transactions on Telecommunications*, Vol. 5, No. 2, March–April 1994, pp. 33–47.

[181] Nakamura, H.; Kai, T.; Tanaka, H.: Software Architecture of the All Band Switching Node System for Efficient Processing of N/BISDN Calls. *Proceedings of the International Switching Symposium 95*, Berlin, 23.-28. April 1995, Vol. 1, Paper C1.3, pp. 98–102.

[182] Newman, P.; Doar, M.: The Slotted Ring Copy Fabric for a Multicast Packet Switch. *Proceedings of the International Switching Symposium 90*, Stockholm, May 1990, Vol. V, Paper C8.6.

[183] Niestegge, G.: The Leaky Bucket Policing Method in the ATM Network. *International Journal of Digital and Analog Communication Systems*, Vol. 3, No. 2, April-June 1990, pp. 187–197.

[184] Niestegge, G.: The Impact of Traffic Shaping on Broadband Network Performance. *Archiv für Elektronische Übertragungstechnik*, Vol. 47, No. 5/6, 1993, pp. 426–434.

[185] Nojima, S.; Tsutsui, E.; Fukuda, H.; Hashimoto, M.: Integrated Services Packet Network Using Bus Matrix Switch. *IEEE Journal on Selected Areas in Communications*, Vol. 5, No. 8, October 1987, pp. 1284–1291.

[186] Nordin, R.A. et al.: A Systems Perspective on Digital Interconnection Technology. *IEEE Journal on Lightwave Technology*, Vol. 10, No. 6, June 1992, pp. 811–827.

[187] Nordin, R.A. et al.: High Performance Optical Data Link Array Technology. *Proceedings of the 43rd Electronic Components and Technology Conference*, Orlando, Florida, 1993, pp. 795–801.

[188] Norros, I.; Virtamo, J.T.: Who Looses Cells in the Case of Burst Level Congestion. *Proceedings of the 13th International Teletraffic Congress*, Copenhagen, June 1991, pp. 829–833.

[189] Obara, H.; Yasushi, T.: An Efficient Contention Resolution Algorithm for Input Queueing ATM Cross-Connect Switches. *International Journal of Digital and Analog Cabled Systems*, Vol. 2, No. 4, October 1989, pp. 261–267.

[190] Oie, Y.; Murata, M.; Kubota, K.; Miyahara, H.: Effect of Speedup in Non-blocking Packet Switch. *Proceedings of the ICC '89*, Boston, June 1989, pp. 410–414.

[191] Oie, Y.; Suda, T.; Murata, M.; Miyahara, H.: Survey of the Performance of Non-Blocking Switches with FIFO Input Buffers. *Proceedings of the ICC '90*, Atlanta, GA, April 1990, pp. 737–741.

[192] Palmer, R.: An Experimental ATM Switch for BISDN Studies. *International Journal of Digital and Analog Communication Systems*, Vol. 3, No. 4, 1990, pp. 341–349.

[193] Parekh, A.; Gallager, R.: A Generalized Processor Sharing Approach to Flow Control in Integrated Services Networks: the Single Node Case. *Proceedings INFOCOM '92*, pp. 915–924, May 1992.

[194] Pattavina, A.: Multichannel Bandwidth Allocation in a Broadband Packet Switch. *IEEE Journal on Selected Areas in Communications*, Vol. 6, No. 9, December 1988, pp. 1489–1499.

[195] Pattavina, A.: Performance Evaluation of ATM Switches with Input and Output Queueing. *International Journal of Digital and Analog Communication Systems*, Vol. 3, No. 3, 1990, pp. 277–286.

[196] Pattavina, A.: Broadband Switching Systems: First Generation. *European Transactions on Telecommunications*, Vol. 2, No. 1, January 1991, pp. 75–87.

[197] Pattavina, A.: An ATM Switch Architecture for Provision of Integrated Broadband Services. *IEEE Journal on Selected Areas in Communications*, Vol. 9, No. 9, December 1991, pp. 1537–1548.

[198] Pattavina, A.: Nonblocking architectures for ATM switching. *IEEE Communications Magazine*, February 1993, pp. 38–48.

[199] Rambold, T.: Weiterentwicklung von Breitband-WANs zur Integration von B-ISDN und Internet: Neue Geschäftschancen für Betreiber und Anbieter?. *Tagungsband Online'96*, Congressband II, Symposium II-2, Beitrag C221.

[200] Rathgeb, E.P.; Theimer, T.H.; Huber, M.N.: ATM Switches – Basic Architectures and their Performance. *International Journal of Digital and Analog Cabled Systems*, Vol. 2, No. 4, October 1989, pp. 227–236.

[201] Rathgeb, E.P.: Verkehrsflüsse in ATM-Netzen – Modellierung und Analyse von Verkehrsquellen und Quellflußkontrollverfahren. 51. Bericht über verkehrstheoretische Arbeiten (Dissertationsschrift), Universität Stuttgart, Institut für Nachrichtenvermittlung und Datenverarbeitung, 1991.

[202] Rathgeb, E.P.: Modeling and Performance Comparison of Policing Mechanisms for ATM Networks. IEEE Journal on Selected Areas in Communications, Vol. 9, No. 3, April 1991, pp. 325–334.

[203] Rathgeb, E.P.: The EWSXpress Core Node – A versatile ATM switch and its application to narrowband trunking. *Proceedings of the International Conference on Communication Technology (ICCT'96)*, Beijing, May 5–7, 1996, Vol. 1, pp. 494–498.

[204] Ricke, H.; Kanzow, J. (Hrsg.): BERKOM – Breitbandkommunikation im Glasfasernetz. R. V. Decker's Verlag, G. Schenck Heidelberg, 1991.

[205] Robertazzi, T.G. (Editor): Performance Evaluation of High Speed Switching Fabrics and Networks. IEEE Press, 1993.

[206] Roberts, J.W. (ed.): *Performance Evaluation and Design of Multiservice Networks (COST 224 Final Report)*, Commission of the European Communities, Brussels, 1991.

[207] Roberts, J.W.: Variable-Bit-Rate Traffic Control in B-ISDN. *IEEE Communications Magazine*, September 1991, pp. 50–56

[208] Roberts, J.W.: Virtual Spacing for Flexible Traffic Control. *International Journal of Communication Systems*, Vol. 7, December 1994, pp. 307–318.

[209] Romanow, A.; Floyd, S.: Dynamics of TCP traffic over ATM Networks. *IEEE Journal on Selected Areas in Communications*, Vol. 13, No. 4, May 1995, pp. 633–641.

[210] Rombach, H.: A Distributed Object-Oriented Control Software for Private ATM Switching Systems. *Proceedings of the International Switching Symposium 95*, Berlin, 23.–28. April 1995, Vol. 1, Paper C1.2, pp. 93–97.

[211] Rothermel, K.; Seeger, D.: Traffic Studies of Switching Networks for Asynchronous Transfer Mode. *Proceedings of the 12th International Teletraffic Congress*, Torino, June 1988, Paper 1.3A5.

[212] Rothermel, K.: Priority Mechanisms in ATM Networks. *Proceedings of IEEE Global Telecommunications Conference* , San Diego, pp. 847–851, 1990

[213] Sakurai, Y.; Ido, N.; Gohara, S.; Endo, N.: Large Scale ATM Multi-Stage Switching Network with Shared Buffer Memory Switches. *Proceedings of the International Switching Symposium 90*, Stockholm, May 1990, Vol. 4, pp. 121–126.

[214] Sato, K.; Ohta, S.; Tokizawa, I.: Broad-Band ATM Network Architecture Based on virtual Paths. *IEEE Transactions on Communications*, Vol. 38, No. 8, 1990.

[215] Schäfer, R. et al.: Digital Video Coding Standards and their Role in Video Communications. *Proceedings of the IEEE*, No. 6, 1995, pp. 907–923.

[216] Schaffer, B.: ATM Switching in the Developing Telecommunication Network. *Proceedings of the International Switching Symposium 90*, Stockholm, May 1990, Vol. 1, pp. 105–110.

[217] Schneider, H.: Mit ATM zur bitratenvariablen Kommunikation. *telcom report*, 13. Jahrgang, Heft 1, Januar/Februar 1990, pp. 7–10.

[218] Schrader, A.: Meilenstein der Vermittlungstechnik. ATM-Übermittlungsverfahren im Berliner Kommunikationssystem (BERKOM) weltweit erstmals im praktischen Einsatz. *telcom report*, Heft 12, 1989, pp. 181–183.

[219] Schrodi, K.J.; Pfeiffer, B.; Delmas, J.M.; De Somer, M.: Multicast Handling in a Self-Routing Switch Architecture. *Proceedings of the International Switching Symposium 92*, Yokohama, October 1992, Vol. 2, Paper A7.1.

[220] Schultz, K.J.; Gulak, P.G.: Physical Performance Limits for Shared Buffer ATM Switches to the Year 2005. *Proceedings of the International Switching Symposium 95*, Berlin, April 1995, Vol. 1, Paper P.r1, pp. 294–298.

[221] Senoh, A.; Mizuno, T.: Multiprocessor Architecture For Large-Capacity ATM Switching System. *Proceedings of the International Switching Symposium 95*, Berlin, April 1995, Vol. 1, Paper P.b2, pp 263–267.

[222] Sezaki, K.; Tanaka, Y.; Akiyama, M.: The Cascade Clos Broadcast Switching Network – A New ATM Switching Network which is Multiconnection Non-Blocking. *Proceedings of the International Switching Symposium 90*, Stockholm, May 1990, Vol. 4, pp. 143–147.

[223] Shenker, S.: Fundamental Design Issues for the Future Internet. *IEEE Journal on Selected Areas in Communications*, Vol. 13, No. 7, September 1995, pp. 34–45.

[224] Shiomoto, K.; Murata, M.; Oie, Y.; Miyahara, H.: Performance Evaluation of Cell Bypass Queueing Discipline for Buffered Banyan Type ATM Switches. *Proceedings of the IEEE INFOCOM '90*, San Francisco, June 1990, Vol. 2, pp. 677–685.

[225] Shobatake, Y. et al.: A One-Chip Scaleable 8x8 ATM Switch LSI Employing Shared Buffer Architecture. *IEEE Journal on Selected Areas in Communications*, Vol. 9, No. 8, October 1991, pp. 1248–1254.

[226] Siegmund, G.: ATM- Die Technik des Breitband-ISDN. R. v. Decker's Verlag, G. Schenk GmbH, Heidelberg, 2. Auflage.

[227] Staehler, R.E.; Mansell, J.J.; Messerli, E.; Luderer, G.W.R.; Vaidya, A.K.: Wideband Packet Technology for Switching Systems. *Proceedings of the XII International Switching Symposium (ISS)*, Phoenix, März 1987, pp. 448–454.

[228] Suzuki, H.; Nagano, H.; Suzuki, T.; Takeuchi, T.; Iwasaki, S.: Output-Buffer Switch Architecture for Asynchronous Transfer Mode. *International Journal of Digital and Analog Cabled Systems*, Vol. 2, No. 4, October 1989, pp. 269–276.

[229] Takahashi, A.; Nishino, T.; Murakami, K.; Dunning, S.: A Broadband Switching System for Public Network. *Proceedings of the International Switching Symposium 90*, Stockholm, May 1990, Vol. 5, pp. 103–109.

[230] Takeuchi, T.; Suzuki, H.; Aramaki, T.: Switch Architectures and Technologies for Asynchronous Transfer Mode. *IEICE Transactions*, Vol. 74, No. 4, April 1991, pp. 752–760.

[231] Tamir, Y.; Frazier, G.: High-Performance Multiqueue Buffers for VLSI Communication Switches. *Proceedings of the 15th Annual International Symposium on Computer Architecture*, Honolulu, May 1988, pp. 343–354.

[232] Tanenbaum, A.S.: Computer Networks. Prentice-Hall, Englewood, NJ, 2. Edition, 1989.

[233] Tarng, C.-L.; Meditch, J.: A high-performance copy network for B-ISDN. *Proceedings of the IEEE INFOCOM '91*, 1991, pp. 171–181.

[234] Theimer, T.H.: Performance Comparison of Routing Strategies in ATM Switch Fabrics. *ITC 13, Proceedings in 'North Holland Studies in Telecommunication'*, Vol. 14, Copenhagen, June 1991, pp. 923–928.

[235] Theimer, T.H.: Vergleichende Untersuchungen an ATM-Koppelnetzstrukturen. 56. Bericht über verkehrstheoretische Arbeiten (Dissertationsschrift), Universität Stuttgart, Institut für Nachrichtenvermittlung und Datenverarbeitung, 1994.

[236] Theimer, T.H.; von der Straten, G.: A Flexible ATM-Based Access Network Architecture. *Proceedings of the XI International Symposium on Subscriber Loops & Services (ISSLS'96)*, Melbourne, February 1996.

[237] Thomas, A.; Coudreuse, J.P.; Servel, M.: Asynchronous Time-Division Techniques: An Experimental Packet Network Integrating Videocommunication. *Proceedings of the International Switching Symposium 84*, Florence, 7.–11. May 1984, Session 32 C, Paper 2.

[238] Tobagi, F.A.: Fast Packet Switch Architectures for Broadband Integrated Services Digital Networks. *Proceedings of the IEEE*, Vol. 78, No. 1, January 1990, pp. 133–167.

[239] Tran-Gia, P.; Gold, H.: Anwendung Neuronaler Netze in Kommunikationssystemen. *Tagungsband des Workshops „Neuronale Netze", Deutsche Informatik Akademie der GI*, Bonn, Mai 1990, pp. 8.

[240] Troudet, T.P.; Walters, S.M.: Neural Network Architecture for Crossbar Switch Control. *IEEE Transactions on Circuits and Systems*, Vol. 38, No. 1, January 1991, pp. 42–56.

[241] Tucker, R.C.F.: Accurate Method for Analysis of a Packet-Speech Multiplexer with Limited Delay. *IEEE Transactions on Communications*, Vol. 36, No. 4, 1988, pp. 479–483.

[242] Turner, J.S.: New Directions in Communications. *Proceedings of the 1986 International Zurich Seminar on Digital Communications*, Zürich, März 1986, pp. 25–32.

[243] Turner, J.S.: Design of a Broadcast Packet Switching Network. *IEEE Transactions on Communications*, Vol. 36, No. 6, Juni 1987, pp. 734–743.

[244] Van der Plas, G. et al.: APON: AN ATM-based FITL System. *Proceedings of the EFOC&N'93*, The Hague, 1993.

[245] Van der Plas, G.; Sierens, C.; Spruyt, P.; Mestdagh, D.: Access Network Alternatives and Associated Trial Experiences. *Proceedings of the XI International Symposium on Subscriber Loops & Services (ISSLS'96)*, Melbourne, February 1996, pp. 269–273.

[246] Wachholz, G.; Grohs, K.-D.: Concept of Deutsche Bundespost Telekom for a B-ISDN Pilot Project. *Proceedings of the International Switching Symposium 92*, Yokohama, October 1992, Vol. 2, pp. 82–85.

[247] Wallace, G.: The JPEG still picture compression standard. *Communications of the ACM*, Vol. 34, No. 4, April 1991, pp. 30–44.

[248] Wallmeier, E.; Worster, T.: The Spacing Policer, an Algorithm for Efficient Peak Bit Rate Control in ATM Networks. *Proceedings of the International Switching Symposium 1992*, Yokohama, October 1992, pp. 22–26.

[249] Wallmeier, E.: A Connection Acceptance Algorithm Based on Mean and Peak Bit Rates. *International Journal of Digital and Analog Communication Systems*, Vol. 3, No. 2, April–June 1990, pp. 143–153.

[250] Wallmeier, E.; Hauber, C.M.: Blocking Probabilities in ATM Pipes Controlled by a Connection Acceptance Algorithm Based on Mean and Peak Bit Rates. *ITC13, Proceedings „Queueing, Performance and Control in ATM"*, June 1991, pp. 137–142.

[251] Weber, A.; Fischer, W.; Huber, M.N.: Multichannel Circuit Switching – Performance Evaluation of Switching Networks. *IEEE Journal on Selected Areas in Communications*, Vol. 9, No. 2, 1991, pp. 226–232.

[252] Weis, B.X.; Ashby, M.; Veider, A.; Tyrrell, S.: A Modular Architecture for Integrated Broadband Switch Management Incorporating Dynamic Software Extension. *Proceedings of the International Switching Symposium 92*, Yokohama, October 1992, Vol. 1, Paper P4, pp. 179–183.

[253] Worster, T.: Modelling Deterministic Queues: The Leaky Bucket as an Arrival Process. *ITC 14, June 1994, Proceedings „The Fundamental Role of Teletraffic in the Evolution of Telecommunication Networks"*, Elsevier, pp. 581–590.

[254] Worster, T.; Fischer, W.; Davis, S.P.; Hayter, A.: Buffering and Flow control for Statistical Multiplexing in an ATM Switch. *Proceedings of the International Switching Symposium 95*, Berlin, 23.-28. April 1995, Vol. 1, pp. 273-277.

[255] Wulleman, R.; Van Landegem, T.: Comparison of ATM Switching Architectures. *International Journal of Digital and Analog Cabled Systems*, Vol. 2, No. 4, October 1989, pp. 211-225.

[256] Yamada, H.; Yamada, S.; Kai, H.; Takahashi, T.: A Multi-Purpose Memory Switch LSI for ATM-Based Systems. *Proceedings of the IEEE GLOBECOM '90*, San Diego, December 1990, pp. 1602-1608.

[257] Yamanaka, H.; Kondoh, H.; Saito, H.; Tsuzuki, M.; Sasaki, Y.; Kohama, S.; Yamada, H.; Matsuda, Y.; Oshima, K.: A Scalable Nonblocking Shared Multibuffer ATM-Switch with a New Concept of Searchable Queue. *Proceedings of the International Switching Symposium 95*, Berlin, 23.-28. April 1995, Vol. 1, Paper P.b5, pp. 278-282.

[258] Yeh, Y.S.; Hluchyj, M.G.; Acampora, A.S.: The Knockout Switch: A Simple, Modular Architecture for High Performance Packet Switching. *IEEE Journal on Selected Areas in Communications*, Vol. 5, No. 8, October 1987, pp. 1274-1283.

[259] Zitterbart, M.: Hochleistungskommunikation, Band 1: Technologie und Netze. R. Oldenbourg Verlag GmbH, München, 1995.

Stichwortverzeichnis

Springer
und
Umwelt

If you have any concerns about our products,
you can contact us on
ProductSafety@springernature.com

In case Publisher is established outside the EU,
the EU authorized representative is:
Springer Nature Customer Service Center GmbH
Europaplatz 3, 69115 Heidelberg, Germany

Printed by Libri Plureos GmbH
in Hamburg, Germany